U0350751

奶牛繁殖新编

◎ 黄功俊　侯引绪　著

中国农业科学技术出版社

图书在版编目（CIP）数据

奶牛繁殖新编 / 黄功俊，侯引绪著 . —北京：中国农业
科学技术出版社，2015.8
ISBN 978-7-5116-2090-3

Ⅰ . ①奶… Ⅱ . ①黄… ②侯… Ⅲ . ①乳牛 – 家畜
繁殖 Ⅳ . ① S823.9

中国版本图书馆 CIP 数据核字（2015）第 100688 号

责任编辑 张国锋
责任校对 贾海霞

出 版 者 中国农业科学技术出版社
北京市中关村南大街 12 号 邮编：100081
电 话 （010）82106636（编辑室）（010）82109702（发行部）
（010）82109709（读者服务部）
传 真 （010）82106631
网 址 http://www.castp.cn
经 销 者 各地新华书店
印 刷 者 北京富泰印刷有限责任公司
开 本 787 mm × 1092 mm 1 /16
印 张 27.5
字 数 704 千字
版 次 2015 年 8 月第 1 版 2015 年 8 月第 1 次印刷
定 价 88.00 元

　　陕西八百里秦川农谚：牛下牛，三年五头牛！

　　牛，上古时期野兽之一。后来，先民挖掘地穴，深两米至九米，形状或方或圆，有坡道和栅栏门，将野牛驱赶入穴，封堵起来，磨去野性，驯化成可供役用的"老黄牛"。

　　在整个以农耕为主要生产方式的古代，牛都是作为一种不可或缺的生产工具而备受法律保护。早在秦朝，就规定"盗马者死，盗牛者枷"。马是军需物质，牛是生产资料，在崇尚"耕战"的古代，牛马乃国之根本。到了唐代《唐律疏仪》更是明确了宰杀耕牛的处罚即是杀自家牛者也要判徒刑一年。宋代对杀牛者处罚更为严格，杀牛者要处徒刑两年，甚至要刺配充军。宋代牧牛业发达，江浙一代的牛"冬天密闭其栏，重藁以耤之。暖日牵出就日，去秽而加新。又日取新草于山，唯恐其一不饭也。"

　　陆游《农家歌》中写道："村东买牛犊，舍北作牛屋。饭后三更起，夜寐不敢熟。"由此表明，当时对牛照顾得无微不至了。

　　明朝皇帝朱元璋，放牛出身，当政之后，通过移民垦荒，减免赋税，遍设军屯、赠送耕牛、禁杀耕牛等政策，使粮食产量迅速提高。

　　春秋战国时的秦国，每年正月举行耕牛大赛。免除优秀饲养员一次更役；对于成绩低劣的，罚饲养员资劳两月；发现耕牛腰围瘦弱，还要笞打主事者。

　　唐宋以后，抓获盗牛者，割鼻子；割鼻子后再犯者死罪。

　　恩格斯说："人们首先必须吃、喝、住、穿，然后才能从事政治、科学、艺术、宗教等等。"每人每天嘴张开平均4平方厘米大小，10亿人一人一口，相当于北京紫竹院公园大小的一张饼就报销了，何况我国第6次人口普查，已超过13亿人，为世界人口的1/5，耕地人均仅为世界人均的1/3，粮食需求量逐年递增，引起国内外关注。1994年，美国学者莱斯特·布朗提出21世纪"谁来养活中国？"然而，20余年过去了，我国粮食总产量和人均粮食产量都大幅度提高。这都归功于改革开放之初，全国农村广泛推行土地承包，以及推广普及世界级技术成果，大幅度提高了土地的单位产出率。到2006年1月1日，联合国粮食计划署"如约"停止对中国的粮食援助之时，我国不但能养活自己，而且开始成为重要的对外援粮国之一。社会进步，岁月变迁，如今的牛已不再用于耕作，国人不仅要有饭吃，还要有奶喝。本书就是描述在向牛要奶的过程中，国人是如何将其聪明才智发挥到极致，使"一杯奶强壮一个民族"成为事实。

陕西农谚"牛下牛"中的"下"，据《现代汉语规范字典》解释，有廿三种之多，其中将"下"作动词解，指动物母体生出幼体，例如：下羊羔、下蛋、下崽。农谚所谓牛下牛，意即母牛下犊牛。母牛下了犊牛后，才能开始泌乳，供人饮用。如何让母牛多下犊，多产奶，以满足国人需求，就是笔者的期盼了。

正是：

　　上古先民智慧多，驯化野兽为耕作；
　　如今农业机械化，养牛为了挤奶喝。

本书未以传统繁殖及养牛教科书为模本，而是围绕着"让每个中国人，首先是孩子，每天都能喝上一斤奶"成为现实，势必要"多下牛、下好牛"，"大兴奶业生产之利，去除其粪污之弊"等入手，采取"提出问题，分析小结"方式写作。全书分31章，每章以寥寥数语钩出章名，结尾附几句"打油诗"算是调侃或点睛！

本书前后呼应，上下连贯，衔接有机，浑然一体；最后的"奶业天地宽"意在表明，没有相当数量的有识之士加入，"让国人喝奶"恐成画饼？！人是最可宝贵的因素！

本书依据近十余年的上千篇参考文献，由于篇幅所限仅将其中一部分详列书后，以表达笔者的感激之心！可以肯定，没有这些宝贵资料，没有笔者长期在科研、教学、生产第一线摸、爬、滚、打实践与感受，不对资料进行如此特殊的梳理、剪裁、提炼和归纳，本书就只能是无稽之谈了！

本书脱稿之际，适逢国务院公布《中国食物与营养发展纲要（2014~2020年》。新纲要指出，国人奶类消费是每人每年36千克，仅相当于人均每天99克，还不到"国人每天喝一斤奶"的1/5！看来，奶类是唯一一个国内生产能力不能满足目标需要的食品。我国奶业发展，大有前途，"只是同志仍须努力"！

本书写作过程中，得到了中国农业大学杜玉川教授的悉心指导；得到了马淑秀、唐存莲、王强、黄欣、黄奕、许煜扬、王听涛、王丹、侯道平、王斯坦等同志的大力支持；得到了奶业产业技术体系北京市创新团队项目资金资助；得到了出版社责编及聘请专家等的指正。在此谨致谢忱！

当然，限于笔者水平不高，不妥之处在所难免，敬请行内大家及诸位读者不吝赐教。

正是：

　　人活一世似旅行，大事小情方向明，
　　若非猿祖能直立，你我迄今仍爬行！

2015 年 1 月

目 录

第 1 章
牛奶是个宝

部分国人有误区

误区一，喝奶致癌

牛奶致癌论调是这样得出的：有人将小白鼠分为两组，一组给吃酪氨酸，一组给吃谷氨酸，结果吃谷氨酸的癌变缓慢，吃酪氨酸的癌变厉害，于是认为，酪氨酸致癌，进而推断喝奶致癌。

显然，这种说法是荒谬的，因为牛奶不是酪氨酸；牛奶里含的酪氨酸还没有豆腐多，也没有花生米和葵花子多；酪氨酸在很多食物里都有，即使不喝牛奶也躲不开；酪氨酸是人体非必需氨基酸，不吃体内也能合成。

从 2006 年开始，台湾"营养学家"林光常博士散布"牛奶有害论"，认为喝牛奶会导致癌症、缺钙、过敏等疾病。2007 年 3 月，卫生部等 15 位营养学、食品科学和预防医学领域的权威专家反驳了"牛奶有害论"。国家发改委公众营养发展中心以及中国营养学会的专家，称"牛奶致癌论"为谬论。同年 5 月，中国乳制品工业协会、中国奶协、卫生部疾病预防控制局、中国医学科学院、中国疾病预防控制中心、中国农业大学等单位也指出林光常的"牛奶有害论"缺乏科学依据。

误区二，喝奶拉稀

常听人说："喝了牛奶就胀肚，甚至有人严重到拉肚子。"这种现象，医学上称之为"乳

1

糖不耐受症"。乳糖是牛奶中含有的重要营养成分。食用后,乳糖在人体内经乳糖酶分解成葡萄糖和半乳糖,才被吸收。是由于部分人体肠道中不能分泌分解乳糖的乳糖酶,乳糖会在肠道中由细菌分解成乳酸,从而破坏肠道碱性环境,引发轻度腹泻。牛奶的营养价值远远高于豆浆,牛奶中蛋白质的吸收比豆浆好。当然,国人中有很大一部分存在饮奶腹泻的问题。它在白色人种以外的人中很常见,在非洲、亚洲的很多国家和地区发生率高达90%以上。这和我们从小断奶有关,这是可以克服的,乳糖酶是可以不断培养起来的。但是婴幼儿乳糖不耐受比例小。乳糖酶在人体中如果长期不用会逐渐减少、消失。断奶后,在4岁的时候通常会失去90%的乳糖消化能力。我国人群多从7至8岁开始发生乳糖酶缺乏,中国儿童3至13岁乳糖酶缺乏发生率为87%。有乳糖不耐症的人不是一旦摄入微量乳糖立即出现腹泻,而是超过一定量后才会出现。日本人九成以上有乳糖不耐症,但大多数人可以每天喝200毫升牛奶而没有任何不适。

酸奶因为乳酸菌分泌乳糖酶而且已经分解了一部分乳糖,比鲜奶容易消化。近年来,食品工业界发明了降低鲜奶乳糖含量技术,出现了低乳糖鲜奶可供选择。

误区三,国人不适

有人认为,国人肠胃不适合喝牛奶,只适合喝豆浆。这是因为我们有断奶习惯。欧洲人终生饮奶,就不存在这个问题。

今天提倡"终生不断奶"是基于乳制品的营养价值对任何年龄段的人都有重要意义。人应该一生都喝奶,以保持健康身体。

克服乳糖不耐受症的办法有:喝奶逐步加量,一开始放半杯红茶,半杯牛奶,然后加1/3红茶及2/3牛奶,一年多后,就适应喝奶了;喝热奶要一口一口地喝。

误区四,婴儿素食

有些宗教教义认为,肉是不洁食品,而植物则纯粹来源于自然,婴儿可以从素食中获得足够的营养。现代医学认为,婴儿不食用包括牛奶在内的任何动物食品非常危险,会影响婴儿大脑和神经系统发育,甚至危及生命。这是因为大多数植物类食品不含维生素 B_{12},维生素 B_{12} 对于血液生成、大脑和神经系统发育有重要作用,人胃肠中微生物可合成 B_{12},成人体内有大量的维生素 B_{12} 储备,因此成人素食多年不会缺乏此类维生素,而这些储备正是在婴儿期完成的。

误区五,光吃鸡蛋

按照最新我国居民膳食指南,每人每天应吃1~2枚鸡蛋。鸡蛋含有卵磷脂,是人类大脑的主要成分。脑疲劳正是由于卵磷脂的缺失。蛋黄中卵磷脂丰富,可以营养大脑,恢复大脑活力。鸡蛋富含B族维生素,有助于把糖转化成能量ATP,对抗精神压力。每100克鸡蛋黄含铁150毫克,可以有效补充人造血,增强血液运输氧和营养物质的能力。鸡蛋中含的优质蛋白质,能促进细胞再生。然而,膳食健康讲究营养均衡,但相对来说,牛奶还含有较丰富的钙,因此不喝牛奶只吃鸡蛋不可取。

古代对奶不陌生

人类食用乳制品的历史可以追溯到 6000 年以前。在古代，牛奶被看做是圣洁的食物。基督教旧约经中用'奶和蜜流淌的土地'来形容理想之乡。李时珍在《本草纲目》说：乳汁补五脏，令人肥白，悦泽，益气，治瘦悴，悦皮肤，点眼止泪。1500 年前，中国在南北朝的梁代古籍《齐民要术》记载了牛奶的品质和制作方法。到明代李时珍在"服乳歌"中唱道：

> 仙家酒，仙家酒，
> 两个葫芦盛一斗。
> 五行酿出真醍醐，
> 不离人间处处有。
> 丹田若是干涸时，
> 咽下重楼润枯杇。
> 清晨能饮一升余，
> 返老还童天地久。

歌中"酿出真醍醐"，就是从牛奶中提炼出来的精华，很可能就是一种半发酵的、稀稀的奶制品，相当于现在市售酸奶的前身。

据《食疗本草》等中医学古籍介绍，牛奶与茶煮沸后饮用，有提神醒脑、保护牙齿、预防冠心病等作用。相传唐太宗李世民腹泻，久治不愈，经大臣魏征保举布衣张宝藏进宫，此人有一祖传秘方：用鲜牛奶加上类似生姜的中药"荜菝"同煮，太宗服后告愈。南北朝梁代医家陶弘景，在《本草经集著》中阐述了牛奶有益于人的保健与养生、治疗与康复，指出牛奶味甘、性平和，对男女老少都适合；可以辅助治疗肺结核、肺痨、咳嗽、胃燥、胃寒、胃热、甲亢、糖尿病及三消症等。古代误食毒物时常用牛奶灌肠、洗胃解毒。

世界有个牛奶日

把每年的 6 月 1 日确定为"世界牛奶日"。在此基础上，我国经原国家工业局批准，将每年的 6 月 6 日至 6 月 10 日为全国乳品营养周。"世界牛奶日"活动，旨在以多种形式介绍牛奶生产情况，听取消费者对牛奶生产和乳制品加工的要求，宣传牛奶的营养价值和对人体健康的重要性。英国前首相丘吉尔对此拍手称快说："没有比这项投资更重要的了，那就是把牛奶送进儿童、青少年的嘴里。"

喝奶可祛病延年

美国科学家找到患糖尿病、癌症的原因和不喝牛奶有关。对成年人而言，在食物总量不变的前提下，适量摄入乳制品，有利于预防肥胖。摄入乳制品对糖尿病预防有帮助。

一项美国研究跟踪了 37 183 名受访者 10 年后发现，日常膳食中吃较多的低脂乳制品，有利于中老年妇女降低 Ⅱ 型糖尿病的危险。另一项美国研究对 82 076 名绝经女性跟踪 8 年，也发现低脂乳制品有利于预防糖尿病，而且越是在超重肥胖的女性中，这种效果就越明显。美国调查发现，那些自己感觉乳糖不耐受，从来不吃乳制品的人当中，诊断出高血压和糖尿病的比例高于日常消费乳制品的人。青少年时期摄入乳制品最多的女孩子，在人到中年之后的糖尿病危险最小，患病机会比当年不吃乳制品的女子低 38%；而从青春期直到中年一直吃乳制品较多的女子，患上糖尿病的比例最低。

对 64191 名中国女性进行的研究发现，钙、镁和乳制品的摄入量都和糖尿病危险呈现显著负相关。我国中科院营养所最新的营养流行病学研究也发现，乳制品的摄入量与腰围呈现极显著负相关，与收缩压和舒张压显著负相关，与糖化血红蛋白含量显著负相关，与高密度脂蛋白胆固醇显著正相关，与体质指数（BMI）和血糖有负相关趋势。对国人而言，在一日总热量不增加的前提下，少吃几口肉和米饭，换成一杯牛奶或酸奶，有利于预防肥胖、糖尿病、高血压和多种心脑血管疾病。

我国营养学家推荐每天摄入 300 克奶类（相当于一次性纸杯 1 杯半），包括了牛奶、酸奶、冰淇淋、奶酪等各种含奶食品。没有研究证明这个量有害健康。

牛奶和酸奶能有效供应维生素 B_2、B_6、B_{12} 和维生素 A，是钙的最方便来源。在我国，无论学龄儿童还是中老年妇女，和完全不消费乳制品者相比，补充一杯牛奶都得到对健康有益的效果。

100 克牛奶里含钙 135 毫克，含磷 55 毫克，对老人、小孩、病人和健康的人都非常有益。牛奶中含有几乎人体需要的所有养分。7~10 岁龄儿童，每天喝 500 克牛奶，可满足对蛋白质需要的 60%，满足对钙需要的 75%，满足对磷需要的 42%，满足对维生素 B_2 需要的 75%。牛奶中含有钾，可使动脉血管壁在血压高时保持稳定，使中风危险减少一半。牛奶可以阻止人体吸收食物中有毒的金属铅和镉。酸奶和脱脂乳可增强免疫体系功能，阻止肿瘤细胞增长。牛奶中的酪氨酸能促进快乐激素——血清素大量生长。牛奶中的铁、铜和维生素 A 可以美容，保持皮肤光滑、丰满。牛奶中的钙能增强骨骼和牙齿，减少骨骼萎缩病。牛奶中的碘、锌和卵磷脂能大大提高大脑的工作效率。牛奶中的镁能使心脏和神经系统耐疲劳。牛奶中的锌能促进伤口更快愈合。牛奶中的维生素 B_2 可提高视力。喝牛奶可预防动脉硬化。牛奶中的维生素 A、E 及其他一些生物活性因子保护人体气管壁，使其免于发炎。对于烟民，如能坚持每天喝牛奶，可有效预防发生支气管炎，有效预防其维生素缺乏、胆固醇偏高及金属烟雾中毒等症的发生。牛奶中含有一种被称为磷脂类的特殊化学物质及其蛋白质，能在胃黏膜表面形成疏水层，抵抗酒精等外来因子对胃壁的侵蚀，预防酒精中毒。牛奶中含有的半胱氨酸、维生素 B_1、维生素 B_2、矿物质钙元素及一些不明因子能使酒精中的醛类化合物分解并连同酒精及其中间代谢产物一起迅速排出体外，减轻心脏和肝脏的负担。所以，饮酒前喝杯热牛奶，大有裨益。

由于咖啡能够促进新陈代谢，增加体内钙的排出，容易导致人体骨质疏松及蛀牙等疾病发生，而牛奶中含有大量易被人体消化吸收的钙元素，所以，在每杯咖啡中添加 2~3 勺牛奶，可补充体内的钙排出。同时，牛奶中的 L- 色氨酸及 D- 羟氨酸等可减弱咖啡的兴奋性，对高血压及龋齿等起到预防及辅助治疗作用。

牛奶与红茶及适量食盐煮沸后温服，还可美容养颜。奶茶明显保护视力，抑制 X—射线对人体的辐射，预防并辅助治疗粉刺，俗称青春疙瘩豆。奶茶加糖辅助治疗胃溃疡。

喝牛奶有助于女性避免眼疾。牛奶是获得维生素 D 的主要食物来源之一。每天坚持喝牛奶可以预防骨质疏松等许多慢性病。牛奶中有 3% 的酪蛋白，主要是维持人体生长，构建肌肉，修复伤口，助力免疫。牛奶中的脂肪有 400 多种，包括多不饱和脂肪酸、单不饱和脂肪、饱和脂肪酸。其作用是，脂溶性维生素的载体，提供能量，提供不饱和脂肪酸，对乳的风味和口感也起着重要作用。牛奶含的乳糖，促进钙等矿物质的吸收，双歧杆菌因子在小肠内未被乳糖分解的乳糖会移往大肠。在大肠中生活的微生物会利用乳糖，尤其是占菌群多数的乳酸菌，会将乳糖转变成乳酸，使肠道 pH 值下降，刺激肠道蠕动，所以具有整肠作用，能防治婴儿便秘。

牛奶的丁酸，有抑制乳腺癌和肠癌等肿瘤细胞的生长与分化，诱导肿瘤细胞凋亡，促进 DNA 修复，抑制肿瘤基因表达的作用。牛奶中的活性肽类有镇静安神肽、抗血管紧张素肽、抗血栓肽、免疫调节肽、酪蛋白磷肽、促生长肽、抗菌肽；乳铁蛋白能调节铁代谢，促进生长，预防肠道感染，促进肠道黏膜细胞的分裂更新，阻断氢氧自由基形成，刺激双歧杆菌生长，有抗病毒的作用。

经常喝牛奶可防结肠癌。哈佛医学院和一英国妇科医院的研究人员通过对美国和欧洲 53.4 万人所进行的 10 项研究数据分析后得出结果表明，与一周只喝不到两杯牛奶的人相比，每天喝一杯约 250 毫升牛奶的人患结肠癌的危险可降低 15%。

牛奶对心脏是有益的。英国一项长达 10 年的研究发现，喝牛奶可以减少心脏病的发生，牛奶中的脂肪与心脏病的发生没有关系。英国对 4 200 名中年人进行调查，发现每天喝奶超过一品脱的人比根本不喝牛奶的人的心脏病患者要少将近 10 倍。不喝奶的人心脏病患者有 10%，每天喝 0.285 升的人有 6.3%，喝 0.285~0.57 升的人有 5.8%，而超过 0.57 升的人中仅有 1.2%。

牛奶和酸奶对于口腔健康是超级食品。据美国《红书》杂志介绍质地稍显坚硬的奶酪富含钙质，能够起到增强牙齿和牙龈力量的作用。它们的高钙含量能对牙齿起到强化作用，让珐琅质更为健康和更洁白。

乳品消费在美国

乳制品以其显著的营养价值与较优的性价比，成为美国食品计划的重要组成部分。牛奶是最经济的也是最重要的钙源。而且，与水果、蔬菜及所有的谷物相比，其提供的蛋白质也是最高的。牛奶是自然食物中钙来源成本最低的食物，从牛奶中吸收钙的成本仅是从豆制品中吸收钙的成本的 1/3。乳品已成为美国公民日常饮食的一部分。牛奶中钙的含量高，与其营养价值相比成本低廉，而且生物利用率高。牛奶是美国民众日常饮食中最主要的钙的来源，机体每天 70% 以上钙的消耗由牛奶提供。除了钙以外，牛奶同时也是钾、蛋白质、维生素 A、维生素 B_{12} 和烟酸及烟酸类似物的极好来源，至少能提供这些营养成分每日推荐需要量的 10% 以上。此外，牛奶还含有众多的营养物质，仅一个乳铁蛋白，就具有许多特殊的生物学功能，如能增加铁的传递和吸收，具有抗菌，抗氧化，抗肿瘤，抑制胆固醇积累，抑制脂质过氧化，促进肠道菌群平衡等功能。乳制品能够为维持和保证骨基质的健康提供多种必需的营养成分的支持。

美国公立学校午餐计划要求学校午餐至少要提供人体所需 1/3 的包括钙在内的关键营养成分，学校早餐计划要求学校早餐至少提供 1/4 的这些营养素。获取一部分营养需求，而既参加公立学校午餐计划又参加学校早餐计划的学生，可通过这些计划从所提供的食物中获取所需要的主要营养物质。增加如钙、磷、镁、维生素 D、维生素 A、维生素 B_2、蛋白质等营养物质的吸收量和范围。公立学校午餐计划的参加者增加每日乳制品的消费量，其结果是增加了钙的摄入量。

美国政府通过"妇女、婴儿和儿童计划"为参与者提供营养科学的教育和咨询服务，以便他们能更好地选择食物，并且努力将更好的营养学观念贯穿于他们的一生。通过参加该计划，参与者摄入的全部谷类、蔬菜（不含马铃薯、淀粉类蔬菜）、水果、牛奶、乳制品和肉类的吸收增加，特别是乳制品摄入增加，大大提高了他们的钙、磷、镁、蛋白质、维生素 B_1、维生素 B_2 等营养物质的摄入。

在美国，充足的乳制品消费在减少保健开支方面扮演着重要的角色。美国民众食物中乳制品摄入的增加，能够使人们在机体健康方面的花费 5 年累计节省 209 亿美元。在人们日常饮食中如果减少或者排斥如牛奶、奶酪、酸奶等乳制品将影响到贫困人口的健康，而且还会影响到国家在医疗保健方面的支出。

日本推行学生奶

据一项 12 岁男孩体况调查：

在身高上，中国男孩		147.0 厘米
	日本男孩	150.1 厘米
在胸围上，中国男孩		64.8 厘米
	日本男孩	72.7 厘米
在体重上，中国男孩		35.4 千克
	日本男孩	41.9 千克

究其原因在于第二次世界大战结束后，日本当局首先从中小学开始，实施学生奶项目，从而培养饮用奶的习惯。1954 年日本政府实施"学生饮用奶计划"，对学生饮用奶予以国家财政补贴，强调了在提供学生午餐时每人每天喝 200 毫升牛奶。据 2003 年统计，日本有 92.9% 的学校供应学生奶，92% 的学生饮用学生奶。20 世纪 60 年代，日本以提高民族素质和人口质量为口号，提出：让一杯奶强壮一个民族！从那时起，日本人尤其是少年儿童，每天喝一杯奶成为时尚。今天他们的人均奶品占有量已从当初的 22 千克上升到现在的 91 千克。

日本推行学生奶的主要做法：国会和政府制定了一系列有关学生奶的法律和政策。其中：一是于1954年颁布的《营养改善法》，主要作用是提高国民对改善营养的认识，从法律上规定维护和改善国民的健康和体力，是增进国民福利的重要内容，是基本国策，这部法律是推行学生营养餐和牛奶餐的基。二是《学生供餐法》，把学生营养餐作为日本义务教育的一项重要内容，由政府来推行，并提供一部分经费，这部法律保障了日本学生营养餐和引用奶计划的持续开展。三是制定了《酪农振兴法》有关奶业发展和学校供奶的法律。四是《学校给食用牛奶的供给对策纲要》，为政府部门整合社会资源，推进学生营养餐和饮用奶提供了有力的支撑。

日本对学生营养餐与饮用奶的管理总体可归纳为"政府审批、逐级管理、多方协助、民间参与"。日本的学生营养餐由教育部门组织实施，其他主管部门按照各自职责，给予配合和协助。在中央一级由文部科学省负责学生营养餐的宏观管理，制定总体规划和计划，厚生劳动省从卫生高度进行指导监督和检查，农林水产省按照学生营养餐的目标和学生饮用奶的供应数量，同文部科学省商定向学校提供国产牛奶的数量。在地方上由都道府县、市酊村政府的教育委员会具体组织实施。在实施过程中，都道府县知事还要听取"学生奶供应议会"的意见，并与都道府县教育委员会议定后上报或下达供奶计划。

日本每个学校都建立了以校长为中心，供餐主任、班主任和营养职员为骨干，各司其责、密切配合的工作班子。日本政府要求学生午餐要用100%的国产鲜奶做学生饮用奶，小学生每日供奶200毫升，中学生300毫升，年供奶195天。

通过50多年学生营养餐和饮用奶的推行，日本中小学生的健康水平、身高与体重发生了巨大的变化。昔日"小日本"的形象得到了根本改变。同时也促进了奶业的发展。如今，日本奶业产值仅次于水稻种植业，居大农业的第二位。

我国学生奶计划

在中国，由国务院批准的我国学生饮用奶计划已实施10年，已在全国28个省（区、市）开展，日供奶量由2000年8月的35万份增至2010年9月的500万份。至2009年全国已有170多个城市，1万多所学校参与这项计划。但我国目前受益中小学生仅占全国总数的2.3%。国务院常务会议审议并通过了《国家中长期教育改革和发展规划纲要（2010—2020年）》，在《纲要》中提出合理膳食，改善学生营养状况，提高贫困地区农村学生营养水平，并启动民族地区、贫困地区农村小学生营养改善计划。这是一件关系到国运兴衰，涉及亿万家庭和全国人民福祉的大事。专家指出，儿童青少年时期是体格与智力发育的关键期，但由于膳食结构不合理，以3岁儿童为例，生长迟缓率为15.2%，贫血率为11.5%，维生素A缺乏率达44.1%。专家建议适当调整和简化学生饮用奶的管理机构，加强对学生饮用奶的生产供应和组织学生饮用奶进校及入校后的监管工作；建议中央财政落实学生饮用奶补贴政策，使这项利民工程真正惠至于民。专家认为，"牛奶是小康来临时的健康食品"，"牛奶给人健康、智慧和力量"，"中小学生都喝上牛奶，会提升整个中华民族的身体素质"。自2005年，我国营养科技人员，对学生乳糖不耐受症进行调查，并对中小学饮奶效果进行跟踪检测。2005年北京郊区10~11岁小学生106名学生乳糖不耐受症的发生情况调查，发现 85 例儿童乳糖不耐受，发生率约为 80.2%；在另一试验中，饮用 250 毫升的乳糖酶发酵型低乳糖牛奶、调配型低乳糖牛奶、酸牛奶以后及随餐饮用普通牛奶，发现这些奶品对预防和减轻儿童乳糖不耐受发生具有较好的保护效果。从 2006 年开始，在北京市怀柔区、浙江省杭州市临安于潜镇和平湖市分别开展了中小学生饮奶效果的跟踪观察。结果显示，长期饮用学生奶对儿童的生长发育具有较好的改善作用，有助于儿童的骨骼重建、骨矿物质积累和峰值骨量的获得，有助于改善儿童的铁营养状况。2007 年，长沙"学生奶自助服务系统"研发完成。与传统模式相比，其优势在于牛奶的安全性大大提高。学生可自行刷卡取奶，不需要学校代收费。一台学生奶自助服务系统，可置入 8 种风味的学生奶，且随季节变化提供冷热变化的产品，大大提高了学生饮奶兴趣。这个系统为学生奶在学校的推广提供了一个安全、便捷、科学、更加人性化的服务平台。

我国学生奶基地："学生奶"通称"SchoolMilk"，据联合国粮农组织（FAO）定义，是通过政府给予财政和行政支持或者其他方法在学校中配送牛奶，从而提升青少年身体素质。在许多国家，学生奶计划是由政府倡导和组织实施、具有一定规模的行动，其目标人群主要是小学生和中学生，有些国家扩大到幼儿园、大学生。

推广学生饮用奶计划，是利国利民造福后代的一项民心工程，最终达到强壮一个民族的目的。通过扩大牛奶的消费，从而促进种植业、草业和奶牛业的发展，这有利于促进我国农业产业结构战略性调整，使农业和农村经济得到可持续发展。

在我国学生饮用奶计划中，奶源基地建设是关键。依据对我国学生奶奶源基地建设中存在的主要问题的分析，同时借鉴国外成功的先进经验，提出加强我国学生奶奶源基地建设的对策和建议。

建立与完善高效、务实的奶牛生产社会服务体系，包括采取低息贷款或无息贷款等优惠政策鼓励欲购买奶牛和挤奶机械的奶牛场，以无偿或低收费为养殖户进行疾病防疫、技术培训，经常为基层举办有关提高牛奶质量方面的技术讲座和科技培训等服务，以基层畜牧兽医站或奶牛服务站为依托，建立配种改良和谱系档案、疫病防治、饲料及其他生产资料供应、牛奶收购、奶牛保险、职业培训、信息交流等社会化服务体系，便利奶牛场从事专业化生产。

健全各种档案，科学选种选配。杜绝乱用精液的现象，制定出相应的管理和考核制度，确保计划的顺利实施。

学生奶奶源基地应该拥有自己的饲草种植基地。

对不符合环保要求的奶源基地要逐步进行牛场改造，而对新建牛场在设计上首先要充分考虑环保因素，使奶源基地走上科学、健康、持续发展的轨道。

以奶业信息化为奶牛发展和管理的支点，拓展奶业市场。建立学生奶奶源基地的现代化奶业数据中心和综合信息服务网络。

为全面提升原奶质量管理水平，为学生饮用奶提供优质奶源，早在 2003 年，正式启动了"学生奶奶源升级计划"。该计划以"培养一批样板牧场，培养一批技术骨干，建立一套技术示范"为目标，旨在通过提升奶源质量保障国家"学生饮用奶计划"健康发展，并为行业发展起到示范作用。

自 2003 年"学生奶奶源升级计划"启动以来，迄今为止，已有 101 家牧场通过审核，成为"学生奶奶源示范基地",共为 550 万中小学生提供优质的学生饮用奶。这些奶源基地不仅标准化、规模化养殖水平高,而且奶源质量好,蛋白质、脂肪、菌落总数、体细胞等各项指标都高于国家标准,达到或接近美国和欧盟的标准。

在学生奶奶源示范基地创建过程中,工作人员着力牛场布局、防疫消毒、牛群健康、挤奶卫生、储存运输等关键环节,大力推广和实施标准化生产、全混合日粮饲养、奶牛饲养信息化管理、原料奶质量控制等重点技术,不断完善基地目标量化管理,探索不同规模奶牛场设施布局及粪污处理方法,促进原料奶质量进一步提高。现已有一大批奶源基地通过了标准化部门的"标准化良好行为"认证,成为行业内的典范和排头兵。奶源示范基地从专业人员素质和技能得到普遍提高,在新技术推广应用、奶源升级计划实施中发挥了重要作用。

总之,学生奶奶源升级计划是稳步推进,有章可循的。不仅逐步建立起完善的规章和办法,也使牛场提升了管理水平,提高了生奶的产量和质量,走上了一条规范化、标准化的道路,生产出了目前市场上质量最好的生奶和学生奶。

国人早餐要"革命"

早餐是一天中最重要的一餐,它是全天能量和营养素的重要来源,对人们的健康和营养状况有着重要影响。调查显示,北京、上海两地儿童吃早餐的比例只有 74.2% 和 88.6%,每天饮用牛奶的比例也只有 45.3% 和 68%。中学生不吃早餐的多于小学生,农村学生不吃早餐的比例高于城市学生。儿童的早餐行为与父母的早餐行为密切相关,母亲受教育水平越高的中小学生不吃早餐的比例越低。

早餐是启动大脑的"开关"。经过一夜睡眠,身体有 10 多个小时一直在消耗能量却没有进食。所以,早餐营养的摄入不足很难在午餐或晚餐中得到补充。不吃或不好好吃早餐是引起全天能量和营养素摄入不足的主要原因之一。不吃早餐会精神不振,诱发肠炎等肠胃病,导致机体抵抗功能下降,易患各种不同疾病,容易发胖,易患胆结石,会导致皮肤干燥、起皱和贫血,加速衰老,影响青少年的生长发育。为此,应该保证孩子早餐食量相当于全天量的 1/3,并每天喝鲜奶或奶制品。引导更多的中国人来喝牛奶,从孩子开始,不仅是引导消费、发展生产的需要,更是改善膳食结构,提高全民素质的突破口。有关方面提出"早餐牛奶加鸡蛋"以推进国人的"早餐革命"。少年时期是由儿童发育到成年人的过渡时期。由于膳食结构不合理,致使我国许多儿童生长迟缓、贫血、维生素 A 缺乏及钙、锌、维生素 B 不足等,而且随着年龄增长问题更为严重。中国儿童青少年膳食指南建议:每天应摄入奶或奶制品 200~300 克。牛奶为"优质蛋白质的来源",而且蛋白质吸收利用率最高,能使钙吸收利用率最高。除母乳外,牛奶是乳清蛋白的最好来源,它含有多种具有生物活性的免疫球蛋白,可保护、提高机体免疫系统的功能,增强儿童肌肉的合成,有利于防治儿童肥胖,维护儿童肠道健康。牛奶含有可以满足儿童大脑、神经系统发育需要的必需脂肪酸。牛奶中的乳糖既可促进钙的吸收利用,又可促进肠道乳酸菌、双歧杆菌生长,维持肠道免疫系统。牛奶可以提供最全的维生素以及钙、磷、铁、铜、锌、钾、锰、硒等多种矿物质。牛奶是最佳补脑食品之一。提倡"早餐革命",发展餐桌经济,积极引导消费,以全面拉动经济。以"牛奶加鸡蛋"为主要内容的"早餐革命",应家喻户晓,妇孺皆知。

喝牛奶大有讲究

不少人知道喝牛奶好，但喝牛奶时往往搭配不当，不但于身体无益，还可能造成一些危害。

牛奶中含有的赖氨酸在加热条件下能与果糖反应，生成有毒的果糖基赖氨酸，有害于人体。鲜牛奶在煮沸时不要加糖，煮好牛奶稍凉后再加糖不迟。

牛奶含丰富的蛋白质和钙，巧克力含草酸，若二者混在一起吃，牛奶中的钙会与巧克力中的草酸结合成一种不溶于水的草酸钙，不但不吸收，还会发生腹泻、头发干枯。

有人用牛奶代替白开水服药，其实，牛奶会明显影响人体对药物的吸收，牛奶易在药物表面形成一个覆盖膜，使奶中的钙、镁等矿物质与药物发生化学反应，形成非水溶性物质，从而影响药效的释放及吸收。在服药前后1小时也不要喝奶。况且，牛奶与某些药物作用后，还易导致血压升高、心跳过速及耳鸣等继发症。同时也不要将牛奶与人参等补品一起食用。

有三种病人不宜喝牛奶：一是胃肠道手术后的病人。由于胃肠道手术时，手术操作对腹腔脏器有影响，加上麻醉后暂时的胃肠功能麻痹，使得肠蠕动减弱，术后肠腔内积聚的气体不易排出。如术后再饮牛奶，可加重肠道胀气，对蠕动迟缓的肠道，真是雪上加霜。故胃肠道术后的病人，应吃萝卜汤、米汤、藕粉等。二是肝硬化病人。肝硬化病人的肝功能受损后，肝脏失去了将氨转变为尿素的功能。若在肝硬化病人出现肝昏迷后再喝牛奶，可加速或加重肝昏迷。三是急性肾炎病人。由于急性肾炎病人肾脏的排泄功能已受到严重影响，故在饮食中应严格控制蛋白质的摄入量，以减轻肾脏的排泄负担，消除或减轻肾病症状。

喝酸奶与牛奶一样，经过发酵，比牛奶更容易被吸收。不过，酸奶不宜空腹饮。酸奶是由乳酸菌发酵加工所制成的，其营养价值比普通牛奶要高。而且酸奶中还有一种"牛奶因子"，具有降低胆固醇、抵抗病菌和抑制肿瘤的作用。发酵牛奶的乳酸菌，它分解牛奶中的乳糖产生乳酸，使肠道趋于酸性，阻止腐败菌的活动，还可能在肠道中合成人体所必需的维生素 B_1、叶酸和维生素 E 等，有利于人体胃肠道的正常功能。人在空腹时，胃酸浓度较高，这时喝酸奶，乳酸菌会被杀死，降低了酸奶的保健作用。所以喝酸奶，最好是在早饭后饮用，以发挥其良好的保健效果。

如果正在服用氯霉素、红霉素等抗生素或者治疗腹泻的一些药物，还是暂时不要饮用酸奶。

一般一天喝1~2杯酸奶比较合适。喝多了很容易导致胃酸过多，因此每天饮用不宜超过500克。喝酸奶时可以把刚从冰箱里拿出来的酸奶在45℃左右的温水中加热后饮用，不要饮用太凉的酸奶。

酸奶最好在打开后短时间内喝完，最多在冰箱里放一天。因为酸奶一旦脱离冷藏环境超过两个小时，就容易变质。

在牛奶中添加糖，有利于弥补牛奶营养不足，以每百克牛奶添加糖6~8克为宜，多则容易引起腹泻、人体虚胖、体内钙和维生素 B_2 的"内耗"，降低机体抵抗力。在牛奶中最好添加蔗糖，不要添加葡萄糖。在牛奶中添加糖，宜在牛奶煮沸离火后稍凉的时候。

在选购牛奶时要避免"两高一低"：即高温、高钙和低脂。牛奶消毒不是温度越高越好。牛奶的营养成分在高温下会遭到破坏，其中的乳糖在高温下会焦化，所以超高温灭菌奶并非品质最优。牛奶含钙量和浓度不是越高越好。有些厂家为了寻找卖点，在天然牛奶中加进了化学钙，但这些化学钙并不能被人体吸收，久而久之在人体内沉淀下来甚至会造成结石。牛奶中的脂肪不是越低越好，不是脱脂就好。牛奶当中所含的脂肪不可能直接转化为人体脂肪，天然牛奶自身所含的脂肪比例并不高，认为喝了牛奶会长胖是一种误解。脱脂牛奶营养成分大为减少，也不利于人体健康。

巴氏鲜奶即巴氏灭菌奶，又称巴氏杀菌奶、鲜奶或低温奶，简称巴氏奶，是以新鲜牛奶为原料和使用较温和杀菌温度 72~85℃ /15 秒生产加工而成的一种奶产品。巴氏奶已在全球的奶品消费市场中风靡流传了 148 年，是以发明该种低温灭菌的法国人巴斯德的名字命名。巴氏奶具有纯天然、原汁原味、保持活性、必须放在冰箱里保存等特点。

目前在国内市场上的常温奶，在常温下贮存，保质期长，运送半径广。常温奶采用 135℃以上的超高温灭菌工艺，使牛奶营养大部分流失。

巴氏鲜奶的市场份额在英国、荷兰、澳大利亚、新西兰等国的比例占到了 95% 以上，在加拿大、美国、日本更是高达 99.3%。巴氏鲜奶在我国的液体奶市场所占比例不足 20%。这是因为巴氏鲜奶要冷藏，保质期只有 5~7 天，销售半径比较小。

牛奶中的钙是一种活性物质，超过 137℃时，钙已经焦化，已没有吸收价值。牛奶中的蛋白质在 130℃的状态下也平均有 40%~50% 的流失。维生素在高温下基本丧失殆尽。因此，花同样的价格，买到巴氏鲜奶和常温奶，两者的营养价值大不相同。由于我国消费者普遍缺乏喝奶常识，几家乳业巨头出于利益和垄断市场的原因，大肆宣传常温奶的优点，混淆常温奶与鲜奶的区别，再加上一些国外资本的支持，使我国的液态奶市场出现了奇怪的常温奶称霸现象。我国政府应倡导巴氏鲜奶。事实上，发展巴氏鲜奶更加低碳环保。巴氏消毒工艺非常简单，设备也很少，更容易推广和普及，其加工过程不需要高温，生产过程更加节能。巴氏鲜奶的包装大部分是玻璃瓶，可反复利用多次。巴氏鲜奶即使用纸盒包装，其纸盒也是可再利用的。相比之下，高温灭菌的常温奶绝大部分都要用内层是金属膜的纸包装，用后不能够利用，甚至其垃圾也不能降解。常温奶所需要的特殊包装，给国外的包装业巨头带来巨大的利润，这也是其作为背后推手，打击我国巴氏鲜奶市场的缘故。

幼儿不宜喝初乳。国家明令指出，婴幼儿配方食品中不得添加牛初乳。牛初乳一般指奶牛产犊后 7 天内的乳汁，颜色发黄，比普通奶沫多，味道鲜美可口。新生犊牛必须喝牛初乳才能增强抗病力。牛初乳富含免疫球蛋白，是给牛犊滋补增强免疫力的佳品！牛初乳给牛喝了是增强牛的免疫力的，给人喝其实并没有什么效果。如果给婴幼儿喝了还有可能引发过敏等问题。

酸奶对于婴幼儿不合适，因为小孩肠道系统太柔嫩；同样，对于胃肠有炎症或是胃有疾病的人也不太合适，会对肠道产生刺激。但是，一些抵抗力不太好的人，特别是一些老年人，常喝酸奶能提高免疫力，也可以降低胆固醇，预防心血管疾病。对鲜奶中乳糖过敏的也可以放心饮用酸奶。

购买注意保质期。高温灭菌奶，保质期是 30 天。有时在保质期内的奶会有浓重的苦味，从颜色上还是气味上苦味奶和正常奶没有区别，只是味道像苦瓜汁一样。原来有些细菌即使被高温杀死，它也会在牛奶内产生一些耐热的酶。而一旦牛奶中含有这种酶，条件成熟的时候，它就会分解牛奶里的蛋白质，产生一些有苦味的小分子物质，所以牛奶就变成苦味。而牛奶出现这种情况的概率非常小。这种酶本身对人体并没有危害，只是在外界条件的诱发下容易导致牛奶变质。尽管苦味儿奶已经不能喝了，少量误食并不会对人体产生很大危害。

不过，包装盒上产品有效期只是一个过期不能出售的日期。实际上保质期后，牛奶仍可以保持一周的新鲜度。可以先拿出来闻闻是否变质，如果没有，即可继续食用。

牛奶毕竟只能是牛奶的味道，但添加配料之后，做成早餐奶、谷物奶就显得更好喝；做成果汁奶之类乳饮料，还可以加入更多的糖、香精、增稠剂等，口味更浓，更吸引人。而且，在某种意义上，"混搭"产品的原料质量要求还能比酸奶和纯牛奶略微宽松一些，因为纯牛奶中什么都不能加，而乳饮料中许可加入香精、糖、增稠剂、乳化剂等很多配料，即便原料奶质量略低，消费者也很难感知。

仔细看食品标签，很可能会发现，在"果蔬汁奶"的配料中，果汁含量只有5%，而牛奶的含量只有30%，其他就是水、糖、增稠剂等等。看营养成分表也能发现，其中的蛋白质含量只有1%，仅为纯牛奶的1/3。也就是说，它的营养价值并不是1份果汁+1份牛奶。消费者追捧它的原因，无非是不喜欢纯奶的味道，而更容易被糖和香精制造的味道所吸引。

一天之中饮用牛奶有三个"最佳时间"：早餐时喝一杯牛奶，再配上鸡蛋或面包，就可以提供充足的营养；下午4时左右，在晚餐前饮用牛奶比较好；晚上睡觉前喝一杯牛奶有助于睡眠，在喝牛奶时配上几块饼干效果更佳。

禁止宣传"无抗奶"。2009年，卫生部等六部门此前发布公告禁止宣传"无抗奶"，并称"无抗奶"的宣传是不科学、不规范的。因为在奶牛养殖过程中，为了防治乳房炎、子宫内膜炎等常见疾病，需要用抗生素和抗菌药物。国际上普遍针对奶牛养殖中使用抗生素和抗菌药物制定最高残留限量，并要求生鲜乳收购环节采用指定的快速方法检测抗生素，不得超过最高残留限量。

综上所述，应该承认，牛奶确实是个宝呀！

正是：

地球人赞牛奶好，你偏摇头"喝不了"，

解读之后仍固执，无处可买后悔药！

母牛妊娠期满，临盆分娩之后，才能正常泌乳。如果超过了正常分娩时间，不能将胎儿顺利排出，称之为难产。对于难产母牛，如处置不当，势必造成死胎、死产，甚至母仔双亡，酿成经济损失。对此，应做到的是——

第2章
难产该出手

涉及分娩的变数

母牛分娩，与母牛骨盆大小、胎位、胎向及胎势四大变数有关。引起难产的原因有三。

一是母牛分娩力不足。母牛年老体弱、过度肥胖、妊娠期间缺乏运动或怀胎过多等，加之在分娩过程中，子宫的阵发性收缩和腹部努责力减弱。

二是母牛产道狭窄。包括子宫颈狭窄、阴道及阴门狭窄、骨盆狭窄以及产道肿瘤等，影响胎儿娩出。母牛不到繁殖年龄，过早配种受胎，常引起产道狭窄。

三是胎儿异常。包括胎儿过大、双胎的两胎儿同时进入产道，胎儿横腹位、侧胎位等胎位不正，以及畸形胎、气肿胎等。

胎儿性难产的主要异常姿势如图2-1至图2-12所示。

胎位不正的难产

如果证实母牛是胎位不正，那么在分娩时必须予以纠正、助产。若犊牛不能调整至正常位置，千万不要试图牵引，否则有可能损伤母牛，并导致犊牛或犊牛和母牛同时死亡。

某些胎位不正的，呈现后向或倒生的犊牛，只有在后肢伸直后才能分娩。倒生的犊牛必须尽快产出，因为分娩早期，犊牛的脐带已在犊牛和盆骨之间受到挤压。脐带挤压则减缓了

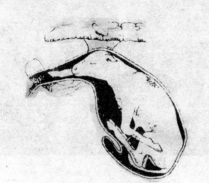

图 2-1 左前肢后置

图 2-2 二前肢后置

图 2-3 左前肢屈曲

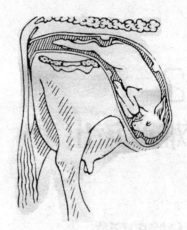

图 2-4 倒生、二前肢屈曲

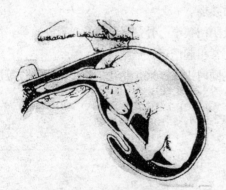

图 2-5 头颈向下屈曲

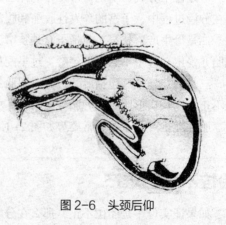

图 2-6 头颈后仰

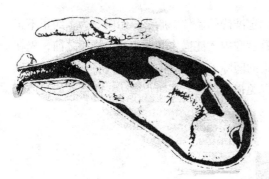

图 2-7 正生下位，右前肢屈曲

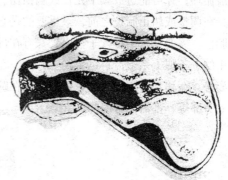

图 2-8 后肢前置

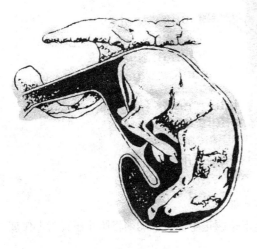

图 2-9 倒生，二后肢屈曲

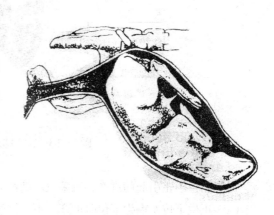

图 2-10 倒生下位，二后肢屈曲

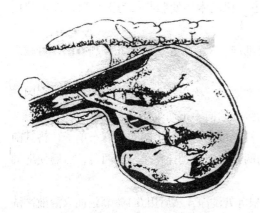

图 2-11 胎儿腹部前置倒竖向

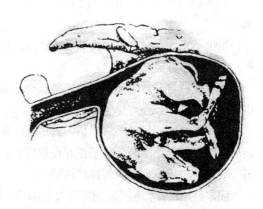

图 2-12 胎儿背部前置倒竖向

血液循环，并可能造成犊牛死亡或脑损伤。

在调整或纠正胎位之前，最重要的是必须确定准确的胎位、胎势、胎向。为了纠正不正的胎位，需要把犊牛推入子宫内，只有在母牛骨盆腔内才能操作和调整。在推移之前，先在犊牛的1条腿上系上产科链（图2-13）。在努责的间隙，用力后推犊牛，并将它调整至正确的姿势。在移动犊牛肢蹄时，要把手盖在蹄部以免损伤产道。在纠正多于1条弯转的腿或弯转的头部等，都需要兽医师助产。

距节

蹄踵

图2-13　犊牛助产时腿链的使用

对于胎位不正引起的难产，可采取的助产方式如下。

（1）正生下位及倒生下位时助产　不论倒生下位或正生下位，均须将胎儿扭转为上位或者轻度侧位，然后拉出。

（2）正生侧位及倒生侧位时助产　正生侧位时可将胎儿向内推一点，手伸入产道，将胎头和肩部上抬，同时扭转两肢即可。倒生侧位时可以直接牵拉引胎儿，当胎儿两肢出产道后，在两腿间夹入一木棒，待胎儿髋关节出产道，扭动木棒使胎儿成为上位后，即可拉出胎儿。

胎位不正难产时，利用抬高母牛后躯，通过助产、矫正胎位，使胎儿顺利娩出，可减少死亡。其操作方法如下。

了解配种与分娩时间、母牛年龄及初产或经产情况，确定难产的原因。初产母牛多因产道狭窄引起难产；经产母牛多由于胎儿胎位、胎势、胎向不正而难产。

选择有坡度的场地，临时搭一有横梁的两柱栏，母牛后躯盖上帆布或麻布单子，将其前高后低侧卧保定，倒卧后单子正好在后躯下，用两条粗绳分别拴住单子的两角，然后使绳的另一端绕在与后躯垂直的两柱栏横梁上。

固定好尾巴，将胎儿露出部分及会阴部、尾根等处洗净，然后用0.1%新洁而灭溶液冲洗消毒。在绕过横梁的两条绳上由三人边抬边拉绳，使母牛后躯离地面1尺（1米=3尺）左右。

助产人员消毒手臂，待母牛阵缩、努责稍停时，轻推胎儿娩出部分。如为前肢屈曲应理顺前肢，头颈侧弯、下弯者搬正头颈。矫正好后，缓慢放松拉绳，将母牛后躯放下，待开始阵缩、努责时，助产人员稍加助产，胎儿即可顺利娩出。由于母牛前高后低侧卧，使母牛在体弱、疲劳、阵缩和努责无力时方便产出胎儿。

注意事项

两柱栏要牢固，以免横梁摇摆影响操作，拴牢单子，防止操作时脱结影响助产或损伤母牛。

助产人员应熟练掌握助产方法，动作要迅速、细心，以免损伤产道和胎儿。

术前对母牛全面检查，如心跳过缓或亢进、节律不齐，须输液或皮下注射樟脑磺酸钠等；对因产程长卧地而引起的臌气等应对症治疗后再进行助产。分娩时间过长，产道干燥时，可向产道内滴入一定量消毒过的液体石蜡。

矫正时保定及抬高后躯时间过长，腹内脏器压迫膈肌会使母牛呼吸困难和头部血压升高。若一次矫正不好，可将母牛后躯放下，休息一会，再行第二次矫正。

胎向不正的难产

对于胎向不正引起的难产，可采取的助产方式如下。

（1）腹部前置横向，四肢伸入产道时助产　可将胎儿变为倒生侧位或正生侧位。

（2）腹部前置竖向时助产　臀部向上则将两前肢推回子宫后，按髋关节屈曲处理。头部向上则将胎儿变成倒生下位，以后按下位矫正方法助产。

（3）背部前置横向时助产　可将胎儿变成倒生侧位或正生侧位。

（4）背部前置竖向时助产　一般为头部向上时，可先在产道内变成正生下位，再矫正为正生上位，最后再拉出胎儿。

胎势不正的难产

对于胎势不正引起的难产，可采取的助产方式如下。

（1）胎儿头侧位时助产　可将已伸出阴门外或产道内的前置部分推回子宫腔内，手伸入子宫内摸至胎头，把胎头导向骨盆腔，再引出前肢，拉出胎儿。

（2）胎儿头下弯时助产　可对两前肢已伸入产道的，应将一前肢送回子宫，顺手摸到胎头，用手钩住胎儿口角，握住下颌，再向上向后拉，引入产道。

（3）头颈侧弯时助产　胎儿两腿正常伸入产道，而头弯于躯干一侧，因此不能产出。头颈侧弯在牛的难产中占半数以上。难产初期，胎儿头颈侧弯程度不大，胎儿头颈偏于骨盆一侧，没有伸入产道。在阴门口只看到露出的前蹄。随着子宫收缩，胎儿肢体继续前进，头颈侧弯越加严重。可见两前腿腕部以下伸出阴门，但不见唇部。哪一侧前肢伸出的短，头就弯向哪一侧。产道检查，顺前腿向前触诊，能够摸到头部弯于自身胸部侧面。如果胎儿各部位弯曲程度不大，仅头部稍弯，可用手握住唇部，即可把头扳正。也可用手拇指、中指掐住眼眶，引起胎儿反抗，头部即可自动转正。如果头颈弯曲程度大，须先尽力向前推动胎儿，在骨盆腔入口腾出空间，然后再把头部拉正。当矫正头部有困难时，可用产科绳打一活结，套住下颌骨体之后并拴紧，术者用拇指和中指掐住唇部向对侧压迫胎头，助手拉绳，将头部扳正。如果胎儿已经死亡，也可用长柄钩钩住眼眶拉出。前肢腕关节、肘关节屈曲时，可一手推胎头或胎儿肩关节，另一手握住屈曲部向外拉，即可拉直屈曲肢。

（4）腕部前置时助产　胎儿前腿没有伸直，腕关节以上某部分顶在耻骨前沿，腕关节的屈曲伴发肘关节屈曲，整个前腿成折叠姿势，增加了肩胛周围的体积。如果胎儿两侧腕关节某部位顶在耻骨前沿，阴门外不露前肢，一侧前肢腕部屈曲侧只见一个前蹄。产道检查，可摸到一或二前腿屈曲的腕关节抵于耻骨前沿附近。如胎儿一侧腕关节前置，先用手把胎儿前推，勾住蹄尖，上抬，使蹄尖伸入产道骨盆腔。如是两侧，可按上法逐步去做。也可用绳子拴住异常肢的系部，左手推前前肢上端，向前、向上推动，右手拉动绳子，前腿即可伸入骨盆腔。要注意防止蹄损伤产道。

（5）肩关节屈曲时助产　可手向下握住膊部和腕部，并拉向产道，同时用另一手将胎儿向内推，使其变为腕关节屈曲。

（6）前肢置于颈上时助产　可将胎儿向子宫内推，同时将胎头向上抬，颈上的肢往下移即可。

（7）跗关节屈曲时助产　可用产科绳缚住系部，握住跗部向上向前推，牵拉产科绳，可把后肢拉直而解除。

（8）髋关节屈曲时助产　可先握住胫部下端，向后向上拉，同时胎儿向子宫内推，尽量使后肢变为跗关节屈曲。

注意事项

矫正前对母牛的健康进行检查，包括体温、呼吸、脉搏。如有异常表现，迅速采取措施。

查明产道是否干燥，有无水肿、狭窄，子宫颈开张程度及排出液体的颜色气味等有无异常。

胎儿进入产道的程度，正生、倒生的姿势及胎位、胎向的变化和胎儿的死活等。胎儿的死活是决定助产方式的依据。若胎儿已死亡则应保护母牛，用最快的方法将胎儿拉出。对活着的胎儿，则要采取母仔双全的助产方法。正生时，将手指伸入口腔，拉动舌头，压迫眼球，牵引刺激前肢，注意有无刺激反应；如活着则有口吸吮、眼球转动、肢体伸缩等反应。倒生时触摸脐带或肛门，牵动后肢，如无反应则说明胎儿已经死亡。

助产时要严格消毒，包括母牛后躯的消毒，助产人员手臂的消毒和器械用品的消毒。助产动作要轻缓，注意保护会阴、保护产道。生殖道干燥时，应注入肥皂水或润滑剂。拉出胎儿时要与母牛努责一致，徐徐拉出胎儿，并注意母牛全身反应。

胎头引起的难产

对于胎头引起的难产，可采取的助产方式如下。

（1）胎头过大及双头畸形时助产　在胎儿两前肢一胎头三件已进入产道，而因胎儿头部过大，助产无法将其拉出时，可用头部缩小术。将线锯管带入产道伸入胎儿口腔，锯条套入胎儿耳后，将头锯为两半，由助手用力向前推动胎儿。术者将锯下的胎儿头上部取出，再将大块毛巾带入产道，对余留的胎儿下颌部创面加以覆盖，以免向外牵动时刮伤产道。如果双头畸形，可将两只胎头颈部依次锯掉，或只锯掉一只，并将肩胛一并取下，再牵引另一前肢及头部，拉出胎儿。

（2）胎头侧转时助产 为确保胎儿平安产出，可用徒手矫正法。由助手用力向前推动胎儿，术者抓住侧转胎儿下颌，向产道内牵引。徒手矫正无效时可用器械帮助整复，如产科钩及产科绳等。在用产科钩钩取眼眶或下颌进行牵引时，应用手护住钩端以免钩豁损伤产道。上述方法无效时，可采取前肢截断术。如头向左侧转时，可截除右前肢；头向右侧转时，可截除左前肢以利于手术矫正胎儿头部。

（3）胎头后仰及下弯时助产 胎头后仰整复有困难时，可试行由胎头后仰变为侧转，予以整复，下弯同侧转助产方法基本相同。在上述方法整复无效时，可用线锯截断胎头后仰或下弯的颈部，用产科钩或其他方法将头颈取出（图 2-14）。

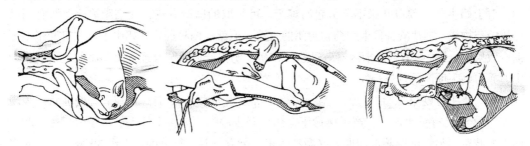

图 2-14　左：胎儿头颈侧弯矫正术；中：胎儿左前肢屈曲矫正术；
右：胎儿下位胎头后仰矫正术

双头畸形的案例

北京西郊农场有一奶牛，4 岁 9 月龄，第三胎，前一年 4 月 9 日配种，第二年 1 月 14 日预产。1 月 19 日分娩时，胎儿迟迟不能产出，在牵引助产过程中，胎儿的骨盆围和肩胛骨围正常，通过骨盆腔进入产道，强行牵拉胎儿，胎儿肩胛围整个裹入软产道，加大牵引力，强行牵出胎儿，使胎儿两侧腹肌和皮肤及腰椎骨在强行牵引过程中撕裂，牵出双头畸形胎儿。活着双头母犊体重 48 千克，无阴门，其他无异常，数分钟后胎儿死亡，产后母牛正常，检查产道及子宫无有出血创伤。据检查，双头胎儿各部分正常，从胸椎前端部与颈椎后部，开始两个颈椎和两个头骨，索状部及板状部均正常，其他全身体表和骨骼无异常。消化道，从喷门至四个胃到幽门及小肠、大肠至肛门均正常，喷门上部有一个管道，在管道中有两个通道，通过横膈膜延长到胸腔分为两个食管延长喉头。两个心脏，一大一小，后腔静脉一根血管，胸主动脉一根，后腔静脉管靠近各自心脏，分为两根血管，胸主动脉靠近心脏分为两根血管进入心脏，臂头动静脉总于和肺动脉延长到两个肺和两条动脉。两个肺，两个气管。喉头到肺门及尖叶、心切迹、心叶、膈叶正常，在喉头气管部门有附加很小肺叶组织。在体表检查除阴门闭锁外，内外生殖器官正常。

注意事项

无论哪种难产都应准确判断，确信胎儿生命无法保住时，为确保母牛安全，应迅速而正确地进行胎儿截除术，并避免损伤母牛产道及生命。

在难产时间较长，母牛努责强烈，一时难以整复时，可适量给予如静松灵、846等麻醉药，以利于助产工作顺利进行。

难产整复时间较长，羊水流失过多，产道干涩时，可将液体石蜡或豆油用手带入产道加以润滑。

产后对于产道有划伤或体温升高母牛，适量给予止血药、抗生素及镇痛药。当母牛有休克或心衰时，可给予肾上腺素强心，加入少量钙制剂以增强体质，减少子宫渗出，并起到止血作用。

颈口不全的难产

对于奶牛子宫颈口开张不全引起的难产，可采取的助产方式：在临床治疗上，有用己烯雌酚药物或2%盐酸普鲁卡因药物封闭的方法，但就这两种药物在奶牛子宫颈口开张不全助产效果上，2%盐酸普鲁卡因奏效迅速。在初产奶牛产道狭窄及经产奶牛胎儿过大的难产中，亦为奶牛助产的理想药物。

有一奶牛分娩第二胎，膘情一般，体格中等。当天中午12时，发现有分娩症状，表现不安，13时已有羊水流出，产道触诊子宫颈口开张一拳头大，手伸入子宫颈内，有一蹄底向下的肢蹄，另一前蹄腕部屈曲，蹄顺利矫正，欲意任其自行分娩。大约30分钟后，此牛仍有努责，但不见肢蹄露出；检查该牛的子宫颈口较前无大变化，注射己烯雌酚20毫克，16时检查该牛子宫颈口时，仍未见扩张。于是，决定用注射器将2%人用盐酸普鲁卡因12毫升吸储，并用一次性静脉胶管40厘米，连接12号针头，用另一头连接在注射器上；用食、中两手指夹住针头，缓慢进入阴道内，在子宫颈口缘做三点药物封闭，每点刺注2%盐酸普鲁卡因3~4毫升，约10分钟子宫颈口完全张开，随之人工牵引胎犊，随母牛的努责，将胎犊拉出，产出的胎犊正常、健壮。

骨盆不适的难产

对于骨盆大小不相适引起的难产，可采取的助产方式如下。

胎儿过大时助产。在施行拉出胎儿用力不要过大，强行拉出胎儿时，必须事先灌注大量润滑剂于产道内。胎儿过大造成的难产时，亦可用2%盐酸普鲁卡因阴门深部封闭注射，每点10毫升，10分钟后人工助产牵引胎犊，阴门不易发生撕裂，胎儿产出顺利。实践表明，应用此法对胎间距和受胎率无不良影响。

双胎难产时助产。可先将母牛四条腿分别用产科绳缚起来，然后将下面的胎犊推进子宫，将上面的胎犊拉出后，再检查并拉出另一胎犊。

子宫扭转的难产

子宫扭转是指整个怀孕子宫或一侧子宫角围绕自身的纵轴发生扭转而引起难产，此类难产约占难产病例的5%~7%；多见于舍饲母牛，一般发生在母牛妊娠末期或产前几天。

奶牛逆时针子宫扭转的发生率远高于顺时针扭转，有34%的子宫扭转为子宫颈前扭转。患牛多数是经产，且营养良好。子宫扭转的症状：临产母牛有分娩预兆，表现不安，时有努责，不见胎儿或胎膜露出阴门外。有的乳房及阴门水肿较前明显减轻；部分病例见阴唇皱缩，或阴唇肿胀歪斜。表现起卧不安，后肢踢腹、磨牙等腹痛症状。妊娠期扭转，母牛腹痛则更明显。病重者因子宫阔韧带撕裂或子宫破裂而表现眼结膜、口腔黏膜、乳房皮肤苍白等内出血症候。

阴道检查：阴道及子宫颈黏膜呈紫红色。阴道壁紧张，呈或大或小的向左向右螺旋状皱襞。阴道腔越向前越窄，当扭转小于360°时，子宫颈口仅稍开张并向一侧偏斜。当大于360°时，颈管即封闭。

直肠检查：子宫体扭转处比较坚实，一边十分紧张甚至呈索状。常见的扭转介于90°~360°。

子宫扭转诊断：进行阴道检查，手背贴住阴道壁，感觉阴道变得狭窄，且越向前越窄，手伸入后可以感觉到阴道壁扭转，并可判定扭转方向和程度。有时阴道检查，感觉阴道壁高度紧张，阴道壁向左侧有螺旋状紧张感，子宫颈下沉，子宫颈口开张5指。直肠检查子宫颈向左侧偏转，触诊判断扭转360°左右，直肠检查手可触摸到胎儿无法搬动。

子宫扭转病因

在妊娠后期，胎儿迅速增大，致使子宫向前、向腹下垂，游离的子宫前部可大幅度移动，从而易使子宫颈和阴道前部发生扭转。

牛起立时是后躯先起，卧下时是前躯先卧。这时牛在起卧时内脏发生前移，子宫在腹腔内呈现悬垂状态。因此，当孕牛急剧起卧并向一侧倾斜时，由于惯性的作用，子宫就会向左或右侧扭转。

奶牛剧烈奔跑、跳跃等使母牛围绕自身纵轴发生剧烈转动，都可能导致子宫扭转。

奶牛分娩前，产房过度拥挤或不慎跌倒，可能引发子宫扭转。

怀孕末期，胎儿过大、胎水过少、子宫在网膜外，分娩第1阶段晚期或第2阶段早期逐渐增多的胎儿活动，增加子宫的不稳定性。

经产母牛是子宫扭转的高发群体。据国外107例扭转病例表明，母牛小于3岁的占38.8%；3~5岁的占30.8%；大于5岁的占30.8%。这说明随着胎次的增多，母牛子宫的阔韧带较年轻牛松弛，可能是经产母牛发病率高的组织学原因。

对于子宫扭转引起的难产，可采取的助产方式如下。

对轻度扭转的可在直肠内抓住肢体某部位向扭转反方向搬动，有时可使子宫复位。

可采用剖腹而不切开子宫，手抓住子宫内胎儿的某部位向反方向推动或搬动使其复位。

如果患牛子宫扭转程度较轻，可采用翻转母体矫正术治疗，其操作步骤如下。

首先使患牛右侧卧地，将前后肢分别捆缚一起，两前肢腕关节弯曲，同时用草将后躯垫高约30厘米。再由4名助手，分别拉住患牛头部及前后肢，同时用力，将患牛经背部，向另一侧快速猛力翻转，然后进行阴道检查，如未见改变，可按上述方法又翻转一次后，如检查阴道发现皱褶消失，说明子宫复位。

注意事项

翻转母体矫正术应在软地上进行，母牛子宫向哪侧扭转，哪侧腹壁着地，把两前后肢分别绑缚好，前肢向前拉，后肢向后拉，后肢用一人抬起，准备好后，两前后肢同时快速拉起，将母牛翻成对侧卧，翻转完后，进行产道检查，确定是否继续翻转，如需继续翻转应将母牛慢慢拉回原位，再行翻转。

操作时应让母牛横卧于前低后高有垫草的场地上，以减少腹腔其他脏器对子宫复位时的阻碍。随时配合直检和阴检子宫是否复常，以免无谓的翻转。翻转患牛时，几名助手动作要一致，一次不成，可重复几次。翻转母体法简单易行。

临产母牛子宫扭转影响分娩，要早发现、早治疗，并正确处理。临床检查要认真，只有正确诊断扭转方向才能进行治疗。

如胎儿过大，用该法经过几次处理后，效果不佳时，可能是子宫壁水肿、粘连等应立即改用手术治疗。

子宫扭转的助产

子宫扭转是指妊娠奶牛整个子宫或一侧子宫绕其纵轴发生扭转，可造成奶牛分娩困难，甚至危及母牛、胎儿的生命。

子宫扭转多发生在奶牛的妊娠末期，奶牛急剧起卧和移动腹部，突然跌倒或滑倒，腹部悬垂和摇摆，跳跃牛栏或长途运输而造成强烈的胎动和子宫过剧的阵缩，而后期增大的子宫角垂入腹腔，其子宫角大部分未被子宫阔韧带固定呈游离状态而引发本病。

患牛表现站立不安，回头顾腹，后肢踢腹，频频举尾，努责剧烈，粪尿量少。虽然出现分娩，但未见羊膜囊、尿膜囊和胎儿排出，食欲废绝，脉搏呼吸增加，精神沉郁，体温正常。

用消毒液清洗阴门，戴一次性消毒塑料手套进入产道检查，发现阴道腔变窄，呈漏斗状，深处有螺旋状的黏膜皱褶，90°扭转时，能触摸子宫颈，180°扭转时，只能勉强伸入手。如在子宫颈前扭转时，阴道变化不明显，直检可摸到子宫体上扭转的皱褶和紧张的子宫壁。

助产前，先采取尾椎硬膜外腔麻醉来缓解母牛难产的过度紧张与里急后重。

麻醉部位：一手举起奶牛尾上下晃动，另一手的指端抵于尾根背部中线上，可探知尾根的固定部分与活动部分之间的横沟（即在第一、第二尾椎间隙），在横沟与中线的交叉点剪毛、消毒，选用37.5厘米长的18号无菌针头垂直刺入皮肤，然后针头稍向前方做40°~60°的角倾斜，向前下方刺入3~4厘米，深入硬膜外腔，稍退针头，接上注射器，回抽无血时即可注入3~6毫升2%的利多卡因，以缓解难产中的过度紧张，使之保持站立，便于难产过程中术者的操作。注射完麻醉药后，取出针头。

对于子宫扭转90°的助产方法：外阴部消毒，术者手臂及产科绳消毒，术者带一打好猪蹄扣产科绳，固定在犊牛前蹄的蹄冠上，再带一打好猪蹄扣的产科绳，固定在犊牛前蹄的蹄冠上，再带一打好活扣产科绳通过胎儿口再绕到胎儿两耳后，做一紧扣，先把两前肢牵引到阴门外不动，再牵引头部到产道中，最后到阴门外，之后，同时牵引三根产科绳，把牛犊直接牵引到体外。

对于子宫扭转180°以上的助产方法：外阴部消毒，术者手臂及产科绳消毒，然后手臂顺着扭转子宫的皱褶到达子宫内，撕破羊膜囊，摸准两前肢的位置和犊牛头部的位置，退出手臂，带上一打好猪蹄扣的产科绳进入子宫内，把产科绳固定在犊牛一前肢的蹄冠部，牵引产科绳把一前肢牵引到子宫外，这样通过犊牛前肢由细到粗产生向四周的扩张力作用，把子宫颈口扩大，也就是使扭转的子宫向回转些，再送该前肢回到子宫内，用手带上另一根消毒的打好猪蹄扣的产科绳，固定在另一前肢的蹄冠上，同时再带上第三根系好活扣的产科绳，把它由犊牛口绕到犊牛两耳后，拉紧该绳，由助手牵引防止脱扣。先牵引两前肢到阴门外，这样靠两前肢由细到粗产生向四周的扩张力，把扭转的子宫往回扭转复位，使子宫颈口扩大。把两前肢牵引到阴门后，再把两前肢的肩胛部分送回子宫，前臂部分留在产道中，这样留出一部分空间，再牵引头部的产科绳，容易把头部由子宫牵引到产道中，然后再牵引两前肢产科绳，把两前肢牵引到阴门外后，再把头部牵引到阴门外，同时牵引三条产科绳，把整个牛犊牵引到阴门外。

对于倒生的犊牛，采用两条产科绳固定住两前肢后，就可以把整个犊牛牵引到阴门外。子宫扭转超过 180° 以上的，方法同上牵引两前肢的操作。倒生的犊牛可以直接牵引两后肢就能把整个犊牛牵引到母牛阴门外，无需固定头部。

注意事项

对犊牛做常规护理，母牛产道涂抹甘油，并常规输液补充能量及预防感染。

尾椎硬膜外腔麻醉时，如果麻醉药剂量过大，会使患牛站立不稳趴下，影响助产。所以麻醉药剂量必须小而准确。

在进行子宫扭转恢复术固定胎儿头部时，产科绳一定要固定在犊牛耳根后和口腔上下颌之间。

在子宫扭转超过 180° 以上，牵引出第一前肢后，准备牵引第二前肢时，一定要先把犊牛的头部用产科绳固定住，以免在牵引两前肢时，形成犊牛头颈弯曲，而造成犊牛头部后背沉入子宫角下。

犊牛倒生做牵引术前，一定要确定犊牛是正生还是倒生。

在实施前后肢牵引术时，一定用手护住犊牛蹄尖部，以免损伤产道及子宫颈口。

术后注意观察胎衣脱离和奶牛努责情况，防止子宫脱；给产道涂上碘甘油，给子宫内投入土霉素片，以防止产后感染。

子宫扭转的治疗

手术疗法。手术疗法对于治疗严重子宫扭转患牛有效。术前准备速眠新注射液。以每100 千克体重肌注 1 毫升速眠新进行全身麻醉，待患牛进入麻醉状态后侧卧保定，尾拴于一侧。用手按压腹壁，感觉胎儿的位置以决定切口的定位；术部剃毛消毒后，在预定切口处用0.5% 盐酸普鲁卡因局部浸润麻醉。切口平行于乳静脉，长 30~35 厘米。

手术时，依次切开皮肤、皮下组织、腹黄筋膜、腹直肌、腹横肌和腹壁，充分止血后，切口两侧用生理盐水纱布充分隔离，术者经腹壁切口将手伸入进行腹腔探查，感受子宫扭转的方向和扭转程度。对于扭转角度小、胎儿不大且腹内压小的患牛，术者和助手手臂充分消毒后，用浸透生理盐水的灭菌大纱布将子宫体充分包裹后，用力将其复位。对于子宫能复位且子宫颈口开张完全的，另一助手将手伸进产道来进行助产可将胎儿取出。对于胎儿大而子宫不能复位者，必须进行剖腹产手术。

剖腹产手术：切开腹壁后，将切口两侧用灭菌大纱布充分隔离，再用大块灭菌创布包住覆盖于子宫体上的大网膜，用力向上推以充分暴露子宫体。将子宫体充分暴露后，再用灭菌大纱布将子宫体周围塞紧使子宫充分显露。切开子宫浆膜层和肌肉层，使胎膜充分向外突出；用手术刀将胎膜戳破后，助手立即用舌钳夹止血并固定子宫壁使其外翻，使胎水尽量排出体外。术者手握胎儿前肢或后肢，缓慢拉出；充分剥离胎衣后，用大量青霉素生理盐水冲洗子宫，宫内放入 2 克土霉素原粉。助手将两侧子宫壁对齐，术者迅速用 1# 肠线进行子宫壁全层缝合；缝合完毕，用大量青霉素生理盐水冲洗子宫，消除血凝块，再用 1# 肠线连续伦巴特缝合子宫壁浆膜 – 肌肉层。缝合完毕，充分冲洗腹腔，助手将手伸入产道帮助术者将子宫复位，常规闭合腹腔开口。

术后注射 10% 葡萄糖酸钙 500 毫升，同时大量补液，配合青霉素 160 万单位 × 30 支、维生素 C2 毫升 × 20 支、庆大霉素 8 万单位 × 25 支。从术后第 2 天开始，连续静脉注射 7 天广谱抗生素，并根据患牛体质和手术出血量进行强心、补液。禁饲 48 小时，待出现反刍后给予少量优质饲草。适当运动，使其尽快恢复胃肠机能。术后第 12 天拆除皮肤缝合线。

扭转的剖腹矫正

按剖腹产的常规术式打开腹腔，手按子宫体摸到扭转处。判定清楚扭转方向，然后隔着子宫握住胎儿的某一部分，最好是腿，围绕子宫的纵轴向对侧转动，或术者在子宫一侧向下压而由助手在另一侧自下向上抬起。

在腹腔中转动子宫，直到触摸子宫扭转痕迹消失，子宫恢复正常为止。

如胎儿过大、胎儿腐败、子宫颈开张不全或子宫壁淤血、水肿变脆不能矫正时，应直接施行切开子宫取胎术。

注意事项

剖腹矫正术为不切开子宫以保持患牛繁殖能力的又一矫正方法。在子宫高度扭转且病程较长，子宫高度淤血、水肿、脆性增大的情况下，在腹腔中翻转子宫可能造成更大的损伤；子宫颈开张不全，子宫破裂，或胎儿已腐败膨大，即使在腹腔中翻转子宫也不能从产道中拉出胎儿时，不宜采用。

在其他矫正或助产方法不成功或无法进行时；对临床出现可视膜苍白，心率 120 次 / 分钟以上，疑有内出血倾向、子宫破裂以及胎儿高度腐败等高危病例；应在征得畜主同意并在认真说明情况后，及早进行剖腹取胎术，以解除扭转。同时采取止血、收缩子宫、补液、补糖、补钙等对症治疗、抢救。

成功的产道矫正可以降低手术难度，缩短产程，减少或避免患牛损伤、大出血等。

产力不足的难产

产力包括阵缩及努责。对于阵缩及努责微弱引起的难产，助产原则是促进子宫收缩，应用药物催产。可用垂体后叶素、催产素、己烯雌酚，皮下或肌内注射。

注意事项

应用催产药物，子宫颈必须完全扩张。若子宫颈未扩张，禁止使用垂体后叶素和催产素。

子宫颈扩张不全，可使用己烯雌酚，使用催产药物必须剂量适宜；剂量过大，往往引起子宫强直性收缩。特别是用垂体后叶素剂量大时，还能引起子宫颈收缩，对胎儿排出不利。

对牛在检查子宫颈全部开张，胎向、胎位和胎势完全正常，产道亦无狭窄现象

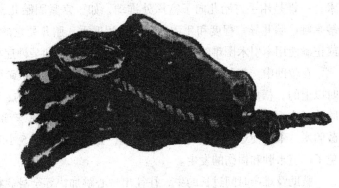

图 2-15　犊牛头部的牵拉

时，可按骨盆轴路线，趁母牛努责时，将胎儿拉出（图 2-15、图 2-16）。

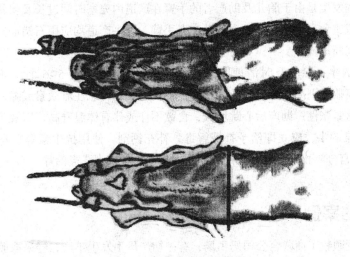

图 2-16　犊牛的正确牵拉

难产救助时须知

难产救助是一项细致工作。先要做好详细的检查和准备工作，要分清难产的原因，及时采取相应的办法。助产时不可粗暴，胎衣不下时要及时处理，严格消毒；在截肢过程中要注意切开的位置，尽可能避免把器械带入阴道及子宫，以防不慎造成损伤，一般可采用把切口

切在阴门外，然后用手指钝性剥离胎儿的皮肤直到所要截肢的部位，再采取直接牵拉肢体，在其骨骼肌肉与胎体钝性分离，拉出产道。

要注意将胎儿推回子宫，改变胎位时把皮肤切口边的毛及血污物清理干净后，方可送入子宫内。在助产结束胎衣下来后，常用35~40℃ 1%盐水5 000~10 000毫升，反复冲洗母牛子宫，直至排出液透明时为止。最后向子宫内注入溶于20~30毫升生理盐水的青霉素500万单位、地塞米松10克、庆大霉素40万单位。

母牛难产，多数为复杂难产，故胎儿存活不多，如强行矫正、牵引，会拖延助产时间，造成产道的水肿和损伤，临床上，通过一推、二触、三拉、四认症的方式确定是否施行截胎术：一推是用手将胎儿向子宫深处推动，如子宫紧固胎儿，推回困难，倒不出空间的；二触是触诊胎儿异常程度和死活，如异常程度重、胎儿死亡的；三拉是用手拉矫正十分困难，或正确使用牵引术困难的；四认症是指在临床上遇到某种症状的难产，则可定施行截胎术。

在救助中，避免无效劳动。如头颈侧弯，腕关节已被牵引在阴门外，难产时间超过3小时以上的；横胎向难产被助产过，时间超过2小时以上的；倒生时被牵引过，胎儿死亡的；胎儿过大牵引困难的；胎儿畸形，增大了胎儿直径的；产道已严重水肿的。由于及时使用截胎术，不仅使难产助产时间大为缩短，大多数病例1.5小时左右即可完成，从而减少或避免了产道水肿和损伤的发生。

救助及难产时间过长的牛，往往出现心跳加快等全身症状。为了提高母牛对难产的耐受力，对脉搏在100次/分钟以上的牛，一般均应在助产的同时，采取强心、补液、解毒等措施，以保证助产的顺利进行。

产道水肿的发生是由于胎儿及助产者的手臂在产道内充塞时间过长及粗暴地助产所引起的。为了减少或避免产道水肿的发生，助产者手臂、母牛产道均应用石蜡油充分润滑，同时避免助产时不间断地操作。

对助产后的牛，除应及时清理胎衣外，子宫内放氯霉素栓5~6个，每日一次，连放2~3天；胎衣腐败或剥离不全，以及恶露排出不畅的牛，可肌注雌激素或缩宫素，以加速其排除和恢复子宫紧张性。助产后心跳增数，食欲不佳或伴有体温升高，以及子宫可能发生如胎衣腐败等感染的牛，应立即给予补液解毒，补充钙剂，使用抗生素等全身治疗。在产后7~14天发现子宫分泌物中含有脓汁的，应立即按产后子宫内膜炎治疗。

难产救助的案例

案例一 抚顺牧工商联合公司奶牛场，有一初产母牛发生难产，经采取胎儿截断术，使母牛化险为夷，减少了经济损失。该母牛481日龄配种后妊娠，怀胎285天后分娩时发生难产。胎儿的两前肢外露于阴门外，而胎儿的头部未进入产道。术者将胎儿两前肢推回子宫内。然后，将胎儿头部牵拉出母牛阴门外，由术者对胎儿头颈施行截断术，最后将胎儿两前肢拉出、将胎儿残体牵引出产道。母牛术后用青霉素800万单位、链霉素1000万单位、安痛定100毫升，混合后肌注，每日1次，连注7~10天，直至炎症消除为止。用10%葡萄糖注射液2 000毫升、复方氯化钠注射液2 000毫升，再加入磺胺嘧啶500毫升，维生素C100毫升，混合后静脉滴注，每日1次，连注3天补液。还可用10%氯化钠注射液500

毫升静脉滴注 1 次补液。

注意事项

加强对母牛难产后的治疗与护理，让术后母牛多采食饲草料，多饮温水，勤换垫草，直到炎症消除、康复转归为止。

青年母牛应在体重达到 350 千克以上参加配种，并选用体型较小的种公牛的冻精，从而使胎儿的初生重相对减少，便于初产母牛顺利分娩，以降低母牛难产的发生率。

案例二 南京一国营奶牛场有 1 头中国荷斯坦母牛，3 岁，4 月生产第一胎。同年 6 月 10 日晚发情，6 月 11 日早 8 时 1 次配种受孕，预产期为次年 3 月 21 日。结果到次年 1 月 19 日上午发现该牛不食，诊断为真胃左侧变位，经保守治疗无效。考虑到该牛重胎，决定手术整复。21 日下午手术，按常规保定麻醉及打开腹腔，见真胃充满气体，夹在瘤胃左前上方与腹壁之间。术者在腹腔中探查，子宫膨大占据整个腹腔右侧的大部，手感有胎动。因胎儿不足月而未动胎儿。但在术者回送固定真胃时，手臂及手均感到压力较大。真胃左侧变位固定手术总算顺利，10 天后拆除固定线和缝线后，母牛精神好转、痊愈。随之干奶而进入干奶期饲养管理。3 月 18 日，该母牛出现分娩征兆，精神不佳，不食不饮，无大便，小便正常，腹围膨大，时有间歇性努责，但不见胎膜胎儿外露，外阴流出少量血水。临床检查：病牛精神沉郁，眼球凹陷，结膜发绀，鼻镜干燥，腹围膨大，其下部两旁高度扩张；站立时，低头伸颈，四肢外展，回头顾腹，两后肢骚动不安。体温 38.6℃、心跳 102 次/分，不反刍，不饮不食，呼吸浅而快，心音弱，瘤胃蠕动音消失。产道检查：手不能伸入子宫颈口，产道壁上呈螺旋状皱褶。直肠检查：有少量稀粪，腹内压大，触及子宫上浮，波动明显，有胎动，手感子宫扭转明显。

救助过程：鉴于母牛全身症状较重，不食不饮，故采取强心、补液对症治疗，并肌注抗生素。矫正子宫扭转采取常规放倒母牛，翻滚母牛，以母牛子宫的自重迫使子宫扭转得以矫正。矫正子宫扭转后，按规定肌注缩宫素和己烯雌酚等药物人工引产。注射引产药物后 6 小时，有大量黏稠胎水排出，母牛频频努责。产道检查：子宫颈口已正常开张，胎膜未破，用手撕破胎膜后，有多量淡黄白色黏滑羊水流出，手从胎膜口处伸入，摸到两前肢及胎头。用产科绳缚住两前肢，术者用手扶正胎头，使胎头在牵引时不往后仰，助手牵拉产科绳将胎儿引出。只见胎儿仅有头、前后肢、骨盆及背部有皮肤覆盖，胸腹腔裂开，内脏器官裸露，两肾脏、脾脏和胆囊异常发达，两前肢正常，两后肢畸形自膝盖骨以下短缺。胎儿为公犊，取出时已死亡，畸形胎儿体重 26 千克。约 15 分钟不到，母牛又出现努责，阴门外出现一囊状物。经检查，确定另有一胎儿，露出胎膜，用手撕破胎膜，流出的羊水色与量均正常。经再次助产，产一正常母犊，体重 34 千克。母牛经 5 天补液及抗菌处理痊愈。

注意事项

该牛 1 月 19 日出现真胃左侧变位，可能与胎水过多有关。膨大的子宫占据右侧腹腔大部，顶托与压迫真胃使之发生左侧变位。

该牛胎水过多可能与双胎或其中之一为畸形有关。这是造成尿水量大的直接原因。

胎水过多，导致子宫膨大，占据腹腔大部，压迫胃肠道，消化受阻，压迫心肺，影响呼吸和血液循环，造成母牛全身症状恶化。

难产死犊截除术

奶牛分娩时，胎犊正生率占95%以上。这就决定了绝大部分难产是正生难产，倒生时难产发病率虽高于正生，但其发病概率很低。

在正生难产中，发病率最高的是头颈姿势异常，其次是胎犊过大和母牛产道狭窄，胎位和胎向异常也时有发生；前肢姿势异常虽比较多见，但易矫正。

在难产发生的早期、障碍产出的程度不大和难产奶牛全身状况良好时，依靠矫正术消除异常，可变难产为顺产。

难产奶牛，多半是经现场助产无效而后转复杂重度难产，故其病程长、死胎多、性质复杂、程度重剧，软产道高度肿胀而变得狭窄、涩滞，全身状况危重，有的甚至不能站立。

奶牛难产到了这种地步，虽不能排除施行矫正术，但单纯依靠它往往不能奏效。其原因在于：一是进入产道内的两条正常前肢几乎占据着变得狭窄的软产道，妨碍对异常头颈等的矫正；二是助产者的手臂被夹得酸痛麻木而不得施展；三是继续拖延时间和刺激产道，可能导致患牛心力衰竭而丧失助产时机。实践证明，对此选择剖腹取胎术来解除难产，固然简单易行，但患牛术后几乎全部导致不孕；此时倘若解除进入产道内的一个或两个正常前肢，自然就能为下一步矫正异常的头颈等创造良好的条件。对此依赖皮下法前肢截除术可挽救难产奶牛生命，并保全其繁殖力。

截除术的适应症：

经矫正无效的重度头颈侧转、头颈下弯、头颈扭转；

胎犊仰卧于子宫和产道内的下胎位；

胎犊侧卧于子宫和产道内的侧胎位；

胎犊横卧于子宫内四肢进入产道的横腹向裂腹畸形；

胎儿过大、产道狭窄。

实施截除术的器械有：隐刃刀1把，剥皮铲1把，切皮刀1把，助产绳2根，结实的木杠或木扁担1条。

操作步骤如下。

第一步，分离皮肤。在欲截除前肢的系部拴以助产绳，由助手牵拉，以保持该肢紧张，便于操作。从球节上方于掌部的背侧和掌侧用隐刃刀将皮肤各作一横切口，并先后将剥皮铲从两切口上角插入皮下，围绕前肢依次向纵深推进，直到分离腋窝及肩臂各部的皮下筋膜，使皮筒呈游离状态。

第二步，切开皮筒。用切皮刀或隐刃刀纵长切开皮筒，并在掌部环状横断皮肤。

第三步，除掉前肢。把两条助产绳分别系于球节和腕关节上方，并将两绳的游离端并行系于木杠或扁担中央，杠或扁担的两端各由2~3个人持续，用力拉牵不要顿挫，可把整个前肢骨骼连同肌肉牵拉下来。

第四步，矫正异常。截除一前肢后，产道内便腾出了一定空间，变得比较宽敞，并且缩小了难产死犊肩胛围的容积。于是可试行矫正胎犊头颈姿势等异常；如仍有困难，须按同样方法截除另一前肢，为矫正术创造出良好的条件，在短时间内可消除障碍产生的异常，变难产为顺产。

第五步，拽出胎犊。矫正和消除障碍产生的异常与拽出牛犊往往是一个连续过程。如矫正了各种头颈姿势异常之后，继续牵拉前置的头部，就可将胎犊拉出产道，由胎位异常和腹横向造成的难产也是如此。但在胎犊过大或产道狭窄时，在截除两个正常前肢之后，尚需采用胸廓截除术、内脏摘除术、骨盆截半术，方能将难产死犊肢解成若干部分而先后分别取出。

注意事项

胎儿过大、胎儿畸形，正确使用牵引术无效；头颈侧弯较重如不能触到口部，且子宫紧固胎儿，推动困难的；其他胎势、胎向异常，矫正困难，或有可能损伤子宫及产道的，均应立即施行截胎术，尤其是胎儿已死亡，不必再做矫正术，应果断截胎从速取出胎儿，对胎囊早破，子宫颈开张不全的，如强行牵拉，子宫颈有撕裂的危险，需等待 1~3 小时后再助产，并向子宫内灌注润滑剂，试行牵引。

头颈侧弯，如矫正困难且胎儿死亡，用剥皮法截去一前肢或两前肢，再矫正胎头；如胎儿较小，也可用胎儿绞断器绞断颈部，再分别取出。

胎儿过大，应首先用剥皮法截去一前肢或两前肢，以使头部和肩胛部缩小，亦可用胎儿绞断器施行胎头截半术。当胎儿骨盆围产出受阻时，施行腰部横断术和骨盆纵断术，再分别取出。

胎儿过大且伴有胎势异常时，可根据不同情况，参照上述截胎方法进行。

坐生或一侧髋关节屈曲，如矫正或拉出困难时，用胎儿绞断器从髋关节部绞断，一般情况下只要截掉一后肢，通常都可拉出。

肩关节屈曲不能被拉出时，应用胎儿绞断器从肩胛关节部绞断，如从臂骨中部绞断，应在拉出胎儿时，注意保护残留骨端，并推骨端向子宫方向，以免损伤产道。

对难产奶牛，能站立者尽量令其站立保定，后方用铁管托住股部，以防下蹲。不能站立者，可用草袋垫高后躯，以减轻腹压。

注意保护和润滑产道，严格消毒；助产后采取严密措施防止子宫感染，如向子宫内放氯霉素栓，肌注雌激素或缩宫素等，产后监护 7~10 天。对疼痛敏感和努责十分强烈的牛，可采取荐尾硬膜外麻醉。

救治难产奶牛施行截胎术时间，最短 40 分钟，少数复杂难产达 4 小时。奶牛难产后救助，如果严格采取监护防治措施，其产后子宫内膜炎发病率可降低到仅 14%。

难产牛的剖腹产

在牛的养殖中，轻微难产可进行人工助产。对母牛的重症难产，剖腹产术是其有效解决方法。

剖腹产术主要用于胎儿过大，胎位异常且矫正比较困难及子宫颈口开张不良和产道狭窄等引起的难产病例。在多数情况下，见母牛频频努责、不断起卧，阴门外仅挂有部分胎膜或不见任何东西；临产检查可见子宫颈口开张不良或骨盆等产道畸形或狭窄，胎儿不入盆等临床症状。

难产牛剖腹产步骤如下。

准备手术器械，并用新洁尔灭溶液浸泡消毒；用温肥皂水将牛术部毛浸湿并用刀片刮除，再用清水冲洗、碘伏消毒。

用5%的盐酸普鲁卡因或用静松灵，对母牛进行腰旁神经干传导麻醉或使用脊膜外腔神经传导麻醉。麻醉后母牛只需站立保定或侧卧保定，使其充分露出腹壁。

用消毒过的大块纱布作创巾，并用止血钳或创巾钳固定。

在左肷部沿腰椎横突处向下切开腹壁，按肌纤维的方向钝性分离肌肉。切开腹膜，将手沿腹膜伸到腹下，轻轻握住一侧的子宫角拉出子宫。皮肤切口和子宫之间用灭菌纱布填充。视胎儿的大小沿子宫角大弯避开胎盘子叶切开子宫，取出胎儿，再用消毒纱布吸干子宫内液体。

在整个切开过程中，如遇较大的血管出血，可用肠线进行结扎止血，如小血管或毛细血管出血，可用灭菌纱布压迫止血。彻底止血后，用温热的加有抗生素的生理盐水，将术部及周围的血凝块和胎水冲洗干净。

将油剂普鲁卡因青霉素10毫升放入子宫内，避开胎衣用肠线连续缝合子宫壁后，将子宫放回腹壁并复位。再用油剂普鲁卡因青霉素10毫升放入腹腔内，用肠线连续缝合腹膜和腹直肌，最后用丝线连同肌肉层结节缝合皮肤。

手术后，只需将母牛单独隔离饲喂，愈合期内不宜饲喂太饱，给予营养丰富且易消化的饲草料，无需特殊护理。

注意事项

剖腹产术的全过程，应严格按外科要求进行，在取出胎儿后缝合子宫前，应对术者和术部进行二次消毒。

皮肤切口稍微比腹膜切口稍大，以便于完全缝合腹膜。为减少对子宫的人为损伤，在缝合子宫之前一般无需对胎衣进行剥离，任其自然排出。在缝合子宫和腹膜时应避开胎衣和肠管，以免造成人为肠梗塞和胎衣不下。

皮肤切口应尽量靠前、稍离髋关节部，以降低因运动而造成对创口的拉扯，否则不利于创口的愈合；同时也可减少创口的疼痛而影响活动。另外，在对牛进行脊膜外腔神经传导麻醉时，应掌握好麻醉药物的剂量。药量不足会影响麻醉效果；药量过大，在手术过程中常造成牛只站立不稳或卧下，影响手术的顺利进行。

在左腹侧作切口，受到肠管和网膜的妨碍相对较小，而且切口相对较靠近上腹部，故造成肠管脱出和腹壁疝的机会较少。

拉出子宫后才切开子宫，同时在皮肤和子宫之间用灭菌纱布填塞可避免子宫内容物流入腹腔，可减少腹膜炎的机会。在缝合子宫和腹膜前，向子宫和腹腔内倒入油剂普鲁卡因青霉素，以减少局部的炎症、粘连的发生。

剖腹产术的过程比较简单，只需2~3人进行，一般30~60分钟即可完成。

早产弱犊的救助

在奶牛生产中，经常发现有容易夭折的早产胎儿和生命力弱的新生犊牛。早产和弱犊牛类型：

一为病理性。由于多种病原侵袭，使母牛感染发病而引起胎儿死亡、流产、畸形、早产。还有由于遗传因素、近亲繁殖造成的死胎和弱胎。临床上还偶然见到一些不明原因的机能障碍、四肢痉挛、昏睡不醒等神经症状的脑性疾病的弱犊，这种类型多为不治之症。

二为营养性。由于饲养不合理，营养失衡，体内蛋白含量不足或矿物质元素、维生素缺乏引起的繁殖力降低，胎儿发育不良，新生犊牛体重较轻、生病力不强，甚至发生早产。这种类型只要精心救护，大部分早产弱胎都可获得新生。

三为机械性。饲养管理不良导致妊娠后期发生早产，如妊娠期间吃了霜打的牧草，受到鞭打、惊吓或错误的妊检诊断。

早产和弱犊牛病态

① 不能站立。新生犊牛脱离母体后两小时还不能自行站立，或在人的搀扶下勉强站立起来不久又摔倒。其表现为精神倦怠、眼光无神、头耷耳低，蜷缩一团。有的表现姿势张力丧失、四肢游动、肌肉震颤、瘫卧在地。

② 反应迟钝。站立时四肢不稳、盲目碰撞，母牛在身边时也找不到奶吃，严重时瘫卧不起，吸吮反射微弱或消失，两眼半睁半闭、瞳孔大小不一、对光反射不敏锐。

③ 机能紊乱。由于持续性的丧失体力，全身系统检查出现明显的不良征兆，可视黏膜苍白或黄染、心搏动浮数、心音杂乱、鼻孔煽动、肺扩张不全、四肢冰冷、口舌发凉、皮温不整，体温常在37℃以下或测不出体温。

救助步骤

① 确定早产和弱犊的救治价值，如属于中枢神经调节不良的，或是由于母牛疾病所产的早产或弱犊，或是近亲效应所产的弱犊，均无治疗价值。

② 如是妊牛营养不足等致胎儿发育不良，所产的足月胎儿表现为体小、体轻、体弱、体衰，或是由于某种不良原因引起的妊娠后期早产胎儿，只要胎体基本成熟，心跳节律正常就有治疗希望。

③ 救助时，把早产或弱犊挪放在温室环境中，铺草盖被，经常翻动躯体，轻轻按摩。

④ 适时补充能量复合剂，注射药物组成是：复方氯化钠100毫升、25％葡萄糖40毫升、三磷酸腺苷二钠400毫克、注射用辅酶A100单位，1次静脉滴注。在抢救初期，每12小时用药1次，当机体状况好转时，每24小时滴注1次。

⑤ 有些早产和弱犊吸吮反射微弱，在综合救治基础上，经常反复用温热初乳汁湿润口腔，以诱导其尽快建立吸吮反射和哺乳能力。

⑥ 适时给弱胎犊牛补血。补血的适宜时间，应在输入能量合剂改变、延长注射时间的过渡时期。补血方法：静脉采取其生母血液100毫升，当即输入犊牛静脉内。另外在犊牛康复时期进行自家血疗法，第一次颈部皮下注射5毫升自家血，隔日再注射10毫升，对增强其自身免疫功能，促进康复，大有益处。

注意事项

听诊弱犊心脏，常显示着心动过速、无力，这本是全身机能不全的症候，不应认为是心力衰竭而给以强心剂治疗。

对于弱胎犊牛胎便停滞，继而发生肠膨胀，不可滥用泻药，而应少量多次哺喂初乳，或用100毫升温开水溶解冲调10克酵母粉1次喂服，每隔半小时进行腹部按摩1次。采用此法，大都能在1天之内可见排粪排尿，肠膨胀消除。

木乃伊胎的排出

有一些奶牛，按输精日期推算妊娠 7~12 个月，其胎儿木乃伊化，向其子宫注入氯前列烯醇 0.2 毫克 / 头。40~70 小时排出木乃伊。有的因木乃伊胎儿较大，用药后 24 小时直检，子宫有所回升，但卵巢上仍有黄体，48 小时再次肌注 0.2 毫克氯前列烯醇，再过 24 小时后排出木乃伊。

预防难产的措施

难产可使胎儿和母牛的死亡率升高，导致产后母牛繁殖能力和生产性能降低，造成很大的经济损失。奶牛难产可分为母源性和胎儿性难产，主要取决于产力、产道、胎儿三个因素及其相互关系。其中，胎儿过大是影响难产发生率的最重要原因，母牛初孕年龄、公母牛品种、胎次等对难产率的影响也很重要。积极预防和正确的接产方法可以减少或避免难产的发生。

后备牛的难产率是经产牛的三倍，占奶牛难产的相当大一部分。而配种过早又是导致初产牛难产的主要原因。过早配种受孕，母体尚未发育完全，容易造成产道狭窄而难产。过晚配种或久配不孕牛，不但终生奶产量少，而且年龄过大的母牛由于骨盆腔扩张性能降低而造成难产和胎儿死亡率升高。一般认为，荷斯坦和娟姗后备牛在 16~18 月龄同时达到成母牛体重 70% 时配种比较适宜。西门塔尔后备牛则要在 18 月龄以上才能给予配种。

胎儿体重是影响难产发生率的最重要的原因之一，特别对于后备母牛。因此妊娠 6 个月后，在满足妊娠母牛自身和胎儿的营养需要的前提下，适当控制母牛的营养摄入来减轻胎儿体重是减少难产的有效办法。中国荷斯坦牛初生重在 35~40 千克比较合适，小于 25 千克的犊牛成活率明显下降，高于 40 千克容易造成难产。

公、母牛品种都会影响奶牛的难产率。纯荷斯坦犊牛平均初生重 40 千克，其难产率是荷斯坦和娟姗牛杂交后代的 3 倍，后者的平均初生重 35 千克，即便是个体较小的娟姗母牛分娩个体相对较大的杂交后代也是如此。这是因为娟姗母牛比荷斯坦母牛有相对较大的骨盆腔的缘故。广州一奶牛场用娟姗公牛配荷斯坦后备母牛，有效地降低了荷斯坦初产母牛的难产率。

测量上下荐耻距 × 两侧髂骨距得出骨盆入口面积，是一种预测难产程度的有效方法。难产分数（CDS）等于骨盆入口面积除以胎儿体重。难产分数大时为顺产，难产分数小时为难产。荷斯坦牛在配种前难产分数大于 4.7 时为顺产，难产分数小于 4.3 时为难产。

用胎儿体重与母牛的体重之比可估测难产程度，标准是荷斯坦牛胎儿与母体体重之比不超过 1∶12.1，娟姗牛不超过 1∶14.6。如荷斯坦母牛体重为 500 千克时，胎儿体重应为 41.3 千克，超过这个体重则很有可能造成难产。

母牛分娩时应提供安静舒适的环境，不适当的环境或人为干扰可能造成母牛难产或使难产程度加大。胎儿排出前期母牛子宫颈口直径不足 5 厘米，过早牵引势必造成颈口撕裂。只有靠母牛自身努责将胎儿头部和两前肢排入盆腔后，且破羊水 30 分钟至 1 小时后不见进展再行牵引比较合适。另外，助产不及时，时间太长羊水流失，阴道干涩不利于胎儿排出。牵引应随母牛的努责而进行，且方向应与骨盆轴一致。胎儿头部和两前肢肩胛部、骨盆部三个粗大部位排出时应小心助产。头部排出阴门时助产方向向下约 45°，同时用手下压胎头；肩胛部通过产道时，两前肢一前一后交替向外成伸展状平行牵拉，骨盆部牵拉方向向下，应尽快拉出胎儿，这时胎儿髂骨容易压迫母牛后躯神经致使产后瘫痪，直至胎儿完全拉出为止。整个接产过程需要专人小心保护母牛阴唇，以防破裂。大多数难产病例一个人牵引即可成功，重复难产牵拉人数也不应超过 4 人，否则会造成母牛产道严重损伤。胎向、胎势不正的难产应矫正后再行牵引。对特殊难产应及时进行剖腹产或其他操作。

由于农业机械化，我国几千万头耕牛已逐渐转向肉用、奶用或兼用。从国外引进不少肉用、乳用和兼用牛品种，这些品种牛大都比我国本地牛体格、体重高大，与我国本地牛杂交后，常引起难产。根据预产期进行直肠检查。牛临产前半个月左右，胎儿将由妊娠胎位转换为分娩胎位，但其胎势、胎位、胎向的转换是否正常，只有通过直肠检查才能确定。如头前置时，在骨盆腔前沿或骨盆腔内，可触及胎儿头部；尾部前置时，可触及到胎儿臀部。为了及时准确掌握产前胎儿的变化，最好每隔 3~5 天检查一次，做到心中有数。

根据分娩预兆做好助产准备。母牛分娩前，产道松弛、扩张；乳腺发育，乳房增大，根据这些变化可以预测分娩时间，做好接产、助产准备。临产前 10 天左右，应经母牛转入产房，指派专人喂养护理。预测分娩期时，应注意重点：母牛分娩前 1~2 周，阴唇逐渐增大，充血，柔软松弛，皱纹消失，左右摆尾时，阴门易裂开，阴道黏膜潮红，卧下时更为明显。临近分娩时，母牛分泌初乳，乳房更大，乳头红润，表面呈现蜡状光泽、变粗变硬，胀大充奶。有的母牛临近分娩时，站立不动，会自动滴乳，卧下时因受腹壁挤压流乳更多。母牛临产前子宫颈水分增加变粗，松弛柔软。封闭子宫颈管的黏液栓软化，由浓厚黏稠变稀薄滑润，呈透明条状，流入阴道，排出体外。妊娠末期，荐坐韧带开始软化，分娩前 10~15 天，尾根两侧出现陷窝。临产前 3~5 天，陷窝明显增大。根据分娩预兆，助产人员应按常规要求，做好接产助产准备。

母牛分娩是一种正常的生理过程。一般不加干预或稍加协助，胎儿便可安全娩出。但助产人员必须监视和护理好仔畜。当胎头和两前肢露于阴门之外，而羊膜尚未破裂时，可立即撕破羊膜，使胎儿鼻端外露，防止窒息。母牛站立分娩时，应双手托住胎儿，以防落地甩伤。胎儿全部娩出后，应立即擦干鼻端液，并在距脐带 4~5 厘米处进行消毒结扎断脐。最好扯断，脐带残端容易干燥脱落。再擦干全身被毛或让母牛舐干。由于母牛骨盆的横径较小，比较狭窄，骨盆轴形成一曲折的弧线，加之胎儿反常等原因，因此，难产现象比其他家畜较为多见。

正生时，将食指伸入胎儿的口腔或轻拉舌头；倒生时将指头伸入肛门，最好能触到脐带，如有吸吮、收缩等反应或有明显的脐带搏动，说明胎儿是活的，助产时要保护胎儿。如胎儿已死亡，助产时不可顾忌胎儿的损伤。

综上所述，如遇母牛分娩时难产，应沉着应对，区别情况，予以救助，以减少不必要的经济损失。

正是：

十月怀胎喜临盆，节外生枝实难宁，

潜心研查施良策，母仔平安求双赢！

奶牛妊娠期满，属于顺产的为大多数，无需过多干预，任其自然产出。但是，为了慎重起见，以防万一，还是要做到——

第 **3** 章

顺产莫大意

分娩管理的细则

母牛配种妊娠后，推算其预产期，有助于安排饲管程序，以免临产期饲管错位而带来损失。母牛妊娠期一般为270~285天，平均280天。奶牛预产期受品种、年龄、气候、所怀犊牛性别、营养状况和饲养管理等因素的影响，故其产犊时间会提前或拖后，但误差不会太大。

计算预产期方法：月份减3；日五加4，三、四加5，七、十二加6，余加7。即配种月份减3，为预产月份。配种日是五月份加4天，三、四月份加5天，七、十二月份加6天，其余月份（一、二、六、八、九、十、十一）加7天，所得数即为预产日期。

注意事项

第一，月减三大于0，日加参数不超过本月天数。如5月1日配种，则预产期为翌年2月（5-3）5日（1+4）产犊；4月8日配种，则预产期为来年1月（4-3）13日（8+5）产犊；7月10日配种，则预产期为翌年4月（7-3）16日（10+6）产犊；8月15日配种，则预产期为来年5月（8-3）22日（15+7）。

第二，月减三小于1，日加参数不超过本月天数。1~3减3不够减或得0，则应先加上12再减3。如：2月2日配种，则预产期为当年11月（2+12-3）9日（2+7）产犊；3月4日配种，则预产期为当年12月（3+12-3）9日（4+5）。

第三，月减三大于 0，日加参数超出本月天数。日加上参数天大于该月份天数，则用这个天数减去预产月的天数，再进 1 个月，其余的天数即预产日期。若相减得 0，则不再进月。如：11 月 28 日配种，11–3=8（月），28+7=35，35–31（8 月份天数）=4（日），8+1=9（月份），则预产期为翌年 9 月 4 日。又如：11 月 24 日配种，11–3=8（月），24+7=31（日），31–31=0，则预产期为来年 8 月 31 日。

第四，月减三小于 1，日加参数超出本月天数。如：1 月 30 日配种，1+12–3=10（月），30+7=37，37–31（10 月份天数）=6（日），10+1=11（月份），则预产期为当年 11 月 6 日。又如：2 月 27 日配种，2+12–3=11（月），27+7=34，34–30（11 月份天数）=4（日），11+1=12（月份），则预产期为当年 12 月 4 日。

为保证正常分娩，确保产后母仔健康，要做好的工作如下。

① 母牛在预产前 15 天进产房，产后 15 天出产房。进出产房前应检查乳房和生殖道。产房每周消毒一次，产间及产床每天消毒一次。对临产前母牛应注意观察分娩预兆，适时送入产间待产。母牛以自然分娩为主，必要助产时按产科要求进行。发生难产时应在兽医指导下进行产道检查和助产。对产后母牛和初生犊应按要求饲养护理。

② 保证临产母牛饲草料的合理搭配，饲草料供给上相对稳定。

③ 安排好值班工作，临产前 3~5 天将待产牛移至产房。入房前要对产房彻底消毒，进入后产房要定期消毒。保持产房干燥、卫生、安静，铺好褥草，保护好乳房。

④ 接产前准备好肥皂、毛巾、酒精、碘酊、剪刀、助产绳及产科器械。备好缩宫药、止血药、抗菌消炎药、强心补液等，以备急用。当牛有临产征兆表现时，产房要有专人昼夜值班，观察牛的表现，任其自然产出。如胎水破后 1 小时以上不见胎儿露出，应查明原因，必要时助产。术者要对接产器械及手臂进行严格消毒。按助产程序要领进行助产。训练有素的助产者能使本来难产转变为顺产。产后母牛如继续努责，要及时检查是否双胎，如不是则立即将牛赶起，以防止子宫脱出或大出血的发生。如因产道损伤而引起努责、弓腰、排尿等现象，要用开腔器检查产道损伤情况，及时治疗处理，以防意外。

⑤ 一般在产后 3~12 小时内排除胎衣。要特别注意双胎牛胎衣排出是否完全。超过 12 小时仍未排除的可视为胎衣不下。对于胎衣不下的，应采取措施，使其尽早排出。办法如注射缩宫素等，引起子宫收缩，促胎衣正常排出。其次可向子宫内灌注 10% 浓盐水 1 000~2 000 毫升，以利于胎衣排出；也可向子宫内投入青霉素、链霉素等，制止腐败，使其液化后排出。手术剥离要在产后 24~36 小时内进行。密切注意排出的恶露颜色、气味、数量。防止母牛自食胎衣。

产犊时间的分布

据北京市长阳农场甲、乙两个牛场共 705 头分娩母牛为期 1~2 年的调查：甲场实行三次上槽三次挤奶，早班 7：00~10：00，中班 15：00~17：30，晚班 21：00~23：30。乙场实行两次上槽四次挤奶，早班 7：00~11：00，晚班 19：00~23：00。除早产、流产、难产外，记录各正常分娩的胎儿产出时间。结果显示，在甲场分娩母牛 291 头，日产犊时间出现 5：00~8：00，9：00~15：00，17：00~22：00 三个高峰期，其中以 9：00~15：00 产犊居多。

乙场分娩母牛 414 头，日产犊时间以 5：00~11：00、12：00~16：00 为高峰期。

分娩时间巧判断

准确判断分娩时间，在奶牛繁殖管理上具有重要意义。判断分娩时间，目前主要是根据预产期和观察临产征兆。预产期受品种、年龄、胎儿性别等多种因素影响；临产征兆的观察经验性很强，不易掌握，而且个体间差异很大，有些个体表现不明显。判断妊娠母牛分娩时间的方法有采用直肠测温法。一般观测，在母牛预产期前一周开始。系统观测，则在预产期前一个月开始。每天两次测温，上午 11 点至 11 点半，下午 5 点至五点半，每次测温均在牛上槽两个小时后进行。结果显示，妊娠牛分娩前 7 天平均体温为 39.18℃。而同期空怀牛平均体温为 38.79℃。分娩当天体温与以前任何一天的体温之间差异极显著，也可以看到分娩前第二天起母牛体温下降。最后一次测温距分娩时间，在 12 小时之内和在 12 小时之外，体温差异极显著，即后者明显高于前者。经产牛与初产牛分娩前七天的体温变化无显著差异。胎衣不下牛与胎衣正常排出牛的分娩前体温变化之间无显著差异，但是测温过程中发现，胎衣不下牛产后体温处于 39℃以上较高水平。待胎衣排出后才慢慢恢复正常；而胎衣正常排出牛，产后体温迅速恢复正常并稳定下来。

用临产征兆判断分娩时间不如用体温判断分娩时间准确：据三个月内共观察分娩牛 27 头，征候观察准确率 81.5%，体温检测准确率 100%。妊娠母牛分娩前一个月，体温已明显升高，直到产前第三天，达最高峰，从产前第三天到分娩，体温由高峰降至 38.81℃正常范围。妊娠母牛在分娩前的一周内，体温较高，平均可达 39.18℃；产前第三天达到高峰，平均 39.37℃；然后逐渐下降，至产前 12 小时降到 38.81℃，下降幅度为 0.2~0.9℃，平均 0.43℃，过后开始分娩。用体温检测来判断分娩时间十分可靠，可以作为计算预产期和观察临产征兆方法的补充。对牛群适当调教，产前检测奶牛体温容易做到，特别是对一些高产牛、临产征兆不明显的初产牛，以及有难产史的牛，进行产前体温检测实属必要。

应注意的是，体温检测一般是测量直肠温度，将温度计插入肛门，待温度恒定后读数，并做好记录。

奶牛的一胎多犊

案例一　2004 年 9 月 17 日凌晨，黑龙江省完达山良种奶牛场，有一头奶牛产下了 3 头犊牛，其中 1 公犊、1 母犊和 1 生殖器官畸形犊，初生重分别为 33 千克、31 千克和 30.5 千克。该畸形犊无阴门裂，外观无睾丸，在睾丸的位置有一尿道口。经剖检，该犊牛无子宫、卵巢，无睾丸。9 月 19 日上午 8：40，该奶牛又产出一个没有发育成形的畸形胎儿。一端有近似鹌鹑蛋和麻雀蛋大小的两个圆形体，在两圆形体跟部中间部位有一个长约 1 厘米的细长物；另一端两侧各有一个像 5 角硬币大小的硬块稍突出于皮肤，像胎儿的臀部。腹部有脐带与母体相连。被毛已长全，为黑白花，白多黑少，重 260 克。该胎儿为一椭圆型体，无头、无四肢，有一个拳头大小，用手挤压柔软内无硬物。据查，该奶牛曾于 2003 年 11 月 13 日胚胎移植时，做供体牛并冲出 3 枚 A 级胚胎，2 枚 B 级胚胎，冲胚后按要求及时肌注前列腺素 0.4 毫克。2003 年 12 月 31 日该牛发情，一次输精受孕，预产期为 2004 年 10 月 6 日。本胎次是第二产，提前 19 天生产。据分析，此次 1 胎产 4 仔可能与胚胎移植做供体牛用激素处理超数排卵有关。

案例二　1988 年 9 月 5 日，山东省莱州市柞村乡西朱宋村农民侯福善饲养一头西门塔尔牛，第一胎生下犊牛 5 头，最大的重 18 千克，最小的重 15 千克。该牛 1987 年春从瑞士引进，同年夏天开始发情，配种未孕。1988 年 1 月再次发情，配种两次妊娠。

分娩调控与诱导

通过改变饲喂方法可使母牛在白天分娩。在分娩前两周将牛牵入产房，精心观察和饲养。从产前两周开始，每天只在下午 4~5 点钟饲喂 1 次，使妊娠母牛在白天分娩的可能性大大增加，以减少饲喂人员在晚上值班的麻烦。诱导母牛白天产犊另一种做法是，让妊娠最后一个月的母牛在夜间采食，可促使 70% 以上的母牛在白天产犊。

对一些母牛可施行诱导分娩。诱导分娩即人工引产，是指人为使母牛妊娠终止而提早排出胎儿。比如奶牛妊娠后期患有妊娠毒血症、产前瘫痪、产前不食综合征、妊娠周期性阴道脱和肛门脱、干奶期急性乳房炎及一些急性高热性传染病、中毒性疾病的，一般难以治愈，多数以母仔双亡而告终。

采用诱导分娩和常规治疗相结合治愈奶牛妊娠后期的上述危重病症，效果明显。药物和方法有：地塞米松磷酸钠注射液，50~75 毫克，加入 500 毫升高渗葡萄糖溶液中，缓慢静注，每日 1~2 次；或者取缩宫素注射液，一般剂量 50~100 单位肌注，每日 1~2 次。

案例一　有一奶牛，产第 3 胎，离预产期还有 16 天，卧地不起，体温 39.1℃，精神一般，食欲减少，腹围、乳房庞大。经补钙等对症治疗 3 日无效，后用地塞米松 75 毫克加入 25% 葡萄糖 500 毫升中静注，同时肌注缩宫素 75 单位，45 小时后产 1 公犊，初生重 40 千克。又连续用葡萄糖酸钙、葡萄糖注射液治疗 3 日后，患牛康复自行站立。

案例二　有一奶牛，产第二胎，严重阴道脱，按常规整复。后又经 5 次脱出和整复。嗣后用地塞米松磷酸钠 75 毫克、催产素 100 单位，分别肌注，下午重复用药 1 次。次日产 1 公犊，初生重 35 千克，当日夜 12 时左右胎衣排出。第 3 日按常规整复阴道脱，整复后病牛较安静。经连续使用抗生素，5 日后逐渐恢复正常。

在子宫颈充分开张，骨盆无异常，胎位、胎向、胎势正常而产力不足的情况下，用于助产的方法：兽医药理学推荐的催产素一次使用剂量为 75~100 单位，可间隔 15 分钟重复使用。但实际使用的剂量往往大于推荐剂量，而且多为连续多次用药，甚至有奶牛助产的用量为 100~200 单位。

使用催产素助产，切忌使用过早和过量，要密切注视子宫收缩情况和子宫颈口的开张程度。因为子宫的正常收缩是具有间歇的阵缩，这对胎儿的安全是很重要的。如果使用过早，会造成子宫、阴道脱出等严重后果。如果注射过量，子宫呈现强直性收缩，胎盘上的血管受到持续性压迫，血液减缓或中断，胎儿缺血缺氧，此时若胎儿不能顺利排出，就可能发生窒息死亡。

在宫颈未开时，要先注射雌激素或氯前列烯醇或地塞米松等，并结合人工扩颈，待子宫颈口扩张达到要求后，再使用催产素。

若奶牛生产时间过长，出现休克、心跳过速等应禁用催产素。

母牛的临产预兆

临产奶牛腹围增大，有胎动。一般情况下育成牛妊娠 6 个月后，乳房开始明显隆起。奶牛产前 2 天内，除乳房极度肿胀、皮肤发红外，乳头中充满初乳，乳头表面被覆 1 层蜡样物。有的奶牛有漏奶现象，漏奶开始后数小时至 1 天即分娩。

牛从分娩前 1 周开始，阴唇柔软、肿胀，增大 2~3 倍，皮肤上的皱襞展平。产前 12~36 小时，荐坐韧带后缘变为非常松软，外形消失，尾根两旁只能摸到一堆松软组织，且荐骨两旁组织塌陷。初产母牛这些变化不明显。

母牛在产前还有精神抑郁及徘徊不安等现象。随着怀孕期的延长，乳房逐渐胀大，到产前 7 天左右，乳房胀得发亮，但乳头尚未充盈。4~5 天乳头变得饱满，乳头腔变粗，乳头壁逐渐变薄。挤出物由清亮黏液变成白色乳汁。待到乳房不停的滴奶，此牛即将分娩。这时乳头逐渐饱满，皱纹消失，乳头壁变薄，挤出物的性状为白色乳汁和滴奶。

经产奶牛，乳房产前 20 天左右开始胀大，真正膨大发生在产前 7~10 天，乳头和乳汁的变化与初产牛基本一样。

孕牛随着临产逐步接近，要准确估计分娩期，做好接产准备。产前半个月孕牛乳房开始膨大，产前几天能从前面 2 个乳头挤出黏稠、淡黄如蜂蜜状的液体，阴唇肿胀，产前 1~2 天阴户流出透明的索状物，垂于阴门外。尾根两侧肌肉明显塌陷。

母牛分娩时表现：时起时卧，频排粪尿，回顾腹部，精神不安，紧接着子宫肌开始阵缩，将胎儿和胎水推入子宫颈，迫使子宫颈开放，向产道开口，以后随着阵缩把进入产道的胎膜压破，使部分胎水流出，膈肌发生强烈收缩，腹内压显著升高，使胎儿从子宫内经产道排出。

临产时，产道周围软组织软化松弛，吸水性增强。外阴肿胀，增长；尾根两侧的荐坐韧带变软塌陷，用手触摸有胶冻颤动感；尾间隙活动范围增大。会阴及乳房肿胀，个别奶牛腹下出现浮肿。多数怀孕牛具有这些变化，极个别的牛表现不充分，仍需综合分析后再做出准确判断。

接产的操作要点

母牛临产期要安排专人看守，做好接产工作，要给临产母牛以清洁、干燥垫草和安静的环境，先用温水和来苏儿水清洗、消毒外阴部，用湿抹布擦干后躯，等后产出。一般胎膜水泡露出后 10~20 分钟，母牛多卧下，要使母牛向左侧卧，以免胎儿受瘤胃压迫难以产出。胎儿的前蹄将胎膜顶破，羊水（胎水）要用桶接住，用其给产后母牛灌服 3.5~4 千克，可预防胎衣不下（图 3-1）。

一般顺产是两前肢夹着头先出来，倘若发生难产，多是姿势不正，应先将胎儿顺势推回子宫矫正胎位，不可硬拉。

倒生时，当两后肢产出后，应及早拉出胎儿，防止胎儿进入产道后脐带被压在骨盆底下，使胎儿窒息死亡。

母牛阵缩微弱时，应进行助产，用消毒过的绳缚住胎儿两前肢部，让助手拉住，助产者双手伸入产道，大拇指插入胎儿口角，然后捏住下颌，乘母牛阵缩时一起用力拉，用力方向应稍向母牛臀部后下方。

当胎头通过阴门时，一人用双手捂住母牛阴唇及会阴，避免撑破，胎头拉出后，动作缓慢，以免发生子宫内翻或脱出，当胎儿腹部通过阴门时，用手捂住胎儿脐孔部，防止脐带断在脐孔内，并延长断脐时间，使胎儿获得更多血液。

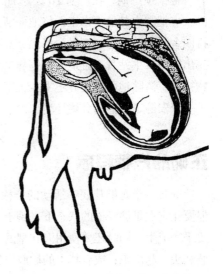

图 3-1 分娩前胎儿正生顺产姿势

要管理好产房，调动工人积极配合兽医，注意产房卫生，要深埋腐烂、变味的胎衣，加强产房环境及助产人员消毒。在夏季高温时期给牛蹄喷雾降温，防止发生热应激，及时清理剩料。北方冬季，牛舍密封严，要注意牛舍内通风，相对湿度不超过55%，及时清除粪尿，保持圈舍干燥。对初产母牛的助产应待胎儿肢蹄露出产道时，再行助产。尽量减少手臂或器械与牛产道的接触。助产人员动作要柔和、顺势，切忌粗暴，强拉硬拽。

不得粗暴接产。母牛正生产时，如果犊牛唇与两肢俱全，可等候自然分娩。只有母牛努责阵缩微弱，无力排出胎儿或产道狭窄，胎儿过大，产出迟缓等情况下才能助产。如在母牛开口期就找来多人强拉硬拽，此时子宫颈口还没完全开张，加之用力过猛，势必导致子宫颈口撕裂。当胎儿头部露出阴部外，应及时撕破胎膜，要保护好会阴部和阴唇，防止阴唇上下联合撕裂。

外阴处臀部先露称之为倒生，也属正产，但比头部先露困难的多。接产时，如果子宫颈口开张得不好，应先注松弛素，使子宫颈口大开。在拉引胎儿时，要与母牛努责保持一致，以利于胎儿娩出，保护颈口。而有的养牛户对于刚从颈口伸出的两条后肢，拴上绳子，多人强行拉出，致使犊牛死亡，母牛子宫颈口裂伤。

分娩胎儿过大、颈口或产道狭窄，多见于初产母牛。接产时先注松弛素，往产道内灌注大量滑润剂。再用产绳缚住胎儿两肢系部，另用一绳套套在胎儿头，再将其绳移至颈下，手扶头部，让助手先拉出一肢，然后再拉出另一肢，头部也相应向外拉，适度轮流替换拉，当拉到脐部以后，顺拉姿势扭转胎儿，使胎儿臀部成为侧位，这样胎儿便可顺利拉。如果强行将胎儿拉出，势必造成母牛子宫颈口裂伤。因此，在给母牛接产时，一定要保护好子宫颈口，一旦子宫颈口裂伤就会造成终生不孕。

做好分娩前准备

在牛分娩前不能喂得过饱。每天应少食多餐，喂7~8成饱，给予充足干净的饮水。为了增强牛的体质，产前3个月左右，每天坚持适当运动。同时注意补充钙、磷，这样可使肌肉收缩有力。

根据预产期，在产前10天左右，将牛送入产房，每天检查并注意分娩预兆。没有产房的，应把圈内其他牛牵走，将地面清扫干净，用晒好的干土或垫草垫平，将牛缰绳解开，保持圈舍干净、平坦、宽敞、保温、舒适。分娩时，除饲养员外，禁止其他人员来往。当羊膜露出阴门、牛站着不卧地时，饲养员要镇定，看周围是否有干扰或圈舍狭小不平。可将干扰物排除，清除地面粪便并垫平，土疙瘩打碎，拿掉旁边杂物等，牛就会卧地分娩。总之，给予一个安静、舒适的分娩环境。

正确的产犊程序

准备一个足够让奶牛活动的产栏，配洁净且干燥的牛床垫物。用一根缰绳把奶牛拴住，但要让它在足够轻松的状态下平躺于干净、柔软产房里。产道周围的区域和工作人员的手臂要干净卫生，同时还要使用温和型的液体肥皂润滑剂。犊牛从产道出来时，只会是犊牛的前肢和头一起出来；或者犊牛的后肢先出来。如果犊牛生产时，出现了其他的姿势，则应该纠正产位。

助产是产犊进程中最后的援助，助产也被认为是导致子宫疾病的源头之一。应提倡自然分娩，给予足够的时间让奶牛自然生产。当决定助产时，先要用两条助产链固定犊牛已经进入软产道的两脚；助产链先拴住犊牛的系关节部，然后用半套结的方式拴在球关节上以防止滑脱。避免使用传统助产绳损伤犊牛系关节及韧带。整个动作尽可能地快速、流畅。对于助产器的使用，必须保持非常谨慎的态度。助产奶牛的产科手术，必须认真判断，谨慎使用。

使用助产器时应注意事项：必须是母牛子宫颈开启良好时使用；适当使用润滑剂和助产力度；在母牛努责时助产；将牛犊从产道中拉出时，牵引的方向应该向后同时垂直向下；在使用助产器助产时，助产器加力杆也应向下；运动防滑扣的动作和母牛宫缩频率同步进行；对于更大个体犊牛助产，则需要使用手术。

新生犊牛的护理

胎儿产出时，脐带一般均被扯断，并因脐血管回缩为一羊膜鞘。可在脐周围和羊膜鞘内涂以碘酊。如果需要断脐时，脐带涂以碘酊或用碘酊浸泡，最好用两把以上止血钳两端夹住，近端不动，远端转动绞断脐带，涂以碘酊。断端要短且不宜结扎，这样有利于及早干燥脱落和防止细菌侵入。牛有将牛犊周身舔干的习性。这样可以吃入羊水，增强子宫收缩，加速胎衣的脱落。但在天气寒冷时，应迅速将牛犊周身擦干，防止冻伤。但对头胎牛须加注意，不要惊动母牛，且不要擦拭新生牛犊的头部及背部，否则母牛可能不认其新生犊牛。

新生犊牛产出不久即试图站起，但最初一般应加以扶助，并让新生犊牛及时吃到初乳。在犊牛接触母牛乳房以前，先挤出2~3把初乳擦在乳头上，让它吮乳。偶尔有的头胎牛，拒绝犊牛吮乳，这时应帮助哺乳，并防止母牛伤害它。

当产出特别虚弱或不足月的犊牛时，应把它放在20~30℃的暖室内，包上棉被，进行人工哺乳。

将母牛排出的胎衣及时深埋，不要被牛吃掉。产后1~2小时，让母牛饮温热麸皮汤，内含麸皮 1~2 千克、盐 0.2~0.3 千克、温水 10~20 千克。

帮助犊牛清除口腔、鼻腔中的黏液，扣掉犊牛软蹄。检查犊牛体质、体况，选留健壮的母犊牛。检查犊牛脐带是否过长、有无出血等。对于过长的脐带用消毒剪刀剪掉，并做好脐带消毒工作。对于脐带出血的，要做好止血工作。

犊牛出生后 1 小时之内应吃到 2~3 升初乳，在出生后 6 小时及 12 小时还应分别饲喂 2 升初乳；如果犊牛吃不下足够的初乳，则应使用干净卫生的管子进行食管补饲；从健康的母牛身上挤出初乳，检查初乳的质量并加以保存；犊牛出生后其肠道就可吸收免疫球蛋白，出生后犊牛吸收免疫球蛋白的能力快速下降；一旦犊牛吸收初乳以后，免疫球蛋白就进入淋巴及血液循环系统，使得犊牛具有抵抗疾病的能力。优质的初乳中含有丰富免疫球蛋白，而犊牛无法通过胎衣获取免疫球蛋白，它们必须通过吃到初乳才能获得。

特别注意母牛对犊牛的舔舐习性。舔舐可以把犊牛皮毛中的羊水清理掉，让犊牛毛发尽快干燥；舔舐能够加速犊牛皮肤及全身血液循环，促使犊牛短时间内站立；舔舐能够促进犊牛呼吸系统的功能；舔舐能够加速肺部及气管中羊水的排除，防止犊牛因羊水排不净而导致异物性肺炎的发生；舔舐还能够加速犊牛胃肠蠕动，尽快排除胎粪。

母牛分娩后应清除污草，换上干净垫草，喂给母牛干草或鲜草，让奶牛充分休息。第一次挤奶不能挤净，只能挤出全部奶量的 1/3。

做好产后牛监护

产后 6 小时内，观察母牛产道有无损伤及出血。发现损伤、出血，及时处理。

产后 12 小时内，观察母牛努责情况。母牛努责强烈时，要检查子宫内是否还有胎儿，并注意子宫脱征兆。

产后 24 小时内，观察胎衣排出情况。发现胎衣滞留，及时剥离治疗。

产后 7 天内，观察恶露排出数量和性状。发现异常及时治疗。

产后 15 天左右，观察恶露排尽程度及子宫分泌物洁净程度。发现异常，酌情处理。

产后 30 天左右，通过直肠检查子宫复旧情况。发现子宫复旧延迟或不全，及时治疗。

提高犊牛成活率

犊牛死亡原因

（1）先天不足　有的犊牛一生下来便是死胎、畸形或弱胎，发生的主要原因可能是父母代近亲繁殖、母牛在妊娠期间营养不良或患有如传染性布氏杆菌病等影响胚胎正常发育。

（2）分娩困难　因母牛分娩困难或人工助产不当，造成新生犊牛窒息假死、异物性肺炎、肢体拉伤、脱臼等，处理不及时造成死亡。

（3）护理不当　新生犊牛脱离母体后，由于护理不当，易发生如感冒、肺炎、便秘、腹泻、脐炎、脐病、脐尿管瘘和腕关节扭伤等多种疾病，极易造成死亡，有的虽经治疗，但往往留有后遗症。此外，护理不当的犊牛被踩死、压死或冻死也时有发生。

（4）缺乏运动　孕牛长期拴养，缺乏运动，加上饲养环境、饮食受限制，造成难产，导致犊牛死亡。正如农谚：产前不动弹，生产有困难。

（5）母体欠佳 老弱病残的母牛本身体质虚弱、生产性能减退，有的已丧失生产能力，这种牛受孕后如果饲养管理跟不上，很容易出现死胎、弱胎或难产等现象，所产犊牛自然成活率不高。

（6）喂养失调 新生犊牛生长发育快，代谢功能旺盛，随着犊牛体重的增加，生长发育所需要的营养也逐渐增加，如在喂养时饥一顿、饱一顿，乳温忽高忽低，喂饲时间忽早忽晚，极易导致腹泻、便秘等疾病发生；如哺乳不足或饲料营养缺乏，则易发生营养不良症，使其生长发育缓慢，体质差，对环境适应能力降低，抗病能力减弱，最终导致死亡。

提高犊牛成活率的措施

（1）良种繁育 新生犊牛的父母代具有良好遗传潜能、体质健壮、血缘关系清楚，不是近亲繁殖。

（2）母牛饲管 在分娩前必须保证60天的干乳期。干乳期要限制青贮能量饲料，以防过肥而引起酮血症或难产。在产前、产后各15天内，要多喂优质粗饲料，由少到多，适当增加精饲料，以防乳房水肿。注意钙磷平衡和补充食盐。

（3）科学助产 充分做好接产准备，防止分娩时束手无策。应将母牛牵到铺有柔软垫草的产房内或舍外宽敞卫生的地方，用0.2%的高锰酸钾溶液洗涤外阴部，然后用卫生的干毛巾擦干。助产者要将指甲剪短磨光，并用1.5%的来苏儿液消毒。如果遇到难产，又没有助产经验，要赶快请兽医帮助。犊牛出生后，迅速将口鼻周围黏液擦净，避免吸入肺部。断脐时要按正规操作，用碘酒消毒，防止发炎和破伤风等疾病发生。

（4）关照孕牛 对孕牛要在产前20天左右，经常选晴好天牵牛到户外遛一遛，晒晒太阳，每天要认真刷拭牛体1~2次。不喂霉烂饲料。

（5）喂初乳 产后90分钟内必须饲喂第一次初乳，数量掌控在2~4千克。产后5小时内要让犊牛吃上3次初乳，初乳要连续饲喂5~7天。给犊牛哺乳要做到"三定"定时，产后7天内饲喂5~6次/天，每隔3~4小时喂1次，以后每天饲喂3次，每次间隔8小时；定温，饲喂奶犊牛的牛奶消毒后冷却至35~37℃，不要偏高偏低；定量，产后第1天喂量为2~3千克，以后每天增加0.5~1千克，一般喂量为5~6千克。哺乳期间饲喂总量一般为300~500千克，以犊牛食欲和健康情况酌定。

（6）早期断奶 早期断奶能减少成本，有利于犊牛消化器发育，提高成活率。早期断奶方法：生后10天左右开始用人工乳，逐渐代替全乳，最后完全取代，同时训练犊牛自由采食代乳料。至40~60日龄，每天能摄取1~1.5千克代乳料时，就可断奶。犊牛生后3天开始母仔隔离，定时哺乳，8日龄开始训练补饲精料，16日龄开始训练采食青草，犊牛2月龄适时断奶。人工哺乳犊牛耗奶量200~350千克，日喂量：0~7日龄4~5千克，8~15日龄5~5.5千克，16~23日龄4.5~6千克，24~38日龄3.5~5千克，39~53日龄3~4千克，54~68日龄2~2.5千克，69~90日龄1.5千克，补饲犊牛料30千克。补饲犊牛料，自由采食。此外，注意防寒保暖，供给清洁饮水，一周刷拭3~4次。

（7）精心饲管 犊牛出生后1周就练习饮水。先用温水掺入适量牛奶，诱其饮用，经过两周后，改为常水。犊牛出生后10天左右可逐渐补饲优质柔软的干草，并搭配新鲜青绿菜叶、青草、胡萝卜丝和萝卜丝等青饲料。要给犊牛留有自由活动的空间，保证每天均能自由运动 2~3 小时。犊牛舍要经常清理粪便，更换垫草，并撒些草木灰或石灰粉消毒。保持牛舍冬暖夏凉，清洁干燥，通风透气，空气新鲜。饲槽用前用后清洗，保持卫生，每周消毒 1 次。

（8）疫病防治　平时要细心观察，及时发现患病犊牛，并采取得力措施，控制病情，确保犊牛健康生长发育。警惕新生犊牛搐搦症。新生犊牛搐搦症多发生于 2~7 日龄。其特征为突然表现强制性痉挛，随后惊厥和知觉消失；病程短、死亡率高。病因是妊娠期间母体矿物质不足，急性缺钙、缺镁及镁代谢紊乱，引起犊牛突然发病，头颈伸直，四肢强直性痉挛；不断空嚼，嘴边出现白色泡沫、流涎；随后牙关紧闭，眼球震颤，角弓反张，全身性痉挛，随即死亡。治疗时，取 10% 氯化钙 20 毫升、25% 硫酸镁 10 毫升、20% 葡萄糖 20 毫升，混合后一次静注，也可配合阿托品、多酶片、多维等进行治疗。此外，对妊娠后期的牛，要供给营养丰富全面的全价日粮，尤其是矿物质。如果牛群中曾有本病发生，饲料中更要注意钙磷平衡，多晒太阳、多运动。

（9）补硒与维生素 E　通过肌注亚硒酸钠维生素 E 对妊娠奶牛和犊牛生产性能有促进作用。新疆克拉玛依市永丰农牧发展中心奶牛场 100 头健康的中国荷斯坦妊娠奶牛，年龄 3~10 岁，其与配品种均是 25404 号荷斯坦种公牛。试验将妊娠 200~210 天的 30 头母牛在预产前 60~70 天臀部肌注亚硒酸钠维生素 E50 毫升 / 头，另取预产期与之相近的 30 头妊娠母牛不予注射，作为对照。试验组犊牛生出后再肌注 50 毫升 / 头亚硒酸钠维生素 E。所用亚硒酸钠维生素 E 每支 10 毫升，内含亚硒酸钠 10 毫克、维生素 E500 单位。试验组与对照组妊娠母牛均在同一干奶牛舍，由同一饲养员饲养管理。试验期共 210 天。牛舍温度范围 8~28℃，相对湿度范围 60%~80%，每日早晚喂饲 2 次，先喂粗饲草，后喂混合精料，自由饮水，早晨 9 时至晚 8 时在运动场运动和采食。其日粮组成（千克 / 头）：混合精料 2.4、玉米秸秆青贮 15、杂干草 4.5。混合精料配方（%）：玉米 50、小麦麸皮 16、葵粕 20、棉粕 10、磷酸氢钙 1.6、石粉 1、微量元素添加剂 1、食盐 0.4。在泌乳曲线上升阶段，泌乳牛日粮在干奶牛日粮基础上，每日添加混合精料根据当天泌乳量给料高出实际所需要量 1~2 千克。犊牛圈铺上干麦草，出生后 1 小时左右喂初乳，圈内温度保持在 10~28℃，每日早中晚饲喂乳 3 次，喂乳量为体重的 10% 左右，7 日龄后在饲槽中放入补饲料和优质苜蓿，供其自由采食。记录试验组和对照组母牛的繁殖、健康和泌乳生产等状况，同时观察犊牛和泌乳牛日常活动行为、精神、毛色、采食等健康状况。结果显示，母牛分娩后胎衣不下和产后发烧头数，试验组比对照组分别低 24% 和 23%，而母牛分娩后 60 天的日泌乳量，试验组 31.52 千克比对照组 30.32 千克高出 1.20 千克；犊牛出生平均重试验组为 40.95 千克，明显高于对照组的 39.01 千克，经 60 天生长发育后，试验组平均个体增重高出对照组 5.05 千克，而犊牛 60 天中发病和死亡头数，试验组也表现出明显的优势。另外，试验组犊牛膘情好，皮色红润，毛色光泽。

犊牛称重与标识

在出生时对犊牛进行称重可以准确计算饲喂牛奶或代乳粉的数量和用药的剂量。

初生重是计算日增重的起点。初生重也有利于评定干奶母牛和小母牛的营养方案和公牛选择的有效性。

奶牛标识作为国家食品安全追溯制度的一部分。此外，个体标识对决策、记录和登录都很重要。标识对公牛和母牛的准确遗传评定，避免产奶量的减少，以及降低死亡率和减少抑制繁育力的近亲配种也十分重要。每头犊牛在出生后应尽早给予个体标识，最好是在离开母牛之前。

日常如合群、分群、配种和销售，以及生产、健康和繁殖等的记录都需要有犊牛准确的标识。

每头犊牛都需要永久性的可视标识。以花纹描述、照片、皮肤刺字和烙印等形式的永久性标识虽可保持牛的身份或鉴别，但耳标、颈链或踝带更为实用。

要选择易于阅读并无须保定牛就能查阅的标识。

犊牛的永久性的可视标识记录在案，并同时有父代和母代的编号、出生日期、产犊难度和初生重的记录。

去角去势与编号

犊牛的去角和去势可在 40 日龄以内同时进行，一般以 30 日龄左右为宜。操作时，先给犊牛戴上笼头，并轻轻将其倒卧，取一形如扁担的木棍，放在两前肢及两后肢之间，用绳子将两前肢、两后肢捆在木棍上，最后将笼头缰绳也捆在木棍上，除实施去角者外，另有一人按住犊牛。去角器种类较多，最简单的是一根长 30~35 厘米，直径为 2~2.5 厘米的带手柄的空心铁管，以及一根同样长度直径 1.5 厘米的实心铁棍。去角时，将空心铁管烧红，取出后稍微凉至铁管发黑，扣住犊牛角，用适当的力在角四周灼烧，烧至角跟部时，将小角掰下；注意切不可用力过猛，以防损伤犊牛脑壳。再将烧红的实心铁棍烧红，取出稍微凉至发黑后，烧烙角的基部，以烫死再生细胞；烧烙时要注意仔细烧到每一个部位，不可用力过猛。用碘酒消毒后，抹上如青霉素软膏等防止出血和感染化脓的药膏。

犊牛去角结束后，用特定器具将一枚弹性强的橡皮圈抻开，套在犊牛睾丸基部，10 天后睾丸萎缩自然脱落。

为做好奶牛繁殖、育种和饲养管理，需要在犊牛或育成牛阶段，予以编号。

液氮冷烙编号：编号用钢字模，体积 1.1 厘米 ×2 厘米 ×5.1 厘米，单个 0~9 号，实心，每个号模接一 52 厘米长木柄，用螺丝固定，再取 1000 毫升搪瓷量杯一个。冷烙前，令牛站立，一人保定头部，另一人保定后躯。将适量液氮倒入搪瓷量杯内，随即将钢字模浸入液氮中，待不发出"啧啧"声即取出进行冷烙。术者站立牛头前方，左手握住牛右耳，使耳背面朝上、耳自然展平，然后用右手取出经液氮浸渍过的钢字模，迅速用力将号字在右耳背面压实、压平。每头牛冷烙时间为 25 秒。用液氮冷烙牛耳号，可不剪毛，但冷烙时间应比剪毛后冷烙时间要长，育成牛应比犊牛冷烙时间更长。

在犊牛出生后 3~4 周去角还有以下方法。

苛性钠法。保定小牛，剪去角基周围的被毛，在角基周围涂一圈凡士林，戴橡胶手套持火碱棒在角根部摩擦，直到有血丝渗出为止。

电烙法。保定小牛，用充分加热的电烙铁烧角基部，每个角基部处理 5~10 秒。

如果由于某种原因，在犊牛阶段未能实施去角，亦可选择育成牛的未怀孕或者怀孕中期和产奶后期。在蚊蝇少、天气凉爽的季节手术去角步骤：将牛头部保定好，持电动切割器沿距角部 3~5 厘米处将角环型切下，要求速度快，手法稳，刀片平。因在切割过程中刀片高速转动摩擦产生极高温度，角质中的毛细血管已被烫住，所以此法出血少。对角基切下后有出血的毛细血管用电烙铁烫止血，然后用 5% 碘酒涂布，消毒创面。去角后将犄角空腔内填满，但切忌塞得太紧，一般两个月左右创口可自然长平。术后注意观察牛只状况，发现感染及时处理。

犊牛腹泻的防治

为了保证犊牛的健康和正常发育，特别要注意疾病预防工作。生产中犊牛最常见的疾病是腹泻。

犊牛，特别是 3 个月龄以前，体质娇弱，饲养管理稍有不当即可引起疾病。如不及时检出和治疗，可引起犊牛死亡，甚至危害全群健康。

注意观察犊牛健康状况，主要从粪便颜色和软硬、呼吸状况、被毛光泽、精神状况等方面查看。粪便稀软、恶臭、颜色灰白者，多为消化不良及下痢等疾病。正常情况下，犊牛呼吸在胸和腹肋作用下完成，每分钟 20~50 次。若犊牛发喘、呼吸时胸部活动大，还伴有咳嗽，流鼻涕症状，应及时诊治。被毛光亮、顺滑为健康，被毛蓬乱为营养不良，也可能是严重感冒或下痢等病所致。

当饲养人员接近犊牛喂奶时，健康的犊牛会双耳伸前，抬头迎接，且双眼有神，呼吸有力，动作活泼，显示出强烈的食欲。而有问题的犊牛则精神不振、发蔫、整体消瘦、低头。

犊牛腹泻的原因在于乳的问题，如乳变质、变酸、发臭等，被杂质或细菌污染，乳汁太浓，乳温过低，喂量过多；饲喂无规律，补料或多或少，喂不易消化的豆饼等饲料；饮水不洁、水凉；气候突然改变。

腹泻的治疗

疗法一。口服乳酶生、盐酸诺氟沙星，出现脱水症状须停止喂奶，只饮口服补液盐。

口服补液盐配方一：氯化钾 1.5 克，苏打 2.5 克，盐 3.5 克，葡萄糖 20 克，溶于 1 升水。

口服补液盐配方二：葡萄糖 67.53 克，氯化钠 14.34 克，甘氨酸 10.3 克，柠檬酸 0.81 克，柠檬酸钾 0.21 克，磷酸二氢钾 6.81 克，混合后取 32 克溶于 1 升水，此方有增强真胃凝乳作用。

疗法二。采用营养盐产品达可（DiakurPlus）防治新生犊牛腹泻。营养盐产品达可为黄色粉末状，密封包装，每袋 100 克。产品主要成分有葡萄糖、大豆卵磷脂、氯化钠、碳酸氢钠、酵母、氯化钾、柠檬酸钠等。结果显示，健康无腹泻症状的犊牛给饲达可后，其粪便中大肠杆菌和沙门氏菌明显下降，表明该产品具有抑制犊牛肠道大肠杆菌和沙门氏菌增殖的效果。喂饲达可对预防健康犊牛的腹泻发生率有显著的效果，且不会影响犊牛的正常生理状态。与对照组相比，犊牛初生重无显著差异，6 月龄体重也无显著变化。饲喂达可对犊牛的常规血液参数无不利影响。

注意事项

改善环境卫生，保持舍内温度恒定，加强犊牛运动。

改善犊牛的营养，早喂初乳，及早开始饲喂代乳粉和开食料，以促进消化系统的发育。饲喂做到定位、定时、定量、定温和定人。

做到无病先防、有病早治、定期严格检疫和消毒，并建立病历卡，详细记录。

为犊牛提供舒适的生活环境，防治疾病特别是犊牛腹泻，保证犊牛体质健壮。

犊牛的前肢骨折

新生犊牛前肢骨折常见于初产奶牛分娩时的接产过程中。主要是顺产过程中的胎儿过大，接产人员经验不足造成。

选用养鸡场用较厚的塑料网，按照骨骼与关节的粗细比例，剪制成刚好适合的形状待用。经过临床仔细检查后，采用纱布卷轴绷带包扎一层，在腕关节和球关节处衬垫以适当的棉花，采用制成好的塑料网固定材料，双层固定骨折部位的上下关节，外加纱布卷轴绷带，内可衬垫一个薄的竹板。如属于开放性骨折，肌注静松灵0.5毫升，常规彻底清理创围、创面、创腔、骨折断端，整复骨膜，创内少撒氨苄青霉素，结节缝合皮肤，按上述方法进行包扎固定。

注意事项

术后常规输液，消炎，止痛，注射破伤风血清5000单位，适当限制运动。

厚塑料网固定法特点是能按照骨与关节的粗细随时制作，轻便坚固，选材方便，经济实惠，用于新生犊牛前肢骨折的固定，与以往采用石膏固定、夹板固定和柳条固定相比较，轻便、确实、可靠，特别对于开放性骨折，网眼更有利于创口愈合。

犊牛恶癖的防治

在有些管理较差的中小型奶牛场，个别的母牛有偷吃它牛或自吮乳的习惯，造成产奶量锐减或挤不到奶，并且容易引发乳腺炎，对于这种牛应该从牛群中果断淘汰、及时调离或戴上嘴笼等以防止偷奶现象的蔓延。

处于哺乳期的犊牛在哺乳后总有不足之感，为此而产生相互吸吮对方嘴巴上的余奶，以至发展到出现相互舔毛或吮吸乳头、脐带等的习性。这一习惯如果长期持续，会造成牛毛等进入胃中形成毛球，甚至阻塞幽门而丧命。习惯性的吸吮乳头和脐带还会造成乳头和脐带发炎。为了避免形成此不良习惯，在哺乳结束后可以用0.5%高锰酸钾溶液给刚刚结束哺乳的犊牛揩洗嘴巴，除去嘴上的乳香味，以防止相互舔吸。也可以在犊牛哺乳结束后不要马上松开颈枷，在奶桶中加入少量的犊牛料或开食料让其自由采食，使其忘却乳香并能补充乳量的不足，也为以后的断奶和补喂植物性饲料提前做好准备。另外，还可以将初生牛犊单栏饲喂至断奶，以免相互吮吸。

僵犊原因及对策

贵州省清镇市奶牛基地共有奶牛饲养户 300 余户，饲养奶牛 1 000 余头，年产犊牛 900 余头，其中用作培育后备牛的母犊 400 余头。由于农户对犊牛的饲养管理粗放，致使犊牛断奶成活率仅为 82%，断奶后的母犊体况较差，生长发育不良，以致出现大量僵犊。

僵犊原因

（1）初乳不当　农户奶牛的初乳储存条件差，在饲喂犊牛时又缺乏饲喂计划，时多时少，导致消化不良，引起腹泻。初生犊牛食量很小，大量初乳被废弃掉，或用于饲喂其他大犊牛，造成浪费。

（2）常乳过少　15 日龄后正常犊牛体重达 55 千克左右，犊牛体重增长达到高峰期，此时喂奶量增大，而常奶却可以卖钱，奶农精打细算，每次尽量少喂，仅喂 1.5 千克 / 次或少喂 1 次，或在喂奶中加水充数，少喂奶的犊牛生长缓慢，喂掺水奶的犊牛肚大而消瘦，营养状况极差。

（3）混泡料喂　从 15 日龄开始，犊牛便会舔食精饲料，奶农为了减少喂奶量，就把精饲料混泡仔奶汁中让犊牛进食。这样饲料和奶汁都顺瘤胃食道沟直接进入真胃内，精料在真胃内容易发酵，引起真胃膨胀，导致犊牛死亡。

（4）补饲过晚　许多农户认为犊牛只能消化吸收牛奶，不能消化草和料，因此当犊牛长到 20 日龄以后，才开始饲喂草料。此时犊牛对吃奶反应强，而对饲草饲料缺乏采食兴趣，久而久之，瘤胃发育滞后，真胃容积增大，容易形成吊肚。

克服僵犊的对策

（1）正确喂奶　初乳或过渡奶是犊牛健康、健壮的前提。一定要收集并储存好该母牛所产的全部初乳或过渡乳。初乳或过渡乳是指奶牛生产后 1~7 天所分泌的全部约为 120 千克乳汁。奶牛当次挤乳时喂现乳，每次饲喂犊牛初乳或过渡奶后，剩余奶作冷冻保存。7 天后母牛进入常乳期，则按冷冻初乳或过渡奶的先后顺序分别解冻，喂完头 7 天所保存的初乳或过渡奶。犊牛的喂奶量：初生 1~2 日按 4~4.5 千克 / 天，第 3~7 日龄为 5 千克 / 天，第 2 周为 4~5.2 千克 / 天，第 3 周为 4.2~5.5 千克 / 天，第 4 周为 4.5~6 千克 / 天，第 5 周为 5~6.5 千克 / 天，第 6 周为 5.5~7.0 千克 / 天，第 7 周为 5.8~7.6 千克 / 天，第 8 周为 5.8~8.2 千克 / 天，第 9 周为 6.5~8.5 千克 / 天。其中母牛最初 7 天泌乳能够把犊牛喂到 25~28 日龄，此后犊牛进入常乳饲喂期。

（2）适时补料　犊牛生长到 4 日龄，可少量添饲湿润精料让犊牛舔食，但开始犊牛舔食很少，仍需全量乳汁饲喂，千万不可减少喂奶量。精料的饲喂时间应与喂奶时间错开，避免奶汁与精料混喂，这样精料被舔食吃入瘤胃，经网胃、瓣胃初步消化后，进入真胃。因此补饲给犊牛的精料一定不能泡混在奶中饲喂，要让犊牛自由舔食，日采食量可逐渐增加到 0.5~1.0 千克。这样，很自然地到犊牛 2 月龄后就能断奶，进入精料、草料饲喂期。

（3）训练采食　犊牛在 4 日龄时就可以让其认食草料，开始投放少量优质青草或优质青干草，培养其采食兴趣。草料本身营养价值丰富，加之对精料的消化有不可或缺的辅助作用，因此在犊牛 4 日龄开始饲喂精料的同时，草料同时跟上，这样就能进一步刺激犊牛瘤胃的生长发育，促进反刍，使其消化功能进一步增强。通过采食草料训练，提高犊牛消化吸收能力。

综上所述，奶牛顺产之时，要选派责任心强、有处置经验的人员守护，一旦有需助产的，要适时予以辅助。

正是：

妊娠九月零十天，瓜熟蒂落遂人愿；

密切注视牛动向，药械预案在手边！

牛妊娠期长，通常一胎产一犊，在自然状态下，双胎率仅0.15%~2.99%。如能借助科技手段，提高奶牛双胎率，岂不是件增加奶牛数量，促进产奶量的又一途径？不过对于奶牛产双犊的看法不同，对此存在争论——

第**4**章

双胎利与弊

母牛双胎的发生

牛的双胎分同卵双胎和异卵双胎两种。同卵双胎是一个受精卵分裂或分割成两个完全相同的胚胎发育而成，其遗传组成相同（图4-1）。异卵双胎是由两个卵分别受精，最后形成两个胚胎，这样产生的双胎遗传组成不相同。同卵双胎的发生率比较低，约为0.14%~0.44%，而异卵双胎率为0.1%~4.5%，同卵双胎发生率占双胎总发生率的2%~10%。双胎犊牛的性别比例符合1:2:1（母母:公母:公公），表明绝大多数双胎是由异卵双胎产生的。据用437头同卵双胎公牛和226头单胎公牛与同卵双胎母牛交配，结果有660头母牛为单胎，3头母牛为异卵双胎，由此得出牛的同卵双胎是不遗传的。

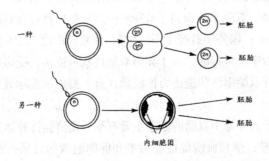

图4-1 对牛的同卵双胎两种理论

影响双胎的因素

（1）遗传因素　我国学者统计 1416 对奶牛母女结果表明，母牛对女儿的双胎率影响显著，双胎母牛所生的女儿的双胎率 17.4%，显著高于单胎母牛所生女儿的双胎率 12%。国外学者建议，选育时用重复产双犊母牛建立基础母牛群，用后代女儿双犊率高的公牛交配，然后如此逐代选择可期望得到较大的进展。同卵双胎犊牛可能是由于受精卵受子宫环境刺激而偶尔发生的，并不是遗传作用的结果。目前，同卵双胎产生的原因还不清楚。产双犊的重复力为 0.06，并且母牛在产过 1 次双胎后，再产双胎的可能性增加，第 2 次产双胎牛占 9%，连产 3 次双胎母牛占双胎发生两次母牛的 15%~20%。异卵双胎的重复力和遗传力如此之低，仅通过选择来提高该性状遗传进展甚微。双胎率是受隐性基因控制的。

（2）品种因素　我国学者分析 12 个欧洲牛 30 万个产犊数，发现品种间的双胎率差异较大。其中以兼用牛最高，为 3.43%，如西门塔尔为 3.49%，瑞士褐牛为 4.32%，红白花牛为 2.55%；乳用牛次之，为 1.59%。由此可见，品种的影响十分显著。

（3）胎次因素　第 1 胎双胎率较低，而在以后的胎次中频率增加，双胎率从第 1 胎的 0.6% 增加到第 6 胎的 4.0%。

（4）年龄因素　有迹象表明，与胎次比较，年龄是影响双胎率的主要因素。母牛在不超过 10~13 岁时随着年龄的增加，双胎率逐渐增高。公牛的年龄对双胎率没有影响。

（5）环境因素　影响双胎率的环境因素有季节、地区、营养、管理等。一般认为春秋季节双胎率较高。双胎妊娠的代谢能采食量比单胎高，妊娠的能量需要和维持代谢需要比单胎低。此外，母牛的排卵数、激素水平对双胎率也有影响。

（6）季节因素　6 月份的双胎率最高。在挪威，6、7 月份双胎率最高，这可能与当地气温降低、日照减少、从放牧转向舍饲、在秋天妊娠等密切相关；并观察到 3 月份第 2 胎的高峰可能是由于在夏季转向放牧的原因。有的认为，秋天的双胎率高于春天。排卵率有季节性的变化大约每个月增加 0.01。产后母牛的排卵率秋季比春季高。

（7）营养因素　我国学者报道，高水平饲养的牛群双胎率比低水平饲养的高。当然，怀双胎的母牛更需要较高的营养水平以满足胎儿的生长发育，以提高双胎的成活率。

提高双胎率措施

（1）遗传选择　双胎的遗传力很低，一般认为利用遗传选择法很难提高牛的双胎率，国外有学者经过数十年选择，双胎率只提高了 0.9%；但另有学者对有双胎生育史的牛进行选择，6 年双胎率提高 9.5%；国外还有经 11 年选育，使双胎率由 3.2% 提高到 28.5%。由此可见，通过选择提高双胎率是可行的。由于异卵双胎性状可遗传，受多基因控制，可通过逐代选择提高双胎率。尽管双胎率性状遗传力比较低，有人提出从实际效果看，通过选择提高双胎率意义不大。

（2）激素诱导　用于诱导母牛双胎的激素主要有孕马血清促性腺激素、促卵泡素、促黄体素、绒毛膜促性腺激素；孕马血清促性腺激素和促卵泡素的效果一致，但前者使用更为方便，一次注射即可。其缺点是半衰期长，使牛的发情期长而不能适时排卵，造成部分卵子老化而降低受胎率。因此常用抗孕马血清促性腺激素制剂配合使用，以减少其副作用，从而提高牛的双胎率。促卵泡素的半衰期又太短，每天需要多次注射，比较麻烦、价格昂贵。双胎中的自然产生主要取决于卵子数目，而卵子排出的多少受激素的控制。通过激素水平控制双胎的产生。日本学者在奶牛前次发情结束后 8~13 天以 24 小时的间隔两次注射促卵泡素（6~10 毫克 / 次），并在第 2 次注射的同时注射前列腺素 500 微克，效果较佳。我国学者用绒毛膜促性腺激素 10×5000 单位在母牛发情期中或中后期注射，获得了双胎。此外，采用双重配种法也获得了双胎。

在一国营畜牧场，选用 3~9 岁产后 50 天以上且生殖机能正常的中国荷斯坦母牛。每天早、中、晚 3 次观察发情，并做好发情记录。所用激素药品：孕马血清促性腺激素和抗孕马血清促性腺激素、纯化促卵泡素、氯前列烯醇及促排 3 号。试验用牛在发情周期的第 10 天，肌注孕马血清促性腺激素 2000 单位、间隔 48 小时后再肌注氯前列烯醇 2 支（4 毫升）。发情后第 1 次输精时再肌注与孕马血清促性腺激素等量的抗孕马血清促性腺激素。间隔 12 小时再输精一次。每组随机选 2 头，在输第 1 次精时肌注促排 3 号 200 微克。结果显示，用孕马血清促性腺激素处理母牛 12 头，妊娠 7 头，其中 3 头产双犊，双胎率为 42.9%。本试验表明，给母牛注射孕马血清促性腺激素 2000 单位可以诱导母牛产双胎，对情期受胎率无影响；而在输精的同时给母牛肌注促排 3 号微克，有助于提高双胎率。

（3）激素免疫　激素免疫是利用激素免疫中和（HIN）技术控制动物的生长和繁殖。主要包括类固醇激素免疫和抑制素免疫。类固醇激素免疫主要有雌激素、孕酮、睾丸酮以及性腺激素。类固醇激素包括主动免疫和被动免疫两种方式；主要以雄烯二酮、雌烷二酮、孕烷醇酮、雄烯酮等作为主体制备抗原。中国农业科学院畜牧所研制的 TIT 双胎疫苗，对未成熟的公牛进行免疫注射，使睾丸实质重 21% 左右，性成熟后，日精子产量增加 30%~35%，精液品质不受影响。当然类固醇激素的免疫还存在需要解决免疫效果的不稳定、种间和个体差异大、免疫过程不成熟和免疫副作用等问题。

（4）抑制素免疫　从睾丸组织中发现了抑制素，它由 α、β 两个亚基构成的异质二聚体，由于 β 亚基有 A、B 两种，故抑制素存在两种形式：抑制素（αβA）和抑制素（αβB）。抑制素是反馈性抑制垂体促卵泡素分泌的主要因素。它具有提高排卵率和产仔数的功能。利用抑制素制剂，如纯的精液、卵泡液提取物、人工合成的抑制素亚基多肽以及重组 IN+α 融合蛋白等主动或被动免疫牛，可使排卵率提高 3~5 倍。我国学者用猪精液中抑制素活性粗提物配合福氏佐剂主动免疫黄牛，分别得到 31.6% 和 36% 的发情母牛排双卵率，卵泡发育率为 145.5%，排卵率为 118.2%，分别比对照组提高 45.5% 和 18.2%，并发现主要是因免疫母牛的促卵泡素水平的升高造成的。

（5）胚胎移植　利用胚胎移植技术将一个胚胎移植到已孕母牛的黄体对侧子宫角；或者在发情母牛的两侧子宫角各移植一枚胚胎，其双胎率较高；或在同一侧移植两枚同期化胚胎使牛妊娠；也可胚胎分割移植，可避免产生异性双胎母犊不孕。利用胚胎移植技术生产双犊，有胚胎追补移植、移植双胚和分割胚的移植等作法。国外学者认为，在母牛两侧子宫角各移一卵所生产的双犊效果较好；在黄体对侧子宫角补移一胚，受胎率 60.4%~62.5%，双胎率为 38%~48%；双侧子宫角各移一胚的双胎率达 62%~75%。利用胚胎移植技术向已输精母牛黄体同侧或对侧子宫角追加 1 枚同日龄胚胎，或向发情母牛两侧子宫角各移 1 枚，或向一侧移两枚同期化胚胎，使母牛怀双胎，成功率最高。此外，我国学者向经同期发情处理后子宫孕向变化的母牛移植双胚，双胎成功率57.1%，并发现移到黄体同侧子宫角的部分胚胎自动迁移到对侧；利用半胚移植分别得到33.3%、34.6%的双犊率，可见利用胚胎分割法扩大胚胎来源，诱导同卵孪生犊牛也可获得较高双胎率，还可解决异性孪生母犊不育问题。

双胎的妊娠诊断

目前，双胎妊娠诊断方法有：直肠检查法、超声波断层法、胎儿心电图检查法，以及内分泌诊断法等。直肠检查法要求个人技术较高，诊断准确率较低。超声波诊断法一般在胎龄35~50日龄时测量为宜，超过80~90日龄时准确率下降，此法对妊娠3胎的诊断效果不理想。

异性孪生的牛犊

异性孪生时，血管吻合对雄性性腺和生殖道的影响很小，对其生殖力则有一定的影响。异性孪生的公牛，精子浓度低、运动性差，到10岁左右即有58%被淘汰。异性孪生的母牛有90%~92%呈现性异常，只有8%~10%具有生育能力。采用临床检查法时，测定阴道长度，凡阴道长度小于10~12厘米的，即可视为无生育能力；还可观察外生殖器官，阴门小、阴毛长而多，乳头不明显，且阴检观察无子宫颈口的，可视为不孕；对10月龄以上的孪生母牛，可依据无发情表现，阴道和直肠检查无子宫颈口，子宫体、卵巢和输卵管发育异常等来确定之。采用红细胞溶血诊断法时可预先制备特殊的血型反应剂，将采来的异性孪生母犊的红细胞混悬液与血型剂混合；完全溶血的，其生育能力正常；部分溶血的，可判为异性孪生不育（图4-2）。

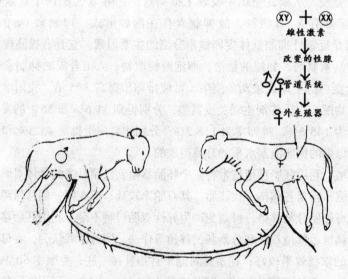

图4-2 牛的异性孪生母犊不育的病原学图示

迄今对牛的异性孪生母犊不育的病原学诊断认为，早期胚胎在性分化时，雄性胚胎的性别比雌性胚胎出现得稍早，雄性胚胎所分泌的雄激素，通过两个胎儿尿膜绒毛膜血管吻合支传递给雌性胚胎，因此影响雌性胚胎性腺的正常形成，使雌性胚胎的性腺既含有卵巢结构又有睾丸结构，既分泌雌激素也分泌雄激素。双重性激素又影响雌性胎儿生殖道及外阴部的正常形成。因此，造成母犊不育。

奶牛双胎的争论

持奶牛双胎利多论者认为，双胎牛比单胎牛生产效率大为提高，使母牛单产的产肉量增加；提高奶牛的产奶量；终生产犊数多；孪生母牛的繁殖性能正常，犊牛生长发育不受影响。我国研究表明，双胎和单胎犊牛虽然其初生重差异显著，但在24月龄时体重间差异不显著。双胎犊牛在初生、100天、200天的生长缓慢，但在断奶后生长正常。双胎生产可为种畜评定、提高选种准确性、加速品种改良起到重要作用，尤其是与性别控制结合进行双胎生产时，其意义更大。故"利多"论者主张，奶牛生双胎，利多弊少，应积极采取措施，增加双胎率。

持奶牛双胎弊多论者认为，奶牛生双犊，特别是异性双胎，雌性大多不孕，应尽量避免。有的甚至以在新疆图壁种牛场牧二场西门塔尔奶牛一胎双犊资料进行分析：该场奶牛产犊1 234胎次，统计其中一胎双犊70例，双犊率5.7%。同性双犊27例（双公犊18例，占双胎25.7%；双母9例，占双胎12.9%），异性双犊43例，占双胎61.4%。产双犊母牛70头的妊娠天数为（275.91±8.25）天（241~288天），比单胎平均妊娠期284.18天缩短8.27天。一胎双犊初生重平均为（33.42±4.62）千克（24~45千克），其中47头公犊为34.36千克（24~45千克）；23头母犊为30.11千克（24~38千克），比该场西门塔尔单生公母犊平均初生重分别少9.36和10.94千克。以双犊计，最重胎次初生重为79千克（公40千克、公39千克），最轻为49千克（母24千克、母25千克）。母牛产双犊后305天产奶量，据45头统计，平均为6 453.99千克（4 065~11 204千克），比全群母牛平均305天产奶量6 069.4千克高357.59千克。双胎存在着诸多风险，例如：异性双胎母犊大多数没有生育能力；犊牛在出生时往往较小和衰弱，也有较大的死产风险，而且比单胎出生的犊牛在断奶以前有更高的死亡概率；与公犊同胎出生的母犊为雄性化母牛，其生殖道因为在胎儿生长期间暴露于雄性激素而未能发育完全；与母犊同胎出生的公犊也可能生育力低；产双犊也使母牛处于诸多问题中，这些母牛流产、难产较多，并有更多的胎衣滞留、子宫炎、皱胃移位或酮病，这些母牛往往难以再配种，且在随后的泌乳期中更多地被淘汰，带来产奶量下降、胎衣不下、空怀天数增加等不利因素。故多数学者认为奶牛产双胎不是好事！

综上所述，虽然目前对奶牛产双胎有着可靠的抓手，但是对其利弊观不甚一致。

正是：

两个是比一个多，因素措施全掌握；

针对实情细考量，警惕弄巧会成拙！

奶牛分娩后，到再次发情、配种、受孕，即到产后第1个情期为止的间隔时间，称为产后期。这段时间是奶牛的多事之秋，会发生许多疾患，处理不善会使其正常繁殖机能受阻，必须清醒地认识到——

第5章

产后十五怕

一怕产后期延长

奶牛从分娩后至能够再次妊娠的产后第1个情期为止的这段时间，正常的为40~50天。产后期延长的具体表现是子宫复原和恢复发情的时间推迟。这种现象与高产奶牛产后能量负平衡的时间较长有关，也与高产奶牛多次挤乳刺激有关：日挤奶两次的，其产后期为46天；而日挤奶5次的，其产后期为69天。足见多次挤奶对促性腺激素释放激素有抑制作用。此外，高产奶牛促乳素分泌量高，抑制促性腺激素的分泌量，从而使其产后乏情。

二怕产后期猝死

有一养牛户饲养的奶牛陆续发生产后几天倒地死亡。患牛发病时间仅3~4小时，表现为呼吸加快、困难，鼻翼翕动，头颈伸直，全身大汗淋漓；四肢划动，肌肉痉挛，牙关紧闭，空口咀嚼，流涎，呻吟，吞咽困难，心跳加快，心律失常，体温升高；未见特征性病理变化。随机抽取两头患牛血液，做血样检查。结果表明，患牛钙磷比例严重失调，严重缺钙。究其原因是由于长期饲喂啤酒糟而又未及时补充足量的钙，致使牛长期严重处于钙的负平衡状态。

疗法一　用10%葡萄糖酸钙800~1 400毫升或5%葡萄糖氯化钙800~1 400毫升

静注。

疗法二 对伴有低镁血症的，可用 15% 硫酸镁 200 毫升静注或皮下注射。瘤胃臌气时，应瘤胃穿刺，并注入制酵剂。对于躺卧时间过长的，应静注 5% 碳酸氢钠 600~1 000毫升。为缓解疼痛，静注 10% 水杨酸钠 150~200 毫升。

注意事项

在疗法一中，如钙剂量不足，不但不能治愈，反而发生母牛倒地不起综合征等疾病。若剂量过大，可使心率加快，心律失常，甚至造成死亡。为此，注射钙剂时要注意监听心脏，尤其是在注射最后 1/3 的剂量时。一般说来，注射到一定量时，心跳次数开始减少，其后又逐渐回升至原来的心率，表明此时用量最佳；若发现心跳明显加快，心搏动变得有力且开始出现心律不齐，应立即停止。

加强护理，厚垫褥草，防止并发症。设法让其伏卧，以利嗳气，防止瘤胃内容物返流而引起吸入性肺炎。每隔数小时，改换一次伏卧姿势，以免长期压迫一侧后肢而引起麻痹。对试图站立或站立不稳的，应予扶持，以免摔伤。

对像啤酒糟之类含钙低磷高的副产品，需控制其喂量，并注意各种营养成分平衡，尤以钙、磷的比例要恰当。

三怕产后期缺乳

有一奶牛产后排乳量少，精神不振，食欲减少，乳房胀硬，拒绝触摸而有痛感，体温微高，诊断为产后气血凝滞所致的缺乳。治疗方法：取生化汤加减。当归 40 克、川芎 30 克、桃仁 30 克、甘草 25 克、柴胡 50 克、赤芍 45 克、丹参 40 克、黄芪 50 克、穿山甲 40 克、桔梗 35 克、王不留行 40 克、漂半夏 60 克、苍术 30 克，水煎一次灌服，2 剂见效，3 剂治愈。

又有一奶牛，约 10 月龄时在放牧群中被公牛交配，到预产期前 8 天产下一母牛犊。产后犊牛自由吸吮乳汁不够小牛吃。加喂豆饼后仍不见乳量增多。该牛食欲正常，求诊时乳房干瘪，凸出于腹壁 7~8 厘米，手挤乳汁稀少，呈细线状，挤几次后就能挤干。精神正常，膘情中等，体小。所产犊牛瘦小、体弱。治疗方法：取绒毛膜促性腺激素（HCG）500 单位 × 2 支，灭菌用水 10 毫升 × 1 支，配伍后肌注。第 2 天见乳房稍膨大，乳量稍有增加。第 5 天，乳房约有开始时的 2 倍大，手挤乳汁呈线状，奶量基本满足犊牛需要。另有一牛，13 月龄左右，发情时，让群中公牛交配受孕。产犊 8 天后，奶水不够犊牛吃。加喂精料并每天两次按摩乳房后效果不明显。求诊时该牛食欲正常，体温、脉搏、呼吸正常，膘情正常，体重 350~360 千克，乳房发育较差。治疗方法：取绒毛膜促性腺激素 500 单位 × 3 支，灭菌用水 10 毫升 × 1 支，配伍后肌注。第 2 天，手挤乳汁较前 1 天增多。第三天又用 1 次同上药物。2 周后，该牛乳房较治疗前膨大，充盈。犊牛吃饱后，还可以挤出一小部分奶。

应注意的是，用绒毛膜促性腺激素治疗过早配种的母牛产后缺奶，有一定效果。治疗时应根据患牛体重、体况区别取用药量及用药次数。

四怕产后子宫脱

奶牛分娩后，子宫翻转，突垂于阴门外，称之为子宫脱出；多发生于年龄大、产次多、体质弱的奶牛；通常发生在产后 12 个小时内，也有产后 2~3 天发生的。究其病因如下。

① 妊娠期间，饲养管理不良，缺乏适当运动，瘦弱老龄，产次多引起阴道子宫周围组织松弛。

② 胎儿过大，胎水过多，双胎妊娠，引起子宫韧带过度伸张、弛缓。

③ 发生难产时，分娩过程延长，子宫超时努责引起麻痹，助产手法粗暴，强行拉动胎儿。

④ 胎衣停滞时，强行牵扯或在胎衣上系以重物。

⑤ 产后瘫痪也能继发子宫脱出。

母牛的生殖器官见图 5-1。奶牛产后子宫脱出，其整复手术及药物治疗如下。

整复术式一　手术整复前检查子宫腔中有无肠管。若有肠管脱出，宜先从靠阴门部分开始，将肠管压回腹腔，并完全缝合破口。然后保定母牛，用 0.1% 高锰酸钾温水溶液清洗脱出子宫。在后海穴处注射 1% 盐酸普鲁卡因 100 毫升施行麻醉，防止努责，抑制排粪。抬高臀部，减少盆腔压力。术者手臂消毒后，用黄甘油涂抹整个子宫。可用拳头顶住子宫角尖端，趁母牛不努责时缓慢送回阴门内，深深推入腹腔，恢复正常位置。最后将数支青霉素干粉放入子宫内，以起防腐抑菌作用。为防止再次脱出，可在阴门上作 2~3 针双内翻缝合，3~5 天拆线。

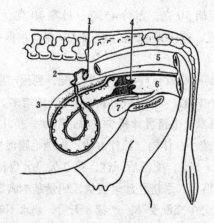

图 5-1　母牛的生殖器官

1—卵巢；2—输卵管；3—子宫角；4—子宫颈；5—直肠；6—阴道；7—膀胱

注意事项

加强产前饲养管理，供给营养全面的饲草料，适当增加运动量。助产时，规范操作程序，以免强拉硬拽致子宫翻出阴门外；做到早发现、早整复和早治疗，子宫脱出后至手术整复不超过 1 小时。

必要时，可以辅以药物治疗：先肌注催产素 50 单位，促进子宫收缩，然后用 5% 葡萄糖液 150 毫升、生理盐水 5 000 毫升和 80 万单位青霉素 15 支，再加适量维生素 C 和强心药，混合后 1 次静脉输液，1 次 / 天，连用 3 天，以增强体力，防止子宫炎发生。

亦可在术后注射青、链霉素各 600 万单位，每天 2 次，连用 3 天。另外内服中药补中益气汤加味 2 剂。方剂：黄芪、党参、白术、当归、升麻、陈皮、陈艾、柴胡、大枣、白芍、熟地、益母草和甘草各 100 克，混合后煎服。一般经 3~6 天即可痊愈。

整复术式二　取站立保定母牛，尽量使其前低后高，减少腹腔内容物对阴门部的压力，以利整复。取尾椎麻醉。用温水冲洗子宫，水温高出母牛体温 2~4℃，冬季应将子宫热洗再行整复。将污物洗净后再用高锰酸钾溶液冲洗 2~3 次。可撒布明矾 30~200 克，用 4 层纱布盖上并挤压子宫，减轻子宫水肿。用纱布或搪瓷托盘将子宫托至与阴门水平位置。先将脱出的阴道部分内送，当母牛努责时要挡住已送入部分，趁母牛不努责时再往里送。如此反复几次，最后将子宫角送入，把子宫内壁展开，使其完全复位，不可套叠。然后放入洗必泰栓 4~6 粒，以促进水肿及炎症消退。术后注射子宫收缩剂以帮助子宫复位，并注射广谱抗生素防治子宫炎症，24 小时以内注射破伤风抗毒素。必要时在阴门两侧注射酒精 20~40 毫升防止子宫再度脱出。术后注射广谱抗生素 5~7 天，在刚刚整复的母牛背部搭一布袋，内放 10~20 千克沙土，作缓缓牵遛运动。术后禁食一顿，3 天内不喂太饱。

应注意的是，手术要及时，脱出时间越长，其治疗难度越大；污染、感染严重，甚至刮烂、破溃，造成大量出血者，有的不得不做子宫切除术。

整复术式三　根据牛体大小，首先要肌注 2% 的静松灵 5~10 毫升，间隔 15 分钟后，再注射肾上腺素 10 毫升，几分钟后患牛即卧地。采取右侧卧位，将后躯尽可能抬高，尾巴拉向体侧。术者剪短指甲，并进行常规消毒，用 37~38℃ 的 0.1% 高锰酸钾溶液进行冲洗消毒后臀部和脱出的子宫，并小心剥离胎衣，清洗污物，再用一块长 120 厘米、宽 60 厘米的消毒纱布，让两助手托住子宫。为增加其高度，可在脱出子宫下面垫一平板，上盖塑料布，使子宫略高于阴门。并用温生理盐水再次冲洗子宫，然后撒 2% 明矾水。遇有少量出血时，可喷洒 0.1% 浓度的肾上腺素或用湿润棉球涂于局部，出血较多时，可进行必要的局部结扎或缝合。子宫破裂时，需采取连续缝合和内翻缝合法进行两次缝合。整复从子宫角的顶部开始，首先将五指并拢，或用拳头伸入子宫角的凹陷中，顶住子宫角尖端，向阴门内压迫子宫壁，推入阴门；先推入一部分，然后助手压迫子宫，术者抽出手来再向阴门压迫其余部分，将子宫角深深推入腹腔，恢复正常位置，以免发生套叠。

在上述整复过程中，都必须是趁牛不努责时进行。在努责时把送回的部分压住，以免退回来，整复后随即将手伸入阴道，注入 38~40℃ 的生理盐水 2 000~2 500 毫升，土霉素 500 万单位。为促进子宫康复，增加营养，改善血液循环，可采取静注复方氯化钠 1 500 毫升、5% 糖水 1 000 毫升、5% 碳酸氢钠 250 毫升、10% 盐水 300 毫升、维生素 C30 毫升。

应注意的是，发生本病后应该及早进行整复。保定要确实，防止由于疼痛不安而造成子宫破裂；整复子宫时首先剥离胎衣、洗清污物后再整复子宫。注射静松灵后 15 分钟必须再注射肾上腺素，以利用药物的拮抗作用来缩短患牛的麻醉状态和减少出血。

整复后应及早进行牵遛，在整复 4~6 小时内，不准患牛卧地。整复后再用肌注青霉素 800 万单位、链霉素 400 万单位，每日两次，连用 7 天，防止感染。

整复术式四　母牛产后子宫脱出，如用常规方法整复无效，可试用纱布包扎扭转法。其操作：患牛站立保定，前低后高，尾巴拉向体侧；术者剪短指甲，洗手消毒，用0.1%高锰酸钾溶液冲洗消毒臀部和脱出子宫，并小心洗剥糜烂物；用3%碘酊涂于创伤部位，再均匀的撒上明矾2份、百草霜1份混合粉末于脱出子宫表面；用一块长120厘米、宽60厘米消毒纱布，以横面沿脱出子宫由右向左整齐地包扎2~3圈。接着用一条棉纱带（甲带）把靠近阴门的一端的纱布连同脱出子宫一起捆绑紧，拉起纱布的横面另一端，由右向左扭转，至无法扭转时，旋成扭结。用另一条棉纱带（乙带）绑住结扭，这时用双手轻轻地挤压按摩已包扎上纱布的脱出子宫的整个表面。不久，组织紧张性减低，体积缩小，此时要勒紧甲带，解开乙带，再次扭转纱布，至无法扭转时重新结扭、缚紧，再次挤压、按摩。这样反复2~3次，体积明显地缩小了，此时以拳头置于纱布扭结处，稍加用力，将脱出子宫推进阴道，松解甲带，慢慢地将纱布连同乙带一起抽出。纱布抽出后，术者以左手压住阴户，右手伸进阴道，将子宫向盆腔内推送并整复，在右手将要抽出之前，按摩膀胱，刺激排尿。排尿后用0.1%高锰酸钾溶液灌洗阴道进行消毒，或塞放80万单位青霉素于阴道深部。发现患牛肠道内粪便干结，为防止排粪时猛力努责，引起再次脱出，在手术末了，须行直肠掏粪，1、2小时后再整复，掏粪1次。

应注意的是，术前注射镇静剂，缓解母牛施术时的痛感；术后5天内注射抗生素，每天1次，以防感染；术后1周内让牛安静休息，改为舍饲，切忌走上高坡，以防努责再次脱出。母牛子宫脱出是因为营养失调、元气损伤、气血亏损所致。故术后需灌服补中益气散以提升中气，每天两次，每次0.25千克。

整复术式五 当子宫不完全脱出时，母牛多拱背站立、举尾、用力努责、频频排尿、拉粪。当子宫完全脱出时，内翻脱出的子宫，像一个长圆形的口袋，上面的子叶和部分未脱落的胎衣清晰可见。子宫刚脱出时，黏膜和胎盘为玫瑰色，随着脱出时间的延长，子宫黏膜充血、水肿，进而变为黑紫色，并有血水渗出，寒冷季节常因冻伤而发生坏死，严重时，可并发全身症状，如体温上升，呼吸和脉搏增数，食欲、反刍减退或停止等。治疗方法：尽可能前高后低站立保定，或侧卧保定。侧卧保定时用绳子或木杠抬高臀部，这时母牛无力努责，盆腔内压很小，迅速整复，效果很好。操作时，用0.1%20~40℃的高锰酸钾溶液或其他刺激性小的消毒液充分洗涤和消毒脱出的子宫与母体后躯，除去附着的不洁物及坏死组织，如有伤口或未脱离的胎衣，要先行处理和剥离。在整复时将脱出的子宫放于一块消毒干净塑料布上，用消毒纱布或消毒白布把子宫清洗干净。为便于整复，先进行硬膜外麻醉或后海穴与百会穴注射2%普鲁卡因10~20毫升或静松灵5~10毫升；然后，将子宫托起与阴门等高位置，术者用握拳伸入子宫角末端凹陷处，趁母牛不努责时，小心向前推送或由助手配合，从子宫体部一段一段地进行推送，随后再用力矫正子宫角，让其回复到腹腔的正常位置处。然后在整个子宫内放入如青霉素、链霉素等刺激性小的药物，并注射子宫收缩药，使子宫缩小。为防止再度脱出，可用啤酒瓶或啤酒瓶一样大小的瓶子，用瓶底部顶住子宫，瓶口向外用尼龙绳系牢。也可在阴门上做三至四针双内翻缝合或圆枕缝合，后装置绳环压制阴门，此环大小与牛阴门大小相同，上端做两个圆孔，下端做一个圆孔，孔的大小以能穿过压环保定绳为适。此环用纱布包好，然后把瓶口的尼龙绳系在环上。一般经2~3天后，患牛不再努责时，便可除去缝线与绳环。术后为增强抗病力可用糖钙疗法2次，口服补中益气汤2剂；为控制感染可连续肌注抗生素5~7天；为促进子宫收缩复旧，可使用子宫收缩药。术后专人护理，使其处于前低后高姿势，饲喂营养丰富、体积小而易消化的饲草料。

应注意的是，加强怀孕母牛的饲管，增强运动，特别是怀孕后期，要饲喂富有营养的饲料、补充必要矿物质和微量元素，产房设专人监护。助产时，配合母牛的努责及骨盆轴的方向，拉出不可太快或用力过猛。胎衣不下剥离时，切勿强拉硬拽。母牛产后仍有强努责的要立即采取相应措施，以防子宫脱出。

五怕恶露出问题

母牛分娩后，原母体胎盘逐渐变性脱落，出现新生的子宫内膜。分娩后子宫内脱落的胎盘、血液、胎水、腺体分泌物以及白细胞等一些残留物，总称为恶露，均需排出体外。排净恶露的时间正常为 10~13 天。恶露出问题表现为：一是恶露不下，二是恶露不尽。

恶露不下是指分娩后无恶露排出，或排出量少。恶露不下又称子宫中毒症。究其病因及症状是：产后子宫弛缓、收缩无力，使恶露不易排出；运用子宫收缩药物不当，使宫颈过早收缩，阻碍了恶露的排出；产后过早运用消炎药物洗涤子宫，使子宫黏膜形成一层假膜，致使恶露被吸收。产后不见恶露排出或排出量少，产犊母牛精神不振，食欲减退，反刍停止，瘤胃蠕动减弱，心跳加快，有时体温升高。由于腹痛而不爱行动，喜卧。严重者乳房皮肤苍白，全身症状明显。

恶露不下治疗方法

一取生化汤，内服一日一剂，连服三剂。方剂组成：当归120克，川芎45克，桃仁45克，炮姜10克，炙甘草10克，黄酒、童便各150毫升。

二服内补散加减。方剂组成：全当归60克，赤白芍、川芎各30克，续断60克，丹皮30克，蒲黄40克，丹参、五灵脂各45克，红花30克，桃仁、山药、益母草各60克，海金砂40克，香附、炙甘草各30克，水煎服。服三剂后即会有恶露排出。

恶露不尽是指奶牛超过一定时间，仍从阴户流出浅红色或暗红色污浊液体。发生原因主要是奶牛胎衣滞留，血瘀胞宫，或助产及剥离奶牛胎衣时，损伤胞宫，或奶牛虚弱，产后元气亏损又失于护理。此时奶牛全身发热，食欲不振或废绝，反刍停止。阴道流出暗红色浊液或带黑色血块。

恶露不尽治疗方法

一内服方：当归60克、川芎40克、益母草60克、蒲黄50克、黄柏50克、黄芩50克、黄芪60克、香附50克、木香50克、甘草20克，水煎灌服，每天1剂，连用5~7剂。热盛者加金银花、蒲公英各50克，带下恶臭加败酱草、土茯苓各40克，外阴剧痒加苦参45克。

二冲洗法：每头奶牛1次量，取野菊花60克、忍冬藤80克、败酱草60克、鱼腥草80克，先将各药洗净，加水750毫升煎熬至约500毫升时，用双层纱布过滤。待滤液约为40℃时，用输精器将药液注入奶牛子宫内，然后通过直肠不断按摩，把脓液从子宫和阴道内冲洗出来。隔日1次，每3~4次为1疗程。

三取上述内服和子宫灌注同时进行。

四取生化汤加减。有一母牛产后数日精神不振，食欲细少，卧多立少。从阴道流出的恶露量少色暗，有黑色凝块，粘污后胯和尾根部。体温 40.5℃，心跳 82 次 / 分，呼吸 33 次 / 分。直检子宫硬肿，不能插入管冲洗，诊断后为产后恶露不尽。取当归 50 克、川芎 30 克、红花 30 克、桃仁 30 克、益母草 100 克、甘草 20 克、丹参 40 克、赤芍 40 克、二花 40 克、连壳 40 克、黄芩 50 克，水煎，一次灌服。2 剂见效，4 剂治愈。

六怕胎衣不脱落

奶牛产后胎衣脱落的正常时间，51 例奶牛平均在产后（5.95±1.68）小时；各胎次胎衣正常脱落时间：1 胎 6.5~7 小时，2 胎 5.5~6 小时，3 胎 3~5 小时，4 胎 7~8 小时，5 胎 8~9 小时。由此表明，4 胎以上的母牛胎衣脱落时间较迟。奶牛产后胎衣不脱落，术语称之为胎衣不下。在北京西郊农场奶牛场，据 3008 头次分娩母牛观察，共发生胎衣不下 500 头次，占 16.6%。

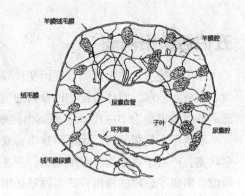

图 5-2 牛妊娠 105 天的胎膜示意

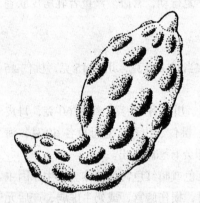

图 5-3 牛子叶型胎盘上绒毛膜的分布

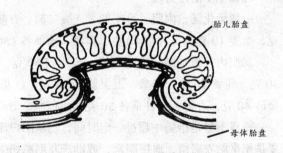

图 5-4 牛的子叶型胎盘

胎衣不下原因

（1）与饲养有关 饲喂大量青干草的奶牛，胎衣不下发病率低，平均 12.98%；而用稻草代替青干草，且精料不足的奶牛，胎衣不下发病率 20.35%。

（2）与胎次有关 第 1 胎胎衣不下发病率 8.8%，第 2 胎 11.62%，第 3 胎 15.17%，第 4 胎 23.08%，第 5 胎 25.30%，第 6~12 胎 33.33%。由此表明，随着分娩胎次的增加，胎衣不下发病率也增加。

（3）与上胎患本病有关 上一胎患胎衣不下的奶牛，再产时发病率为 25.32%，上胎未患胎衣不下的，再产时发病率为 12.00%。

（4）与子宫感染有关 据对 125 头患子宫感染牛的病史分析，有 58 头发生胎衣不下，发病率 46.4%。

（5）与运动有关 在相同的饲养条件下，有运动场的母牛胎衣不下发病率为 16.00%，无运动场的母牛胎衣不下发病率为 28.93%。

（6）与犊牛初生重有关　犊牛初生重35~38千克的发病率较低；初生重过大或过小的发病率较高。

（7）与缺硒有关　硒能通过胎盘进入胎儿体内，硒的主要作用具有抗氧化性、能维持细胞膜正常机能。硒是构成谷胱苷肽过氧化物酶的成分之一。当妊娠后期及分娩后缺硒时，体内谷胱苷肽过氧化酶的活性降到正常值的10%以下时，细胞膜和微血管壁的机能不能维持正常，使母体胎盘的子宫阜腺窝及绒毛的毛细血管收缩不良，导致胎儿胎盘不能及时的从母体胎盘腺窝中分离出来。

（8）与缺钙有关　钙离子有直接兴奋神经和平滑肌等作用。缺钙则使子宫收缩弛缓不能驱使胎衣正常排出。

（9）与胎盘炎症有关　牛的胎儿胎盘与母体联系较紧密，大部分粘附在宫阜上。由于妊娠期间受到沙门杆菌、胎儿弧菌等感染，使胎盘发生炎症，导致组织增生，使胎儿胎盘和母体胎盘粘连。牛胎膜、胎盘结构见图5-2至图5-4。

（10）与异常分娩有关　异常分娩包括双胎、难产、流产、死胎。母牛分娩胎水过多、产死胎、妊娠终止、分娩母牛过肥等，其胎衣不下发病率较高。双胎牛更易发生胎衣不下，其原因之一是怀孕时子宫过度扩张、分娩时间延长、母体用力过度而衰弱，产后子宫收缩微弱；其原因之二是由于分娩时间延长，子宫阜和子叶中组织胺含量和浓度增加，致使母体胎盘与胎儿胎盘发生水肿；加之子宫收缩力不足，而引起胎衣不下。流产和死胎时，胎盘上皮未及时发生变性，雌激素不足及孕酮含量高从而引起胎衣不下。血清学检查，发现布氏杆菌病感染是引起奶牛流产、屡配不孕、胎衣不下的又一重要原因。

（11）与分娩季节有关　牛在春季（3~4月份）比秋季（8~9月份）的胎衣不下发生率要高。夏季（6~7月份）气温高、湿度大、天气闷热、牛体表散热能力弱，导致母牛在高温环境中呼吸困难，采食量减少，体质虚弱，产前营养不足，致使气血两亏，而易于胎衣不下。

（12）与环境应激有关　对于怀孕期满的母牛胎衣的排出时间与应激的关系很大。应激则会抑制子宫收缩。在安静的环境下，产牛胎衣不下的发病率明显减少。笔者曾参加在北京市长阳农场的观察，结果显示，在两次上槽四次挤奶，上班时间为7~11时和19~23时的牛群中，据414头次分娩母牛的资料分析，发生胎衣不下的54头，其中以17~18时分娩母牛的胎衣不下为最高，占28.6%；在上胎产奶量6 000千克以上的母牛，胎衣不下的显著增高，平均为22.4%；在以玉米、高粱、黑麦及燕麦青贮、胡萝卜、白薯块青贮、豆饼、混合料、啤酒糟、酱渣等饲料的条件下，母牛平均头日采食量在32.5千克以下时，胎衣不下明显增高；而采食量低，又似与天气炎热或骤然变化有关。北京地区七八月份气温高、湿度大、天气闷热、牛体表散热能力差，导致母牛在高温环境中呼吸困难，采食量减少，体质虚弱，产前营养不足，致使产后气血两亏，宫缩无力而易于胎衣不下。9月份天气凉爽，饲草料新鲜充足，营养丰富，适口性好，采食量增加，故母牛体质好，胎衣不下者少。3月、11月份采食量相应下降，胎衣不下者偏高，这是由于北京地区3月份气温由冷变暖、多风沙，11月份进入冬季，昼夜温差较大等，对母牛体质有一定影响。

胎衣不下治疗方法

（1）产后对症用药　高产奶牛刚分娩后血钙含量普遍下降，分娩时耗能较多，加之由于开始泌乳，在未来数小时需要较多的能量，因此产后应尽早静注 25% 葡萄糖 1 000 毫升，5% 氯化钙 500 毫升，10% 氯化钠 500 毫升，10% 安钠咖 20 毫升。

（2）促进子宫收缩　常使用激素类药物，由于母牛某些营养物质的缺乏和运动不足致使母牛出现子宫弛缓或收缩微弱，对于这种情况，经前列腺素 F_{2a} 处理后的胎衣滞留率为 20.6%，而对照组为 47.7%。用已烯雌酚和催产素治疗，其治愈率达 87.27%。另外，取垂体后叶素 160 单位，每日 2 次肌注；或缩宫素 100~150 单位肌注；或已烯雌酚 50~200 毫克肌注，每日 1 次或隔日 1 次；或马来酸麦角新碱注射液 5~15 毫克肌注；或甲基硫酸新斯的明 30 毫克肌注；或比赛可灵（氯化铵甲酰甲基胆碱）注射液 20~50 毫克，一次皮下注射，效果也确实可靠。

（3）防腐败和感染　通常向子宫内投放抗生素、磺胺类或其他抗菌杀菌药物。如果全身状况欠佳或伴有体温升高，则需补液、冲洗子宫，并在子宫内放置青霉素与链霉素、四环素、土霉素、氯霉素、金霉素等广谱抗生素。

（4）促进胎盘溶解　取胃蛋白酶 20 克、稀盐酸 15 毫升加水 300 毫升，注入子宫内。采用胎衣吊起法，在母牛分娩后 6~12 小时，将脱出的胎衣在外阴部用绷带或细绳打个结，后移 5~7 厘米再打个结，在离尾根 25~30 厘米处将胎衣的游离端同尾巴捆在一起，但结扎不得越过牛尾也不要破坏微循环。

（5）产后常规洗宫　奶牛产后胎衣 8~12 小时自行脱落，为正常脱落。过 12 小时后胎衣不下的，如阴道分泌物透明无恶露，可进行一次产后常规清洗子宫。奶牛产后 12~24 小时胎衣不下或胎衣不完全脱落，时间拖延越久，继发子宫感染越严重，应当天或隔日进行人工剥离，接着清洗宫腔。子宫清洗方法：第 1 次清洗子宫用土霉素粉 6~8 克，0.1% 利凡诺尔溶液 1 000~2 000 毫升。将溶液加热至体温混匀后分批注入子宫，隔日 1 次。根据分泌物和恶露流出情况酌减药量。对胎衣不完全脱落的牛，亦按常规人工方法剥离，冲洗液可用土霉素粉 3~4 克，0.9% 生理盐水 500~1 000 毫升，分批注入子宫内，隔日 1 次，直到冲洗液澄清为止。在清洗子宫时，有个别产后奶牛清洗子宫后，特别是停药隔日后仍排混浊分泌物。随时发现随时处理第 2 次。或改用青霉素 320 万单位，链霉素 300 万单位，灭菌注射用水 300~500 毫升，注入子宫，直到清洗子宫冲洗液澄清为止。结果显示，通过上述产后清洗子宫治疗，分娩牛均可在产后 60~90 天如期配种受胎。

（6）人工进行剥离　剥离最佳时机：夏季在分娩后 48 小时进行，冬季在分娩后 72 小时进行。剥离操作程序：先将母牛保定好，用 0.1% 的高锰酸钾溶液冲洗消毒外阴部，术者穿好工作服，两手带上长臂塑料手套，一手握住露出的胎衣，轻轻拉紧，注意不要拉断；一手伸进子宫内，沿紧张胎膜与宫阜粘连处用食指和拇指进行剥离。剥离时先近后远，另一只手把已经脱落的胎膜向外拉扯，直至全部剥出。

注意事项

注意清洁，尽量减少操作次数，以减少感染机会。坚持洗手消毒、涂擦保护剂等操作规程。对于子宫口收缩过早或胎衣与子宫粘连紧的母牛，可以采用药物与非手术剥离相结合的办法。

在非手术剥离前十几分钟，先行皮下注射毛果芸香碱 2% 溶液 10~15 毫升，促进子宫腺体分泌和子宫颈口开张，易于进行操作。

为松弛胎儿胎盘绒毛和母体胎盘腺窝之间的联系，便于剥离，在术前 30 分钟还可向子宫灌注 10% 高渗氯化钠溶液 1 000~1 500 毫升。

剥离干净后，全部导出冲洗液，向子宫灌注土霉素粉 4~6 克。为预防感染取肌注青霉素 400 万单位 / 次，2 次 / 天，连用 3 天。

（7）子宫灌注油剂　取土霉素粉 5 克、痢特灵 0.5 克、加沸消毒植物油 50 毫升；亦可取氯霉素 3 克、呋喃西林 2 克，加煮沸消毒植物油 50 毫升；亦可取青霉素 640 万单位、链霉素 300 万单位，加煮沸消毒植物油 50 毫升。隔日用药一次，连续用药 3 次，用药前将外阴冲洗干净，充分开张子宫颈，以便药液注入。此法旨在防止胎衣腐败，待胎衣自行排出。

（8）促进排出　可选处方有：肌注或皮下注射催产素 60~100 单位，或肌注甲基硫酸新斯的明 10 毫克，或 25% 葡萄糖 500~1 000 毫升、5% 葡萄糖酸钙 500 毫升混合静注。

（9）促使脱落　先将催产素 100 单位一次性肌注，再将四环素粉 300 万单位溶解在 300 毫升 10% 氯化钠溶液中。用子宫输药器输入子宫内。据治疗 540 头次胎衣不下患牛，用药后 12 小时自然脱落的 195 头次，24 小时内胎衣自然脱落的 273 头次，36 小时内自然脱落的 72 头次，治愈率 100%。

胎衣不下预防

（1）补饲维生素丰富的饲料　怀孕母牛要饲喂含钙及维生素 A 丰富的饲料，冬季缺乏青绿饲料时要坚持每天补喂鱼肝油胶丸 4~5 粒；产前一周减少 1/3 的精饲料，适当增加青绿多汁饲料的饲喂量；增加运动时间，奶牛怀孕期间每天舍外运动不少于 4 小时；在预产前 45 天和 15 天各灌服一次亚硒酸钠维生素 E 粉，每头每次 0.5 克；产后即灌服温水溶解的保健盐水 5 000 毫升。配方：氯化钠 17.5 克、氯化钾 7.5 克、碳酸氢钠 12.5 克、葡萄糖 100 克、常水 5 000 毫升。增加妊娠后期母牛的运动和光照。在日粮配制中，注意钙、磷、维生素 A、维生素 E 等的补充。防止结核病、布氏杆菌病和子宫内膜炎等的发生。

（2）调整产犊季节，避免在低气压与暑热季节分娩　产后及时按摩乳房或让犊牛吮吸乳头，促使母牛分泌大量的垂体后叶素。如果该奶牛有胎衣不下病史，可以在分娩后灌服所收集的羊水。取垂体后叶素 70~100 单位，加上 10% 葡萄糖酸钙注射液 500 毫升或等渗葡萄糖氯化钠溶液 500 毫升静注，或单用 200 单位垂体后叶素肌注。

（3）加强干奶牛饲养　精饲料喂量为 3~4 千克，青贮为 15 千克，优质干草自由采食，防止母牛过肥。

（4）对经产牛及有胎衣滞留病史的牛，于产后 1~2 小时施行"三合一"预防方案 10% 氯化钙注射液 100~150 毫升，5% 葡萄糖注射液 500 毫升，混合后颈静脉滴注；肌注脑垂体后叶素 50 单位；灌服由益母草 100 克、当归 30 克加水 1 000 毫升煎成的益母草合剂 500 毫升。结果显示，产后 1~2 小时内施行"三合一"方案，无胎衣滞留史的 22 头母牛，用药后 4 小时内排出胎衣的有 16 头，占总数的 72.7%，比正常值提早 1~2 小时。其余 6 头于 5~9 小时内排出，占总数的 27.3%，比平均值略高。有不同程度胎衣滞留史的 7 头母牛，在用药后 7~18 小时内排出胎衣。比原来产后 24 小时以上排出胎衣提早 6~17 小时。

七怕产后牛瘫痪

本病常见于高产奶牛，特别是 3~6 胎次多发。究其原因，尚无定论。

发病原因

产前饲养管理不当，如饲料单一、营养缺乏、钙磷比例不对，需要量供应不够，使产后钙磷比例失调，产奶量消耗过多而引发原发性截瘫症。

产房湿度大、温度低，风湿因子诱发产后瘫痪。

产时不顺，胎儿过大，助产措施不当引起神经丛的挫伤。

激素使用不当，催产素使用过早，用量少。分娩前后，由于胃肠道消化机能减弱，分娩时雌激素升高，致使钙的吸收率降低。

甲状旁腺机能减退，血钙调节失调。

分娩后开始泌乳，大量的钙质从乳汁中排出，使血钙含量急剧下降，血磷含量降低。

本病症状

产出胎儿后患牛站不起来，有的前肢能伸曲打弓，后肢拖地站不起来，有的能站起来，而打颤发抖，痛苦嚎叫；严重病例根本无法站立，长时间卧地而发生褥疮，最后感染败血症而死。本病可分为三期：初期患牛兴奋不安，对刺激敏感，不让触摸，站立不稳，后躯摇摆。中期随时趴地、嗜睡、肌肉松弛，体温低。末期常侧卧或伏卧，昏迷、迟钝、瞳孔散大，脉搏微弱，心率加快。

本病诊断

① 患牛多为 3~6 胎的高产奶牛；② 分娩后 12~72 小时内，出现特征性瘫痪和意识抑郁；③ 经实验室检测，血钙、血磷浓度明显降低。

治疗方法

静注 20%~25% 葡萄糖酸钙或 10% 葡萄糖酸钙或 5% 氯化钙注射液，5%~25% 葡萄糖溶液，并配以氢化可的松、安钠咖、地塞米松和维生素等药物。

当母牛产后瘫痪时，用送风器进行乳房送风，待膨胀且乳房周围界限清楚后，用纱布条轻轻扎住乳头，防止气体逸出。过 1 小时后将纱布条解除。

生产瘫痪作为原发病，可采用静脉输钙、乳房送风，结合强心、补液，配合肌注新斯的明注射液。临床上如果乳房送风和钙剂治疗 2 次以上，还是站立不起来，只是精神与食欲出现一些好转，这时就不要再采用钙剂治疗，以免引起高钙血症及低镁血症，要考虑母牛"倒地不起"综合征的几种可能性。要把母牛用臀带吊起来或铺上厚垫草，定期翻转身体。

生产瘫痪并发低磷酸盐血症，用 20% 磷酸二氢钠 300 毫升静注或皮下注射。也可用 5%~10% 葡萄糖或蒸馏水配成 3% 次磷酸钙 1 000 毫升静注。

生产瘫痪并发低镁血症，用 10% 硫酸镁注射液 200~400 毫升静脉或皮下注射。

生产瘫痪并发低钾血症，用氯化钾 5~10 克溶在 1 000 毫升蒸馏水中或 1 000 毫升生理盐水中，注于静脉内且速度要特别慢，并时刻注意心脏状况。

生产瘫痪并发神经损伤，在肌肉麻痹部位交替注射 0.1% 硝酸士的宁注射液 10~20 毫升、20% 樟脑油 10~40 毫升，每天 1 次，5~8 天为 1 个疗程。

生产瘫痪并发肌肉损伤，可采用中药治疗，选用舒筋活血通络的药物。为了预防肌肉萎缩要局部按摩，每天 2 次，每次 20 分钟，按摩后涂复方樟脑搽剂、樟脑醑等皮肤刺激剂。

注意事项

在治疗过程中，补磷应重于补钙。因在大量补钙的同时，不注意补磷，会造成钙磷比例失调，影响钙的吸收和利用，而且补钙过量会引起患牛的心率不齐导致生命危险。所以，应在补钙补糖的基础上，将对磷的补给列为重点，以利于钙的吸收。

初次补钙时，量要大，否则患牛易产生耐受性，不利于其恢复。在补钙时，会出现肌肉震颤的情况，这是正常现象，此时要继续补钙，直至其自行站立为止。

在补糖补磷补钙的同时应配合乳房送风法。应用此法要尽早进行才能达到理想的效果。并且经常给患牛翻身，以防出现四肢麻痹。

为使患牛早日痊愈，应用综合疗法和产前产后的预防会获得事半功倍的效果。

为预防本病，产前重视妊娠母牛的饲养管理，饲料中注意钙磷的合理比例，维持钙磷的动态平衡。通常保持在（1.5~2.0）:1，若比例失调，会影响钙的利用和吸收。产前两周投喂低钙高磷日粮，使用甲状旁腺功能增强以增高血钙含量。饲料中磷含量应始终保持在0.4% 左右；在产前 5~6 天肌注维生素 $D_3$100 万单位；另应饲喂足量优质干草，精料喂量不宜大幅度增加。产后立即恢复日粮中钙的正常含量，即总钙量达到日粮 0.6%，磷则始终保持在 0.4%。在产后补钙最好在 10 小时以内，同时肌注维生素 D200 毫克。在奶牛产后 4~6 天内挤奶，应少量多次，逐日增加，避免因挤奶造成乳房空虚、内压下降而诱发瘫痪。

奶牛产后喂一些如龙胆酊之类的健胃药，保证其有良好的消化机能和旺盛的食欲。并保持牛舍的卫生和安静，预防可能诱发产后瘫痪的各种应激反应。

在母牛干奶期，最迟从产前 2 周开始，饲喂含低钙高磷的饲料，减少从日粮摄入的钙量，这样可激活甲状旁腺的机能，从而提高吸收钙的能力，使产后很快适应能及时动员骨骼中的钙溶解出来。并增加谷物精料的数量，减少饲喂豆科植物干草。

奶牛一个泌乳期肌注维生素 D_3 注射液 2 次。产前 7~10 天注射 1 次，临产前再注射 1 次，剂量为每次 150 万~210 万单位。并在产前 4 周到产后 1 周，每天增喂 30 克镁，这样可以预防血钙降低时出现的抽搐症状。

母牛产犊后第 1、2 次挤奶量为正常挤奶量的 1/5，第 3、4 次挤奶量为 2/5，第 5、6 次挤奶量为 3/5，在产后 4~5 天才全部挤净，防止钙从初乳中大量排出。

母牛分娩后口服 1 次如氯化钙之类的钙剂，同时饲喂含钙大于 1% 的饲料，并根据当地条件，自制一些蟹壳粉和虾壳粉喂牛，以保证奶牛钙的平衡。

每天刷拭牛体 1~2 次。观察牛群的动态，及早发现瘫痪的迹象，越早治疗效果越好，痊愈越快。

为了提高奶牛生产瘫痪的治愈率，及早诊断，及早应用钙制剂治疗，治愈率高。为了防止剂量不足引起的奶牛不能站立或复发瘫痪，首次注射应选用大剂量。注射后 8~12 小时患牛如无好转，可按原量重复注射，但一般最多不能超过 3 次。应用钙剂而效果尚不显著者，第 2 次注射治疗时缓慢注入 15% 磷酸二氢钠注射液 200~500 毫升、15% 硫酸镁注射液 150~200 毫升，能促进痊愈。

静脉注射时，药液不能漏于血管外，否则会引起局部肿胀甚至坏死。若不慎漏出时，可吸出漏出的药液,并25%硫酸钠溶液10~15毫升,使形成不溶性硫酸钙,以缓解对局部的刺激性。

静注速度要慢,剂量不宜过大,以防导致心室纤颤或骤停于收缩期。钙剂静注速度过快,剂量过大,可使心动加快,主律失常,甚至造成死亡。一般要求钙液要适当加温后做静脉注射。注射钙剂应严密地监听心脏。通常是注射到一定剂量时,心跳次数开始减少,其后又回升到原来的心率,此时表明用量最佳,应停止注射。对原来心率改变不大的,如注射中发现明显加快,心搏动变得有力且开始出现心律不齐时,即应停止注射。

对高产和前胎已发生过生产瘫痪的母牛,在这次干乳期与产后做预防注射:妊娠母牛产前7~28天内静脉输钙为宜,对产后奶牛以分娩72小时之内为最佳时间。预防性静脉输钙量要低于治疗量,一般采用5%氯化钙注射液或10%葡萄糖酸钙注射液250~300毫升配合葡萄糖注射液与安钠咖注射液即可。

产房用垫草,牛舍水泥通道垫上一层炉灰,防止地面光滑而造成跌倒。改善牧地土壤磷、钾含量,对种植的农作物正确施肥。做好饲养管理,妊娠期合理搭配饲料,分娩时正确助产。

八怕产后患酮病

奶牛产后瘫痪和奶牛产后酮病是奶牛特别是高产奶牛的多发病,大多单独发生,个别病例可合并发生,如不及时治疗,可造成重大损失。抓住此两种病各自的特点,准确诊断,合理治疗,疗效较好。

两种病相同点:都是在产后发病,都发生于高产奶牛,低产奶牛发生极少;都属于营养失衡引起,都有卧地后不能自行起立症状。

两种病不同点:发生原因,生产瘫痪系因血钙降低所致,有的认为兼有血磷降低原因;奶牛酮病系因血糖降低所致。发病时段,生产瘫痪在产后1~2天发病,最短的在产后数小时内发病;奶牛酮病大多在产犊后7~20天发病。瘫痪症状,生产瘫痪为四肢瘫痪症状较重,瘫痪前有轻微兴奋;奶牛酮病四肢瘫痪症状较轻,瘫痪前有乱冲乱撞的兴奋症状。麻痹症状,生产瘫痪呈昏睡状,眼睑反射消失,后肢肌肉麻痹,舌因麻痹垂出口外,瘤胃有膨气现象;奶牛酮病不呈昏睡状,眼球震颤,无肌肉麻痹症状,全身震颤,舌不垂出口外,卧地中四肢呈游泳状划动。体温,奶牛正常体温为37.5~39.5℃,生产瘫痪体温下降至35~36℃,末梢发凉;奶牛酮病体温稍有下降,有的不变。气味,生产瘫痪呼出气体无特异气味,奶汁不产生泡沫,不散发特异气味;奶牛酮病呼出气体与奶汁均散发特异芳香丙酮气味,奶汁容易产生泡沫。

实验室检验结果:血糖含量,奶牛正常血糖含量为100毫升血液含50毫克,生产瘫痪血糖含量不变;奶牛酮病血糖含量降至35毫克以下。血钙含量,正常奶牛血清钙值为9.2~13.0百分毫克,生产瘫痪血清钙值下降至6.0百分毫克以下;奶牛酮病血清钙值不变。血酮、尿酮含量,生产瘫痪血酮、尿酮含量不变;奶牛酮病血酮含量升高到9.9~14.1毫克/毫升,尿酮含量亦升高到7.5~12.4毫克/毫升。

治疗方法:25%葡萄糖注射液500~1000毫升,静注,每日2次。氢化可的松250毫克,溶入 1 000 毫升葡萄糖氯化钠注射液中静注，1 日 1 次，可与葡萄糖注射液混合静注。胰岛素 100~200 单位，肌注。丙酸钠 120~200 克，混于精料中给予，每日 1 次，连用 7 天。蔗糖 150~200 克，混与精料中给予，1 日 2 次。

应注意的是，为预防本病，应合理配合日粮，勿使脂肪、蛋白质含量过高，适当搭配优质牧草。从产前 1 个月开始，每天于日粮中添加丙酸钠 100 克。奶牛产后，经常注意其呼出气体有无特异芳香气味，如有，虽未出现其他症状，亦应早治。

九怕子宫复旧难

在母牛产后期内，子宫体积迅速缩小，子宫黏膜上皮、腺体和血管组织生理性再生，同时伴随恶露的排出，母牛子宫形态从产后恢复到接近妊娠前状态，称为子宫复旧，一般在产后 30~45 天。子宫复旧的标志是子宫、卵巢的位置基本回复到骨盆腔，两个子宫角的大小接近一致，收缩力和弹性恢复。从产后第二天起，恶露即伴随子宫复旧过程逐渐排出，最终达到子宫净化。恶露排净，子宫分泌物透明或轻度混浊，成为胶冻状，无臭，子宫颈口基本关闭。在子宫复旧的同时，卵巢机能活动也逐渐恢复，卵巢上开始有卵泡活动，出现产后第一次短周期发情。产后第一次发情多为"隐性发情"，有的会发生排卵，有的发生卵泡闭锁或黄体化。再经过 1 个周期之后，在产后 35~45 天又重新出现发情，而且有正常排卵，并形成黄体，通常认为这是真正的产后第一次发情。在北京西郊农场奶牛场，分娩后子宫复原和产后再次发情的时间，是判定奶牛生殖机能的重要标志。母牛产后子宫复原的时期一般为 26~30 天。判定子宫复原的标准：子宫位置及大小，据不同胎次年龄的母牛子宫应回缩在骨盆内的位置而有差异，原孕角大小应基本与空角相同，子宫角间沟清晰可辨；子宫角弹力大，应有缩宫反应；子宫角厚度适中，子宫黏膜不肿胀；子宫分泌物基本透明。

本病病因

体力过度衰竭，产后机能反应能力下降，造成子宫收缩无力，多见于老龄牛或体弱牛；机体血钙含量过低，致使子宫收缩无力；分娩时间过长，机体过度疲劳引起子宫收缩迟缓无力；胎儿过大或双胎、胎水过多使子宫壁和子宫圆韧带长时间地受牵张，而造成产后子宫无力收缩。总之，子宫复旧愈早，第二次妊娠就愈早，产犊间隔就愈短。为了保证奶牛 1 年产 1 胎，空怀期不能超过 80 天。据产科学规定，产后 90 天配不上者即患不孕症。生产实践中，产后超过 80 天不孕的很多，主要原因是奶牛产后子宫复旧不全或患子宫内膜炎。

母牛产后失重期长短影响其产后子宫复旧，故除加强母牛围产期管理，适当增加日粮营养浓度外，对母牛膘情、体重失重等实施有效的监测。有一奶牛场随机选择健康荷斯坦母牛 100 头为供试牛。对供试牛于停奶后 15~20 天和分娩后 50~60 天，分别由专人逐头进行两次膘情评定。供试牛在临产前 15 天和产后 15 天分别称重。供试牛出产房后每 10 天定时在下午 4 时称重一次，同时进行子宫复旧和卵巢检查。产后失重期计算：由分娩日期至体重恢复到产前体重的 90% 的间隔天数。产前体重应减去胎儿体重和羊水胎盘重。结果显示，母牛产后失重期，63% 母牛在 80 天内，85% 母牛在 90 天内。产后母牛失重期愈长，子宫复旧愈慢，产后初情期延长，配妊天数推迟。产后失重期 90 天以上的母牛繁殖性能下降。

本病诊断

观察荷斯坦奶牛产后子宫形态和机能的恢复，有助于了解与发情配种的关系，为子宫退缩迟缓的牛及早治疗提供依据。早期诊断是治愈本病的关键，可根据奶牛产后胎衣排出时间、恶露排尽的快慢及排出量的多少进行诊断。子宫复旧不全时，子宫常表现体积增大或缩小。黄体功能紊乱，发生短期发情、产后乏情、安静发情及不排卵等。子宫复旧不全时，直检触诊子宫体体积比正常增大2~3倍，触之有波动感，阴门流出炎性分泌物。如子宫已发生腐败性炎症，病情危重，排出多呈灰色或黄色带恶臭分泌物。子宫复旧不全的牛直检子宫角增粗并下沉，子宫角积有较多炎性渗出物，使子宫长期处于弛缓状态。

治疗方法

① 对产后子宫复旧不全、处于乏情期患牛，直检卵巢体积缩小、触之较硬的，可选用已烯雌酚10~20毫克，每日肌注1次。连续2~3次为一疗程。间隔一个情期再行直检。若黄体未消退可再注射一疗程。

② 对子宫复旧不全、短期黄体的，肌注黄体酮100单位，每天1次，连注2~3次，配合直肠按摩卵巢。若不见好转，可再治疗一个疗程。

③ 对产后1~2个月子宫未复旧，可用催产素80~100单位，以促进子宫收缩和子宫腺体大量分泌。之后，用青霉素160万~240万单位，链霉素100万单位，取50毫升溶媒稀释，注入子宫。

④ 增强机体的反应能力。用6%氯化钙300毫升，0.5%氢化可的松80毫升，糖盐水2 000毫升，维生素C 40毫升，10%安钠咖20毫升，10%氯化钠500毫升，每日1次静注。为防止机体酸中毒，另外静注5%碳酸氢钠注射液500毫升，经过3次治疗，效果较好。

⑤ 在已经发生败血症情况下，用青霉素400万单位、链霉素300万单位、10%葡萄糖盐水1 000毫升和磺胺嘧啶钠交替静注。10%磺胺嘧啶钠首次量250毫升和40%乌洛托品100毫升，每日2次，连用3日，患牛明显好转，用上述处方连用10天后治愈。

⑥ 对年老、经产奶牛子宫复旧不全治疗时，应促进子宫收缩，加速恶露排出。注射缩宫素、麦角制剂等，连用3次，同时用40℃ 10%盐水或0.2%高锰酸钾溶液冲洗子宫。每次治疗冲洗2~3次，并把冲洗液完全排出。子宫内送入抗生素。

⑦ 增强机体抵抗力。用10%葡萄糖酸钙500毫升，盐酸500毫升，或用10%葡萄糖1 000毫升、10%安钠咖20毫升，维生素C 3克。

⑧ 肌注催产素80~100单位，配合直检按摩可排出子宫积液而兴奋子宫收缩。也可采用细胶管导入子宫，利用虹吸法排出积液。然后用0.1%高锰酸钾药液500~1 000毫升冲洗子宫，每天1次，连续3天。也可以选用0.1%利凡诺或生理盐水。

十怕产后败血症

奶牛产后败血症又称产褥热，主要由于助产不当软产道受损、胎衣不下、恶露滞留、子宫复原不全等原因引起局部炎症，导致细菌和毒素进入血液，加上母牛产后体质虚弱，防御机能下降，而造成全身性疾病。本病为奶牛的常见疾病之一，尤其在炎热季节多发。应用六草二藤汤治疗，效果较好。其方剂组成是：黄花败酱草、白花蛇舌草、益母草、马鞭草、鸭跖草、车前草各 250 克，以上六草鲜用时剂量加倍，再加上忍冬藤 100 克，红藤 80 克，当归 50 克，赤白芍各 50 克，丹参 50 克，丹皮 50 克，生地 60 克，生甘草 20 克。加水 10 千克，煎汁 5 千克后候温灌服，并将药渣让患牛自由采食，1 天 1 剂，连服 3~5 剂。结果显示，在该方中黄花败酱草、白花蛇舌草、益母草、马鞭草、鸭跖草、车前草、忍冬藤和红藤均有清热解毒、祛瘀消肿之功效；生地滋阴降火，丹参、丹皮和赤芍凉血散瘀，当归、白芍补血活血，甘草调和诸药；诸药配合具有清热解毒、祛瘀消炎之功能，故可治疗奶牛产后败血症。

注意事项

既往运用抗生素和磺胺类等治疗无效的原因是，没有同时使用催产素、麦角新碱等收缩药，采取子宫清洗消炎措施，未及时排除恶露；清除局部炎症病灶，造成细菌继续繁殖、毒素不断产生；使用的抗生素和磺胺类药物剂量不足，间隔时间过长。

奶牛产后败血症主要是因患牛在分娩期间被细菌感染，而子宫内积有大量的淤血和污物未被及时排出，致使细菌在充血而未复原的子宫内膜中迅速繁殖，进入血液循环而引起。从中兽医角度看，一般认为是产后淤血化热、热毒转入营血而引起的血热症。因此清热凉血、抗菌消炎的同时，排除恶露、清理局部病灶是治疗奶牛产后败血症的关键。

十一怕子宫内膜炎

奶牛子宫内膜炎是奶牛不孕症的主要原因之一，我国奶牛子宫内膜炎型不孕症占成年母牛不孕症的 17% 以上。产后奶牛子宫易受细菌感染，这些细菌是通过松弛的阴门和阴道及扩张的子宫颈进入。同时产后初期子宫亦适于细菌繁殖。正常情况下多数母牛依靠自身防御机能，可使子宫逐渐净化，并正常完全复旧；只有一部分母牛子宫受到污染，加之母牛体质差、防御机能降低或污染严重等原因，致使病菌繁殖，引起子宫内膜炎等疾病。

本病病因

普遍认为，健康母牛的子宫在妊娠期是无菌的。子宫受到细菌污染牛的头数都是随着产后时间的加长而逐渐减少，这体现了子宫自净是逐渐完成的，同时个体间的自净速度有一定差异。在产后 4~6 天利用药物进行预防子宫内膜炎比较合适。奶牛产后 1~32 天跟踪采样，发现子宫内细菌以大肠杆菌、链球菌、变形杆菌和梭状芽孢杆菌为主，另外还有厌氧菌。引起子宫内膜炎的细菌以大肠杆菌、绿脓杆菌、克雷伯氏菌、变形杆菌、表皮葡萄球菌等为主。此外，还有链球菌、葡萄球菌等。在子宫复旧完成以后的发情期间，奶牛子宫内也可能有细菌存在，常见的是棒状杆菌、摩氏杆菌、链球菌、葡萄球菌、大肠杆菌等。

奶牛子宫内膜炎的直接病因是细菌、真菌、支原体、霉形体、病毒及寄生虫等病原微生物的感染。从子宫内膜炎患牛子宫内分离到的细菌主要有葡萄球菌、链球菌、大肠杆菌、棒状杆菌、假单胞菌、变形杆菌、坏死杆菌、绿脓杆菌、生殖器杆菌、嗜血杆菌等。不同地区和不同情况下引起牛子宫内膜炎的细菌种类和各种细菌所占的比例不同。病原性真菌中酵母菌是引起牛子宫内膜炎的重要病原微生物之一。支原体（霉形体）能导致阴道炎、子宫内膜炎及输卵管炎等。病毒是导致奶牛死胎、流产、不孕等繁殖疾病的部分原因。毛滴虫寄生虫也是引起牛子宫内膜炎的原因之一。

本病诱因

日粮营养价值不全，维生素、微量元素及矿物质缺乏或不足，或者矿物质比例失调时，母牛的抗病力降低，容易发生子宫内膜炎。土壤中钴、镁、锰等微量元素的缺乏，缺乏蛋白质、维生素 A、维生素 E、维生素 B_1、维生素 B_2 或激素代谢的紊乱，母牛内分泌失调，尤其促卵泡素、促黄体素、孕酮和雌激素等内分泌紊乱。配种过程中，牛外阴部及技术人员手臂、输精枪消毒不严，或输精时损伤子宫黏膜。分娩时胎衣滞留，消毒不严，助产操作粗暴，难产处理不当。营养不均衡，缺少微量元素、维生素，造成胎衣滞留和子宫复旧迟缓。饲管不当，母牛过肥，造成产后子宫弛缓，恶露蓄积。产房消毒不严造成产后由外界感染各种致病菌。分娩时胎儿过大，或胎位不正，奶牛引产、胎衣剥离等造成子宫创伤，治疗不当。

治疗方法

子宫本身具有较强的自净能力，包括子宫通过收缩排出恶露和大量细菌，使子宫内营养物质和细菌数量减少。抗体的保护功能，是通过抗体对毒素和病毒的中和作用及对细菌与上皮细胞粘附的抑制作用来实现的。白细胞的吞噬作用，子宫腔内的白细胞有较明显的噬菌现象，并且噬中性白细胞的吞噬活性与血液中的相似，子宫液的直接杀菌能力，巨噬细胞的免疫调理和直接吞噬能力等。子宫受到细菌侵染后，多数牛依靠子宫的自净能力清除细菌，但有些牛由于某些原因，不能依靠自净能力达到子宫净化，需要对子宫进行投药。用于净化子宫的药物很多，在药物选择上要用广谱抗菌药物，剂量要充足；不用抑制母牛自身保护系统的抗菌药物；要了解子宫对该种抗菌药物的吸收率，不能在牛乳中残留，不会降低以后的受胎率，而且价格便宜。清除子宫内细菌的常用药物有：选用具有清热解毒、抗菌消炎、祛腐排脓功效的中药制剂，用于预防和治疗子宫内膜炎的总有效率分别为 91.8% 和 91.3%；以抗生素为主，如盐酸土霉素、呋喃西林和磺胺嘧啶等西药类。治愈率在 80% 左右；另外利用宫得康进行预防投药，可使子宫感染率由 19%~32% 降至 6%；中西结合，如露带净是紫草提取液和广谱抗生素配制而成，50 天内治疗子宫内膜炎的临床康复有效率为 87.5%；微生态制剂，利用有益菌来抑制有害菌的生长，并最终清除有害菌。可用于治疗子宫内膜炎的细菌有粪链球菌、乳杆菌、阴道杆菌等。以上四类药物比较，中药制剂抑菌效果缓慢，疗程长；微生物类药物采用的是活菌制剂，这些细菌最终如何被清除，能否被清除，对子宫有无不利影响等还不清楚；中西结合和西药都是以抗生素的抑菌作用为基础，长期应用可能产生耐药性，但它抑菌迅速、见效快、使用方便，是临床最常用的药物。

奶牛子宫内膜炎的治疗大多离不开抗生素或其他化学药物，但是抗生素常使病原菌产生耐药性，从而降低疗效，有些化学药物残留体内对人体和动物健康产生不良影响。为此，在进行奶牛子宫内膜炎生物疗法的同时，对引起子宫内膜炎的主要致病菌应进行药敏试验。

从奶牛子宫内膜炎中分离出细菌及其最为敏感的药物。临床上可按实际情况，选择其中药物或组成配方，用于治疗奶牛子宫内膜炎。中国农科院中兽医研究所用 4 年时间，通过实验和临床应用，首次成功地用化学方法合成了一种消炎作用极好，并具有广谱、高效、几乎无毒、安全、无残留、不易产生耐药性等优点，且明显优于青、链霉素的药物。

用于治疗奶牛子宫内膜炎时，用直肠把握法将末端接有乳导管的金属输精管送入患牛子宫角内，然后用注射器吸取现用现配的 100 毫克 2% 六茜素水溶液，以输精管注入患角内，隔日 1 次进行治疗，4 次为一个疗程。据对患有化脓性子宫内膜炎的奶牛，只需一个疗程，治愈率为 88%，有效率达 100%；对于子宫内膜炎奶牛，采用宫得康混悬剂灌注，治愈率达 96%。

宫得康具有长效抗菌、杀菌作用，用药 1 次等于连续使用抗生素 7 次，促进子宫内容物排出。这种药物一般都可一次性直接灌注入子宫内，配种受孕率较高。

十二怕产后子宫炎

产后母牛子宫炎以 1~4 胎发病最多，占 82.4%。其中头胎牛占 16.8%；因胎衣不下引起的子宫炎，占总发病率 51.2%。头胎子宫炎发病多的原因：干奶时，精饲料较高，母牛肥胖，产道周围脂肪沉积，影响了产道的开张与松弛，造成分娩产道狭窄；胎儿过大，助产失误而引起机械性损伤；产后母牛能量负平衡所致的机体消瘦，全身张力降低，子宫弛缓。胎衣不下与产后子宫炎有直接关系，子宫炎发生的母牛有 71.4%~93.4% 是因胎衣不下引起，其主要原因是胎衣的滞留致使细菌繁殖、生长，子宫内异常发酵毒素对子宫黏膜的毒害，胎衣处理不当，恶露的停滞对黏膜的刺激。在北京，奶牛子宫炎全年都有发生，其中以 12~2 月间较多，发病占 35%，这可能与北京冬季严寒，冷刺激引起的机体张力下降有关。子宫炎的发生与乳产量成正相关，即随着奶产量的提高，其发病上升。产奶 7000 千克以上牛占 34.1%，这可能是：产后高产牛对外界抵抗力降低，易受外界细菌侵入感染；内分泌机能降低致使子宫弛缓，恶露排出不及时；高产母牛易发生胎衣不下。

本病诊断

患牛有时拱背努责，阴门内排出黏性或脓性分泌物，病重者分泌物呈污红色或棕色，有臭味，卧下时排出量较多；体温偏高，精神沉郁，食欲及泌乳量明显降低，奶牛反刍减弱或停止，并有轻度膻气。判断为子宫炎的标准是发情时子宫黏液不洁，含脓丝；子宫收缩无力，阴道内流出或存积稀薄或混有脓汁，或产后不发情。此类患牛经常从阴道内自流多量黏性分泌物，结合情期变化和黏液性质，可以建立初步诊断。触摸子宫，了解患牛上次发情情况。正常牛子宫角在休情期间似香肠样感觉；发情期间相对变粗、变软、软而充实、富有弹性。当患有炎症时，休情期的子宫角体积增大，充实度降低或有松弛感；发情阶段，由于生殖器官处在充血水肿状态，更加显示了子宫角的柔软松弛特点，似囊中有水的波动感。在直检过程中，牛体受到触摸刺激，努责行为表现明显，子宫内炎性物极易排出体外，通过感观检查，可以认识子宫内炎症的分类。

子宫炎类型及治疗

（1）脓性卡他性子宫炎　对于炎症轻的患牛，取 10% 樟脑磺酸钠 10 毫升 X 3 支，呋喃西林粉 0.02 克，混合后注入子宫内，每 4 天注入 1 次，两次即可痊愈。对于炎症重的牛，取 0.4% 的高锰酸钾液，加 38℃ 温水 500 毫升，冲洗子宫后注入樟脑磺酸钠与呋喃西林粉 0.02 克，每 7 天冲洗注药 1 次，一般 2~3 次可治愈。应注意的是，上述两种药物宜现用现配；操作时，常规消毒后输药者用直肠把握子宫颈法，将配种用塑料外套先插入子宫颈内，最好插入子宫体内，用注射器将药液缓慢注入，按压患牛腰部以防止努责将药液排出；亦可在冲洗子宫前两天，先注射雌二醇 1 毫克 / 支 3 支，1 天 1 次，连注两天，然后再进行子宫冲洗。

（2）脓性子宫炎　据对淄博市部分奶牛场和散养户的调查，580 头奶牛中 236 头患有不同程度的子宫炎，其中脓性子宫炎 98 头，占 41.53%。患牛卧下时从阴道流出大量白色脓性分泌物，呈粥状，个别出现全身症状；产犊后发情正常，但屡配不孕；直检时，子宫体积增大，类似怀孕 2.5~3.0 个月。本病治疗：取无菌水 400 毫升，加上 100 毫升双氧水，混合摇匀。右手伸入患牛直肠，把握子宫颈口，左手拿一塑料输精管外套缓缓插入子宫，助手将药液通过输精管外套注入子宫，然后用手轻轻按摩子宫体、子宫角，使药物均匀散布于子宫内。6~8 小时后，按上述操作方法，将青霉素 160 万单位 2 支、链霉素 100 万单位 2 支配成的 100 毫升溶液再注入子宫，隔日 1 次。应注意的是，轻症患牛用药 1~2 次即痊愈，重症患牛 4~5 次治疗后均都康复，体弱病程患牛治疗 5~6 次无效后淘汰，总治愈率达 95% 以上。双氧水遇脓汁分解产生泡沫，体积膨胀，把脓汁排出，净化子宫，后用青链霉素抑杀子宫内部各种细菌，效果明显。

（3）纤维蛋白性子宫炎　患牛食欲减退或废绝，体温升高，产奶量显著下降；从阴门排出暗红色颗粒状分泌物，有时排出暗红、棕黄的污物；直检发现，子宫壁厚而硬，按压有痛感，卵巢无明显变化。本病治疗：采用虹吸作用将子宫内的脓性物排出，再将金霉素或纯粉 0.5~1 克，装入胶囊塞入子宫；出现全身症状时，可一次静注樟脑葡萄糖酒精溶液 250~300 毫升。配制时，取葡萄糖 60 克、氯化钠 6.3 克、蒸馏水 700 毫升，溶解、煮沸，用滤纸滤过后与上述溶液混合即可；给患牛肌注己烯雌酚 20~30 毫克，一般隔日注射一次，连用 2~3 次；或采用肌注氯前列烯醇 0.4~0.6 毫克，促进子宫收缩，加强分泌物的排出。应注意的是，在治疗过程中，切勿冲洗子宫和按摩子宫，以免炎症扩散。

（4）子宫肌炎　奶牛子宫肌炎俗称子宫板结症，其子宫壁增厚，质地粗糙、硬化。可分为普通型及重型两种。普通型子宫肌炎，直检时，子宫体或子宫角体积增大，坚硬无波动感，子宫收缩反应微弱；阴检时，子宫颈外口黏膜充血肿胀，颈口略开。重型子宫肌炎，体温升高，食欲及挤奶量骤减，精神不振，拱背努责，常作排尿姿势，卧倒时不见分泌物流出；阴检时，子宫颈外口黏膜充血肿胀，颈管闭锁，宫颈内缩；直肠检查，子宫温度升高，不能摸清子宫全貌，子宫颈很难握住，用金属输精管难插入子宫颈口内。本病治疗：对于普通型患牛，于颈部皮下注射 25% 硫酸镁 100 毫升，每日 1 次，连用 3 天有效。根据子宫肿硬体积的大小，用金属输精管插入子宫颈口内，注入 25% 硫酸镁 30~150 毫升，每周 1 次。对于重型患牛，在应用抗生素进行全身治疗的同时，肌注己烯雌酚 20 毫克，促使子宫开张，以利炎性分泌物的流出；再颈部皮下注射 25% 硫酸镁 100 毫升，每日 1 次，连注 3 日后隔日 1 次，共注射 5 次，效果良好；待子宫软化，体积缩小后，再根据分泌物的性质对症治疗。

十三怕子宫内积脓

案例一　有 4 头产奶牛，产后一个多月仍然排脏物，食欲不佳；消瘦，精神不振，食欲减退，体温 39℃，呼吸、心跳正常；直肠检查发现子宫大如婴儿头，有波动感，用力压之再加上患牛努责则从阴门排出大量脓汁，且患牛表现不安。本病治疗：先用 10% 盐水冲洗子宫，再注入宫炎康 20 毫升 × 5 支，每天一次，肌注青霉素钠 160 万单位 × 10 支，链霉素 100 万单位 × 5 支，每日 2 次。食欲正常后，子宫用药再连用 20 天，经直检确定子宫已恢复正常，排出物透明，再连用 3 天，停药后 1 个月发情，正常进行配种，已孕。

案例二　有 2 头产母牛，产后 2 个月不发情，用公牛强配一次后，又从阴门排出脓汁；消瘦，精神不振，食欲正常，体温 38.5℃。直检时，子宫颈粗大，子宫壁肥厚，内有波动感，阴门有脓汁排出，触诊有痛感，诊断为子宫积脓。本病治疗：取 2%~5% 盐水，冲洗子宫，直至排出物澄清，然后向子宫内注入 0.1% 雷夫努尔 100 毫升，隔 2 天进行一次。肌注孕畜宝 50 毫升，每天 1 次，直至精神正常，食量增加。子宫连续处理 5 次，直到排出物透明，直肠检查后确定子宫恢复正常，可停止用药，10 天后发情配种。应注意的是，子宫积脓继续发展可能造成子宫肌炎，这将使牛失去繁殖能力。产后两周如仍有较多恶露排出而且有异味和异常颜色，就应认定子宫发炎，需立即进行子宫清洗和治疗；产后 3 周如仍有颜色和气味异常的恶露排出，就要进行系统的子宫冲洗和治疗。在冲洗子宫时所用的消毒防腐剂一定要加温到 40℃，用量不宜过大，压力不要过大，以免子宫内脓汁冲入输卵管，造成输卵管炎；治疗时以间隔 2 天为好，不宜连续大量用药。

案例三　有 1 头产母牛，产后 4 个月发情周期正常，阴门伴有脓性分泌物。连续 3 个情期，无论人工授精或本交，均未能受孕。患牛消瘦，精神不振，食欲减退，体温 38.5℃，呼吸、心跳正常，外阴部有脓性分泌物。直肠检查，发现子宫大如 3 月胎儿，波动感明显。用力压之，患牛努责，从阴门流出大量脓汁，有痛感，诊断为子宫积脓。治疗时，用生理盐水冲洗子宫，并尽量使冲洗液排出，排清后子宫内注入新宫的康混悬液（又名醋酸氯己定混悬剂），前列腺素 0.6 毫克用 5 毫升注射用水稀释肌注，隔日 1 次，共用 2 次，在下一个发情期配种已孕。

案例四　对于子宫积脓，还可以先肌注已烯雌酚 18 毫升，间隔 6 小时再肌注 1 次。4 小时后往子宫内输入生理盐水 500 毫升，牵牛运动，2 小时后反复冲洗，洗到吸出澄清液为止。如果脓液黏稠吸不出来时，可用 3% 的双氧水 500 毫升进行冲洗。直至感到子宫松软、收缩，再用青霉素 320 万单位、链霉素 300 万单位、1% 盐水 500 毫升 1 次输入子宫内，1 小时后将药液导出，同时肌注垂体后叶素 80 单位、麦角新碱 12 毫克，1 日 1 次，连用 3 日。使用此法一般 1~2 次即可痊愈。

案例五　自制高渗盐水：取 2 000 毫升自来水煮沸，过滤后加入 200 克精制氯化钠，待水温达 35~40℃时使用。自配氯呋油：每个治疗剂量为 20~30 毫升植物油，内含 1.5 克氯霉素原粉、1 克呋喃西林和 1 克樟脑。对患脓性子宫内膜炎的奶牛，用高渗盐水 2 000 毫升，反复冲洗子宫，至子宫排出液透明为止，再向子宫内注入氯呋油 25 毫升。第 3 天、第 5 天再按上述方法治疗两次，即可痊愈。待下次发情时配种。

十四怕子宫积水

确诊后首先肌注已烯雌酚注射液 20 毫升，8 小时后肌注垂体后叶素注射液 60 单位，40 分钟后结合直检挤压按摩子宫，向外排水，但手力不要过猛。间隔 8 小时后用 1% 盐水 500 毫升、青霉素 240 万单位、链霉素 300 万单位，混合 1 次输入子宫内，反复冲洗，最后将药液导出，再肌注垂体后叶 80 单位，一般 1~2 次即可痊愈。应注意的是，在清洗子宫时，洗涤液必须配量准确，现用现配，严格消毒；药液加温 40~42℃方可进行冲洗。

十五怕子宫弛缓

奶牛产后改善饲管，给予全价饲草料，加强营养，给予富含蛋白质及维生素的饲料，增加放牧和运动时间。治疗时，用 3% 盐水，加温 15~20℃灌入阴道内，促进子宫收缩，排出恶露和各种污物。注射如垂体后叶素、麦角新碱等子宫收缩药物，加强子宫收缩。用 1% 盐水冲洗子宫、排除污物后，用青霉素 80 万单位，加生理盐水稀释后，注入子宫，以消除感染。中药疗法：炙黄芪、炙党参、丹参各 60 克，益母草 100 克，艾叶 30 克，肉桂 20 克，加水煎后加黄酒 250 毫升灌服，连服 3 剂。产后服用生化汤，对奶牛有病治病，无病可提高奶产量促进受孕，缩短胎间距，加速子宫恢复，减少子宫弛缓症。临床中，用生化汤的加减治疗产后子宫弛缓多种并发症，疗效良好。

克服"后怕"的对策

（1）加强分娩的管理　产房的设置旨在为母牛在围产期内提供清洁安宁的环境，以达到安全分娩的目的。产房应建立常规消毒制度，搞好牛舍、牛床、牛体卫生，加强值班，实行日夜监护。发现母牛有临产预兆，及时用清水和弱消毒药水清洗母牛的后躯、肛门、阴户和尾部。母牛分娩时，在正常情况下，不要过多干预。需要助产时，应遵循助产原则。在正常胎儿排出期内，不宜过早助产，在助产过程中防止产道损伤和人为感染。分娩结束后，加强母牛护理，尽早采取措施，预防胎衣不下和恢复母牛体力。

（2）实施产后的监控　对母牛产后失重期监控，以提高繁殖效果。奶牛泌乳高峰（盛乳期）一般在产后 5~7 周，而采食高峰却在产后 12~13 周，其间因大量用于产奶的营养和能量而动用体内脂肪，因而发生营养代谢负平衡，表现失重现象。生理性失重期不能过久，应在产后 3 个月恢复，如超过 4 个月将对机体和繁殖造成不良影响。母牛分娩结束后，应注意观察母牛全身状况有无异常，有无强烈努责，产道有无损伤、出血。发现母牛强烈努责时，应采取应急措施，以防子宫内翻或脱出。母牛分娩后，对牛床和牛体要及时清洗消毒，更换新的垫草，防止感染。产后 24~48 小时胎衣未下时，应采取措施，尤其在夏季，以预防由此继发中毒性子宫炎或产后败血症。产后 7~14 天，观察恶露排出的数量和性状，直肠检查子宫复旧情况。如果子宫体积未明显缩小并有波动感，表明子宫腔内存有大量恶露或腐败液体，应及时处理。产后 15~18 天，正常情况下，恶露应停止排出，如果发现子宫内仍有大量黏性脓性分泌物，甚至混有絮状物，同时伴有子宫复旧不全时，即为慢性子宫内膜炎症候。产后 30~40 天，通过直肠检查子宫复旧情况，此时正常子宫应该基本复旧，卵巢上有发育卵泡或存在周期黄体，分娩时发生过难产、胎衣不下或子宫脱出的母牛，子宫复旧过程和卵巢机能恢复都可能延迟。产后 45~60 天，对不出现发情或发情周期不规律的母牛应再次进行直检，是否发生子宫积脓、卵巢机能减退、持久黄体、卵泡囊肿以及黄体囊肿等情况。

（3）产后护理的要点　对母牛外阴部及周围区域清洗、消毒、防止蚊蝇叮蜇，经常消毒，更换褥草。分娩后，及时供给新鲜清洁饮水和麸皮汤。产后最初几天，供给质好易消化饲料，但不宜过多，经5~6日后逐渐转为正常饲养。观察母牛，发现产后仍有努责，应立即检查子宫有无胎儿、胎衣及子宫内翻的可能，并酌情处理之。母牛产后3~4天恶露开始大量流出，头2天色暗红，以后呈黏液状，逐渐变为透明，10~12天停止排出。恶露一般只腥不臭。如果母牛产后3周仍有恶露排出或恶露腥臭，表示有子宫感染，应及时治疗。注意母牛产后的精神状态、食欲、外生殖器官或乳房，如有异常，查明原因，及时处理。

（4）产后可肌注药物　母牛可肌注比赛可林。比赛可林又名氨甲酰甲胆碱注射液，其效果有：在奶牛产后1~2小时，肌注比赛可林10毫升，隔5~10小时再注射1次，可避免和减少发生胎衣不下。在奶牛产后注射1~2次比赛可林，方法同上，可促进胃肠蠕动，防止前胃弛缓，杜绝消化不良及食欲下降；可清除产道恶露，防止感染，促进子宫复旧；可防止奶牛产生尿闭和少尿，使尿液及时排出，减少或避免发生乳房水肿。

（5）建立产后监控卡　产后定时、定期对母牛进行有关检查并填写卡片有二：一为奶牛终身繁殖卡，其内容有牛号、出生年月日、血统、卡片编号；与配公牛、配种年月日、配次、发情情况；妊检日期及结果、预产期、实产期、相差日数、妊娠日数、胎次、犊牛性别及初生重。二为奶牛产后监控卡，其内容有牛号、产犊日期、产前精神及努责状况、分娩过程、包括顺产、助产及难产；产道及外阴，包括良好或损伤；24小时内胎衣排出情况，包括自行脱落、胎衣不下、剥离全部、剥离不全或用药及次数；产后7天恶露，包括颜色、气味及处理情况；产后15天，包括分泌物、处理情况；产后25天检查，包括正常、异常及处理；出产房，包括日期及负责人员签字；产后第1次发情；产后第1次配种。

（6）产房的监控承包　北京市南口农场一分场奶牛场，施行产房监控承包办法。进产房以后，对产牛施行24小时监控，一名饲养员全年吃住在产房，就近配备住宿做饭条件，要求其负责全年所有产犊工作任务，昼夜24小时监控，负责产牛的助产、饮水、挤奶和饲喂新生犊牛初乳，圆满地完成一头产牛工作，补助一定的护理费；由于工作疏忽而造成母牛及其犊牛产后疾病或死亡的扣除当月奖金和护理费。全年任务完成出色的给予特殊奖励。承包后，仅半年产犊160头，犊牛成活率98.25%。没有子宫脱，降低产后食欲不振、乳房过肿现象，奶牛产后恢复快，产奶高峰出现早。

（7）产后卵巢的监控　产后奶牛的卵巢机能障碍和暗发情是造成空怀期延长的主要原因。通过连续测定数次乳汁孕酮含量，就可掌握母牛卵巢机能的变化情况，即根据乳汁孕酮的消长，就可知道卵泡的发育和排卵、黄体的生长和消失，从而识别牛的暗发情和各种卵巢机能障碍。

（8）检查子宫分泌物　对分娩后母牛子宫分泌物的检查及实施产后生殖系统监控是奶牛繁殖管理中重要一环。母牛在分娩过程中，易受微生物侵袭，尤其在分娩过程中及分娩后数日内，由于产道外露和扩张，子宫机能尚未恢复，免疫功能降低，在此期间如因助产不当或消毒不严等常造成病菌感染。被感染母牛有的有临床表现，如子宫排脓性分泌物、充血肿痛等，也有相当一部分母牛不表现临床症状，呈隐性感染，如隐性子宫内膜炎等。这些成隐性感染的母牛常被忽视，致使延误正常的配种和繁殖。

（9）产后子宫的净化　母牛产犊排出胎衣后，用0.1%碘溶液（碘酊＋生理盐水）

500~1 000 毫升，水浴加热至 38~40℃，将其注入子宫内，轻轻按摩子宫 1 分钟；第 2 天用同样方法注入子宫碘溶液 500 毫升；第 3 天用子宫洗涤器按直肠把握输精的方法，向子宫内注入 10% 鱼石脂溶液 100 毫升；第 4 天，将土霉素粉 3 克、呋喃西林粉 2 克溶于 500 毫升生理盐水中，再用同样方法注入子宫；第 5 天观察，可以看到子宫内流出的黏液已开始变清、透明；第 6 天，用青霉素 240 万单位、链霉素 2 克，溶于 500 毫升生理盐水中，注入子宫；15 天后直检，子宫已基本恢复。40 天内大部分发情配种。结果显示，用此法净化后，一般在产后 18~40 天母牛即可正常发情排卵，比自然复原发情提前 30~60 天。一次输精，情期受胎率在 55% 以上，缩短了胎间距。

（10）不提倡产后洗宫　美国产科兽医临床大约在 25 年前就不提倡对产后牛冲洗子宫。在澳大利亚，产后从来不冲洗子宫，也未影响其后的繁殖力。

产后冲洗子宫的良好愿望是清除子宫内的致病菌，但实际上是事与愿违的。因为牛的宫管接合部的括约肌不发达，冲洗子宫极易造成液体上行进入输卵管而致输卵管炎。抗生素溶液在恶露中会很快失活。与全身应用抗生素比较，冲洗子宫的抗生素溶液虽可在子宫内膜形成较高浓度，但难以进入子宫深层组织和生殖道其他部位。产后冲洗子宫并不能消除子宫炎症，且冲洗用的土霉素溶液或鲁格氏碘液对子宫是新的刺激和干扰，会造成子宫内膜凝固性坏死。

综上所述，可见奶牛的产后期与分娩接产助产关系密切，必须严格参照科学操作规程办事，才有可能使得奶牛顺利度过产后期，投入重新繁殖行列，继续生育和泌乳。

正是：

添犊产奶令人喜，接产规程须牢记，

疏忽铸错非小事，顿足捶胸有何益！

第 6 章
发情需鉴定

发情鉴定是前提

我国目前用的繁殖指标主要包括繁殖率、情期受胎率、胎间距及空怀天数等。这些指标都存在一些局限性和相对滞后性。国外学者提出"21 天妊娠率"，它以奶牛一个情期为阶段，可让牛场管理者和配种人员及时了解繁殖现状，从而有效地指导牛场管理和配种工作。"21 天妊娠率"在国外已经广泛应用，取得了良好的效果。

北京三元绿荷奶牛养殖中心 30 个牧场从 2011 年 1 月 1 日~11 月 11 日的 15 个发情周期的数据资料，其中涉及牛群的参配率、受胎率和 21 天妊娠率。数据统计模型：$y=a+bx+cz$，其中 y 是 21 天妊娠率，a 是恒变量，x 是受胎率，b 是受胎率的回归系数，z 是参配率，c 是参配率的回归系数。结果显示，参配率、受胎率及 21 天妊娠率变化范围分别是 43.3%~57.9%、30%~40% 和 10.6%~22.7%。三个指标在 7 月份左右达到最低点，1~5 月份变化不明显，9 月份开始回升。可见夏季对奶牛受胎率影响较大。参配率全年变化不明显，在夏季有所下降，可见通过提高责任心及发情鉴定手段，可有效提高参配率。分析表明，一些牛场参配率很高，受胎率非常低，造成妊娠率不高，可能是技术人员发情鉴定准确性不高或饲管不到位，牛群体况较差。还有一些牛场参配率很低，受胎率非常高，最终 21 天妊娠率也不高，这是由于技术人员虽然确保了发情牛的受胎率，但却遗漏了很多发情牛，同样造成繁殖水平不高。因此，要想有较高的妊娠率，需要在保证发情鉴定准确性的前提下提高发情鉴定率，同时提高牛群的健康水平。

回归分析结果看出，21天妊娠率同时受受胎率和参配率影响。因此，通过发情鉴定技术可提高发情鉴定率，在提高21天妊娠率中起着更加重要的作用。

总之，21天妊娠率在奶牛繁殖管理中起着重要的作用，通过提高发情鉴定率和受胎率可以有效提高奶牛的繁殖水平，同时奶牛的健康水平和环境的舒适度也对奶牛的繁殖水平起着重要的作用。

母牛的发情征兆

发情是指母牛愿意接受交配的行为表现。两个发情期之间的间隔18~24天，称之为发情周期。自然交配情况下，只有当母牛发情时公牛才有可能和母牛交配。在母牛发情时交配或在发情后很短的一段时间内施行人工授精，母牛才有可能妊娠。

发情前期母牛表现不安：比较活泼，游动频繁，不时哞叫。在运动场地来回走动，或翘尾走动，放牧时经常离群，常翘鼻子、努嘴，追赶并嗅舔其他母牛外生殖器，试图爬跨其他母牛，但不接受其他母牛爬跨。

在即将发情的8小时内母牛表现（图6-1）：常不卧下，哞叫。嗅闻其他母牛；欲爬跨其他母牛，但又不上；阴门潮红，微显肿胀；从阴门排出黏液透明。注意：此时输精尚早。

图6-1　即将发情的8小时内

图6-2　发情高潮的18小时内

在发情高潮的18小时内，母牛表现（图6-2）：允许并接受爬跨；频繁哞叫；异常兴奋；爬跨其他母牛。注意：在发情高潮期开始的5~6小时后适宜输精。

在发情即将结束，母牛表现（图6-3）：不允许其他母牛爬跨，但仍有爬跨其他母牛的欲望；嗅闻其他母牛；从阴门排出透明黏液。注意：此时输精太晚。

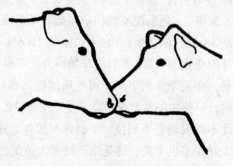

图6-3　发情即将结束

进入发情期，阴门出现轻度红肿。母牛发情旺期饲料摄入量减少，接受爬跨，一般持续 6~30 小时，平均为 18 小时。在凉爽季节爬跨频率比较高，在气温较高时爬跨频率减少。过了发情旺期，母牛不再接受爬跨，大多数行为温和并允许拴系。

发情期生殖器官变化

笔者在国营兰州奶牛繁殖场牛，参与对该场荷斯坦等四个品种，年龄 3~10 岁，健康状况良好、营养中等以上的奶牛进行系统的研究。对 133 头奶牛 156 个发情期的生殖器官的临床征状进行观察。结果显示，绝大多数母牛在发情期阴道黏膜、子宫颈口及黏液的表现，可作为发情鉴定的依据，但阴唇肿胀程度则不全都明显。一般只有 57.5% 轻微肿胀，12.4% 的母牛肿胀表现明显。没有肿胀表现的约占 30.1%，这些大多是经产和营养状况差的母牛。因此认为，用阴道检查法鉴定母牛发情，应以阴道黏膜色泽、子宫颈口张开大小，特别是黏液性状为主要依据。

母牛在发情期，子宫（颈、体、角）和卵巢一般都在骨盆腔内，直检时容易摸到，只有胎次多的或者产后子宫尚未复原的母牛才靠近耻骨边缘或下沉腹腔。发情母牛子宫的临床征状：检查时感觉子宫角呈圆筒状向下弯曲，收缩反应灵敏，有间隙性勃起反应。有明显收缩反应的母牛占 85.3%，没有收缩反应及收缩微弱者分别为 8.3% 及 6.4%，一般也是多次产犊的老年母牛。子宫角临床特征虽不是发情鉴定和确定授精时间的主要依据，但对于诊断子宫是否处于健康状态仍很重要。

发情期母牛卵巢质地坚韧，形状不规则。当出现卵泡时，卵巢表面有紧张光滑（发情初期）及充满液体（临近排卵）的感觉。卵巢体积随着卵泡的发育而有变化，一般有发育成熟卵泡的卵巢体积较大，卵泡直径约为 1（0.5~1.5）厘米，占卵巢体积 1/4~1/2。但也发现 4.5 厘米 ×1.5 厘米 ×1.5 厘米体积较大的卵巢处于静止状态，而 1 厘米 ×1 厘米 ×0.5 厘米体积很小的卵巢却有卵泡正常发育和排卵。这说明卵巢的大小并不一定是卵泡发育的唯一标志，因此对于发情鉴定来说，卵巢的质地比体积更有意义。

左右卵巢排卵频率：右卵巢为 70.3%，左卵巢为 29.7%。这说明母牛右卵巢的机能活动较左卵巢活跃。

75% 的母牛在发情期的外部表现和内部征状是一致的，即当发现有外部发情表现的爬跨、哞叫时，其内部生殖器官也有相应的发情征状，如阴道黏膜充血、子宫颈口开张、排出黏液、卵巢上有卵泡发育，随后卵泡体积变大及排卵。有 25% 的母牛内外征状不一样，其中 21.1% 的母牛是外部发情表现不明显或无，而卵泡正常发育和排卵；3.9% 的母牛只有外部发情表现但不排卵。这就会造成前者失配和后者误配，都是影响母牛受胎率的主要原因之一。因此笔者认为，发情鉴定或人工授精的时间和次数安排，最好根据直检时对卵泡发育的判断来确定，而阴道检查除观察发情征状外，更重要的是检查生殖道是否处于正常健康状态。

产后第一次发情

产后第一次发情时间的早晚，据 3 132 头奶牛统计，产后第一次发情时间大都在其产后 32~61 天。因为母牛的胎盘类型结合较紧密，产后生殖器官恢复需要较长时间，因此使产后发情时间推后。黄牛的营养状况一般不如奶牛，故其产后第 1 次发情时间就更晚。

母牛产后带犊哺乳也是抑制发情周期恢复、影响母牛产后第1次发情时间的主要原因。据观察带犊哺乳母牛，产后第一次发情时间要比挤奶母牛来得迟。高产奶牛泌乳营养消耗过大，影响其产后母牛子宫的正常恢复，造成产后第1次发情时间拖后。在夏、秋季分娩的母牛，由于饲草料品质较为完善，气候适宜，因此，产后第1次发情时间要比春、冬季分娩的母牛来得早。

产后发情的检查于产后14天开始，每隔6天通过直肠检查1次子宫复旧、卵泡的最初活动和初次排卵情况。为记录第1次发情，需每日早、中、晚各观察1次，并记录其发情持续时间，并通过直检确定排卵时间。

注意事项

改善饲养方法，满足母牛产奶对能量和多方面营养的需要。产前精料维持在适当水平，集中饲喂优质草料，以满足母牛的能量积蓄，又不影响母牛产后消化机能的发挥。

注意高产牛尤其对安静发情牛的排卵延迟，每间隔6~8小时直检1次卵泡发育情况，以确定输精适期。

观察法鉴定发情

奶牛发情鉴定是由人工授精员、挤奶员共同负责，以人工授精员为主。大型奶牛场配备专职人员观察母牛发情，人工授精员定期提出发情预报。观察法鉴定发情的步骤如下。

一看神色。发情时牛精神不安、不喜躺卧、时常游走、哞叫、抬尾，容易觉察异常声音，东张西望，对公牛的叫声尤为敏感；拴系时，在系留桩周围转动，企图挣脱，拱背哞叫或举头张望。

二看爬跨。在散放牛群中，发情牛常追爬其他母牛或接受其他牛的爬跨。开始发情时，对其他牛的爬跨不太接受。随着发情的进展，有较多的母牛跟随嗅闻其外阴部，开始接受其他牛爬跨，以至于静立接受爬跨，或追爬其他牛。在他牛拒爬时，常在爬跨中走动，并作交配的抽动姿势。随着发情高潮过后，发情母牛对其他牛的爬跨开始感到厌倦，直至最后拒绝爬跨。

三看外阴。牛发情开始时，阴门稍显肿胀，表皮细小皱纹消失；随着发情的进展，进一步表现肿胀潮红，原有的皱纹也消失，唯阴门为黑色者往往不易观察到，但其黑色的亮度有明显增加。发情高潮过后，阴门肿胀及潮红现象又作退行性变化。发情的行为表现结束后，外阴部的红肿现象仍未消失，直至排卵后才恢复正常。

四看黏液。牛发情时从阴门排出的黏液量大而呈粗线状。在发情进程中，黏液开始量少、稀薄、透明，继而量多、黏性强，储留在阴道的子宫颈口周围；发情旺盛时，排出的黏液牵缕性强，粗如拇指；发情高潮过后，流出的透明黏液中混有乳白丝状物，黏性减退牵之成丝；随着发情将近结束，黏液变为半透明，其中夹有不均匀的乳白色黏液，最后黏液变为乳白色、量少。

注意事项

凡是被爬跨而站立不动的母牛90%以上是发情，而爬跨其他牛的母牛发情可能性只有30%。对有可疑行为的牛进一步确认时，其辅助判断迹象有：尾根、尾部毛皮有无掉毛和擦伤；尾根、背部是否粘有污物；是否精神不安、拒食、产奶量下降。

要提高发情检出率，必须做到适繁母牛一律佩戴耳标。要从牛群中走过，仔细观察。应以被爬跨站立不动为发情的最适标准，并记下首次接受爬跨时间。北京市西郊农场奶牛场的做法：发情观察每天进行 3 次，早 6~7 时，午 10~14 时，晚 17~20 时；每次观察不少于一小时。据他们统计：夜里开始发情的牛占 61.96%，白天开始发情的牛仅占 38.04%。

由于母牛持续发情的时间较短，一般仅为 20 小时。因此，发情观察需要时间和耐心，特别是产后首次发情的母牛多数发情征状不明显。

中医四诊的"望、闻、问、切"用于观察奶牛发情效果显著，漏情率低于 2%。

"望"：观察奶牛发情时的活动情况。发情明显的有爬跨和被爬跨现象，发情不明显的，有些牛远远地凝视着或期盼着；有些牛靠着栏杆望着，极想跳栏，求偶。一抬尾，会阴反射十分明显，极有交配欲；阴户油光水滑，红肿十分明显，此时为发情盛期。发情末期，阴户红肿消退，会阴反射消失，目光呆滞。

"闻"：听牛的哞叫声。发情明显的牛，四处哞叫，十分兴奋，尤其在初期，似乎在召唤异性的到来，显示出动物的本能。有些体弱牛，在起床上位前，或在饲养的过程中，大吼几声，以便引起注意，以示区别于未发情牛。

"问"：询问饲养员。对隐性发情或发情持续时间较短，以及未被发现的牛，根据哞叫、掉线、爬跨、奶产量降低、流血等线索询问饲养员，以便进一步确诊。

"切"：触摸卵巢。通过触摸卵巢，以便确诊该牛是否发情，是否适合配种，是否假发情，以及是否患有卵巢囊肿等生殖疾病。

为了把握更多的发情期，应指定专人负责牛的发情记录，并督促其尽职尽责。要妥当标记每一头牛，以便能迅速、准确地找到要找的牛，使用耳标或印号脖套，标记号适中够大，最好能够在 3 米或以外读清牛号。在母牛配种后的 3 周和 6 周也要认真观察牛的发情表现，要在母牛不被挤奶、饲喂、清粪等活动干扰的情况下观察。舍内拴系的母牛应令其经常运动，给予表现爬跨活动的机会。

有采用观察法鉴定发情的认为：处于发情期的母牛，站稳后将允许其他牛爬跨，每次爬跨停留 5~10 秒。另外，奶牛的乏情征状从初始到高潮要经历 6~8 小时的变化。同时，奶牛在确认处于站立发情后的 12~18 小时内排卵。多次的日间观察是非常有益的，而观察发情的最佳时间是凌晨、晚间和午夜。一般喜欢躁动的奶牛，其发情期大多在午夜和清晨的 5~6 点。当奶牛站立后接受爬跨时，正是爬跨体征的最佳表现。其他的发情体征包括：奶牛哞叫，站立不安，头顶撞，阴户红肿，上唇卷曲，乳汁滞留，排尿次数增加，好攀缘，额压在其他牛只上，嗜嗅、舔，分泌黏液及采食时间下降。这些体征表明，奶牛已进入发情期，以及将要结束发情，不是配种的最佳时间，配种应该在奶牛爬跨稳定时进行。

阴检法鉴定发情

母牛在发情时，子宫颈也发生周期性变化，因此根据母牛子宫颈变化，结合观察母牛的发情征状，可安排适时输精。

母牛子宫颈的变化规律：一般在母牛休情时子宫颈长 6~10 厘米，中间有 4 个环形褶，牛的子宫颈较粗硬，子宫颈内壁形成的新月环形褶彼此相互契合，收缩较紧。母牛发情时，子宫颈外口稍有开张，质地变软。进入发情盛期，子宫颈外口开张，子宫颈触感软，此阶段后期可酌情配种。发情结束时，子宫颈外口收缩，较硬，是母牛发情配种的最佳时机。

阴检法操作： 先把开膣器用0.5%~2%来苏儿溶液浸泡。待母牛保定好，助手把牛尾拉向一侧，母牛外阴部用来苏儿溶液擦洗，用清水冲洗，再用干净毛巾擦干。开膣器用清水冲去来苏儿溶液后，一手拇指和食指打开阴唇，另一手持开膣器，慢慢插入阴道内，张开开膣器，借助手电等光源，察看子宫颈口、黏液、阴道壁的颜色。

注意事项

察看时间不宜过长，以免损伤阴道。

对不发情母牛插入开膣器时会感有阻力，子宫颈口颜色淡粉或苍白色，多数子宫颈口封闭，有些颈口微开，皱纹多，无黏液流出，阴道颜色淡粉红或苍白、干燥。

发情盛期母牛子宫颈潮红色，颈口开似圆孔，颈口有透明黏液流出，顺着开膣器中间滑落到地，黏液量多，有光泽，不易拉断。阴道壁充血潮红色、光滑湿润。

发情末期母牛子宫颈外口颜色由潮红逐渐变粉红，颈口肿胀消失、皱褶多，由圆挺变扁软，颈口微开，黏液由透明变稍混浊，较黏稠、易粘手，不易拉长，阴道内存有或落地面的块状黏液。阴道壁失去光泽，呈潮红或粉红色。

排卵期母牛子宫颈口颜色淡粉红，颈外口扁，黏液混浊、黏稠，有时粘在开膣器边缘。阴道颜色淡粉红色，无滑感。

直检法鉴定发情

发情奶牛的一侧卵巢可以触摸到处于一定发育时期的卵泡，两侧卵巢上均无功能性黄体存在，子宫稍显硬，触摸子宫收缩反应强。

奶牛卵泡发育特点

1期，卵泡出现期。卵泡直径0.5~0.75厘米，直检触诊卵泡波动不明显，呈泡状隆起，此时为发情初期，兴奋不安，但不接受爬跨。

2期，卵泡发育期。卵泡直径1~1.51厘米，直检触诊卵泡波动明显，呈小球状凸起，此时为发情盛期，静立并接受爬跨。

3期，卵泡成熟期。卵泡直径1~1.5厘米，直检触诊卵泡壁薄，似有一触即破感，此时为发情末期，不接受爬跨。

4期，排卵期。直检触诊卵泡壁软、有凹陷，此时发情结束、拒不接受爬跨。

注意事项

注意卵泡与黄体的区别。排卵后6~8小时黄体开始形成，直径0.6~0.8厘米，触诊如软肉样，完全成熟的黄体直径2~2.5厘米，稍硬，有弹性。

直检动作正确、轻缓，手心下握，不可从底往上抄握。

触摸卵泡时用食指指肚轻按轻压，不得损伤卵泡。

注意卵泡类型。按照母牛卵泡在卵巢上占有的比例可将卵泡分为大、中、小三类。其中的中型卵泡占63.77%。

母牛右侧卵巢较左侧活跃，右侧卵巢上出现成熟卵泡和排卵比率高。据1 334头奶牛资料统计，右侧卵巢有成熟卵泡的占63.12%，左侧占36.88%。

综合法鉴定发情

以触摸为主，结合问、看，综合判断母牛的发情。具体作法：结合配种对母牛进行详细检查，依据母牛发情周期、发情开始时间、持续时间，经产、初产和繁殖历史，仔细进行直肠检查。对子宫、卵巢、卵泡发育状况细心触摸，观察爬跨、外阴、阴道黏液性状等表现，记录母牛的发情、排卵、配种、受胎情况和子宫、卵巢变化及子宫、卵巢疾病状况等。母牛从接受爬跨后至输精的6~11小时，其输精受胎率可达83.08%。母牛最适宜的输精时间在排卵前6小时以内，其受胎率可达89.26%。

注意事项

对发情母牛采用直肠检查，子宫颈管由软变硬稍发挺，子宫颈外口回收成电筒倒握样，易把握，卵泡壁变薄、波动明显，有一触即破之感。同时进行阴检：如发现阴道黏膜色泽变淡，颈外口回收，周围有少量块状、条状、泡沫状黏稠液附着，外阴消肿起皱，此时是最佳输精时间。

依据子宫颈及分泌物变化可确定母牛的真假发情。只有在子宫颈、分泌物有明显发情征状时才能输精，以免因假发情造成已孕牛流产。一般膘情较好的发情较激烈的经产母牛，内外生殖器官规律性变化明显，持续时间约24小时。

3~8岁的经产母牛一般正常发情时生殖器官变化规律较明显，应用此方法准确性高。9岁以上母牛因其性机能减退，发情持续时间延长，个别牛甚至达5天以上，生殖器官变化缓慢，为此要根据个体情况灵活掌握。

1.5~2岁的初情期母牛，因其发育尚不完善，发情时子宫颈表现发挺发硬不明显，要重点结合卵泡发育程度确定输精时间，以免失误。

试纸法鉴定发情

奶牛处于发情阶段时阴门有规律地流出黏液。试纸法是将pH值6.0~8.8的专用试纸浸入阴门流出的新鲜黏液1秒钟，取出后迅速与标准比色卡对照，读取pH值。测出pH值在7.0~7.4一般认定为发情，pH值在6.8要继续观察。据统计，单用观察法能查出200头发情奶牛中的162头，漏查38头；结合黏液测试早中晚3次则可查出200头发情奶牛的193头，查出率为96.5%，早晚2次查出率为89.50%。

应注意的是：荷斯坦奶牛发情期、间情期和妊娠期阴道黏液pH值呈一定的规律性变化，根据这些变化规律可正确区分母牛繁殖周期所处的机能状态。根据母牛发情期阴道黏液pH值的变化规律，可准确判定发情的阶段，掌握适时输精时间。

标记法鉴定发情

奶牛场发情观察须每天观察 3~5 次，重点在清晨与晚间进行。据统计，每天观察 5 次，可达到 80%~90% 的发情观察效果，但这种观察方法的效果往往受观察时天气和人员的因素而变化较大。因此，完全依靠人工观察法容易出现漏配现象。用尾部涂漆标记法可以提高奶牛的发情观测率并可减少观察次数。母牛在发情期有相互爬跨的行为，在爬跨的过程，奶牛尾根上部的毛容易被磨擦掉。将奶牛尾根上部染成鲜艳颜色，通过观察此部位的变化，配合观察奶牛日常的发情症状，最后通过直肠触摸法以确定奶牛是否发情。

标记法鉴定发情操作

母牛产后一月左右经确诊没有繁殖疾病，先用刷子将奶牛尾根上部的毛梳理整洁，然后用毛刷蘸漆由下而上沿奶牛尾部刷一遍，再自上而下重刷一遍。所刷的漆要有一定厚度，不易脱落。颜色要鲜艳，易于观察，长度 20~25 厘米，宽度 5~8 厘米。所刷的漆不能含有已烯基，且黏度不要太强。因为高黏度的漆容易形成硬的板块，在奶牛被爬跨时不易脱落。

在比较潮湿的季节每隔 7 天要进行重新上色，比较干旱的天气一般隔 8~10 天重新上色一次，尤其在雨季要等上色干燥后再将牛放出。

在挤奶或喂料时进行观察，发现有掉色现象特别留意观察奶牛外阴部是否流黏液，尾根部是否有污物，奶牛是否有不安现象，产奶量、采食量是否有变化等。

配合奶牛的直肠触摸法最终确定奶牛是否发情。

奶牛受配后要涂上一种颜色，复配的奶牛要用另一种颜色加以区分。

可用于散放牛的颜料涂在预计发情牛的尾部，着色的牛被爬跨时，所涂颜料会变得模糊，不整齐。这种方法可代替发情爬跨显示器。如果显示器被低矮树枝刮碰或挤碰就可能失真。发情爬跨显示器和标记颜料共同使用效果更好。牛被爬跨的时候，发情爬跨显示器被触发，同时也使标记颜料模糊不整。如果发情爬跨显示器部分改变了颜色，而标记颜料并未受到触动，可考虑发情爬跨显示器可能发生的失真反应，牛可能不是发情。

奶牛尾部涂漆标记法在欧洲部分国家广泛利用，而且有专门用于奶牛发情观察的漆。试验表明，奶牛尾部涂漆标记法较人工观察法提高奶牛的发情观察率 10%~17%，且相对于人工观察法更能降低劳动强度。

彩笔法鉴定发情

彩笔法鉴定发情是当今使用最为广泛的发情检测辅助法之一。它提供了一个快速而高效的识别系统，即通过记录最初的发情期识别站立将接受爬跨的奶牛。但是，当奶牛发生爬跨时，尾部标记时常会被擦掉。因此，确认奶牛是否正在发情，还需仔细观察其第二体征。对于那些"无标识"或有问题的奶牛，发情期第二体征的变化尤为重要。彩笔法鉴定发情的做法：当奶牛产生烦躁情绪时，就开始使用本方法。在使用彩笔之前，请先用梳将牛尾部蓬松毛梳理整齐并剃除。正确的标记法应该是：在奶牛的背部最高点与尾部之间作一条宽度 2.5~5 厘米的标记。使用彩笔在奶牛的臀部前腰部处记录日期，以便于配种。

应注意的是，使用彩笔法鉴定发情还受营养不良、体况评价分低、健康指数、肢体问题、生殖道感染、卵巢囊肿、环境因素等影响。

试情法鉴定发情

作法一 利用注射睾酮母牛。这种牛对其他母牛的行为与公牛相似。这样的母牛，经过4~6周的睾酮处理，即可追逐和爬跨发情母牛。为了获得这样的试情牛，必须隔日注射一次速效睾酮，共注射10次，然后每隔一周注射一次长效睾酮，直到不再用作试情为止。并将这样的试情牛与进行运动的舍饲或拴系的母牛放在一起，或与草场上散放的母牛放在一起。

作法二 利用卵巢囊肿母牛。患卵巢囊肿的母牛，大多数是高产奶牛，其中一部分治愈后仍可配种受胎。有一部分患卵巢囊肿较严重的牛，属于慕雄狂，治疗无效，整天哞叫，影响牛群休息，理应及时淘汰。不过，大部分卵巢囊肿牛，尽管病程很长，产奶量还保持在每天10千克以上，足够其饲养耗费开支。患卵巢囊肿的牛，比一般母牛能更早地发现发情牛，并紧追不舍，频频爬跨，便于技术人员及时发现，适时输精，提高受胎率。北京市卢沟桥农场有一奶牛群中，曾有一左侧卵巢囊肿牛，在其发现发情母牛的提示下，得以输精适时，全群受胎率达98.11%，较全场提高5.31%。看来，卵巢囊肿牛虽然难以妊娠，但在一群牛中，保留1头，用来及时发现发情牛，以提高牛群配种受胎率。

注意事项

不再用于试情的母牛，其屠宰距最后一次注射睾酮的间隔，不得少于30天。

选择作注射睾酮的母牛，必须是未怀孕及合群的，牛体由小到中等，没有疾病及牛皮癣等，其四肢和蹄的状态良好，用激素处理之前曾有正常的发情周期。

孕酮法鉴定发情

利用测定成年母牛乳中孕酮的方法来鉴定发情。因为母牛处于发情周期中点的时候，乳中的孕酮上升到最高水平。大约从站立发情前后48小时，乳中孕酮处于低水平。这种方法有助于确定母牛处于或接近发情周期，母牛配种21天之后使用这种方法。如果测定其乳中孕酮水平低，则表明此母牛很可能没有妊娠。

注意事项

多数孕酮测定是以4纳克/毫升作为孕酮水平高低的分界线。

一头成年母牛从发情前几天到发情后几天的孕酮水平是低的。

随着黄体的形成发育，孕酮水平逐渐升高，通常在发情后2~3天孕酮超过水平分界线。如果配种后18~24天，这头牛的孕酮保持在高水平，就可能妊娠。

电阻法鉴定发情

作法一 用电极感应探针。这种仪器包括一个不锈钢探针，探针内有一系列电极，这些电极与电子控制单元相连接。母牛发情过程中，阴道分泌物的电阻会发生变化。电极感应阴道黏液的电阻变化，并将这一信息传给控制单元，探针插入阴道内15~20秒钟就可测出结果。对于熟练的操作者，测量 1 头牛的全过程大约是 3 分钟。因需要将母牛固定在一定的位置上，阴道探针只适用于拴系的牛。但是，在生产中，有人认为这种做法很费时间。

作法二 用繁殖电子检测仪。奶牛多饲于系枷牛舍，借助电子探极测定阴道黏液的电导率或电阻的变化。有一种多功能母牛繁殖电子检测仪，由主机和电子探极组成。电子探极为直径 1.6 厘米、长 40 厘米的合成塑料棒，其头部的玻璃环内嵌有一对铂黑电极，柔软的导线连接电极和主机。为测定电导率，电极沿阴道背侧插入使头部达子宫颈口。打开电源并将电极在阴道穹隆部轻轻移动，以使其与穹隆部的黏液充分接触，以测得宫颈—阴道黏液电导率。发情期黏液有较高的电导率，而休情期和黄体期的黏液稀少而黏稠，电导率较低。用繁殖电子检测仪鉴定发情时，先用 75% 的酒精棉球，从电极头部的玻璃环开始，向下擦拭，重复两次。牛的外阴部用洁净毛巾擦净，再用酒精棉球由内至外环绕擦拭 2 次。拨开阴唇，并将消毒过的电极缓缓插入阴道。电极拉出后在其表面可见到黏液，立即用上法将其表面用纱布或干棉球从头部至手柄擦拭一次，备用。

据山西大同奶牛场使用该仪器后的观察，平均受胎率提高 12.2%，空怀期平均缩短 11 天，全场奶牛缩短 13.5 个情期，按每个情期 21 天计，就等于多产 1 犊，鲜奶产量也相应增加，应用本仪器后还可减少输精次数。在输精后 21 天左右即可进行早期妊娠诊断，有利于及时补配或保胎，有利于对某些生殖器官疾病的诊断和及早治疗。本仪器使用简便、判断客观、准确性高，检测每头仅需 2 分钟。使用本仪器对母牛和胎儿无不良影响。

粘贴法鉴定发情

奶牛发情高峰期最显著的特征是接受公牛或其他母牛的爬跨。将发情鉴定器粘贴在奶牛的尾根处，被爬跨时由于重力压迫或摩擦使鉴定器的颜色变成鲜红色，可提醒观察人员，依此来准确估测奶牛发情高峰期的时间。

目前可用于粘贴的鉴定器有两种：

一种是 KaMar 鉴定器：最底层是供粘贴的一层帆布，帆布上有一封闭的塑料外套，内有一直径开口约 2 毫米塑料管。当母牛接受爬跨时持续一定的压力，红色颜料被挤出，浸渗周围的海绵状物，鉴定器即变为鲜红色。鲜红色过一段时间会变成暗红色，观察人员可根据鉴定器的颜色来判断母牛是否已接受爬跨以及接受爬跨的大致时间。

一种是 Estrus Alert 鉴定器：为一红色塑料纸片，下面有黏性，可直接粘贴在奶牛尾根处。纸上面覆盖一层白色系锡样物，在母牛接受爬跨时的重力摩擦下被刮掉，显现为鲜红色。不过，该鉴定器在母牛被反复爬跨时容易脱落，故粘贴时应在鉴定器的一端写上牛号。

粘贴法操作：将鉴定器粘贴在母牛尾根处，即奶牛荐骨和尾椎连接处的正上方，粘贴之前应保持尾根处清洁、干燥，个体较小的奶牛适当粘贴靠前。应用 KaMar 鉴定器时，有箭头的一端向前，并用配套的 KaMar 胶粘附牢固，一般可保持两周以上不脱落，粘贴时不要用力压迫鉴定器以免将红色物质挤出。应用 Estrus Alert 鉴定器时，将鉴定器从光滑的底板上分离后可直接粘贴到奶牛尾根处，一般可保持一周时间不脱落，粘贴时不要用力摩擦鉴定器以免将锡样物擦掉。两种发情鉴定器均防水，只是应尽量避免人为挤压或摩擦。

注意事项

按正常 1 日 3 次、每次 1 小时观察发情，如果使用了鉴定器可使观察到的被爬跨母牛数与实际接受爬跨的母牛数之间的差距减少 10%~30%，特别是减少了夜间发情母牛的观察遗漏。

鉴定器的颜色是重要的参考依据，观察人员应同时结合母牛的被爬跨、爬跨、兴奋不安、黏液吊线等外部行为表现来确认母牛的发情情况。有个别母牛的鉴定器虽已变成红色，但如无上述表现时，应进行直肠检查卵泡发育作进一步判断。

在母牛甩尾或其他母牛舔舐鉴定器时，KaMar 鉴定器的前端可能有小部分变红，Estrus Alert 突出的部分可能变红。而母牛接受爬跨后两种鉴定器则变成完全的红色，而且有被爬的皱痕，应据此分析判断加以区别。

对使用鉴定器的母牛一样要勤观察，做好记录。应确保鉴定器的变红时间是在两次观察之间，这样才能准确估测母牛被爬跨的大致时间。

两种鉴定器均有较高的可靠性和准确性，相比之下，KaMa 鉴定器更不易脱落，而且受其他因素的干扰较小，但价格约是 Estrus Alert 鉴定器的两倍。

使用奶牛发情鉴定器可缩短观察奶牛发情的时间，提高观察鉴定的准确性，减少发情奶牛的遗漏，为判断奶牛发情高峰期的准确时间提供依据，从而可提高奶牛的人工授精或胚胎移植的成功率。

计步法鉴定发情

英国奶农给奶牛装上计步器，来检测它们是否正在发情。奶牛发情时，除了增加四处活动的频率外，几乎看不出什么异常。而这种类似计步器的电子装置会测量奶牛的行走距离、四处行走的频率以及行走的速度，然后将数据传回配套的计算机。如果计算机存储的数据显示该奶牛活动量骤然上升，那就意味着这头奶牛正在发情，需要配种。英国一奶农表示，自从用了这种装置后，就不用整天盯着奶牛来判断它们的发情情况。据称，这种装置价格不菲，在英国，一套售价 1.2 万英镑，但还是很受奶农欢迎。因为这可以让发情的奶牛及时交配，节省了奶农时间，提高了产奶效率和产奶质量。

犬嗅法鉴定发情

人的嗅觉细胞 500 万个，覆盖面积 5 平方厘米。犬的嗅觉细胞 20 亿个，覆盖面积 150 平方厘米。犬的嗅觉要比人的嗅觉灵敏 1 万倍。当 1 立方厘米空气中有 9 000 个丁酸分子时，犬就能察觉它。一般 1 立方厘米空气中约有 268×10^{-17} 个分子，所以犬感受丁酸分子浓度为 3.36×10^{-16}。由此可见，犬嗅出气味是处在分子水平。在繁殖季节，公犬可以从几里路以外，循着特殊的发情气味找到母犬。美国最早研究发现，受过训练的犬，能辨别发情期与黄体期的母牛阴道黏液的气味，从而辨别母牛的发情状况。随后，犬被用来检测发情前 3 天母牛阴道黏液中出现的与发情有关的气味。这种气味在发情当天达到最高浓度和强度，发情以后很快下降。犬也可以在奶、尿和血液中辨别与发情有关的气味。试验结果表明，经过训练后，犬对发情母牛的反应平均为83%。牛在发情时释放外激素，德国和瑞典科学家合作成功研究出一套训练发情检测犬的方法。经过训练的犬，检测发情的准确率平均达到80.3%，检测未发情的准确率平均达到97.0%。

电子鼻鉴定发情

在欧盟第七框架项目的支持下，荷兰、立陶宛和瑞典三国科学家联合开发了用于奶牛发情鉴定的电子鼻，由探头、传感器和处理软件三部分组成，可在奶牛场使用。其原理是发情牛粪便中排出有可被公牛感受到的性激素和乙酸、丙酸、十一烷等小分子物质，利用电子鼻检测这些物质含量，便可判断母牛是否发情。

视频法鉴定发情

法国利用视频监控系统和图像处理软件，依据母牛发情时接受爬跨的原理进行发情鉴定，准确性达到88.6%。

项圈法鉴定发情

戴在脖子上的监测项圈，能非常精确地监控奶牛。牧场管理者通过计算机就能了解每头牛的进食、反刍、运动情况，得知它的身体是否健康，提早发现患病牛只，为它提供绝无抗生素的治疗。添加荷尔蒙在以色列完全被禁止，监测项圈准确预知奶牛的发情，减少奶牛的空怀时间，更多更好地产奶。

除上述以外，鉴定发情方法还有以下几种。

在牛的腰部安装发情监测仪器，这些仪器可以因爬跨时产生的压力作用而变化。

将粉笔涂在牛的尾根部，当有牛爬跨时即可观察粉笔痕迹的消失。

在结扎输精管公牛的脖子、肚子下面安上装有墨水的容器，然后将其与母牛混群放牧，当其爬跨发情母牛时，即可在母牛腰部涂上点状或线状的墨水。

鉴定发情的关键

（1）配合良好管理 每一个奶牛场都应有奶牛的繁殖记录。知道哪头奶牛何时该发情，到时候就注意观察，发现奶牛发情应及时记录。在日历、配种图表或配种计算机程序中记录全部的发情日期。每天要检查记录，以找出在这一天需要认真观察发情表现的牛。保持精确的繁殖记录，如产犊日期、产后第一次发情时间是准确监测母牛繁殖状态的基本要求。若母牛产犊后60天还未出现发情就应该查找原因。一旦进入发情周期，若母牛没有怀孕通常在21天后又出现下一个发情周期。因此预测每头母牛的发情时间表对技术员检测母牛发情非常有用。在预测发情日期的前后加强观察，从而极大提高发情检测率，并且可帮助确定繁殖有问题的母牛。

（2）专人观察发情 在北京市西郊农场奶牛场，设有专职人员日夜执勤，观察记录奶牛。5 年中，情期受胎率稳定在 65% 左右，年总受胎率在 95% 以上，空怀率在 3% 以下，产犊间隔 376.4 天。

（3）设立预报盘 沈阳市塔山畜牧场有一母牛发情预报盘。他们根据母牛发情规律，利用发情预报盘，重点检查，提高了工作效率。母牛发情周期是 18~24 天。这次发情配种的母牛，如果未妊娠，再过 18~24 天会重复发情。他们把这 7 天称之为发情预报日，到时候可作重点检查。

预报盘的制法：取 1.2 米以上见方的木板一块，涂上墨汁，在圆内画 24 个等分的格，称之为底盘；再做一个 1 米直径的圆形转盘，切掉七个格，使成一个缺口，在小圆心上画七个小格，在格内写上 18、19……一直到 24 七个数字，最后把转盘放到底盘上，中心用螺丝固定，便成了一个母牛发情预报盘。

使用时把当天的发情配种的牛号写在小圆心 24 所指的底盘格内，并写好配种月日，第二天按箭头所指方向旋转，由 24 向 18 方向转一个格，盖上昨天写的牛号，又在 24 的格内写上当天发情的牛号和日月，如此一天转一个格。18 天后第一次写的牛号就在 18 的格内出现，24 天后就在 24 的格内出现，24 天如不发情就把牛号及其月日擦掉，重新写上新的牛号和月、日。每天在缺口内出现七个格的牛号，都是发情预报牛，这几天都有可能发情，应予以详细检查。不过，母牛产后第一次发情（24~40 天）和发情周期不正常的母牛均应另行观察。

（4）配种员进牛棚 根据发情观察记录和发情预报，配种员在上槽时到牛棚进一步检查，对难配牛和重点母牛进行全面检查，以防漏配。

配种员应进行的检查如下。

① 初情期检查。对超过 13 月龄仍未出现初情的母牛要进行生殖器官检查。

② 产后第一次发情检查。对产后 60 天以上不发情的母牛要检查生殖器官或诱导发情。

③ 异常发情检查。据观察，发情母牛中约 20% 表现有安静发情、持续发情、发情周期过短、发情周期过长等异常发情现象。对于异常发情母牛要查明原因，酌情治疗或诱导发情。

（5）认识迈情现象 母牛发情后，其发情周期越过正常范围而再次发情的称为迈情。一般正常母牛发情输精后未妊娠经一个发情周期后会再次发情。而迈情母牛的再次发情一般都越过两个或三四个周期。这些母牛中一部分是未妊也没有发情，一部分虽然发情。但没有被观察到，另一些是因妊娠而不发情。

迈情的原因

母牛在妊娠初期的月余时间内，发生妊娠中断，胚胎极容易被子宫吸收，流出体外也不易被发现。

母牛经发情输精后而未妊娠，其排卵后所产生的黄体会在下个周期前萎缩、消失，新的卵泡开始发育、成熟而使其再次发情，由于某种原因，未能产生足够的动情素，致使该母牛不发情。

老龄、体弱、患四肢病的母牛，往往有排卵而发情不明显现象，天气异常时这种情况表现尤为突出。

母牛原患轻度子宫、卵巢疾病,输精后由于炎症影响未孕而又不发情。

由于缺乏科学的饲养管理,饲料搭配不当,会使母牛因缺乏某种微量元素或维生素而影响其正常发情、受胎。

迈情的防治措施

加强饲养管理,增强责任心,杜绝人为漏情。

对发情不明显的母牛输精后在下个发情周期时要提前检查,追踪配种。

加强对子宫病、卵巢疾患的治疗工作。

(6)注意异常发情 对安静发情、断续发情、持续发情、间隔不足 15 天或超过 40 天的发情等异常发情牛和授精两次以上未妊牛要进行直检。

有的饲草与奶牛异常发情有关。比如小叶章草。小叶章草是一种喜生于湿性草地的禾木科牧草,遍布我国东北地区,在每年早春 4 月返青以后,一直到 10 月份可以用于放牧。小叶章草适口性强,是优良的饲用植物。放牧小叶章草地常引起荷斯坦牛异常发情。

(7)有的会假发情 妊娠母牛在正常情况下不应再表现发情征兆,因为具有活性的黄体分泌孕酮从而维持妊娠并抑制新的发情。但大约有 5% 的怀孕母牛或第一次怀孕的年轻母牛被其他母牛爬跨时也会表现站立不动。假如这一母牛的记录档案是已经配种而且确定为怀孕,这种假发情征兆也应当记录下来,但不应再给这一母牛配种。孕后发情常见于母牛表现有性欲,一般不见卵泡发育。孕后发情牛只追爬其他发情牛,但拒绝其他牛爬跨,直检时有妊娠特征。不要给假发情的奶牛输精。

(8)维护牛蹄及膘情 牛蹄的养护对奶牛的舒适也是至关重要的,应定期对牛蹄进行整修和护理,以防止奶牛蹄病的发生。患有蹄病的奶牛,发情表现一般不明显。营养对奶牛的发情影响很大。过肥过瘦都不利于奶牛发情,应保持奶牛中上等膘情。特别对泌乳前期的奶牛,应喂给能量蛋白平衡的精饲料和优质粗饲料。处于能量负平衡的奶牛异常发情和安静发情率上升。

发情的遥测系统

通过体温遥测方法实行牛体温的无损伤、无干扰、精确和连续的测量,并根据获得的体温数据来判断牛是否排卵。试验证明,用体温遥测方法进行排卵监测是可靠、实用和可行的。

发情遥测系统包括:温度信息经传感器转换成电压信息,经压控摇荡器电路,将电压转变成振荡频率变量,并经发射器传出;接收器从 PM 信号中检出副载波频率,经放大后由频率计数器作频率计数;获得的频率数据可通过回归方程计算出体温数值,或经计算直接转换成体温数据,并根据体温变化来判断排卵与否。发射器部分采用集成电路和高能微型电池,以缩小体积和延长使用时间。发射装置可固定在牛尾根部,并将体温探头插入牛阴道深部,这样可增加遥测的距离和稳定性,也便于更换电池。本遥测系统可由多个发射器组成,可用同一接收显示装置同时监测数头牛的体温变化,遥测距离在 30 米左右,精度高,稳定性好,不受外界气温影响,长期使用无数据漂移现象,并可重复使用。体温分辨率达 0.05℃,温测范围在 35~41℃,温度响应时间小于 15 秒,遥测距离 30 米以内,其温度显

示误差 ±0.05℃。

利用该遥测系统测定 5 头母牛的阴道深部体温，其中奶牛 2 头、黄牛 3 头。根据体温变化来判断排卵，同时，直检发现卵巢上的卵泡破裂，并经剖检证实确已排卵。

2 头试验牛平均体温升高 0.35℃，持续时间 12~15 小时，并在排卵后 4~5 小时体温开始降为正常。另有 2 头牛，其中奶牛 1 头、黄牛 1 头，进行了自然排卵监测。结果发现，自然发情和人工诱导排卵的牛一样，出现排卵期体温升高。

结果显示，牛排卵可同时出现持续约 12 小时的体温升高阶段，其升温幅度较非排卵期的平均体温高约 0.35℃。用氯前列稀醇诱导排卵的体温高峰至排卵间隔时间为 5~8 小时，而自然发情牛的排卵一般在体温高峰后 15~18 小时。由此表明，无论氯前列稀醇诱导排卵或自然发情牛的体温高峰均出现在深夜或凌晨，但人工诱导排卵牛的排卵时间较自然发情牛提前约 10 小时。应用牛排卵期体温变化的原理来监测牛排卵的方法是完全可行的。

注意事项

经非排卵期体温连续观察，牛的体温在一昼夜内可有（1.5±0.8）℃的波动，另外还受到采食、运动、反刍、泌乳等影响。

利用体温检测排卵必须测量牛深部体温，要连续 24 小时监测；在估计接近排卵期间，可每小时记录 1 次体温，并比较同期体温的变化；排除一切能引起牛骚动、不安、紧张的因素。

发情探测在我国

我国胜利油田集团奶牛场采购安装了以色列 SCR 的独立式发情探测系统 Heatime TM，在专业技术人员的培训指导下，熟练地掌握了设备的操作要领，摸索出了运作模式，极大地提高了奶牛的受胎率和繁殖率。

Heatime TM 系统是一套 24 小时监控奶牛活动的设备，包含项链、ID 单元、控制箱三个组件。项链是一个连接尼龙带扣环的标签，安置在奶牛颈部后，通过其中的奶牛感应器、数据存储器等先进元件对奶牛活动进行全天 24 小时监控。ID 单元一般安装在挤奶厅出入口，采用红外线感应奶牛体温并快速读取奶牛活动数据，然后传递给控制箱。控制箱包含一个显示器和一个键板，以曲线的形式显示奶牛 60 天内的活动记录，然后根据预先设定的活动量限定值及报警模式，对发情奶牛发出警报。该系统具有牛号识别、奶牛发情监控和奶牛反刍监控三种功能，可以协助饲养人员监控奶牛的健康和发情情况，减少奶牛空怀天数，降低冻精费用。

操作要领

最好选择产后 45 天以内，子宫、卵巢等生殖器官正常且没有疾病的健康牛。按胎次从高到低的顺序给牛佩戴项链，因为低胎次牛一般体质好、繁殖疾病少、发情正常，而高胎次牛不发情率高，乏情、隐性发情多。为了延长项链使用年限，保证所得数据的准确性，需按照说明进行佩戴，确保合适的位置和松紧度，外露的带头长度最好不要超过 5 厘米，否则会容易开线脱落。如果带头开线，需及时烧烙，以免造成更大损失。戴好项链后需进行 7 天的数据预收集，确定数据正常后才可用于奶牛活动的监测。活动量一般在"0"参照线的上下波动，高于 +5 线时会发出发情警报，低于 –4 线时会发出疾病警报，如出现个别牛只的发情报警线达到 +5 就不再升高时，则认为此种情况是爬跨其他发情牛所致，可认为是假发情。如果奶牛发情，控制箱显示屏则会显示发情时间、发情指数、发情高峰、发情结束等数据。这些数据的高峰值与胎次、营养水平及体质有关，一般数值在 –12~+90。同时需结合直检，了解子宫和卵泡发育情况，以确定配种时间。为了提高项链的利用效率，在配种 35 天左右时，可用 B 超进行早期妊娠诊断，确定怀孕后就可解下项链，再选择符合条件的奶牛，按要求佩戴好，并在记录器和控制箱上更换相应牛号。如果未孕，则需要分析配种后一个情期没有发情的原因，并及时治疗，以缩短空怀时间。戴上项链后，如果奶牛在一个情期内没有发情，则需及时进行直检，确定是否存在子宫炎、卵巢静止、卵巢萎缩等繁殖疾病。对长期不发情的奶牛需及时采用激素进行同期发情，应用 Heatime TM 系统也能取得很好的探测效果。如果奶牛有卵巢囊肿病症，则会在一个情期内出现几次发情高峰，但周期很短，监测曲线的波动幅度大。

临床应用结果显示，采用独立式发情探测系统 Heatime TM 对适龄奶牛进行发情监测，配备项链总计 130 条，佩戴对象为产后待发情的奶牛。通过观察第 1 个情期发情记录是否正常，结合牛群个体状况选择适当输精时间。确定怀孕后，解下项链循环使用。两年来，共对 721 头适龄母牛进行了发情监测，其中记录正常发情 1690 次，安静发情 72 次，假发情 2150 次，病症状态 237 次，现场观察和直检结果与探测结果相符。共配种准胎 654 头，情期受胎率达 54.91%，年受胎率达 90.71%。可以认为，奶牛发情探测系统是一组独立运行的管理系统，具有使用方便、操作安全、数据准确等优点。随着生产规模的扩大，该系统可以逐步升级，还可以增加新的监测内容，不需重复投资，增加了奶牛场的经济效益。

综上所述，足见抓好母牛的发情鉴定，是适时配种、妊娠的根本保证。

正是：

母牛发情表现多，从里到外细求索；

欲使配种能受孕，狠抓鉴定勿蹉跎！

母牛配种须先发情，不发情怎么配种？群体母牛，如能同期发情，岂不可以同期配种、同期分娩、同期泌乳么？答案是肯定的。因为现代科技能做到——

第 **7** 章

发情可调控

母牛的诱导发情

母牛诱导发情又称催情，是指对一些适龄未妊娠、又不发情的母牛，使用人工的方法，促使其发情。主要适用情况：一种是母牛曾正常生育过，由于激素暂时紊乱，致使卵巢无卵泡发育，也无黄体存在。另一种是母牛子宫内存在死胎、蓄脓、积液等内容物，卵巢上黄体持久存在，致使母牛不发情。

应注意的是，在应发情而无发情表现的母牛中，还应从改进饲养管理着手；一些哺乳母牛不表现发情，是因其犊牛哺乳而抑制了正常发情；对于应该断奶而未断奶的母牛，为使其发情应立即断奶。一般断奶不久，母牛即表现发情。有些母牛长期不与公牛接触，不表现发情，是因其神经系统缺少一种性的诱导。因此，公牛的性刺激、气味和叫声等，均可诱导母牛发情。

诱导发情的原理

诱导发情技术可使超龄不发情的青年牛、产后长期不发情的经产牛、患有卵巢疾病的牛得以发情、配种和产犊。

有些母牛长期不与公牛接触，不表现发情，是因为其神经系统缺少一种性的诱导。因此，公牛的性刺激、气味和叫声等，均可诱导其发情。

① 采用促性腺素释放激素或促性腺素促进卵泡发育而发情。如促性腺素释放激素、促排3号、孕马血清促性腺激素、促卵泡素、绒毛膜促性腺激素适用于卵巢静止的牛。

② 采用溶解黄体的激素，使黄体溶解，继而使卵泡发育而发情。如前列腺素和氯前列烯醇适用于卵巢黄体或黄体囊肿的牛。

③ 应用孕激素通过负反馈作用激发卵泡发育而促使牛只发情。连续应用孕激素如孕酮等一定时间，造成人为黄体期，再停止用药，引起垂体负反馈而激发发情，主要适用于有周期黄体的牛。

诱导发情的方法

（1）前列腺素法　采用氯前列烯醇，主要应用于黄体的牛。包括周期黄体、持久黄体和黄体囊肿的牛。例如已经发情过的青年牛和产后牛，肌注0.5毫克，或半量宫注。2~4天发情，集中在56~72小时输精，发情率60%~75%，受胎率正常。但是，前列腺素对于5天内的新生黄体无效，因此可以采取前列腺素一次法和前列腺素两次法。第一次应用前列腺素发情的牛只进行适时输精，没发情的间隔9~12天进行第二次肌注前列腺素，发情后正常输精。对于发情表现不明显的或隐性发情的牛采取定时直检判断卵泡发育情况，进行适时输精。

（2）促排3号—前列腺素法　对青年牛和经产牛都适用。肌注促排3号0.25~0.5微克，第7天肌注前列腺素0.5毫克，或半量宫注。2~4天发情，集中在56~72小时输精，发情率50%~75%，受胎率正常。

（3）阴道栓—前列腺素—促排3号法　应用含有孕激素的阴道栓放置9~12天，取栓时肌注前列腺素0.5毫克，或半量宫注。2~4天发情，集中在56~72小时输精，发情后肌注促排0.25~0.5微克，发情率70%~80%，受胎率正常。适用于任何阶段空怀不发情的牛。

（4）孕马血清促性腺激素—前列腺素—绒毛膜促性腺激素法　处理当天肌注孕马血清促性腺激素1000单位，24~48小时肌注前列腺素0.5毫克，或半量宫注。1~2天出现发情，发情中期肌注绒毛膜促性腺激素2000单位，再过8~12小时输精，发情率大于80%，受胎率正常。适用于任何阶段空怀不发情的牛。

（5）促性腺素释放激素—前列腺素—促性腺素释放激素法　促性腺素释放激素具有促进促卵泡素和促黄体素的释放作用，从而使母牛的卵泡发育、成熟、排卵，适用于任何阶段空怀不发情的牛。处理当天计为0天，注射促性腺素释放激素100单位，第7天肌注前列腺素3支0.6毫克，第9天再肌注促性腺素释放激素100单位，18~20小时后定时输精，不必做发情鉴定。发情率40%~60%，受胎率50%~74%。此法操作简单，成本适中，效果理想，是目前诱导同期发情和定时输精的理想方法。

（6）阴道栓—孕马血清促性腺激素—前列腺素—绒毛膜促性腺激素法　应用含有孕激素的阴道栓放置9~12天，在取栓前1天肌注孕马血清促性腺激素1000单位，取栓时肌注前列腺素0.5毫克，或半量宫注。取栓后2~3天发情，发情中期肌注绒毛膜促性腺激素2000单位，再过8~12小时输精，发情率大于90%，具有较高的受胎率。适用于任何阶段空怀不发情的牛。

诱导发情在新疆

在新疆天山区牧场开发与应用母牛发情调控技术，对于加快牛改良的步伐和提高养牛经济效益具有重要意义。为了克服这一难题，研究选用促性腺激素和孕酮设计了6组试验，对山区牧场的149头母牛进行处理。这些母牛均为当地土种，3~7岁，无不孕症史，体况中等以上，经直检无子宫和卵巢疾病。随机分为6组，所有受体母牛均由农户单独饲养，饲养标准为当地中等以上水平。

试验中最好的第2组为复合孕酮 + 米非司酮 + 孕马血清促性腺激素方案。即：隔日一次肌注孕酮复合制剂4毫升，于第二次注射的同时注射米非司酮4毫升，第5天肌注孕马血清促性腺激素500单位，隔日再注射一次。供试药品中孕酮与米非司酮复合制剂为石河子大学动物研究科技学院研制。

结果显示，不同处理对天山区母牛发情及受胎率的影响，以第二组的处理效果为最好；在处理的10头母牛中，发情10头，发情率100%，第1情期受胎率90%，平均每头处理成本24.84元。

注意事项

针对山区牧场情况，本试验充分考虑到了此时母牛生理的特点，据其设计方案的第二组中，设计了肌注孕酮复合制剂后再注射米非司酮处理方法，是先以孕酮复合制剂刺激母牛卵巢，提高其对激素处理的敏感性，尔后再用促性腺激素或抗孕酮等处理，结果获得了较显著的效果。

在本试验中，采用孕马血清促性腺激素对母牛进行诱导发情，通过内分泌和神经调节作用，乏情母牛卵巢的机能，使卵巢从相对静止的状态转为活跃状态。不同剂量孕马血清促性腺激素多次处理表现出不同。

诱导发情在青海

案例一 在青海省华隆县扎巴镇农户中，选择超过18月龄仍未发情，临床表现健康，直检无卵泡发育，卵巢形状、大小、质地无异常和无明显子宫疾病的26头荷斯坦奶牛作为试验牛。

试验药品为兽用前列腺素注射液，每支2毫升（0.3毫克）。将26头奶牛随机分成试验组和对照组。试验组18头每头一次肌注兽用前列腺素1支，对照组8头不做任何处理。

从注射兽用前列腺素的第2天开始观察两组奶牛的发情表现，并每天直检卵巢的变化。试验组牛出现发情外部表现，且直检卵巢上有卵泡发育者判为诱导发情有效；兽用前列腺素处理后20天内无发情表现，直检卵巢无变化者视为诱导发情无效。对出现发情的奶牛及时给予人工授精，对输精后40~60天不返情的通过直检确定妊娠与否。

结果显示，试验组18头奶牛经兽用前列腺素处理后，10天内有16头奶牛出现发情，发情率为88.89%，人工授精后15头受胎。2头奶牛在20天试验期内未出现发情，此后未继续观察。对照组 8 头奶牛在 20 天试验期内只有 1 头出现发情，经配种受孕，其余 7 头未出现发情。试验表明，应用兽用前列腺素诱导青年奶牛发情的效果显著、确实、可靠。

应注意的是，兽用前列腺素主要成分氯前列烯醇，促进卵泡发育，加速孕酮降解，诱导黄体细胞凋亡，并促进中枢兴奋，出现发情表现，促进子宫收缩、输卵管收缩，利于精子和卵子结合。华隆县农村奶牛养殖绝大多数为分散饲养，利用兽用前列腺素诱导奶牛发情方法简单，操作方便，成本较低，对提高奶牛繁殖性能，增加养殖效益有较好价值。

案例二　选择青海省湟源县立达村超过 18 月龄未发情，并通过直检确定卵巢形状、大小、质地均无异常，且表面光滑（卵泡静止）的 25 头荷斯坦青年牛，分为两组：试验组 20 头，每头一次肌注孕马血清促性腺激素 1000 单位，对照组 5 头，不作任何处理。

从注射孕马血清促性腺激素的第 2 天开始观察两组母牛的发情表现，并每天直检卵巢变化，对出现发情外部表现，如追逐并爬跨其他母牛，阴门略肿胀，从阴道内流出透明并有一定黏度呈"吊线"的分泌物，而且经直检卵巢上有卵泡发育者判定为诱导发情有效；孕马血清促性腺激素处理后 20 天内母牛无发情表现，直检卵巢无变化者为诱导发情无效。对发情的母牛及时给予人工授精，对输精后 40～60 天不返情的母牛，通过直检确定妊娠与否。

结果显示，试验组 20 头青年母牛经孕马血清促性腺激素处理后，20 天内有 18 头母牛出现发情，发情率 90%（人工授精后均受胎），对照组 5 头母牛在 20 天内只有一头出现发情，发情率 10%（经配种也受胎），两者差异显著。另外，虽然试验组 2 头母牛在规定时间内未出现发情，但孕马血清促性腺激素处理后的第 25 天相继出现发情，且人工授精后妊娠，由此表明试验组母牛受胎率 100%。本试验结果表明孕马血清促性腺激素处理诱导青年母牛发情效果显著、可靠。

牛群的同期发情

同期发情就是利用激素或药物对一群母牛进行处理，使其在预定的时间段内集中发情。牛群内母牛发情时间相同，或前后相差不超过 1 天。

同期发情的原理

母牛在一个发情周期中，黄体期占整个发情周期的 70% 左右，奶牛的黄体期约为 15 天。黄体分泌的孕酮对卵泡发育成熟有很强的抑制作用。只有黄体溶解消退后，孕酮水平下降，卵泡才能发育至成熟阶段，母牛才能表现发情并排卵。因此，控制母牛黄体期的消长是控制母牛同期发情的关键。在自然状态下，单个母牛的发情是随机的，在一个大群体的未孕成年母牛群中，每天有 1/21 左右的母牛表现发情。人为控制母牛卵巢上黄体的消长就可以改变这种发情的随机性，使一群母牛按照人们的意愿发情和排卵。

同期发情的药物有：一是抑制卵泡发育的制剂，即孕激素及其人工合成类似物；二是溶解黄体的制剂，即前列腺素及其人工合成类似物，如氯前列烯醇；三是刺激卵泡发育的制剂，主要是促性腺激素。前两类是同期发情的基础药物，第三类是配合前两类药物使用的，以提高同期发情的效果，很少单独应用。

发情同期的好处

采用同期发情技术，可有计划地使母牛分批发情，集中在短时间内输精；提高人工授精效率，节约人力、物力，降低成本；可使用流动授精车进行定时输精：将精液、器械、药物等装备于汽车、拖拉机、马车上，技术人员随车流动，有计划地对各处牛群进行处理—检查—配种；对于乏情状态母牛，经过同期发情处理可以诱发发情、排卵和配种，提高其繁殖率；同期发情达到母牛成批发情、配种、妊娠、分娩。实现工厂化养牛业批量生产商品，对于群牧养牛业，配种季节性强，即使是分散饲养，利用该技术也可使配种相对集中，有利于产犊和培育管理。

同期发情的技术途径

① 是用孕激素类药物，通过埋植、阴道栓、口服、注射等处理方式，使母牛体内含有一定浓度的孕激素，造成人为的黄体期，控制母牛不发情，经过一定时间后，待卵巢中的同期性黄体退化，再同时停止孕激素药物的处理，迅速降低体内孕激素水平，使经过处理的母牛，在一定时期内，集中发情排卵。

② 是用前列腺素及其类似物处理群体母牛。前列腺素有溶黄体作用，使其功能性黄体在一定时间内消失，体内孕激素水平降低母牛即出现发情和排卵。

同期效果的依据

经国产孕激素或前列腺素进行同期发情处理的母牛，第一次发情时，绝大多数有卵泡发育并能排卵，外阴部也有不同程度的肿胀，子宫颈口也能张开，并有少量黏液分泌，但有些不接受爬跨，因此单靠试情公牛鉴定是不够的；最好进行直检，根据卵泡发育判断发情；也可进行阴道检查，根据黏液、子宫颈口、黏膜色泽、外阴变化等确定之；也可进行定时输精，不作发情鉴定；一般膘情好的牛群，经同期发情处理并注射孕马血清后，发情表现大都正常。

同期效果的计算

同期发情处理旨在使母牛发情集中，发情的高度集中是进行定时输精的先决条件，发情越集中人工授精技术的实用意义越大，因此一般可统计集中在2~4天母牛发情的百分数作为同期发情的同期率。如被处理后的一群母牛有80%~90%集中在2~4天内发情，配种后受胎率接近或相当于当地正常受胎率，就可认为效果较好。

同期发情的方法

（1）孕激素处理法 给一群母牛同时使用孕激素或其类似物，抑制垂体促性腺激素的释放，从而抑制卵巢上卵泡生长发育及发情表现，经过一定时期后同时停药，使卵巢摆脱外源性孕激素的控制，而此时卵巢上的发情周期，黄体已经退化，即能反馈性引起促性腺激素释放，出现卵泡发育，使母牛在短时间内出现集中发情。这实际上是人为地延长黄体期，起到了推迟发情的作用。因孕激素类药物半衰期短，只有20多分钟，所以在牛，一般将孕激素制成阴道栓使用，方便安全，效果可靠。市售的孕激素阴道栓有PRID、CIDR和国产孕激素海绵栓三种。为提高同期发情的效果，可在停药前一天，注射小剂量促性腺激素。

孕激素处理方式

第一种，药管皮下埋植。选外径约3毫米、内径约2毫米、长15~18毫米无刺激性的塑料管，将管壁用大头针烫刺16~20个小孔，并将管的一端在酒精灯上烤软，挤压成小孔。

将此埋植管浸于70%酒精中，经20分钟后将其放在消毒干纱布上，吸去酒精备用。将18甲基炔诺酮（简称18甲）粉和消炎粉，按1：1混合研细，装入埋植管内，松紧适度，每管约含混合药粉40~60毫克。埋植时，用与药管相应直径的套管针，在母牛耳背侧中部、无明显血管区，顺着耳朵方向沿皮下及耳软骨之间刺入约20毫米，在埋植前先剪毛，用70%酒精消毒，然后将药管装入套管针管内，使其开口端向上，再用套管刺针推入皮下。埋植同时，每头母牛注射苯甲酸雌二醇2~4毫克、18甲3~5毫克（事前可将18甲研成细粉后，与苯甲酸雌二醇及消毒的植物油制成混悬剂，使每毫升含1.5~2.5毫克18甲、1~2毫克苯甲酸雌二醇，用时摇匀后肌注）。经10~12天后，用小刀靠近药管开口端，将皮肤切开小口，取出药管。注意不要用力过猛，以免将管内残留18甲压出，留于皮下，推迟发情时间。取管时，肌注孕马血清促性腺激素400~500单位，或于第一次输精时注射促排2号60~100微克，或绒毛膜促性腺激素1000单位。取管后2~4天，经发情鉴定，按常规输精两次，间隔24小时；或不作发情鉴定，在取管后72及96小时各输精1次。

应注意的是，密切注视埋植药管有无脱出或丢失情况。同情发情处理如在6月下旬，天气炎热，气温持续38~40℃，对牛的正常发情和排卵是有一定影响。同情发情处理用母牛，如久配不孕、卵巢机能紊乱、子宫炎和年老等，均可能对同情发情处理效果有影响。

第二种，药栓放入阴道。用无刺激性泡沫塑料海绵，剪成圆形，直径9~11厘米，厚1.5~2厘米，制成饼状阴道栓，用洗衣粉水充分洗净，并在0.5%新洁尔灭消毒液中浸泡一小时以上，挤干后放在消毒容器内备用。将18甲用乳钵研细，取无刺激性植物油煮沸消毒后降温至40℃以下，混入18甲制成每毫升含50毫克18甲的混悬液，用前充分振荡。在每个阴道栓上，滴2毫升（内含18甲100毫克）上述混悬液，使之吸入海绵内，再撒上磺胺粉（消炎粉）1~1.5毫克。用长柄钳和阴道开张器，根据母牛体型大小，选取相应的阴道栓放入阴道后穹隆处。使药面朝里，贴于子宫颈处。然后先退出开张器，再取出长柄钳，要保证海绵栓留在阴道后穹隆处。上栓时无菌操作，严格消毒开张器和母牛外阴部，确保海绵栓不受污染，以免引起引导和子宫颈炎症，影响配种效果。放阴道栓的同时肌注或皮下注射苯甲酸雌二醇2~4毫升及18甲3~5毫克，亦可配成油混悬剂施用。

应注意的是，阴道栓大小应根据处理母牛个体大小而定，太大易引起努责而被挤出阴道，太小则易滑脱。在阴道栓一端拴一细线，让细线一端露在阴门外。10~12天后，拉住细线即可将阴道栓取出。为了提高发情率，在取出阴道栓后肌注孕马血清促性腺激素或氯前列烯醇。要确保阴道栓中途不脱落，万一脱落后，可每天肌注孕激素5~10毫克。

目前有售阴道硅橡胶环孕激素释放装置的。这种装置由硅橡胶环和附在环内用于盛装孕激素的胶囊组成，与海绵阴道栓相比，不易脱落，取出方便。

（2）前列腺素处理法　使用前列腺素或其类似物，以速功能性黄体的消退，使卵巢提前摆脱体内高水平孕激素的控制，于是一群母牛卵巢上的卵泡同时开始发育，以达到发情同期的目的。这实际上是缩短了母牛的发情周期，使母牛的下一个发情期提早出现。前列腺素处理法常用二次处理法。二次处理法可获得较高的同期发情率，是在第一次注射后的9~12天，以相同剂量再注射一次。

案例一　选择发情正常、健康、无繁殖障碍的成年荷斯坦牛，分为3组：1组育成牛50头，第2组空怀牛50头，第3组带犊牛50头。其中产后30~40天的母牛为带犊牛，产后

41 天以上的母牛为空怀牛。以上 3 组均采取 1 次肌注氯前列烯醇 0.4 毫克，间隔 11 天后再肌注氯前列烯醇 0.4 毫克。各组发情母牛，于输精 60 天后，用直肠检查法进行妊娠诊断。结果显示，用氯前列烯醇处理 2 次的母牛，其同期发情率以空怀牛效果最佳，育成牛次之，带犊牛最差。用氯前列烯醇处理 2 次的母牛，其受胎率以育成牛效果最佳，空怀牛次之，带犊牛最差。

用前列烯醇处理两次的母牛同期发情率高，是因为氯前列腺烯醇只对母牛在发情同期的第 5~18 天功能性的黄体有溶解功能，而对发情周期的第 5 天以前的新生黄体无溶解功能。用氯前列烯醇处理 2 次的母牛，发情后按常规方法输精，受胎率 56.25% ~80.65%。

案例二 为了比较同期发情效果，采取子宫灌注氯前列烯醇 0.2 毫克 / 头、0.3 毫克 / 头，于子宫灌注后 48~72 小时观察，同期发情率分别达到 71.6%、87.5%。施用药品氯前列烯醇 0.2 毫克 / 支。处理方法：直检出空怀奶牛，对其中有功能性黄体的奶牛一次性子宫内灌注氯前列烯醇 0.2 毫克 / 头、0.3 毫克 / 头，于灌注氯前列烯醇后 48~72 小时，每日早、中、晚 3 次观察发情，以站立发情为判定标准。结果显示，子宫内灌注氯前列烯醇诱导奶牛同期效果明显，达到 70% ~87.5%，而且宫注氯前列烯醇 0.3 毫克 / 头较 0.2 毫克 / 头的同期发情效果明显，其发情率提高 15.9 个百分点。不过，应注意的是，在生产应用中，还要进一步探讨宫注氯前列烯醇的合理剂量与观察时间。

（3）激素配合处理法 这种方法是先用孕激素对母牛处理 9~12 天，在停药或撤栓的前一天注射前列腺素，还可以在注射前列腺素的同时注射小剂量的促性腺激素，以提高同期发情率。

案例一 选择健康、空怀、年龄 2~11 岁荷斯坦奶牛 179 头。处理方法：在发情周期的任何一天，除发情当日外，直检卵巢、黄体及卵泡状况后，将 CUE-MATE 孕酮栓置入阴道内。以置栓之日为 0 天，在第 7 天一次性肌注氯前列烯醇 0.6 毫克 / 头，第 9 天取出 CUE-MATE，第 10~13 天即去栓后 96 小时内观察发情，第 17~19 天对黄体合格的牛予以输精。

应注意的是：经本法处理的母牛卵巢上有黄体、卵泡存在的发情率和可移植率均高于无黄体和卵泡的，但差异不显著，表明奶牛只要年龄不超过 10 岁、无生殖道疾病和繁殖障碍，无论其黄体、卵泡存在与否，均能得到较好的同期发情效果。去栓时的阴道黏膜颜色与处理效果无直接相关。

案例二 供试牛 41 头，每头肌注孕马血清促性腺激素 800 单位，24 小时后肌注前列腺素 3 毫升，全部供试牛于孕马血清促性腺激素处理 96 小时后第 1 次输精，120 小时后第 2 次输精。投药后全部在牛尾根处涂上用胶水调制好的市售双飞粉，以显示观察牛的爬跨行为，鉴定是否发情。如果牛尾跟处的双飞粉被严重弄脏或被擦掉大部分，说明该牛曾被多次爬跨、已发情。

判断标准：供试牛于药品注射后 4 天内发情表现发情即判定为发情同期化，超越这一时间发情的为发情非同期化；本试验的发情鉴定主要以母牛阴户充血肿胀、发红，时有黏液流出并互相爬跨等为依据。输精用冷冻颗粒精液，解冻后活率为 0.3~0.5，一次输精量为 1~2 粒。结果显示，所有供试牛均健康正常，未见繁殖机能紊乱现象；41 头母牛经处理后，其同期发情率高达 97.6%。

同期发情在扬州

同期发情处理药品：前列腺素 $F_{2\alpha}$，剂量：5 毫升 ×1 支 / 头；促排 3 号，规格：10×200 微克。供试牛为扬州大学实验牧场饲养的未孕中国荷斯坦奶牛，共 153 头，健康、发情正常、无繁殖障碍、产过 1~7 胎、膘情中等以上、产后 30~360 天。处理方法：每头肌注促排 3 号 2 毫升，第 7 天每头肌注氯前列烯醇 5 毫升，第 9 天再肌注促排 3 号 2 毫升；第 2 次注射促排 3 号的次日起每天上、下午 2 次观察发情，以第 2 次肌注促排 3 号当天为 0 天算起，连续观察 1~5 天。以稳定站立接受爬跨、阴门流出大量透明黏液且牵缕性强，作为发情判定标准；以接受爬跨时间的长短为发情持续时间。结果显示，供试牛同期发情率 91.30%，受胎率 85.71%。这表明，注射促排 3 号后，牛卵泡的发育和黄体的退化均被控制，本法对荷斯坦牛进行同期发情有效。

同期发情在黑河

黑河市年积温低，无霜期短，冬季时间长，小气候变化明显；加之饲养管理粗放，致使部分母牛产后体质瘦弱，产后 3~6 个月仍无发情表现，很难实现年产 1 犊，采用皮下注射孕马全血，可诱导母牛同期发情。

孕马全血的制备：将硼砂 4 克、柠檬酸钠 10 克、蒸馏水 12 毫升置于烧杯或试管内，高压灭菌 30 分钟备用。采集妊娠 30~90 天的健康孕马静脉血 500 毫升与硼砂、柠檬酸钠合剂混合一起，充分振动 15 分钟即可应用。一般以现用现采为好。

处理方法：每头牛颈部皮下注射，根据体重大小第 1 次 20~40 毫升，隔日注射第 2 次，均不超过 50 毫升，通过直检触摸子宫颈、卵巢，以其形状变化和卵泡发育程度确定输精时间。输精采取直肠把握子宫颈内输精法。结果显示，产后乏情母牛实行孕马血催情，行之有效，可使空怀母牛及时输精配种妊娠；且方法简单，操作简便，易于掌握，省工省时，发情集中，情期受胎率高。

应注意的是，孕马血必须是来自妊娠 30~90 天的孕马静脉血，此时其血液中的雌激素含量最高，促情效果最好。孕马血用于母牛同期发情，剂量过大会促使母牛超数排卵，易造成多胎、胚胎早期死亡及难产。

同期发情在塔城

在塔城市博孜达克农场也门勒乡三工村，对散养户的 86 头母牛，其中空怀牛 48 头、处女牛 17 头、产后 2 个月哺乳牛 21 头，进行同情发情处理。处理药品：前列腺素、三合激素。处理方法：对供试牛直检触摸卵巢状况，结果卵巢有黄体母牛 47 头；卵巢处于静止母牛 39 头。对卵巢有黄体母牛肌注 2 毫升前列腺素；对卵巢处于静止的母牛按其体重大小肌注三合激素。注药 48~96 小时后，以阴门水肿、流黏液、接受爬跨、卵巢有正常卵泡发育判定发情；对发情母牛按冷配技术操作规程适时输精；配后 60 天直检诊断是否受胎。结果显示，47 头卵巢上有黄体的母牛，在肌注前列腺 48~72 小时，有 40 头发情，冷配后受胎 29 头，受胎率 70.25%。39 头卵巢静止母牛肌注三合激素 48~96 小时，有 31 头发情，在 96~120 小时排卵，其中 29 头参加配种，冷配后受胎 14 头，受胎率 48.22%。

同期发情在哈密

新疆哈密红山农场职工养牛积极性高，得益于采用口服甲孕酮为主的同期发情技术，缩短了配种期，提高了改良效果。处理方案：取混合年龄母牛，采用放牧加补饲的方式，半天放牧，半天补饲。同期发情处理是，每头体重 350~400 千克，口服甲孕酮 40 毫克，连用 8 天。同时，隔日注射孕马血清促性腺激素 250~300 单位 / 次，共注射 3~4 次。处理后，进行观察。发现发情，适时配种，并同时静注或肌注促排 2 号 100 微克。处理结束后，统计 20 天内母牛发情头数，按发情配种日期和产犊日期逐一核查第一、第二情期受胎率。结果显示，口服孕酮法对母牛进行同期发情处理，可以作为山地牧场黄牛改良的配套技术环节之一，在生产实践中应用。应注意的是，为了能提高被处理母牛的受胎率，母牛配种前应强化补饲，添加维生素 E 和维生素 A。

同期发情在内蒙古

案例一 供试牛为在内蒙古草原放牧条件下高代西杂牛 20 头；伊盟乌审旗荒漠草原放牧条件下杂种牛 18 头；乌盟前旗农户散养杂种牛 24 头；各大型奶牛场荷斯坦牛 87 头次。试验药品：前列腺素 F2α 类似物氯前列烯醇，每支 0.2 毫克 /2 毫升。处理方法采用两次注射法：任选一天定为 0 天，对随机组群的健康母牛进行第一次氯前列烯醇注射，注射剂量为 2 毫升 / 头 / 次或 4 毫升 / 头 / 次（0.2 毫克 / 头 / 次或 0.4 毫克 / 头 / 次）；在第 11 天对牛群进行第二次注射，注射剂量同第一次。结果显示，药物处理对健康空怀牛诱导发情同期化效果最好，育成牛次之，当年带犊牛效果最差；产犊超过 3 个月的牛诱导同期发情效果明显好于产犊不足 3 个月的牛；舍饲条件下诱导同期发情效果明显好于典型放牧条件下；在相同的饲养管理条件下，各品种牛诱导同期发情率无明显差异。氯前列烯醇使用剂量以每次每头注射 1 支和每次每头注射 2 支均能获得较好的同期发情率，但前者效果更好。

案例二 在内蒙古一大型奶牛场，选 1~3 胎产后 80 天不发情奶牛为试验牛。随机选择产后 80 天未见发情的奶牛 78 头，就其卵巢上有无黄体逐一进行直检。有明显黄体的奶牛使用律胎素进行处理，无明显黄体的奶牛用孕激素阴道 + 前列腺素进行处理，对同期发情处理后发情的奶牛实施人工授精。同期发情处理时，对奶牛逐一进行直检，对卵巢上有黄体的 54 头奶牛肌注律胎素 5 毫升 / 头，无黄体的 24 头奶牛使用孕激素阴道 + 前列腺素处理，方法同上。

对同期发情处理的奶牛 24 小时轮流观察发情，以稳定接受他牛爬跨为发情征候。在奶牛发情（稳定接受爬跨）后 16~18 小时，采用直肠把握法对其进行输精。奶牛输精后 60 天左右，采用直检法进行妊娠诊断，确定其是否妊娠。结果显示，对已知卵巢状况的奶牛，使用律胎素和孕激素阴道 + 前列腺素进行同期发情处理，发情率分别为 88.9% 和 91.7%，二者差异不显著；情期受胎率分别为 50.0% 和 54.5%，二者差异不显著。以同期发情处理牛为基数，其总受胎率分别为 44.4% 和 50.0%，二者差异不显著。使用律胎素和孕激素阴道栓 + 前列腺素对已知和未知卵巢状况的奶牛进行同期发情处理，其发情率分别为 89.7% 和 48.8%，二者差异极显著，情期受胎率分别为 51.4% 和 52.5%，二者差异不显著。以同期发情处理牛为基数，其总受胎率分别为 46.2% 和 25.6%，二者差异极显著。

应注意的是，在规模化奶牛养殖生产实践中，由于疾病、特别是饲管等各种原因造成奶牛繁殖障碍的比例越来越高。同期发情处理技术是奶牛养殖中必不可少的一项提高奶牛繁殖率的技术，运用好这项技术，可以大幅度提高奶牛的参配率和情期受胎率。

在规模养殖化奶牛养殖实践中，对于产后 80 天以上不发情的奶牛进行同期发情处理之前，先对牛只逐一进行直检，判断其卵巢发育状态，针对卵巢发育状态选择不同的同期发情处理方法和药物，会大大提高奶牛的同期发情率以及处理后的最终受胎率。

同期发情在黑龙江

试验牛全部选自黑龙江省农垦畜牧兽医研究所实验牛场，共 48 头澳大利亚纯种荷斯坦牛。采用舍饲管理，自由饮水，营养、膘情良好。经直检，生殖系统无疾病，发情周期正常。A 组 25 头应用孕激素阴道栓法进行同期发情，B 组 23 头应用促性腺素释放激素法进行同期发情。

操作方法：孕激素阴道栓法在母牛发情周期的任意一天（发情当天除外），于母牛阴道内放置孕激素阴道栓，同时肌注苯甲酸雌二醇 2 毫克和黄体酮 50 毫克。在放置阴道栓的第 8 天肌注前列腺素 $F_{2\alpha}$，下午撤出阴道栓。促性腺素释放激素法与孕激素阴道栓组同步进行同期发情处理：肌注促性腺素释放激素 100 微克，第 7 天肌注前列腺素 $F_{2\alpha}$，2 天后再次肌注促性腺素释放激素 100 微克。两组均于发情后配种，配种同时肌注促排卵 3 号，间隔 12 小时直检，如未排卵进行第二次输精。

结果显示，在埋栓过程中，A 组未出现掉栓现象，同期发情率为 96.0%，情期受胎率为 57.9%；B 组同期发情率为 78.3%，情期受胎率为 69.2%。两组差异均不显著。

应注意的是，从发情率看，孕激素阴道栓法好于促性腺素释放激素法，而从情期受胎率看，促性腺素释放激素法好于孕激素阴道栓法。孕激素阴道栓是一个孕酮缓释装置，通过缓慢释放孕酮来抑制奶牛发情，结合应用前列腺素溶解黄体，同期发情效果较好。促性腺素释放激素主要是通过激素调节，促进动物脑垂体释放本身的促卵泡素和促黄体素。由于该激素药物半衰期较短而且不同动物对其的敏感或应答有差异所以同期率较孕激素阴道栓低。

孕激素阴道栓为"T"形，对阴道壁具有一定的刺激性，放入子宫颈外口牛努责时容易引起产道内膜牵拉感染，产生炎性分泌，由于孕激素阴道栓可阻碍阴道炎性分泌物的排出，操作不当容易引起子宫炎。在撤栓时可用自制 10% 盐水 500 毫升冲洗阴道，刺激牛努责，排除脓性分泌物。第二天再用环丙沙星 100 毫升冲洗、净化阴道。

应用促性腺素释放激素同期发情可避免对奶牛生殖道的损伤，可不受季节、奶牛个体大小或外阴进口大小的限制。孕激素阴道栓多不在炎热季节应用，原因是炎热季节容易使奶牛阴道内产生的脓性黏液有恶臭的气味，这些气味有可能上行进入子宫内影响子宫内环境，对胚胎发育着床有一定的影响。同时要求奶牛体型较大，而且最好为经产奶牛，以便于孕激素阴道栓的植入，避免对生殖道造成扩张性的伤害。

在效果上两者差异不显著，但在成本上促性腺素释放激素的价格仅为孕激素阴道栓的 1/5。所以多应用促性腺素释放激素进行同期发情处理，尤其当奶牛体型较小或在炎热季节，更是以用促性腺素释放激素为宜。

同期发情在贵州

在贵州省荔波县麻庄养牛场及部分农村地区，应用国产氯前列烯醇，诱导牛同期发情及定时输精。对试验范围内所有公牛全部阉割淘汰，所用试验母牛，均经直检，确系健康、空怀，每牛一卡，记录畜主姓名、编号、所在地名、年龄、毛色、膘情、体尺、药物使用剂量、发情及卵泡发育，输精时间及次数，与配公牛及精液编号、活力及直检妊娠鉴定结果等。使用方法：试验牛保定，取药品原液进行肌注，对所有在第 1 次肌注氯前列烯醇后 3~6 天内表现发情的牛不予配种。所有牛均在第 1 次肌注氯前列烯醇 10 天后，再进行第 2 次肌注。试验期中，肌注氯前列烯醇分为 2.0 毫克、3.0 毫克、4.0 毫克三种不同剂量。以用药当日为 0 天，用药后第 3 天直检卵巢状况及卵泡发育程度，结合阴道黏膜色泽和黏液分泌状况判断发情与否。不考虑发情和与否均随机进行 2 次和 3 次定时输精；在第 2 次用药后第 3 天将试验母牛随机进行两次（第 3、4 天）和 3 次（第 3、4、5 天）定时输精。在整个试验过程中，固定两人输精。输精时，对能确认卵泡发育的母牛采用子宫角输精，其余均采用子宫颈深部输精。输精所用精液均为贵州省冻精站生产的颗粒冻精，解冻后精子活力均在 0.4 以上。记录输精后 60 天、90 天不返情数，计算不返情率；直检妊娠与否均于输精后 90~100 天内进行。结果显示，氯前列烯醇具有很好的溶解黄体作用，可以中断黄体期，引起发情、排卵。两次药物处理的同期发情效果明显地高于 1 次处理的。母牛年龄不同，对激素的反应性不同。比如，前列腺素 F_{2a} 一次性处理，成年母牛发情率为 68.8%，而青年母牛则为 34.1%。用药次数不同，同期发情效果不同：给母牛肌注前列腺素 F_{2a}，一次处理的发情率为 73%，72 小时内总发情率为 83.3%；间隔 11 天两次肌注前列腺素 F_{2a}，一次处理的发情率为 80%，72 小时内总发情率为 90.9%。

应注意的是，进行前列腺素处理时，应确保全量注入，因药液少，容易残留于注射器中，影响效果，可先吸入少量空气后再吸药，以气压药进入宫颈，或加缓释剂扩大液量再注入。同期发情处理时，应因地制宜，加强饲管，改善牛的冬春营养，淘汰繁殖力和其他生产指标低下的牛。

同期发情在河南

选择纯种郏县红牛母牛 30 头，多为 20 月龄育成牛，少量为经产牛，牛只健康，性周期正常，无生殖道疾病。所有参试奶牛均舍饲，试验期间以青粗饲料配合精饲料饲喂，膘情中等。

药品为氯前列烯醇，0.20 毫克 / 支；孕激素阴道栓，1.56 克 / 支。

根据药物类型、直检结果和处理方法不同，试验牛共分为 4 组，记录每头牛的发情情况。试验1组：在发情周期的任何一天于试验牛阴道放置孕激素阴道栓，记为0天，第12天早上去栓，撤孕激素阴道栓后直接观察发情；试验2组：在发情周期任一天放孕激素阴道栓，记为0天，第12天早上去栓，去栓的同时肌注氯前列烯醇0.4毫克/头；试验3组：在发情周期任一天肌注氯前列烯醇0.4毫克/头；试验4组：在发情周期任一天肌注氯前列烯醇0.4毫克/头，记为0天，第11天再肌注氯前列烯醇0.4毫克/头。

在同期发情药物处理后24小时内观察试验母牛发情表现，以在药品注射后或取出阴道栓后72小时内表现发情即判断为发情同期化。发情鉴定以母牛阴户充血肿胀，阴道黏膜潮红，有黏液流出并互相爬跨等征状为依据。

结果显示，同期发情处理郏县红牛100头次，72小时内同期发情69头次。运用孕激素阴道栓+氯前列烯醇和二次前列腺素处理郏县红牛可获得较高的同期发情率。同期发情处理作用于经产母牛的效果稍优于育成牛，但差异显著。郏县红牛的同期发情处理效果具有季节性差异，夏秋季（5~10月份）的同期发情率显著低于冬春季（11月至翌年4月）。

综上所述，乏情母牛的催情，以及群体母牛的同期发情处理，均可得心应手，选择解决办法，获得较好的结果。

正是：

催情方法效果好，乏情母牛可配了；

群体母牛同期配，处理方案任君找！

奶牛发情，用冻精配种，堪称方便。不过，有关冻精及器具的科技认识，以及输精要领等，必须熟练掌握。只有这样，才算是真正懂得——

第 **8** 章

冻精能配牛

冻精配牛意义大

以冻精保存牛的遗传资源，早在20世纪70年代就有尝试。1971年英国建立原种精液库时，就保存了30个牛品种的精液。我国家畜遗传资源的保护列为"九五"计划。鲁西黄牛等少数品种精子库的建立，成为这一领域的良好开端。冻精能长期保存、随时取用、不受地区、时间和公牛生命的限制，能提高优秀公牛利用率，加快良种繁殖。我国以液氮作冷源的黄牛、奶牛冻配网络已遍及全国，在应用规模上则居领先地位。1973年在北京北郊农场试验点原址，成立了我国第一个公牛站——北京市种公牛站。当年，开始冻精的批量生产。1974年举办了"冷冻精液训练班"。此时，全国已有14个省、市开展牛冷冻精液的试制和推广，建输精点达139处。在当时国务院生产组王震同志的过问下，由沈阳101机械厂开始研制液氮容器，后由四川机械设计院于1975年试制成功，并于1977年生产。为了对牛冻精质量实施有效控制，农业部分别在北京和南京设立了专门的质量监督检验机构，定期或不定期对各地种公牛站生产的冻精进行监督抽查或统检。

应用冻精以后，我国优秀种公牛利用率大大提高。解放初期用自然交配方式，一头公牛只能负担配种几十头母牛，到使用新鲜精液人工授精后增加到200多头，采用冻精后增加到1 000多头。由于优秀种公牛利用率的大幅度提高，奶牛的产奶量提高很快。北京市在20世纪50年代采用自然交配时，奶牛的年单产奶量只有4 500千克左右；到20世纪60年代中期，使用新鲜精液人工授精技术后，单产奶量达到 5 000 千克；采用冻精后，到 1979 年达到 5 798 千克，到 20 世纪 90 年代，已提高到 7 000 千克，且种公牛饲养的头数也大大减少，节省了大量饲草料和饲养费用。北京市使用冻精前，全市饲养种公牛 135 头，年饲养管理费用达 34.5 万元，年饲料用粮 23.8 万千克；使用冻精后，当年种公牛饲养头数减少到 19 头，年饲养管理费用降到 4.85 万元，年饲料用粮仅 5.7 万千克。

我国牛冻精的生产和质量水平与国外先进水平比较仍有差距。国外一头良种公牛年产冻精平均 2.5 万 ~5.0 万份，高产个体可达 10 万份；我国平均只产 1.0 万 ~1.5 万份，突出个体可达 5.0 万份。每头公牛年平均受精母牛数，国外为 1 500~3 000 头，水平高的如新西兰可达 8 000 多头，个别个体可达几十万头；我国平均 1 000~2 000 头，北京地区较高，平均可达 4 000 头；公牛冻精授精的情期受胎率，国外一般在 65%~75%，我国平均在 50%~60%。

影响冻精的因素

（1）遗传因素　种公牛精液品质的优劣，与奶牛的受胎率有着密切的关系。虽然种公牛精液品质受到诸多因素的影响，但其遗传因素是不可忽视的。来自同一品种不同品系的种公牛，其精液品质在某些方面的确存在差异，即使在同一品系内的不同个体间，其精液品质在某些方面亦存在一定的差异。这主要是其遗传因素起的重要作用。当然品系之间的差异，也造成了公牛之间的公牛精液品质的差异较大，这与种公牛的遗传性能有着密切联系，如何选育出优秀种公牛是今后要持续加强的。

（2）年龄因素　据南京农业大学种公牛站 12 头荷斯坦种公牛、11 年的采精记录分析，结果显示，中国种公牛的生产精液高峰期在 5~10 岁，8 岁时是其峰值，5 岁以前为快速上升阶段，而 10 岁以后则采精量急剧下降，种公牛进入老年期。目前认为，种公牛的年龄增长到一定阶段，其精原细胞的活力和生殖腺的活力就开始下降，继而其精液量就下降，从而影响种公牛自身的繁殖效率，终致淘汰。

据南京农业大学种公牛站连续 9 年 16 头种公牛的精液质量记录资料，分析的精液质量指标包括：采精量、原精活力、精子数、冻后活力。结果显示，这 4 项精液品质的最高峰值大致分布在 6~9 岁这一范围内，6 岁前属品质上升阶段，9 岁以后精液品质即开始下降，11 岁时则已下降很厉害。

（3）季节因素　种公牛的造精机能和精液品质随着季节的变化而变化，受气温的影响大。据徐州地区连续两年资料，分析了气温对西门塔尔种公牛精液品质的影响。结果显示，气温对西门塔尔牛精液品质影响较大。为提高种公牛的利用率，应及时采取措施，切实做好冬季种公牛的防寒保暖工作。

（4）应激因素　公牛最怕热应激。热应激是指处于极端高环境温度中的机体对热环境对机体提出的任何要求所做的非特异性的生理反应的总和。一般情况下，种公牛在夏季的射精量和精子数要高于其他 3 个季节，但其冻后活力则最低。在热应激环境下，射精量和精子数所受影响的结果不尽一致。在北京市种公牛站的荷斯坦种公牛，气温的变化对其采精量的影响不大；而采精量受季节的影响显著，夏季最低，冬季最高。国外报道荷斯坦公牛的采精量夏季比冬季明显减少。这可能是因为精子发生主要受下丘脑－垂体－睾丸轴的调节，而气象因子仅起约 30% 的作用。因此，当热应激时间较短或强度较小时，很可能对射精量和精子数的影响不显著。高温期间和高温后，精子活力、精子浓度和总精子数均显著下降。高温环境造成的热应激会导致精液品质下降，直接影响受精率。高温引起睾丸温度升高是降低公牛繁殖力（精液品质）的主要因素。正常情况下，由于阴囊做特殊热调节能力，睾丸可保持比体温低 4~7℃ 的适宜温度，但当气温升至一定程度，睾丸温度也会随体温升高而超出此最适温度范围。在自然环境下，体温升高 1℃，阴囊皮温和睾丸雄激素可刺激精子生成，延长附睾内精子寿命，而高温下睾丸雄激素水平降低，也导致精液品质降低，造成夏季不育公牛增多。高温影响精液品质是一个渐进过程，热应激后 1~2 周精液品质开始下降，4~5 周达到严重程度，以后逐渐恢复，一般在热应激后 7~9 周精液品质才恢复正常。公牛暴露在40℃ 高温下 12 小时，对精子生成有害。由此可见，在实际生产条件下，短期热应激可能是影响公牛繁殖力的重要因素之一。

（5）特定电磁波 "TDP" 是特定电磁波谱辐射器的简称。实验证明，TDP 所发射的电磁波对动、植物体具有某些明显而独特的生物学效应。同时，TDP 照射公牛精液后对冻精品质亦有影响。据取荷斯坦公牛的精液试验，结果表明，经 TDP 照射的公牛精液，再经冷冻，解冻后的活率、存活时间和受精能力均有提高的趋势；顶体破损率、尾部畸形率亦有下降的趋势。这说明 TDP 对离体公牛精液进行照射处理，可提高冻精品质。

国产冻精品质高

现代奶牛生产证明，种公牛对其后代女儿产奶量、乳脂率等重要生产指标的长期遗传有影响。同时，其精液品质的优劣更直接影响与配母牛的妊娠、产出合格的犊牛。可见，选择1 头种公牛，不仅要求有很高的产奶指数，而且还要求能生产量多质优的精液。据南京农业大学种公牛站连续 9 年 16 头种公牛的精液品质检测记录分析，结果提示我们，国内在公牛留种时，应当加强在公牛精液品质的选育，把种公牛精液质量指标作为一个重要的遗传性状而加以考虑，而不是片刻追求其产奶指数。今后在引进外来种公牛时应当考虑引进国的纬度和地理环境。

国产冻精品质之所以高，均仰赖于有一整套严格的科学评定种公牛及其精液的操作程序。

预测种公牛精子受精潜力的检测

（1）精子与卵子透明带结合力测定 不同受精能力的公牛之间在同批卵子透明带上所结合的精子相对数目存在差异。这种差异表明，精子与透明带结合能力与公牛的繁殖力之间可能存在着相关性。评定结果表明，有生殖力公牛的精子在体外与透明带结合的能力上有差异。这种查方法可用来评定种公牛的繁殖力。

（2）精子穿透力测定 公牛精液质量多数是由主观评定活力。这种方法评定公牛繁殖力不一定可靠。对精液质量进行客观评定指标之一是精子在体外对宫颈黏液的穿透力。这种精子体外黏液穿透试验是测定精子穿透子宫颈黏液的能力。发情牛子宫颈黏液在液氮中保存后再用来进行公牛精液体外穿透试验，其稳定性不降低。每个精液样品用同一瓶黏液试验两次，取平均数。结果显示，公牛精子活力和黏液穿透力与受胎率显著相关。穿透力在60毫米以上的公牛，其受胎率都超过60%，故受胎率低于60%的公牛均应淘汰。

（3）精子受精能力测定　利用精子对去透明带仓鼠卵穿透试验评定精子受精能力。该方法是对仓鼠卵进行处理后，使异种动物的精子能够附着并穿入卵内，进而形成雄原核，由此获知精子的受精能力和形成雄原核的能力。对牛的实验表明，穿透率与受精率呈正相关。牛精子与仓鼠卵的体外受精技术是检测牛精子受精能力的新方法，其准确性远较常规精液分析和品质检查高。现行的精液品质检查项目，诸如活率、密度、畸形率、顶体完整率、存活时间等等，尚没有一项指标能确实反映精子的受精能力。评定精子受精能力的最直接标准是精子与卵子的结合能力、穿入卵子的能力及形成雄原核的能力。用去透明带仓鼠卵代替同种卵子进行体外受精，由于去除了透明带，使异种动物精子能够穿入卵内，但种间受精并没有发生。该方法不仅能够评价精子的受精能力，还可以预测精子的获能、顶体反应等过程。

受精能力测定的另一作法：牛冻精在液氮 −196℃ 下保存，冷冻可以使精子胞质不形成冰晶而处于玻璃化状态，停止了代谢活动，但是长期在 −196℃ 下保存及在制作过程中，再加上输精前的解冻操作等，都能损伤精子的头部质膜和顶体外膜。经电镜研究解冻后发现精子的头部，一部分解冻精子质膜膨胀破裂，甚至顶体外膜也发生部分泡状化，而将顶体内的酶类释放出去。这种精子在显微镜下检查时非常活跃，但根本不可能与体内的成熟卵进行融合受精。所以单纯检测精子的活力，是无法正确评价解冻后精子的真正受精能力的，而用异种穿卵试验测定每一批冻精精子的穿透力，是提高冻精受率的有效方法，也是评价各批冻精成功率的最佳途径。所谓异种穿卵就是用不同的精子卵子相互作用受精。

总之，用异种穿卵技术检测冷冻后牛精子的受精能力，是一种准确可行的方法。

（4）顶体完整率测定　精子顶体在受精过程中起着十分重要的作用。精子顶体是否完整直接与受胎率水平相关。因此，精子顶体完整率的测定是精液品质检查中一项重要指标。建立一套快捷、有效的精子顶体完整率检测程序，为提高人工授精及体外受精环节中精液品质检查效率提供帮助。其测定结果显示，快速染色法是可行的。这种染色法仅需8分钟就可完成，大大缩短了染色时间，提高了工作效率。

（5）冻精细菌数测定　无论任何剂型的冻精，解冻后均使其成为 1.0 毫升，而后取 0.1 毫升加到 0.4 毫升解冻液中，再从中取 0.1 毫升接种。这样观察的菌落数乘以 50 即为每剂冻精的细菌数。冻精检查中微生物含量是重要指标之一。被微生物严重污染的冻精，精子活力降低，生存时间缩短，输精后极易造成早期胚胎死亡。在新拟定的国家标准中规定：牛冻精解冻后，无病原微生物，每剂冻精细菌数不超过 800 个。为了在冻精生产中更好地控制冻精细菌含量，针对冻精生产中的每一环节，进行微生物检查，从而找出冻精生产中微生物的变化规律，并提出控制细菌数的相关措施。

从对正常参加采精的种公牛原精、分装后鲜精和冻精的微生物检测结果表明，精液主要是原精这一环节被污染的。而原精的污染主要为来自公牛包皮内微生物及假阴道的不清洁所造成，故采精时对公牛阴茎包皮的清洗至关重要。

总之，要使冻精细菌菌落数达到新"国标"所规定的每剂冻精的细菌数在 800 个以下，首先在冻精生产中要严格按照《牛冷冻精生产技术操作规程》要求去做，并了解冻精生产过程中微生物变化的规律，尽量避免原精的污染，并采取相关措施尽可能减少稀释和冻精过程的污染。

牛冻精中细菌数超标，影响母牛受胎效果，引发母牛生殖道疾病，造成屡配不孕。精液中细菌数偏高，往往是精液在灌装到细管前受到污染。因此，加强精液采集和精液灌装前的处理环节尤为重要。通过对这两个环节的不断改进，取得了80%的冻精细菌数控制每剂量在50个以下。

（6）冻精精子数测定　加拿大、美国、比利时、澳大利亚等畜牧业发达国家，每支细管含总精子数250万个，而我国国标要求每支细管含有效精子数1 000万个，大大降低了优秀种公牛的利用率。随着我国奶牛的管理逐渐进入档案体系管理，饲养、兽医、配种形成专门化管理，优秀种公牛的利用率将会大为提高。使用光电比色计检测精子数简便稳定可靠，并能保证每批冻精直线前进运动精子数（又称有效精子数）不少，也不过多。可推算出每批冻精的有效精子数。这都是靠血球计算板法难以做到的。

此外，对公牛进行生产性能和外貌方面的选择，同时考核每头公牛的繁殖能力。以冻后存活精子数作为评定公牛繁殖力的主要依据。只有冻后存活精子数多，才能大量繁殖后代。反之优秀公牛作用的发挥，就要受到限制；故应将这一指标，作为一种记录制度在实际生产中应用。因为低于上述指标要求的冻精，都会直接影响冻精配种的受胎效果。

（7）精子活力的测定　精子活力指精子的活动能力，这是精液品质评定的一项重要指标。因为活力强的精子才有受精能力。活精子的运动能力可以摆动、旋转、曲线前进或直线前进，前进的速度有快有慢，精子运动速度的快慢主要取决于精子本身能量代谢水平，这种代谢活动受温度影响，温度适宜速度快，温度偏低速度慢，因此一般定在38℃环境进行评定。过去，广泛采用评定精子活力的方法是估测法。现在，在显微镜上配备摄像和显像系统，可供多人同时观察，减少评定主观性。这种估测法评定速度快，方便实用。但是精子在屏幕上的运动速度很快，很难估测，常造成人与人之间或次与次之间评定结果的误差。　活力评定时，为避免主观性的做法有以下三种办法。

（1）用多次曝光摄影法　这种方法有照片作为依据，提高了活力评定的客观性，但一整套的相机、洗印、计算、分析、记录和贮放等手续，肯定是很烦琐。

（2）自测精子运动速度　这种方法比较客观，但是测定速度慢，测定精子数少，代表性差。

（3）采用图像分析技术　这种技术与精子密度测定一样，借助计算机统计精子的运动轨迹，在几秒钟内测定精子的直线前进运动速度、曲线运动速度，以及各种运动状态的精子数和百分比。还可测定精子头摆动的速度和幅度等。测定结果可以打印出运动轨迹图、直方图和文字记录材料，可以说是准确、客观。应用好图像分析技术的关键是样品制片。看来，未来的精子活力评定，也将会是图像分析技术的广泛应用。

注意事项

长期以来，常把活率和活力混为一谈。其实前者为定量分析精子的死活比较，后者为活精子定性分级，直接反映精子的质量。量的指标用前向运动精子百分率更确切一点。

精子进行高活性运动与非活性运动在受精能力上是大有区别的。高活性运动能搅拌卵子周围流液，促进顶体反应，增大精子扫过空间的容积，从而增加了精子与卵子相遇的机会。由于精液中运动速度较快的一部分精子与受精密切相关，因此测定这部分精子在精液中的比例及其平均速度比测定整份精液中精子的平均速度更有意义。

前向运动精子百分率比直线前进运动百分率（活力）更客观地反映精子的运动特性。因为精子的运是旋转运动和直线运动的合运动，是一种螺旋形的前向运动，运动轨迹属非直线型，因而用前向运动百分率更科学。

显微电视录像系统的应用为研究观察精子运动特性提供了便捷的方法。当一份样品中绝大多数或全部的精子都表现同一运动缺陷或其他缺陷时，那么这一发现具有诊断和预后的意义。通过该系统还能显示：具有正常形态的精子头部较异常头部形态精子游动更快，但二者鞭毛摆动的情况却无差异，这说明精子头部外形异常可产生不利的流体力学，影响了头部自身的旋转运动，导致运动效率降低，同时显示，精子头部的两个面所显示的明暗程度是不同的。造成这一明暗差别是由于精子头部两面的介质折射率等物质是不一样的。

挪威基诺与 Norsvin 两大育种公司发明了活力精子 SpermVital 这项新方法，大幅度提升了动物人工授精的效率。该技术最主要的优势在于降低了对配种时间掌握的要求。"活力精子"是一种使精子细胞进入静止状态的物质，从而保存能量，并在子宫中缓慢释放。这种新方法使配种后的有效时间可达 48 小时。意大利是挪威以外最早开始使用活力精子的，意大利的 250 个牧场使用了活力精子，农场主们认为，使用活力精子后，终身产奶量将得以最大化，受胎率高，奶牛更健康，免疫力更强，奶牛一生可产更多胎次。

精液品质的预测

加强饲养和运动，增加采精次数，在采精前使用假爬跨，采精时牵引良好，或利用内分泌和信息素等，都不能使种公牛生产精液的能力得到根本的改变。研究认为，精子的生产与睾丸的特征关系密切。包括睾丸在内的阴囊围度可以预测种公牛将来精液的生产。睾丸的坚度与精液的质量及受胎率有显著关系，同时睾丸这两个特性都具有较高的遗传力，也就是说通过选择可得相应地遗传进展。在早期也可根据这两项特征淘汰那些希望不大的公牛。

从睾丸的大小与精子的产量有显著关系看出：精液总量随年龄的增长而增加。每毫升的精子浓度则随年龄的增长而降低。公牛睾丸每克重量的精子产量随年龄的增长而降低。从动情期至两岁间阴囊－睾丸围度及宽度都随年龄的增长而有增加。阴囊－睾丸围度及宽度愈大精子的产量愈多。对 52 周龄及 78 周龄公牛睾丸进行测定，可以预测三岁时精子的产量。同一公牛在同一年度中睾丸的坚度与前进精子数及精子形态之间的相关都很高。这说明青年公牛的睾丸坚度较大的，在成年时的坚度也大。睾丸测定值与其后代的产奶量和脂肪产量无关。青年公牛的睾丸围度与其以后各龄的睾丸大小及精子产量有关。睾丸坚度是特制的坚度计测定的，分为弱弹力、强弹力及弱－强平均值三类指标。阴囊－睾丸围度与精子产量之间的相关为 0.81，说明围度愈大精子产量也越多，同时这个测定值的重复力也越高（0.98），说明测定人或测定次数之间误差不大。另外，睾丸的宽度与精子质量之间也有相关存在。测定青年公牛的阴囊－睾丸围度、睾丸坚度可以预测将来成年时的精子数量和质量。但青牛公牛最宜测定年龄，最早是 56 周龄约 14 月龄，一般多在 17~22 月龄，测定时间是否能提前到 12 月龄以前，目前尚无报道。阴囊－睾丸围度、睾丸坚度的遗传力都很高，故在青年公牛中，根据睾丸特征进行选择，预测公牛成年时的精液数量及质量的可能性很大。

睾丸的周径测定：种公牛的两个睾丸分别在阴囊的两个腔内。公牛每克睾丸组织平均每天产生精子1 300万~1 900万个。公牛睾丸周径（SC）因其测量简单、遗传力高、选择效果好等优点而成为遗传改进公牛及其半同胞母牛繁殖力的一个指标。

山西家畜冻精中心3个品种的32头种公牛，年龄≥3岁，其中21头荷斯坦公牛、6头西门塔尔公牛和5头夏洛来公牛。7月份统一进行睾丸周径和体型指标的测量。睾丸周径是以专用量尺测定睾丸中部直径最大处，单位为厘米。用地磅测定体重并记录，单位为千克。体高测定时，让牛站在平坦的场地上，姿势端正，头自然前伸，用测杖测量鬐甲最高点到地面的垂直距离。体斜长是用软尺测肩端前缘到坐骨端外缘的直线长度。用卷尺测量胸围、腹围和管围。用分光光度计（密度测定仪）测定精子密度，并连续记录5月、6月、7月、8月和9月精液产量数据，取平均值，用于研究睾丸周径与精液产量的相关性。

结果显示，不同品种公牛睾丸周径差异不显著。公牛睾丸周径与体重、胸围和管围之间存在强的正相关，说明公牛体重越大、越强壮，其睾丸越发达，睾丸周径越大。看来，公牛睾丸周径在种公牛选择以及改善群体繁殖性能方面具有参考价值。

精液贮存及容器

液氮是以空气为原料，经液氮机制冷成液化空气，再经分离成液氮。液氮温度为－196℃。当液氮与室温接触时，由于温差，液氮开始气化，故液氮需保存在专用的容器中。液氮是冷冻和保存精液的理想低温剂。在液氮里，有些细菌可以长期存活，甚至繁殖。检测表明，新鲜液氮中细菌数18~240个/毫升，液氮容器存放的液氮里细菌数110~9 000个/毫升，可见液氮容器中存放的液氮细菌数大大高于新鲜液氮。其污染一方面来自空气，另一方面来自液氮容器。冻精站及配种员使用的液氮容器液氮耗干之后，散落冻精未及时清理发生腐败，又充氮使用，使液氮中细菌数增加。由于液氮受到污染，在液氮中保存的冻精中细菌数随保存时间延长而增加。牛颗粒冻精立即解冻含菌数平均2 000个/毫升，保存1年，平均27 000个/毫升，保存2年，平均62 100个/毫升。由此可见，冻精在保存过程中的污染相当严重。液氮和冻精都含有一定量的细菌，在保存中长期积累可使液氮中的细菌数增加，对新保存的冻精发生交叉污染。要避免这样污染，需要做到：新购入的液氮容器使用前先清洗消毒再充氮使用。使用的液氮容器每年至少清洗一次，首先用中性洗涤剂和温水把液氮容器洗净，容器内用75%酒精或用紫外线灯照射消毒。经常更换陈旧液氮。保存冻精的室内要干燥清洁，定期用紫外线灯照射消毒。夹取精液的用具要干净，使用前消毒。不能在存放冻精的液氮容器中，同时存放疫苗类生物制品。

贮存用的液氮容器不要作为运输容器使用。因为贮存容器在整体结构设计上强度要求并不太高，不适宜做运输之用。否则，将减少其使用寿命。而运输容器又不宜长期作贮存容器使用。它的静态蒸发率比贮存容器高，况且将运输容器作为贮存用，其特性得不到充分发挥。液氮容器只能用来盛装液氮，严禁用它来盛装液体或液氧。新容器及已恢复常温的容器在充装液氮时，可先少充一些液氮，待容器接近热平衡后再继续充注。充装液氮时宜用泵或长颈漏斗，其注管要插入容器底部。充装时容器口要留有余隙，以便氮气排出，注入容器内液体的液面不宜淹没内胆体颈管下部。因为颈管与内胆体间是采用粘接方式，如颈管长期处在低温状态，对其使用寿命将产生不利影响。

容器内的液体如需排出，应用手提泵提取，严禁用小容器倾倒。因为容器在倾斜状态下，内胆体颈管将承受很大的扭矩，极易造成颈管损坏。检查容器内液面的高度，可用木杆探测方法：将木杆插入容器 10~15 秒钟后取出，其结霜高度即为容器内液面高度。切勿用空心管插入，以免液氮从空心管内冲出飞溅伤人。氮气虽是无味、无毒，但在通风不良的情况下，蒸发出来的氮气会减少空气中氧气的含量，对人体易造成窒息。因此大批量放置时，应保持良好的通风换气。液氮容器应避免碰撞。碰撞极易造成容器外胆体凹陷以致损坏。容器内的提筒取出时，应避免拉伤颈管。颈管拉伤后，不易修复，有甚者可能造成脱落。容器内液氮完全排出、恢复到常温后，用中性洗涤剂进行冲洗，然后用清水洗涤，最后用热鼓风机进行干燥，或任其自然干燥。颈塞封闭颈口时要留有余隙，不能用其他塞子代替。新容器和长时间不用的容器在开始使用时，用注意观察外胆体，出现持续结霜或出汗现象，应立即停止使用，然后检查，发现损坏应维修或报废。实践表明，液氮容器内的液氮挥发完，所剩遗留冻精颗粒很快溶化，变成液态精液，附着在内胆上，其成分复杂，尤其含钾、钠、氯、钙、镁、磷酸等离子，使内胆壁发生腐蚀。

容器内液氮挥发不经刷洗，仅 3 个月左右时间，容器内胆即被腐蚀，形成枣样大小洞即报废。所以，对液氮容器内液氮耗尽时刷洗是十分必要的。刷洗方法：先把液氮容器内提筒取出，放置 2~3 天，待容器内温度上升到 0℃ 左右，再倒入 30℃ 左右的温水，用自制布擦刷洗。发现个别溶化冻精粘在内胆底上，一定要细心洗刷干净。用清水冲洗数次后倒置液氮容器，放在室内安全不易翻到处，自然风干。刷洗过程，动作轻缓。倒入清水温度不超过40℃，数量不超过 2 千克。

实践中有用冰箱或冰柜保存液氮容器的：将盛有冻精的液氮容器，存放在 0℃ 以下的冰箱或冰柜中，减少液氮与外界的温差，从而达到减少液氮损耗，延长保存时间的目的。将10 升的液氮容器装满液氮并存放 1~3 个盛精提筒加盖后，放于冰箱或冰柜 0℃ 的下层中，据 90.5 天统计，日均耗液氮 0.130 升，其存放时间比常规放置延长了一倍。常规存放 10 升的一容器液氮，一般为 21 天左右，采用这种办法，可存放 43 天。买液氮可比原先节省开支少一半，加上运输支出的节省部分，其效益可比原先提高一倍多。

容器保养与废弃

液氮容器应置于阴凉干燥处，避免阳光直射。每年清洗 1~2 次。在搬运过程中不要碰击，塞盖上不可放置重物。用称重或垂直插入铅丝或木杆观察冻痕的办法测知，当液氮消耗到剩 1/3 量时，即应给予补充。不可用翻倒容器的办法向外倾倒液氮，以免瓶胆口折裂和发生事故。在密闭房间内，不得猛然大量向外倾出液氮，以免发生室内长期逗留人员窒息。皮肤不要直接接触液氮，以免发生冻伤。当液氮容器表面出现冰霜时，要迅速查明容器是否损坏。如发现损坏，应立即将冻精移至安全容器内。

液氮容器（应每年通过技术检测，并将筛选出来的保冷性能较差的予以废弃。液氮容器废弃的主要原因有：国外制造商介绍容器设计的使用年限一般为 5 年；而国内厂家则没有使用年限的预测。这是说，制作容器的原材料耐用期一般到 5 年已失去原材料的固有性能。所以，使用满 5 年后，液氮容器保冷性能变差，是超过正常年限。当然，超过正常使用年限以后，如无异常现象，仍然可以继续使用。不过要注意进行技术检测，以免酿成事故。容器超过正常年限应被废弃，一般已无维修价值。图 8-1 是液氮容器的结构示意图。

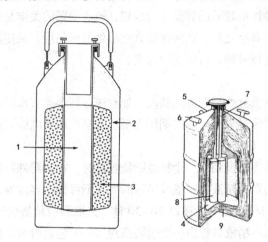

图 8-1 两种液氮容器结构示意
1—冻精存放区；2—真空与隔层；3—吸湿层；4—容器内壳；5—容器外壳；
6—手柄；7—容器颈管；8—提漏；9—优质隔热层

容器使用不到 5 年就被迫废弃，其主要影响因素如下。

（1）内胆腐蚀 制作容器的原材料，有的用铝合金，有的用不锈钢。同时进行了表面处理，所以重量较轻，具有一定的防腐能力。但这种防腐能力是有限的，液氮原是一种惰性物质，本身没有腐蚀作用。但在使用过程中，水分将慢慢蓄存于容器内部，并繁殖杂菌；有时不小心精液也会掉下去；尤其是在液氮纯度低的情况下，内槽周围和底部容易腐蚀而变黑和起泡。虽然不锈钢防腐能力较强，但制造商为了减少成本，往往都用铝合金。因而使用时必须采取有效措施，防止内胆发生腐蚀。最好的办法，首先是选用液氮供应站专用液氮机生产的纯度达 99.8% 的优质液氮，而不是采用纯度较低的工业废弃液氮；同时，为消除容器底部蓄积的水分和污物，可以采用一年清洗一次内胆的办法，使容器抗腐蚀能力大为增强。

（2）真空降低 为了降低气化减少蒸发量，容器的夹层结构上要求具有高度真空。如果容器的夹层间真空出问题，容器的保冷性能就会发生改变。例如，容器外部结露，或是冻成白霜，通常是真空不良的表现。如果容器在进行技术检测时，出现液氮消耗增多，即是真空劣化的象征，维修时应当进行真空排气。

（3）维修不当 在液氮容器的真空咀正中间钻一小孔，用一内径合适、长约 10 厘米的真空胶管紧紧地套在真空咀上，外面再用金属固定卡固定；在真空胶管的另一端深插进去比真空胶管内径粗的合适玻璃管，进去 5~6 厘米，外露 4~5 厘米，在外露玻璃管处用抽气速率为 4 升 / 秒、极限真空度为 6×10^{-2} 帕、电机功率为 0.55 千瓦、转数为 550 转 / 分的 2X-4 型旋片式真空泵连续抽真空两个小时，然后用乙炔火烧玻璃管封口。为防止碰撞，在玻璃管及真空胶管裸露部分缠上胶布。此容器装满液氮后，外表观察性能良好。再用称量法进行液氮消耗技术检测，平均每日损失液氮量 240 克，与国产 DC 容器的标准（250 克 / 日）损耗极限接近。如果此容器经过半个月使用后，表现保冷性能变差，还须进行抽真空维修试验，直至经过使用技术检测，保冷性能良好。在维修试验开始之前，在保冷性能较差的液氮容器的选择上，应当是容器颈口和体表没有碰伤和损坏，并且容器内槽没有明显腐蚀的迹象，才能维修。对保冷性能较差的容器进行维修，解决问题的关键是如何恢复容器夹层间的相对真空，并且在恢复真空之后，如何保证真空咀处的密闭性。采用这种抽真空试验的方法，对部分废弃的容器进行维修，可以变废为宝。

注意事项

贮藏期间应经常检查液氮贮精容器的状况，如发现容器外壳有水珠或结霜，说明容器子的保温性能有问题。在贮藏过程中，应定期用称量法观察或用手电筒观察液氮耗量，当液氮耗量达 1/2 时，应及时予以补充。

精液由一个液氮贮精容器换到另一个精液贮精容器时，在容器外停留时间不要超过 5 秒钟。从液氮贮精容器取用颗粒精液时，盛装精液的提斗不可提出容器外，只能提到容器口的颈部处进行，同时停留的时间也不能超过 20~30 秒。夹取颗粒精液的镊子要事先预冷，否则精液颗粒易粘在镊子上。精液颗粒由一个包装换到另一个包装内时，如提斗、塑料袋、纱布袋等新包装应先用液氮预冷过。

冻精在运输、保存时，必须浸在液氮中，液氮容器放在干燥、避光、无异味的通风处，防止来苏儿、酒精、高锰酸钾、乙醚等与冻精或解冻后精液直接或间接接触。在保存过程中始终保证液氮面覆盖冻精。

取冻精时不允许将盛放冻精的提筒提到液氮容器外面，只需提到口颈平面 18 厘米以下，并且动作要快。若经 10 秒取不出时（细管冻精 5 秒）应将提筒放下去，在液氮中浸一下再取，反复操作，不影响质量。

颗粒冻精的解冻

颗粒冻精的剂型之一是颗粒冻精。使用时，必须注意颗粒冻精的解冻。解冻是冷冻的逆过程，解冻温度的高低，影响着冻精的升温速度、解冻时间、冻精解冻的过程中的重结晶程度，并最终影响着冻精解冻后的精子活力。颗粒冻精解冻液与受胎率有密切关系，使用解冻后精子活力好、存活时间长、受胎率高的颗粒冻精解冻液，可以扩大冻精输精点的有效半径，特别是对于山区和交通不便的地区更是如此。

颗粒冻精的检测

颗粒冻精解冻后，其品质检测项目有精子存活率、畸形率、顶体完整率。检测方法：取中国荷斯坦牛颗粒冻精，利用活精子对特种染料不着色而死精子着色的特点来区分死精子和活精子，从而得出存活率。通过油镜检查精子的形态和顶体，统计出畸形率和顶体完整率。

冻精选购与贮存

影响奶牛冻精质量受诸多因素，如公牛品质，饲养管理、环境气候、冻精生产技术等。

这些主要由生产单位来控制。因此，奶牛场及养殖户应科学选购，合理运输、保管冻精，熟练操作和规范冻精使用，以提高奶牛受胎率。

目前，全国有 100 多家奶牛冻精生产单位。用户从信誉高、生产技术先进、冻精质量有保障的种公牛站或冷冻精液站选购冻精。为此应了解种公牛信息，如种公牛系谱、体型结构、育种值报告、公牛的后裔测定成绩、公牛的父母亲表现，选择适合的公牛冻精。同时，了解冻精信息，如细管冻精应在细管壁上印有生产单位、公牛品种、公牛号、生产日期或者批号。了解冻精质量。规范的细管冻精生产单位，都按照国家标准生产冻精，其质量标准包括：剂量、解冻后精子活力、每一剂量解冻后呈直线前进的精子数、解冻后精子畸形率、解冻后精子顶体完整率及解冻后精液中细菌数。

选购的冻精，可在 −196℃ 液氮中长时间保存。然而保存时间的延长、温度改变、光线照射及运输过程的强烈震动等，均会降低冻精品质，影响精子活力和受精能力。因此，冻精在运输和贮存时应注意：液氮容器内的液氮不得少于总容量的 1/3，盛装冻精的提漏不能暴露在液氮面之上；长途运输，可补充液氮，其纯度要达到 99.8%；检测液氮容器，如发现液氮消耗过快、液氮容器外部结露或呈白霜等情况，表明液氮容器真空不良，应立即检修或直接更换；液氮容器应每年清理一次；在运输过程中，贮存冻精的液氮容器不得横倒、碰撞和强烈震动；平时，液氮容器应放在阴凉处，注意室内通风，避免光线直射；高温季节，为液氮容器量身定做一个木箱，将液氮容器放入箱内，可减少液氮的消耗。

冷冻精液的使用

将恒温箱或水浴锅内的水温保持在 30℃，同时准备好镊子、剪刀、擦布 或脱脂棉和输精枪、毛巾、桶、长臂手套等。从液氮容器中提取冻精时，提漏不能高出液氮容器口，不应超过容器的颈基部，冻精在空气中停留不得超过 10 秒。若需要取多支冻精时，可先取出一支后，把提漏迅速放回液氮。再取另一支冻精，以防取冻精时间过长；如果使用长镊子取冻精，可使提漏不离开液氮。但取精的镊子应先在液氮容器颈口预冷，再取冻精。每次取完冻精后，应立即将液氮容器口盖紧。

细管冻精从液氮容器内取出后，应迅速浸到水温 38℃ 恒温箱或水浴锅内，竖放或平方均可，但一定要将细管冻精埋入热水中，并轻微摇振几下。待细管内冻精融化后（时间约 30 秒），立即取出。

从恒温水里取出解冻好的细管，用干净的毛巾、脱脂棉和卫生纸擦干细管外壁上的水分，检查细管有无开裂、两端有无密封等。剪去冻精细管无棉塞一端，要求断口平整，精液不外溢，取样解冻后的精液，检查精子活力。通过检查，对细管质量良好，品质合格的冻精，精子活力 ≥ 0.35，授精员应立即将细管用脱脂棉或纱布包好备用。若细管破损或精液品质不良，应坚决报废。按照输精规范要求，授精员应尽快将解冻后的精液输入发情母牛的子宫体内。若在规模大的奶牛场，同时遇到多头奶牛发情时，可考虑将冻精分批解冻分批配种，尽量使解冻的精液，在数分钟至一小时之内输完。

一些授精员将已解冻的精液装入贴身衣袋保温，到达现场时再取出输精。这种简便实用的方法，可供农村奶牛养殖户或技术员参考使用。另外，在精液的解冻及输精过程中，授精员要禁止吸烟，以防烟雾影响精子活力。若精液品质优良，发情鉴定准确，输精时间适宜，采用直肠把握子宫颈输精法，一次输精即可获得满意的受胎率。情期内可输精 1~2 次，尤以 1 次为宜。若进行两次输精时，两次输精间隔时间要达 8~10 小时。

正确的授精程序：

（1）消毒 使用一次性输精枪外套，保持输精器械卫生，洗手消毒，用清洁的水解冻冻精，保持输精枪外套无污染，使用独立包装的输精枪外套。

（2）取出冻精 用镊子从容器中取出冻精，保持提桶在液氮容器安全线以内，即距液氮容器口顶端 10 厘米处，不要把提桶完全暴露在液氮容器外面，冻精离开液氮的时间最长不超过 5 秒。如果不能达到，可将冻精放回液氮中 1 分钟后，再次尝试。冻精放入解冻容器后，应立即在温水中摆动冻精。

（3）解冻冻精 立即把冻精放入恒温水浴中，解冻水温应为 35~38℃，细管需在温水中停留的时间，0.25 毫升细管最少 20 秒，0.5 毫升的细管则需 40 秒，最好一次解冻一支，解冻后的冻精应在 15 分钟内使用，当解冻多支时，方法同上，但应逐一进行以免细管结冰，避免解冻时温度的波动，应控制在 38~32℃，过冷或过热都将破坏精子活力。

（4）装置输精枪 在装入冻精前应使输精枪的温度预热至等同冻精解冻的温度，从解冻容器中取出细管并用干净的毛巾擦干，在装入输精枪前确认公牛号，冻精安装的方法，首先将冻精从输精枪外套尾部塞入，将高于冻精水平线以上的细管剪断，剪完后用纸巾细管剪擦干净，装上输精枪外套，确保冻精安装完好，首先将细管内的气泡推出。在开始给奶牛输精之前，应将输精枪保护外套置于输精枪外套的独立包装里，解冻后，应尽快给奶牛配种，最多不超过 15 分钟。

（5）清洁奶牛外阴部 使用足够的纸巾清洁奶牛外阴部，将干净的毛巾置于奶牛外阴处。

（6）放置冻精 触摸直肠，触诊子宫颈，触诊子宫，将输精枪放入阴道，避免触及阴唇，输精枪呈 45° 角度进入，将枪前端插入子宫颈内并保持全程无菌，避免在放置时输精枪前端触及食指，正好通过子宫颈时，慢慢地将所有冻精注入子宫，推注精液时如果奶牛摆动，则需重新将输精枪插入子宫颈，推注精液后将输精枪退回并轻轻地按摩子宫颈，输精结束后，用酒精棉球擦拭输精枪检查是否有出血症状，完毕后，立刻记录。

颗粒解冻后保存

方法一 以往颗粒冻精多用 2.9% 柠檬酸钠液解冻，但解冻后保存效果不好，经试验以含 EDTA 解冻液比较理想，可以有效地延长牛颗粒冻精解冻后保存时间。其解冻液组成：柠檬酸钠 0.3 克、葡萄糖 5.0 克、EDTA 0.1 克、双蒸馏水 100 毫升。解冻温度的高低，影响着冻精解冻后的精子活力。试验证明，以 30℃ 和 50℃ 温度解冻效果最好；以解冻后 7~8℃ 和 13~15℃ 范围保存较好，存活时间可达 130 小时以上。

方法二 利用胶冻环境可有效阻止精子运动，减少能量消耗，使精子保持在可逆性的静止状态。由于猪皮浸出液的固态特性以及含有对精子有营养和保护作用的物质，能使精子在一定的时间内不丧失受精能力，故在解冻液中添加猪皮浸出液以利于牛颗粒冻精解冻后的常规保存。

猪皮浸出液的制备：取新鲜猪皮，去除皮下脂肪，用温水洗净，再用煮沸法除去残存脂肪及油污。切成条样用蒸馏水洗涤，在室内蒸发 11 小时。称其湿重 100 克装入 500 毫升三角瓶中，加蒸馏水 400 毫升，加热煮沸，水分蒸发至 1/2 时将浸出液过滤。余物再进行第二次煮沸过滤，将两次滤液进行浓缩，用 800mM 三基柠檬酸钠溶液调 pH 值为 6.8。

解冻后冻精保护液配制：10% 蔗糖溶液 30 毫升，猪皮浸出液 70 毫升；混合均匀后水浴煮沸消毒，冷却后每毫升添加青霉素 1000 单位、链霉素 1 000 微克，现用现配。取 2.9% 柠檬酸钠溶液 0.8 毫升，加 2 粒冻精，在 40℃温水中解冻，然后再在同温下加 1 毫升保护液；亦可以取解冻液 0.8 毫升于 1 毫升保护液中充分混匀，在 40℃温水中加入 2 粒冻精。解冻后以每分钟降 0.2℃左右的速度缓慢降温至 10~20℃。结果显示，用猪皮浸出液保存牛颗粒冻精可延长解冻后精子的存活时间。保存 60 小时仍维持解冻时活力。

还是细管冻精好

在四川省宣汉县，应用细管冻精和颗粒冻精分别配种母牛。结果细管冻精配种第一情期受胎率达到 65.8%. 比颗粒冻精的 45.9% 提高 19.9 个百分点。他们认为，细管冻精在第一情期受胎率、总情期受胎率及总受胎率上都比颗粒冻精显著提高；细管冻精输精操作更方便，减少了升温解冻的环节，也减少了精液污染的机会，减少了精液活力受干扰的机会，保证人工授精最有效地输入较强活力的精液。

当然，细管冻精的受胎率高低，一是决定于细管冻精的质量，即输入到母牛子宫内的有效精子数量和质量；二是决定于人工授精技术员的水平及母牛输精适期的控制与掌握，二者缺一不可。一般 1 头种公牛利用细管冻精配种 1 年能配 3 000~4 000 头母牛，多的可达 10 000 头以上。同时细管冻精不受地区、季节、公牛年龄限制，运输方便，细管冻精有效保存时间长达 10 年甚至超过 25 年。使用细管冻精解决了输精管管腔中存留精液的缺点。不需要颗粒解冻用的解冻试管、注射器及相关的消毒物品。每支细管用量 0.25 毫升，用细管冻精给牛输精，有效地防止了冻精的过多引起的回流。液氮容器中有许多超低温生存的微生物，颗粒冻精装在纱布袋中，液氮直接浸泡着颗粒易被污染。而细管则是两端封闭，减少了液氮对细管冻精的污染，降低了通过冷冻精液感染给母牛的发病概率。细管冻精活力好，受胎率也相对提高。同等条件下，颗粒冻精没有细管冻精活力好。

颗粒稀释液中添加青、链霉素能减弱精子运动。土霉素、氯霉素抑制精子运动使作用更强，而细管中添加庆大霉素则能相应提高 15% 的受胎率。细管冻精多采用二次稀释法，而颗粒冻精多采用一次稀释法。两次稀释法优于一次稀释法，主要表现是精子冷冻前后顶体完整率高。顶体完整率高，受胎率也高，后代生活力强。综上表明，细管冻精率明显优于颗粒冻精，故应普及应用。

细管冻精的管理

细管冻精的保存、分发、运输和解冻，对精液质量产生直接影响。精液贮存容器内液氮水平低于 1/3，对精液不利。贮存精液适宜用 30 升以上大容器为好，液氮平面必须高于精液顶端。分发精液时空气中停留时间，在室温 5℃时细管冻精在外部停留不超过 10 秒。如在夏季完成分发或解冻则必须在 5 秒以内。使用细管冻精是就地解冻，立即输精。精液解冻后保存时间不能超过 12h。

细管冻精取用时，要确定好所要拿冻精的准确位置，在提提筒时应提到容器颈部以下 8~10 厘米，如果提到 5 厘米或 5 厘米以上，其温度会在 -50~-10℃，破坏了精液的玻璃态，促进了冰晶的形成，降低了冻精的成活率。在液氮容器霜线以上取冻精时，精液暴露时间不应超过 10 秒，如取精时间超过 30 秒，要把提筒放回容器冷冻，以免其他冻精因变温而造成不良影响。取出细管时，应立即甩动塑料细管，以避免细管的爆裂。因为塑料细管末端用棉塞封口，而棉塞可能吸附一小滴液氮，突然接受升温体积迅速膨胀而爆裂。取出细管后，把提筒放回到原来位置上。

细管冻精的应用

解冻细管冻精时，细管从液氮容器中取出后，首先检查管体是否完好，以便确定解冻方法；同时要检查细管上的牛号是否清晰，以便在配种卡上填写与配公牛号。将细管冻精放在 38~40℃的水中经过 20~40 秒钟即可完全解冻。精液解冻后，一般应在 15 分钟内或不超过 1 小时内使用。细管冻精剪口正，断面齐。剪口偏斜容易导致精液倒流。检查精子活力，编号相同的精液活力，只需每袋编号相同的精液抽查 2~3 支，活力达标即可使用。使用时将输精枪推进杆退到与细管长度相等的位置，将剪好口的细管有栓塞的一端向下装入枪内，把塑料外套套在输精枪上并按螺纹方向拧紧即可输精。塑料吸管放入输精枪前，枪膛要预热，以预防冷休克的发生。输精时把输精枪插入子宫颈内后，将输精枪向后退 0.1~0.3 厘米，以防皱襞堵塞枪口，造成精液倒流。推精速度不宜过快，一边推进一边缓慢活动输精枪，将精液推入子宫颈内口。输精完毕，查看输精枪前端是否残留精液。如精液逆流，应补配 1 次。每次输精之后均应及时将输精枪输精器具清洗干净并消毒灭菌，做到一牛一枪一消毒，以确保输精卫生。

注意事项

提取塑料细管冻精时，不得把包扎冻精的纱布或提筒拿到精液容器外，要在容器的颈基部 12 厘米以下的地方提取。为此，取精时尽可能用长镊子。解冻过程要做到快取、快投、快融解。

解冻后若要异地输精且间隔时间在 2 小时以上时，细管解冻后运输最好装在保温杯中。所用保温杯应予先降温，将细管用脱脂棉或卫生纸包好装入塑料袋内，盖好杯盖方可携带。

如果管体有裂纹或者封口不严，可采取"手搓"解冻。保存解冻后的精液，要放在阴凉处，温度在 3~8℃为宜。如用冷水保存，要勤查水温，更换冷水。

细管冻精解冻方法

（1）37℃解冻法　解冻后精子活力是影响牛冷配胎率的因素之一。精子活力受解冻水温制约，水温不同，精子活力有别，输精受胎效果也有差异。将塑料细管冻精从液氮容器中提出轻甩一下，棉塞端向下分别投入各计算好的水温内，封闭端留出水面 1~1.2 厘米。当冻精稍一变色，时间 5~8 秒，便将细管从水浴中提出，擦干镜检。

（2）恒温水浴解冻法　解冻温度和解冻时间直接影响着精子的复活率。国标规定解冻温度为 38~40℃，但对解冻时间未作规定。据试验，将电热恒温水浴箱分次调节水温至 30℃、35℃、40℃、45℃、55℃、60℃、65℃。解冻时间根据细管内冻精的融化程度而定。用干燥消毒后的 10 毫升试管 8 支，每支加入复方解冻液 1 毫升，分别经 10 分钟升温。用预冷的镊子随机抽取细管牛冻精 8 支，每支加入复方解冻液 1 毫升，分别经 10 分钟升温。用预冷的镊子随机抽取牛细管冻精 8 支，逐次迅速放入不同温度的水中，再根据精液的融化程度依次取出。用细管剪刀剪去封口一端，放入准备好的试管内，再剪去带棉塞一端，然后在 38℃下镜检进行活力判定。结果显示，解冻温度 40~55℃较为适宜。解冻时间应在 10~20 秒。这时的精子复活率高。

（3）多支细管解冻法　大型奶牛场，同时有多头母牛待配，需解冻多支细管冻精，此时的做法：取水温 36℃的温控水浴或保温瓶，成组解冻 2~10 支细管冻精；当细管冻精投入水中，立即搅拌或摇动水浴器。以上成组解冻的精液，其精子活力或精子顶体完整率，不因解冻支数而受影响。

（4）解冻器解冻法　冻精解冻器又名恒温水浴箱，恒温性能稳定、轻巧、灵便，它传热快，灵敏度高，工作可靠，寿命长，耗电少。控温范围：20~60℃。控温精度：±1℃。适于牛的细管或颗粒冻精的解冻。使用方法：先在容器内放入适量的水，离容器口 1~2 厘米。把控温旋钮拧到所需温度的刻度上。接通电源，打开开关，红色指示灯亮开始升温，达到选定温度时绿色指示灯亮，进入恒温阶段，即可使用。水温 15℃升到 40℃约 5 分钟，如需缩短升温时间，可适当添加热水。如用于冻精细管解冻，可在容器内放置单层塑料孔盘。待恒温后，可将细管垂直插入水中。应注意的是，本容器底部是电路部分，使用时保持桌面干燥，切忌浸泡水中；使用完毕，关闭开关，切断电源，把水倒净，擦净水渍，把附件放在容器内，将容器在干燥处放置。

（5）冻精体内解冻法　从液氮容器内取出细管冻精，剪口，直接装入输精枪内，迅速用直肠把握方法输精，冻精在母牛子宫内自然解冻。据试验，用这种方法给中国荷斯坦奶牛输精 50 头，妊娠 37 头，重复发情 13 头，第一情期受胎率为 74.0%；给本地黄牛输精 50 头，妊娠 38 头，重复发情 12 头，第一情期受胎率为 76.0%。以上结果表明，应用细管冻精体内解冻法配种，可较大幅度提高母牛的情期受胎率。应注意的是，应用细管冻精体内解冻法配种，在细管冻精装枪时，虽然在体外有 10~16 秒的停留时间，但由于停留时间短暂，所以对解冻精子活力的受胎无明显影响；采用此法不需要热源，简化了操作，节省了时间，降低了费用，适于野外配种。

（6）细管手搓解冻法　四川省一些地县的农户远离配种站，道路崎岖，牵牛到站配种困难。为此，需将细管冻精解冻后带下乡到牛舍输精。其操作方法：从液氮容器内取出细管冻精，握在手中，配种员两手迅速以细管为中心进行揉搓，细管冻精很快溶化，然后迅速用直肠把握子宫颈法输精。结果显示，手搓法解冻组受试母牛 50 头，第一情期受胎率为 74%。据此认为，手搓法解冻由于细管容积小，管壁薄，精液解冻均匀，在快速解冻时升温一致从而保证了精液质量和精子复苏率。手搓解冻由于操作过程所需时间约1分钟，减少了冷冻精液在体外的停留时间，既不需要热源，又简化了操作环节，节省了时间，适用于野外作业。细管冻精解冻后0~5℃保存11小时输精不影响受胎率。

细管输精要用"枪"

现在使用的塑料细管输精枪可分为法式及日式两类。日式输精枪无塑料外套，缺少弹性，金属直接接触生殖道，对阴道及子宫造成一定损伤及刺激，故目前使用者不多。法式输精枪有以下几种。

（1）"O"环摩擦锁输精枪 戴上塑料手套，恰当地解冻精液，在靠近棉塞端轻轻捞出塑料细管。拉出输精枪内杆约15厘米，把塑料细管放入枪内。剪开塑料细管封闭端。然后擦净剪刀。从包里拿一个有裂口的护套套在塑料细管和枪上。为了使护套和塑料细管成为牢固的一体，拧松枪的活塞端附近的摩擦锁，把护套牢固地拉到位，然后在适当的位置拧紧摩擦锁。护套和塑料细管之间的密封对防止泄漏很重要。前推内杆使精液达到塑料细管末端，为了排除子宫颈或子宫受到损伤的危险、要使塑料细管和护套比枪的末端突出约1.5厘米。

（2）通用输精枪 使用带有绿色播入物的分裂护套，枪的一端可容纳0.25毫升的塑料细管，另一端则容纳0.5毫升的塑料细管。精液解冻后，擦干塑料细管。用拇指和食指握住护套和绿色插入物，把塑料细管的切开端用扭转动作牢牢地播进插入物，把细管推进护套内。把护套和塑料细管放在枪上，缓慢滑到枪管下，用锁扭紧护套，轻轻移动内杆排出气泡，即可以使用。

（3）螺旋输精枪 使用一个带无色或黄色插入物的无缝护套，把插入物放在距离护套开口端2.5厘米处，这样保证了塑料细管的位置恰当和防止进入护套的精液回流。塑料细管干燥后，距热合封口端大约3厘米处，剪开塑料细管，用拇指与食指夹住护套和接头。把塑料细管的切口端插入护套，轻轻扭转，使塑料细管与插入物接合，把塑料细管推入护套使棉塞端恰好在护套外。再把含有塑料细管的护套放在枪，使护套向下滑到螺旋线处，把护套护牢在枪上，轻轻推动内杆，排出气泡。

（4）"快锁"人工输精枪 可使用任一型号的护套和塑料细管。把推杆完全推入"快锁"枪内，内杆顶端完全暴露在枪尖外。剪开塑料细管末端，推塑料细管的另一端（棉塞端），置于杆近尖端5毫米处。拉回输精枪内杆，直把塑料细管完全放入"快锁"枪内。把"快锁"插入防护套内，不管护套是否有缝，护套的末端都会滑进"快锁"枪柄内。快速扣住护套，顺时针方向转动把柄呈45°角并拧紧。"快锁"枪里有一翼状物，使塑料细管开口保持塑料细管顶端比枪突出2~3毫米的位置上。用此翼状物，把塑料细管紧紧压入人工授精护套的圆形尖端内，使之完全密封。

（5）国产细管输精枪 我国刚开始使用的仿日式输精枪，由于安装不全、消毒不方便，难以达到完美输出精液的效果。如今在国际上被广泛使用的细管输精枪，其枪体塑料套管为经过消毒的一次性用品，用前可免去消毒的麻烦，用后枪体也不用消毒；塑料套管内配有固定细管装置，使精液不外溢保证输到子宫体内，使用绝对安全。使用时，枪体用75%酒精棉球擦拭消毒、风干。将塑料套管包装袋消毒后剪一小斜口，取出套管后立即将开口处用夹子夹紧，防止污染。将解冻后的细管精液剪去封口一端，装入枪体时先将钢芯向后拉出约13厘米，套上塑料外套管时一定要将细管剪口一端装入固定塞内，直向前部推入，以推不动为止。这时左手握住塑料外套的开口部向内转动，右手握住枪体底部向外转动，拧在枪体的螺纹上，直到固定塞与外套管顶端相触时为适度，装好即可输精。

直把输精要熟练

奶牛的输精，采用直把宫颈深部输精法，就是用手伸入直肠握住子宫颈管进行输精。这种输精方法的好处：用具简单，安全方便，可一人操作，熟练的输精员能在一分钟内输完1头母牛。真正达到了迅速解冻精液、快速输精的目的。能把精液送到子宫体内，降低输精量，防止精液逆流，可提高受胎率。同时，能发现母牛生殖器官疾病，以便及时治疗。

直把输精操作要领：操作时，输精员要把手指甲剪短、锉光、磨圆，涂上石蜡油、植物油或淀粉糊等润滑剂。左手五指并拢呈锥形，慢慢伸入直肠，掏出宿粪，之后，用清水冲洗肛门和阴门处的污染物，擦干。左手再伸入直肠，掌心向下沿着直肠下壁向前触摸，在耻骨附近即可摸到两个子宫角。沿着子宫角分岔，手掌轻轻下压向后带，就可摸到一个质地较硬，长 4~10 厘米，粗 2.5~4 厘米筒状的棒状物，即为子宫颈管。这时，左手向里半翻转隔着直肠壁握住子宫颈管，使小手指握在子宫颈管外口处附近。在直肠里的左手掌稍往下压，使阴门开张，右手持输精枪在尽量不接触外阴部的情况下，慢慢进入阴道。开始输精枪要先向上倾斜插入一段，以避开尿道口，然后再转向水平方向直插到子宫颈外口。与此同时，左手应将子宫颈管推向腹腔，使阴道拉直，免得使输精枪插到阴道皱褶上（图 8-3）。在握颈左手和持输精枪的右手协调配合下，当感觉到有轻微的咔咔咔响声，输精枪前端通过子宫颈管内三个螺旋横褶之后，左手轻轻向后拉子宫颈管，使输精枪顺利地通过子宫颈内口，插到子宫体内，随即注入精液。详见图 8-2~ 图 8-4。

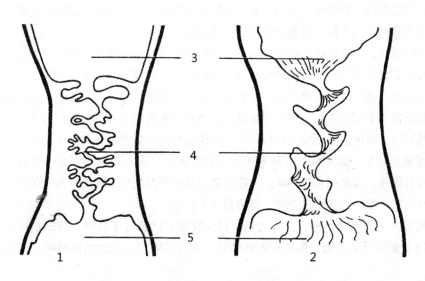

图 8-2　牛子宫颈环形皱褶

1—纵断面；2—顺管道剖开；3—子宫；4—子宫颈；5—阴道

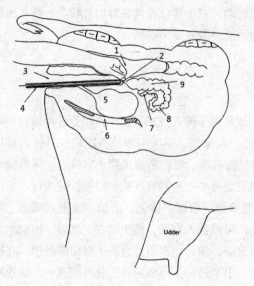

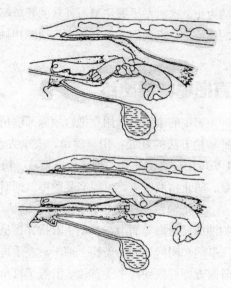

图 8-3　牛的直肠把握子宫颈深部输精　　　图 8-4　牛直把握输精的正确与错误操作
1— 直肠；2—子宫颈；3—阴道；4—输精枪；5—膀胱；　　（上图为错误操作 下图为正确操作）
6—骨盆；7—卵巢；8—子宫角；9—子宫体

注意事项

　　配种员一手用肥皂水沾湿，插入母牛直肠，握住子宫颈的进口处，同时用胳膊压开阴门；另一手持输精枪由阴门插入阴道，先向上斜插 10~15 厘米，避开尿道口，而后平插，直到子宫颈口；此时两手配合好，把输精枪尖端引进子宫颈管内，再往里插过 2~3 道软骨一样的螺旋状组织，达到子宫颈的 1/2 或 2/3 处，注入精液。手握子宫颈时，如肠壁绷紧，不要硬抓，要按摩或轻搔肠壁，等松弛后，再握子宫颈管。如子宫颈管过粗或过细难握，要把子宫颈压住或用手扶住按在骨盆侧壁或下壁再输精。

　　插入输精枪时，手要轻握，随牛移动。如阴道皱褶挡住输精枪，不要往里硬插，要转动输精枪，并用在直肠里的手按摩或轻搔肠壁，待机插入。输精枪对不上子宫颈口时，要检查手是否把握过前，造成颈口游离下垂，应加以纠正；如有皱褶阻挡，就要把颈管往前推、拉直；如输精枪偏入子宫颈外围，要退回输精枪，用在直肠内的手指引导定位。

　　注入精液时，要把输精枪稍往后拉一下，以免输精枪口被阻。如发现大量精液残留在输精枪内，要重新输精。如果母牛直肠把术者手紧紧裹住，或直肠后部绷紧，形成筒状空腔时，不能强行握颈，以免把直肠掏坏。可用手紧捏母牛腰部或用木棒搋压其背腰部，同时左手轻轻按摩直肠下壁，待肠壁松弛时，迅速握住子宫颈管。

　　输精枪插入子宫颈时，不可用力过猛，以免穿破子宫颈或子宫壁。持输精枪的手要灵活轻握，随着发情母牛移动，避免折断输精枪。输入精液后，先抽出输精枪，再将手退出直肠。

　　向子宫角内输精时，要触摸好卵巢卵泡的发育情况。一般情况输精枪通过子宫颈管把精液注入两子宫角分岔处后面的子宫体基部。输精前，要触摸两侧子宫角，确定母牛是否空怀，避免造成流产。

输精适时最重要

为了适时输精，必须做到：详问有关母牛的年龄、分娩日期、产后生殖道疾患情况；食欲是否减退、产奶量是否下降、是否连续大声吼叫，以及发现有发情表现的时间。

选择性欲旺盛的公牛试情。母牛发情初期表现企图爬跨，发情盛期才接受试情公牛爬跨，发情末期拒绝爬跨；以发情母牛出现拒爬的时间作为确定授精时机的依据，可获得相当高的受胎率，适用于有试情公牛的群牧繁殖母牛。应用时，牛群不宜过大，试情公牛与繁殖母牛的比例应是 1：20 左右；同时放牧员必须备有监情记录本和手表，并认真观察记录发情母牛出现拒爬表现的时间。

直检时，会发现发情母牛的卵巢一大一小，卵泡发育侧的卵巢增大，卵巢上有卵泡，卵泡可分为硬泡、软泡、软波三个期。发育成熟的卵泡似熟透的葡萄，触摸时有波动感。对发情牛要采用"摸泡配"。排卵前配一次，排卵后追一次。排卵前输，精液输到子宫颈内口；排卵后追输精液，以输到排卵侧宫角为宜。

母牛排卵多在夜间，其中在零点至 8 点的占 62.5%，8 点至 16 点的占 23.6%，16 点至零点的占 13.8%。输精时间应在表现站立发情症状后约 16 小时。或者在观察到站立发情后 8~12 小时输精，正好于排卵前 1 时。奶牛最佳输精时间，奶牛户上午通知母牛有发情表现，可在当天下午直检卵泡发育，如母牛爬牛不强烈，可触摸到卵泡腔期已出现，液体增多，波动十分强烈。总之，发情母牛输精输精最佳时机，母牛的正常排卵时间是在发情结束后数小时，所以，在发情母牛转入平静，食欲开始正常，很少奔跑，停止吼叫，停止爬跨，阴门逐渐出现横纹，阴道黏膜红而暗，黏液少而稠，卵泡似有一触即破之感。这时输精受胎率最高，以输精 1 次为好。

输精掌控经验谈

克山县西城镇配种站作法：母牛采用触摸卵泡为依据的跟踪观察表明，卵泡从出现到排卵平均持续时间为 55 小时。其中，硬泡阶段为 18（10~24）小时，此时母牛无明显发情表现。弹泡阶段为 13（8~26）小时。此时母牛呈明显发情状态，有吼叫、打跑栏、拒爬等现象，并且分泌少量清亮黏液。软泡阶段为 24（10~32）小时，这一过程前半期发情症状显著，呈现稳栏授爬状态，并且分泌量多、棒状、牵缕性较强黏液；后半期性欲逐渐减弱至消退，由拒爬转入安静状态，黏液分泌量少、稠、呈糊状。此时为最佳配种时期。观察表明，母牛排卵时间多出现在夜间，从分布看，夜间排卵占 86%，上午排卵占 9.6%，下午排卵仅占 4.4%。由此看来，倡导施行发情母牛驻站待配及夜晚输精的办法，可提高其受胎率。

宝鸡的做法　在陕西省宝鸡市，其各月平均气温和奶牛场四年各月的情期受胎率的关系看来，发现有一定的规律性。根据发情奶牛 749 头次的统计，其中有 516 头次是在早班出现发情，占 68.9%；65 头次是在中班出现发情，占 8.7%，168 头次是在晚班出现发情，占 22.4%。由此可以看出，配种人员每天的工作重点应是早班和晚班。因为这两个班，配种人员不单要重点观察发情，而且还要进行紧张地配种（早上发情晚上配、晚上发情早上配）。

另有一奶牛场是，在16℃以下的月份，采用早上发情晚上配；晚上发情早上配，在16℃以上的月份，采用早上发情中午配，中午发情晚上配。

黑龙江虎林地区的做法 由于地区和饲管条件不同，奶牛群体与个体的差别各异，奶牛发情后最适输精时间不尽相同。黑龙江虎林地区选择了奶牛夏季最适输精时间，提高了受胎率。他们选择顺产、无繁殖疾病的荷斯坦奶牛345头作供试牛。选用北京公牛站生产的88~105号细管冻精进行人工授精。以正产母牛产后第二次发情为准，对有繁殖疾病的和屡配不妊的母牛予以剔除。从母牛第一次接受爬跨为发情开始，每隔5小时列为1组，共分5组。其中发情后5~10小时输精的第1组，11~15小时为第2组，16~20小时为第3组，21~25小时为第4组，26~30小时为第5组。试验中各组牛在规定时间情期内输精1次，每次输1支细管冻精。配后2~3个月做妊娠检查。两年中经过对345头奶牛进行试验所得结果显示，母牛最适输精时间是发情开始后16~25小时，过早输精，受胎率低。他们认为，利用以上试验得出的结论指导生产，对夏季发情的母牛在发情后16~25小时输精，输精后不返情率大87.2%。

定时的输精技术

适用于奶牛的同期发情—定时输精技术有：

孕激素阴道栓—定时输精法。使用PRID或CIDR放置阴道栓，9~12天后撤栓。大多数母牛在撤栓后第2~4天内发情，可以在撤栓后第56小时定时输精。也可以在撤栓后第2~4天内加强发情观察，对发情者适时输精，受胎率更高；还可利用兽用B超检测到有大卵泡发育时，肌注促性腺素释放激素，2小时后输精。

前列腺素二次处理—定时输精法。70%左右的母牛处理后2~5天发情，在第一次处理后间隔11天再用同样的剂量处理一次，80~82小时后定时输精，可获得54%的情期受胎率。

促性腺素释放激素 – 前列腺素 – 促性腺素释放激素定时输精法。在第0天注射100微克促性腺素释放激素，第7天注射25毫克前列腺素$F_{2\alpha}$，第9天注射同样剂量的促性腺素释放激素，然后16~18小时后定时输精，受胎率可达50%左右。

注意事项

利用同期发情技术结合定时输精技术，可以省去发情鉴定，减少因暗发情造成的漏配，提高奶牛繁殖效率。集中安排生产，提高生产效率，降低成本，便于牛奶销售。

同期发情—定时输精是一项经济有效的繁殖技术，国外已经普遍推广应用，确定较好的效果。

同期发情—定时输精技术，仍有一些牛只卵泡发育不好，或者没有排卵，如果盲目定时输精，势必造成冻精的浪费和配种间隔的延长。利用兽用B超可以实时检测卵巢和卵泡的发育情况，并且在屏幕上显示出来，供多人判断，这克服了传统上靠配种员一个人"摸"卵巢的局限性。在定时输精前，利用B超检测卵巢上卵泡的发育情况，据此决定配种时机，可以提高受胎率。

国产便携式兽用B超售价大约2万元，可以达到进口B超的效果。在一个1 000头规

模的奶牛场计算，有成母牛和适配牛 700 头左右，每头牛每天精饲料和粗饲料的成本大约
是 30 元；假定用 B 超和直检进行妊娠诊断之间的差距按照 30 天计算，那么 B 超诊断一头
牛配种未孕的价值就是 600 元 / 次；假定每年有 300 头牛发生这样的情况，那么一个千头规
模化奶牛场，利用 B 超进行早期妊娠诊断所创造的价值不少于 18 万元 / 年，相比于 2 万元
左右的 B 超投资还是很有价值的。

　　综合各地应用结果可以认为，在奶牛配种中，从新产牛产后 35~40 天开始，用预同步定
时输精程序进行处理，可以节约观察发情时间，提高工作效率，提高产后 80 天参配率，缩
短产后首次配种时间。预同步定时输精程序处理可使子宫更净化，排卵同期化，真正做到适
时配种，不需凭经验来判断最佳输精时间。实施同步排卵技术配种的牛，一般不发生排卵延
迟，这样更利于妊娠，能取得一定情期受胎率，最终显著提高总受胎率。正是由于应用同步
排卵技术能够为奶牛场创造明显效益，故发达国家规模化奶牛场均将此项技术列为日常繁殖
管理手段之一。

输精部位非小事

　　输精部位的正确与否是提高奶牛情期受胎率的关键之一。采用直把输精法，输精导管
通过子宫颈，精液的 1/2 输到发情卵泡的一侧子宫角内，1/4 输到另一侧子宫角内，剩余的
1/4 输到子宫体的叉口处。结果显示，情期受胎率可达 80%。有的认为，冻精输精液位置在
宫颈 2/3 处或宫体，输精后 10 小时左右排卵，否则要 2 次输精。有的认为，输精输至子宫
颈深部，若输到子宫角先要弄清卵泡发育在那一侧卵巢。北京 658 头奶牛发情统计，右卵
巢排卵的占 61.7%，左卵巢排卵的占 38.3%。有的认为，通过直肠把握法，将输精枪经压
开的阴门口插入母牛阴道内，再轻轻插入子宫，作深部输精。将精液量的 1/3 输入卵泡发
育较好的一侧子宫角内，2/3 的精液输在子宫角分叉处，然后缓慢抽出输精枪，最后按摩卵
巢、子宫 5~10 分钟。据北京西郊农场试验，输到邻近子宫体的子宫角基部，比输到子宫大
弯前的子宫角深部，受胎率高 10.26%，流产率低 4.59%，产犊率高 4.59%。

　　还有的实施偏角输精。据在西集等五个家畜繁育站，对 2 369 头母牛采取了偏角输精法，
同时结合触摸卵巢卵泡发育情况，准确掌握卵泡发育位置及发育时期。向卵泡发育侧子宫角
输精，情期受胎率提高。他们的作法：输精前做好直肠检查，准确触摸卵泡发育一侧。在
排卵前 8 小时左右适时输精一次，间隔 8~12 小时再做第二次输精。深度根据母牛子宫角的
大小确定。输在子宫角上 1/3 处为好，一般从子宫角基部算起，处女牛子宫内 2 厘米，1~2
产牛 2~4 厘米，3~4 产牛 4~5 厘米，5~7 产牛为 5~7 厘米。结果显示，采取偏角输精，情
期受胎率比常规输精法提高 12.9%，总受胎率提高 15.1%。应用此方法，可节省冻精份数，
降低输精次数，避免了精液浪费，缩短了精子运动距离，减少了精子能量消耗，还可避免子
宫颈及子宫分叉部位轻度炎症对受胎率的影响。

输精的操作流程

母牛输精时，先准备一个解冻用暖瓶、35℃水温为宜；把输精工具箱放在液氮容器附近；确定配种母牛后，检查其耳号、谱系，如无耳标，要补打耳号；注意观察其是否属于发情周期超过23天再发情和少于17天的再发情，并注意有无可能妊娠；观察阴门流出物，如有异样，即应视为感染征兆，必须在配前治疗；提取冻精时，在容器中识别，提取精液速度要快；从液氮容器中取出细管冻精立即轻甩，将吸附在塑料细管棉塞的液氮甩掉，放入解冻暖瓶35℃水中；从工具箱中取出一张擦手纸，放入口袋，从口袋中拿出一塑料手套放在人工授精工具箱中；再次核对牛品种、耳号，缓步接近母牛，不要吆喝，不要惊吓母牛；用没带手套的手拿一张擦手纸，轻轻提起牛尾，用涂上矿物油带手套的手轻柔地擦母牛肛门，使母牛放松；用拇指与其余四指成楔形，缓慢平稳地伸入直肠；轻轻按摩直肠，检查生殖道，注意有无异常现象，如子宫角增大，可能是妊娠亦可能是子宫积脓；如非妊娠也不是子宫积脓即可继续操作，手向阴门抽回，用清洁、干燥的擦手纸擦净阴门，要擦2~3次，每次用新的手纸，要尽可能多的从母牛体内清除粪便，为了便于找到子宫颈或使母牛放松，不一定总是清除直肠内粪便，如必须清除粪便，要在输精枪插入阴道后进行；为使直肠壁肌肉放松，尽量将手臂伸入直肠达到大约术者肘长，在直检第一次收缩紧绷手臂前，立即把手轻轻放在直肠内，必要时在直肠中轻轻的反复前后抽动使环形肌放松；将一张擦手纸卷成卷，轻轻向下滑动擦手纸，伸进阴门下方，扩大阴门，以使输精枪清洁地插入阴道；把输精枪插入阴道时，不要接触阴唇外侧；输精器向上45°角插入阴道，并防止插入尿道口。把输精器经子宫颈插入子宫体后，推出输精枪中的精液。推内杆时要非常缓慢，可采用默念从10开始倒数至0的办法，随后轻柔按摩子宫，再从直肠中缓慢抽回手臂；将脏手套、输精套、塑料细管扔到指定垃圾箱内。输精枪、工具箱等均要清洗、消毒。

注意事项

警惕精液逆流。主要是输精枪使用不当，输精枪外套管松弛，枪外套管头孔较大，导致精液部分或全部流入枪内。

切忌部位不准。尤其是初配母牛用输精枪输精，绝大部分通不过子宫颈口。如果操作不当会给颈口造成创伤，没有把有效精子输到有效部位。

不可解冻不当。常用的冻精细管，由于由多个厂家购进，细管质量不尽相同，稀释液的配比又不一样，解冻的温度要求也不一样，有的冻精必须加温在40℃解冻。有时购进细管质量差，个别细管冻精封口不紧、漏气，进去了液氮，解冻时细管爆裂，造成浪费。

输精障碍及克服

障碍一，不能伸入直肠

手形不对，除拇指外，四指合拢是最基本的要求。如果手形不对，手很难通过肛门进入母牛直肠，为此必须改变手形，使左手呈锥形便于伸入直肠。如果母牛脾气暴躁、前后移动，可让助手一手掐住其鼻中隔，另一手固定头部，或用优质饲草喂牛以转移其注意力。如果母牛后躯左右摆动或尾部下压，输精员可用右手提起牛尾使尾根向上或偏向一侧。如果母牛直肠持续努责时，输精员左手停在直肠内让助手捏住牛胸椎脊突的两侧，待牛停止努责，再向直肠深入。如果母牛过于紧张直肠形成空腔时，手臂在肛门缓缓抽动几下，使手臂和直肠之间产生空隙，让空气进入直肠，直到肠壁松弛。

障碍二，不能插入阴道

如属于输精枪插入方向不对的，先以 45° 向斜上方把输精枪插入约 10 厘米，再把输精枪枪把抬起使输精枪以水平方向前行，可达子宫颈口。如属于母牛阴道弯曲的，可用左手握住子宫颈向前轻推，使阴道水平伸直，以便输精枪顺利进入阴道，同时右手转动输精枪前进。对于输精枪误入尿道的预防方法：在输精枪枪头进入阴道后，右手灵活轻握枪把，尽量使输精枪前部沿阴道上壁向前滑行，且随牛的移动而适当摆动。为了预防在输精时排粪污染，可及时采取二次消毒；或当左手感到母牛即将排粪时，可用左手臂将肛门摆向一侧，以防枪体被污染。

障碍三，找不到子宫颈

母牛未到配种适龄，其子宫体及子宫颈发育不全，而不易被探及，这时左手应先寻找母牛的双侧卵巢、角间沟，然后沿角间沟往后移动便可把握住子宫颈。如遇母牛过老，子宫颈下沉至腹腔，在腹部找到子宫颈，可向后提至耻骨前沿。如果子宫体及子宫颈后移，则在骨盆腔前查无生殖道，就有可能是整个子宫萎缩在阴门近处，此时需用左手按摩伸展，即可找见子宫颈。如属于子宫颈粘连，则直检时不能找到子宫颈，往往是子宫颈与骨盆腔的下面或侧面相粘连，可向骨盆腔下方或侧面轻压，便可找见子宫颈。

障碍四，插不进子宫颈口

输精枪进入阴道，如长时间无法插入子宫颈，很有可能是输精枪插入阴道穹隆，此时应把输精枪后退一些，把子宫颈口置于手心再插；也有可能是输精枪被子宫颈内的横行皱襞阻挡，此时手掌心应随着输精枪的移动而移动，始终让输精枪枪头在手掌基部，输精枪和手才容易配合。

障碍五，输精时发现异常

发现输精枪口阻塞，多是由于输精枪顶在子宫颈皱褶上，或顶住子宫壁，使黏膜阻塞枪口，此时可将输精枪插入子宫体后退约 1 厘米再输精。如属于输精枪封闭不严，出现精液倒流进入枪头内，未把精液输入子宫内。在冻精解冻后剪切细管时，要求细管的长短和枪头的长度一致，细管前端剪口应切平。此外，装枪时拧紧输精枪枪头，减少输精枪的转动，以防输精枪枪头掉入子宫内。

障碍六，子宫肥大下沉

一些发情周期正常的奶牛，由于子宫下沉、肥大，子宫角向腹腔下延伸，距外阴相对较远，排出黏膜透明，没有临床子宫内膜炎症状，但情期受胎率低。特别是长期拴系奶牛，没有爬跨机会，子宫收缩无力，致使子宫内膜分泌黏液积于子宫角，输精后精子难以进入输卵管，失去精卵结合机会。据对 40 头子宫下沉牛统计，情期受胎率不足 20%。为了提高情期受胎率，奶牛发情后输精前要触摸子宫和卵巢，发现子宫下沉不要急于输精，可采取治疗措施：用氯前列烯醇 0.4 毫克加 20 毫升生理盐水，注入子宫，起到收缩子宫的作用，或用新斯的明 20 毫升注入子宫，间隔 6 小时输精。亦可将手伸入直肠后，从子宫角加些压力轻轻向后滑动几次，使子宫内黏液排出后输精。产后 35 天内发情不输精，等子宫复原后发情再输精。还可对产后子宫采用盐酸土霉素 3 克，根据子宫恢复情况而酌定添加生理盐水，注入冲洗子宫。以上方法实施 2~3 次即可奏效。

障碍七，阴门排红现象

母牛发情结束后，子宫黏膜，特别是子宫阜之间的黏膜上皮中的微血管淤血，血管壁变脆而破裂，血液流入子宫腔，再通过子宫颈，流入阴道，当血液量多时，会排出阴门外。发情后出血是在母牛尾部和阴门处见到血迹，不管气候条件如何或母牛是否配种受孕，这一现象通常在发情期后 3 天出现。如果奶牛没有表现出发情，则应将排红现象记录在案，由此表明，已错过输精时间，此时输精不会受胎。经产牛发情后期生殖道排血现象比育成牛少。母牛生殖道排血的时间大多出现在发情结束后 1~4 天，其中以第 2 天排血的约占 70% 以上。排血持续时间一般 1.5~2 天，个别母牛会有连续三天排血的。

母牛输精后排血不影响其受胎。据在富拉尔基区奶牛配种站统计个体饲养的 976 头发情周期正常、无子宫疾病的中国荷斯坦成年母牛，有 497 头母牛排卵后排血，占 50.9%；其中育成牛 367 头，占 73.8%。排卵后排血的母牛总受胎率高于不排血母牛 11.9 个百分点。

在江西，奶牛发情后一部分牛有少量的血液伴随着黏液由阴户排出，称之为排红现象。以往认为此种情况的奶牛已排卵，是发情结束的标志，通常不予输精。但在对排红牛进行卵泡检查时，发现有少量的奶牛虽然发情后出现排红现象，但卵泡仍处在波动明显、一触即破的即将排卵状态。对此采用将精液直接输至卵泡侧子宫角内，一次输精受胎并产犊。他们认为，奶牛发情后排红输精宜采取偏角输精；在奶牛发情后排红，用直肠检查卵泡是否排卵确定是否输精；奶牛发情后排红不是发情结束，只有排卵才是发情结束的唯一标志。

在山东，有俗称"血栏子"的，是指有的母牛发情后 1~2 天从阴门流出带血黏液，可持续 1~2 天，他们认为，对于此类母牛，用生理盐水 1 000 毫升反复冲洗子宫；隔 2 小时再输入生理盐水 50 毫升，内含青霉素 640 万单位、链霉素 200 万单位、地塞米松 15 毫克、黄体酮 20~30 毫克，隔 1~1.5 小时输精，间隔 6~10 小时再输精 1 次。他们认为，有些母牛虽然出现排红现象，但卵泡在卵巢上正处在成熟期，触诊时有波动或一触即破的感觉；通过配种发情排红未排卵的母牛，尚可获得较高的受胎率。其具体操作是：观察牛群，每日 6~7 时、11~13 时、19~20 时各 1 次。将观察到发情后排红母牛，立即进行直检，确定卵巢排卵与否。将发情后排红母牛直检结果分为排卵组与未排卵组；并在直检后解冻颗粒精液，进行输精 1 次；配种 2~4 个月后直检，诊断是否妊娠。结果显示，奶牛发情排红后，已排卵的占 76.34%，未排卵的占 23.66%。发情排红的母牛中，已排卵母牛受胎率仅为 4.23%，表明发情排红后就已排卵，致使受胎率低；而未排卵母牛受胎率达 77.37%，表明发情排红后未排卵和卵泡正处一触即破期时是配种的最适时间。因此，在母牛发情排红后，直检卵泡情况并确定是否配种具有重要作用。对发情排红后未排卵母牛立即进行输精，对发情排红后已排卵母牛则不必输精。看来，奶牛发情后排红只是一种生理现象，不能作为判断发情结束的标志。母牛发情排红与受胎的可能性几乎无关。

障碍八，细管滞留子宫

使用细管冻精配种，一般情况下，在输精过程中细管进入子宫体内的情况很少，一旦发生若不及时取出则会造成奶牛终身不孕。不过，细管误入原因有：塑料输精外套老化，外套头前口有裂缝；输精时用力过猛，造成外套头损坏；输精枪与细管型号不一致，0.5 毫升的输精枪误装入 0.25 毫升的细管冻精。万一不慎细管滞留子宫，亦不必惊慌失措，可用方法：取一长 50 厘米、内径 0.6 厘米、壁厚 0.1 厘米的铁管或铜管，管前部 10 厘米处用砂纸打磨光滑，管口用铁锉和砂纸打磨去除刃性。此自制工具可称之为"粗枪"。奶牛站立保定，取 0.25% 普鲁卡因 40 毫升、青霉素 240 万单位、链霉素 200 万单位，溶解后注入子宫。将粗枪前端涂上消毒豆油或石蜡油。在子宫投药 5 分钟后，左手持粗枪，右手入直肠并采用直肠把握法两手配合使粗枪入阴道，再缓缓通过子宫颈，使粗枪前端置于子宫体分叉部。这时右手在子宫角内寻找到冻精细管，并把细管导到粗枪口附近，用右手把握细管的近端，两手配合寻找粗枪口，使细管完全导入粗枪口内，缓缓抽出粗枪，细管则被带出，并检查带出的细管是否完整。

应注意的是，细管进入子宫体后，经直检根据子宫颈口开张情况选择制备粗枪材料，如子宫颈口开张大，可选管口稍粗的材料，以利于操作；牛必须处于安静状态，为此，可配合肌注"846"麻醉剂 3 毫升；取出细管之后，子宫内注入青、链霉素，每天 1 次，连用 3 天，以防在操作时损伤子宫内膜而继发子宫内膜炎。

障碍九，寒冷冬季输精

有一奶牛场地处寒带，从 11 月份至来年 3 月较为寒冷。在逐步改善奶牛饲养管理的同时，加强对配种前细管冻精解冻操作，降低了对冻精精子活力的影响。提高了奶牛受胎率。该场奶牛约 3 000 多头，其中成年母牛达 1 500 多头，配种点分布 10 多处。其冬季配种前的冻精解冻操作方法：细管冻精解冻时，要快速解冻。把细管冻精放入 40℃水，待管内颜色一变，迅速移出，水温要用温度计掌握准确。封口处可露出水面，细管精液部分完全沉没在水面之下。采用凯苏式多枪头输精枪或一次性塑料外套输精枪在冻精解冻前要均匀加温，用手摸不凉。因为冬季配种室温度处于 -10℃以下，不加温枪头，易造成冻精后精子的低温打击。输精枪与细管冻精型号要适合，输精前细管端向下，放在两手掌之间搓动 7~8 次。使沉淀的精子浮游起来，再剪掉封口，切口处要剪齐。细管切口要紧密吻合输精枪管咀，多枪头输精枪要拧紧螺丝，一次性塑料外套要套紧。做好奶牛发情鉴定，正确及时发现发情是输精成功的前提。做到适期输精，输精迅速准确。

勿忘关心配种员

常言道"奶多奶少在于喂，有奶无奶在于配"。加强繁殖配种工作，是确保高产、高效的有效途径。因此要切实关心生产一线的配种员的工作、生活待遇，充分调动其工作积极性。提高牛群的情期受胎率，要求达到 50% 以上，只有提高奶牛情期受胎率，才能缩短产犊间隔，真正实现年产 1 犊的愿望。

人工输精时，还得靠配种员，使用标准化输精器械，严格消毒，执行人工授精技术操作规范。配种员在实施配种前要对精液进行检查，检查的项目包括核对种公牛号（按照选配方案确定使用相应的公牛精液配种）、冻精活力检查等。配种员对发情牛态度要温和。特别是对胆小的和不让动手的母牛决不能连踢带打。一定要通过安抚的方法使牛安静下来，然后进行操作。清除直肠内宿粪旨在避免输精后母牛立即排粪造成精液的逆流。粪便清除后要注意清洁母牛外阴部。不使污染输精器前端。输精时，动作不要太快，推送精液的时间一般应在5秒钟左右完成。输精太快会造成部分精子死亡，也易造成精液逆流。输完精后缓慢取出输精枪，握子宫颈的手要停留片刻。把子宫颈向上抬起。按压母牛的腰部使之下沉，再缓缓抽出握子宫颈的手。认真做好配种记录。配种员须知日光、荧光灯的照射，温度、一些常用消毒药品，如来苏尔、酒精、高锰酸钾、醋酸、松节油、乙醚等都有致死精子的作用。配种员采用直肠把握法实施输精。输精应该在配种室操作间的授精架内进行，配种室内清洁无尘，绝对禁止吸烟或存放对精子的有害的药品或有异味的物品，以免对精子造成损害。母牛产犊后由饲养员和配种员共同负责观察胎衣排下时间，如超过12小时胎衣不能排出或排出不完整时，要及时给予处理。产后7天的监视恶露排出情况，一旦发现异常要立即诊治。产后14天第1次检查阴道黏液的洁净程度，对严重不洁的要治疗，轻微的做记录并注意观察。产后30~35天做第2次检查，直检子宫恢复和卵巢情况，发现有病要做记录，并及时治疗。对卵巢静止或发情不明显的要诱导发情，对安静发情、断续发情、持续发情，间隔不足15天或超过40天发情等异常发情的母牛和输精两次以上未妊的牛要进行直检，做好记录。配种前应进行阴道检查，对分泌物呈中等以上不洁的不能输精，应及时治疗，对轻度不洁或酸度偏高或有难配史的母牛可酌情配种，但配前应清宫。每次输精完毕后，配种员应及时填写配种记录。由此可见，配种员的选择培养、进修提高及其福利待遇等应予以重视，因为其所在岗位太重要了！

冻精配牛在北京

北京市延庆县奶牛冻精统一由北京奶牛中心提供，由家畜繁殖改良指导站统一购买，均为检测合格的优质冻精，截至目前已拥有27头种公牛的优质冻精，可保证广大养殖户选取精液的质量和挑选范围。结果显示，2003~2007年10月，全县使用的种公牛头数不断增多，尤其是优质冻精的使用量增幅较大；规模养殖小区优质冻精的使用量达到100%，主要是在国家优质冻精补贴政策的鼓励下，养牛户见到了效益，认识到良种繁育的重要性。全县奶牛存栏从20 184头发展到30 984头；鲜奶总产量由42 029吨增至112 849吨；年单产水平由2.37吨提高到5.13吨。随着使用优质冻精比例的提高，奶牛单产水平也逐年提高。通过使用优质冻精，奶牛在体型外貌方面有了很大的改进，体型结构、乳用特征、乳房结构、肢蹄等性状明显改善，乳房炎的发病逐渐降低，健康状况明显改进。针对易出现难产的牛重点选择产犊易的公牛冻精逐代进行改良，使奶牛难产率明显下降。全县共有8个牛场的2 284头奶牛符合北京市奶牛协会关于北京市"中国荷斯坦奶牛"登记条件，成为第一批品种登记牛。

注意事项

有的小区存栏成母牛150头左右，2006年仅用1头种公牛的精液，2007年增至到4~5头；有的小区存栏成母牛260头左右，仅选1头种公牛精液，最多不超过3头；有的小区精液选用范围广，成母牛存栏100头左右，就使用6~7头种公牛的精液。按要求人工授精时每50头母牛至少要采用3头以上的公牛冻精。有些散养牛户，这次配种用这头公牛的精液，下次配种又换了另一头公牛的精液，有的甚至造成一共养5头牛就用了5头种公牛精液，这种情况下如果记录不及时，易造成近亲交配的现象发生。

有的小区认为，只要配上就行，不管将来所产的犊牛生产性能好坏，仅凭价格与感官选择公牛的花片和体型，而不考虑是否适合自己的奶牛。

部分养牛户在选择用精液方面不知道应该从哪些方面进行选择，而是偏信其他养牛户的意见；有的自己不选择而是由配种人员决定，配种人员有哪些精液就选用哪种。由于经常更换精液号，如果系谱的记录不完整，时间长了很容易造成近亲交配现象发生。

根据存在的问题，延庆县家畜繁殖改良指导站对全县奶牛精液进行统一购入的同时，进行统一调控，参照有关资料制定了全县奶牛的选种选配方案，指导各小区、场、养殖户进行精液的选取。对全县奶牛进行体型性状评分，找出遗传缺陷，有针对性地选择选配公牛。对延庆县奶牛小区、场养殖户分批次开展奶牛生产性能测定，通过每月对乳蛋白、乳脂肪、体细胞、干物质等成分进行测定，随时掌握每头奶牛的情况，为遗传选育和饲管提供决策依据。

通过举行繁殖知识培训班、深入养殖户发放材料、入户指导等方式，使养殖户转变认识，增强对良种繁育知识的了解、掌握，从最基础环节入手，逐步使全县奶牛的繁育工作进入科学化、规范化的轨道。

冻精配牛在新疆

在新疆，奶牛人工授精技术实施中容易忽视的问题：在进行奶牛常规人工授精时，要进行多次直检或人工输精，对奶牛保定及其配套设施的设计提出了更高的要求。有颈枷和有合适通道保定设施的牛场与无颈枷只有简易通道保定设施牛场，发现前者工作效率提高至少 3 倍以上。少数奶牛场保定及其配套设施设计不合理也导致了操作人员的损伤，有时也造成奶牛的损伤。在奶牛人工授精操作中，随意使用种公牛的冻精，不考虑选种选配；忽视运输、解冻和操作环境，造成精液活力下降；奶牛外阴部清洗；提前拽掉塑料外套，容易通过外阴的脏污和可能存在的阴道炎造成塑料外鞘的污染，在进行子宫注射和清洗时消毒不彻底，可能继发子宫炎，从而不能受孕。在进行直检、人工授精时，其检查的结果具有时效性，而在部分奶牛场，资料整理不及时，不能及时反馈信息，造成了潜在的经济损失。重视配种工作本身而忽视高产奶牛的配后保胎工作，往往会造成胚胎死亡。性控精液比常规冷冻精液的输精要求更高，部分牛场人员不能按照要求操作，不能严进行奶牛的选择，输精时把性控精液输到排卵侧子宫角时损伤子宫内膜，人为造成了子宫炎，性控精液输精不但要用长 5~6 厘米的输精枪，输精时更要把握好精液解冻温度及时间，输精时间在发情结束后 12~14 小时，而且需要把性控精液输到子宫角基部，如此受胎率方可提高。不能及时记录或输入繁殖资料信息，缺乏对记录资料或牛场管理软件中繁殖数据资料整理归纳能力，不能分析出原因、提出解决的措施，因而不能及时有效地解决问题。目前我国没有对人工授精这一岗位评定级别或职称，一些地区只是通过培训发上岗证就可以上岗，也未进行分级管理，导致人工授精员的技术水平相差较大，熟练程度不一，需要定期组织专门的培训才能够有所提高。

采取措施

奶牛场在经济条件许可的前提下用颈枷或设计合适的保定通道，必要时可以和体重测定结合起来设计牛场保定通道，进行合理分群，根据奶牛具体情况进行一系列的检查和操作。

在合理进行选种选配的前提下，选择最佳组合的精液，针对不同奶牛场的实际情况，达到个体差异化选配和群体化的选配，从而有针对性地做好育种工作。在输精操作中清洗外阴后用一次性卫生纸擦干，塑料外套、塑料外鞘和输精枪一起插入到子宫颈外口时，拽破塑料外套，然而塑料外鞘和输精枪一起通过子宫颈，到达子宫体。如果是性控精液，则输到排卵侧子宫角基部。而在治疗奶牛子宫内膜炎时，可以使用一次性的子宫冲洗管，既卫生又方便。

在牛场内部运输已经解冻好了的精液时，冬季要防止精液受到冷打击，尽快将解冻的精液输入母牛体内。如果遇到多头奶牛发情时，可考虑将冻精分批次配种，尽量使解冻的精液在数分钟到1小时内输完。已解冻的精液可装入贴身衣袋，用体温保存到达现场再输精。

如有条件可用专门移动式车辆，配备液氮容器和输精器材，现场解冻输精。大型牛场也可以用便携式运输箱。便携式运输箱是针对胚胎、卵母细胞、精液的运送而设计的，有内置电池，可以方便使用汽车电源或电源充电器进行充电。到远距离的小型规模化不设置兽医与配种员的奶牛场给母牛输精，用小型液氮容器运输冻精，然后到现场解冻，输精效果明显较好。

在精液品质的检查方面，应对每批次的精液随机抽样检查，只需一小滴解冻精液用于观察活力即可，剩余仍然可以给发情牛输精。

对日常原始繁殖数据的记录，应及时整理输入计算机，利用奶牛场管理软件；最好是与挤奶器连接，大型奶牛场还需要有局域网，对奶牛的繁殖生产资料进行处理，包括奶牛繁殖资料的收集、整理、汇总，应用统计分析软件进行分析，可以有效提高繁殖管理水平。

重视奶牛场繁殖管理制度的落实，通过制定科学合理的育种规划、规范化人工授精操作规程和繁殖管理工作流程，使每个工作环节在可以控制的范围内实施。建立冻精管理制度、发情鉴定管理制度、常规冻精输精规范化操作规程、性控精液输精规范化操作过程、定胎检查的工作程序、繁殖疾病的诊断治疗规程、产房卫生保健制度、奶牛助产和护理工作制度、产后奶牛繁殖机能监控工作程序、奶牛场人工授精技术人员考核制度，从制度上保证繁殖工作科学有效地实施。

母牛输精后应继续进行观察。在配种后8~19天早期胚胎容易死亡的高峰时间段，应该对高产奶牛采取保胎措施，尤其是在配种后16~19天妊娠识别时间，可注射黄体酮或绒毛膜促性腺激素，在营养方面保证维生素A和维生素E等的充分供给，必要时也可以进行肌内注射。

奶牛场要定期或不定期进行内部人员交流，要重视与外部先进奶牛场技术人员进行交流，积极参加各种不同形式的培训班，提高自身素质。在地区行业内部组成行业协会，参照国外发达国家奶牛人工授精师协会或者兽医师协会，以进行行业内部交流，取长补短，共同提高。加强对牛场人工授精员的培训，提高其对临床繁殖疾病诊断治疗水平以及对高产奶牛繁殖保健的综合能力。对于刚开始工作或工作时间不长的大学生要积极培训，尽量使他们突破临床实践操作中的"瓶颈障碍"，不定期的安排外出学习交流，促使他们快速成长。

冻精配牛在甘肃

近年来，临夏县结合世行贷款畜牧综合发展项目的实施，充分利用区位优势和资源优势，大力发展奶牛业。全县奶牛存栏 1.96 万头，建成 12 个奶牛养殖专业村、9 个标准化养殖小区、9 个规模养殖场，1 个乳品加工企业、6 个挤奶厅、29 个鲜奶收购站、14 个奶牛冻配点和 1 个奶牛协会，产加销一体化经营格局初步形成。自 2006 年起，临夏县引进高产种公牛冻精，进行奶牛品种改良。

高产种公牛冻精系从北京引进。该品系公牛的女儿平均产奶量在 9 000 千克以上。本试验所选的母牛 100 头体重 500 千克左右，日产奶 20~30 千克，按体重和奶产量相近的原则随机分为两组，每组各 50 头。对生产的母犊牛在同一条件下饲喂，直至怀孕分娩。然后从两组进入产奶期的母牛中分别随机抽取 10 头，采用高产种公牛冻精所产的母牛组为试验组，采用普通公牛冻精所产的母牛组为对照组。

试验组和对照组均采用舍饲，圈舍为半开放式，饲料主要为全贮玉米饲料。在同一圈舍内由同一饲养人员饲喂，饲料标准、饲喂方式、免疫程序完全一致，保持圈舍和饲槽的清洁卫生。

结果显示，采用高产种公牛冻精所产母牛的平均日产奶量为 21 千克，产奶周期以 300 天计算，年产牛奶约 6.3 吨，采用普通公牛冻精所产的母牛平均日产奶量为 15 千克，产奶周期以 300 天计算，年产牛奶约 4.5 吨。试验组每头奶牛的经济效益比对照组高。试验表明，高产种公牛冻精应用效果明显高于普通公牛冻精，采用高产种公牛冻精进行繁育值得在全县推广。

注意事项

高产奶牛在科学、标准的条件下饲养，其高产性能才会充分发挥，因此，高产种公牛冻精最应该在标准化养殖场或养殖小区推广。

应用高产种公牛冻精的牛群，应尽可能地使用全贮玉米饲料，减少精料供给，这样还可以进一步降低生产成本，增加养殖效益。

要建立应用高产种公牛冻精的长效机制，巩固奶牛品种改良成果。但今后应用什么品种的高产种公牛冻精值得研究。

奶牛在不同生产时期对饲粮的要求不同，农户应根据奶牛个体情况分别对待，参照奶牛不同饲养阶段的营养标准，对日粮进行科学搭配。

综上所述，足见如今饲养奶牛，取冻精配种，堪称便利之极。加之，聘一优秀输精员，对冻精及其配种操作，均有较完备之认识与熟练，定能获得上佳效果。

正是：

冻精配种好处多，取用细节应掌握；

直把宫颈输精术，勤学苦练多揣摩！

母牛发情、配种，配上了谓之受胎。确认母牛受胎，依据直检妊娠诊断，最终如期正常产犊。总之，饲养奶牛，配种受胎是关键，为了提高受胎率，实践表明——

第9章

促孕寻抓手

一抓影响的因素

奶牛的繁殖力影响是奶牛一生或一段时间内繁殖后代的数量多少。影响奶牛繁殖力的因素：

遗传因素的影响

产奶性能与繁殖能力成反比关系，种公牛产奶性能越高，其繁殖性能的遗传力越低。一般品质优良的种公牛精液，精子畸形率低于18%，冻精解冻后精子活率高于0.3，其受精能力强，后代繁殖力高。一头精液质量差、受精能力低的种公牛，即使与能产生最大数目正常卵子的母牛配种，其受精率仍然很低。

母牛繁殖性状的遗传力较低且产奶量与繁殖力呈负相关。高产奶牛的繁殖力降低，主要表现在发情时间间隔延长、受胎率降低。母牛异性双胎的母犊，有91%~94%不能生育。患卵巢囊肿的母牛所生的后代母牛，发病率比正常母牛的后代高；卵巢囊肿具有遗传性，最常见于2~5胎。近交繁殖可增加胚胎死亡和染色体畸形率，而杂交可以减少胚胎死亡和畸形率。

母牛生殖道的先天性缺陷（输卵管、子宫和子宫颈停止发育或融合不全）和后天性缺陷（分娩时创伤或感染病菌）可以妨碍精子或卵子向受精部位移动，从而影响受精率。母牛的卵巢发育不全、卵巢萎缩及硬化、持久黄体、卵巢（卵泡和黄体）囊肿等均可抑制卵巢机能的正常发挥。

能量因素的影响

能量是影响繁殖的首要因素，能量过高或偏低都会造成奶牛繁殖率的下降。产后40~60天是产奶量快速上升阶段，也是奶牛发情配种时期，如果产后奶牛发生严重能量负平衡，致使奶牛膘情下降，体况分低于3.0，可使产后卵泡发育延迟，静止发情增多，子宫复旧延迟，卵巢机能不全甚至萎缩，排卵延迟或胚胎死亡。

产前能量过剩，膘情过好，极易造成奶牛肥胖综合征和难产，而且也会造成奶牛胎衣不下、酮病等，进而影响到奶牛繁殖。

在奶牛能量负平衡情况下，牛丘脑下部促性腺素释放激素释放受到抑制，使得垂体促黄体素分泌减少，同时降低了卵巢对促黄体素刺激的反应性，导致生长卵泡不能最后成熟，抑制排卵，产后第一次发情时间延长，出现奶牛长期不发情。

当奶牛处于能量负平衡状态下，促卵泡素水平偏低，卵泡生长发育受阻，就会造成雌二醇分泌不足，导致发情不明显。或使生长卵泡中途闭锁，导致发情异常。

胰岛素可促进卵泡发育，当奶牛处于能量负平衡状态下，胰岛素水平偏低，潜在降低了可以正常发育的卵泡数量；并可能导致卵泡个体发育不良、降低其在发育中期接受促卵泡素刺激的能力。

瘦素是一种主要由脂肪组织分泌的蛋白质激素，可通过下丘脑或直接作用于卵巢，对奶牛育成期发育、生殖器官发育以及性激素分泌产生重要的调节作用。瘦素通过发动、调节下丘脑－垂体－性腺轴影响繁殖，是维持正常卵巢周期的必要因素。血浆高浓度的瘦素可以缩短奶牛产后第一次发情时间间隔。在奶牛泌乳期能量负平衡情况下，血浆瘦素浓度降低，影响奶牛产后发情。

为了促进卵泡围产前期开始发育，可在日粮中添加刺激胰岛素分泌的成分，如丙二醇。产前2~4周饲料中添加丙二醇，可在提高胰岛素合成的同时，相应增加IGF-I水平，达到促进排卵的作用。

添加脂肪酸钙可改善奶牛繁殖性能，因为添加后，缓解了奶牛在泌乳盛期的能量负平衡，可抑制奶牛产后体重减轻，保持良好的体况，形成发情早、受胎率高的效果。在奶牛泌乳早期的日粮中添加保护性脂肪，可缩短奶牛产犊与再次妊娠的时间间隔。

常量元素的影响

钙能刺激细胞的糖酵解过程，提供精子活动所需能量。种公牛日粮中缺钙可导致精子的成活率降低，精液中死精子数增加，精子的受胎率下降；钙离子浓度过高，也会对精子产生不良影响，可使公牛性欲降低，显著降低种公牛的精液量和精液品质。此外，钙离子参与黄体孕酮的合成，也是卵母细胞成熟所需的物质，可影响母牛的繁殖性能。母牛日粮缺钙，可导致骨软化和骨质疏松，繁殖力下降，怀孕母牛缺钙常导致胎儿发育受阻甚至死胎，并引起产后瘫痪。

缺磷可导致母牛生产力下降、繁殖功能减弱（不发情、受精率低、泌乳期短等症状）。日粮中缺磷是母牛不孕的原因之一。奶牛缺磷常导致繁殖性能下降、易发生流产或产弱犊。青年母牛饲料中不同磷含量对发情行为、卵巢活动、血清中黄体酮和促黄体生成素的浓度均无明显影响，其原因主要是青年母牛仍处于生长发育期，而且骨骼中的磷已经可以被利用，完全能满足短期饲料磷缺乏，因而其繁殖性能不会受到饲料磷水平的明显影响。

奶牛的日粮中缺乏钙磷或二者比例不当可导致母牛卵巢萎缩、性周期紊乱或不发情，屡配不孕，胎儿发育停滞、畸形和流产或产弱犊，而且泌乳能力也低。当钙磷比小于1.5：1时，可引起母牛受胎率低，产犊时发生难产和胎衣不下，易发生子宫和输卵管炎症；钙磷比大于4：1时，繁殖性能下降，易发生阴道脱和子宫脱垂、子宫内膜炎及乳房炎等。钙磷比以1.5~2：1最为适宜。

奶牛采食大量施用钾肥的牧草时，钾的采食量过多，从而导致钾钠比例失调，造成钠缺乏，引起机体酸中毒，生殖道黏膜发炎、卵巢囊肿、性周期不正常、胎衣不下等症状。钾钠比以5：1为宜。当钾钠比例大于10：1时会导致缺钠引起的母牛繁殖障碍；当奶牛日粮镁的含量过低时，可导致不发情、受胎率低、流产和犊牛初生重小；妊娠母牛缺乏镁时，还可能引起犊牛出生前骨骼发育不良，易骨折，犊牛出生后血镁低，可引发痉挛，严重时会造成死亡。氯与母牛的繁殖生长有密切的关系。长期缺氯可使卵巢萎缩、发情周期紊乱、受胎率及产犊率降低，严重者可导致不孕。

硫是硫胺素、生物素和胰岛素的成分，参与碳水化合物代谢。硫以黏多糖的成分参与胶原和结缔组织的代谢，缺乏硫可引起生殖道黏膜炎症、卵巢囊肿及发情周期不正常。

微量元素的影响

铜是生命必需的微量元素，奶牛铜缺乏时卵巢机能低下，发情延迟或受阻，受胎率低，分娩困难，胎衣不下。产下的犊牛会发生体质虚弱或因母牛无哺乳能力而死亡。孕期奶牛缺铜对胎儿发育极为不利，产下的犊牛常表现先天性佝偻病。铜缺乏引起的繁殖障碍并不都是饲料缺铜，往往是饲料中铜含量很高，但由于其他元素的拮抗作用导致铜利用率降低。当饲料中锌、钼、铁过多时，可拮抗铜的吸收，使铜的生物学效价降低。相反，钴与铜有协同作用，通过对奶牛以注射的方式补铜，可使受胎率从53%提高到67%，如同时补充铜和钴可使受胎率达到93%。

铁是构成血红蛋白的重要组成成分，也是许多酶的组成成分，与血液中氧的运输、体内生物氧化密切相关。铁是体内的必需微量元素之一，对维护机体正常生理功能具有重要作用。铁对胚胎成活率、子宫容量有重要影响。缺铁可导致机体贫血，胚胎发育障碍或停滞，还会使机体的免疫功能降低，增强对疾病的易感性，从而使机体发生生殖器官炎症的几率增加。铁含量与母牛每次妊娠的输精次数有很大关系，铁可提高母牛的受胎率。铁参与母牛排卵和早期胚胎的发育过程。

锌是肾上腺皮质的固有成分，并富集于垂体、性腺和生殖器官，参与调节垂体肾上腺和垂体甲状腺以及垂体性腺系统的功能，影响性腺活动和性激素的分泌。母牛缺锌常使受精卵不能着床、胚胎早期死亡，表现为屡配不孕。缺锌还可使母牛难产的发生率增加。向种公牛日粮中添加锌的量是每100千克体重75毫克，可显著改善其精液品质，并提高母牛受胎率。

碘是甲状腺素的组成成分，甲状腺素能促进胎儿生长发育。妊娠期日粮中碘含量不足，常引起母牛流产、妊娠期延长、出现死胎或弱胎、分娩困难、胎衣不下等。

硒是非常重要的一种必需微量元素，具有抗氧化作用，对生殖机能有重要的影响。缺硒常使母牛发情周期失调，受胎率、产犊率和幼犊存活率降低，甚至导致不孕。饲喂低硒日粮的奶牛补硒后，可明显降低胎衣不下的发病率，并发现硒和维生素 E 混合使用对预防胎衣不下的效果更有效。母牛缺硒导致胎衣不下，可能是缺硒和维生素 E 损伤了子宫肌肉生理功能而引起的。

锰在饲料中含量较低，因而在日粮中必需添加锰。缺锰可导致生长不良并损害繁殖功能，表现为公牛睾丸萎缩、母牛排卵障碍。青年母牛缺锰表现为发情周期不正常、受胎率降低；成年母牛表现为繁殖力低下、易发生流产、囊性卵巢的发病率增加。补充锰能改善母牛的繁殖性能。

钴的主要作用是作为维生素 B_{12} 的成分，是一种抗贫血因子。钴也是保证牛正常生殖机能的元素之一，钴缺乏时表现为贫血和生长发育不良，而后者往往导致不育。母牛缺钴时受胎率低、不能发情、初情期延迟、卵巢机能降低、流产、产弱犊。给缺钴牛群补钴，可降低安静发情和不规率发情率。缺钴的奶牛往往血铜降低，同时补充铜钴制剂，可显著提高受胎率。

铬参与调节机体中糖、脂肪、蛋白质、核酸等物质代谢，提高其繁殖性能和免疫功能。奶牛饲料中添加有机铬，可改善奶牛繁殖性能，同时减少酮病发生、改善牛的体况、增加产奶量和抗病力。妊娠期间母牛补铬，可使胎衣不下发生率降低 3/4。

钼是生长所必需的微量元素之一。钼酸盐能抑制孕酮、雌激素和糖皮质激素受体的活化，从而影响孕酮、雌激素和糖皮质激素的生物作用。采食过量的钼会降低奶牛的繁殖机能，使奶牛的初情期推迟，出现异常发情和乏情率增高，也可使公牛的性欲降低、精子活力下降。采食高钼低铜饲料的奶牛初情期推迟，异常发情和不发情率增高。

钒的存在与动物的繁殖、生长和遗传有密切关系。钒可影响生殖功能，缺乏时会导致生殖机能受损，使犊牛的死亡率增高。正常情况下，机体的钒主要来自食物，钒的含量过高或过低对生殖都不利，母牛缺钒导致第一次配种期妊娠率下降、流产率显著增加，但是不影响个体生长。如果体内钒含量过高，会导致奶牛流产、死胎和难产率增加。

维生素也有影响

长期提供脂溶性维生素可提高繁殖力。在所有脂溶性维生素中，β-胡萝卜素和维生素 E 作用较明显。当母牛缺乏维生素 A 时（β-胡萝卜素可在小肠及肝脏中转化为维生素 A）易引起流产、丧失繁殖力；当缺乏维生素 E 时，奶牛易发生繁殖机能障碍。

管理因素的影响

母牛的挤奶次数，据对 135 头奶牛的研究发现，每天挤奶 3 次与 2 次相比，首次配种至受胎的间隔时间延长 8~12 天。母牛坚持每天适当的运动可提高对营养物质的利用，可使子宫平滑肌和卵巢的紧张性和兴奋性提高，分娩时有利于胎儿的转位顺产和产后发情排卵，防止胎衣不下及子宫复原不全、产后瘫痪等。安全产犊和分娩无菌操作与产后繁殖有密切关系。助产操作不当或牛舍、牛身及用具不消毒、卫生差时，各种病原微生物很容易感染外阴、乳房及侵入牛体，影响奶牛繁殖力。牛舍内通风状况不好，空气中含有 0.3% 以上的二氧化碳有害气体时，不仅呼吸困难，而且还能破坏消化和机体的新陈代谢，致使母牛性欲降低。

热应激因素影响

夏季在我国的高温、高湿天气会使奶牛产生的热应激，从而导致奶牛繁殖性能、产奶量及免疫力急剧下降，给奶牛业造成巨大的经济损失。此外，热应激还会增加乳房炎、胎衣不下和子宫内膜炎发病率。每种动物都有一个适宜的环境温度范围，被称作适温区。5~20℃是奶牛的适温区。荷斯坦牛维持正常体温的环境温度上限为25~26℃，超过这一上限，奶牛因不能散失足够的热量来维持机体内热平衡就会产生热应激。在高温和高湿的共同作用下，更会加剧奶牛的热应激。如温度为29℃，相对湿度40%时，荷斯坦牛产奶量为正常水平的97%，但相对湿度增加到90%时，产奶量只有正常水平的69%。奶牛通过蒸发和非蒸发两种体温调节方式来缓解热应激。若皮肤表面周围温度低于35℃，奶牛可以有效地自身调节进行热交换；若温度超过39℃时，奶牛即处于热应激状态。此外，呼吸频率（呼吸次数/分钟）也是地评定热应激程度的一种方法。每分钟呼吸超过80次时，奶牛就处于热应激状态。热应激可使促卵泡素、促黄体素、催乳素等分泌减少，犊牛性腺发育不全。热应激还会引起成年母牛不发情或安静发情及排卵，成年公牛性腺萎缩、性欲减退、精子发育不良、精子畸形或死精。奶牛受到热应激原刺激后，体内抗体水平下降，从而抑制了机体的细胞免疫和体液免疫，造成机体免疫力下降、抗病力减弱。

配种技术的影响

人工授精技术可以最大限度地发挥优秀种公牛在牛群遗传改良中的作用。奶牛受胎率的高低决定着奶牛饲养成本的高低，取决于种公牛精液品质、母牛发情状况、人工授精技术水平、输精时间及配种员的选择、培训等。

二抓繁殖要达标

在北京市，奶牛繁殖技术指标：年总受胎率在95%以上；年平均情期受胎率在55%以上；年空怀率在5%以下；初配情期受胎率75%以上；产后第一次配种情期受胎率60%以上；胎间距又称妊娠间隔或产后配妊天数低于100天；初产月龄在26~28个月；产犊后50天内出现第一次发情的母牛达80%以上；处于18~24天正常发情周期的发情达90%以上；产后到第一次配种的平均天数在70~90天；产后配准天数为105天；每受孕一头的平均精液耗量不超过3.5个剂量；年流产率在6%以下。简言之，一个饲养400头成母牛的奶牛场，在任何一天统计，都不允许有16头以上的产犊已达180天、或青年牛已达24月龄，而在统计之日仍然空怀的情形。

掌握好繁殖动态

为了奶牛繁殖达标，应做工作：根据年均经产母牛头数和应转入初胎母牛的头数，下达年总受胎率和胎间距两项指标，并与配种员签订承包合同。实行繁殖头数、胎间距天数奖罚制度，以充分发挥配种员的积极性。配种员要做好每头母牛的产犊、预配、发情、配种、干奶、预产等记录。根据记录，把繁殖牛群分成产后应配、应配已发情、已配待检，以及应配未配等四类进行统计，做到心中有数，并定期对产后30~40天的母牛进行子宫复旧检查，配种3个月以上做一次妊娠检查。由于正确掌握了繁殖动态，便能及时找出不孕、难孕的母牛，从而使诊治时有完备的参考资料。

实施好检查程序

（1）产后检查　检查产犊10天以上的母牛，对那些产犊不足10天，但产犊时发生难产、产乳热、胎衣不下或有异常子宫分泌物的母牛也要检查。进行产后检查可查出许多繁殖疾病或异常。经过检查发现问题，并迅速治疗，可以改善牛群的繁殖状况，减少经济损失。

（2）配前检查　对以前检查和治疗过的母牛在配种前进行检查，以确定其生殖道是否正常，是否恢复了正常的发情周期。第 1 次产犊后表现正常的母牛，只对子宫未完全复原的进行重新检查，以保证现在完全复原并开始正常发情周期。

（3）妊娠检查　对配种 30 天以后的母牛进行妊娠检查。青年母牛在配种 26 天后就常常表现可触到的子宫变化。产过几胎的老龄母牛，子宫壁变厚，一般在 34~35 天后才能进行妊娠检查。

（4）难孕检查　难孕母牛是指经过 3 次配种仍不能受胎的母牛。对所有难孕母牛不管配种的日期都应进行检查。如有异常可立即改正。如无异常，兽医可进行跟踪治疗，使其发情后再进行授精。

此外，还需检查的母牛包括：表现出不规则发情周期的；有异常阴道分泌物的；产犊后 60 天或更多天未见发情的；流过产的；诊断妊娠后仍有发情征状的。

建立好保健体系

奶牛保健体系，是运用预防医学观点，对奶牛实施各种防病和卫生保健的综合措施，以保证奶牛稳产、高产、健康、长寿。奶牛的保健体系包括：

一是防疫体系，其中包括防疫机构和防疫制度。在防疫机构中，有组织机构、器械药品及防疫监督。在防疫制度中，又区分为无疫病时的及有疫病时的两种。无疫病防疫制度是消毒、布病和结核的检疫，以及炭疽等疫苗注射。有疫病时防疫制度是防疫小组上报疫情、疫病诊断、隔离、封锁、扑杀、高免血清及疫苗注射。

二是保健体系，其中包括营养供应和管理措施：营养供应对于犊牛，主抓饲喂初乳和单圈饲养；对于育成牛，主抓按需供应和及时配种；对于成年牛，主抓干奶期饲养和产后监督。而在产后监督上，关注胎衣处理及子宫监控。管理措施主抓牛舍、运动舍、环境，以及犊牛的去角和剪副乳头。在成年牛的管理措施上，包括乳房保健卫生、蹄的卫生保健，以及代谢病监控。此外，还有防寒保暖、防暑降温，以及灭蚊蝇、灭鼠和消毒。

应注意的是，加强成年牛干奶期饲养，充分重视干奶期的重要性，以利于胎儿的发育。

加强产后监护，对胎衣不下及时正确处理，对子宫进行监控，以减少子宫疾病的发生。7~18 月龄为育成牛，19 月龄至产犊前为青年牛，应分群饲养；加强适时配种，15~18 月龄、体重达 370 千克的要及时配种；加强临产牛的监护。

总之，奶牛饲养是基础，奶牛健康是根本；奶牛群生产状况的好坏通过保健体系的实施与来体现，而保健体系实施效果又以牛群生产状况来验证。

三抓不孕牛处置

奶牛不孕症是指母牛超过适配年龄 3 个月以上仍不发情配种和产后经三个发情周期进行配种仍不受孕。

先天后天的不孕

先天性不孕主要是由于母牛在怀孕期间，受到药物、毒物干扰素刺激，机械碰撞、挤压、饲料营养成分改变、低温或高热影响等各种不利因素，引起母牛内分泌异常和神经紊乱，致使胎儿发育受阻，胎儿生殖器官异常发育，引起后代先天性不孕。比如：

① 幼稚病，是母牛达到配种年龄时，生殖器官发育不全或无繁殖机能。主要原因是由于丘脑下部或垂体的功能不足，甲状腺以及其他内分泌腺机能紊乱引起。其临床症状是母牛达到配种年龄时不发情，有时虽然发情却屡配不孕。

② 两性畸形，是由于性染色体组织结构异常所引起，形成两性的外生殖器官。雌性胎儿分泌雄激素过度，影响生殖道的发育，呈现雄性特征。其临床表现是：有的阴门狭窄，阴唇很不发达，但下角较长，阴毛长而粗，阴蒂特别发达，类似一小阴茎；有的具有阴囊，但没有睾丸。具有雄雌两种性腺组织，其体内既有睾丸又有卵巢。

③ 生殖道畸形，包括子宫角畸形、子宫颈畸形、阴道和肛门畸形。

④ 后天获得性不孕是由于饲养管理、人工授精、地理环境改变、气候变化等各种人为因素造成的。

慎对免疫性不孕

由于免疫性因素造成的免疫性不孕是引起母牛不孕的原因之一。母牛免疫性不孕主要包括精子凝集和死亡、输出精子过程受到干扰、卵子形成及精卵接触障碍和早期胚胎死亡等。由于精子具有抗原作用，通过免疫学反应在体内可产生特异性抗精子抗体，而母牛的免疫性不孕，绝大部分是由于体内有高浓度的抗精子抗体所引起。在正常生理状态下，母牛体内血清中抗精子抗体的效价较低，不影响受精结果。而这种免疫性不孕的母牛体内精子凝集效价很高，在输卵管和子宫分泌的黏液中，就蓄积有大量抗体而阻碍受精。

多次反复授精如同重复免疫接种一样，血清中抗体凝集效价就明显升高。比如：经多次输精而未孕母牛，其血清抗体凝集效价可高达 1∶2048。研究表明，输精后第 18 天精子抗体的生物合成明显下降，而重复输精（第一次输精后经 21 天）正好是在精子抗体生物合成强度下降进行的，这也是对再免疫接种最有利时机，而能引起强烈的抗体生物合成，这就大大增加繁殖障碍。

高浓度抗体的不良作用：破坏精子的代谢作用，或精子在抗体作用下，使精子细胞膜膨胀及表面膜的渗透性发生改变，而造成精子死亡；当输入精子时因抗体作用，能引起子宫痉挛性收缩而阻碍精子的吞噬作用；增强吞噬细胞对精子的吞噬作用；抑制卵泡的生长。

除了反复多次输精能增强体内抗体效价外，当生殖道有如子宫颈炎、阴道炎、输卵管炎等炎症时，抗体形成可增加 2 倍，子宫内膜炎抗体效价更升高到 1∶200。当生殖道黏膜有创伤时，引起精子抗原致敏，致敏后抗原在体内能引起再次免疫过程，从而使抗体效价升高。在人工授精实践中，由于消毒不严致使精液污染，输精后受胎率明显降低。究其原因除了子宫环境感染外，而污染微生物的精液输精后，也能使体内抗体效价明显升高。

由免疫引起的母牛不孕无需治疗，应采取预防措施消除导致引起免疫反应的免疫因子：如对产后子宫复旧不全，或有子宫炎、阴道炎等母牛产科疾病，以及有生殖道创伤或经 4~5 个情期连续输精的未孕母牛不宜输精。曾患子宫炎病史的母牛，治愈后短期内发情配种，受胎效果不良，是由于母牛子宫炎症创面局部吞噬细胞仍较活跃，其淋巴因子等免疫物质均不利于精子运动及"获能"乃至整个受精过程。对此，配前注入 50~100 毫升生理盐水，以期降低子宫内抗体滴度，可克服屡配不孕。此外，还可在暂停配种 1~2 发情周期后，待再次发情时，取 1% 苏打水或生理盐水 50~100 毫升，于发情期注入子宫，1 次 / 日，连续 2~3 次；输精时取用更换新的种公牛冻精。

克服高产牛不孕

随着奶牛产奶量的提高，奶牛暂时性或永久性不孕症发病率也提高。据北京、上海、南京等 41 个牛场的 9 754 头适繁殖母牛调查，不孕症发病率为 25.3%。按北京地区一个存栏 600 头适繁殖母牛的牛场，如果空怀率 5%，那么，该场一年里因不孕症造成的损失约为：少生 30 余头犊牛，减少 1.5 万 ~2 万千克产奶量，同时浪费近 30 万元饲养费用。

造成高产奶牛不孕症的原因有：饲养管理不当引起的约占 30%~50%；生殖器官疾病引起的约占 20%~40%；繁殖技术失误引起的约占 10%~30%。高产奶牛由于大量泌乳，产生大量催乳激素，脑垂体前叶抑制促黄体素分泌，同时降低卵巢对促黄体素的正常反应，进而影响卵泡的成熟和排卵，造成不孕。产后 30~120 天泌乳盛期的母牛，处于营养负平衡期（产后失重期），若饲养管理不当，营养跟不上，使失重期延长，母牛体况不能及时恢复，直接影响产后生殖器官的恢复。年产奶超过 8 000 千克的高产牛群，母牛患子宫和卵巢疾病率要比一般牛群高 5%~15%。高产奶牛因大量营养物质随乳汁排出，影响生殖系统的血流和营养供给，加之长时期不喂全价饲料，使奶牛发情周期紊乱或长期不发情。

高产奶牛屡配不孕是指产后发情周期正常，直检生殖器官基本正常，无异常分泌物流出，但配种三次以上未孕。高产牛屡配不孕的原因有：子宫炎占 60% 以上，表现为子宫有炎性分泌物，但多以隐形子宫炎为主，无全身临床症状，在臀部、尾根也无结脓痂及脓性分泌物，直检子宫基本正常；卵巢囊肿发病率相对高，主要表现为反复发情，卵泡囊肿不一定引起重复发情或慕雄狂。直检有一定比例并不表现所谓"外部发情征状"，而是直检卵泡确实有囊肿，另外还有一定比例黄体囊肿，久不发情。

克服高产不孕的方法：加强对奶牛发情的观察，提高奶牛发情检出率。产后 15 天、20~30 天、45 天、60 天、120 天，分别直检；凡超过 60 天不发情的必须检查，及时发现，及早处理。增加输精次数，可在第 3 次发情时配种 2~3 次，间隔时间为每隔 8~12 小时一次；或在发情配种同时肌注促排 3 号 1 支（25 微克 / 支），可解决发情排卵延迟，以便卵泡及早成熟破裂排卵。对于子宫炎，尤其是隐形子宫炎，在配前 6~8 小时及配后 8~12 小时清宫，可取人用氨苄青霉素 2~3 支、链霉素 2 支、生理盐水 50 毫升，溶解后一次宫注。对已确诊为屡配不孕的奶牛再次配种时要更换种公牛精液，以防产生抗精子抗体现象或隔两个情期再配。配种后第 4~5 天或 15~18 天肌注绒毛膜促性腺激素 1500 单位，促进黄体发育，对防止由于孕酮分泌不足而引起的早期胚胎死亡有效，或配后肌注促黄体素 100~200 单位 / 头，每天一次，连用 2~3 次。在预计发情前 10~20 天可用维生素 ADE 注射液 20 毫升，肌注一次，隔 10 天再注射一次，对于发情周期中卵巢上黄体发育功能有效，一般发情配种后黄体发育功能较好，可达 1.5 厘米以上，减少早期胚胎死亡。治疗隐形子宫炎最好在发情时或产后 20~30 天，用胚胎移植的冲卵管冲洗子宫。

牛产后不孕的原因

母牛正常妊娠期一般为 280 天，产犊间隔应为 13 个月或更短一些，以实现一年一胎。但在生产实践中，母牛空怀一般长达 5~6 个月，甚至一年以上。从而造成母牛群繁殖率下降，带来经济损失。影响产后受胎的因素如下。

（1）产后间隔　据统计401头母牛产后第一次配种时间平均为85.43天，情期受胎率为48.1%。其中，50天以内配种头数占11.2%，情期受胎率为44.4%；51~90天的占35.4%，情期受胎率为50%；90天以上配种的占40.4%，情期受胎率为51.3%。由此可见，产后第一次配种时间少于50天者，情期受胎率无显著差异，产后50天以内情期受胎率较低。产后70~90天母牛情期受胎率较高，这时期是母牛产后第一次配种的理想时间。对于三个月以上不发情的母牛应进行检查，及早发现子宫或卵巢疾病，便于及时对症治疗，同时加强饲养管理，使母牛产后尽快恢复体况。

（2）子宫疾病　母牛产后子宫感染引起各种类型的子宫内膜炎，是影响产后第一次配种情期受胎率的重要因素。统计401头母牛产后第1次配种子宫疾病发病头数为96头，发病率高达23.9%。96头发病母牛经对症治疗后情期受胎率只有32.3%，而健康母牛的情期受胎率为49%。发病母牛比健康母牛的受胎率低16.7个百分点，差异显著。因此，要加强母牛产后子宫疾病的检查，采取措施，加速母牛子宫净化。

（3）卵泡发育　母牛有时一侧或两侧卵巢有两个以上卵泡发育的多卵泡排卵，有时卵泡排卵延迟、不排卵、卵泡囊肿等都会造成母牛情期受胎率下降。卵泡发育正常的母牛，情期受胎率高。对于诊断为卵泡排卵延迟的母牛，采取一次肌注促排2号200微克的方法治疗，注射后第二天90%以上的母牛卵泡排卵，促进母牛受胎。母牛一侧或两侧卵巢上有2个以上卵泡发育并排卵的母牛，情期受胎率明显下降8.7~10.7个百分点。

（4）配种季节　配种季节影响母牛产后情期受胎率。母牛在不同的配种季节，因气温和日照的明显变化，情期受胎率受到很大影响。夏冬季节母牛的情期受胎率明显低于春秋两季。这是因为夏季高温，使母牛产生热应激。夏季奶牛受精后10天内极易引起胚胎死亡。冬季日照短和粗饲料中维生素含量低，造成情期受胎率低。春秋两季温度适宜，情期受胎率自然增高。

（5）配种胎次　母牛在1~3胎次产后第1次配种情期受胎率无明显差异，但从第4胎起情期受胎率有所下降。母牛经过3~4个胎次连续产犊，1年产1胎，体内营养和体力消耗严重，极需增加和补充体内营养和恢复体力。因此，母牛通过自身的调节机制，自行延长产犊间隔，以达到恢复体力和继续繁殖后代的目的。因此，有些母牛虽然能在产后照常发情和排卵，但常常不能受胎。因此，要加强母牛怀孕期和哺乳期的饲养管理，增加饲料中精饲料的供给量，以提高母牛产后情期受胎率。随着母牛产犊次数的增加，母牛子宫质地松弛，子宫复原的时间延长，母牛子宫抵抗各种病原微生物的能力减弱，极易发生母牛产后子宫感染，母牛子宫患各种类型的子宫内膜炎和卵巢疾病的比例增加，母牛的情期受胎率受到的影响。因此，要注意母牛产后配前子宫疾病的检查诊断和治疗。

（6）配种时间　母牛上站配种的时间是指母牛表现发情行为后畜主来站配种时，母牛发情已经过的天数。母牛上站配种的时间与受胎率密切相关。母牛的发情期为1~2天，母牛出现发情行为的当天上站配种是最佳选择，情期受胎率高达50.9%。母牛发情后第2天上站配种，此时虽然母牛外部发情行为没有消失，但直检有50%~60%的母牛卵泡已经排卵，只好追配一次。第3天上站配种的母牛大部分已错过配种适期，只有那些发情期延长的泌乳奶牛、卵泡发育迟缓、排卵延迟的母牛才有机会进行输精，但情期受胎率只有10%左右。

防治产后不孕措施

奶牛产多胎次后，随着胎次增加，子宫抵抗力降低，易受病原微生物感染，使胎次受到影响。10岁以上产后奶牛不孕率尤其高。据另一统计分析，连续两年558头不同胎次母牛的配种受胎率看出：初配母牛和产后1胎母牛的受胎率最高。1胎以后，随着胎次的增加，受胎率逐步降低，平均每增加1胎，受胎率降低6.6%。这说明胎次结构是影响受胎率的一大因素。为此，保证合理的牛群结构，及时淘汰老龄低产母牛，则能保证奶牛高受胎率和泌乳的高产稳产。

奶牛全年性发情，但在不同配种季节，情期受胎率会受到很大影响。春秋季节分娩奶牛，配种时期正处在夏、冬季节，由于夏季高温，使奶牛产生热应激，酷热导致奶牛产后受胎率降低；冬季日照时间短，天气寒冷，青绿饲料缺乏，维生素含量低，是引起产后奶牛不孕的原因。夏、冬季节分娩奶牛，在春、秋季节配种，这时气温适宜，尤其秋季饲料丰富，奶牛产后情期受胎率最高。

奶牛正常发情持续1~2天，在母牛表现发情行为当天配种，受胎率最高；发情期第2天，母牛外部发情行为虽没有消失，大部分卵泡已排卵，配种受胎率不高；发情期第3天配种受胎率仅11.8%。

奶牛泌乳量过多，能抑制卵泡成熟，引起排卵延迟。泌乳量过多，又能造成生殖系统的营养不足。因此，饲养条件好，泌乳量多的奶牛不孕率高；饲养条件差，低产奶牛对不孕影响不大。

延长泌乳天数对其发情和受胎影响很大。维持泌乳天数在200~305天，能降低产后不孕率，能使泌乳量处在较高水平。

包括子宫内膜炎、乳房炎、胎衣不下、生产瘫痪等在内的围产期疾病，是影响产后奶牛不孕的重要原因。目前奶牛配种方法以人工授精技术为主。只有严格按照配种程序认真操作，才能提高受胎率

四抓饲养与管理

饲养管理要改善

饲养管理不当，特别是饲料不足或饲料单一，造成奶牛营养缺乏，身体瘦弱，影响配种受胎率。据随机调查156头奶牛产后一次配种受胎情况表明，营养状况较好，膘情中等以上的母牛102头，一次配种受胎率为47.06%；营养状况较差，体况偏瘦的母牛54头，一次配种受胎率为37.04%。为此，加强饲养管理，按科学的配方给全价配合饲料，保证母牛达到中等或中等偏上的膘情。营养不良既可影响本身发育、产奶量，也造成乏情，甚至不孕。不同膘情的母牛，其准胎率差异显著，六成膘以上，达80%。4成膘以下，其准胎率仅51%；奶牛产奶量高低也影响准胎率，高产奶牛和低产奶牛产后第1次发情排卵，第1次输精准胎率差异显著，每提高产奶量100千克，准胎率下降10%。据辽宁省昌图县冻精配种的记录，统计1 022头参加配种的母牛，将全年1~4月份为第1阶段，5~8月为第2阶段，9~12月为第3阶段。第1阶段配种232头母牛，第一情期受胎166头。受胎率为75.1%。比全年平均第1次受胎率高4%，复配率为28.4%。这个阶段属早春时节，母牛正

处于防风、防寒舍饲时期，饲养管理较好。饲草主要以半干贮、干草、干秸秆为主，每天给1~2千克精饲料，这阶段母牛膘情较好，发情正常而规律，容易受胎。第2阶段配种375头母牛，第1情期受胎223头，情期受胎率为59.5%。复配率45.5%。这阶段，母牛以有舍饲转为放牧。前阶段母牛还没有完全适应放牧，加之高温多雨季节，而且又减掉了精饲料。使母牛发情受到影响，有异常发情、交替发情、发情周期不规律等现象出现。使第1情期受胎率降低，增加了复配率。第3阶段配种415头母牛，第1情期受胎283头，情期受胎率为68%。复配率为31.8%。这阶段由于气温开始变凉，由放牧进入畜舍，这时母牛要有一段适应过程，才能进入正常舍饲。由于天气开始变冷，饲养管理环境改变，母牛繁殖受到一定的影响。

缺硒地区要补硒

我国东北黑河地区重度缺硒，为提高受胎率，曾在北安引龙河的两个奶牛场，随机选择条件基本相似的发情母牛100头，分为试验组和对照组，每组50头，进行补硒试验。按常规操作方法对这些牛进行了直肠把握输精。试验组在输精前1周肌注0.1%亚硒酸钠40毫升，输精完毕后1小时内用0.1%亚硒酸钠注射液40毫升和维生素E25毫升，分别进行肌注。对照组不作任何处理。其试验药物：0.1%的亚硒酸钠注射液（10毫升/支），维生素E注射液（2毫升/支）。结果显示，试验组总受胎率96%，对照组为88%；由此表明，奶牛配种输精后注射亚硒酸钠和维生素E能明显提高受胎率。

补硒胃内投弹法

简单保定奶牛，不用开口器或其他专用工具，就能把硒弹投入奶牛瘤胃，2~3人操作每小时可投40~50头牛。硒弹是一种硒的缓释剂，可使硒在牛瘤胃中缓慢释放，使其血硒含量维持在正常生理水平，以达到防治硒缺乏病的目的。该产品成本低，效果好，用法简便，无毒副作用。硒弹呈短圆柱形，物类似一块金属。操作前准备牛鼻钳1把，用适量面粉加水和成饺子皮状态，把硒弹包在其中，再取温水1桶，洗手水1盆，灌药瓶1个。操作时，固定牛的头部和颈部，用手捏住鼻中隔，使牛头抬起。遇到性格粗暴、强烈反抗的牛使用牛鼻钳保定。投药者先用右手从牛口角处将手伸入其口腔，抓住牛舌从口腔拉出，交左手握紧，右手食指、中指、无名指和小指伸直合拢呈锥形，将硒弹放在四指中间，拇指配合挟持送入口腔深处，超过舌体凸起部，到达舌根，越接近咽喉越好。然后松开牛舌，用灌药瓶向口腔内灌温水500~1 000毫升，刺激牛发生吞咽动作，随之硒弹咽下。投药结束后，松开牛鼻中隔，细心观察牛的反应。如果牛用意咀嚼、低头反刍或咳嗽，即有可能把硒弹吐出来。若牛表现安静，用舌头舔鼻镜，经0.5~1分钟不吐出来，即可判断投送成功。每投完1头牛，操作者要洗净手上黏液，便于继续操作。

五抓输精的操作

输精前，必须清洗消毒母牛外阴部。输精器械严格消毒。输精枪塑料外套务必做到输一次精用1支。采用直肠把握法输精，临床常用子宫体中部输精准胎率较高。发情鉴定准确，1~2次输精就可准胎。一般在母牛发情接受爬跨后12小时输精。

冷配受胎的要点

做好发情鉴定。发情鉴定最好的方法是直肠检查法。隔着直肠壁触摸卵巢的变化，确定卵泡不再增大，其泡壁变薄，弹性增强，触摸时有一触即破之感为输精适期。在做发情鉴定时，要诊断是否妊娠，以避免错误输精而造成流产。熟练精液解冻。需要运输时应保持精液在不升温的前提下，解冻后至输精之间的时间不能超过 1 小时。在 39℃恒温下，精子存活时间不足 4 小时或在 5~8℃条件下，精子存活时间不足 14 小时的精液均不能用于输精。采用直肠把握子宫颈深部输精方法，输精时要做到慢插、颈深、轻注、缓出，防止精液逆流。冬季在冻精解冻前，对输精枪加温处理，输精在配种室内进行。夏季采取淋水，通风等措施，控制环境温度，防止母牛体温升高，夏季输精时应注意遮光。

严冬配种应当重视瞟情。冬季母牛转入牛舍，由于青饲料缺乏，加之运动不足，母牛发情表现不够充分，多呈现隐性发情。故应及时准确地将这些发情母牛揭示出来。揭情的方法是一听、二摸、三看：听母牛哞叫，发情母牛哞叫多呈现呻吟状，声音较轻，有时边吃边叫；摸牛头时，发情母牛乐于接受，探头伸颈；摸牛尾时，发情母牛接受抚摸，表现举尾；看母牛眼神，发情母牛两眼明亮，并伴有眼泪流出；还可看食欲，发情母牛采食减少或停食，左顾右盼；还可看母牛外阴，发情母牛外阴轻度肿胀或松弛，黏膜轻度充血。冬季输精，必须在输精室内输精，输精室建有保暖设备，温度保持在 15℃以上，万一在室外输精，要制作保温棉套或用厚毛巾包裹输精枪。

一定要将输过精的母牛登记好卡片，按时进行妊娠诊断，发现未妊娠母牛，查明原因，及时复配。

触摸卵泡判类型

据对 3218 头发情母牛直肠检查统计，母牛发情时，左右两侧卵巢上均可有卵泡发育并成熟排卵的机会，但卵泡发育于右侧卵巢的为 1957 头，占 60.8%；发育于左侧卵巢的为 1261 头，占 39.2%。母牛发情后无论左右卵巢只要卵泡发育正常，并在卵泡发育到 3 期（泡壁变薄，弹性降低或增加）时进行输精，均可受精怀孕；但右侧卵巢发育的发情持续时间较左侧卵巢发育的发情持续时间长 4~6 小时，排卵时间亦推迟 4~6 小时，因此母牛发情后如为右侧卵巢卵泡发育，应相对于左侧卵巢卵泡发育输精时间推迟 4~6 小时；另外左侧卵泡发育的母牛比右侧卵泡发育的母牛发情期受胎率高 23.6%。

有的卵泡如鸡蛋甚至个别如拳头大小，卵巢实质部小于卵泡，卵泡占整个卵巢的五分之三，突出于卵巢的一处。开始时皮厚呈硬弹波，逐渐发育到皮变薄，张力增大。波动明显时，体积不再增大，呈不规则形。此种卵泡一般排卵较慢或不排卵，以后逐渐从卵泡内皮出现黄体颗粒，形成卵泡囊肿，此种情况应间隔 24 小时再检查一次，如卵泡变软，卵泡壁变薄，呈软鸡蛋状，或卵泡液变少，卵泡呈两层皮样，可输精一次；如卵泡变硬或卵泡壁内皮有米粒大小颗粒出现，则不要输精，可施行手术捏破卵泡或肌注促排卵素 100~200 微克，等待下次发情。一般经 3~5 个情期的治疗，可恢复正常。

有的卵泡如蚕豆粒大小，呈半圆形突出于卵巢表面，卵巢实质与卵泡体积大小相当，随着发情时间的增长，卵泡皮变薄、变软，弹性减弱或增强，与卵巢实质界限明显，似熟葡萄样，有一触即破之感。此种卵泡排卵较快，且受胎率较高，应立即输精配种。

有的卵泡如豌豆大小，卵巢实质大于卵泡，初期卵泡上出现软化点，但不十分明显地突出于卵巢表面，当发展到卵泡与卵巢实质界限明显、皮菲薄而软、波动明显时立即输精。此种卵泡排卵较中型卵泡慢，但较大型卵泡快，只要及时输精或间隔 8~12 小时再输精一次，也可获得较高的受胎率。

有的卵泡发育在卵巢深部，不突出或稍突出于卵巢表面，开始触摸时感到整个卵巢体积增大，表面光滑，随着卵泡发育，卵泡液增多，卵巢呈肉感，泡壁厚而弹性强，此种卵泡一般排卵较慢或不排卵并最终形成囊肿。应在肌注促排卵素 100 微克 8 小时后，根据卵泡壁薄厚，波动性大小，再确定是否输精。

有的一侧卵巢或两侧卵巢上同时有两个或两个以上卵泡发育，同侧或另侧卵巢上亦同时有 2~3 个大小不等、形状不同的黄体存在，此种卵泡一般是一个发育到一定程度后终止发育，另一个卵泡又开始发育，互相交替，很少排卵，因此受胎率极低，不宜输精；但有时会在本次发情后 3~5 天内又出现发情，如果本次发情比前几次都明显，则应立即输精，此时往往可获得较高的受胎率。

有的卵巢上有卵泡生长发育，卵泡液少而薄，且较分散，卵泡与卵巢实质分界不明显，似扁蚕豆状，发育较慢，多不排卵，不宜输精；应分别在本次发情结束后 10 天肌注黄体酮 100 毫克，19 天肌注绒膜促性素 1000 单位和三合激素 4 毫升，等待下次发情。

有的母牛发情后卵泡破裂、卵泡液排出的时间不长也可输精配种，此法叫追配。实践证明，母牛发情排卵后，如卵泡液尚未完全流失，卵泡窝明显时，进行追配也能获得较高的受胎率。如果卵泡窝填平或内有许多米粒大小的颗粒出现，则不需输精。

另外对发情母牛卵泡触摸检查的过程中，如果将卵泡触破，并有泡液流失之感时，立即输精，可获 50% 左右的受胎率；但如果为大卵泡、深卵泡及卵泡囊肿等用手强行捏破，则不必输精，因为此时输精受胎率为零。

六抓激素维生素

母牛发情周期正常，临床上检查未见卵巢和子宫异常，但连续 3 次或 3 次以上发情配种不孕，即可认为是屡配不孕。对此可采取措施如下。

促排 3 号加补饲

通过奶牛肌注促排 3 号及补饲维生素 D_3、亚硒酸钠维生素 E 和维生素 AD，以提高奶牛情期受胎率。其作法：取 209 头个体饲养奶牛，年龄 9~15 岁之间，胎次在 1~7 胎，健康，无子宫、卵巢疾病。取促排 3 号 200 微克 ×1 支；亚硒酸钠维生素 E500 单位 ×2 支，维生素 D315 毫克 ×1 支，维生素 AD2.5 万单位 ×6 支。将 209 头参配奶牛分成两组，在奶牛发情后 6~12 小时，进行一次人工授精。试验牛授精后肌注促排 3 号 1 支、亚硒酸钠维生素 E2 支，第 2 天肌注维生素 $D_3$1 支、维生素 AD6 支；对照牛只做一次人工授精。两个月后，用直检方法诊断妊娠与否。结果显示，试验组 107 头，情期受胎率 79.4%；对照组 102 头，情期受胎率 53.9%；试验组比对照组情期受胎率高 25.5%。据此认为，应用促排 3 号配合维生素提高奶牛情期受胎率是可行的。

穴位注入缩宫素

试验采用在四年期间冷冻精液输精、连续 3 次以上输配而没有受胎的母牛 46 头。这些试验牛是根据直肠检查，结合发情、输精情况而确定的。其中，多卵泡发育或称排卵延迟表现为母牛发情时间长 3~5 天，且生长多个、不规则的卵泡。卵泡囊肿母牛发情时间长，表现高度的性兴奋，直检卵泡体积增大，有一个或多个囊肿。卵泡交替发育母牛发情时旺时弱，当发情旺盛输精后，3~5 天再次出现旺盛期，有少数病例长达 15~30 天，且为两侧卵巢同时出现卵泡，一测卵泡发生退化，另一侧卵泡重新发育。子宫弛缓母牛表现为子宫颈口开张，柔软松弛，无收缩力；输精时，器械容易插入，无环状肌阻力感，子宫薄而软。治疗方法：选用缩宫素注射液，规格为 1 毫升，10 单位。对母牛由于卵巢机能紊乱而引起的排卵延迟、卵泡囊肿、卵泡交替发育，取百会穴注药，百会穴为腰、荐椎结合，凹陷的正中处穴位；对子宫弛缓症取后海穴注药，后海穴位于尾根下方和肛门上方之间凹陷正中穴位。

治疗时，常规保定不孕母牛，由于卵巢子宫位置在骨盆腔，均于输精后的 3~5 分钟，对所取穴位，百会穴将封闭针头垂直刺入 3~5 厘米，后海穴平刺 10~15 厘米，注入缩宫素 50~100 单位。

结果显示，对母牛进行直把子宫颈输精后，采用缩宫素配合穴位注射、输精后受胎者判为有效。经直把子宫颈输精后，采用缩宫素配合穴位注射，下次情期再次发情、不孕者为无效。经对 46 例不孕母牛的试治，有效率为 82.61%。

精液添加催产素

为提高奶牛受胎率，在精液中添加催产素，其受胎率比宫注催产素提高 13%，本法操作简单，减少了子宫内膜炎的发生。其作法是：催产素又名缩宫素，规格 2 毫升 × 10 支，每支含量 20 单位。冻精规格为细管型 0.5 毫升。在配种前在精液内添加催产素 2 单位，采用直把法人工授精。配种后 60 天直检受胎率：38 头母牛，每次输精精液内添加催产素 2 单位，受胎率 89.47%；17 头母牛，配前 5 分钟宫注催产素 10 单位，受胎率 76.47%；13 头母牛，不作任何处理，以资对照，受胎率 61.54%。由此可见，催产素能刺激子宫、输卵管的平滑肌，因此有利于精子和卵子的运行，并很快到达受精部位，从而达到提高受胎率的目的。

发情母牛体内的雌性激素水平相对增高，子宫、输卵管对催产素的敏感性增加，此时施用催产素，则可刺激子宫、输卵管的平滑肌收缩，有利于精子和卵子到达受精部位，达到提高受胎率的目的。精液中前列腺素的含量及其活性的降低对母牛的受胎率会产生影响，公牛精液中前列腺素的含量本身就少，经过稀释和冷冻作用后，每份冻精中前列腺素的含量和活性会降低到极限，而催产素具有和前列腺素类似的作用，宫注催乳素后再进行配种，相当于在精液中加入前列腺素，故可提高精子活力。

使用方法：一是在输精前子宫内注入催产素 10 单位，几分钟后进行输精，受胎率可提高 10%~14.58%。二是把催产素直接加在解冻的精液，用量为 2~10 单位，受胎率可提高 15.6%~33.12%。也有试验认为，催乳素直接加在解冻精液中效果更好。还有一牛场的荷斯坦奶牛 80 头，依年龄、胎次、产犊时间基本相似的原则，随机分为试验组和对照组。每组 40 头，饲管条件相同。对试验组的奶牛用输精器将 1 毫升催产素注入子宫角分叉处，然后立刻进行输精。对照组不做处理。结果显示，试验组和对照组奶牛受孕情况相比较，前者可提高情期受胎率 10%。由此表明，在输精前注入适量催产素，促进子宫平滑肌的收缩，有利于精子的输送，缩短其到达受精部位的时间，防止精液倒流，提高了母牛受胎率。

穴注绒膜促性素

有一奶牛场奶牛的情期受胎率一直在 58.1%，经施用绒毛膜促性腺激素提高奶牛群体情期受胎率，收到满意效果。其作法是：选择股份制奶牛场的荷斯坦优良奶牛 680 头，随机取样将发情母牛分为试验一组、试验二组和对照组，每组 115 头。对试验一组的奶牛配种后 5~10 分钟，交巢穴一次注射绒毛膜促性腺激素 1000 单位；试验二组奶牛配种后 5~10 分钟，颈部上 1/3 处一次肌注 2000 单位；对照组不用药。结果显示，穴注、肌注绒毛膜促性腺激素比对照组情期受胎率分别提高 17.4 和 15.6 个百分点，差异显著；穴注比肌注情期受胎率提高 1.8 个百分点。

注意事项

交巢是靠近子宫最近的穴位，穴内有阴部神经，直肠后神经，阴部动、静脉分支通过，支配卵巢、子宫的副交感神经盆神经经穴前部通过。在该穴注药，能够很快大量到达局部器官。所以穴部注药，优于肌内注药。

绒毛膜促性腺激素具有促黄体素相似功能，它能促使卵泡发育成熟、排卵，促进黄体的形成，故绒毛膜促性腺激素能提高奶牛情期受胎率。用药最佳时机是卵泡发育的第三期，这时因为母牛发情即将结束，卵泡发育已经成熟。

肌注少量黄体酮

为提高奶牛受胎率，肌注小剂量黄体酮，取得满意效果。其试验药物黄体酮，规格 1 毫升 × 20 毫升 × 1 支。试验牛为庆丰 20 队户养奶牛 46 头，发情较明显，生殖道无炎症，卵巢机能正常，饲养管理基本相同，胎次为 2~7 胎。冻精为 0.25 毫升细管冻精。操作方法：在前一年的 3 月 1 日至次年的 10 月 31 日，每月随机选择相同头和胎次的发情奶牛，分为试验组和对照组。试验组母牛在发情后立即肌注黄体酮 20 毫克，对照组不施用任何药品。详细记录输精时间，在输精后 3 个月进行直检，以应用药物、情期输精妊娠为有效，复配妊娠为无效。结果显示，试验组 46 头，受胎率 73.9%；对照组 46 头，受胎率 52.3%；试验组比对照组提高 21.6%。由此表明，利用小剂量黄体酮可提高奶牛受胎率，且黄体酮具有成本低、无失效期等特点。

肌注维生素 ADE

山西省祁县地处晋中平川，气候温和，雨量适中，发展农区养牛条件优越，被列为全国西门塔尔牛太行类群选育基地县、全省养牛重点县。县内酿酒业发展迅速，年产酒糟是当地农民养牛的主要饲料。但是，由于酿酒过程中原料经过高温高压处理，副产品酒糟中的各种维生素丧失殆尽。农户在养牛中长期过量饲喂酒糟，致使经产母牛出现卵巢静止，产后 3~4 个月甚至长达 9~10 个月不发情，育成母牛发情期平均推迟发情 8 个月左右。经试验，取中国农科院畜牧研究所研制兽用维生素 ADE、规格 100 毫升 / 瓶，以及促排卵 3 号，每支 25 微克。试验牛为 4~8 岁西门塔尔杂交或荷斯坦奶牛。经产母牛产后 3 个月以上无发情表现，直检无子宫疾病，卵巢处于静止状态。育成母牛体重 300~350 千克，18~24 月龄，未出现发情表现。根据年龄、体型、品种不同给卵巢静止的经产母牛臀部肌注维生素 ADE15~20 毫升。给不发情的育成母牛臀部肌注维生素 ADE10~15 毫升。母牛发情后，于配种前 6 小时肌注促排 3 号 2 支（50 微克）。母牛注射维生素 ADE 后 7~10 天出现发情征状为有效，有效头数与注射头数之比为有效率。母牛注射维生素 ADE 后，7~10 天出现发情，经两个情期配种怀孕者统计其受胎率。结果显示，在该县 8 个乡镇，共治疗卵巢静止的经产母牛 524 头，肌注维生素 ADE 有效率达 84.5%，受胎率达 77.3%。育成母牛注射维生素 ADE 后 14~20 天表现发情，比对照母牛发情日期提前 80~120 天。

七抓应用理疗仪

一用 TDP 穴区照射

特定的电磁波谱（TDP）辐射器发射出的中、近红外线波谱促进生长发育；提高痛阈值；提高机体免疫功能；增强酶活性及调整中枢兴奋和抑制等生物效应。近年来用于提高种公牛精液品质，治疗母牛功能性不孕症及奶牛乳房炎等。在北京唐家岭牛场，选取距预产期 5 天的奶牛，不分年龄、胎次，随机分为试验和对照两组，两组奶牛饲养于同一产房内，饲管条件完全相同。试验理疗仪为立式 TDP 辐射器两台，功率 250 瓦；兽用 TDP 辐射方板两台，功率 600 瓦。操作方法：试验组于预产期前 5 天开始照射，产犊提前或推迟则相应提前结束或延长照射次数，以兽用 TDP 辐射方板照射百会穴区，一天一次，产后除用 TDP 辐射方板照射百会穴区外，还同时用立式 TDP 辐射器照射后海穴区，一天一次，共照射 5 次。照射距离均为 25~35 厘米，以皮温不超过 42℃为准，时间 40 分钟。对照组不作处理。结果显示，试验组 23 头，对照组 21 头，均属无产后创伤或无乳者。试验组和对照组在年龄、胎次及产后第一次发情时间上基本一致，但试验组用 TDP 穴区照射围产期奶牛，其第一情期受胎率为 91%，而对照组仅 52%；受胎情期数，试验组平均为 1.08，对照组为 1.72；产犊至再妊娠间隔，试验组平均为 55 天，而对照组为 75.8 天。从经济效益看，为保证每头牛一年一犊，产犊至妊娠间隔在 85 天以内者，试验组占 91%，对照组占 71%。这说明，试验组奶牛产后提前恢复了卵巢及子宫功能，能较早排卵、妊娠。

二用经穴诊治仪

XXH–IIA 型经穴诊断治疗仪，由中国农业科学院兰州中兽医研究所研制，探头由 9 个直径 1.5mm 电极组成的多极探头，可覆盖整个穴区，用以侧记穴区内各部位阻抗。通过电极在敏感点上进行电脉冲刺激，不需施针。试验在兰州奶牛繁殖场段家滩分场进行，选取有临床明显发情表现，经直检卵泡发育期为 2、3、4 期的荷斯坦牛。操作步骤：

第一步，在肾旁穴、雁旁穴取穴定位。此二穴是在传统腧穴基础上摸索出的新腧穴，取肾旁穴以百会穴为标志，从百会正旁开向外侧触摸，在百会与肠骨外角最高点之间略少于 1/2 处的臀中肌上有一条肌沟，顺比肌沟向后触摸到臀中肌与股二头肌交界处有一凹陷，该凹陷即为肾旁穴，在传统的肾角穴后下方；取雁旁穴，从肠骨外角最高点向前内方触摸，从百会穴正旁开出触摸到与肌沟交点处，然后向前外方触摸，约在第 6 腰椎横突外方前缘交汇在肌窝处，该肌窝即为雁旁穴，在传统的雁翅穴前外方。

第二步，进行腧穴阻抗测试。令发情奶牛于牛舍内自然站立，用剪毛剪剪净左右两侧尾端、雁旁穴、卵巢穴和肾旁穴区直径 1.5 厘米被毛，用纱布擦净尘土。参考电极衬以水浸润的纱布块夹于奶牛尾部并固定。根据受试奶牛对电刺激的敏感程度，选择适宜电参数（模拟电阻值 Rmo 刺激量 V），其参数以测记时奶牛不骚动为宜，将仪器探头轻按于腧穴测记部位，通过仪器巡回检测，即可测记出穴区内电极接触各部位阻抗，显示出腧穴低敏点及其腧穴平衡 B 值（左右两侧同名腧穴的低阻敏感点的百分率之差值），当 B 值小于 1 500 时为阻抗平衡，B 值大于 1 500 时则视为阻抗失衡。

第三步，腧穴电脉冲刺激。仪器探头按于穴区测记部位，电子开关将电脉冲控制在低阻点上，通过电极直接进行电脉冲刺激 5 分钟。

第四步，发情奶牛检查和输精。临床上具有明显发情表现的奶牛每天 8：00、17：00 及 23：00 左右进行直检，判断卵泡发育及其排卵前卵泡发育情况。每天发情奶牛于 2 期末至 3 期初共输精 2 次。结果显示，对 2 000 头发情奶牛，在卵泡发育期输精前后，分别在雁旁穴和肾旁穴低阻敏感点给予电脉冲刺激，并与未经腧穴刺激的奶牛作对照，于输精后 2 个月通过直检进行妊娠诊断，一次输精后受胎率达到 71%，较同期对照牛群的情期受胎率提高 19.47 个百分点。

三用氦氖激光照射

在保定市畜牧场奶牛队、保定市奶牛场、河北农大标本园奶牛队，用氦氖激光照射奶牛交巢穴，治疗卵巢和子宫疾病奶牛 59 头，总有效率达 95.5%，治愈率 79.5%，并可受孕。使用的是 HNZSQ-1 型氦氖激光器，波长 6 328Å，最大输出电流不大于 40 毫安，输出功率 30 毫瓦。试验牛是挑选 2~3 个以上情期不发情，或即使发情但屡配不孕的患牛，经连续直检确定为卵巢静止、持久性黄体、卵巢囊肿、慢性子宫内膜炎及脓性子宫炎者。照射及针刺的学位为交巢穴（后海穴）。处理方法：对患牛进行六柱栏保定，或利用上槽时徒手站立保定。提起牛的尾根，用激光原光束直接照射交巢穴，距离 50~60 厘米，输出电流稳定在 15 毫安，输出功率 30 毫瓦，每次照射 8 分钟，每日照射一次，连续照射七次为一个疗程。治疗过程中，当发现疾病已治愈，并发情排卵时，立即停止照射治疗。治疗前直检，在治疗过程中的第三天、第四天以及第七天均做直检，以判定子宫及卵巢疾病的变化情况，有无卵泡发育、发情等，并进行临床的一般观察。治疗 1~2 疗程，疗程间隔 2~3 周。治疗期间，卵巢黄体消解，囊肿消失，卵巢机能恢复，同时有卵泡发育及发情排卵或子宫炎症消散，子宫内脓液排除干净，子宫复原，并且发情排卵者才算治愈。结果显示，使用激光针治疗患有卵巢静止、持久性黄体、卵巢囊肿、慢性子宫内膜炎、脓性子宫炎的病牛 44 头，治愈率 79.5%。除 2 例脓性子宫炎治疗两个疗程外，其余痊愈的 33 头病牛，全在第一个疗程内治愈。

八抓促孕中药剂

一服促孕一剂灵

兽用促孕一剂灵治疗牛子宫炎症、习惯性流产、卵巢囊肿、持久黄体等症；促进母牛发情、排卵受孕。用法用量：促孕一剂灵 500 克，用开水调为粥状，候温灌服，或拌料空腹喂服，用于拌料应在 1~2 日内喂完。用于慢性卡他性子宫内膜炎、隐形子宫内膜炎、输卵管炎、青年母牛发育不良、高产奶牛久配不孕症等，在发情初期给药一次，在两个情期内受胎率可达 90% 以上。用于持久黄体、卵巢发育不全、卵巢静止等，用药后发情时重复给药一次，即可输精配种；如不见发情，隔 18~20 天重复给药一次，见发情适时输精配种。用于卵巢囊肿，给药后经 18~20 天见发情重复给药一次即可输精配种。用于化脓性子宫炎、子宫蓄脓等症时应配合冲洗子宫并灌服一剂，见发情重复再给药一次，适时输精配种。

应注意的是，用药后 2~6 小时输精配种；用药后在 2 个情期内受孕为有效；用于化脓性子宫炎、子宫蓄脓应配合冲洗子宫，清除浓汁后再投药。

二服益母草煎液

有一试验，对 3~10 岁经产中国荷斯坦母牛 28 头，产后发情输精 3 次以上未孕，发情周期不正常，发情征状不明显，或产后 3 个月不发情又没有明显黄体，直检卵巢无卵泡发育或卵泡发育不全，子宫角松弛，触诊收缩力弱，黏液量少。取晒干的益母草全草 1 500 克，分 3 天煎服。每天取 500 克，煎两次，加红糖 250 克，分上、下午令牛自饮或灌服。对发情周期明显的患牛，在发情间歇期中服药，对周期不明显的则随机服药。用药后 20 天内发情，直检子宫收缩良好、触诊子宫角富有弹性，黏液量较多，卵巢上有卵泡发育，1 个情期输精受孕即判为良好，2 个情期输精受孕为有效。2 个情期输精未孕或用药后 20 天内不发情为无效。结果显示，经治疗后，发情率 89.3%，受胎率 75%。

三服四物汤加味

据山西省一中兽医统计，当地母牛不孕症占适繁母牛数的 15%~23%，经采用中药方剂四物汤加味治疗 84 例，治疗后受孕 78 例，受胎率 92.8%。其所治疗不孕母牛为近八年内在当地进行人工授精或本交三次以上而未孕者。据他观察，母牛不孕症可分为以下几种。

（1）虚寒性不孕　多因营养缺乏，牛体虚弱，管理不善，致精血衰少，血海空虚，胞宫失养而不孕；临床表现精神沉郁，瘦弱，泄泻，间有腹痛，口色淡白。

（2）血虚性不孕　多为营养不良，重剧使役，脾胃虚弱，致阴血不足，血海空虚，胞宫失养而不孕；临床表现精神倦怠，瘦弱，四肢无力，发情期延迟，口色淡白。

（3）痰湿性不孕　多为运动不足，营养过剩，过于肥胖，致痰湿内生、气机不畅而不孕。主要表现肌肉丰满，肥胖，使役时易出汗，发情紊乱。

治疗方法：用熟地黄、白芍、当归、川芎四物汤加味，水煎去渣或共为末，开水冲调，候温灌服。根据不同症型加味选用党参、黄芪、白术、艾叶、续断、苍术、陈皮、杜仲炭、茯苓、枳壳、滑石、菟丝子、香附、益母草等。若肾阳虚者加淫羊藿、覆盆子、枸杞子、阳起石；若有带下者加知母、金银花、连翘、黄柏等。

山西省阳城县驾岭乡观腰村后庄组一郭姓散养户的西杂 F_1 母牛，9 岁，已产 6 胎，后又发情，先后进行人工授精 5 次不孕。治疗用当归 50 克、川芎 50 克、熟地 45 克、白芍 45 克、茯苓 30 克、醋香附 80 克、知母 40 克、黄柏 40 克、金银花 40 克、连翘 40 克、菟丝子 40 克、甘草 20 克、益母草 60 克。上药研末，开水冲调，候温灌服。1 剂后发情，经人工授精受孕。

应注意的是，四物汤加味用药应随症加味，用药应在下次发情输精前的 3~6 天内，过早易致发情周期紊乱，过迟达不到促发情、排卵、受胎目的。对难妊牛的用药时间为下次发情输精前的 3~6 天，不宜过早或推迟服药。

四服产后滋补剂

有一试验，选取母牛 200 头，胎次 1~4 胎，无明显生殖疾病，发情周期在 21 天左右，发情症状微弱，配种两个情期以上未孕母牛，投服中药加减滋补散：党参、黄芪、当归、白术各 75 克，茯苓、白芍、熟地黄、生姜各 50 克，木香、炙甘草各 25 克，大枣 10 枚，粉碎成散剂投服。加减：腹泻时减去当归，加山药、车前子、升麻各 50 克；食欲不振时加鸡内金、草豆蔻各 50 克。当再次发情按常规配种，人工授精冻精 1 支，精子活力 0.3 以上，45 天后做妊娠检查。结果显示，试验牛情期受胎率分别为 66.0%~66.4%，比对照组提高 20.0%。这表明，奶牛产后添加滋补散能提高情期受胎率；滋补散具有补气、补血、祛瘀功效，能兴奋子宫平滑肌、净化子宫，有利子宫复旧，恢复母牛的发情周期。

五 取羊水皮下注

羊水俗称胎水，是妊娠母牛胎膜内羊膜囊中一种透明、稍黏稠的液体，含有雌激素、孕激素、绒毛膜促性腺激素、前列腺素和垂体后叶素等，利用羊水中所含激素来可诱导逾期空怀母牛发情受胎，效果较好。有一散养户饲养的 1~5 胎奶牛逾期不孕，从产后第一天算起，空怀时间为 110~150 天。选择产后长期不发情，或虽发情但屡配不孕的空怀德系荷斯坦奶牛，其中患有卵巢静止的、有持久黄体的、有非脓性子宫内膜炎的，还有原因不明的。总之供试母牛体况较好。

供试羊水的制备：在健康母牛临产时，接产人员将其后躯用水洗净、消毒，并守候于牛的一侧，待分娩母牛努责时，迅速将事先已消毒好的搪瓷桶或盆盛接羊水。

要注意防止粪尿污染。然后在无菌室内将其静置 20~30 分钟，吸取上清液，每 100 毫升加入庆大霉素 2 毫升（针剂 20 毫克/毫升），贮存于冰箱内（0~5℃）备用。保存期 5 天以内为宜。供试母牛每头每次皮下注射羊水 30 毫升，隔天注射一次，连注 2~3 次。待母牛发情后，采用冻精进行人工授精。结果显示，空怀母牛 41 头，经注射羊水处理后，在试验期内发情母牛 29 头，发情率 70.7%。试验期内输精 29 头，受胎 18 头，受胎率为 62.1%。用羊水处理的各类逾期空怀母牛中，以患卵巢静止的效果最好，其发情率为 81.8%，输精 9 头，受胎 7 头，受胎率 77.8%，其次为原因为不明的母牛，发情率为 71.4%，受胎率为 60.0%。患持久黄体和非脓性子宫内膜炎的母牛，其效果较差，发情率分别为 69.2% 和 60.0%，受胎率分别为 55.0% 和 50.0%。

六 服复方仙阳汤

应用复方仙阳汤制成酊剂，先后治疗不孕奶牛 60 例，取得了很好的效果。

病例主要来源于散养户的奶牛，产后 3 个月以上未见发情排卵，或已发情但连配 3 次以上而未孕以及已达到体成熟 17 月龄以上仍未发情的育成母牛均疑为不孕症患牛；经对其逐头进行临床检查，探明子宫、卵巢状况，确定不孕类型。

经检查发现，60 头患牛，按不孕类型分：持久黄体 35 例，卵巢静止 10 例，黄体囊肿 5 例，轻度子宫内膜炎 10 例；按空怀时间分：3~5 个月 12 头，6~8 个月 20 头，9~12 个月 16 头，1 年以上 12 头，平均空怀时间为 212.52 天，其中最短的 90 天，最长的 500 天。

治疗方法：取肉桂 300 克、附子片 200 克、淫羊藿 600 克、仙茅 300 克、阳起石 600 克、姜石 500 克、当归 500 克、益母草 1 000 克、川芎 400 克、熟地 500 克，混合粉碎成末，浸泡于浓度 30% 乙醇 15 000 毫升中，7~10 天过滤。按每千克体重灌服 0.5~1 毫升，每天 1 次，3 次为 1 疗程。停药后 20 天内未见发情、排卵，或配种后 2 个月未见发情，并且确诊未孕者，可再服第 2 个疗程，其饲养管理方法按常规进行。

治疗过程中，做好病历、服药剂量、疗程和其他观察记录。服完药后，恢复发情、排卵的间隔时间及配种的次数等亦做好记录。疗程判定标准：经 1~3 个疗程治疗后 50 天内恢复发情、排卵，并于3个情期内配种受孕者为有效；仅性周期恢复正常，而连配3次仍未孕，或仅子宫、卵巢的病变有所改善或康复，但未见发情、排卵者为好转；经1~3个疗程治疗后，2个月内未见发情、排卵，子宫、卵巢病变无任何改善者为无效。

结果显示，60例患牛平均服药疗程为1.33次，其中服药1个疗程见效的32例，占53.3%；2个疗效见效的18例，占30%；3个疗效见效的8例，占13.3%。受胎配种次数平均2.4次，服药结束后恢复发情、排卵间隔时间平均14.6天。这表明，复方仙阳酊对奶牛不孕症有较好的催情和促排卵效果。经复方仙阳酊治疗后，恢复发情、排卵的58头牛，在3个发情期内输精受孕的计49头，受胎率85.5%。

应注意的是，上述治疗时，应配合日粮结构的适当调整，同时给母牛多饲养喂含维生素E的青饲料，适当添加一些微量元素如硒等，则疗效更佳。

七服中药牛孕灵

"牛孕灵"冲剂，主要成分为益母草、黄芩、三棱、大黄、赤芍、仙灵脾、阳起石、故纸等中药，采用常规提取工艺提取，减压浓缩加入适量辅料制粒烘干包装，100克/包。

试验奶牛基础日粮参照奶牛营养需求标准配制，不含任何抗菌药物。试验奶牛由承德、张家口地区的荷斯坦牛群中，经直检和阴检结合临床表现和既往病史，选取均为产后120天以上的空怀母牛131头，其中空怀270天以上的6头。

将试验奶牛按照卵巢静止及萎缩、持久黄体和黄体囊肿、发情正常不排卵、子宫内膜炎等4类进行治疗。在上槽饲喂前，将牛孕灵用温开水冲溶后灌服；或者在添加草料之前，将药直接投放槽内，让牛自然添光后再添加草料。对于卵巢静止及萎缩的，连续给药3~5次，每剂间隔1天；1次100~200克；对于黄体和黄体囊肿的，连续给药5次，每剂间隔1天；1次100~200克；对于发情正常不排卵的，连续给药3~5次，每剂间隔1天，1次200克，发情后，再给药1剂，4~6小时后输精；对于隐性子宫内膜炎的，在发情时给药100克，给药后4~6小时输精，若未孕，在下次发情时再重复1次；对于慢性子宫内膜炎的，在发情开始前3~5天给药，1次100~200克，1日1次，连用至发情开始，本情期不进行配种，下一情期开始后，按隐性子宫内膜炎给药、输精。

用药后，注意观察牛的精神、体温、食欲、泌乳及子宫阴道渗出物等情况，加强饲管，严格消毒环境，作好传染病防治。

经过1~3个疗程治疗，能正常发情、卵巢黄体消失、卵巢正常发育、排卵并受孕者为痊愈，配种后2~3个月直检确定是否妊娠，根据实际的妊娠数计算其治愈率。与治疗前相比较，无明显变化的均判为无效，计算其无效率。

结果显示，治疗卵巢静止及萎缩25头，一个疗程痊愈12头，2个疗程痊愈10头，3个疗程痊愈2头。1头在第一疗程期间因瘤胃臌气死亡，总治愈率96%。治疗持久黄体20头，1个疗程痊愈14头，2个疗程痊愈6头，总治愈率100%。治疗发情正常不排卵56头，1个疗程治愈47头，2个疗程治愈9头，治愈率100%。治疗子宫内膜炎30头，1个疗程治愈19头，2个疗程治愈8头，3个疗程治愈2头，无效1头，治愈率96.7%。

应注意的是，牛孕灵颗粒对奶牛不孕症有较好的疗效，也克服了使用抗生素的诸多弊端，对生产"无抗奶"具有重要意义，也避免了生殖激素的滥用给奶牛繁殖造成的危害。考虑效果和价格因素，实际生产中可根据病情酌情增加剂量或延长疗程。

八治卵巢的障碍

在对畜主提供的不孕牛中，经直检为确诊均为持久黄体和卵巢静止的，3/4 的患牛用研制的中药方剂治疗（试验组），1/4 的患牛用激素治疗（对照组）。

供试牛的临床表现：后备牛达到性成熟年龄不发情，或达到性成熟年龄后出现一两次发情后又长时间不发情；成年母牛分娩后 70 天以上不发情；母牛分娩后出现 1~2 次发情又不再发情者；或发情配种后，未妊，但又久不发情。

试验组：取益母草 65 克、淫羊藿 30 克、鸡冠花 60 克、红花 30 克；用非铁制容器水煎，候温灌服或将药物碾末拌料饲喂，连用 3 天。对照组：取前列腺素 $F_{2\alpha}$，肌注，10 毫克 / 头·天，连用 2 天。

结果显示，用自行研制的中草药方剂治疗奶牛卵巢不孕症疗效显著，尤其是对于持久黄体，治疗后发情率 89.39%，情期受胎率 65.52%，总受胎率 89.66%，与对照组治疗效果相比，前者略高，但差异不显著。不过，试验组中草药配方 1 次（3 日）的药价仅 15.4 元，对照组前列腺素 $F_{2\alpha}$ 20 毫克价格为 42 元，试验组每头药费只有对照组的 36.7%。

应注意的是，本法治疗奶牛卵巢疾病引起的不孕症，简单易行。在治疗的同时，应改善饲管，加强运动。

九服复方藿阳汤

复方藿阳促阳汤能诱导母牛发情，治疗持久黄体、卵巢静止、卵巢囊肿、卵巢萎缩、子宫内膜炎等不孕症，还可以恢复母牛的正常发情机能，缩短间情期、提高受孕率。以仙灵脾 90 克、阳起石 60 克、当归 60 克、赤白芍各 50 克、川芎 60 克、三菱 70 克、莪术 80 克、香附 60 克、青皮 50 克为复方藿阳促孕汤的基础方，进行加减治疗奶牛不孕症，总有效率 84.2%。

九抓子宫的清理

欲使清理子宫见效，可以在母牛产后启用宫复康。宫复康又称复方缩宫素乳剂，能用于治疗预防母牛不孕且疗效好，操作简便，不需进行严格诊断。有一试验，在南京地区 6 个奶牛场的中国荷斯坦牛群中选取 503 头休情期在 45 天以上，经直检、阴检和分泌物性状观察，确诊为子宫内膜炎的患牛，经药物处理后 3 天内发情的母牛不予配种，3 天后发情的母牛适时配种。治疗后 3 个情期内发情，阴道黏液培养物呈阴性，子宫分泌物清亮可配种者为有效；3 个情期内未发情或子宫黏液呈阳性为无效。配种后 60 天经直检确诊妊娠与否。结果显示，宫复康用于治疗子宫内膜炎每天应用 50 毫升，连续使用 3 天的患牛，平均在第一次用药后 13.8±1.1 天发情，治愈率达 90.5%，治愈后配种的情期受胎率达 73.7%。患持久黄体和卵巢静止等卵巢机能疾病的奶牛，用宫复康 50 毫升处理后，平均在 12.6±0.3 天发情，治愈率平均达 80.6%，配种后的情期受胎率平均达 73.3%。屡配不孕牛中只有一部分牛患持久黄体症，一部分牛可能患生殖道疾病或同时患卵巢机能疾病并于生殖道疾病有关。宫复康对这两类疾病，不需进行严格诊断就能获得较好的疗效。在产后 3~5 天应用宫复康 300 毫升（67 头黄牛）或 500 毫升（12 头奶牛）分三次处理，待发情后进行配种。结果分娩至受胎间隔时间平均为（71±12）天，比对照组平均缩短 26 天。

注意事项

宫复康主要用于不孕母牛，用药后至少需要一个妊娠期和一个哺乳期才能宰杀。

宫复康为子宫内用药，处理后大部分药物直接从生殖道排出体外，只有少部分经子宫内膜被机体吸收。

宫复康配方中的已烯雌酚有潜在毒性。

还可采用宫得康在一个卵巢或者两个卵巢上同时出现多卵泡发育和卵泡交替发育时，一般都不能正常排卵。发现一侧或两侧卵巢上，当卵巢肿大如拳时，要立即使用 80 万单位青霉素加蒸馏水 20 毫升，或按体重增减药量，肌注 2~3 天，待囊肿消除、卵巢正常卵泡发育成熟将要排卵时输精。

发现子宫肥大或积水、积脓时，必须采取先行治疗：用 10℃的生理盐水 1 000 毫升，再用 40℃ 10% 生理盐水冷热交替冲洗子宫，1 次 / 天，连续 3~5 天，每次冲入生理盐水后，必须提起子宫角，倒出宫内液体，待子宫壁软而较薄后，再用宫内灌注宫得康混悬剂 24 克 × 4，同时注入 80 万单位青霉素液 40~60 毫升。1 次 /1 天，连用 3~4 次后，再注射促排 3 号 10 × 20 微克或注射促黄体素 A$_2$ × 200 毫克，也可以注射促卵泡素 10 × 500 单位等对症治疗，治愈后再适时配种。

净化子宫的方法

试验摸索出一套药物净化子宫方法，对提高奶牛受胎率有明显效果。操作方法：奶牛产后第 2 天，将 5% 碘酊，加水稀释成 0.5%~1% 的碘液 5 000~10 000 毫升，将碘液加热至 42℃，用乳胶管注入子宫进行反复冲洗，直至回流液变清为止。并通过按摩子宫，将子宫内冲洗液排净。产后第三天，注射乙蔗酚 30 毫升。产后第四天，用土霉素 5 克、呋喃西林 2 克、氯化钠 4.5 克，加蒸馏水 500 毫升溶解，加温至 30℃后，把药液灌注于子宫内，然后进行按摩，使药物粘附在子宫内膜上。5 天后，再用此法重复灌注一次。产后 15 天观察，如见子宫开始恢复，这时再用醋酸洗必泰栓 125 毫升，加蒸馏水 250 毫升稀释，加温至 30℃后用输精管将药液投注子宫内。间隔 5 天后直检，则可见子宫基本复原，卵泡开始发育，发情亦已开始，但此时不必急于进行输精，应先用输精管，将稀释后的青霉素 400 万单位、链霉素 100 万单位注入子宫；每天内服多维素 0.5 克，连服 10 天。待下次发情，卵泡发育时，肌注促排 3 号 100 微克，再适时输精。供试奶牛为高官寨镇养牛户饲养的 1~5 胎德系荷斯坦奶牛。结果显示，对奶牛产后实行子宫药物净化后，试期内，产后奶牛子宫药物净化两年共计 460 头，一次受胎 259 头，情期受胎率达 56.3%，这与未进行子宫药物净化的上一年度 51.1% 相比，有很大提高。

应注意的是，产后奶牛单靠自身净化有一定限度，采取用药物净化子宫后，能及时弥补母牛自身净化的不足，从而达到了彻底净化子宫的目的。奶牛进行产后子宫药物净化后，除能提高奶牛的一次情期受胎率外，同时还可以起到有病治病、无病防病的目的，这对患有隐性子宫炎、子宫积脓等疾患的病牛，能做到及早发现、及早治疗的目的，而且不影响奶牛产后在两个月内受孕的最佳配种期，不会延长胎间距。

露它净冲洗效果

应用 4% 露它净溶液对母牛配后洗涤子宫收到显著效果。4% 露它净溶液能提高母牛子宫张力，并具有强力杀菌作用，对病变组织有选择性的清理，但丝毫不损害健康组织。使用此方法的优点：当母牛患较轻子宫内膜炎时，其治疗效果确实，能节省一个发情周期时间，不影响母牛的正常配种受胎，方法简单易行。

齐齐哈尔市建华畜牧场、铁峰畜牧场及散养户饲养奶牛90头，其中恶露不尽的40头、胎衣不下的30头、慢性子宫内膜炎的20头。对恶露不尽奶牛用3%露它净溶液200毫升，在产后7天注入子宫，治疗1次；对胎衣不下奶牛产后7、14天治疗2次，每次用3%露它净溶液200毫升注入子宫；对患慢性子宫内膜炎奶牛在产后7、14、21天共治疗3次，每次用4%露它净溶液注入子宫。在净化期间，注意观察净化奶牛从阴户内的排出物。如果排出物是清亮黏液或根本就没有排出物，说明子宫状况良好。如果排出物是带泡沫的黏液或夹带少许脓性的黏液，须继续进行净化。据对90头不同奶牛子宫病症进行露它净治疗效果观察，经净化后的奶牛，发情即可配种。在输精后3个月进行直肠妊娠检查，净化后情期输精受胎为有效，返情及返情后输精为无效，中途流产仍为有效。结果显示，应用露它净对奶牛产后不同的病症治疗后，奶牛情期受胎率有明显的改善。恶露不尽奶牛治疗后，一次输精受胎率达100%。胎衣不下奶牛治疗后，一次输精的情期受胎率达95%。慢性子宫内膜炎奶牛治疗后，一次输精的情期受胎率达75%。由此说明，奶牛产后应用露它净净化奶牛子宫，有助于奶牛子宫的恢复，杀灭宫内病菌，减少子宫炎性疾病的发生和发展，弥补奶牛自身净化之不足，达到彻底清宫提高情期受胎率。

产后应用宫康宁

应用宫康宁可净化奶牛产后子宫，提高其情期受胎率。在齐齐哈尔市昂昂溪区榆树屯户养奶牛85头，其中恶露不尽的35头，由于胎衣不下引起感染的30头，慢性子宫内膜炎的20头。治疗方法：器械常规消毒，用金属输精枪采用宫颈把握法，将宫康宁1~2支注入子宫内，然后再吸上生理盐水10~20毫升注入子宫，一般患慢性子宫内膜炎的奶牛，每次1~2支即可。治疗脓性子宫内膜炎，先用宫净灵液或生理盐水冲洗子宫，第2天注入宫康宁1~2支。用药后须等下一情期配种，在净化期需观察，如果排出的是带泡沫的黏液或带少许脓性的黏液则需继续治疗。结果显示，患有不同子宫炎症的奶牛，应用宫康宁治疗净化后，发情即可配种。恶露不尽奶牛治疗后，一次输精情期受胎率86%；胎衣不下奶牛治疗后，一次输精的情期受胎率85%；慢性子宫内膜炎的奶牛治疗后，一次输精的情期受胎率达75%。

配种前后红霉素

为了提高输精效果，除了适时输精外，可在输精时净化子宫，以提高受胎率。母牛在配种前后用红霉素100万单位、蒸馏水40毫升，稀释后冲洗子宫；也可用硫酸新斯的明注射液，在配种前8~12小时，子宫注射10毫升新斯的明、青霉素80万单位、生理盐水30~50毫升混合液。

配种后的清宫法

奶牛配后1~2天，子宫内注入青霉素1000单位、链霉素1克、注射用水50毫升；或10%葡萄糖液20毫升加入青霉素1000单位。据在北京北郊畜牧一队试验，对有轻度子宫内膜炎的母牛施用，一次受胎率可达50%。

在甘肃荷斯坦牛繁育示范中心，选择临床确诊子宫内膜炎的奶牛80头。清宫助孕液由中国农业科学院兰州畜牧与兽药研究所提供。将临床型子宫内膜炎奶牛80头，随机分为清宫助孕液试验组60头和药物对照组20头。所有受试奶牛试验前均未给任何药物。试验组：将清宫助孕液温浴至接近体温，采用直肠把握法，通过输精器直接注入子宫内，每次100毫升，隔日一次，4次为一疗程，治疗1~2个疗程。治疗过程中，奶牛发情且黏液正常者即可停止用药，经2个疗程未治愈者改用其他药物治疗。对照组：将青霉素100万单位、链霉素100万单位，用50毫升生理盐水稀释，采用直肠把握法，通过输精器直接注入子宫内。隔日一次，4次为一疗程，治疗1~2个疗程。

结果显示，试验组共治疗患牛60头，治愈52头，治愈率86.67%；显效3头，显效率5.0%；有效2头，有效率3.33%；无效3头，无效率5%，总有效率95.0%。三个情期受胎率86.67%。本试验表明，用清宫助孕液治疗奶牛子宫内膜炎的效果比青霉素和链霉素组效果好，清宫助孕液治疗奶牛子宫内膜炎疗效可靠、显著。

应用清宫助孕液后可以提高受胎率，第二情期受胎率较高，说明清宫液的药效比较持久。

清宫液价格低廉，无毒副作用，无耐药性，安全有效，治愈后能保证乳品食用安全。

复配促孕的要点

前一情期未配准需要再次配种的母牛称之为复配牛。在生产实践中，复配牛可分为两大类：一类是周期复配，另一类是超周期复配。周期复配就是按着母牛发情周期出现的复配。超周期复配就是超过母牛发情周期出现的复配，为提高复配牛受胎率的做法：对于周期复配牛，应在输精后向子宫内注入消炎药。比如，取20毫升生理盐水稀释青霉素40万单位、链霉素100万单位，在输精后30~60分钟一次性注入子宫。对于超周期复配牛，采取输精前和输精后两次注入防腐与消炎药。比如，在输精前6小时左右用20~50毫升生理盐水冲洗子宫，然后注入0.5%高锰酸钾溶液20~50毫升或0.2%来苏儿溶液20~50毫升；或在输精后沿用周期复配牛处置方法；还可以待下一个发情周期到来之时肌注黄体酮，每日1次，每次100~200毫升，连续7~14天。

应注意的是，操作时，要严格执行操作规程。坚持镜检精液，适时输精。防止误将成熟卵泡挤破，导致手排事故的发生，因为手排的卵子无受精能力。对配后的母牛一定要加强管理，防止机械性事故发生。提高第1次配种受胎率，这样就能少出复配牛。当出现复配牛时应当查清原因，采取对策。

十 抓好综合给力

北京南郊"把三关"

北京南郊农场认为，不孕是由诸多因素形成，比如：奶牛垂体激素分泌失调，体质不良或过肥，生殖系统疾患，饲养管理不良，维生素、矿物质的缺乏，以及配种技术操作不当等等，故不可用简单方法处理。他们认为，牛场的一些兽医、配种员、技术员分工较细，配种员专配种，兽医专治病，饲养员重点管喂牛、挤奶。这样的"三员"结合不好，亦与'不孕'不无关系。所以，他们组成由领导、饲养员、技术人员参加的三结合配种工作小组，明确了在奶牛生产上要"长年抓育种、当年抓配种"，重点是把好"三关"。

（1）产房关 产房的饲养管理水平直接影响牛的泌乳、子宫的恢复及下胎的配种。对临产母牛的强调自然分娩，不宜过多过早采取人工助产。助产时要做好卫生消毒，要准备好器械药品，要做好母牛健康检查，要做出确诊。往往由于不适当的助产而造成各种生殖器疾病，致使不孕或长期不孕是常见的。胎儿倒生、体大、产道干燥，由于助产操作粗鲁，强行牵引造成产道上部靠直肠部位撕裂，虽经治愈，但因子宫颈硬化，卵巢质地坚硬，阴道与直肠粘连而长期不发情。母牛在产房期的饲养水平，要高于其他任何泌乳月或干乳期。对于体弱高产牛应加强看护，及时治疗。坚持出产房牛检查制度，产后10天开始阴道检查，一般情况胎衣自行脱落牛产后15天出产房。凡12小时胎衣不下要及时治疗处理，出产房牛的标准是，全身健康正常，子宫恢复，阴道分泌物清亮或呈黑褐色胶冻样无臭味。

（2）发情关　为了正确判定母牛发情，不漏掉发情牛。配种员要实行"三观察"，每班提前上班，观察运动场内牛的爬跨现象，上班后到牛棚逐头观察，下班放牛后继续观察。对个别发情现象不明显或异常的牛进行阴道检查。给饲养员介绍配种记录，使饲养员了解所管牛只配种情况。

（3）配种关　正确发情鉴定之后准确而及时输精。配种员必须严格执行操作规程，严格进行精液品质检查。如经2~3次输精未孕牛，再次输精时，在精液内添加青霉素20万~40万单位。

应注意的是，确诊不孕原因极为重要，不宜过早采取治疗措施，往往因过早或不合理治疗会起反作用。三次配种以上不孕牛，一般只要发情正常，都应予以配种，配而不孕应多从配种技术着手。

草原牧场办法好

黑龙江省绿色草原牧场是一个以饲养奶牛为主的牧场，现有奶牛4358头，分散在13个生产队的864个家庭饲养。通过普及先进的繁殖技术，采取相应的管理措施，个体奶牛的繁殖率明显提高，连续三年奶牛情期受胎率超过59%，总受胎率超过97%，繁殖率超过90%。其主要做法：

（1）组织落实　设专人负责全场奶牛的繁育工作，制定全场繁育方案及选种选配计划。各生产队配备专职的奶牛配种员，负责奶牛繁育。

（2）责任到位　每年由场畜牧科牵头组队落实繁殖任务。根据牛群情况核定各单位的应配母牛头数、使用精液数、情期受胎率、总受胎率、产犊数、淘汰率、成母牛占整个牛群的比例数。先设岗后定人，竞争上岗，采取一票否决的办法。奖优惩劣，完不成生产任务的就地"免职"。

（3）适时输精　个体奶牛饲养较分散，奶牛的发情鉴定，配种工作难度较大。对此坚持配种员早上送牛群出牧，晚上接牛群归队，发现发情牛及时直检，防止漏配。凡是月龄超过12个月的奶牛必须建档建卡，根据档卡记录推算发情和产犊日期。对近期应发情奶牛，重点观察，及时检查，确保适时输精。

（4）强化培训　场畜牧科每月召开一次配种员例会，总结上月工作成绩和不足，安排下月工作任务。请1~2个队的配种员介绍经验。请经验丰富的技术人员指出今后配种工作需要注意的问题。多年来，这种月小结、半年总结的方式，常抓不懈奶牛繁殖工作。每年选派2~3名青年配种员到场外学习，聘请专家办班讲课。通过请进来、送出去的办法对全场配种员进行培训，使全场配种人员的专业技术水平普遍得到提高。

（5）健康牛群　每季度对各单位上报的难孕牛进行一次统一检查。重点放在子宫内膜炎和卵巢囊肿上，做到勤检查早治疗，对确无治疗价值的及时淘汰处理。严密控制结核、布氏杆菌及其他传染病。

（6）克服不孕　在粗饲料供给上采取以奶换料、适当增加基础料；在精饲料的供给上，每头成母牛每年分给 30 亩采草区、20 亩放牧区、两亩青贮地，保证了精粗饲料的供给。要求全场成母牛夏有凉棚，冬有防寒舍，做到牛床清洁，通风排水良好。

榆林市郊有措施

据对榆林市郊区 1 600 头 1.5 岁至 13 岁的母牛配种情况调查，发现屡配不孕母牛竟有 880 头，占适繁母牛的 55%，其解决屡配不孕的措施：一选择避风向阳、冬暖夏凉、地势平坦、排水良好的场地，营造适于母牛生育繁殖的环境。二满足母牛蛋白质、矿物质和维生素的需要量。注意饲料的合理搭配，种类的多样化，满足供给青绿多汁饲料和优质青干草，钙磷比例达到（1.5~2）：1。牛舍光照充足、通风良好、舍内经常保持清洁、干燥、空气新鲜。母牛获得足够的运动和光照。三准确掌握母牛的发情特点，及时配种。一般母牛在产后 60 天以内配种，容易受胎。对发情母牛进行直检，当卵巢上卵泡波动大、触之软弹、有一触即破之感，及时用直肠把握深部输精法输精。严格遵循技术操作规程，真正做到严密消毒，输精操作熟练，输精部位准确。

凤凰山胸中有数

在凤凰山牛场，据 1834 头次发情母牛统计，不同季节母牛发情率有一定差异，3、4、5、11 和 12 月份每月母牛平均发情分布率为 9.8%~11.2%，而其余月份平均发情分布率只有 5.9%~7.8%。据 319 头后备母牛 479 次人工授精和 253 头成年母牛 1205 次人工授精的统计，后备母牛情期受胎率为 66.6%，成年母牛受胎率为 57.4%。在不同季节，母牛受胎率存在明显差异，7、8、9 三个月受胎率低，平均为 48.1%~51.9%，而其余月份受胎率为 58.1%~68.5%。据 893 头配种情期统计，配种间隔在 24 天以内的占 30.0%，23~48 天的占 29.3%，而 48 天以上的占 41.2%。产后第一次配种和受胎天数，产后群体平均距配种天数为 119.5 天。产犊季节对产后距配种天数无明显影响，但个体间差异大。第一胎母牛产后距配种天数为 126.3 天，比成年母牛 115.0 天长。对 253 头母牛 742 个胎次统计，母牛从产后到下次妊娠的平均间隔为 159.4 ± 85.6 天，其中只有 19.8% 的母牛在产犊后 85 天内受胎，即 1 年产 1 胎。母牛产奶量对产后第一次配种和受胎天数有明显影响。产奶量 5 000 千克以下的母牛产后第一次配种和受胎天数均极显著短于产奶量为 5 000 千克以上的母牛。虽然产奶量为 5 000~6 000 千克的母牛和产奶量为 6 000 千克以上的母牛产后第一次配种天数差异不显著，但受胎天数却有极显著差异。这说明产奶量高的母牛产后乏情期长，其受胎率低。

张家港的办法妙

随着产业结构的调整，农民从种草养畜中得到了实惠，养牛逐渐兴起。张家港市凤凰镇养牛业就是一个很好的例子。该镇畜牧兽医站建立了奶牛服务中心，对散养户的上门服务中，教会观察发情，要求散养户常到牛舍观察，一天按早、中、晚划分，至少三次；观察奶牛的精神状态。观察从阴户中排出黏液的性状；要求散养户，当观察到黏液的量、黏性、透明度达到一定程度时，马上通知奶牛服务中心；技术人员及时去确诊，通过直检卵泡的发育情况决定何时输精，尽量做到适时配种。

帮助散养户建立奶牛生产和情期监测 2 个档案。奶牛生产记录档案编号是按奶牛产犊日期先后编写；建立奶牛生产档案，要求养牛户认真观察奶牛产后 1 个月左右从子宫中排出恶露情况，以便选用何种药物来处理、净化子宫；应配牛在产后 3 个月仍没发情配种的应马上采取措施，诱导发情；从该档案能了解到每头牛的情况、个别牛的病史，以便下一胎采取措施加以防治。

奶牛情期监测记录档案是按发情先后次序编写。可用横线代表奶牛发情开始到结束从阴门中排出黏液所持续的时间，横线上用"配"字代表黏液达到一定程度，结合直检卵泡的发育情况而进行配种，该档案能够反映每头牛的配种日期。建立情期监测档案的目的是，了解每头牛的发情期长短，了解部分牛发情周期是否正常，而且能了解某头牛配后 18~23 天是否返情。

要求散养户合理地净化子宫。养牛户在母牛产犊后，一定要给奶牛喝足益母草糖汤，一般胎衣都能下来。胎衣不下者，用土霉素粉 10~15 克、呋喃西林 3~5 克混合洗涤，直到胎衣下来，一般 10 天内冲洗 3 次。对于产后 1 个月左右的母牛都要进行子宫处理。胎衣下来，子宫恢复正常，排出的黏液非脓性的，常用阿米卡星 0.8~1 克冲洗；若胎衣下来，子宫恢复稍正常，但有脓性恶露的母牛，则用上海奶牛研究所研制的净宫灵 A 液 50 毫升、B 液 50 毫升一次性处理。胎衣不下的母牛，在产后 26~30 天用利凡诺 0.5 克、土霉素粉 5 克混合冲洗子宫，超过 30 天的奶牛用净宫灵处理子宫。对于个别因难产脓性分泌物比较多的母牛，用净宫灵处理后，间隔 1 周，再处理 1 次。经过上述处理，60 天子宫恢复正常的可达 95%。

制定奖励的机制。根据年末奶牛总的受胎率的高低对职工进行打分、考核、发放奖金。要求养牛户严格按奶牛饲养标准饲养，不要养得过肥；禁止用发霉变质的饲草料，夏天防暑，冬天保暖，及时地处理好生殖道疾病。如根据情期监测情况，有的牛屡配不孕，有的牛发情周期不正常，有的牛长期不发情。对于屡配不孕的母牛，若是排卵迟缓，第 1 次配种后，及时肌注促排 3 号 200 单位，再重复输精。若排卵正常却屡配不孕，根据黄体发育与退化情况，一般在配后 9~11 天肌注黄体酮 50 毫克。若长期不发情的母牛，如果是持久黄体，采用前列腺素处理，必要时 2 次注射。若是卵巢萎缩不发情的母牛，用绒膜促性释放激素 1000 单位肌注治疗。发情周期不正常的奶牛，通过直检是卵泡囊肿的，用地塞米松 50 毫克，连用 5 天，即可治好。

一防一治两检查

有一牛场有奶牛 603 头，其中成乳牛 351 头，他们在严格执行人工授精操作规程的前提下，从干乳期至产后第一次配种期间，坚持一防一治两检查。

一防：预防奶牛胎衣滞留。临产前 30 天，用维生素 A 50 万国际单位，维生素 D 5 万国际单位，每隔 5 天肌注一次，每牛共用药 5~6 次，并在分娩后立即注射麦角或垂体后叶素，使胎衣不下发生率由 19% 降至 13.2%。

一治：对凡属胎衣滞留或临床流产、干胎、子宫炎症的牛，一经发现即着手治疗。

两检查：指对"子宫复旧"和"产后第一情期"的两项直肠触诊检查。一般母牛在分娩后 25~35 天子宫复旧即可完成，有 3% 的牛复旧延迟。检出后采用垂体后叶素或麦角新碱治疗，对有子宫内膜炎的牛采用子宫注药治疗。在母牛产后第一个发情期，直检卵巢机能状况是否正常。通过对子宫复旧和产后第一次发情牛的检查，筛选出子宫、卵巢等生殖器官异常的母牛，调整发情规律，治疗子宫疾病，为配种受胎创造好的子宫内环境。

此外，他们还抓适时输精，减少情期内输精次数。因为从现代免疫学观点来看，多次交配如同重复免疫接种，会引起精子抗体滴度升高，成为繁殖力减低的重要原因之一。对有规律地出现发情周期而无其他子宫疾病、多次配种不孕的母牛，对输精三个情期未孕母牛停配几个情期，适当注入子宫生理盐水，以降低其精子抗体滴度。其他母牛都力图一个情期内只输精一次。适当控制产犊季节：鉴于夏季产犊母牛胎衣不下发生率较高，夏季产犊母牛年平均产奶量也较低。故适当控制了夏季产犊数。

南方地区的经验

我国南方地区饲养荷斯坦奶牛的繁殖率较低，这是因为当地气候炎热、潮湿所致。经多年探索，总结出了一些成功的经验。据观察统计发情母牛中87.6%表现站立发情。发情鉴定以观察法为主，为确定输精的适宜时间，必要时结合阴检或直检。发情观察做到早、中、晚3次，并记录发情开始时间、发情持续时间、性欲表现程度、阴道排出黏液量及性状。一般奶牛的发情周期为18~24天，平均21天。根据奶牛上次发情周期及日期作出下次发情预报，提醒饲养员注意观察母牛发情。对产后60天不发情的母牛直检子宫和卵巢的状态。必要时进行治疗或诱导发情处理。对异常发情（如安静发情、继续发情、持续发情、间隔不足15天或超过40天的发情）和牛只授精两次以上未孕的进行直检。记录子宫、卵巢的位置、大小、质地、卵泡和黄体的数目、位置、发育程度、有无异常（如卵泡或黄体囊肿、卵泡静止及持久黄体），发现病症及时治疗。育成牛16~18月龄，体重达370千克开始配种，合适的配种时间以体重达到成年体重的70%左右为依据，否则会影响头胎产奶量和腹围的发育。产后第一次配种时间应该掌握在产后45~90天之间，最早不能少于40天，最迟不超过120天，一般最适产后配种时间为60天。对奶牛阴道分泌物呈中度以上不洁的牛不予配种，及时治疗。对呈轻度不洁或酸度偏高或有难配史的母牛，进行配前或配后清宫。清宫方法是用50毫升注射用水溶解青霉素1000万单位、链霉素200万单位，1次注入母牛子宫内。尤其是配前1小时效果更好。输精时间一般以早上接受爬跨傍晚输精，中午接受爬跨夜间输精，晚上接受爬跨则次日上午输精，间隔12小时再配一次，要求饲养员及配种员注意观察，以免漏配。输精部位：传统的输精部位在子宫颈内，其受胎率只有60%~64%；采用把精液输至子宫体或子宫角基部，其受胎率达70%~72%。配后60~90天进行第一次妊娠诊断，第二次妊娠诊断在停奶前进行。同时实行科学饲养，加强围产期的护理。为了提高产后母牛抵抗力，帮助母牛子宫收复，减少产后瘫痪的发生，可给母牛喂服"产后汤"，其组成：30度白酒250克、红糖250~500克、生化汤丸10个、维生素B_1液30毫升，混匀后一次灌服；同时还加喂益母草浸润膏500毫升，每天一次连服3~5天。产后7天内观察恶露排除数量和性状，发现异常及时治疗，15天左右观察恶露排尽程度及子宫内容物洁净程度，30天左右直检子宫复旧情况，做到早发现早治疗，降低卵巢子宫的发病率，为产后初配创造良好条件。

防暑降温在珠江

珠江三角洲地处南亚热带，年平均气温21.7℃，降水量1 987.7毫米，日照时间1 474.9

小时，年均相对湿度 77%，高温高湿的气候持续时间较长。由于这种特殊的气候，导致奶牛情期缩短，发情表现不明显或乏情，影响适时配种，降低受胎率，在配种后胚胎着床期易引起胚胎吸收、流产等。气温是影响奶牛情期受胎率的主要原因之一，高温使受胎率降低。一年以冬季配种的母牛情期受胎率最高，春秋次之，夏季最低。奶牛全年平均情期受胎率为 33.8%。不同月份受胎率以 2 月份最高（51.3%）；7 月份最低（23.1%），此时配种受高温的危害表现最为突出。南亚热带地区奶牛繁殖的适宜气温为 17.3~25.7℃，最适为 19.1~20.1℃。当气温超过 25.7℃时就会产生严重的高温热应激，情期受胎率从 25.7℃时的 43.3% 下降到 31.9℃的 23.7%。湿度对情期受胎率影响要小于气温，3、4、12 月份相对湿度较大，但由于气温较低，情期受胎率同样较高；8~9 月份虽然相对湿度较低，而气温较高，使得情期受胎率相应较低。可见，相对湿度与情期受胎率的相关系数，明显小于气温与情期受胎率的相关程度。当气温下降到 35℃以下时，高湿对繁殖率的影响很小。

高温热应激使胎衣不下和子宫内膜炎发病率上升。广州地区牛场，凉爽季节胎衣不下发病率为 12.8%，而在 7~9 月份发病率为 39.1%，最高一年曾达 44%。高温对母牛生殖的不良作用主要在配种前后一段时间，特别是胚胎附植前的几天内，此时是胚胎死亡的关键时期。为了保证奶牛的情期受胎率，处在南亚热带气候条件下的广东省，为发挥奶牛的繁殖潜力，要加强的工作有：做好防暑降温工作，如遮阴和植树绿化，强力通风，冷却水喷淋牛体和室内喷雾；加强发情检测，预防胎衣不下和子宫内膜炎；饲料中补充维生素 A、维生素 D；饮水降温和补充电解质平衡物质，增加糖蜜，减少粗纤维，补充脂肪。

重庆促孕用科技

目前重庆市屡配不孕奶牛高达 35%，严重影响了奶牛场生产。本试验从重庆市一奶牛场采集了屡配不孕和正常奶牛血清 24 份，对其维生素 A、E 及铜、锰、锌的水平进行了检测，旨在探讨营养与不孕的关系，为奶牛场改善饲管提供参考。

试验奶牛选择重庆市一规模化奶牛场正常奶牛 10 头，屡配不孕奶牛 14 头，每头牛颈静脉采血 25~35 毫升，静置数小时析出血清后，分装到离心管中，−20℃保存待测。14 头屡配不孕奶牛经检查无卵巢囊肿和子宫内膜炎等生殖器官疾病。用原子吸收光谱法测定血清铜、锰、锌含量；用荧光吸收光谱法测定血清维生素 A、维生素 E 含量。

结果显示，不孕奶牛血清铜、锰含量与正常奶牛血清铜、锰含量无明显差异。但不孕奶牛血清锌含量极显著低于正常奶牛。不孕奶牛血清维生素 A、维生素 E 含量均低于正常奶牛，且差异显著。

应注意的是，本试验屡配不孕奶牛血清铜含量与正常奶牛含量相差不大，说明血清铜处于正常生理水平，不是引起奶牛屡配不孕的原因。本试验屡配不孕奶牛血清锰含量与正常奶牛差异不显著，说明锰也不是引起奶牛不孕的因素。本试验检测发现，不孕组奶牛血清锌含量平均值极显著低于正常组，说明锌缺乏可能使机体内分泌紊乱或酶代谢异常，从而引起奶牛屡配不孕。本试验检测发现，屡配不孕组奶牛血清维生素 A 平均含量显著低于正常组，这可能是奶牛场饲料中缺乏维生素 A，机体内维生素 A 含量不能够满足正常生理需要，从而引起不孕。由此表明，血清锌、维生素 A 和维生素 E 水平过低可能是导致重庆部分奶牛场奶牛屡配不孕的重要因素，建议在饲料中添加这几种元素，进一步证实是否为这几种元素缺乏导致的不孕，以期提高奶牛场的经济效益。

兴宁采取三结合

在兴宁奶牛场，选择场发情周期正常、直检无明显病症、两次及两次以上配种未孕的197头牛，根据奶牛屡配不孕的病因，设计了三种综合治疗方法。

一在奶牛返情时，肌注射兽用维生素 ADE 合剂 10 毫升；

二在配种前 8 小时，一次子宫灌注 50% 葡萄糖溶液 50 毫升；

三在配种后第 7~10 天及第 23~26 天，肌注黄体酮，每天 1 次，每次 10 毫升（20毫克）。

结果显示，经对 197 例屡配不孕奶牛的综合治疗，其情期受胎率明显高于同期其他奶牛。12 月份治疗组与对照组的差异极显著，1 月份治疗组与对照组的差异显著，其他月份的情期受胎率也有不同程度的提高。

南京光明经验好

上海光明荷斯坦牧业有限公司的南京光明牧场存栏奶牛 600 多头，其中成乳牛约 370头，是传统的拴系式牧场，从事繁殖技术工作的人员只有 1 人。自 2008 年以来，该牧场的产奶量大幅提高，牛群的繁殖水平不断提高。其经验是：

南京光明牧场的牛群整体健康状态良好，产后体况评分一直在正常水平。良好的健康状况对保障奶牛的子宫净化和发情起到了关键作用。

根据子宫的生理特点，科学、规范地利用激素调节并配合药物对子宫进行处理：

母牛分娩后及时喂由温热的麸皮、盐、钙和益母草红糖水配置的产后汤，同时注射垂体后叶素 10 毫升，帮助子宫恢复；

对于胎衣自下牛，在产后 14 天，肌注前列腺素 2 支；产后 17 天金霉素 0.8 克 + 蒸馏水 50 毫升灌注子宫；或在产后 28 天，肌注前列腺素 2 支；产后 31 天，灌注子宫青霉素钾80 万单位 + 链霉素 100 万单位 + 缩宫素 1 支 + 生理盐水 500 毫升。

对于胎衣滞留等异常分娩牛只，在母牛分娩后第 2 天子宫灌注土霉素 5 克 + 利凡诺 0.5克 + 蒸馏水 500 毫升，同时肌注前列腺素 2 支，隔 3 天再灌注 1 支。产后 14 天，肌注前列腺素 2 支；产后 18 天，灌注子宫金霉素 0.8 克 + 蒸馏水 100 毫升。

产后 28 天，肌注前列腺素 2 支；产后 31 天，灌注子宫金霉素 0.8 克 + 蒸馏水 50 毫升。产后 45 天，灌注子宫青霉素钾 80 万单位 + 链霉素 100 万单位 + 缩宫素 1 支 + 生理盐水 50 毫升。

产后 45 天进行卵巢机能检查，对异常牛只应及时进行治疗。

产后 35~45 天进行一次子宫及卵巢机能检查，并做好记录，对异常牛只及时进行治疗，使母牛尽早发情：对于卵巢静止的，5 天为 1 疗程，先肌注促排 3 号 2 支，连续 2 天，然后用黄体酮 200 毫升连续注射 3 天；对于黄体功能不全的，3 天为 1 疗程，即黄体酮 200 毫升连续注射 3 天；对于卵泡囊肿的，静注绒毛膜促性腺激素 12000 单位 + 地塞米松 2 毫升 + 生理盐水 30 毫升。对产后超过 60 天未发情牛做好同步排卵工作，提高产后 80 天参配率。同步排卵要有计划进行，每次可做 20 头左右，根据产犊日期及牛只体况分实施。用药要按时、按计划严格执行。首次注射促性腺素释放激素到第 7 天时，有 10% 的牛只会提前发情，查情时发现有拉丝状黏液结合直检卵泡可直接输精。

使用同步排卵注射促性腺素释放激素时，应注意事项有：对体况偏差、有蹄病、直检卵巢呈静止状态的牛，以饲养保健恢复为主；对胎衣未下牛，第7天前列腺素催情后跟踪观察黏液是否透明，有无脓性分泌物，必要时进行配前净化一次，取80万单位青霉素+20万单位庆大霉素+缩宫素2毫升+生理盐水40毫升灌注子宫。

定时输精后，估计有20%的牛不能按时排卵，故配后第2天继续观察，发现排拉丝状黏液牛需立即直检，看是否需复配。

运用同步排卵方案，可进行定期输精，节省观察发情时间，提高工作效率。在同步排卵处理中，10%的牛会提前发情，20%的牛不能按时排卵，故应及时直检，结合直检结果及时配种。

做好发情鉴定，只有通过发情鉴定，才能判断母牛是否发情，发情是否正常，发情处于哪个阶段，何时配种最佳时间。

发情观察每天不能少于三天。拴系牛舍下班半小时后为最佳观察时间。查清时要多注意观察阴道黏液的厚薄、拉丝状和洁净性。

对发情黏液轻度浑浊或黏液酸度高的，配前取80万单位青霉素+20万单位庆大霉素+缩宫素2毫升+生理盐水40毫升灌注子宫，对子宫进行净化处理，处理后4~6小时后输精，效果最佳。

对子宫炎症严重的，如子宫偏大、有脓性分泌物牛只，应停止配种及时治疗。

配前检查卵泡大小、厚薄，确定是否适合配种。配后第2天黏液仍然很多、直检卵泡未排时须复配。

总之，繁殖工作人员，要肯吃苦，不怕脏，不怕累，坚持规范化操作，利用激素配合药物把新产牛子宫处理到位，勤查棚，严格发情鉴定，才能取得良好的繁殖成绩。

张家口疗法见效

张家口市郊区一奶牛场，2008年3月购进奶牛50头。按品种要求进行饲管，喂配合饲料；奶牛发情周期正常，采用人工输精配种。但到2010年1月不孕奶牛5头，占可繁母牛10%。经临床检查，不孕牛精神不振，被毛丰满整洁，营养良好，体液、脉搏、呼吸和眼结膜正常，心肺听诊无异常，体温稍高，有时拱背、努责、常作排尿姿势。通过对外阴、阴道及子宫颈的检查和直检，分别作出诊断：1号奶牛，诊断为无阴道，属先天性不孕；2号奶牛，初诊为隐性子宫内膜炎；3号、4号奶牛，初诊为慢性卡他性子宫内膜炎；5号奶牛，诊断为慢性化脓子宫内膜炎。

治疗措施：对1号无阴道奶牛，决定淘汰育肥处理；对其他4头奶牛，分别用不同方法治疗。在母牛发情时冲洗子宫，用清洗液对子宫反复彻底冲洗，冲洗后子宫注入用生理盐水20毫升稀释青霉素160万单位、链霉素100万单位制成的保留剂。冲洗温度为45~50℃，每次冲量2 000~5 000毫升，冲洗至排出液透明为止。操作时严格遵守消毒常规。

对隐性子宫内膜炎的2号奶牛，当发情时，用40℃生理盐水、1%小苏打溶液250~500毫升冲洗子宫及阴道，然后子宫注入保留剂。经治疗后发情一次配准。

对慢性卡他子宫内膜炎3号、4号奶牛，先用10%盐水2 000~5 000毫升冲洗，再用生理盐水冲洗子宫，冲洗至排出液透明为止，然后注入上述保留剂。每日冲洗治疗1次，连续冲洗治疗2~3次为一疗程。3号经一疗程后发情一次配准；4号没配准，经检查仍有炎性分泌物排出，用同样方法冲洗治疗两个疗程后发情、人工授精配种。

对慢性化脓性子宫内膜炎 5 号奶牛，先用 0.1% 高锰酸解溶液 2 000~5 000 毫升冲洗子宫，发现回流液浑浊，再用生理盐水继续冲洗子宫，冲洗至无脓汁、排出液透明为止，然后注入保留剂，每日冲洗治疗 1 次，连续冲洗治疗 3~5 次为一疗程，冲洗治疗次数根据排出脓汁和渗出液的多少而定。5 号奶牛经一疗程后发情一次配准。

注意事项

冲洗液加温到 45~50℃，以增强子宫血液循环，改善生殖器官代谢，增强防御机能。

慢性卡他性子宫内膜炎冲洗时，先用 10% 盐水冲洗，它可防止渗出物被子宫内膜吸收，并能促进子宫收缩，有利于液体排出体外。后改用生理盐水冲洗，可减少对子宫的刺激，恢复子宫张力。

慢性化脓性子宫内膜炎患牛，在冲洗治疗时应配合肌注抗生素。

黑龙江添加脂肪

在黑龙江省一集约化澳牛场，选择泌乳量、年龄及胎次相近的健康奶牛 40 头，分为 4 组，分别于产后 30~70 天每天喂饲过瘤胃脂肪 200 克、300 克、400 克和 0 克。产后 30 天、45 天、60 天、70 天以及发情时采血，同时记录泌乳量、采食量及体况分等情况，并跟踪调查其情期受胎率、年受胎率、配种指数、平均产犊间隔及产后发情率。

该牛场牛存栏奶牛 550 头，采用拴系式饲养，TMR 饲喂。每天早晨 7：00、下午 4：00 投料饲喂，自由饮水，每头每天饲喂精料平均 9 千克，粗料平均 24 千克。日粮组成：玉米 20.6%，浓缩料 6.47%，豆粕 3.62%，油糠 2.13%，豆饼 1.06%，磷酸氢钙 0.68%，维生素和微量元素预混料 0.51%，食盐 0.3%，小苏打 0.3%，苜蓿 5.53%，青贮 53.2%，羊草 4.68%；营养水平：干物质 84.03%，能量 17.78 兆焦 / 千克，脂肪 4.52%，粗纤维 18.14%，蛋白质 11.42%，钙 0.65%，磷 0.31%。

试验奶牛在产后 30 天、40 天、50 天、60 天、70 天以及发情时的清晨 6 点，空腹尾静脉采血 10 毫升。加 150 单位肝素抗凝，以 3 000 转 / 分钟离心 5 分钟，分装血浆，液氮冷冻，移至 -80℃冰箱保存。

血浆雌激素、孕酮等试剂盒，由哈尔滨医科大学附属第二医院核放射科采用放射免疫分析方法测定。血浆葡萄糖、游离脂肪酸等试剂盒，由黑龙江八一农垦大学动物科技学院临床教研室完成测定。

结果显示，随着饲喂过瘤胃脂肪的增加，采食量未明显增加，但是体况分随之增加。添加过瘤胃脂肪的试验牛情期受胎率与总受胎率明显高于对照组，配种指数明显低于对照组，平均产犊间隔和产后第一次发情天数均小于对照组。过瘤胃脂肪能提高试验奶牛的繁殖性能。

总发情率与 50~90 天发情率表明，随着饲喂过瘤胃脂肪的增加，试验奶牛的发情率提高。

葡萄糖对奶牛发情起着重要的作用。血清游离脂肪酸水平在产后逐渐下降，发情时降至最低。

血浆雌激素产后 30 天逐渐上升，发情时达最高。血浆孕酮浓度值较平稳。发情时各组孕酮含量均最低，但组间无差异。

应注意的是，日粮能量水平会明显提高泌乳量和改善奶牛体况。因奶牛的繁殖性能受能量水平的调节，在能量正平衡状况下有助于奶牛产后生殖机能的恢复和及早发情。产后给予适宜的能量饲料会提高奶牛受胎率，这可能与奶牛体内代谢和生殖内分泌有关。

南山不孕谜揭晓

位于湖南省西南边陲的城步南山牧场，总面积23万亩，可利用草山20万亩，土壤以山地黄棕壤为主，大部分草地分布在海拔1 400~1 800米的山包浅谷之中，有70%草地坡度不超过30度，由于雨水积蓄，宣泄不畅，山丘间形成了许多沼泽湿地，牧草生长旺盛。从1981年起，由中澳合作开发，陆续采用飞播草种，建立了近10万亩人工草地。选用枯草期短、再生力强、产草量高、营养丰富、耐牧、耐踏、能覆盖地面保持水土的优良草种，实施了围栏轮牧、合理施肥加强草地管理和防治杂草、虫、鼠三害等措施。南山牧场已经肥美牧草漫山遍野，郁郁葱葱四季常青，供养着数以千计的奶牛、肉牛、绵羊和山羊，为国家做出了巨大的贡献。但是，在牛群中胎衣不下、子宫内膜炎、卵巢疾患等不孕难孕情况比较严重，已成为该场奶牛繁殖和乳品生产的主要障碍之一。

南山牧场奶牛饲养方式以放牧为主，终日在野外采食行走，不存在运动不足的情况，同时南山奶牛管理粗放，奶产量一般偏低，不可能发生榨乳过度的情况。在南山牧场，一般成年母牛每日采食5~8次，时间7.5~8.5小时，行走距离1~3公里，日采食青草35~50千克，青饲料主要有多年生黑麦草、意大利黑麦草、鸡脚草和白、红、地、杂等四种三叶草。在牧场生长量下降季节，还适当补充青干草、青贮和氨化饲料。除采食青饲料外，每头奶牛每天补饲5.5千克混合料。

20世纪80年代，该场曾对全场土壤和牧草进行了分析检测，结果表明，南山牧场土壤和牧草不缺乏钾、钠、镁、磷。1987~1988年，南山牧场对草地微量元素钼、锌、铜、硼、锰等进行检测，结果表明，缺硒、钼、锌、硼。

结果显示，南山牧场土壤贫硒，牧草含硒量可能很低，因而引起奶牛繁殖障碍，缺硒是导致南山奶牛不孕的主因。为此具体措施：对大群奶牛把亚硒酸钠盐掺在舔砖中，任其自由舔食，或经稀释直接拌入料中饲喂。用含硒的肥料喷洒牧草，以提高草料含硒量。将铁硒比为9：1的铁丸投入瘤胃或网胃中，使之缓释，投放一次可保180~360天内有效。为防止胎衣不下，在产前60天内，在每日每头饲料中添加亚硒酸钠2毫克，维生素E 1000单位。此措施还可使产犊期感染率下降40%，乳房炎发病率下降51%。对大群奶牛在饲料中添加酵母硒，它具有极高的生物效价，可提供最佳形式的营养补充硒，更有效地被奶牛吸收利用，且结构稳定，安全无毒，无刺激性和无配伍禁忌。

综上所述，足见各地对提高受胎率极为重视，也做了许多探索，积累了大量的经验，可供各奶牛场及养殖小区参考。

正是：

养牛忌讳配不上，浪费草料净瞎忙；

区别情况用对策，槽头准能保兴旺！

母牛发情，适时配种，妊娠与否，应该掌握。如已妊娠，则应加强饲管，以利胎儿发育；如配而未孕，则应密切观察，发现发情，安排输精，避免空怀。这就是诊断奶牛妊娠与否的——

第 **10** 章
妊娠早知道

母体的妊娠识别

妊娠是胚胎附植在子宫并在其中生长发育的过程。从免疫学观点看，正在发育的胚胎和胎儿，是母体的一种外来抗原，它和母牛间发生免疫作用，母体将胎儿和胎盘当作同种异体移植物而发生排斥反应。排斥反应本质就是免疫反应。但是，母体受精后，在正常妊娠过程中，并不发生排斥现象。这表明，母体和胎儿间已建立起一种防御机制，以抑制母体的这种免疫学排斥反应，从而保证胎儿不受排斥。不过，一旦这种免疫平衡失调，母体和胎儿之间转入免疫拮抗作用，出现免疫排斥反应，造成母体妊娠中断、胚胎死亡、早产和流产现象。当诸如缺乏全价饲料，尤其是饲料中维生素 A、维生素 D、维生素 E 及微量元素不足，以及管理因素不良等条件改变，都能干扰免疫平衡状态，降低繁殖效果。哺乳动物的胚胎是自然界最神秘现象之一，而胚泡如何如能在母体子宫定居下来，并与母体建立物质交换联系且不被母体排斥，这就是涉及母体妊娠识别。

妊娠识别是指在妊娠早期胚胎诱导母体的内分泌变化，以维持黄体孕酮的持续分泌，这是母体对妊娠最早的生理反应。这一过程极为短暂，但它是着床起始不可缺少的环节，决定着妊娠最终成功与否。参与妊娠识别的因子如下。

（1）雌激素　能诱使子宫内膜的血管通透性增加，上皮增生，为接受胚泡附植做准备。黄体分泌的孕酮通过抑制母体的免疫排斥反应和子宫肌的活动，促进子宫内膜转向接受态。

（2）绒毛膜促性腺激素　由胚泡分泌使黄体的机能维持并发展起来。胚泡在进入子宫后、附植前，它就开始分泌。这表明，它可能作为一种信号，诱导母体雌、孕激素水平发生改变及一些相关细胞因子的合成，从而启动母体妊娠识别。

（3）前列腺素　在着床前改变子宫机能状态，完成母体妊娠识别，促进着床和蜕膜反应。

（4）一些特异的多肽和蛋白　由胚泡在着床前分泌，它们可能参与胚泡和子宫的相互作用。这种蛋白可能作为一种免疫抑制因子参与着床前母体妊娠识别。

（5）干扰素　它是反刍动物胚胎滋养层细胞产生的抗黄体溶解信号，使母体识别妊娠。

此外，着床前后子宫内膜细胞糖复合物的变化，可能与胚泡和子宫内膜的识别、粘连有关；有许多细胞因子和生长因子如白血病抑制因子（LIF）、表皮生长因子（EGF）、转化生长因子（TGF-β）、胰岛素样生长因子（IGF）等，也广泛参与了胚泡与母体识别及粘附的调控，参与母体与胚胎对话，促进母体子宫内膜细胞发生一系列有利于胚胎附植的变化，对于胚泡成功着床具有重要意义。

妊娠的识别发生在胚胎附植前很多天，在正常的周期黄体消失之前。牛大致是配种后16~17天。妊娠的识别和建立，与周期黄体转变为妊娠黄体有关。一般认为，也与孕体产生激素有关。受胎后黄体之所以不会退化是由于孕体发出的激素信号作用于子宫或（和）黄体，抵消前列腺素的溶黄体作用，以维持黄体形态和内分泌机能的完整性。牛孕体产生的激素可能影响胎儿的生长并调节母体机能以保证胎儿有氧、营养物质、水分、矿物质等适当的环境条件。

奶牛的妊娠诊断

奶牛配种后及早进行妊娠诊断，可对妊娠牛及时保胎护胎，可对未妊牛采取防止漏配措施，从而减少空怀，缩短胎间距，提高牛的繁殖率，增加经济效益。妊娠诊断在母牛配种后进行三次。第一、二次分别在配种后60~90天和4~5个月，采用阴道检查、直肠检查或超声妊娠诊断法。第三次在停奶前，采用腹壁触诊法。有条件可在配种后20~40天采用检查乳汁孕酮含量作为早期妊娠诊断。一旦发现妊娠中断，包括早期胚胎死亡、流产、早产，应分析原因，必要时进行流行病学及病原调查。对传染性流产要采取相应的卫生、防疫措施。早期胚胎死亡指配种后60天以内死亡。流产指排出不足月的死胎或死胎在子宫内发生变性，分小产、干胎、胎儿浸溶、胎儿腐败四种类型。早产指排出7~8.5月龄死的或活的胎儿。

奶牛早期妊娠诊断是改善奶牛饲养管理，提高繁殖率的一项重要措施。如果奶牛配种后不能及时诊断是否妊娠，就会导致胎间距延长、繁殖率降低、奶产量减少，饲养管理成本增高，大大影响经济效益。据统计，每头牛多喂1天将在饲料、人工、能源等方面多耗16~32元；多喂一个发情周期将增加成本336~672元；如延误1个情期（一般21天），每头牛将减少产奶量168~315千克；若能及时诊断，则其经济效益十分显著。

外观法诊断妊娠

母牛输精后，到下一个情期不再发情，且食欲和饮水量增加，上膘快，被毛逐渐光亮、润泽，性情变得安静、温顺，行动迟缓，常躲避追逐和角斗，放牧或驱赶运动时，常落在牛群后面。怀孕 5~6 个月时，腹围增大，腹壁一侧突出；8 个月时，右侧腹壁可触到或看到胎动。外部观察法在妊娠中后期观察比较准确，但不能在早期做出确切诊断。

阴检法诊断妊娠

阴道检查法是根据黏膜色泽、黏液、子宫颈的变化来确定母牛是否妊娠。母牛输精一个月后，检查人员用开腔器插入阴道，未孕牛有阻力感，其阴道黏膜干涩、苍白、无光泽。怀孕两个月，子宫颈口附近有黏稠液，量少；怀孕 3~4 个月，子宫颈口附近黏液量增多且变为浓稠，呈灰白或灰黄色，形如浆糊。子宫颈紧缩关闭，有浆糊状的黏液块堵塞于子宫颈口（即子宫颈栓）。阴检法对于检查母牛妊娠有一定的参考价值，但准确率不高。阴检法诊断妊娠须在配种 40 天以后。插入开腔器有阻力。子宫颈外口呈钝圆体、紧闭、颈口外由灰白或白色黏稠物覆在上面，有少数子宫颈偏向一侧。阴道膜淡粉红或苍白色，观察时间越短越好，以防早期过度刺激而人为流产。用开腔器能看见阴道和子宫颈是否感染，流出黏液是否有混合物，也知道子宫是否有炎症，以便治疗。能观察母牛是否妊娠、发情，可判断发情时间，确定适时输精。

黏液法诊断妊娠

国外 1962 年首次报道用电极插入阴道腔测定母牛阴道电阻值以来，许多学者探讨了宫颈及阴道黏液或黏膜电阻或电导率在发情鉴定和早期妊娠诊断上的可行性。我国学者测定了 94 头母牛宫颈－阴道黏液电导率，结果表明，母牛在发情周期和妊娠早期宫颈－阴道黏液电导率呈规律性变化。发情周期正常的母牛，宫颈－阴道黏液电导率在间情期处于较低水平（5.64 毫西门子/厘米），前情期开始上升（8.93 毫西门子/厘米），发情期达峰值（13.40 毫西门子/厘米），后情期开始下降（9.84 毫西门子/厘米），最后降至间情期水平。输精后，未妊与妊娠母牛宫颈－阴道黏液电导率的变化规律不同。在发情周期的各时期，未妊母牛高于妊娠母牛；未妊母牛在输精后 21 天左右返情，宫颈－阴道黏液电导率再度出现峰值；妊娠早期母牛则保持与间情期相近的较低水平（5.08 毫西门子/厘米）。认为母牛宫颈－阴道黏液电导率的规律性变化的生理学基础是体内激素水平和宫颈－阴道黏液的周期性变化，据此进行发情鉴定和早期妊娠诊断是可行的。与目前使用的方法相比，宫颈－阴道黏液电导率法更具有实用价值。并研制成功 MFR-1 型和宫颈－阴道黏液电导率-A 型母牛发情鉴定及早期妊娠诊断仪，该仪器由主机和探测电极组成，使用时将主机跨于胸前，电机插入母牛阴道穹隆部的黏液中，读取电导率值，即可判定结果。经过人工授精后 18~24 天的 159 头奶牛测定表明，妊娠牛和未妊娠牛的平均宫颈－阴道黏液电导率分比为（4.65±1.62）和（10.90±2.26）毫西门子/厘米，差异极显著。宫颈－阴道黏液电导率在 8.0 毫西门子/厘米以下判定为妊娠和 10.0 毫西门子/厘米以上判定为未妊娠的符合率分别为 92.4% 和 97.3%。输精后 18~24 天总计诊断妊娠准确率为 87.83%，未妊娠准确率为 93.94%。可在现场测定，2~3 分钟得出结果，非专业人员也可掌握，具有使用价值。

直检法诊断妊娠

　　直检法诊断妊娠是操作人员手臂伸入母牛直肠触摸卵巢和子宫，根据其形态判定是否妊娠。以母牛发情配种后 15 天排卵侧卵巢上的黄体形态为基准，在配种后 17 天、19 天、21 天再检查一次，若对比卵巢上的黄体形态与 15 天时相同，则可判定该牛已孕；若比 15 天时的卵巢上的黄体缩小或消失，则判定该牛未孕。同时，操作时对比子宫。未孕牛子宫卵巢均位于骨盆腔内，两子宫角大小相等，形状相似，弯曲如绵羊角状，经产牛右角有的大于左角。角间沟明显。触诊子宫有弹性，子宫角有收缩反应。卵巢上无妊娠黄体。已孕牛，1 个月时，子宫角间沟清楚，孕角比空角粗，柔软而壁薄，绵羊角状弯曲不明显。触诊孕角一般不收缩，内有液体波动，像软壳蛋一样。孕侧卵巢上有妊娠黄体突出于表面。2 个月时，角间沟不太清楚，但分岔明显，孕角比空角大一倍以上，壁软而薄，液体波动明显，孕角部分进入腹腔，孕侧卵巢向前移至耻骨前缘。3 个月时角间沟消失，子宫颈前移，子宫垂入腹腔，整个孕角比排球稍小，内有明显液体波动，偶尔可摸到胎儿，子宫壁软而不收缩，有时可摸到子宫中动脉。直肠检查法（图 10-1、图 10-2）直观、简便、经济、实用，但需要操作人员有实践经验，且劳动强度较大，妊娠诊断准确率可达 95％ 以上。

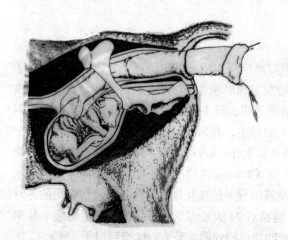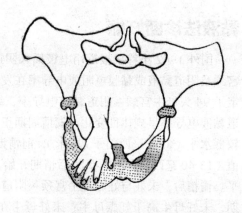

图 10-1　直检法诊断妊娠　　　　图 10-2　直肠检查妊娠 40 天的牛胎泡状态

　　直检法诊断妊娠还有依据触摸黄体的：奶牛的发情周期平均 21 天。在每个情期中，卵巢内含有发育程度不同的各级卵泡；它们发育到排卵则形成黄体。黄体为一暂时的激素器官，分泌孕酮。排卵后 7~10 天黄体发育到最好程度。以后，存在时间的长短，依卵子是否受精而定。如已受精，则体积稍微增大，成为妊娠一定时间内所必需的激素腺体，称之为妊娠黄体，到分娩后才萎缩闭锁。如未受精，至排卵后 14~17 天，开始萎缩闭锁，分泌孕酮减少，作用减退。这是在促卵泡激素的作用下，卵巢中又有新的卵泡迅速发育，并过渡到下一次发情。这种黄体称为周期黄体，一般较妊娠黄体稍小。在未妊娠情况下，卵泡和黄体就是这样在卵巢上彼此衔接、交替循环的。牛黄体的形状大致呈圆形，部分突出于卵巢表面，和卵巢本身之间有一明显界限，排卵后 3~5 天，直检可感觉到质地柔软，直径约为 1 厘米。

黄体为维持妊娠所必需的器官。因此判断早期黄体的好坏，就可以预知是否妊娠。据日本研究认为，人工授精第 5 天的牛，其黄体直径达到 1.5 厘米的，受胎率最高。在天津市一奶牛场，饲养奶牛 80 头，其中成年母牛 60 头。对成年母牛当中 38 头实施人工授精后第 5 天，逐头进行直检，检查黄体的质地与大小，并对黄体发育不良的牛肌注绒毛膜促性腺激素进行治疗。结果显示，人工授精第 5 天后，卵巢中黄体的直径达到 1.5 厘米以上者，受胎率最高。对于黄体状况不好的牛，施用激素处理，其受胎情况并未改善。笔者认为，应该关注黄体在妊娠中起着的关键作用，且黄体的质量与受胎率密切相关。不过，黄体大小是否以 1.5 厘米为界，有待进一步研究定论。

注意事项

直检法是用手隔着直肠壁通过触摸检查卵巢、子宫以及胎儿和胎膜的变化来判断是否妊娠以及妊娠期的长短。在妊娠初期，一侧卵巢增大，可在卵巢上摸到突出于卵巢表面的黄体，子宫角粗细无变化，但子宫壁较厚并有弹性。

妊娠一个月，两侧子宫角不对称，一侧变粗，质地较软，有波动感，绵羊角状弯曲不明显。

妊娠两个月，妊角比空角粗 1~2 倍，变长而进入腹腔，角壁变薄且软，波动感较明显，妊角卵巢前移至耻骨前缘，角间沟变平。

妊娠 3 个月，角间沟消失，子宫颈移至耻骨前缘，妊角比空角大 2~3 倍，波动感更加明显。

妊娠 4 个月，子宫和胎儿已全部进入腹腔，子宫颈变得较长且粗，抚摸子宫壁能摸到许多硬实、滑动、呈椭圆形的子叶，妊角侧子宫动脉有较明显波动。

直检法是早期妊娠诊断最常用且最可靠的方法，根据母牛怀孕后生殖器官的变化，就可以判断母牛是否妊娠以及妊娠期的长短。但在运用此法时，应把妊娠子宫与子宫疾病及充尿液的膀胱区分开。

直检技术教与学

直检技术是繁殖课程实践教学的主要内容，是牛人工授精的核心技术之一。通过直肠检查触摸卵巢卵泡发育，可准确判定牛的发情阶段、发情质量与适时输精时间；触摸卵巢黄体发育与子宫增粗与波动情况，可进行牛的妊娠诊断；触摸子宫质地与收缩性可诊断子宫内膜炎；直肠检查技术也是直肠把握输精技术的基础，只有熟练掌握直肠检查技术，正确把握子宫颈，才能两手协调完成输精操作。

传统教学是，老师先按挂图介绍子宫、卵巢的位置，再由学生练习探摸。其实部分缺乏牛人工授精实践的老师自己也不能确切地实施直肠检查，因此直检法教学往往流于形式，学生手伸入直肠，到底触摸到什么，学生、老师都不清楚。而且牛直肠对检查刺激很敏感，往往没经几个学生触摸后，直肠收缩频率增多，直肠黏膜损伤出血，导致不能继续实践教学。

有临床实践经验的老师在直检法教学中言传身教，对照挂图结合自己的临床经验，先对子宫、卵巢进行触摸的基础上，介绍直检的部位、方法，使部分悟性高的学生能得到有效的学习。在直肠把握输精操作教学时，如果是经产牛，发情时子宫颈开口比较大，在老师先行完成输精操作后，学生在感觉输精部位及方法后，也能掌握。

为了提高学习效果，老师在直检法教学前实施诱导发情技术，使学生在受到直检法学习的同时，得到诱导发情技术学习。同时为了避免学生检查后，使牛直肠产生应激，频繁收缩导致直肠黏液损伤出血，在检查前对实验牛进行尾荐硬膜外传导麻醉，以降低直肠对触摸的敏感性，方便学生练习。在牛直检法实践教学中采用7~10毫升普鲁卡因或4~5毫升利多卡因对实验牛实施尾荐硬膜外传导麻醉，抑制直肠收缩，降低直肠对触摸的敏感性。多数情况下通过尾荐麻醉能使实践教学顺利完成，但也有1/3的牛因直肠过度松弛，手伸入直肠不能实施检查，或因麻醉药过量，导致后肢不能站立，不得不终止教学。为此，改用2.5毫升静松灵等肌松剂浅麻，效果更好。

为了更好地实施直检法实践教学，在前述适当麻醉基础上，在学生直检触摸不到子宫或卵巢时，老师也可伸入一只手，在触摸并固定子宫或卵巢后，指导学生感知隔着直肠壁触摸子宫、卵巢的情况，再由学生进一步体验，最终掌握直肠检查技术。

由于学校实验动物的限制，通过上述措施也很难让每个学生都去练习直肠检查时，可采取带领学生到屠宰场去，先对屠宰过程中腹壁切开的母牛在可视或离体条件下练习，然后用屠宰前的牛进行练习，这样学生就能更大胆地操作，更快地掌握。

牛早期妊娠征状

笔者在国营兰州奶牛繁殖场，参加奶牛生殖生理研究时，对120头母牛直检其早期妊娠生殖器官临床征状作过详实记录：

20天——子宫大多在骨盆腔内，胎次多的老年母牛多在耻骨边缘或部分下沉腹腔，两角大小差别不大，角间沟明显，触摸时有收缩反应或间隙性收缩，仅一侧子宫角，多数为右角，有局部柔软感觉，位置常不固定，有时在子宫角基部，有时在尖端，卵巢上一般可以摸到黄体。

30天——子宫位置与20天者相同，但子宫角的大小开始显示差别，一侧子宫角，多数为右角，较另一侧稍大，收缩反应较前减弱，柔软感觉开始明显。

40天——子宫位置前移，子宫角伸至耻骨边缘，或者少数部分沉入腹腔，此时子宫角大小差别明显，一般妊角比空角大1/2~1倍，子宫壁变薄，柔软感觉更明显，可以感到内部的液体波动

50天——子宫颈靠近耻骨边缘，子宫角下沉，角间沟仍可辨出，但空角开始受妊角影响而变大，且有波动感觉。

60天——子宫大部分下沉，妊角体积变得更大，直径可达10厘米左右，触摸时不易掌握全部，一般不易触到卵巢，此时角间沟已不太清楚，对触摸的收缩反应消失，有时空角有间隙而短暂的微弱收缩。

70天——整个子宫呈球形，波动清楚，触摸时已完全没有收缩反应，有时可触摸到玉米粒大的子叶。

80天——胎液量增加，触摸时感觉沉重，有时可摸到蚕豆大的子叶和胎儿浮动。

90天——整个子宫一般有排球大，胎动明显，子叶直径约有纽扣大，妊侧出现子宫中动脉特异搏动。

结果显示，母牛妊娠后20~30天，一般尚无明显征状，直检诊断比较困难；30天后妊

状逐渐显著，对大多数母牛可作出较为肯定的直检诊断；60 天以上，直检诊断几无困难。子宫角的大小差别尤其是质地的柔软波动情况，是母牛早期妊娠的主要征状，黄体的临床征状却并不全都明显。因此，在奶牛早期直检诊断时，应以子宫征状为主要依据，对卵巢上黄体的明显与否似无过分考虑之必要。妊娠征状一般随着妊娠天数而渐趋明显，但也有些母牛妊后 60~70 天的征状并不比 30~40 天的更显著，说明胚胎发育的速度在个体间有差异。因此在估计怀孕天数和推算预产期时，还应以查考配种记录为准。

直检法操作要点

保定母牛将其尾巴拉向一侧。术者将指甲剪短、锉光、磨圆，衣袖挽至肩关节，手臂涂以润滑剂。站立于受检牛的正后方，给母牛肛门周围涂以少量润滑剂，并抚摸肛门。术者五指并拢成楔状，缓缓旋入肛门。

手伸入肛门后，直肠内如有宿粪，可用手指扩张肛门，使空气进入，促使宿粪排出。如不见排粪，可用手掌展平，少量而多次取出。母牛自动排粪时，术者可用手掌反向轻推粪便，促使母牛用力将宿粪排尽。

掏粪后，术者手臂再涂以润滑剂，轻缓插入直肠内，除拇指以外的四指并拢深入肠内，探摸肠壁外欲检查器官。母牛努责时，手臂不可向里硬推，以免肠壁穿孔破裂，此时可让助手用手指捏母牛腰部，或抚摸阴蒂，或喂给饲草料，以使努责减弱或停止。肠壁收缩，紧套于手臂，致使术者无法自如探摸时，亦可采用上法，促使收缩停止。肠壁变硬，鼓成空腔时，可将手指聚成锥状，缓向前进。刺激结肠，促使肠壁舒展变软。如果无效，只有耐心待其舒展后，再行探摸触诊。

严冬及早春施术时，要注意防止术者感冒。术者手臂如有破损伤口，不应检查。检查时用温水洗涤手臂，以免罹患皮肤湿疹及关节炎。

注意受检母牛滑倒或突然下坐，致使术者手臂骨折或关节脱臼。术后要用来苏尔水洗涤手臂。给手臂皮肤涂上甘油、凡士林等滋润保护剂。术者切忌用干涩手臂向肛门内硬插。在直肠内探摸，使用指肚进行，不得用指甲乱抓。

在直肠内经久寻找不到目的物时，应将手臂退出，察看手臂有无血迹。如有血迹，立即停止探摸，给直肠内灌注 3% 明矾水 500~1 000 毫升。或于创面涂碘甘油和磺胺粉。对于不知生理状态的母牛，动作尤应轻缓。直检后，务须消毒术者手臂，并洗净母牛外阴部。

损伤直肠的缝合

通过直检进行发情排卵鉴定、妊娠诊断等操作时，难免会损伤肠壁甚至发生穿孔。此时可施行缝合术。

（1）保定麻醉　直肠内缝合时，采取站立保定。荐尾间隙硬膜外腔麻醉及后海穴阴部内神经与直肠后神经阻滞传导麻醉，以及全身镇静。亦可在手术台保定，全身麻醉。肛门旁侧切开时，站立保定，也可倒卧保定，荐尾间隙硬膜外腔麻醉及局部浸润麻醉。腹侧壁切开时，站立保定，腰旁神经阻滞麻醉及局部浸润麻醉，配合镇静剂。亦可手术台保定，全身麻醉。

（2）术前准备　自制长柄手术刀，取长约35~55厘米6号钢筋，在其一头焊以截断3号或7号手术刀柄，用12号刀片；钢筋另一头作一小环为把柄。线钩取0.2厘米粗、35~55厘米长铁丝一头弯一小环，另一头弯一小钩，作为线钩。取内径1.5~2厘米、长30~40厘米竹筒或塑料筒一个，用砂纸磨去断端棱角，作为套筒。圆刃中号全弯针两支、7号丝缝线1.5~2厘米长。

（3）肠内缝合　简便、省事、及时，但难度大。操作时，缝线一头系紧在缝针上，穿过套筒。术者右手持针，与套筒一起带进直肠内，左手在肛门外固定套筒，术者右手食、拇二指固定针头，其余三指触摸破口，由前向后开始缝合。第一针应离创缘角约1厘米，全层穿透肠壁，然后助手固定套筒，术者左手持线钩，当第一针缝线刚进肠管时，就将其缝线钩在小环内，此时，术者左手又同助手交换，将小钩拉出筒外，并将缝线头在拉出来的缝线上打一套结。术者左手继续固定套筒，助手缓缓向外抽线，术者的右手将针置于手心，其余指协助助手把作套结的线向内牵引，使套结直达缝合处。术者又开始同第一针一样，穿透直肠全层作第二次缝合。每针间距保持约1厘米，针孔离创缘距离0.5厘米为宜，第二针穿出后，又将线钩通过套筒送进直肠，钩住第二针穿出的缝线，并向外牵引。术者固定好缝针及系在缝针上的线端，助手交替将缝合线拉紧，务必使缝线与缝线、缝线与线钩保持平行，切勿交错。术者注意保护最后一个出针孔，防止肠撕裂。待第二针缝合线拉紧后，如此螺旋缝合第三针，直至穿孔完全闭锁。缝合最后一针时，在肠腔内的线头保持5厘米长，并将体外双线拧在一起，以便肠内打结，或者将针带出来，通过体外打结。打完结后，用长柄小刀，通过套筒直达缝合处，术者右手持线头，左手操作长柄手术刀，割断线头，随手带出缝针。

（4）体外缝合　如未掌握肠内缝合，且估计腹壁切开其肠穿孔部位不易拉出时，一般穿孔离肛门15~20厘米时，可在肛门旁侧切开，采取体外缝合的操作：作尾绷带，在肛门右侧括约肌旁将皮肤作10厘米长的弧形切口，结扎出血点。锐性分离环形肌纤维，用手指沿直肠壁向前作钝性分离，勿穿透腹膜外直肠壁。注意回避阴部内动脉、静脉，直至戳破腹膜进入盆腔。沿腹膜内直肠壁寻找破裂口。将穿孔置于手心，轻轻捏住向体外缓缓牵引，修整穿孔创缘，按肠切开术缝合。

（5）肛旁缝合　当穿孔部位离肛门较远，估计不能通过肛门旁侧拉出体外，可采用另一体外缝合法，其操作：参照腹壁切开术，将腹胁部切开。亦可参照膀胱破裂修补术，进行腹下切开。将直肠破口拉出体外。若穿孔小而创缘齐，可参考肠切开术缝合。若穿孔大而创缘不整齐，为防止肠狭窄，可作肠管吻合术。临床上多采用侧侧吻合术，但亦可采用将肠管作斜形切除，按端端吻合术进行缝合。缝合后的肠腔远比端端吻合术后的肠腔大，可避免肠道狭窄。

应注意的是，直肠破裂后，为防止粪便后移，注意应用吗啡以及镇痛剂。直肠穿孔手术紧急，不能长途转院，手术不宜拖延。确诊破口部位十分重要，若发生在腹膜腔外直肠，无论破口多大，均可采用保守疗法。缝合过程中，在套筒内的缝线与线钩始终保持一上一下，以防止缝线彼此缠绕。肛门旁侧作切口时，务必严格消毒；仅缝合外切口，不缝合内切口，亦可获理想愈合。术后内服缓泻剂及油剂，以防粪便在缝合处秘结。一旦因缝合处肠管水肿而发生粪便秘结，应尽早治疗，用"燕子衔泥"法，一日数次，及时排除。内服或局部投放肠道消炎杀菌剂。为控制发生腹膜炎，可用0.25%普鲁卡因作肾囊封闭或腹腔注射。如果术前腹腔污染严重，则其术后应更为慎重。

直肠修复的案例

在一实验牛场，一头 4 岁奶牛，体况良好，有一天饲养员报告该牛排出粪便上有乳白色液滴，观察此牛吃草、反刍、产奶均正常。当时怀疑是子宫炎引起，拟为其冲洗子宫。在直检掏粪时，发现直肠内有 5~6 厘米横行裂口穿透直肠壁，伴有脓性分泌物随粪便排出。当即决定彻底清创，进行直肠内缝合，其手术过程如下。

六柱栏内站立保定。2% 盐酸普鲁卡因 5 毫升荐尾硬膜外麻醉。掏出直肠宿粪后，为防止上段肠管粪便下行影响手术缝合，将 2 条毛巾成团堵住肠管。

用大棉球沾 0.1% 高锰酸钾液，洗净直肠内粪便，再用棉球擦净创口内粪便、脓汁。最后用生理盐水棉球擦净。

用食指、拇指握住穿有稍长点缝合线的弯三棱针针尖，五指并拢伸入直肠，找到创口连续缝合，共缝 5 针。最后在肛门外打结，在直肠内紧扣。

缝合完毕取出毛巾，往创口上撒布土霉素粉。肌注青霉素 800 万单位、链霉素 800 万单位，连续 3 天。后未见粪便异常，该牛吃草、反刍、产奶正常。直检，创口愈合，病牛痊愈。

术后小结认为，母牛的直肠破裂一般是由配种员在配种或直检时用力不当或指甲过长造成的。大多呈急性发病，所以当场就能发现，应尽快采取直肠缝合手术，防止继发感染。如果发现、治疗不及时，会因粪便进入腹腔，形成急性腹膜炎，加重病情，导致母牛的死亡。该病例母牛之所以伤口化脓而未发生腹膜炎，是因为创口位于阴道上方，位置较浅，粪便未进入腹腔。

孕酮法诊断妊娠

孕酮是黄体、胎盘和肾上腺皮质产生的一种甾体激素。在牛的发情周期和妊娠期中，体液的孕酮含量呈规律性变化。通常以测定孕酮含量作为监测卵巢排卵和黄体功能状态的指标。孕酮在发情周期不同阶段及妊娠不同生理状态下有明显的变化。根据这一规律，可应用于母牛的发情检查和早期妊娠诊断。例如，根据乳汁中孕酮水平的高低，在母牛配种后 20 多天即能诊断是否妊娠，比直肠检查法提早半个多月。在妊娠的情况下，用放射免疫分析法测定乳汁中的孕酮含量，比未孕时高出很多。判定妊娠的准确率 80%~85%。20 世纪 70 年代以来，随着放射免疫和酶免疫测定技术的问世，其成果即应用于奶牛繁殖上，旨在对奶牛繁殖进程进行有效监控。

浙江农业大学研制成功了一种酶免疫诊断盒，并在奶牛试验发现，配种当天脱脂乳孕酮浓度大于 1.2 纳克 / 毫升的牛，配种受胎率仅 11.76%，而低于 1.2 纳克 / 毫升的牛，受胎率 64.56%，从而提出，应避免在脱脂乳孕酮浓度大于 1.2 纳克 / 毫升的情况下输精。另外，在配中后 20~21 天采奶样进行早期妊娠诊断，妊娠牛的符合率 86.27%，空怀牛的符合率 92.91%。他们还利用连续测定，每周 1 次，连续 4 次，检出了卵巢静止、发情不规律、卵巢囊肿和持久黄体等，并提出了牛场繁殖管理工作方案：在计划配种前1月，每隔5~7天连续4次测定奶牛脱脂乳孕酮浓度，以了解牛卵巢机能状况，确定正常牛下次发情大致时间，检出繁殖机能的异常。在配种当天和配种后20~21天，采奶样进行测定，以核实发情鉴定的准确性，尽早检出空怀牛。发现正常发情的，及时输精。测定有卵巢功能障碍的，要进行治疗，并监控其药效。于配种后30天、45天及60天采取奶样测定，以监控早期胚胎发育。全乳孕酮含量由5纳克/毫升以上，急剧下降到2纳克/毫升以下，则表明胚胎死亡。

美国的做法：配种后24（22~26）天，由农场自己按一定技术要求取下牛奶样，寄至中心实验室，约经一周可获得诊断结果通知书。这样，母牛在配种后31天左右可知道是否妊娠。每毫升含7纳克以上定为妊娠，5.5纳克作为未孕的上限。二者之间属可疑，42天时需重复检查。据108 196头牛分析结果，妊娠牛占76.1%，未孕牛占21.3%，可疑2.6%。

牛奶样测孕案例

从母牛配种后0天、10~11天、22~24天采集奶样2~4毫升，送检测定奶孕酮，3天后返回结果。采集的137头牛奶样中，有效124头，无效的13头属于采样不全。对这124头牛在配种后约60天直检，比较奶孕酮检测和直肠检查结果。

结果显示，妊娠符合率86%，有7头牛奶孕酮检测为妊娠而直检为未妊。分析这7头牛的情况：从上次配种到再次返情的间隔天数为29~73天，平均44天，无正好两个情期时间发情的母牛，这说明不存在漏情问题；7头牛的奶孕酮含量，0天为0.24纳克/毫升左右，10~11天为6.0纳克/毫升左右，22~24天为7.2纳克/毫升左右，这说明每头牛的卵巢都有活动，不存在卵巢静止或持久黄体的可能。初步分析认为，造成奶孕酮检测妊娠而直检未妊的原因，可能是早期胚胎死亡。

未妊符合率为87.7%，有8头奶孕酮检测未妊而直检为妊娠。这8头牛中除1头采集奶样有误差外，其余7头母牛的第一次奶样孕酮含量都在0~0.5纳克/毫升，第2次奶样孕酮含量在0.3~1.7纳克/毫升，第3次奶样在3~5纳克/毫升，都不高，但配种后60天直检诊断确实妊娠。检查配种记录，没有发现二次配种情况。9头可疑牛有5头直检妊娠，其中3头也同样出现上述情况。其原因除第2、3次的奶样采集或检测可能有误差外，可能是由于个别牛妊娠黄体形成过迟或孕酮分泌不足所致。

奶孕酮检测可疑而直检妊娠的5头牛中，另外2头牛第1次到第3次奶样检测孕酮含量都较高，均在5~11纳克/毫升，好像是持久黄体或以前配种妊娠，但查记录并没有发现在此之前配过，直检母牛妊娠月龄也相符，其原因除了第1次奶样的采集或检测可能有误差外，有可能发情时另一侧卵巢有活动黄体。

两种方法检查均未妊的57头母牛，繁殖上存在问题的牛41头，占71.9%。其中2头持久黄体及20头卵巢静止牛都因直检误诊，在配种前分别用雌二醇及氯前列烯醇处理过。根据奶孕酮测定结果，作出了正确诊断，改变用药后得以治愈。卵巢静止牛3次奶样孕酮含量均在1纳克/毫升以下，持久黄体牛3次奶样孕酮含量都在3~5纳克/毫升之间。对配种不适时及情期不正常的母牛参照其奶孕酮测定结果，采取预计下次发情时间并加强发情观察等措施得以配妊。对安静发情的母牛也可采用奶孕酮测定鉴定发情。总之，奶孕酮测定在繁殖生产上有一定的指导作用。

酶免法诊断妊娠

酶免疫测定法是国外 1975 年建立的一种妊娠诊断方法。研究和应用最多的乳汁孕酮的测定。用酶标记孕酮，根据肉眼观察酶作用于底物产生颜色反应的深浅进行定性试验，也可通过分光光度计或酶标读数器读取底物液的光密度值，然后计算孕酮浓度进行定量诊断。我国学者对此作过试验：

一应用双抗酶免疫测定法测定了 14 头奶牛发情周期中奶牛孕酮浓度变化，配种后 1~5 天奶中孕酮含量较低，配种后 6~10 天奶中孕酮含量逐渐上升，配种后 11 天奶中孕酮含量迅速上升，并维持到 19 天；配种后 20 天未孕奶牛孕酮开始下降，并在 21 天陡降到最低水平，配种后 21~24 天孕牛奶孕酮含量极显著高于未孕牛，表明双抗酶免疫测定法可用于奶牛早孕诊断。酶免疫测定法有多种作法，且在不断改进中，主要以酶联免疫吸附测定法为常用。

二用建立的固相微滴板免疫分析法测定 101 头奶牛，以配种后第 20~22 天。乳汁孕酮含量皆大于 3 纳克 / 毫升者为妊娠，连续 2 次小于 3 纳克 / 毫升为空怀，间或有 1 次小于 3 纳克 / 毫升为可疑，诊断为妊娠和空怀的准确率分别为 92% 和 97%，可疑率为 4%。

三建立了用于奶牛早期妊娠诊断的二级竞争酶链反应孕酮临界点判别分析法，选择 0.5 纳克 / 毫升和 1.0 纳克 / 毫升作为妊娠诊断的临界点，对 520 头次配种后 21 天的奶牛进行测试，阴性正确率 90%，阳性正确率 79%。

四建立了现场乳汁孕酮诊断奶牛早孕的简易方法，根据样品管与标准管颜色差异判断怀孕与未孕，检查 110 头次奶牛，未孕牛诊断准确率 95%，孕牛 83%。

五建立了目视酶联免疫吸附测定法测定孕酮的方法，对人工授精后 19~23 天的奶牛，挤末乳 3 毫升测定，共检测乳样 126 份，已孕的判定准确率 79.22%，未孕的判定准确率 95.45%。操作简便，适合生产单位临床应用。

六用建立并改进的检查乳汁孕酮诊断奶牛早孕和发情的酶免疫分析法，测定 112 份奶样，经直检和产犊情况核对，未孕的诊断准确率 100%，已孕的准确率 95.3%。

七研制出了孕酮酶免疫测试盒，并进行奶牛早孕妊娠诊断，取得良好效果。

八研制出了现场快速诊断奶牛早孕与发情的酶免疫分析测试试剂盒，对孕牛和未孕牛诊断的准确率都在 95% 以上。

胶金法诊断妊娠

北京万华生物工程有限公司，在对孕酮免疫原合成和单克隆抗体制备研究过程中，获得了针对孕酮小分子半抗原决定簇的单克隆抗体，实现了对奶牛乳汁中孕酮激素含量的高灵敏度检测。在此基础上，采用胶体金双抗夹心法，将两个特异性单克隆抗体结合到孕酮分子上的两个不同位点，再借助胶体金显色效果，依据颜色的深浅来判断全乳中孕酮的含量。

我国学者对此作的试验：应用层析式双抗体夹心法原理研制的奶牛早孕诊断试纸，在北京 10 家奶牛场进行检测，对 1 559 头奶牛配种后 22~26 天乳汁中孕酮含量进行临床符合验证，结果孕牛阳性临床符合率为 96.8%，复测后阳性总符合率达 98.5%；阳性临床符合率为 97.1%，复测后阴性总符合率 97.9%。该试纸条灵敏度高，最低检出量达 5~8 纳克 / 毫升，操作简便，5 分钟即可判定结果；试纸常温保存，运输方便，价格低廉，能够快速、准确地进行奶牛早期妊娠诊断。

放免法诊断妊娠

放射免疫测定法是一种将同位素的放射测量与免疫反应原理相结合的微量分析方法。1971 年首次将放射免疫测定法用于牛乳中孕酮的测定，并证明乳中孕酮浓度所反映的发情周期阶段与直接卵巢的评估结果相一致，浓度与血中孕酮浓度平行。

我国学者对此作的试验如下。

一测定了 10 头怀孕奶牛乳汁孕酮含量（平均 5.62 纳克 / 毫升）与 10 头发情期奶牛乳汁孕酮含量（平均为 0.604 纳克 / 毫升）差异显著，因此根据乳中或血浆中孕酮浓度的测定结果，可以进行早期妊娠诊断。血浆中孕酮的测定结果通常在授精后 17~24 天采血 1 毫升 / 头　次，离心后加入防腐剂，冷冻保存 24 小时后进行测定，奶牛血浆中孕酮 ≥ 1 纳克 / 毫升判为妊娠。乳样中孕酮测定通常在授精后 21~46 天采取下午乳汁作检样，加入防腐剂后于 4℃ 保存备用。测定时可用全乳或脱脂乳。由于乳汁中孕酮含量比血液中高，采样又比较方便，所以实际工作中常采用测定乳汁中孕酮含量，以判定是否妊娠。

二测定了 193 头奶牛输精后 21、24、28 及 58 天的奶桶混合乳孕酮含量，以 6 纳克 / 毫升作为诊断妊娠的标准，结果输精后 21、24 及 28 天采样监测 3 次，诊断为妊娠的准确率 90%，未孕的准确率 95%。

三将奶牛配种后 22~24 天，乳汁孕酮含量高于 7.19 纳克 / 毫升判为妊娠，低于 4.72 纳克 / 毫升判为未孕，介于两者之间判为可疑，据此标准妊娠准确率 92.3%，未孕的准确率 100%。

四采用放射免疫测定法法对 124 头奶牛，配种后 22~24 天的奶样测定孕酮，与 60 天左右直检比较，妊娠符合率 86%，未妊娠符合率 87.7%。

五将定量的乳汁加到普通滤纸上，自然干燥后测量孕酮浓度和用蘸有末乳的自然干燥滤纸编号后装入信封，寄往实验室测定孕酮浓度，以通讯或电话向生产单位报告结果获得成功，经对 334 头次奶牛现场早孕诊断，妊娠准确率 78.03%，未孕准确率 84.15%，配种后 30 天左右生产单位即可得到诊断结果，具有实用、简便和易于推广的特点。

六利用孕酮单克隆抗体，建立孕酮包被固相放免分析法，对 20 头配种奶牛进行早期妊娠诊断，妊娠诊断准确率达 89.47%，未孕诊断准确率 100%。并认为包被固相放免分析法法测量快速、简便，重复稳定性好，测量结果准确，放射性废物容易处理，成本低，具有广阔的应用前景。

乳凝法诊断妊娠

乳胶凝集抑制试验是一种免疫测定法。动物精卵结合成合子后，发育成为胚胎和胎盘，胚泡的绒毛膜滋养层细胞和胎盘子叶都能分泌类绒毛膜促性腺激素随乳汁或尿排出。利用乳胶凝集抑制试验检测尿液或乳汁中绒毛膜促性腺激素存在与否，作为早孕诊断是一种依据进行早期妊娠诊断。方法：在清洁玻片上，滴加 1 滴待检尿液，接着加 1 滴妊娠诊断抗血清，用牙签拌匀或振荡 2 分钟，然后置 100×显微镜下检查，出现均匀一致的凝集为阴性，保持乳胶状的则为阳性。我国学者对此作的试验如下。

一先后对两批荷斯坦奶牛尿液检测表明，妊娠准确率分别为 87% 和 84%，空怀牛检测准确率分别为 89.5% 和 87.5%。

二对 184 头配种后 21~26 天的奶牛分别用放射免疫法测定、酶联免疫吸附测定法和乳胶凝集抑制试验法进行早孕诊断对比试验，诊断总准确率分别为 84.31%、85.45% 和 92.31%。乳胶凝集抑制试验法比放射免疫法测定法早孕诊断的灵敏性高，操作简便，容易掌握，工作效率高，且可现场进行。

三用绒毛膜促性腺激素试纸对奶牛检测妊娠组（妊娠 4~8 个月）和早孕组母牛都呈阴性，表明绒毛膜促性腺激素试纸不能检出妊娠初、中、末期奶牛尿中的绒毛膜促性腺激素样物质，因而对牛妊娠期间是否产生类绒毛膜促性腺激素物质持怀疑态度。

难孕牛奶样检测

采集产后 120~270 天难孕牛 19 头配种后的奶样，送检测定奶孕酮。

通过直检妊娠与未妊符合率达 100%，不孕症母牛与奶孕酮含量符合。对难孕牛采用奶孕酮检测诊断，能提早知道配种后妊娠情况。以便对未妊母牛尽早采取措施，以免造成拖配时间再次延长。

此外，值得关注的是，采用放免法测定奶孕酮含量，在配种后 23 天左右的早期妊娠诊断准确率达 85% 以上。一个情期从发情开始采集多次奶样检测奶孕酮含量，不仅有助于妊娠诊断，还可根据多次检测奶孕酮含量，不仅有助于妊娠诊断，还可根据多次检测奶孕酮含量的变化对与直检结果不符的母牛进行分析，并可对某些不孕症如早期胚胎死亡、卵巢静止、持久黄体等作出诊断。奶孕酮测定的未妊准确率不高，除了采样和孕酮检测可能有误差外，还可能与个体因素有关。

通信干奶样测孕

在齐齐哈尔、富裕等 20 多个县奶牛场，要求奶牛在配后的 19 天、23 天各采一个奶样，制成干奶样滤纸片，装入信封邮至放射免疫室测定。根据放射性同位素的灵敏性和抗原~抗体反应的特异性相结合的超微量分析法，测定奶中孕酮含量。

结果显示，奶牛发情的周期内牛奶和血液中孕酮含量变化周期与奶牛发情周期完全一致。奶牛发情周期可分为 4 个期，各期干奶样中孕酮含量及持续时间的生理指标为：卵泡期奶中孕酮含量 ≤ 5 纳克 / 毫升，持续时间 4.5 ± 1.5 天；黄体生长期奶中孕酮含量 >5<11 纳克 / 毫升，持续时间 13.0 ± 2.0 天；黄体消解期奶中孕酮 <11>5 纳克 / 毫升，持续时间 1.0 ± 0.5 天。根据奶牛发情后配种，若妊娠周期黄体转变为妊娠黄体，孕酮含量不再出现周期变化，测奶牛配后 19、23 天奶样。两个样品的孕酮含量均为 ≥ 11 纳克 / 毫升，判定为妊娠；如其中的一个或二个样品的孕酮含量 <11 纳克 / 毫升 >5 纳克 / 毫升，判为可疑；其中一个或两个样品的孕酮含量 ≤ 5 纳克 / 毫升，判为未妊。以此标准在三年中共诊断奶牛

4 886头，妊娠诊断准确率91.9%。

应注意的是，由于诊断面广，采样不准，操作中误差，测样反馈中失误等在所难免。

干奶样诊断早妊技术，方法简单、经济，早妊诊断准确率高，但反馈时间长，影响生产。据此看来，放射免疫室诊断有效半径不宜过大，似以一个县的辐射面为宜。严格做到采干奶样一定是配种后19、23天的尾奶。

超声波诊断妊娠

超声波诊断是将雷达技术与声学原理结合起来，应用到兽医临床的一种诊断方法，具有简便、迅速、安全、无损伤等优点。

超声波可以传播如钢材、人体、海水等不透光的物质，用以检测介质的物体病变和损伤。超声波诊断就是利用超声波在人体、动物体内传播的特性，用超出音频2万次以上的机械振动的超声波，由于它具有"非侵入性探查"，对"软组织"具有较好的分辨力，对微弱的运动器官具有灵敏的鉴别能力，在临床诊断中，有独特价值。A型脉冲超声反射法诊断仪在我国使用最广，其特点是轻便、操作简便、价格低廉。双向A型仪用于探测，方便快速，准确可靠，兽医临床使用有一定价值。A型不能直观生理组织断层平面图像，主要靠操作者对探测部位生理病理的了解和长期丰富的临床经验，才能较好地掌握应用，如妊娠诊断仪仍用A型方法。B、P、O型超声断层显像诊断装置，发展很快，显示各脏器的声像图，直观性好，分辨力高，诊断准确率高，已广泛应用于临床诊断，取代了A型，成为超声诊断的主要手段之一。

超声多普勒诊断仪，主要用于产科早孕和胎儿心率的检测。它有连续波式和脉冲式两种。从用途和监测方式，有监听式主要用于胎儿心音的听诊，有对奶牛等家畜的妊娠检测。多普勒体积小，携带方便，价格低廉。

超声诊孕在我国

① 超声诊断法是以高频声波对奶牛的子宫进行探查，然后将其回波放大后以不同的形式转化成不同的信号显示出来。应用的超声波诊断仪主要有A超、B超和多普勒超声（D超）三种，以多普勒超声应用常见。20世纪80年代末国产兽用的超声多普勒仪和仿制的A型测孕报警仪问世，开始应用于奶牛妊娠诊断。我国学者对此作的试验：采用SCD—II型兽医用超声多普勒检测仪对483头奶牛进行了早期怀孕诊断，最早探测宫血音、胎心音、胎血音的时间分别为16天、50天、59天，宫血音在配种后16~30天、31~50天的符合率分别为92.93%、97.91%，配种后51~79天及未孕的符合率均为100%、100%；胎血音在配种后59~65天、70~85天的符合率分别为48.15%、90.35%。试验表明，检测宫血音的时间比胎心音、胎血音提前30~40天，并与直检法相比较，其符合率高，因此乳中的早期怀孕诊断可用宫血音作为判定妊娠与否的主要依据。

② 应用超声多普勒仪从直肠探查宫血音，诊断奶牛中后期妊娠的结果与直检法的全部符合。

③ 用DRS超声波仪对配种后21~45天的62头母牛进行妊娠诊断，与直检法比较，妊

娠符合率为 98.04%，空怀符合率为 72.73%。

④ 应用 SCD—II 型兽用超声多普勒仪检查宫血音，对 51 头受配奶牛进行了早期妊娠诊断，并与直检法结果进行比较，结果 20~30 天、31~60 天、61~75 天的符合率为 86.7%~100%。

⑤ 在奶牛妊娠诊断中仅见使用实时 B 超法对不同妊龄的 137 头荷斯坦奶牛进行了妊娠诊断，早期妊娠检查的声像图主要表现为妊囊或胚斑，探查到其中之一者即可确诊为妊娠，配种后 26~30 天妊娠检查确诊率高达 88.9%，高于 50 日龄左右的直检法；配种后 31~35 天时的确诊率为 97.2%，配种后 35 天以上者，确诊率均达 100%。B 超诊断法快捷、简便、准确率高，对早期妊娠以实时图像显示，具有客观性，是一种良好的早期妊娠诊断法。

⑥ 应用兽用超声多普勒仪对 80 头奶牛进行了早期妊娠诊断，并与直检法结果进行比较，其结果：配种后 25~39 天、40~60 天和 61~80 天采用超声多普勒仪诊断的符合率分别为 84.0%、97.1% 和 100% 对 8 头未孕奶牛检测符合率 100%，总符合率 93.8%。

超声波诊孕案例

案例一　根据阴道穹隆离子宫近，子宫脉管及血流随妊娠子宫的增大而增粗、增速的特点，设计利用国产超声多普勒诊断仪稍加改进，在母牛阴道穹隆处探测子宫脉血管血流音，根据子宫脉管血流音的变化增大诊断奶牛早期妊娠与否。

操作时，在阴道穹隆处可探到子宫脉管血流音、胎儿脐带血流音，以及母体动脉音、静脉音及胃肠蠕动音。血流音主要出现在阴道穹隆的下半部，血流音随妊娠月份的增进而增强，出现的范围也随之扩大，妊娠中后期还可探到子宫中动脉的颤动音。

据对配后 33~70 天探测为妊娠的 45 例，经直肠检查符合的 41 例，符合率为 91.1%；未妊的 10 例，符合的 9 例，符合率 90%。血流音还有利于鉴别妊娠的左右侧、死胎和活胎、单胎和双胎。脐带血流音对判断妊娠确诊无疑，但只有 10% 可探到。

应注意的是，从阴道探测子宫血流音进行奶牛早期妊娠诊断，方法较直检简便，效果确实、易于掌握。不过，母牛子宫位置个体间差异较大，探头不易良好接触；血流音性质由听觉来鉴别，不如用示波或描记准确；以一次探测就做判断，难免会发生误差。

案例二　利用超声多普勒诊断仪，从母牛阴道穹隆或直肠监听母体宫血流音和胎儿脐血流音，以判定母牛是否妊娠。探测步骤是，用开膣器打开阴道，探头涂液体石蜡，伸至阴道穹隆 2 厘米处，在下方两侧进行探测。结果显示，母体宫血流音是妊娠 30~40 天出现"阿呼"音，40 天以后有"蝉鸣"音。未孕牛或因子宫下垂，探头接触不良时，仅听到"呼呼"音，声音频率与母体脉搏相同。胎儿死亡时，也只能听到"呼呼"音。胎儿脐血流音是呈节律很快的血流音，其频率为每分钟 120~180 次，从妊娠 50 天起比较明显。总之，应用超声多普勒诊断仪，对配种后 33~70 天的母牛进行探测，其妊娠诊断准确率可达 90% 左右。

早孕因子妊检法

1974 年，在小鼠血中发现早孕因子（EPF）。1983 年报道，母牛受孕后不久，乳和血清中会出现早孕因子。早孕因子是一种妊娠依赖性多分子蛋白质复合物，是一种新的妊娠特殊蛋白，是妊娠早期血清中最早出现的一种免疫抑制因子，它通过抑制母体的细胞免疫而使胎儿得以在母体内存活，免受免疫排斥，因早孕因子被认为是与早期妊娠相关的物质，所以它是早期妊娠诊断的一项重要指标。早孕因子可通过硫酸铜法和玫瑰花环抑制试验进行测定。

硫酸根可使早孕因子发生凝集，用定性分析奶中早孕因子含量，从而达到早期妊娠诊断的目的。我国学者对此作的试验如下。

一取常乳和末乳各1毫升于玻璃平皿中，滴入1~3滴3%硫酸铜溶液并迅速混合均匀，呈现云雾状沉淀者为阳性，反之为阴性。配种后16~35天内最佳检乳时期，早、中、晚3个时间采集的奶样，以中午乳汁检查与直检法对照的符合率最高。将常乳和末乳同时检测其符合率较高。

二用硫酸铜法对160头奶牛进行试验，乳检与直检相对照，阳性总符合率87.8%，阴性总符合率79.3%。

三采用硫酸铜法对人工授精后16~40天的74头荷斯坦牛的124份乳样进行早期妊娠检测，结果与人工授精后40~60天经直检法结果比较，阳性符合率88.37%，阴性符合率87.09%。

四采用3%和5%硫酸铜液对57头荷斯坦母牛进行早期妊娠诊断，通过直检法确诊，结果3%硫酸铜液乳检的总阳性率87.14%，5%硫酸铜液乳检的总阳性率84.8%。

由上可见，硫酸铜法对奶牛早期妊娠诊断的符合率较高，方法简便、快速、易操作，药品来源广泛，价廉，适合牛舍现场操作，在奶牛场可作为一种早期妊娠诊断的常规方法应用。

滴定法诊断妊娠

妊娠母牛在胚胎快速生长过程中，机体产生一种特有的免疫球蛋白，它在酸性环境中具有与其他蛋白质形成低溶性絮状物特性，据此可以对奶牛进行早期妊娠诊断。我国学者对此作的试验如下。

一采取配种后16~45天的母牛，由静脉采血，取其血清0.5毫升于小烧杯中，加入0.2mol盐酸7.5毫升，用磁力搅拌器混合1~2分钟，再用13%硝酸滴定至pH值0.68，滴定时间不少于5分钟。然后将此溶液立即倒入试管内静置20分钟，在透射光下观察反应，呈乳白色絮状物或无色透明絮状物者为妊娠。

二对配种后16~45天的母牛，用血清酸滴定法进行早期妊娠诊断，准确率达95.98%。

三对人工授精后16~45天的68头奶牛的89份血清，经血清酸滴定法检测，与直检法结果核对，诊断的准确率妊娠牛为88.88%，未妊娠牛为90.57%。

四应用血清酸滴定法对荷斯坦奶牛进行早期妊娠诊断，妊娠的符合率为90.91%，未妊的符合率为93.42%，总符合率为91.53%。

由上可见，该法具有诊断时间早、方法简便、结果准确、设备廉价、易操作判定等特点，适合在生产实践中应用。

磷酸酶诊断妊娠

碱性磷酸酶是一组酶类，广泛分布于动物及人体组织中，尤其在小肠黏膜、胎盘、肾、骨、肝等组织器官中含量丰富。受精卵分裂到桑葚胚的过程中，大而分裂慢的细胞中就含有碱性磷酸酶，胎盘亦可产生具有特异性的酶，为耐热性碱性磷酸酶，并随妊娠进展而增多。在妊娠家畜，血液中碱性磷酸酶活力都比较高。我国学者试验：对对照组 34 头奶牛于发情配种前采血 1 次，采用甘油磷酸法，以 721 型光电分光光度计测定血清中碱性磷酸酶，试验组 36 头奶牛配种后连续 3 个月每月定时采血测定碱性磷酸酶，结果试验组与对照组血清中碱性磷酸酶活力相比，从妊娠第 1 个月开始，血清中碱性磷酸酶活力平均值增高，但差异不显著；到妊娠第 2 个月，血清中碱性磷酸酶活力显著增高，且逐月递增。妊娠 2、3 个月的奶牛与对照组的血清碱性磷酸酶活力平均值之间差异极显著。因此认为，检测奶牛血清碱性磷酸酶活力的变化，有可能作为早期妊娠诊断的一种方法，且操作简便，设备不复杂，数小时之内可得结果，适合在基层场站应用。

血小板诊断妊娠

母畜怀孕后的受精卵，特别是桑葚胚将产生一类乙酰化的甘油磷脂，即血小板活化因子（PAF）。血小板活化因子将引起不依赖于 ADP 释放和产生四烯酸代谢的血小板凝集，特别是胚胎性血小板活化因子能够介导妊娠母体对胚胎的识别，从而引起母体妊娠的最初反应——血小板减少。我国学者对此作的试验如下。

一对 20 头未孕母牛血小板正常值的测定结果为（496.5 ± 66.5）$\times 10^9$/ 升，对 30 头受配母牛进行血小板值变化和最佳血检时间的试验，结果表明，22 头妊娠母牛于配种后第 7 天血小板值明显减少，而 8 头未妊母牛则无明显变化。根据妊娠母牛配种前后血小板值差 $>192.3 \times 10^9$/ 升为妊娠标准，对 30 头受配母牛进行超早期妊娠诊断试验，经直检妊娠母牛符合率为 86.36%，空怀母牛符合率为 87.5%。

二根据配种前血小板的平均值 536×10^3/ 毫米 ^{3} 与配种后第 7 天血小板降到最低的平均值 411×10^3/ 毫米 ^{3} 之差等于或大于 70×10^3/ 毫米 ^{3} 作为判定妊娠的标准，对 198 头母牛进行早期血小板计数妊娠诊断，与直检法比较，其妊娠和空怀的符合率分别为 80.67% 和 89.87%。

三应用血小板计数法对奶牛超早期妊娠进行诊断，结果表明：20 头未孕母牛的血小板测定值为（494.9 ± 6.9）$\times 10^9$ 个 / 升，与之相比，22 头妊娠母牛的血小板测定值极显著减少；根据妊娠母牛配种前后血小板值之差大于或等于 194.8×10^9 个 / 升为妊娠标准，对 30 头受配母牛进行了超早期妊娠诊断，经与直检法结果比较，妊娠母牛符合率 86.36%。

由上可见，采用血小板计数法进行奶牛早期妊娠诊断具有时间早、方法简单，易学易用，准确率高等优点。

基因法诊断妊娠

妊娠的母体识别发生在奶牛成功受孕后的 14~18 天，从时间上来讲上述妊娠诊断方法相对于这一阶段都比较晚。母体识别是指卵子一旦受精，胚胎即可于妊娠早期产生一系列因子成分，作为妊娠信号传达给母体，母体随即做出相应的生理反应，以识别和确认胚胎的存在，为胚胎和母体之间的生理和组织联系做准备。研究表明，tau 干扰素是反刍动物母体妊娠识别的关键信号，由胚泡的滋养层细胞产生，以旁分泌的形式作用于子宫内膜上皮组织，其作用主要是限制前列腺素的释放，维持黄体功能，阻止黄体退化。反刍动物孕体在早期妊娠时可产生大量的干扰素，进而诱导子宫内膜干扰素刺激基因上调表达，通过调控子宫内膜基因的表达来建立和维持妊娠。研究表明，在外周血单核细胞中也存在这种诱导表达，在胚胎附值和早期妊娠过程中干扰素激活外周血单核细胞，使子宫内膜细胞更容易接受胚胎，从而为下一步发育奠定基础。因此可以通过检测妊娠早期阶段母体外周血液中的相关基因表达间接获知对应阶段子宫内的基因差异表达情况。以奶牛受孕后第 17 天、第 18 天、第 19 天、第 20 天、第 25 天连续 5 天的外周血液中干扰素刺激基因的表达量为依据，妊娠牛判断的准确率为 78%，而孕酮法妊娠牛判断的准确率只有 58%。若仅以第 18 天的表达量为依据，妊娠牛判断的准确率为 62%，而前面提到的孕酮法的准确率只有 47%。倘若仅以第 18 天的表达量为依据，空怀判断的准确率为 89%，而以连续 5 天的表达变化为依据的准确率，可达 100%。

利用母体识别阶段外周血液中差异表达基因进行早期妊娠诊断在国外正受到越来越多地关注。利用此方法可以准确、快捷地做出判断，操作性较强。以干扰素调控的干扰素刺激基因的表达规律进行早期妊娠诊断，在受孕后 18 天左右就可以得出判断，与目前生产上常用的方法相比最少可望提前 9 天。同时此法只需采取母牛的少量血液，操作成本低廉，无需大型仪器设备，也避免了传统操作可能带来的组织损伤和生殖系统感染问题，无论对母体还是胎儿均不会造成任何伤害。特别是本方法将分子生物学技术引入到奶牛生产之中，强调实验室操作，这对于将来奶牛早期妊娠诊断向着集约化和科学化的方向发展起到了很好的促进作用，势必会大大提高生产效率，有望成为今后奶牛业中早期妊娠诊断的主流技术。

眼球法诊断妊娠

从 1981 年开始，国内有用巩膜血管诊断法对于千余头母牛作妊娠判定的，并声称其准确率可达 90% 以上。检查时，站立保定母牛头部，用大拇指和食指分开上下眼皮，仔细观察眼球巩膜上的血管形状和色泽变化情况。在正常情况下，巩膜上的血管细小，弯曲，淡红色，说明未孕。母牛交配后 40 天，巩膜出现 1~2 根竖立、显露、凸出于眼球表面、比正常血管粗壮的呈紫红色的妊娠血管，妊娠血管的形状、色泽，随着胎儿的月龄而变化。妊娠 3 个月时妊娠血管比较细长，其中有 1 根竖立，呈鲜红色。妊娠 4~7 月时，妊娠血管变得特别粗壮、显露，有 1 根已经消退，只剩 1 根血管，色泽呈紫红色。妊娠 8~9 月时，妊娠血管又逐渐消退。

应注意的是，母牛发情时，巩膜血管变粗，但呈现弥漫性、多条性充血，色泽鲜红，两眼变化相同。患有子宫疾病的母牛，巩膜上的血管也会变粗，但弯曲多，周围毛细血管呈条状充血，上下眼结膜出现充血性炎症。

综上所述，足见奶牛配种后，应尽早诊断其是否妊娠；而诊断方法中，迄今仍以直检法较为简便、直接、快速，实属基本功之一，奉劝从业者务必勤学多做，熟练掌握之。

正是：

母牛配后早妊检，妊与未妊好分圈，

空怀抓紧再补配，妊娠加料莫扬鞭！

奶牛发情、适时输精之后，经诊断妊娠，能否在妊娠期满产出犊牛来，还得狠抓的是——

第 11 章
防流与保胎

流产事非同小可

据调查，在一个有 400 多头成年母牛并年年坚持进行布病、结核检疫为阴性的奶牛场，从其连续两年流产与月份、流产与妊娠天数、流产与胎次关系上看：该场奶牛流产一年四季均会发生，但比较集中在第二、三季，而 5~7 月的流产占全年流产的 44.9%；奶牛各个妊娠阶段都会发生流产，但较为突出的是在妊娠第 91~150 天这个阶段，占 52.1%。各个胎次都会流产，但比较集中的在第 1~3 胎，而第 1 胎较为突出，占 34.7%；夏季流产比例偏高，热应激是一个不可忽视因素；同时也与饲料有关，各类青贮料最易霉变，饲喂后，必然导致奶牛机体代谢紊乱引起流产；还与夏季各类疾病上升有关，且由于代谢性、感染性疾病增加，使用抗菌药物和肾上腺皮质激素类药物增加，预防接种引起的应激，都会不同程度地引起流产。妊娠在第 91~150 天这一阶段流产比例较高与饲养管理及营养有关；奶牛从泌乳高峰期转入中峰期后往往会被忽视，常出现饲喂不足或营养配给不均现象，对胚胎生长发育不利，会造成个别奶牛妊娠中断；前三胎流产率较高，特别是一胎牛占的比例较大，与青年牛机体内分泌机能不健全，雌激素与孕激素的比例容易失衡有关，进而影响胚胎附植和发育，导致胚胎死亡或流产。由此可见，初配牛年龄要控制月龄及体重。不要粗暴对待妊娠牛，配种员工作要认真细致，避免误配。

传染疾病性流产

（1）布氏杆菌病　病原体为牛型布鲁氏菌，也叫流产布氏杆菌。布氏杆菌在牛的胎盘、胎儿和胎衣中特别适宜生存。进入牛体后，布氏杆菌在数日内侵入附近的淋巴结内，由此进入血液中引发菌血症，导致牛体温升高；在牛体免疫机制的影响下，菌血症可以自动消失，经过长短不等的间歇期后，细菌反弹，又可再度发生菌血症。因此，母牛感染布氏杆菌后主要表现是弛张热。布氏杆菌可引起孕牛流产、早产和胎衣不下。孕牛流产前数日乳房肿大，流出类似初乳性质的乳汁；阴唇肿胀，荐部与肋部下陷；用开膣器打开阴道，会观察到阴道黏膜上有小米粒大的红色结节，阴道内有灰白色或灰色黏性分泌液。流产时，胎水较清，有时混浊并含有脓样絮片。流产后常发生胎衣滞留，会在1~2周从阴门内排出污灰色或棕红色、气味恶臭的分泌物。母牛患布氏杆菌病而引起流产时，要及时帮助排出胎衣；如果流产时胎衣滞留，可感染成为慢性子宫内膜炎，导致长期不孕。布氏杆菌病引起的流产，在怀孕后第5~8月多见。流产后的母牛经过2~7周的康复后，可再次怀孕，但有时会再度发生流产，第二次流产一般比第一次流产时间晚；不再发生流产的母牛也具有引发布氏杆菌病流行的潜在威胁。因此，确诊母牛流产系因布氏杆菌引起后，应及时隔离治疗，直到经血清学检验确无病原体后，才可送入群舍。布氏杆菌对链霉素、庆大霉素、卡那霉素、土霉素、金霉素、四环素等敏感。病牛用以上药物可以治愈。

（2）钩端螺旋体病　病原体是钩端螺旋体，也叫细螺旋体。钩端螺旋体进入牛体后，可引起时间长短不一的菌血症。牛感染钩端螺旋体后多出现贫血、黄疸、出血、蛋白尿、血红蛋白尿等症状。病牛鼻镜干燥，甚至龟裂，常在口腔黏膜、耳部、头部、乳房和外生殖器皮肤上出现坏死。孕牛发生菌血症时，菌体通过血液流经胎盘进入胎儿体内，使胎儿衰竭或死亡；也破坏胎儿红细胞而使胎儿缺氧死亡；或者因为母体发热及全身性反应而出现流产。一般流产多发生于妊娠后期。青霉素、链霉素、金霉素、土霉素等对钩端螺旋体都有较好的疗效，轻症病例连续治疗2~3天，重症5~7天，即可痊愈。

（3）棒状杆菌病　牛棒状杆菌病分为化脓性棒状杆菌病和肾棒状杆菌病两种。化脓棒状杆菌病的主要是往往先出现伤口，经伤口感染化脓、破溃，流出稠厚、带绿色脓汁，溃疡灶边缘不整齐，底部呈灰白色或黄色。化脓棒状杆菌感染后，可引起化脓性肺炎、多发性淋巴结炎、子宫内膜炎等，发生子宫内膜炎后最容易引起流产。肾棒状杆菌主要侵害肾脏，临床特征为血尿。后期贫血、消瘦，最终衰弱死亡。棒状杆菌感染引起的母牛流产可发生于母牛妊娠的各个时期。化脓棒状杆菌可引起牛的多发性炎症和皮下脓肿；肾棒状杆菌主要引起牛的肾脏变性，膀胱壁增厚，内有纤维素沉着和脓汁、脱落的坏死组织；输尿管扩张、肥厚，混有脓汁或坏死灶。病原体对青霉素敏感，使用青霉素和广谱抗生素治疗，效果良好，但治愈后常会复发。

（4）沙门氏菌病　牛的沙门氏菌病主要由鼠伤寒沙门氏菌和都柏林沙门氏菌感染引起。沙门氏菌在牛肠道内生长繁殖释放出的有毒物质，刺激肠道黏膜，使肠管蠕动增强，导致上皮细胞发炎、坏死，肠道出血。临床上常见的是40~42℃高热，食欲废绝，呼吸困难，剧烈腹痛，严重腹泻，粪便水样、恶臭，粪内含有血块、纤维素碎片。患沙门氏菌多引起妊娠

4~9个月的母牛流产。病牛可以使用金霉素、土霉素、卡那霉素、链霉素、磺胺增效剂及磺胺药物配合治疗，可取得一定疗效。

（5）弯曲杆菌病　病原体为牛胎儿弯曲杆菌。一般多发生于冬季，主要表现腹泻，又叫"冬痢"。弯曲杆菌主要存在于母牛的生殖道、胎盘、流产后的胎儿组织中。母牛可经过自然交配或人工授精感染。病菌在10~14天后可侵入子宫、输卵管内，在其中繁殖，引起子宫和输卵管的炎症。病初阴道呈卡他性炎症，黏膜发红、黏液分泌量增加，可持续3~4个月，黏液有时较为清澈，有时比较浑浊。流产母牛生殖道的恶化变化可导致胚胎早期死亡并可能被母体吸收，从而使母牛不断发情并接受交配，发情很不规则，有的于感染后第2情期即可受孕，有的却经过8~12个月不能受孕，大多数母牛可于感染后第6个月再次交配受孕。若母牛腹内的胎儿死亡较迟，则会发生流产。流产多发于怀孕后的第5~6个月，流产率为5%~20%。早期流产的胎衣可自行排出，5个月以后流产的，大多会出现胎衣滞留现象。临床上使用红霉素、四环素、庆大霉素、复方新诺明、黄连素、呋喃唑酮等药物可以治愈。

（6）病毒性腹泻　由披盖病毒科瘟病毒属的黏膜病毒引起，又叫病毒性腹泻–黏膜病。本病常年均可发生，但冬春季节多发。病牛体温升高达40~42℃，可持续2~3天，流鼻涕、咳嗽，口腔、鼻、唇、乳头溃疡，流涎，呼出的气体恶臭，蹄冠和趾间糜烂、溃疡、跛行。主要特征是腹泻；慢性病例出现持续性或间歇性腹泻，急性者呈现不可遏止的腹泻，粪便水样、恶臭、混有气泡，后期排出的粪便混有血液、纤维蛋白、黏膜碎片等，在1~3周内死亡。呈隐性感染的病牛没有明显的临床症状，但临床感染率却比较高。牛病毒性腹泻引起的流产可发生于怀孕的每个时期。慢性患者，在妊娠前4个月，可经胎盘垂直感染胎儿，造成孕牛有时产出有先天性缺陷的犊牛，犊牛多因发育不良呈现轻重不同的共济失调。病变主要特征中，以食管糜烂最为典型，也具有诊断意义。临床上应用抗病毒药金刚烷胺、甲金刚烷胺有一定疗效。

（7）传染性鼻气管炎　病原体是疱疹病毒科的牛疱疹病毒I型。临床可见呼吸道型、角膜结膜型、生殖道型、流产型、脑膜脑炎型、肠炎型等多种病型。导致流产的多为流产型；流产型也可与前三型并发。呼吸道型可见体温升高至40℃以上，大量流泪、流涎、流鼻液、鼻黏膜充血、脓疱、溃疡、呼吸困难，呼出气恶臭。鼻镜坏死、干燥，痂皮脱落后，露出充血的皮下组织，故有"红鼻病"之称。角膜结膜型表现为结膜充血，眼睑水肿，大量流泪；重者结膜表面有灰白色伪膜、流脓性眼眵。生殖道型表现为举尾摇摆，阴门红肿，流出黏性或脓性分泌物，阴道内有粟粒大小灰白色脓疱，脓疱破例后形成较浅的溃疡灶，触之敏感。流产型多因病毒株侵害胎盘和胎儿引起。有时不表现任何症状。流产多发生于妊娠后的第5~8个月，以头胎怀孕牛多见，有时也可发生于妊娠阶段的任何时期。一般流产后不表现胎衣滞留。病原体属于病毒，无特效药物可供选择，临床上使用广谱抗生素或磺胺类药物只能防止继发感染，选用抗病毒药焦磷酸化合物、葡萄胺等有一定疗效。

寄生虫病性流产

在一些大型奶牛场的妊娠牛中，约有10%会发生流产。造成流产的原因往往很难确定，故给防治带来困难。某些寄生虫可引起牛流产，在确定流产原因时应加以考虑，迄今认识到与母牛流产有关的寄生虫：

（1）犬新孢子虫　犬新孢子虫最早发现于犬，后来才发现是牛流产的主要病原之一。流产是母牛感染犬新孢子虫的临床症状。流产的胎儿常发生某种程度的自溶或偶有木乃伊化，流产多发生于妊娠 4~6 个月，一年四季均可发生。由犬新孢子虫感染引起的母牛，可能在下次分娩时产下先天性感染的犊牛。先天性感染犬新孢子虫的犊牛在产后 5 天内出现神经—肌肉症状，某些犊牛可推迟到产后 2 周才发生症状。这种犊牛体重小，体弱，不能站立，体温、心率和呼吸正常。有些犊牛的前肢或后肢可能僵硬，运动失调，髌骨反射下降或四肢本体感受性减弱。对犬新孢子虫引起的牛流产和先天感染的诊断方式有：依据在组织切片中查到虫体进行诊断；将整个胎儿送到诊断室检查；将流产胎儿的脑或头送检。目前，既无可用的虫苗也无有效的药物，故应防止粪便污染饲料和饮水，限制牛接触污染的饲料和饮水，焚烧流产胎儿和胎盘。

（2）枯氏住肉孢子虫　枯氏住肉孢子虫通过犬等动物粪便中的孢子囊传播，牛采食受粪便中孢子囊污染的饲料和饮水后，常在 5~11 周内出现临床症状，轻者仅有唾液分泌过多和昏睡，重者有周期性厌食，腹泻，周期性体温升高，跛行，流鼻涕，出血性阴道炎和死亡，唾液分泌过多的母牛舌和口腔前庭有糜烂。慢性病例表现消瘦，黏膜苍白或黄染，下颌水肿，泌乳停止，尾毛脱落。死于感染的母牛在多种组织中有肉眼可见和显微病变，流产母牛的胎盘中有裂殖体和病变，胎儿有脑炎、心肌炎和肝炎。目前，无枯氏住肉孢子虫引起的流产预防药物、虫苗和治疗方法。防止家犬和野生犬科动物的粪便污染牛的饲料和饮水，可有助于防止枯氏住肉孢子虫引起流产。发生过流产的牛产生免疫力，可留作种用。对此种病死的牛应该焚烧。

（3）胎儿三毛滴虫　牛三毛滴虫病是由有鞭毛的胎儿三毛滴虫所引起的一种性病。患病母牛自然配种后出现不孕、早期胚胎死亡、流产和子宫积脓。公牛为无症状带虫者。患病母牛在整个妊娠过程中和分娩后 6~9 周一直保持感染。感染母牛常在配种后 17 天发生流产，也有的感染牛至配种后 5 个月才发生流产。体内有死胎或黄体的母牛则可发生子宫积脓，某些病例可能发生永久性不育。流产胎儿可发生轻度或重度自溶，胎盘上无肉眼病变。三个月龄以上胎儿的胎盘可有显微病变，表现为基质水肿，绒毛膜基质上有轻度、弥漫性、混合性炎性细胞浸润，绒毛膜上皮细胞有轻度至中度灶性坏死。多数病例可在绒毛膜基质上发现有滋养体，在腹水和腹隐窝切片中也可见有滋养体。根据病史和确定感染牛有滋养体可诊断为牛三毛滴虫病。患者牛三毛滴虫病的牛群，妊娠率低，妊娠期长，有时配种后子宫积脓。据报道，有一种死虫苗接种母牛，可使感染率降低 90.6%。加强管理有助于降低感染和感染牛群的流产。应淘汰感染的公牛，代之以培养阴性的青年公牛。安排好配种季节，以便能准确地确定预期的妊娠状态变异。应淘汰带虫母牛，淘汰流产或不育牛。应防止患病牛进入种牛群中与健康种牛接触。应尽量采用人工授精。

（4）焦虫　据调查，饲养引进奶牛的 12 户，总共饲养妊娠母牛 55 头，妊娠期 2~8 月不等。其中有 48 头采取了贝尼尔药物预防注射，注射剂量为每头每次 2 支（2 克），有的连续 3 天（每头 1 次），有效地控制了焦虫病的发生。对于发病的 7 头妊娠母牛，首选贝尼尔药物治疗，有的连续治疗 7 天，还有的结合强心补液，对体温增高的患病奶牛采用安乃近、安痛定等解热药对症降温，最后全部治愈。上述 55 头妊娠母牛获得了 100% 的预期防治效果，没有发生流产现象。正确的方法应当是，对妊娠奶牛焦虫病的治疗，贝尼尔用量一般要控制在 2 支（2 克）以内，根据病情，结合强心补液，调节体温，调整胃肠功能等对症治法，可缓解药物反应及增强机体抗病机能，有的 3 天不见效可持续治疗 1 周。必要时可适当延长治疗时间，维持一定杀虫药浓度，以防止妊娠母牛流产。

母牛先兆性流产

患牛频繁起卧、拱腰、举尾、踢腹，继而努责、阴门红肿、流出小指大小黏液，直检发现胎儿上浮、胎动频繁；阴检发现子宫颈仅通过一指或不能通过，既可确诊为先兆性流产。硫酸镁中的镁离子直接作用于子宫肌细胞，拮抗钙离子对子宫收缩作用，从而抑制子宫收缩。硫酸镁注射液对治疗牛先兆性流产具有见效快、疗效确实等特点，是治疗牛先兆性流产的理想药物，但对子宫颈已经开张、无保胎可能的患牛，应尽快促使子宫内容物排出，以免影响下一胎受孕。

治疗方法：肌注 10% 硫酸镁注射液 30~50 毫升，一般注射 1~2 次即可。

机械损伤性流产

案例一　一孙姓散养户有一头 2.5 岁荷斯坦奶牛，妊娠 7.5 月，收牧途中被另一牛顶撞，后跳越沟渠，于次日上午食欲不振，精神沉郁，起卧增数，回头望腹，时有举尾，弓腰，排少量尿和粪便，阴门肿胀并流黏液，胎儿撞腹频繁等症状。

案例二　一林姓养牛户购入一妊娠奶牛，运输途中不慎翻车，次日该牛食欲不振，起卧不安，胎儿撞腹频繁，弓腰举尾，阴门肿大流黏液，努责哞叫等。

以上两例经选用安乃近与硫酸阿托品镇痛解痉挛药物获得满意效果。安乃近规格为30%10 毫升 / 支，硫酸阿托品规格 1 毫升 × 0.5 毫克 / 支。治疗方法：对患牛隔离饲养，选择安静、干燥、通风、卫生清洁牛舍，夏季阴凉通风，冬季注意保暖，加强饲养管理。取安乃近 10 毫升 × 4 支肌注，轻症日注 2 次，重症日注 3 次。取硫酸阿托品 5~10 毫克，皮下注射，日注 2 次。

应注意的是，由于管理不当，使子宫和胎儿受到直接或间接的机械性损伤，或孕牛遭受各种逆境的剧烈危害，引起子宫反射性收缩所致。剧烈运动、跳越障碍及沟渠上下滑坡，或孕牛在泥泞结冰光滑或高低不平地跌倒、抢食，以及出入牛舍过挤等，都会使子宫或胎儿受到剧烈震荡或压迫而引起流产。惊吓，粗暴地鞭打头部或打冷鞭惊群，打架，可使母牛精神紧张，反射性地引起子宫收缩而流产。使用以上两种药物治疗，安全可靠。

胚胎死亡性流产

早期胚胎死亡，也称胚胎吸收、胚胎损失或隐性流产。在牛，从受精卵开始到出生的任何时期均可发生胚胎死亡。正常情况下，约有 25%~35% 的胚胎在配种后约 21 天内死亡。其中只有很少数胚胎在受精后的第 8 天死亡，70%~80% 的胚胎死亡发生在受精后的第

8~16 天，10% 左右发生在第 16~42 天，还有 5%~8% 在第 42 天到出生前死亡。造成早期胚胎死亡的因素，有源于胚胎本身的，也有来源于母体的。这些因素从胚胎的生长、胚胎发出的妊娠信号、母体对这些信号的反应即妊娠识别等方面影响胚胎发育，决定妊娠建立和胚胎的死亡即终止妊娠即重新使母牛进入下一次发情周期。

早期胚胎死亡的内分泌原因

在母牛妊娠初期胚胎着床之前，即大约在情期第 15 天，早期胚胎释放出某种化学信号，使母体感受到胎儿的存在，促进周期性黄体转化为永久性的妊娠黄体，使胚胎能在子宫内继续发育、附植。胚胎、母体、黄体之间存在着密切的关系，这是其一；其二妊娠早期，黄体分泌孕酮维持妊娠，黄体不适时溶解可造成早期胚胎死亡；其三由于母体内分泌的失调，使得体内前列腺素 $F_2\alpha$ 分泌增加，前列腺素 $F_2\alpha$ 分泌的增加进而刺激子宫内膜分泌，一方面前列腺素 $F_2\alpha$ 能促进黄体溶解，分泌维持妊娠的激素——孕酮的浓度降低，另一方面能提高子宫内膜催产素的浓度，促进子宫平滑肌收缩，使胎儿排出，导致妊娠失败。此外有报道，牛在配种当日或次日，子宫里的温度每升高 1℃，分别使受孕率下降 13% 和 7%。造成受胎率下降的主要原因是通过输卵管的胚胎对热的威胁极为敏感，高温是造成胚胎早期死亡的重要原因，故在炎热季节，把发情牛拴到阴凉通风处，对提高受胎率有意义。

隐性流产的治疗

案例一 奶牛隐性流产不仅造成胎间距延长，还继发生殖器官疾病而导致不孕。应用益母草合剂治疗奶牛隐性流产效果显著。中药处方：生益母草叶 150 克、生艾叶 150 克、生香附 45 克共同捣碎，加开水冲调，去渣，加维生素 E 丸 50 粒，一次灌服。

应注意的是，配种后 30 天内未发情，60 天左右再次发情，经直肠检妊娠现象消失，可确诊为隐性流产。奶牛发生隐性流产与不注重科学饲养、饲料单一、缺少维生素、导致孕酮分泌不足等有关。益母草微寒、味辛、微苦，有祛痰生新、活血调经等功能，与其他药物配伍使用有消炎、促孕、保胎的疗效。

案例二 据统计，每年因早胚死亡引起的不孕症占应繁母牛的 8%~12%，而早期胚胎死亡主要是卵巢黄体功能不良使孕酮分泌不足，以致胚胎不能正常附植。取黄体酮注射液，规格为 1 毫升 × 10 毫克。选择 54 头发情、排卵正常，经连续输精两个或两个以上情期未孕，并在排卵后仍有兴奋状态的荷斯坦奶牛，年龄平均为 3.6 岁，空怀时间平均 136.5 天。将 54 头不孕牛随机编组，由一人负责配种，监视母牛发情表现。牛发情后正常适时输精并分别于排卵后 1 小时，肌注黄体酮 60 毫克，处理效果较好。由此可见，在排卵后 1 小时给这类牛肌注小剂量孕酮，弥补了黄体生长期内功能不良，增加了体内孕酮的含量，为受精卵在子宫内膜的附植创造了有利条件。

胚胎死亡的监测

为监测早期胚胎死亡的时间和发生率，可采用操作程序：从产后第 1 次配种开始，分别在输精后 0 天、10~12 天和 22~24 天，采集 3 个奶样。如首次配种后返精，则要求在第 2

次配种时继续采集 3 个奶样。第 3 次配种，以此类推，直至确定奶牛妊娠或被淘汰。将 2~3 毫升奶挤入预先加有重铬酸钾防腐剂的采样管，稍加摇晃，尽快放入冰箱，冷冻保存。在实验室，将奶样化冻，用低温离心机在 4℃下，以每分钟 3 000 转离心 15 分钟，也可在常温离心后放入 4℃冰箱将乳脂层冻硬，用玻棒将乳脂层挑出，再用吸管将脱脂奶移入另一储存管检测，或置 4℃冰箱内待测。用碘标固相放免法进行奶孕酮放射免疫测定，取内壁涂有抗体的放免管，取 0.1 毫升奶样直接加入放免管。所有样品均作双管，标准管浓度为 0 至 40 纳摩尔 / 升（1 纳摩尔 / 相当于 0.31 纳克 / 毫升）。每管再加 1 毫升 1251 标记孕酮。加样后，室温培养 4 小时后倾掉上清夜，用 FT-646A 微机放免测定仪对放免管计数，并计算出孕酮浓度。奶牛配种后 25~60 天早期胚胎死亡率为 21.6%，其中 25~40 天早期胚胎死亡率为 8.5%；40~60 天早期胚胎死亡率为 13.1%。配种后 60 天以内早期胚胎死亡的母牛，60 天以内发情的占 65.6%，有 34.4% 的母牛在 60 天以上发情，主要是由于胚胎死亡后妊娠黄体未能及时消除所致。

应注意的是，统计 115 头胚胎死亡的母牛产犊至妊娠的间隔平均是 166 天，比正常发情配种妊娠母牛的产犊至妊娠间隔 115 天延长 51 天。可见，早期胚胎死亡率对繁殖效率影响之大。母牛配种后受胎率一般都在 90% 以上，但是，配种后 60 天诊断受胎率一般只有 60%，有 30% 在配种后 60 天以前发生胚胎死亡。由于胚胎死亡大都发生在早期，饲养员、配种员和兽医往往不能发现。通过奶孕酮测定，能确定哪些牛遭受了胚胎死亡。这有利于奶牛场工作人员找出胚胎死亡原因，加以克服，从而提高繁殖效率。欲知胚胎死亡的准确时间，需要在配种后连续采奶样，例如每周 2~3 次，发现奶孕酮浓度突然下降，即表明胚胎死亡。

必要的人为引产

误配的妊娠中止。放牧或散养的奶牛中，有时会发生母牛被不理想公牛偷配现象，因所产犊牛，经济价值低下，故可采用方法终止妊娠：用氯前列烯醇宫内注入 1 支或肌注 2 支，在用药后 3~4 天母牛可再次表现发情，并可获得正常的配种受胎，此法在母牛妊娠的任何时间使用；或宫内注入催产素 10~20 单位、肌注 30~50 单位，连续使用数日；或肌注三合激素 4~7 毫克，可终止妊娠，但注射后 2~3 天发情不能配种。应注意的是，无论采用哪种方法，处理有效的标志是用药后 2~3 天或上次发情后 21 天前后，母牛表现发情，如果没有发情，应重复用药甚至加大激素剂量；母牛在 1 个月内发情，可正常配种，过了 1 个月要注意子宫的状况；母牛已妊娠 2 个月以上，一般不宜用药处理，否则将明显延长母牛的产犊间距；对于干尸化、胎儿浸软分解、死胎等也可用上述引产。

胎死腹中的排出。奶牛妊娠 290 天未产，经直检胎儿在母体内死亡，用开膣器检查子宫颈口闭塞。注射氯前列烯醇 32 小时后，死胎排出。

保胎的操作要点

南京地区妊娠 150 天左右和夏季妊娠牛易发生流产和早产。为使流产率降到最低，具体操作如下。

对习惯性流产牛采取肌注黄体酮，从妊娠中期开始每周注射 1 次，1 个月为 1 疗程。

加强防暑降温，定期检修牛蹄，定期淘汰无饲养价值的牛。

发现母牛有流产症候、胎儿尚活着时，可用 25% 硫酸镁 100~200 单位，紧急静注，其效果比注射黄体酮好，因为硫酸镁可抑制催产素受体对催产素的敏感性。

加强检疫，及时隔离处理有布氏杆菌病、毛滴虫病等传染病的牛。

满足营养，母牛妊娠两个月内，胎儿正由子宫内膜分泌的子宫乳作为营养逐渐过渡到靠胎盘吸收母体营养，此期内妊娠牛饲料不足或品质不好，极易造成胚胎早期死亡。

不喂霉变草料，奶牛妊娠后，切忌饲喂发霉变质、冰冻、酸度过大和有毒的饲草料，牛舍保持清洁干燥，冬暖夏凉，定期消毒，每天刷拭牛体，保持洁净，要防止妊娠牛跑跳。对习惯性流产的母牛要采取药物保胎措施；如治疗无效，尽早淘汰。抓奶牛干奶期饲养，在日粮组成上应以优质干草和青贮为主，饲喂精料量要根据干奶期牛的膘情区别对待。

对胎儿先天性发育快的奶牛，临产前一个月要减少精料或不喂精料；管理上尽量把干奶期集中拴系在一排，便于饲喂时根据干奶期的采食习惯，掌握日粮精粗料比例；在产前 8~12 天转入产房，由饲养员每天负责上下午在运动场驱赶，缓慢运动各 1 小时。

在每次清扫产房及排尿池时应撒石灰，并将临产母牛的牛床用 3% 来苏儿消毒，再换上新垫草。

有临产征状的分娩牛，要用 0.1% 高锰酸钾溶液清洗其外阴部及其周围，尽量让临产牛自然分娩。

需要助产时，助产员应严格消毒助产器和手臂；犊牛产出后立即清理受污染的脏垫草，并对室内用 3% 来苏儿消毒液喷洒消毒，换上新垫草。

　　综上所述，足见奶牛配种妊娠之后，应从各方面予以注意，旨在保证犊牛得以顺利产出。

　　正是：

　　　　配种受孕固可喜，精心呵护须牢记，

　　　　如若保胎不得当，竹篮打水白费力！

奶牛妊娠期是一常数，两胎之间的间距却是一变数，有学者计算过，1头奶牛的胎间距每超过正常值1天，则最少损失犊牛0.003头。由此可见，奶牛胎间距的长短，是制约着奶牛经济效益的综合性指标之一。看来，为了挖掘奶牛生产潜力，还得——

第 12 章
缩短胎间距

重视缩短胎间距

奶牛胎间距，又称产犊间隔，是指奶牛两次分娩之间的间隔天数，是衡量奶牛繁殖力高低的一个重要指标，它与奶牛的泌乳性能及奶牛场的经济效益密切相关。前苏联学者提出，母牛不育造成经济的损失额 $= 3.29 \times$（空怀天数 / 头 -80）$\times$ 产奶量（吨）$\times$ 标准乳收购价 $\times$ 全场牛数。

据美国1988年统计，奶牛胎间距365天，而世界奶牛业发达国家的奶牛胎间距平均值基本上都控制在380天左右。胎间距是由产后空怀期和妊娠期所组成，而妊娠期一般都相对稳定，所以奶牛胎间距主要由产后空怀期所决定。产后空怀期的长短除受奶牛产后子宫和卵巢机能恢复快慢、繁殖技术及饲管等因素的影响外，还受胎次、产犊季节及产奶量等因素的影响。

在英国，奶牛场母牛超过2个月未妊娠，平均每饲养1天至少损失饲料0.9~1.4千克。世界发达国家的奶牛，平均胎间距基本控制在380天左右。

在我国，据34个奶牛场统计，成母牛胎间距平均403.15天，最短379.4天，最长445天。其中有17个场超过400天以上，占考察牛场总数的50%，这主要是由于饲养管理和繁殖配种上的不发情、推迟发情或配不上造成。胎间距拉长带来的问题：加大奶牛饲养成本，降低奶牛头均利润。上述胎间距为445天的奶牛场，超过标准45天，这个场共有成母牛

342头，等于白饲养了 15 390 天，如果乘以每头日饲养成本，即可计算出 1 年多增加的开支。胎间距拉长，造成成母牛利用年限和利用价值的降低，如 1 头奶牛终生利用年限按 8 胎计算，胎间距以 400 天计算，总费时日为 3 200 天；如果还是以上述牛场为例，胎间距 445 天，8 胎总费时日 3 560 天，二者相差 360 天，等于每头奶牛终生少产 1 头牛。如此说来，难道不值得重视缩短胎间距么？

胎间距影响因素

为了探讨胎次、产犊季节和产奶量对新疆地区荷斯坦奶牛胎间距的影响规律，对新疆呼图壁种牛场牧一场、牧三场和天山畜牧昌吉生物工程有限公司奶牛场三个奶牛场的繁殖资料和生产性能资料进行分析。统计分析胎次为 2、3、4、5、6 及 6 胎以上的 5 个水平；产犊季节为春季（3~5 月）、夏季（6~8 月）、秋季（9~11 月）、冬季（12~2 月）4 个水平；产奶量为 6 000 千克以下、6 000~8 000 千克、8 000~10 000 千克和 10 000 千克以上 4 个水平；共有记录 1 311 条。

结果显示，不同场地、胎次、产犊季节及产奶量对奶牛胎间距有不同程度的影响。不同场地对胎间距无显著影响；不同胎次对胎间距有显著影响；不同产犊季节和不同产奶量对胎间距有极显著的影响。

不同场地的胎间距比较，其中天山畜牧奶牛场胎间距极显著高于牧一场和牧三场，比牧一场高 32.9 天，比牧三场高 35.3 天；而牧一场和牧三场胎间距之间无显著差异。

不同胎次的胎间距比较，随着胎次的增加，胎间距逐渐延长，但 6 胎及 6 胎以上的胎间距却很低，且极显著低于 2、3、4、5 胎，而 2、3、4、5 胎之间无差异显著性，其中第 5 胎胎间距比 6 胎及 6 胎以上胎间距高 58.7 天。

不同产犊季节的胎间距比较，春季与其他三个季节胎间距之间均无显著差异；夏季胎间距极显著低于冬季，高达 22.7 天，而与春秋两季胎间距无显著差异；秋季胎间距显著低于冬季。

随着产奶量的增加胎间距逐渐升高，其中产奶量在 10 000 千克以上时极显著高于产奶量在 6 000 千克以下时的胎间距，高达 40 天；产奶量在 10 000 千克以上时显著高于产奶量在 6 000~8 000 千克时的胎间距；产奶量在 8 000~10 000 千克时的胎间距与各水平下胎间距均无显著性差异。

此外，慢性子宫内膜炎、隐性子宫内膜炎，以及卵巢疾病均是降低受胎率、延长胎间距的重要原因。

产后母牛体质虚弱，对各种疾病的抵抗力下降，可直接影响其繁殖力，表现为产后 3~4 个月无发情表现，从而造成其产后空怀期长。由此可见，产后乏情和情期受胎率低是母牛胎间距过长的两大决定性因素。合理利用药物治奶牛产科疾病是提高受胎率的重要手段；科学运用激素辅助受精是提高受精率的有效方法；缩短乏情期是获得适宜胎间距的重要措施。

认真分析原因，有针对性地解决生产中存在的问题，通过有效的治疗手段和科学的配种方法，才能提高受胎率，缩短乏情期，达到适宜胎间距的目的。

产后可配种时间

奶牛产后允许配种的时间，从理论上讲，平均胎间距越短、每胎次的产奶高峰期距离越近，其经济效益越高。照此推理，产后越早配妊，经济效益越高。

产后允许配种的时间标准，要与牛群的实际繁殖效率结合起来进行考虑。据发表的大量资料认为，以产后 60~90 天配种的受胎率最高。大多数奶牛子宫完全复原，即最高回到骨盆腔，其质地、大小恢复正常，出现宫缩反应，要到产后 30~45 天。如果第一次配种受胎率以 57% 计，产后 60 天开始配种（实际的平均配妊天数以 70 天计），假设全部牛均在发情 1.75 次内配上，其结果是：产后空怀天数为 70+21×0.75=85.75 天。

奶牛适宜胎间距

奶牛产后空怀期超过 80 天，就意味着胎间距超过 360 天，1 年就不能产 1 犊。对于高产奶牛，由于其产奶量高，产奶期长，在超过 305 天的产奶期后，仍然有较高的产奶量，其胎间距延长的经济效益上并不算亏，故高产奶牛产后空怀期可以适当延长。但对于低产奶牛，其产奶量低，产奶期不到 300 天就已经没有奶，如果还按胎间距 360 天安排，其经济效益不划算，故低产牛可以适当缩短胎间距。从经济效益上看，缩短胎间距对于高产奶牛确实可能降低总产奶量，所以对于那些在产奶后期还有较高产奶量的牛，适当延长胎间距是合理的。而低产牛产奶后期日产仅几千克奶，还不如，通过增加胎次来增加总产奶量。况且，胎间距超过 360 天或更长的牛都很肥胖，易患脂肪肝、酮病、难产、胎衣不下、子宫复旧不全、子宫弛缓、产后爬卧不起综合征等围产期疾病，故即使高产牛的胎间距也不宜过长。

胎间距应根据每头奶牛产奶后期的产奶量来确定，总之，胎间距不应超过 400 天，否则会影响高产奶牛的胎次和一生总产奶量，低产牛产后空怀期不应超过 60 天。母牛胎间距的延长，意味着产后至配种受胎间隔时间的延长，也意味着空怀或不孕时间的延长。因此增加了母牛的饲养管理及配种费用，减少了奶牛场的产奶量。而产后母牛过早妊娠，对恢复母牛健康会产生不利影响，也会影响奶牛该泌乳期的产奶量。从母牛的生理学及经济学考虑，奶牛的适宜胎间距应该是 365 天，即奶牛在产后 85 天内配种妊娠，再经 280 天的妊娠期，即可达到一年一胎。因此，在奶牛生产中将产后 85 天以上未妊的母牛作为空怀母牛或不孕母牛，此后至妊娠的间隔时间，按不孕期统计。将一年一胎的胎间距 365 天作为奶牛场最佳经济效益的繁殖学指标，已被许多国家公认。

大多数母牛产后具有 10 个月泌乳潜力，其后的产奶量会大幅度减少，奶牛 12 个月的胎间距包括 10 个月的泌乳期和 2 个月的干乳期。胎间距 12 个月以上、生产潜力相同的个体牛，胎间距短的母牛可得到高的产奶量。在平均产奶量为 3 000~4 000 千克的奶牛场，如果胎间距每延长 1 个月，就减少产奶量 300~400 千克，相当于每 10 头牛中就有一头牛空怀一年。一个拥有 280 头适繁母牛的奶牛场，如能将每头牛的胎间距缩短一天，则每年可增产 1 头奶牛一个泌乳期的产奶量，多获得 1 头犊牛。

我国实际胎间距

在北京，成母牛胎间距为 383 ± 13.02 天。这样的胎间距，对于高产牛还算可以。因为高产奶牛泌乳高峰持续时间长，产后恢复发情速度不快，达不到一年的胎间距。但对于一般成母牛则有些过长，会影响牛奶产量，会降低母牛一生产犊率。因此北京市奶牛场成母牛胎间距选择 360~370 天。为此，应采取以下综合措施。

① 加强产犊前后饲养管理、产房的卫生消毒及产后母牛子宫洗治工作，使母牛产后体况和子宫状况得以迅速恢复，以期尽早出现产后第一次发情。

② 做好繁殖记录，包括母牛的整个育龄期在内。每头母牛的繁殖记录应包括项目：父母牛号、出生日期、犊牛期的疾病和接种、发情日期、配种日期和产犊日期，以及有关母牛的任何其他健康问题或特性。

③ 加强发情检查，尤其是母牛产后第一次发情，必要时可采用辅助方法，以防止拖延配种或漏配。

④ 及时配种。母牛产后第一次发情时配种受胎率较低。所以一般应在母牛产后 70~80 天、第三次发情时配种，此时配种受胎率较高。高产母牛一般在产后 70 天左右开始配种，配准天数不超过 90 天。

在天津，夏秋季节产犊母牛，产后生殖机能恢复较慢，尤其是夏季产犊的母牛，由于气温较高，雨水过多，感染机会多，且表现安静发情、短发情，甚至不发情。而冬春季节产犊的母牛，是其繁殖的有利时机。为此，应适当控制夏季产犊。奶牛相邻胎次的胎间距相差 3~9 天，具有高胎次多于低胎次的特征。单产牛奶 8 000 千克以上的高产奶牛，其胎间距显著地长，说明一般日粮配合及其饲养方式已使高产奶牛繁殖机能受影响，故应重视高产奶牛的全价饲养。

在兰州，据兰州奶牛繁殖场 850 头荷斯坦奶牛资料分析，奶牛的胎间距夏季较短，秋冬两季较长；9~11 月胎间距与 6~8 月份胎间距的差异显著，与其他月份胎间距的差异不显著；6~8 月与 12 月到次年 2 月胎间距的差异显著。奶牛胎间距随着泌乳量的上升而延长。产奶量在 6 000 千克以上的奶牛与产奶量在 5 001~6 000、4 001~5 000 及 4 000 千克以下的奶牛胎间距有极显著差异。产奶量在 6 000 千克以上组奶牛的胎间距明显大于其他各组，说明在相同的日粮投入和饲养管理条件下高产牛的繁殖机能已受到了影响。必须对 6 000 千克以上产奶量的高产牛在饲料配方与日粮投入上优于一般的产奶牛；产奶量在 4 000~6 000 千克的组，产奶量上升或下降 1 000 千克，其胎间距无明显的变化。

兰州四季温差较大，年平均气温 4.14℃，1 月份气温较低，平均在 -12℃；7 月份气温最高，平均气温在 20~24℃。虽然奶牛繁殖属无季节性，但其最佳生活环境温度为 10~21℃，所以不同季节中气候对奶牛繁殖机能仍有不同程度的影响。夏季胎间距比春、秋、冬季明显缩短，说明奶牛胎间距有明显的季节倾向。

与配种公牛（冻精）对母牛胎间距无显著影响。同一个配种人员用不同种公牛精液对奶牛进行配种，对奶牛胎间距影响很小。

胎次对奶牛胎间距没有影响。犊牛性别、初生重对奶牛胎间距无明显影响，但由于公犊初生重高于母犊初生重使奶牛妊娠和产后子宫复旧时间相对延长而导致胎间距的延长。产公犊比产母犊的胎间距约长 6 天。

由此可见,只要加强牛群的饲养管理和繁殖技术工作,在提高奶牛个体单产的同时,保持合理的胎间距是可行的。

在西宁,据几家奶牛场 486 头奶牛 1124 个泌乳期产奶量及胎间距记录资料,统计分析 2~5 胎牛的不同胎间距对下一胎次产奶量的影响。结果显示,胎间距 300~399 天的 305 天日均产奶量与 400~499 天及 500 天以上的 305 天日均产奶量间,除第三胎差异显著外,其余胎次中差异均极显著,即胎间距 300~399 天的奶牛可获得下一胎次较理想的泌乳量。

胎间距决定条件

奶牛胎间距是由产后配妊(分娩至再次妊娠)天数及妊娠期所组成。由于母牛的妊娠期相对稳定在 280 天左右,所以决定母牛胎间距长短的就是产后配妊期的长短,而产后配妊期的长短又受母牛产后发情期及情期受胎率所决定。因此产后发情期及情期受胎率则可以看做是决定母牛胎间距长短的两个条件,在一个情期受胎率达到正常水平的奶牛场,母牛产后发情期的长短则成为决定胎间距长短的主要条件。

母牛在分娩后 20 天左右约有 20% 的母牛发情排卵,42 天以后约有 60% 的母牛再次表现发情和排卵。大多数母牛分娩后第一次排卵则是在分娩后 (40.7 ± 2.1) 天。但是产后母牛多出现无外部发情表现的暗发情。奶牛在产后 30 天内排卵而无发情表现的约占 40%~50%,60 天无发情表现仍可达 33.8%。因此产后母牛在 40~60 天已能够排出具有正常受精能力的卵子,问题在于因暗发情出现率高而漏配,失去受胎机会。

产后母牛的情期受胎率是随着产后时间而提高,一般情况下,母牛在产后 50 天左右即可达到正常的情期胎率。有统计表明,奶牛产后 30 天配种的情期受胎率小于 35%,产后 31~60 天的为 41%,61~90 天为 51%,90~120 天的为 58%,120 天以上的为 52.4%。

产后第一情期受胎率反映了母牛子宫的复旧状况,产后 40 天以内,子宫复旧尚未完成,因此受胎率很低;当产后 40 天以后,子宫复旧过程已完成,其生理机能已完全恢复,因此情期受胎率逐渐上升。

对于一些高产母牛在产后 90 天前配种,受胎率较低,因为此时正值泌乳高峰期,体内营养处于负平衡,内分泌调节受到影响,从而影响母牛的正常繁殖。

胎间距亦随季节变化。据一奶牛场 2,212 头荷斯坦奶牛的分娩资料和 2,151 头配种资料,分别对不同季节(3~5 月、6~8 月、9~11 月、12~2 月)的胎间距和产后配妊天数进行分析:从分娩牛比例上看,奶牛在 6~8 月和 9~11 月产犊较多。这表明,该场奶牛秋季发情配种较多,其次是冬季,而春夏季则少。春季和冬季胎间距长,因冬季气候寒冷,最低气温 -30℃ 左右,饲养条件较差,奶牛冬春季节膘情较差,分娩后体质恢复较慢,繁殖机能受到障碍,使第一次配种天数拖延,因此产后配妊天数长,胎间距也长。夏秋季节胎间距短,夏秋季节饲草饲料条件较好,牛体健康,产后体质恢复快,使第一次配种天数提前,产后配妊期短,因此胎间距也短。冬春季节胎间距比夏秋季长 32 天,相差太大,说明气候条件和饲养条件的影响,对奶牛生产造成不利的影响,故搞好冬季防寒越冬,加强冬季饲管,可提高高寒地区奶牛的繁殖力。

胎间距调控方法

影响奶牛产后不发情因素

（1）前列腺素 牛的子宫是产后早期前列腺素主要的来源，在奶牛产后，来自子宫的前列腺素立即释放，浓度是高的。牛产后 4 天内，有较高的血浆前列腺素浓度，随后缓慢下降，到产后第 15 天，下降到测不出的水平。产后早期子宫对促性腺激素的分泌有抑制作用。只有前列腺素的浓度下降到一个确定的水平下时，卵巢活动才能开始。子宫复旧是再次妊娠的必要条件，一般要 30~45 天完成，哺乳奶牛大约产后 30 天完成复旧，初产牛的子宫复旧比经产牛的快，难产、产双胎的母牛，子宫复旧的时间更长。前列腺素对子宫的恢复有一定的作用。孕酮对来自子宫的前列腺素的分泌有重要的调节作用。

（2）黄体期 在大部分哺乳牛中，产后第一次排卵和第二次排卵的卵泡大小一样，但发情表现不明显，黄体期比正常的短，产生的孕酮也较少。在功能上，短周期黄体和正常黄体没有不同，但短周期黄体较小，细胞较少，产生的孕酮也较少。两种黄体对前列腺素的反应没有不同，也可能是黄体未成熟前子宫就释放前列腺素，溶解了黄体，形成了短周期。

（3）催乳素 催乳素是哺乳开始的重要因素。产前 10 天，血清催乳素浓度低，接近分娩时升高，分娩后随哺乳的延长逐渐降低。催乳素可能是哺乳期不受精的原因之一。

（4）哺乳 出生时小牛就断奶的母牛，比哺乳的母牛产后不发情期短。哺乳阻碍了正常卵泡的发育和排卵，抑制了产后的繁殖活动。哺乳抑制是通过抑制下丘脑促性腺素释放激素的分泌来实现的。不发情时间的长度受哺乳的强度和数量影响，试验表明，有 4 头或更多小牛吸乳，其母牛不发情时间比仅 1~2 头小牛吸乳的时间长。

（5）乳腺 除泌乳功能以外，乳腺也有重要的内分泌活动，除给新生犊提供营养以外，还传递了吸乳的抑制作用。在围产期，乳腺分泌雌二醇和前列腺素到静脉循环，从而影响卵巢活动。虽然这不是主要机制，但乳房确实参与了控制卵巢的功能。

（6）营养 营养是决定产后不发情长度的重要因素。日粮中能量不足，可以延长青年牛的性成熟时间，中断成熟母牛的正常发情周期，延长产后不发情期，分娩时的躯体脂肪和产后不发情期的长度成反比。产后牛的粗蛋白不足降低了垂体促黄体素、卵泡刺激素的含量和垂体对促性腺素释放激素延长的反应，营养不足也通过削弱卵巢对促黄体素的反应，降低促性腺素释放激素的脉冲释放来影响繁殖活动。

（7）季节 季节对牛的繁殖活动有影响，很大程度是由于营养的影响。但也有试验认为，产后不发情期的长度与光周期成反比。促性腺激素的分泌也与光周期有关。

（8）公牛 公牛的存在能缩短初产牛和经产牛产后不发情期的长度。公牛刺激的牛，其分娩到发情的间隔缩短，但产后 60 天后刺激没有效果。它的作用可能是公牛尿中的雄性激素作为一种信息素，通过鼻组织诱导内分泌反应和行为反应，然而，不能排除听觉、视觉、嗅觉的可能。体况中等的牛，比体况好的牛，对公牛的存在刺激有更好的反应。

（9）品种及年龄 通常，奶牛卵巢恢复活动的时间短，到产后 50 天，95% 的奶牛卵巢恢复活动。年龄小的牛比成熟的牛的产后发乏情期更长，两次产犊的胎间距超过 365 天。2

岁的牛比3岁、4岁的牛有较长的分娩到受胎间隔。2岁的牛，在妊娠期，母牛本身仍在生长，胎儿和其存在营养竞争，其产后必须满足生长与维持需要，以及泌乳需要和能量储备后，才能发情，因此延长了产后乏情期。

（10）疾病 围产期疾病如生产瘫痪、子宫和阴道脱出、难产、胎衣不下、产后子宫炎、卵巢囊肿等，会延长子宫复旧的时间和第一次配种时间，使产后空怀期延长。

克服产后不发情的对策

（1）断奶 断奶是产后母牛恢复发情的办法之一。各种断奶方法，如完全断奶、48~96小时的暂时断奶或每天限制哺乳为1~2次的部分断奶等，都能增加促性腺素释放激素的分泌，增加促黄体素脉冲释放的频率，还能增加卵泡上促黄体素和促卵泡素受体的浓度。断奶几天以后即可排卵。

（2）公牛 将公牛放入母牛群中，可以增加母牛促黄体素分泌脉冲，诱导排卵前促黄体素峰的出现和排卵。将产后的母牛暴露与公牛中，可以缩短产后发情间期的时间，并增加排卵。但此法受季节、公母比例、分娩时的体况、暴露于公牛的产后阶段等因素的影响较大。

（3）初乳 初乳中含有完整的生物活性物质，如球蛋白、氨基酸、维生素、矿物盐、微量元素、酶，以及包括雌激素在内的各种激素。有试验表明，给48头17~18月龄的后备母牛注射30毫升的初乳，处理后4天内98.3%的牛发情，受胎率73.3%。用产后4小时以内的初乳给青年母牛颈部皮下注射30毫升，注射后6天内的发情率93.8%，且其首次配种受胎率73.3%。

（4）激素 应用绒毛膜促性腺激素和新斯的明配合注射，治疗乏情奶牛，其效果较好。其作法：取产后3~6月以上乏情奶牛，经检查其子宫、卵巢均无异常。在其颈部皮下注射甲硫酸新斯的明2毫升，每毫升含量0.5毫克，隔日1次，连注3次，在第3次同时配合绒毛膜促性腺激素1000单位，事先用生理盐水稀释，再混合新斯的明注射。用药后3~30天观察发情，适时输精。结果显示，给22头奶牛每天注射绒毛膜促性腺激素1000单位、新斯的明6毫升，发情配种20头，受胎19头，发情率90.91%，受胎率95%。

胎间距激素调控方法

（1）使用促性腺素释放激素 奶牛产后卵巢功能恢复延迟是延长胎间距的重要因素。奶牛产后卵巢静止发生率10%~20%，卵巢静止造成病理性乏情，从而延长了奶牛平均胎间距。促性腺激素释放激素可以诱导促黄体素及促卵泡素的释放，因此对于提前恢复卵巢活性有一定效果。

（2）使用孕马血清促性腺激素 孕马血清促性腺激素对产后52天不发情的奶牛用新斯的明与孕马血清促性腺激素1200单位配合应用效果明显。用孕激素和孕马血清促性腺激素300单位配合使用，处理后2~6天的发情率88.6%，第一情期受胎率63%，前列腺素和孕马血清促性腺激素配合使用可使情期受胎率到72.8%。

（3）使用氯前列烯醇 选择年龄4~8岁，中的膘情，产后120天以上不发情，直检未孕，卵巢上有黄体的荷斯坦奶牛为试验牛。试验药品为氯前列烯醇（0.2毫克/支）。子宫内灌注氯前列烯醇0.3毫克/头；肌注氯前列烯醇0.4毫克/头。结果显示，子宫内灌注0.3毫克/头与肌注0.4毫克/头氯前列烯醇诱导发情效果较佳。但宫注比肌注效果好，不仅用量少，而且药物还可以直接作用子宫内平滑肌，使子宫内膜在药物诱导下分泌前列腺素，协同药物直接作用于卵巢消除黄体促使发情。

（4）使用氯前列烯醇加促排卵3号　氯前列烯醇，每支2毫升；促排卵3号，每支200微克。试验牛为正常分娩的本地黄牛和改良杂交牛的母牛。母牛产后1~5天，每头臀部或颈部肌注氯前列烯醇2毫升，产后20~30天内再肌注促排卵3号200微克。第2次注射后，外部发情征状明显母牛可输精配种。若发情征状不明显者，待下一个情期配种。详细记录发情、配种及输配后60~90天直检诊断妊娠情况。

结果显示，应用生殖激素对促进母牛产后生殖系统恢复，缩短空怀期效果显著。产犊至初次发情平均间隔天数缩短35.3天。分析原因一是氯前列烯醇可使子宫平滑肌收缩，有利于产后子宫复原和恶露排除，对产后生理机能失调有防治作用；二是促排卵3号可调节子宫和卵巢功能，提高生殖率。

年产一犊的关键

一年一犊是理想的胎间距，因此产后89天妊娠是奶牛最理想的妊娠时间。为此有六大项要抓住以下六项。

（1）产后监护技术　重点监护生殖、泌乳、消化和运动系统。旨在保证发挥其潜在泌乳量、避免产后感染、重建正常繁殖功能和及时妊娠、降低淘汰率。经产牛需监护14天，头胎牛则需要21天。

产后子宫护理包括：一子宫冲洗。采用直肠把握法将洗涤器送入子宫进行冲洗，重症子宫炎，如子宫积脓、脓性子宫炎、卡他脓性子宫炎等，主要药物是消毒防腐药、抗生素等。取38~40℃0.1%高锰酸钾浓盐水溶液500~1 000毫升进行子宫冲洗，边冲洗边让子宫努责外排，直至排出的液体不混浊。二子宫灌注药物。采用直肠把握法将输精枪塑料外套送入子宫进行药物灌注，主要用于隐性子宫炎、卡他性子宫炎、卡他脓性子宫炎、浆液性子宫炎等。主要药物是子宫专用药物、抗生素等，剂量20~50毫升。如子宫灌注宫德康1支，隔3~5天第2次灌注。在休情期子宫灌注药时，子宫颈比较难通过，但只要耐心细致缓慢操作，一般输精员都能顺利完成。三跟踪治疗。主要观察产后第15~45天阴道分泌物状态，如有炎性分泌物采用以上两种技术措施。

为了保持乳房的清洁卫生，注意环境消毒、乳房消毒、挤奶时采用两次乳头药浴。及时检测奶样，做好奶牛生产性能测定，发现隐性乳房炎和临床型乳房炎要及时治疗。做好乳房炎的无害化处理。

产后注意饲料品质与精粗饲料的合理搭配，营养全价，易消化，杜绝腐败、变质、粗硬、冰冷饲料饲喂。防止消化系统疾病的发生。

注意肢蹄的保护，保证运动通道、运动场的平整与清洁，防止蹄叶炎发生。对于肢蹄变型的要及时修蹄。

（2）饲养管理技术　按照奶牛的饲养标准、配制营养全价的配合饲料，保证能量、蛋白质、维生素、矿物质、微量元素供给，采用引导饲养法提升产奶量，在此产奶与增重营养负平衡阶段，精粗饲料比保持在60：40，粗饲料以羊草、青贮玉米、苜蓿为主，以维持或增加体重。

（3）发情调控技术　采用诱导发情和同期发情技术，调节卵巢功能，把生殖系统已恢复正常的与没有恢复的奶牛，通过直检判断出来。对有正常黄体、卵泡或没有的分类进行技术处理，达到及时妊娠的目的。

（4）配前配后治疗技术　轻度子宫炎症的牛发情后分泌物混浊，黏液有炎症，可在输精前3小时以前或输精后1~2小时子宫内灌药，主要是抗生素治疗，如青霉素2~3支再加链霉素2~3支，或头孢类、沙星类加生理盐水30~40毫升治疗，并适时输精。重度脓性子宫炎的牛宫注子宫专用消炎药，待下次发情再输精。

（5）人工授精技术　在牛发情后期输精，即在牛拒绝爬跨后0~8小时，直检优势卵泡发育成熟，在子宫内输精。输精前6小时肌注促排3号25微克或输精时注射绒毛膜促性腺激素1000单位以提高受胎率。

（6）运用激素法保胎　输精前6小时注射促排3号0.25毫克，或在配种后肌注促黄体素200单位，每天一次，连用2~3天。促进排卵和副黄体的形成，使卵巢产生足量的孕酮，维持正常妊娠；在输精后3~4天，连续3天注射黄体酮50毫克，或在配种后第3天开始，每天肌注绒毛膜促性腺激素3000~5000单位，每天一次，连用3天。以后每周两次，连用2~4周。有助于保胎；有流产征兆时连续注射黄体酮5天，前3天每天注射100毫克，后两天半量半量递减。在管理方面，要避免因狗的犬新孢子虫病感染奶牛造成流产；防止饲料霉变，预防霉菌性流产；全群进行牛病毒性腹泻疾病的检疫；全群净化布病。

（7）早期妊娠检查技术　采用直检或B超孕检，发现未孕牛及时诱导发情配种。

综上所述，足见奶牛胎间距越短，其每胎次产奶越多，可获得的经济效益与社会效益越高。不过，在缩短胎间距上，应区分不同情况，以紧扣"适当"二字为原则。

正是：

母牛每年下一犊，增牛添奶利可图，

客观情形较复杂，切莫一律来强求！

有的牛场，一直沿用育成牛满18月龄配种，至27月龄以后才能投产。由于情期受胎率不可能是'全配满怀'，实际上27月龄产奶的母牛，仅是一部分，致使成年生产母牛折旧偏高，再算上淘汰或死亡，就是一笔不小的经济损失。实践证明，母牛产奶年龄完全可以提前，因为育成牛完全可以——

第 13 章

早配早得益

初配依据是体重

　　母牛一生之中，第一次出现发情和排卵的月龄，称之为初情期。影响初情期的因素有气候、营养、季节、疾病和管理等。一般来说，营养水平高的初情期来得早，反之则晚。另外，有病的、因管理差而发育迟缓的来得晚。15月龄未见初情期的应视为异常。此时应检查重点有：是否子宫、卵巢体积小或阴门、阴道发育不全；是否阴门、阴道反常，比如无阴门、阴道，或尿道瓣发育过度。

　　幼龄的母牛发育到一定时期，开始表现性行为，具有第二性特征，能产生成熟的卵子，这时期交配就有受胎的可能，常称这个时期为性成熟期。荷斯坦奶牛的性成熟年龄一般为12~14月龄。性成熟期母牛的生理机能成熟，生殖器官发育完全，具备繁殖能力，但此时母牛的生长发育尚未完成，故一般不宜配种，否则会影响母牛本身和胎儿的生长发育。

　　母牛15~18月龄进入体成熟的初期，荷斯坦奶牛完成体成熟的发育大约要到3岁，一般称之为配种适龄期，但是否可投入配种，主要应依据体重而不是年龄。中国荷斯坦奶牛适合配种的体重应达到成年体重的70%左右，否则会影响青年母牛的生长发育，影响生产性能及利用年限，还容易造成难产。当然，过迟配种，由于体重过大、肥硕，亦会造成难配。北京市经验，青年母牛大约为16月龄、体重350~370千克开始配种是适宜的。

育成牛早配案例

有的牛场，一改惯用作法，决定满 15 月龄、体重达到 350 千克的育成牛，即可参加配种。还有的牛场，育成牛满 13~14 月龄、体重达到或超过 320 千克，就开始配种。其实，荷斯坦奶牛性成熟较早，11 月龄就出现初情期，到 13~14 月龄时已出现过 3~5 个发情周期，此时配种符合其生长发育规律，情期受胎率高，减轻劳动强度，妊娠后只要加强饲养管理，仍可促进其带胎生长发育，比未孕育成牛发育要快得多，对产后期无不良影响。早配可使育成青年母牛提早约 3 个月妊娠，使 1 头母牛一生中增加了 3 个月的泌乳期，增加其终生产奶量，降低育成牛饲养成本。

实行提早配种要采取相应措施，必须重视青年母犊的培育，饲喂优质精粗饲料，保证日增重 750~800 克，妊娠后要按饲养标准供给母牛和胎儿的营养；产犊后要供给产奶所需及本身生长所需的营养，要有足够的运动量和光照期。

案例一 由于精粗饲料充足，饲养管理稳定，育成牛一般在 15 个月龄时体重平均即可达 350~370 千克。有的由于过肥造成多次配而不妊或早期流产，从而延误了转群投产时间，造成饲养费用增大。荷斯坦母牛性成熟年龄一般在 10 月龄左右。我国一些奶牛场有 18 月龄的小母牛开始下牛产奶的，而且头胎产奶达到 4 500 千克。国外报道，15 月龄配种对产奶量和健康没有不利影响。

案例二 在 8 个集约化奶牛场，取试验的 15~16 月龄配种妊娠母牛 132 头；对照的 17~18 月龄配种妊娠母牛 111 头。初配时两组牛体重均在 320~365 千克以内。根据两组犊牛初生重、生长发育、产奶性能，以及利用年限和胎次等方面进行比较分析。结果显示，试验组犊牛平均初生重 39.46 千克，对照组犊牛初生重 39.77 千克，对照组比试验组多 0.31 千克，两组犊牛初生重差异不显著。试验组与对照组母牛除一胎时体重差距稍大外，三胎和五胎时的体高、体重差异不大，均达到育种指标。试验组与对照组母牛一胎产奶量差距不大。但终生产奶量，试验组比对照组平均多 3 354.11 千克，差异显著。这说明，提早配种不仅不影响头胎产奶量，而且有提高终生产奶量的趋势。试验组平均利用年限 9.02 年、6.98 个胎次，对照组平均利用年限 8.98 年、6.80 个胎次。利用年限基本相同。试验组比对照组多 0.18 个胎次，提早配种不影响其寿命，相反能增加奶牛的利用年限。不过，应该通过加强饲养管理，保证早配母牛正常生长发育，达到平均日增重 760 克以上。

案例三 天津市工农联盟农场奶牛一场，年满 48 月龄在群及三年离群母牛共 520 头资料。按实际投产天数每 30 天为一组，分成 8 组，根据每头母牛实际投产天数，列入相应组内：24、25、26、27、28、29、30、31 月龄的投产天数分别为 700~731、732~762、763~793、794~824、825~855、856~886、887~917 及 918 天以上。分别计算每组牛各胎次的体高、体重和 305 天奶量；满 4 岁、5 岁 6 岁、7 岁时完成的总产奶量和实产胎次的平均值。结果显示，育成母牛适当提早配种、适当缩短投产月龄，对母牛的生长发育无明显影响。育成母牛适当提早配种、适当缩短投产月龄对一胎以后的胎次产奶量无明显影响。育成母牛适当提早配种、适当缩短投产月龄可明显提高母牛的终生产奶量。育成母牛适当提早配种、适当缩短投产月龄可明显增加母牛的终生繁殖胎次。

初配月龄的选择

初配月龄是奶牛生产中一个非常重要的指标，它不仅影响母牛本身的繁殖性能，同时还影响其泌乳性能和生产寿命等。荷斯坦青年母牛一般选择在 14~16 月龄进行第 1 次配种，即达到成年体重的 70% 左右（370 千克）。但由于各地气候条件、饲管水平、奶牛体型大小等不一致，故其初配月龄也有所差异。

早配早育好处多

目前，不少奶牛场的育成母牛普遍发育良好，一般在 15 月龄平均体重可达 350 千克以上，基本接近成熟。妊娠后的育成牛只要加强饲养管理仍能继续正常生长发育。对以后各胎次的产奶量、胎间距和犊牛初生体重等均无不良影响。育成母牛提早配种可节省饲料、人工和费用，缩短世代间隔，加速牛群周转。提早配种，提前产犊，可以节省牛群的培育费用。提早配种，提前产犊，早投产，早收益，使总成本下降，可以提早得出种公牛后裔测定的结果，缩短育种进程，有助于育种工作。对满 14 月龄、体重达到 380 千克的育成牛早期配种，牛的生长发育速度和产奶量高低成正比，发育快的牛产奶水平也高。

早配的操作要点

天津市红光农场，在加强犊牛培育、缩短哺乳期的基础上，执行青年母牛 15 月龄、体重满 350 千克的育成牛进行初配，取得了好的效果。其操作要点如下。

（1）保证犊牛发育 以前，犊牛哺乳期 4 个月，全期喂奶量为 700~800 千克。以后喂奶量降到 450 千克，哺乳期缩短为 2.5 个月，结果满 6 个月体重达到 180 千克以上。具体做法是，生后 7 天开始喂干草，10 天后喂混合精料，并从两周后加喂粥样（细混合料用热开水冲熟焖泡半天后喂）。以粥和混合精料相结合的方法，加速犊牛适应精粗饲料的能力，以保证 60 天断奶和以后的正常生长发育。

（2）养好育成母牛 从满 6 月龄到妊娠前期，平均日喂混合精料 2~2.5 千克，其中：豆饼 0.5 千克，麸皮 1.5~2 千克，玉米、高粱 0.25~0.5 千克。随着日龄的增长，逐步加大青粗饲料的喂给量。青粗饲料以去穗玉米青贮、秸秆、干草粉和干草为主，在管理上实行定位拴养，对个别发育差的牛给予单独照顾。这样 15 月龄平均体重可达到 350 千克。

（3）加强饲养管理 对妊娠 5~6 月的青年牛，提前调到重胎牛车间饲养，这时给予的混合精料要比青年牛增加一倍左右。几年来，一胎牛的体重一般能达到 500 千克，305 天产奶量多在 5 000 千克以上，胎儿的发育正常，犊牛初生重亦不降低。加强青年母牛的饲养管理。对青年母牛的饲养水平高于一般母牛 20%。特别注意维生素、矿物质及微量元素的供给，充分满足其生长发育和产奶的需要。

综上所述，足见育成牛适当提早配种、产犊和产奶是完全可行的。

正是：

奶牛早配早泌乳，增加效益很清楚，

严格参照要点办，全面推广有前途！

一头优秀的奶牛，只能年产一犊，因为它的妊娠期长达9个月零10天呢！如果是支付外汇进口的，就更感到利用率不高。能不能让特别好的奶牛一年下十个八个良种的犊牛呢？！如今这种技术有了，让良种奶牛专门提供胚胎，而让低产奶牛去孕育、产犊。这就是——

第14章
借腹怀牛犊

借腹怀犊如图14-1所示。

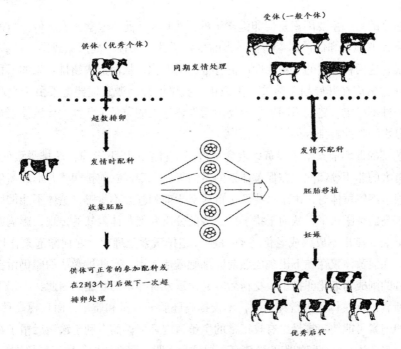

图14-1 牛胚胎移植程序示意

供体选择与处理

"借腹怀牛犊",术语称"牛的胚胎移植",包括由供体产生良种胚胎,而漫长的妊娠过程由受体完成。供体必须是305天产奶在9 000千克以上,年龄3~6岁,已产1~4胎,繁殖机能正常。

供体选定之后,先进行超排处理。供体超排处理后,可获得多个胚胎,使得供体年产牛犊数远比自然情况下多。在供体母牛发情的适当时期,用促性腺激素对其进行处理,诱导卵巢更多的卵泡发育成熟、排卵,对超排母牛适时配种就能获得较多胚胎。

超排激素主要由促进卵泡发育激素、促排卵激素和溶黄体激素等组成。促进卵泡发育分素有促卵泡素和孕马血清促性腺激素。促排卵激素有促黄体素、绒膜促性腺素和促性腺激素释放激素。溶黄体激素有前列腺素 $F_{2\alpha}$ 及其类似物。

超排方法:在供体母牛发情周期的任意一天放置孕激素阴道栓,以此作为0天,到第9天开始采用递减法注射促卵泡素,每日2次,连续4天,第11天注射氯前列烯醇0.2~0.4毫克,同时撤栓,48小时注射促排卵激素。

对供体超排采用牛欢则不受供体牛发情周期的限制,除发情当天以外,在发情周期的任何一天开始处理提高超排处理的灵活性,且超排卵效果稳定。"牛欢"是国产孕激素阴道栓的俗称,相当于国外产品CIDR和PRID等。"牛欢"每支含氟孕酮250毫克,其载体为黑色圆柱状海绵,为发挥其缓释作用,减少对阴道壁的刺激,选用灭菌植物油浸润,再通过阴道开膣器送进阴道深部。氟孕酮对促黄体素有抑制作用,采用的牛欢阴道栓塞法,抑制垂体促黄体素的释放,当撤除牛欢时即会启动新卵泡波的发生,为提高效果可配合使用促性腺激素。

影响超排的另一主要因素是促卵泡素中的促黄体素/促卵泡素比值高低。目前,商品促卵泡素含有促卵泡素和促黄体素两种激素的生物活性,而且不同厂家或同一厂家的不同批号商品激素,这两种激素的生物活性比例有很大的变化,从而造成超排效果的不稳定。故超排用的促卵泡素应在开展超排前进一步纯化。我国的商品激素促卵泡素由于生产工艺较陈旧,生产条件不稳定,造成不同批号商品激素促卵泡素的质量(活性、促黄体素含量)不稳定,而明显影响牛的超排效果。

用于超排的促卵泡素中若促黄体素含量过高,将造成以下影响:超排激素处理开始前,卵巢中原有大的非闭锁卵泡,在促黄体素的激活下,出现成熟前排卵,并形成新生黄体,当给予前列腺素溶解黄体时,由于这些新生黄体对于前列腺素不敏感,黄体不能彻底消退,血液中仍有较高的孕酮水平,从而干扰了雌二醇的分泌和促黄体素峰的出现,影响卵泡卵母细胞的成熟分裂,排出不成熟或老化的卵细胞。超排激素处理后,在促卵泡素作用下生长发育的卵泡,在促黄体素存在下出现成熟前卵细胞激活作用,有些被激活的卵仍留在黄体或的卵泡内,有的则成为老化卵排出,受精后容易出现发育异常的胚胎。因此,将用于超排的促卵泡素中所含的促黄体素进行纯化后,不仅提高胚胎的数量和质量,而且提高移植成功率。高活性促卵泡素可能使超排母牛有较正常的生殖道内环境,而有利于输精后精子在生殖道内的运行和分布,从而提高卵细胞的受精率。据试验表明,用高活性促卵泡素超排(促黄体素/

促卵泡素 =0.44），可用胚胎率达到 74.08%。

供体牛超排时，黄体状态与超排效果有关系。超数排卵前黄体状态可以作为选留供体的依据。超排前一定要摸清卵巢黄体的状态。供体母牛由于黄体发育良好，分泌足够的孕酮，可以维持至超排处理结束，保证不提前发情，供体母牛均有超排反应。奶牛的超数排卵的效果与供体牛的性机能状态、卵巢的体积与质地等有密切关系。在黄体期超数排卵可获得较好的超排效果。母牛在发情期第 7 天黄体即达到成熟体积，外周血浆中孕酮浓度在此期增加，大约在第 10 天达到高峰。

供体亦可在发情周期的第 16 天进行超排处理。因为母牛在发情周期的第 16 天是卵巢上的黄体在子宫内膜产生的前列腺素的作用下即将溶解，新的卵泡开始发育的阶段，此时对母牛进行超排属利用自然发情周期的方法。因体内黄体已被溶解或马上溶解，可以在处理方法上不需要再注射前列腺素 $F_{2\alpha}$，但不同母牛个体的发情周期存在着差异，在进行超排之前应详细地观察 1~2 个发情周期，以便掌握准确的发情时间进行超排。

供体的超排处理结束后，要适时进行人工授精。所用精液的质量由精液生产单位负责，控制主要是在精液的运输和储存条件，以及精液的解冻操作。使用颗粒冻精时，还须防止液氮中的有毒杂质对精子的损害。人工授精时，严格遵守无菌操作规程，杜绝精液受污染。因为精液污染或输精污染，都会影响胚胎的形成和发育。

供体人工授精后，要冲取胚胎。冲取胚胎操作：与胚胎接触的任何东西要无菌、无毒。如果存在有毒的渣滓，在使用前用无菌冲胚液或 0.9% 生理盐水清洗。注射器、冲胚管、细菌过滤器、各种橡胶管和细管经常存在毒性，故在使用前都应该清洗。还应注意消毒时残留的消毒液所带来的毒性。在冲洗前牛体要进行清洁消毒，其外阴部应用浸透消毒肥皂液的毛巾擦拭，最后用酒精消毒，再插入冲胚管。确实有效对供体牛保定和麻醉。整个冲胚过程中，保定牛、剪毛麻醉、清洁消毒外阴部、辅助插管、打气等属于有菌操作，而准备扩张棒、黏液抽吸棒、冲胚管、注射器及冲胚液、灌注冲胚液等过程属于无菌操作，应分别由不同的人员进行操作。在扩张子宫颈和抽吸黏液时，所使用的子宫颈扩张棒和黏液抽吸棒须套上外套。在插入扩张棒、黏液抽吸棒、冲胚管时，由助手扒开外阴部，术者将扩张棒等插入阴道内，注意不要碰到外阴部，以防将阴道前庭的微生物带入子宫。操作人员要先用消毒肥皂液洗净双手，然后用酒精棉球消毒后再连接冲胚装置的各个接口。在冲胚过程中，用无菌铝箔盖住瓶口与吸液管之间的空隙，以防止空气污染冲胚液。

冲取胚胎之后，要进行胚胎选拣。严格按照操作规定进行无菌操作，保持实验室内无菌环境，在操作中，凡是与手、身体的一部分或实验室台相接触，有可能被污染的器具，或不能确认经过灭菌处理的器具药品，以及不能确认有效期的药品都不用。采胚结束后，迅速将集胚杯通过小窗口转移到实验室，由专门人员进行拣胚，所使用的巴斯德氏吸管要事先进行灭菌处理，在使用之余，要随时把吸管放入灭菌的试管内。把胚胎保存液分注到四孔板中时，要把瓶口放在酒精灯火焰上灭菌。在胚胎装管移植前，要清洗 10 次。清洗时，先吸些培养液吹向胚的周围，使胚在液滴翻腾以清洗胚周围粘连物，每次冲洗后，需换一支新的吸胚管将胚胎移到另一个培养液滴内。透明带完整的胚经过 10 次洗净操作，可除去污染的微生物。但某些病原体可与透明带结合牢固，可通过胰酶处理去除。胚胎的质量鉴定内容包括胚胎来源、级别、种用价值、优劣及安全性评估。常用的评估方法为形态观察，评价标准是胚胎的形态和胚胎的发育阶段与授精时间。胚胎形态标准包括胚胎的形状、细胞质的颜色、细胞数量和紧缩程度、卵周隙的大小、受挤压或退化细胞数等。在受精后的一定时间内，胚胎的实际发育阶段和应发育阶段吻合与否，这是鉴定胚胎活力的更可靠的形态学标准。装管的胚胎须标明品种、公牛号、母牛号、胚胎发育期、胚胎级别、生产日期、生产单位、冷冻方法等。

胚胎级别标准（图 14-2）

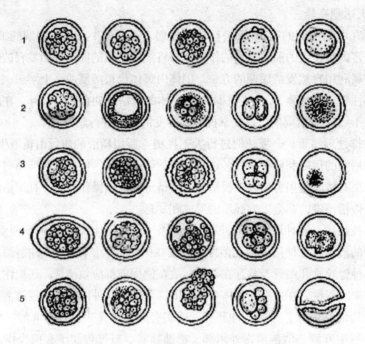

图 14-2　受精后 6 天牛胚胎分级

A 级胚胎形态完整，处于正常的发育阶段，外形匀称，胚胎呈球形。分裂大小均匀，结构紧凑，透明度适中，没有或游离细胞少于 10%。

B 级发育稍缓慢，胚胎有小的破损，少量游离细胞少于 20%，内细胞团完整，胚胎仍呈球形，细胞之间连接紧密。

C 级发育迟缓 1~2 天，卵裂球大小不均匀，透明度变化明显是太明或太暗，胚胎破损大于 30% 而小于 50%，细胞连接不够紧密，但胚胎仍呈球形，有明显的细胞团结构。

D 级发育迟缓达 2 天以上，比 C 级胚胎的缺损更大，或者是未受精卵。

冲取、选拣得到的合格胚胎可用于给受体牛移植或冷冻保存。

A 级为正常桑葚胚：透明带为圆形（1~3），各个卵细胞正常；有时可见到分裂的卵细胞大小稍有不同（3）；透明带椭圆（4）或透明带外侧形状不规则（5）

B 级为基本正常的受精卵：透明带为圆形，有部分发育稍晚的 16- 细胞（1）；而发育较早的已达到胚囊阶段（2）；有的受精卵较暗（3）；有的颗粒少而色淡（4）；另有 10%~20% 卵细胞发生变性（5）

C 级为不正常的受精卵（图 14-3）：卵细胞变性程度更高，异常细胞达 30%~50%（2）；透明带内侧及外侧不规则（3）；卵细胞散在分布（4）；透明带部分破损，近一半卵

细胞脱出（5）

D 级为未发育的受精卵：受精后 6 天卵细胞仍未分裂

E 级为未受精卵（1~4）或只有透明带（5）

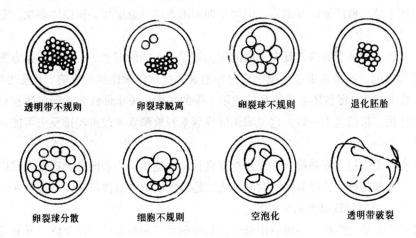

图 14-3　牛的异常胚胎

超排与供体繁殖

采用超数排卵法生产体内胚胎是否会影响到供体牛以后的繁殖性能，一直为业内人士所关注。为此广州市奶牛生物技术工程中心，在广州市华美牛奶公司，对经超数排卵处理的供体牛的继后发情、配种和受胎情况进行了总结，结果表明，超数排卵不影响供体牛继后的繁殖性能。

他们选择了优质高产的荷斯坦奶牛 101 头，其中成母牛 13 头，育成牛 88 头，作为供体牛，并对其中 23 头第一次反应良好的供体母牛进行了第二次超排。

根据系谱资料选定供体母牛，对供体母牛阴道放置牛欢，同时肌注苯甲酸雌二醇、黄体酮，第 5 天开始分 4 天肌注促卵泡素，第 7 天加注前列腺素、撤牛欢，第 11 天发情配种，配种的同时肌注促排 3 号进行促排，第 18 天进行非手术法冲胚，冲胚后肌注前列腺素。

从冲胚后的第 3 天开始，由配种员使用长效米先冲洗子宫，隔 3 天一次，连灌三次。

经上述处理后，由配种员对供体母牛进行观察发情、配种和妊检。

结果显示，经处理后的供体母牛，冲胚后一个月内观察到有明显发情表现的有 91 头，占全部供体母牛的 90.1%，另有 10 头供体母牛未观察到明显发情征状，仅占全部供体母牛的 9.9%。供体母牛的重新配种受孕不受超数排卵处理的影响，母牛的繁殖性能不受影响，仅延长了母牛的胎间距。

影响超排的因素

超数排卵是胚胎移植中关键环节，通过超排技术可以获得大量整齐、优质的卵子，使得优良后代数增加几倍甚至几十倍。近 10 年来，每头供体牛获得的可用胚胎数平均在 6 枚左右。

超排效果受生物制剂半衰期影响。试验表明用促卵泡素处理，在排卵率、受精率、优质胚产量上要优于孕马血清促性腺激素，但由于促卵泡素的半衰期短，所以要多次注射，处理程序烦琐。

不同厂家、不同种类的激素具有不同的超排效果。不同的剂量、不同的超排方案对超排的影响也是很大的。超排效果还受制剂中促卵泡素和促黄体素比例的影响。许多专家认为，激素制品中促卵泡素/促黄体素比值高的适用于牛的超排。关于促性腺素释放激素对超排是否具有促进作用，报道也不一致。这说明用促性腺素释放激素来改善超排反应可能仅对一部分个体有效。

对优良种母牛进行重复超排，是充分挖掘良种母牛遗传潜力和向社会提供大量优质胚胎的重要手段。重复超排的关键是间隔时间和重复超排的次数。供体母牛一年超排 4 次，每次间隔 2~3 个月，对超排效果无明显影响。

随着胚胎大批量的生产，不难看出母牛对超排的反应和胚胎产量间个体差异非常大；每个供体母牛的排卵率和可用胚胎数是相对稳定的，一次处理反应好的牛以后各次处理反应都好；而一次处理反应不好的母牛往往在以后处理时的反应也都不好。所以很多商业性的超排，都可用一次超排的结果来预测下一次超排的反应。

在进行超排前，应通过直检对供体牛进行严格的筛选，淘汰那些有卵巢囊肿、卵巢静止、子宫炎和单侧子宫角等繁殖机能障碍的母牛。这就要求操作人员具有熟练技术和丰富经验。通过直检，可以检测到卵巢所处的阶段，因为超排前卵巢状况与超排效果之间关系密切。由于超排时，母牛的两侧卵巢都得到发育，在输精时，要注意不要把精液输入单侧子宫角，一定要输入子宫体内，这样才能使两侧子宫角的卵子都能受精。

胚胎的收集环节

在开始作业前，对采卵室和实验室要用紫外灯照射半小时以上，以杀死空气中的杂菌，待空气中的紫外灯照射异味消失后，才可作业。

牛体要保定好，牛尾要拴系牢。

防止操作过程中牛直肠臌气的方法：掏尽直肠内的粪便后再实行尾椎麻醉，尾椎硬膜外注射 2% 的利多卡因或者 2% 的盐酸普鲁卡因；采卵过程中尽量不要把手从直肠中抽出。

供体牛阴部要彻底消毒。

消过毒的采卵管在使用前，用注射器从气孔内注入气体，检查完后再抽出，反复几次，以防止有漏气现象发生。

操作过程中向气囊内注入气体。

在采卵的灌流过程中，用经灭菌处理的铝箔盖住接收液的漏斗，以防止空气中细菌落下导致污染。

在灌流冲卵结束后，从生殖器取出冲卵管时，要首先确认外阴部是否清洁，若被粘有粪便污染，要洗净拭干消毒后再取出冲卵管。

采集完胚胎后迅速送入实验室，在实验室内操作前要穿好经过灭菌的衣服、帽子、口罩等，用消毒肥皂将手洗净，再用酒精棉擦拭消毒，或使用经过灭菌的手术手套。

如用三通式采卵装置（图 14-4）收集胚胎，则将盛有回收液的漏斗在 20~25℃的室内，用冲卵液慢慢冲洗漏斗壁后静置，使胚胎沉淀。这一过程要用经灭菌处理的铝纸盖上。静置结束后，过滤除去上清液，将胚胎和沉淀物一起移入平皿内，然后在显微镜下镜检（图 14-5）。

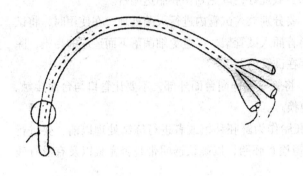 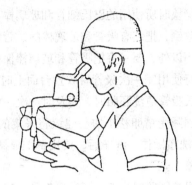

图 14-4　三通式采卵装置（非手术法收集胚胎用具）　　图 14-5　胚胎分离和品质镜检等级评定

如用二通式采卵装置收集胚胎，则将盛有回收液的集卵杯在 20~25℃的室内，用 30 毫升、22 号针头吸入不含血清或 BSA 冲胚胎液，从外周到圆心快速冲洗集卵杯底部。在冲洗时，为防止产生泡沫，可将含有胚胎的冲胚胎液直接流入平皿内，然后镜检（图 14-6）。

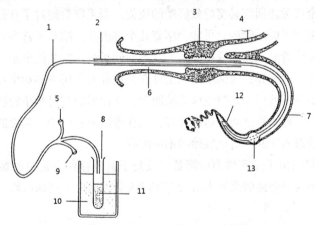

图 14-6　牛非手术冲取胚胎方法示意

1—三路韧性导管；2—套管；3—子宫颈；4—子宫体；5—充气口；6—阴道；7—子宫角；
8—出液口；9—进液口；10—温水；11—导出的含胚胎的冲卵液；
12—胚胎所在位置；13—充气气囊将子宫角端部封闭

镜检时，没有检查的平皿或没有彻底检查完的平皿要及时覆盖，并放置在没有光线的地方，且做好记录。

含胚胎的平皿不能长时间地显微镜照射，同时日光照射不能超过半个小时。

胚胎保存液中要加入牛血清或 BSA，否则胚胎易漂浮或粘到平皿壁。每批血清在使用前要进行抽样培养，以检测其质量。

加入牛血清或 BSA 要首先应在使用前再加入，因为牛血清等易受细菌污染；其次加入牛血清或 BSA 时，应轻轻加到溶液中，且在不摇动或不搅拌情况下，自然溶解约 20 分钟，溶解后，将容器瓶口封严，上下倒转 5~6 次，使其与冲洗液完全混匀，以防止产生大量泡沫。

使用巴氏细管拉制胚胎吸管时，口部要煅烧好，以免划伤胚胎透明带。

镜检时所使用的巴氏细管和玻璃棒，要分别放入试管内进行灭菌处理。在使用时，将试管架放倒，把装有吸管和玻璃棒的试管斜着插入试管架，以避免细菌落下而造成的污染，除了使用以外，要一直把吸管和玻璃棒保存在试管内。

每使用完一次吸管后放置台面上时，将管口部伸向台面外部，不要让管口与台面接触。用巴氏吸管清洗胚胎时，要及时一次一更换。

国际受精卵移植协会建议将采集的胚胎作为鲜胚移植或者进行冻结处理以前，要进行 10 次洗净操作，洗净后，要用解剖显微镜检查胚胎，以确认透明带是否完整以及有没有残渣附着。

提高胚胎回收率，胚胎采集是关键。影响供体牛胚胎回收率的主要因素如下。

胚胎收集时易发生过敏反应，子宫直接接触到抗生素，过敏反应非常快。由于输卵管的一端开口于腹腔，进液不能回流，子宫内压增高致使一定的液体和胚胎经输卵管流入腹腔。

采用注射器推液、抽液的方式回收胚胎时，不可将空气带入子宫角内。由于气体的存在，子宫角有限空间内减少了进液量，气体又使得子宫肿胀，且气体在上层很难经回液口排出，液体回流不完全或无法回流必将导致胚胎的流失。当采卵管通过子宫颈口时，黏液会从采胚胎管的进液口进到采胚胎管内，可能会堵塞几个进液孔。结果子宫内液体无法回流，压力过大会使液体经输卵管前端流出或由于压力过大而使子宫内壁受伤出血。

由于采胚胎管质量的差异，管前端的固定球囊会在外力作用下移动位置，气球向子宫角尖部移动堵塞采胚胎管回液口。此时液体无法回流，从而影响到对侧角的胚胎收集。

有些牛只子宫角和输卵管之间的通透性好，如在进液时不将子宫角尖部捏住或提起，会有部分液体经输卵管进入腹腔，造成胚胎的不可回收。

在采集经产牛只时由于子宫弹力的降低，或是子宫内存留一定量的黏液，在固定气球时，由于打气量稍小或是进液时采胚人员没有在球囊后固定球囊使球后移，影响角内液体回流及采胚。

具有柔韧性的乳胶三路导管用一根不锈钢挺支撑，为使导管通过阴道时不受污染，在将三路导管送入阴道之前，外面套以薄膜套管（其一端为密闭），直肠把握使其进入子宫颈，并使三路导管端部穿过套管，将导管送到排卵侧子宫角，并使导管端部靠近子宫角端部（不锈钢挺只留在子宫颈，不可向前推。软管的移动是靠使导管不动，挺子向后稍撤，然后再连同导管前移，如此经几次重复）。撤出不锈钢挺子，往气囊内充气，以使冲洗在预定的位置进行并防止冲洗液外溢。然后，注入经过加温的冲胚胎液，并将集卵容器放在温水浴中接取冲胚胎液。

受体选择与处理

受体选择生产水平较低的当地黄牛或低产改良杂种牛，无繁殖障碍和传染性疾病，入选前有 2 个以上连续正常发情周期，无流产史及胎衣不下，上胎次无难产，助产情况清楚；年龄 3~6 岁，产后 60 天以上，产犊性能和泌乳性能良好，子宫质地正常，黄体达到 A、B 级；体重到达成年母牛体重的 75%，价格低廉的青年母牛，年龄在 16 月龄以上，性情温顺，体高一般不低于 112 厘米，体斜长不少于 140 厘米，骨盆较大。骨盆大小可根据十字部宽 45 厘米以上和坐骨结节宽 13 厘米以上来间接判断。营养状况中等，健康状况良好，经兽医临床检查和实验室检验，无产科疾病及结核病，子宫卵巢发育正常。

正确选购受体牛：成功的胚胎移植中，受体牛选择占举足轻重的作用，故应正确选购受体牛。

受体牛品种的选择是应该首先考虑的。受体牛体格小难产率高；由于役用牛产奶量很低，所产的牛奶不够犊牛吃；杂交牛生殖器官发育不健全，会给胚胎移植造成困难。所以用乳肉兼用型三代杂交以上的西门塔尔牛，即可避免此类问题。

目前那些有系谱的规模化养殖场一般都不卖牛，即使卖一般也只卖些质量较差的。针对这种情况，购牛时要有专业技术人员对杂交代数进行鉴定。同时多走几处，做到货比三家，以防南牛北调、东牛西拉等现象发生。

受体牛一般要求是 2~5 岁、无繁殖疾病、体格健壮、发情周期正常的成年母牛。要想买到高质量的受体牛，需请经验丰富的专业技术人员对生殖器官进行全面检查。检查重点包括：有无子宫积脓、积水等繁殖疾病，有无子宫、子宫是否发育良好，卵巢发育情况以及子宫颈的粗细等。

保证购进检疫健康牛只。特别警惕检疫部门只收费不检疫或者是检疫不严格等现象发生。要在购牛启运之前做好检疫药物和检疫器具的准备，尽量自己进行检疫，并且要尽量多检疫如口蹄疫、结核病、布氏杆菌病等一些项目。

所购牛只在启运装车之前，不能注射疫苗，并且半月内注射过疫苗的牛也不宜长途运输，因为所注射的疫苗一般都是弱毒苗或灭活苗，在机体内 10~15 天才能产生免疫应答，这段时间内，牛只的抵抗能力差，加上长途运输体力消耗大等都会使细菌和病毒乘虚而入。注射疫苗的种类也不是越多越好。运回来的牛要经过 1~2 周的隔离适应后才能注射疫苗。

运输受体牛的车，四周要有护栏。不要把牛拴系在护栏上，也不能带缰绳。在车厢内要铺一层垫草，最好在车厢地板上铺上一层 3 厘米左右厚的橡胶垫；在装车前一顿饲喂的饲料中添加一些如土霉素、氟哌酸等防病药物。为了减少运输应激可在饲喂时添加一些抗应激药物如氯化钾、镇静剂、维生素等。选择有经验、责任心强的人员押运，保证每小时停车检查一次，如发现有牛卧倒一定要使其站立，防止压伤、压死等事故发生。

购买受体牛要始终在技术人员的指导下进行，严格按照技术要求进行操作。

受体牛选择标准：为保证较高的移植妊娠率和体现胚胎移植技术实用价值，为充分发挥母牛的繁殖力，应尽量选择青年、壮年母牛做受体牛。在标准化饲养管理条件下的奶牛场、小区，应选择 14~15 月龄、体重 360 千克以上的育成或 2.5~5 岁、1~2 胎的成母牛作为受体牛。

体型结构匀称，体格大小适中；长、宽、深发育充分；身体前、中、后躯，胸深、四肢比例协调；被毛光泽。体高不低于125厘米，130厘米以上为宜。尖、斜尻及坐骨结节窄的牛不能作为受体牛。

受体牛膘情应达到中等以上水平，过肥过瘦均不宜做受体选用。受体牛应性情温顺，无肢蹄、乳房疾病及影响健康的各种传染疾病。

选择育成牛做受体，应有2个以上连续正常的发情周期记录；选择经产牛做受体，胎间距在13个月左右、产后在60天以上，产后生殖器官恢复情况正常。经产牛在产后的第一个发情期一般不进行移植。

产犊性能良好，无流产史，上胎无难产、助产等情况。屡配不孕或胚胎移植两次未孕者不能选为受体。患有子宫内膜炎、子宫积液、阴道炎、卵巢机能不全、卵巢囊肿等繁殖障碍的母牛不能选做受体。

对预选的受体牛必须进行直检，如若查出系异性孪生母犊、先天性卵巢或输卵管发育不全、先天性无子宫角、双子宫颈、子宫颈闭锁、阴门及阴道发育不全等，均不能作为受体。

对配种后短时间内无法确定是否怀孕或配种后因疏忽而遗漏妊检的牛只不得作为受体来选择。

头胎305天产奶量不足4 500千克的成母牛、母亲头胎305天产奶量低于5 000千克的育成牛可作为受体来选择。选择的受体牛应来自90%以上的母牛处于正常发情周期的群体。

在选择受体时，要通过认真仔细的直检，准确判别48小时内其卵泡是否有停止发育、退化或发生排卵迟缓的情况，并要仔细分辨黄体化卵泡形态之间的差异。

胚胎从供体牛体内取出移植到受体牛体内，要求胚胎发育阶段和受体牛的发情时间相吻合，这是发情同步化成功与否的重要标志。实践表明，胚龄与受体牛发情同期化程度前后不能超过1天。

受体牛第7天黄体的发育状况是决定其能否接受胚胎的植入，获得成功妊娠的重要环节之一。移植前通过直检，查明受体牛生殖道状况，选出具有发情后第7天的而且发生了真正排卵并形成标准黄体的受体牛进行移植。

目前国内外趋于一致的是将发情后第7天的黄体划分为4个等级：

A级，黄体丰满，弹性适中，明显突出卵巢表面，呈火山口状或冠状，突出卵巢表面部分的横径在15毫米以上；

B级，黄体发育较好，弹性适中，突出明显，呈圆锥状，大小在10~15毫米；

C级，黄体小，弹性软或硬，突出不明显，小于10毫米；

D级，新生黄体因排卵时间短、包埋黄体、界限不明或无黄体。

实践证明，具有A级与B级黄体的受体牛移植受胎率高，故在受体牛充足的情况下，应首选A级和B级黄体的受体牛进行移植，判为D级的受体牛不能予以移植。

受体的选择程序

（1）初步选择　在严格选择前，应对受体牛进行初步选择，以减少人力、物力的浪费，甚至影响总的妊娠率。初步选择色重点是，发情周期一般为21（18~24）天，除妊娠时和产后一段时期内，发情周期总是周而复始，一直到衰老停止性机能活动为止。发情周期不正常，是胚胎不能在子宫内附植的关键之一。无阴道炎、习惯性流产等产科疾病。

（2）发情选择　经初步选择的受体牛要根据发情状况作进一步的选择。无论是自然发情还是药物催情，发情时表现站立接受它牛爬跨，同时直检判断卵泡正常排出与否，发情后48小时以内卵泡排卵为排卵正常，否则即确定是排卵迟缓或卵泡退化。经统计，发情后48小时以内排卵的受体牛占72.7%，移植妊娠率为53.7%；而48小时之外排卵的受体牛移植妊娠率仅为21.3%。子宫环境只允许同步胚胎发育而对非同步胚胎有毒害作用。因此，保持胚胎在相对一致的子宫环境内是移植成功的关键。当然，牛的晚期囊胚、早期囊胚和桑葚胚对同期化的要求不太严格，胚胎是可以提前或往后一天。但对于早期囊胚，在发情期的第7天移植妊娠率明显高于第6天和第8天的移植妊娠率。另外，发情时的选择也有利于产科疾病的进一步检查。

（3）黄体选择　黄体是卵泡成熟破裂排出卵母细胞后，剩余的卵泡细胞变为肥大透明的含有黄色颗粒的细胞群的一个暂时性分泌组织。黄体分泌孕激素，抑制卵泡的成熟发育，使子宫内膜为胚胎的附植发生必要的变化，也是整个妊娠阶段孕激素的主要来源。牛一个发情周期只有一个黄体。因此，胚胎移植时受体牛第7天黄体的发育状况直接影响移植妊娠率。

（4）孕酮选择　通过放免或酶免测定乳或血中孕酮的水平，来监测奶牛的繁殖状态。发情周期第7天左右的奶牛正处于黄体生长期，而且牛的发情周期中血浆或乳中孕酮含量在第7天开始迅速上升，到第10天达到峰值。因此，采用放射性免疫分析方法来测定乳或血中孕酮水平，为选择受体牛，提高移植妊娠效果提供依据。在正常生理状态下，对受体牛进行两次测定：发情时进行第1次检测；发情后第6或第7天进行第2次检测。如果两次检测结果是低到高时，可以证明其发情状况与黄体功能较为理想，否则受体牛就可能有繁殖问题。同时，对仅用直肠检查和直肠检查结合测定乳孕酮水平所选择的受体牛进行比较，结果发现结合乳孕酮测定的受体牛移植妊娠率可提高5%~10%。

选定受体预处理

（1）体格检查　对初选的受体牛作进一步兽医检查。首先对受体牛进行常规临床检查，体温、脉搏及系统检查。重点为生殖系统检查：生殖器官粘连、子宫和卵巢幼稚病、卵巢囊肿等不能作受体牛。其次作实验室检查，布氏杆菌病、结核病、地方性牛白血病、牛病毒性或黏膜性疾病不能作受体牛。

（2）调整营养　对初选受体牛需要进行营养调整，对膘情较差色补饲，对于肥胖的要适当减少精料。通过调整营养仍达不到标准的不用。

（3）生殖检查　受体牛必须具有正常的、明显的发情周期。对发情周期同步化处理要敏感。受体牛与供体牛这同步化包括供、受体牛在发情时间黄体形成以及卵巢固醇激素平衡等多方面的一致性或相似性。受体牛必须是空怀的，如果发现已经妊娠，要采取引产处理，其方法：对于体重300~500千克的受体牛，肌注缩宫素10~15支/次，每日6次；已烯雌酚10~15支/次，每日2次。结果显示，用药12小时后，流黏液破羊水，2~5日引产成功。

（4）观察发情　对受体牛的发情鉴定，无论是实施同期发情或是自然发情都是以被爬跨稳定为发情标准。同时通过直肠检查卵泡发育情况。黄牛的性反应不如奶牛敏锐，群牧时爬跨频率高而盲目性大，缺乏相对稳定的爬跨目标，长期拴系饲养的牛经常出现一过性发情，稍不留心就会错过。因此，观察发情要仔细，准确记录爬跨稳定的时间。

供受体饲养管理

对供体或受体母牛都要保持中等以上体况。因此，要根据受体和供体的营养状况适时调整日粮标准，注意青绿饲料、矿物质、微量元素和维生素等的供应。对舍饲的母牛要有足够的户外运动场，使供体或受体都能有适量的户外运动，以增强体质和繁殖机能。准确掌握供体和受体的发情周期，以便对超排和胚胎移植程序作出安排。母牛的发情周期可受运输、饲养管理条件的改变及气候异常等因素影响而发生暂时性改变，所以，用作胚胎移植的牛群在适应性饲养期以后，至少要连续观察到两个正常周期，才能开始进行胚胎移植处理。对供体和受体的牛群，要有健全的疾病防制措施，按要求进行预防注射等处理。气候过冷、过热、天气突然变化，以及惊吓、驱赶、重役均会使供体或受体发生应激，这对供体的超排或受体的妊娠影响很大，因此，要尽可能避免。对供体和受体要做明显而易于识别的标记。对供体除打耳标外，最好还要用染料将耳号标记在面部，以便于观察。整个胚胎移植过程中对供体和受体都要观察和记录。牛的供受体配比一般为1:（6~8），如果准备的受体质量不能达到要求，配比还应加大。供体数量不宜太少。供体越少，超排效果差异可能越大，一般以每批处理供体数以4~6头为宜。

保证受体健康。当受体牛经常出入牛舍时，更应特别注意其健康状况；进行发情检查时，应该每天逐个观察是否患有疾病或受伤；定期称量牛的体重已获得营养方面的质量控制信息。胚胎移植过程中，每隔3~4个月应该知道受体牛体重是否增加，这是表明营养状况好坏的简单指标。还应检查牛槽或牧场中的野草，因为有些野草会导致妊娠牛流产或胎儿畸形。

在移植前6~8周开始补饲，并补充硒、锌等微量元素。妊娠牛在产前3个月内要及时补充微量元素和维生素，以保证胎儿正常发育，同时注意避免发生难产。怀孕受体牛不得注射任何疫苗，以免发生流产。移植完胚胎的受体牛要分群饲养。定时饲喂、细心观察，保持环境相对稳定，避免应激反应。根据预产期，做好产前的准备工作。临产前1~6天消毒后躯，尽量让其自然分娩，需要接产时应在兽医的指导下进行。母牛分娩2天后便有胎衣排出，胎衣脱落后应注意检查胎衣是否完整。若有残留或超过24小时，胎衣仍未下来，要报告兽医及时处理。

供受体同期发情

同期发情处理药品：氯前列烯醇每支0.2毫克/2毫升。处理方法：采用两次氯前列烯醇注射法，即在任意一天注射第1次，间隔11天再进行第2次注射。每次每头均为肌注氯前列烯醇2支。对受体牛同期发情处理后，实施跟群观察，以稳定站立、接受爬跨为发情标准，准备记录开始发情时间。由于移植胚胎均为第7日的早期囊胚，故在第7天对受体牛进行直肠检查，若受体牛一侧卵巢黄体直径达到1.2厘米以上，软硬度适中、均匀，呈球形或卵圆形，定为合格黄体，即作为受体牛，进行胚胎移植。本同期发情处理分三批进行，结果显示，在受体牛发情率和黄体合格率上，第1批与第2、3批差异明显。在9~10月份同期发情处理的受体牛，其发情率和第7天黄体合格率低于8月份处理的受体牛。看来，对受体牛的同期发情处理，要充分排除不良季节气候、饲草料和环境变动的等不利因素的影响。

同期发情处理的具体方法：第1天，放入牛欢，肌注促性腺素释放激素100微克；第8天，取出牛欢，肌注前列腺素；第10天，肌注促性腺素释放激素100微克。

一般第10天以后经过处理的乏情母牛，多数有发情表现，或有卵泡发育。

用肌注前列腺素法治疗乏情母牛，只对有持久黄体的牛起作用，而对卵巢静止、萎缩等乏情母牛无效。

为了避开高温或严寒季节，控制母牛集中发情、配种、产犊的具体方法：第1天，放入牛欢；第7天，肌注前列腺素；第8天，检查发情并人工授精。结果表明，从第9天开始，经牛欢处理的母牛陆续开始发情，可使牛群集中在一个时期发情配种。对于没有发情的母牛，可间隔13天用同一方法再行处理，仍可取得满意效果。

使用牛欢和前列腺素对受体牛进行同期发情比单独使用前列腺素的发情同期率和可用率更高，并且发情时间集中，可以定时输精或定时移植，而不用观察发情。具体方法：第1天，放入牛欢并肌注苯甲酸雌二醇1毫克；第8天，肌注前列腺素并取出牛欢；第9天，肌注苯甲酸雌二醇1毫克；第10天，受体牛发情，可于12小时后输精或留作受体，7天后移植胚胎。

受体牛的繁殖状况可以在适当的时候，通过触摸卵巢和分析其发情间隔来判定。当管理或气候条件不很理想时，定期检测牛奶或血液中的孕激素浓度是很有用的。例如在超数排卵和胚胎移植前，监控供体和受体体内孕激素的基础水平，就可以知道热应激和其他因素的应激对发情效率的影响，同时也可以获取孕激素正常变化曲线，为适时的进行超排和胚胎移植提供依据，这样有助于提高所获胚胎的质量和移植的受胎率。

用带气囊的三路导管对牛进行冲取胚胎（图14-7）。冲胚液从注入管送到排卵侧子宫角，带有胚胎的冲胚液经导出管回收到集胚容器中）。另外，也有用手术法进行活体冲卵的也有用手术法进行胚胎移植的（图14-8~图14-11），但此方法应用不多。

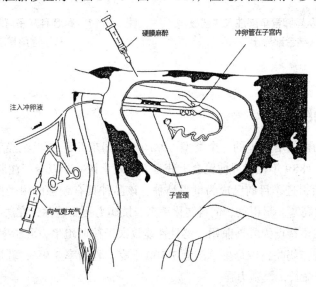

图14-7　牛非手术冲取胚胎（在尾后垂直向下的箭头示意接取胚胎）

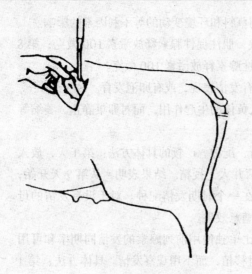

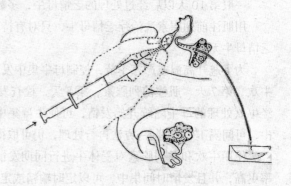

图 14-8　手术法收集胚胎
（手术法收集胚胎有三种方式）

图 14-9　第 1 种从输卵管注入冲胚液，
从输卵管伞部导出

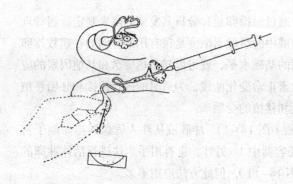

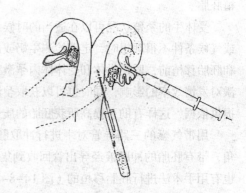

图 14-10　第 2 种从输卵管伞部注入冲胚液，
从宫管结合部导出

图 14-11　第 3 种从子宫角端部注入冲胚液，
从子宫角基部导出

胚胎移植在北京

　　蒙贝利亚牛为西门塔尔牛的一个类型，原产于法国东部，18 世纪经瑞士的胭脂红花斑牛长期选育而成。1889 年在世界博览会上获官方正式承认并予以登记注册，19 世纪以来许多国家和地区开始引进，目前已成为世界品种。该品种具有较强的耐受性，并以其乳肉兼用、适应性强、耐高寒、耐粗饲、饲料转化率高、抗病力强而著称，在法国被列为主要的乳用品种之一。其主要特点为乳肉兼用，泌乳性能仅次于荷斯坦牛，乳脂率和乳蛋白率较高，其牛奶特别适合制作奶酪，成母牛单产近 7 500 千克，乳脂率 3.9%，乳蛋白率 3.45%。其肉用性能突出，寿命长，繁殖力强。

　　北京奶牛中心于 2007 年从法国引进了 40 枚蒙贝利亚种用胚胎，解冻时爆裂 1 枚，其余胚胎分别移植于 39 头受体母牛。受体牛为 1~3 胎成母牛，采用孕激素阴道栓 + 前列腺素方法进行同期发情处理，在发情后第 6.5~7.5 天采用非手术方法进行胚胎移植。妊娠 25 头，妊娠率 64.1%。2008 年 7~9 月份顺利产下 24 头健康犊牛，包括母犊 13 头、公犊 11 头，其中 9 头公牛经选育后留作种用，饲养于北京奶牛中心种公牛站。

选育结果显示，胚移蒙贝利亚公牛外貌与西门塔尔相似，被毛为红白花，头部、胸部、腹下、尾帚、四肢呈白色，眼睑、鼻镜、皮肤为粉红色。全身结构匀称，体格粗壮，肢蹄强健，胸宽，臀部丰满。经评定，全为特级。

根据 3 年的饲养观察记录，9 头胚移蒙贝利亚种公牛中，除了 2 头牛在 2.5 岁时发生过皮肤真菌病外，未发生过消化系统、肢蹄病及传染病。这表明蒙贝利亚公牛适应我国北方地区的生态环境和饲管方式。

注意事项

蒙贝利亚牛原产地海拔 400~1 000 米，属大陆性气候，气温变化快，温差大，冬季最低气温 –20℃，夏季最高气温 35℃，使得该品种具有很强的耐受性。胚胎移植的种公牛饲养于北京市延庆县，平均海拔 550 米，属于大陆性季风气候，与原产地的自然生态条件有一定差异。经过 3 年的饲养观察及冻精生产，9 头公牛整体上适应我国北方地区的自然环境，生长发育良好，符合原产地的发育标准。冻精生产能力强，能发挥其优良的生产性能。

蒙贝利亚牛乳房炎发病率低，牛奶体细胞数少，泌乳期体况良好。因此，各国热衷于将其与荷斯坦牛杂交。

蒙贝利亚牛，肢蹄强健，适宜于山区放牧，粗饲料转化率高，可显著降低饲养成本，适合我国人多地少、山区丘陵多、粗饲料资源丰富的国情，值得推广于气候恶劣的地区饲养。

胚胎移植在上海

上海浦东奉贤县境内，有一奶牛场饲养奶牛 123 头，其中适龄母牛 86 头。由于该地区夏季炎热，为调整产犊季节，每年仅在 11 月至次年 3 月间进行配种。原牛场管理水平较低，牛群质量较差，饲养管理和繁殖技术水平不高，年头均产奶量在 3700 千克左右。育成牛 15 月龄体重多达不到 350 千克，配种年龄多在 17~18 月龄。由于原牛场非配种季节不做发情周期的观察，故牛的发情规律和生殖器官状况均无详细记录，每年有 10% 左右的母牛屡配不孕。在有关单位协助下进行了奶牛鲜胚移植，其操作程序：供体与受体由空怀牛、产后未配牛和青年牛中选择，进行发情周期观察和生殖器官检查，并对一些母牛用氯前列烯醇调整情期。对发情表现和生殖器官正常，以及排卵后有正常黄体者选定为供、受体。其中生产性能较高者作为供体 5 头，其中青年牛 4 头、5 岁产后未配牛 1 头；受体 11 头，其中青年牛 3 头、产后 2.5 个月牛 5 头、产后 6 个月牛 3 头。公牛精液为上海种公牛站产的优良公牛细管冷冻精液。

处理药械：促卵泡素及氯前列烯醇、磷酸缓冲液、小牛血清、移植器、SMI 型体视显微镜及冲胚管。

超排方法：每头供体牛在自然发情或激素调整后第 1~2 个自然发情周期发情的当日为 0 天，于发情后第 9~13 天进行促卵泡素激素递减法注射，每头牛用量为 6.5~7.5 毫克。在注射促卵泡素后的第 3 天晚上和第 4 天同时注射氯前列烯醇 0.4 毫克和 0.2 毫克。一般在激素注射结束后的第 2 天开始发情。发情开始后 8 小时输精第 1 次，8~12 小时后重复输精。使自然发情和事先用激素调整又自然发情 1~2 个周期的受体与供体发情时间同步。

以发情当日为 0 天，于发情后第 7 天进行供体的冲胚，冲胚前用 2% 普鲁卡因作荐尾间隙硬膜麻醉，以双路式冲卵管分左右两侧子宫角冲胚，每侧冲胚液 500~1 000 毫升，冲胚液为改良的磷酸缓冲液 +1% 小牛血清。冲胚后用注射器吸收少量冲胚液冲洗冲胚管并收集冲胚液，检查有无胚胎存留。最后，向子宫内注射青链霉素。

检胚室室温 20~25℃，并进行紫外线消毒。冲胚液静置 30 分钟后，吸出上部液体并过滤，底部 50 毫升胚液分置数个检胚杯中镜检，收集可用胚胎于 20% 血清的改良的磷酸缓冲液培养液中，按上述胚胎发育分期评定质量，装管后立即选择适宜受体进行移植。

移植前进行受体牛荐尾间隙膜外麻醉，约 5 分钟后直检，掏出宿粪，将胚胎移植于黄体侧子宫前 1/2 处。

结果显示，共超排供体 5 头，超排有效率 100%。共获得胚胎 40 枚，其中可用胚 18 枚，平均每头 3.6 枚，未受精卵 21 枚，退化胚 1 枚，胚胎可用率 45%。鲜胚移植 10 头，其中 7 头为自然发情的，3 头为激素调整发情周期后自然发情第 1~2 个情期的；冻胚移植 1 头为自然发情的。经移植 90 天妊娠检查，鲜胚移植中自然发情母牛有 1 头未妊，激素调整后的 3 头受体牛均妊娠；1 头冻胚移植的自然发情受体母牛未妊。共计 9 头妊娠，妊娠率 81.8%；妊娠牛均按期分娩，产出母犊 5 头、公犊 4 头。

注意事项

在小型牛场，可依靠自身技术和牛群条件开展和应用胚胎移植，这是提高牛群质量的较经济捷径之一。

在牛群规模较小的牛场进行胚胎移植，可结合同期发情技术有计划地集中进行。自然发情母牛和同期发情母牛的移植妊娠效果无差异。

在可能的情况下，若能对供体牛进行预先的超排试验，做到有的放矢，将更有意义。

进行胚胎移植的过程中，对受体牛的发情规律、卵巢机能、排卵和黄体情况，以及子宫情况均须作深入详细了解和观察。对一个规模较小的牛场，每年能集中进行 1~2 次的胚胎移植，对正常的繁殖计划并不产生不良影响。开展此项技术亦无需更多的投资。

胚胎移植在山东

供体牛选用西德纯种高产奶牛 13 头，荷斯坦牛 4 头；年龄 3~7 岁，经产、健康、无疾病，分娩后两月，子宫恢复正常，发情表现明显；直检卵巢有卵泡或黄体，无论自然发情或诱发发情的母牛发情第 7 天后，均有正常黄体。受体牛选用当地荷斯坦牛 62 头；发情情况良好，无产科病史；年龄 1.5~7 岁，均为未产母牛。供体奶牛用西德公牛精液输精。

超数排卵 供体牛发情为 0 天，在发情后 9~10 天肌注超排药促卵泡素或孕马血清促性腺激素。应用促卵泡素的奶牛 12 头，每头奶牛用药量为 400 单位，用递减法第 1 天 140 单位，第 2 天 120 单位，第 3 天 80 单位，第 4 天 60 单位。每天用量分两次间隔 12 小时肌注。应用孕马血清促性腺激素的 5 头奶牛，每头一次肌注 2500 单位，在肌注促卵泡素或孕马血清促性腺激素的第 3 天上下午各肌注前列腺素 $F_{2\alpha}$（处理 23 头）或前列腺素类似物 0.5

毫克（处理 4 头），在注射前列腺素后 48~56 小时出现明显的发情征状，应用孕马血清促性腺激素时，在发情当天，肌注抗孕马血清促性腺激素血清 3000 单位。发情 8 小时后开始输精，每头输精 3 次，每次 2 个颗粒，输精间隔 12 小时。

受体准备 人工同期发情处理受体牛。选择发情排卵 6 天后有黄体的，每头肌注前列腺素 $F_{2\alpha}$（处理 20 头）或前列腺素类似物 0.5 毫克（处理 12 头），比供体注射时间提前半天，每头供体牛准备受体牛 7~10 头，受体牛的发情时间不应超过供体牛发情前后一天，自然发情处于同期 31 头。

冲取胚胎 鲜胚移植在排卵后 7 天；实行非手术子宫冲胚法；冲取胚胎液和培养液，用改良磷酸缓冲液液；冲取胚胎前令供体站立保定，先清除母牛直肠内宿粪，洗净消毒阴门，用卫生纸擦干；在臀部肌注静松灵 2 毫升，3~5 分钟后采用直肠把握法，将预先消毒并冲洗好的采胚管从子宫颈导入一侧子宫角，当采胚管前端通过子宫体达到一侧子宫角大弯处，回抽内芯 4~5 厘米，然后将采胚管继续前伸，直到前端距宫管结合部 5~7 厘米时，充气固定气囊，然后抽出内芯。用 50 毫升玻璃注射器吸取冲胚液进行冲胚，第 1 次 30 毫升，以后每次 45 毫升，冲胚液总量 350 毫升左右。按同样的方法冲子宫另一侧。回收时将每次回收的冲胚液小心注入集液瓶中，以备沉降后检卵。冲卵结束后先放气，回抽冲胚管，待前端至子宫体时，借冲胚管注入青霉素 340 万单位，链霉素 2 克，最后抽出冲胚管，随即肌注前列腺素以消除黄体。

检查胚胎 检胚室要求温度在 20~25℃，检查前 8 小时用紫外线消毒，无异味；集胚瓶静置 20~30 分钟后，滤弃集胚液上 2/3，下 1/3 放于表面皿或平皿中，在解剖镜下检胚。检胚时，用吸胚器吸出，放入保存液中；胚胎质量按 A、B、C、D 四级评定分类。A、B 级为可用胚。

鲜胚保存与移植 在晚桑甚胚或早囊期进行，温度 0~4℃，保存液采用改良的磷酸缓冲液液加 20% 犊牛血清，保存时间在 24 小时以内，如不需保存可立即移植。移植前检查受体牛黄体是否处于同期，并且功能良好。移植时先将受体牛保定，每头肌注静松灵 1~2 毫升，3~5 分钟后清洗、消毒外阴部并用卫生纸擦干，将移植器外保护套导入阴道，采用直肠把握法，将移植器顺保护套内送入阴道，通过子宫颈导入子宫体，然后插入黄体侧子宫角，直到子宫角前端，出口向下，迅速推出胚胎，旋转移植器慢慢抽出。结果显示，超排供体平均每头获卵 8.96 个，可用 6.74 个。A 级胚胎占胚胎总数的 40.5%，B 级胚胎占总数的 35.54%。鲜整胚移植受体牛 39 头，90 天直检诊断妊娠 26 头，妊娠率 66.67%。不同等级胚胎对移植妊娠结果影响很大。在移植的 78 头受体中，其移植妊娠率：A 级胚胎 75.57%，B 级胚胎 61.2%，C 级胚胎 42.68%。

注意事项

在影响超排效果的因素中，供体母牛体质健壮和生殖机能旺盛是前提。高产奶牛泌乳高峰期，一般体质较弱，故此时超排效果往往不好，故应相应拖后一段时间。应用促卵泡素比应用孕马血清促性腺激素效果好。当然，饲养管理及超排技术水平等，均是不可忽视的。

C、D 级胚胎一般不应用于胚胎移植。

采胚时，采胚管前端距供体牛宫角结合部 5~7 厘米处为宜。移植时，移植器出口应向下，不堵塞，以防止发生胚胎回流。

胚胎移植在福建

供体牛为经产牛，305 天产奶量在 7 000 千克以上，乳脂率在 3.5% 以上，乳蛋白率在 3% 以上；胎次为 2~4 胎；无流产、难产史，产后 60 天以上有两次正常发情；无子宫内膜炎、卵巢静止、卵巢囊肿等疾病。育成牛的体重在 350 千克以上，父母代优秀，发情周期正常，没有子宫、卵巢疾病。

受体牛选自福建大乘公司大横、常坑、南山、德鲜、雅鲜及山边牧场。选择低产、无子宫内膜炎、黄体发育良好的荷斯坦经产牛和育成牛。

超排和同期发情药物 促卵泡素、孕激素阴道栓、前列腺素、促排 3 号及改良的磷酸缓冲液。

供体牛的超排处理采用孕激素阴道栓 + 促卵泡素 + 前列腺素法：牛超数的处理程序采用连续 4 天，以逐渐递减的剂量每天早晚相同时间肌注促卵泡素 2 次，每头总剂量 10 毫克。采用孕激素阴道栓牛用阴道栓处理，任选一天投放，当日定为 0 天，在第 9 天开始注射促卵泡素，第 11 天早晚分别肌注前列腺素 2 支（0.4 毫克），并在第 7 次注射促卵泡素的同时取出孕激素阴道栓。

同期化处理前先对受体牛进行直检，对卵巢黄体发育良好的进行同期发情处理。

结果显示，超排处理 18 头，获可用胚 102 枚，头均可用胚胎数 5.67 枚；共移植 130 枚胚胎，受胎 65 头，总受胎率 50%。

注意事项

不同促卵泡素产品的超数排卵效果表明，用相同的超排方法，不同的超排药物，其超排效果不同。

用相同的方法、相同的药物超排，供体牛年龄不同超排效果不同。育成牛的超排效果好于经产牛，平均每头多 4 枚胚胎，可用胚胎多 3.5 枚。

不同促卵泡素产品的超排费用对比，中科院促卵泡素价格中，效果理想，可作为超排的首选药物。

受体牛年龄对移植受胎率的影响很大，育成牛受胎率（54%）明显高于经产牛（42.2%）。育成牛的移植利用率高于经产牛 20.3%，可见育成牛做受体是很理想的。

胚胎移植在吉林

吉林市畜牧总站精心组织、无偿为农村散养户移植优质奶牛胚胎 132 枚，妊娠 59 头，妊娠率 44.7%。其主要作法如下。

经过考察论证，该站拟定了可行性报告，得到地方财政支持，解决了项目资金问题。

该市派三名有牛人工授精基础的技术人员到内蒙古大学接受了专门培训、学习了牛胚胎移植技术，达到了独立操作水平。在项目实施前 1 个月到屠宰厂围绕牛直检、进枪等技术环节进行操作，以迅速提高准确程度和熟练程度。

先购买冻胚进行移植，示范成功后再开展自制胚胎，逐步建立奶牛胚胎移植网络。

在项目组指导下，由乡（镇）政府负责散养户组织发动，初选受体牛，逐头登记，并负责跟踪，母牛发情后及时报告。

进行发情鉴定，确定移植时间，并严格消毒，按要求解冻胚胎，将胚胎准确送到移植部位。

注意事项

奶牛胚胎移植推广成本大，又是新生事物，散养户不可能马上接受，开始阶段只能免费移植。通过有效地示范，得到认可后，才能逐步有偿服务。在农村散养牛户中推广奶牛胚胎移植技术的组织工作难度甚至大于技术本身，必须高度重视。

畜牧技术推广部门必须当好参谋，让发展奶牛业成为主管部门领导的共识，使其充分认识推广奶牛胚胎移植技术是快速增加高产奶牛的捷径。

要尽力把当地配种员吸纳为技术小组成员，发挥他们人熟、地熟、牛熟的优势，可以向移植户适当收取相当于人工授精的费用补给配种员，并让其负责对胚胎移植未成功的受体母牛的后续人工授精工作。

移植技术员在工作中必须认真执行受体牛选择标准，不合格的坚决不用。

提高胚移的效益

进行牛胚胎移植的规模化、商业化运作时，应制定一系列的提高胚胎移植效益的操作方案，从而提高胚胎移植的经济效益。

在选择胚胎移植供体时，要对牛进行严格检查，尤其是繁殖系统的健康状况。在进行连续超排时，尽量选择上次超排效果好的牛，如果两次超排效果都不好，以后不再使用。产奶高峰期的牛处于营养负平衡状态，对超排激素的反应不敏感，还可能与高蛋白日粮有关，超排效果往往不是很理想，不能作为供体选择。

利用育成母牛生产胚胎时，母牛的初配年龄一般比性成熟晚4~7个月，以体重达到成年体重的70%时为宜。利用这一阶段，可以安排两次体内胚胎的生产，一般不会影响正常的配种程序。即使有少量的牛因冲胚而推迟应配种时间，也会使初配时的体重增加，为以后的产奶量打下良好的基础，要比使用经产牛生产胚胎而延长停奶间隔的经济效益高。但利用育成牛冲胚时难度要比冲经产牛稍大，对操作者的技术要求更高，需安排操作相对熟练的技术员冲胚。

一般牛场因乳房炎而淘汰的病牛约占总淘汰率的10%。对遗传基础好，但因乳房炎而需淘汰的牛，可以作为供体牛使用，充分挖掘母牛的遗传潜力，降低胚胎供体牛的成本。

对供体牛进行营养调控，制定统一的饲养规程，有助于得到均衡一致的优质胚胎。

对初步选择的供体牛要进行普遍的子宫净化。进行同期发情后，进行隐性子宫炎的检测，呈阳性的不能作为供体。

在冲胚胎时，如果子宫颈黏液或血凝块黏堵在冲胚管出水孔处，当往子宫内注入冲胚液时，在压力的作用下，可以冲开黏堵在出水孔处的黏液或血凝块，但冲胚液的回流仅靠虹吸作用冲不开这些黏液或血凝块，致使冲胚液积在子宫内排不出导致冲胚失败。同时对子宫造成一定的损伤，在子宫内充满积液的情况下，再注入冲胚液，还会导致冲胚液从输卵管冲出，对输卵管造成损伤。在冲胚前对母牛子宫颈的黏液抽取，减少黏液堵塞冲胚管造成的冲胚液回流不畅，从而提高胚胎的回收率。

在进行冲胚和移胚时，要用牛直肠抽气装置进行人工排气。

制定各项操作规范要准确到位，可操作性强，并强调超排药品的使用剂量要准确，输精次数要适当，超排后每次配种需同时往两侧子宫角各输一支，严格执行无菌操作规范。配种时严禁用手触摸卵巢。检查超排效果应在冲胚前或前一天以直检卵巢黄体数来确定。冲胚液的量要把握好。尤其是第一次冲胚液的量要把握好。

选择活体采卵供体牛：应选择 14 月龄以上发情周期正常的青年牛和成年母牛；或分娩后恢复发情周期的泌乳、且未在产乳高峰期的母牛；干奶期的母牛是最好的供体选择；或人工授精后 3~4 周未出现返情的母牛或妊娠 3 个月以上的母牛。

母牛每周采卵 1~2 次。可间隔 3~4 天进行连续采卵，对整合正常母牛，无需进行激素刺激；但是当母牛采卵数少于 6 个时，可用外源激素每 14 天做一次外源激素刺激。

用于体外受精的精液要进行品质鉴定。因为人工授精良好的公牛精液不一定在体外受精时也表现良好。通常，一个人工授精剂量的精液可以结合 200 个卵子。

胚胎移植技术是 个复杂的系统工程，具有较强的时间性、连贯性，要拥有熟练的操作技术人员。其受胎率的高低，主要是由胚胎的级别、受体牛的选择、受体的发育鉴定和受体的培育等因素而定。目前我国奶牛胚胎移植，总体受胎率与世界奶业发达国家平均受胎率相比，尚有一些差距。目前，虽然各环节的技术都很成熟，但由于操作人员的实践经验和技术水平参差不齐，造成受胎率整体水平不高。因此，应加大科技人才的培养投入和技术设备的更新，如兽用 B 超的推广使用等。

目前我国胚胎生产的生产规模、质量、受胎率等方面与发达国家还有差距，美国在过去的 10 年里，每年要进行 15 万 ~20 万次胚胎移植，2001 年移植近 20 万次，市场价值超过 5 500 万美元。而我国在近几年里，每年移植数量也不足 3 万头次；看来，应成立一个国家奶牛育种研发中心，由中央政府提供前期启动资金，后期可考虑由获利的乳品加工或大型奶牛养殖企业参股或资助，并在奶业生产区设立分支机构，进行研究、开发和规模化生产，从胚胎的生产、贮运、移植到受体的培育上进一步降低运行成本。

奶牛 MOET 技术

MOET 即超数排卵和胚胎移植，是作为提高奶牛育种与繁殖的有效手段。应用 MOET 可以加大选择强度，提高选择准确性。应用 MOET 牛生长性状的遗传进展可提高 80%，产奶性状提高 33%。应用 MOET 技术可更大提高母牛的繁殖力，扩大优秀母牛在群体中的影响。在一个实施封闭式的 MOET 育种群中，其一是将参加核心群育种的供体母牛、受体母牛、后备牛集中饲养在一个或少数几个牛场，并集中进行性能测定和实施胚胎移植。这种方案大幅度缩短世代间隔，避免了进行大规模的后裔测定。MOET 技术改变了供体牛的自然繁殖过程，把优良奶牛个体从长期孕育胚胎和胎儿的过程中解脱出来，使优良个体能够节省更多的时间来生产优良的遗传物质材料，充分地发挥奶牛的繁殖潜能，大大提高奶牛的繁殖效率。

MOET 实施条件：有优秀的种子母牛；有优秀的与配公牛；有受体母牛群；有两名以上熟练操作人员；有必备药品与器械；有高效可行的方案。

MOET 实施准备：选择生产性能和体质外貌均为优秀的成母牛和谱系优良的育成牛为供体牛；选择除供体以外的健康、适繁母牛为受体牛；选择 2 名以上熟练进行室内外技术操作人员，全面负责牛群繁殖及兽医治疗工作；准备必要的药品与器械，其中国产提纯的 FSH 更要质优价廉；与配种公牛可选美国、加拿大等优秀种公牛精液。

制定 MOET 方案：选为供体的成母牛在产后 60 天以后开始酌情进行超排处理，一般每头供体牛产后要超排 1~2 次。高产奶牛因超排而推迟配种、妊娠总的是合算的。因为经超排移植，一头母牛一年可以产多个后代。选择育成牛作为供体有许多优点：对育成牛前 13 月龄即进行超排，对其正常妊娠和转群没有影响。另外，从遗传上看，育成牛的品质在牛群总是最好的。育成牛供体配种前超排 1~3 次，其胚胎可以冷冻保存，等其有了生产记录再决定是否移植。供体牛超排后用引进的美、加等优秀公牛精液一次输精。除作供体的优秀母牛外，其他中、低产母牛和谱系一般的育成牛都要移植 2~3 次后再予以配种。

注意事项

MOET 技术的应用要求高产奶牛要多生产优质胚胎，在应用 MOET 技术时，把奶牛生产与胚胎生产合理安排，统筹兼顾。

要防止大剂量长期的激素应用，以免造成供体牛激素调节絮乱。鉴于冲胚和移胚都是在母牛发情后大约 7 天进行，对操作的卫生要求很高，故在胚胎的采集和移植过程中，要严格消毒机械，以免造成子宫污染。

随着胚胎分割、性别鉴定与控制技术等的应用，不断增加供体牛的可用胚数量，提高操作人员的移植水平，进而提高其受胎率，推动 MOET 技术向高效率发展。

胚移存在的问题

目前，我国的胚胎移植发展迅速，技术已接近国外水平，每次超排可获得胚胎 6 枚左右，鲜胚移植成功率 55%~60%，冻胚移植成功率 50%~60%。不过，迄今为止，尚存在问题如下。

（1）重复排卵　国外供体的良种牛基数大，而国内供体牛的基数少，如果不解决重复超排问题，胚胎移植的成本较高。目前，加拿大重复超排达到了每 25 天超排 1 次，年超排 12 次，每头供体牛可获得 60~70 枚胚胎，再将供体牛淘汰。我国供体牛缺乏，每年每头供体牛只能做 1~2 次，可获胚胎 5~10 枚。因此，胚胎移植收费要在短期内降下来，还存在一定的难度。

（2）胚胎质量　胚胎移植能否成功的首要条件是要有优质胚胎。冻胚与冻精不同，冻精有足够数量的精子，而且解冻后精子活力容易判断，但胚胎质量的判断就比较困难。从移植结果分析，胚胎冻前质量好则解冻后也好，移植受胎率也较高。有试验表明，A 级胚胎比 B 级胚胎受胎率高 20%。因此，冻胚解冻后必须进行质量鉴定，凡透明带破裂、细胞团分离、颜色发黑的胚胎应弃掉。胚胎所处的发育阶段也影响移植成功率。由于移植所用胚胎是通过超排获得的，所以不同胚胎所处的发育阶段存在一定差异，有的处于桑葚胚期，有的处于囊胚期。在移植时选择的受体都处于发情后第7天，致使部分胚胎的发育状态与受体牛的子宫状态存在差异。有试验表明，早期囊胚的移植受胎率比桑葚胚高。

（3）移植操作　正确的操作是保证胚胎能继续发育的必要条件，其中关键性环节：冻胚解冻，温度严格控制在35℃左右，不能像冻精那样采用高温解冻；保存在细管中的冻胚处于高浓度保护液中呈高渗萎缩状态，至少应进行三个梯度操作，进行脱甘油，每个梯度液中停留5分钟以上，否则会导致胚胎中细胞死亡；解冻后的胚胎在移入受体牛之前，应保持恒温，不受冷热及强光刺激，要封闭保存；胚胎移植到生殖道的位置，应根据每个胚胎状态确定输胚位置，发育程度越高所移位置应越向后移。

（4）气候因素　气候对胚胎移植的影响主要表现在对受体的移植结果。在炎热夏季移植受胎率比秋季移植低30%~40%。秋冬两季是胚胎移植的最佳季节。

（5）胚胎性别　在国内，胚胎移植的主要目的是得到优秀的母牛，以实现高产奶牛群的快速扩展，不像国外利用胚胎移植生产优秀公牛。若胚胎性别难以控制，既难以实现奶牛快速扩展，又增加了胚胎移植生产母牛的风险系数，影响了进行胚胎移植的积极性。

（6）成功率低　目前我国胚胎移植的成功率只有45%左右，胚胎移植费用过大，性别比例难以控制，加之受胎率比较低，故需要提高胚胎移植技术人员的业务水平。

（7）受体饲管　在我国，由于饲养管理比较差，造成胚胎移植牛流产率比较高，再加之受体牛的品质比较差，致使胚胎移植的成功率比较低。因此，在胚胎移植过程中，必须就受体牛的饲养管理进行严格要求。

（8）移植成本　在国内生产牛胚胎，综合成本约在每枚600~1 000元人民币，国产牛胚胎销售价每枚约在1 000~1 500元，国内外冻胚移植成功率总体水平在50%左右。因此，利用胚移植技术繁殖一头犊牛，其综合费用在2 500~3 000元，如作为一般商用胚，显然不合算。如移植目的是为繁殖奶牛，则只有母犊才具有主要经济价值，按公母比1：1计算，则得到一头母犊的成本为5 000~7 000元，高于一般自然繁殖母犊的市价。用作繁殖种牛，与引进活牛相比，胚胎移植是一种低成本、一步到位而效果良好的人工繁殖方式。在高产奶牛的商业性繁殖上，不失为一种可供选择的方式。

综述以上，充分表明，可通过胚胎移植技术，以一种超常速度来迅速发展我国奶牛业，增加牛奶供应，以满足国人喝奶的需要。

正是：

增产奶牛不容易，借腹怀胎出奇迹，

良种供胚可移植，致富提速皆欢喜！

借腹怀牛犊好是好，如果从供体牛冲出的鲜胚多，而可移植的受体牛少，怎么办？又比如：国外的鲜胚空运到我国，一时没能给受体牛移植，怎么办？对于诸如此类问题，需要启用的是——

第15章

胚胎的冷冻

胚胎冷冻好处多

实施牛胚胎冷冻保存，代替活牛的引进，节约购买和运输活牛的费用，使胚胎移植不受时间和地点的限制，可开展良种胚胎的国际交换。同时，引进的胚胎经移植给当地受体牛后，其后代的适应性和免疫力会相应提高，而血统会仍保留原良种的特性，这是进口活牛无法做到的。此外，通过冷冻保存胚胎，可使某些特有品种牛的资源得以保留，并与冷冻精液共同构成基因库，达到长期保存品种资源的目的。

胚胎的冷冻保存

（1）供体选择　可根据育种值和体型外貌挑选，或根据需要从产奶量直接选择。营养状况良好，但不过肥。保证供体能量、蛋白、维生素、微量元素等的摄入量。供体牛具有正常的发情周期，直检卵巢丰满、有弹性体积；超排开始时，卵巢应处于黄体期，直检卵巢上有发育良好的黄体。供体牛没有子宫炎、屡配不孕等繁殖疾病。

（2）超排程序　采用促卵泡素＋氯前列烯醇的超排处理方案。对于供体奶牛，促卵泡素的总剂量为9.0~9.8毫克，以逐渐递减的剂量注射，注射期为4.5天，其中促卵泡素共9针。氯前列烯醇的总剂量为5支，于注射促卵泡素的第3天分2次注射，上午3支，下午2

支。以发情当天为 0 天，超排处理开始于供体发情后的第 9~13 天

（3）供体输精　供体牛一般在氯前列烯醇注射后 48 小时开始发情，发情后需输精 2 次，供体牛如在最后注射 0.2 毫克促卵泡素的当天下午发情，则应在当天晚上进行第 1 次输精，第 2 天上午进行第 2 次输精。如发情推迟，则输精时间相应推迟。

（4）胚胎采集　供体牛超排发情后的第 7 天用二路式采卵管进行非手术采胚。冲胚液总量为 1 000 毫升，每侧子宫各 500 毫升。采胚时，先注射静松灵 1~1.5 毫升，以保证供体牛安静，便于操作。将直肠内宿粪掏空后，先冲超排效果较好的一侧子宫角，再冲另一侧子宫角。采胚的技术关键是无菌操作。冲胚时，采胚管的前部不要用手触摸或碰触阴门外部。采胚管的插入深度要符合要求，气囊要在子宫小弯附近，离子宫角底部约 10 厘米。气囊打气量为 18~20 毫升。冲胚时，进液速度应慢，出液速度应快；先少量进液，再逐渐加大进液量，每次进液量范围在 30~50 毫升之间，要防止冲胚液丢失。供体牛采胚后，应肌注氯前列烯醇 2~3 支，子宫灌注 1% 土霉素液 200 毫升。

（5）冷冻保存　配制冷冻液时，取 1 毫升含 20% 血清的改良的磷酸缓冲液 +1 毫升甘油，用吸管反复混合后，用滤菌器过滤到灭菌容器内备用。配制胚胎的过液时，将 10% 甘油的冷冻液用含 20% 血清改良的磷酸缓冲液稀释成 3.3%、6.6% 的甘油溶液，备用。胚胎先在 3.3% 的甘油溶液中浸渍 5 分钟，再在 6.6% 的甘油液中浸渍 5 分钟，最后移入 10% 的甘油冷冻液中浸渍 5 分钟。然后，装管并冷冻。装管用 0.25 毫升细管，按以下顺序吸入冷冻液和胚胎：1 厘米冷冻液、0.5 厘米空气、1 厘米冷冻液、0.5 厘米空气、适量冷冻液 + 胚胎、0.5 厘米空气、1 厘米冷冻液、0.5 厘米空气、1 厘米冷冻液。使最上段液体浸湿棉塞。最后封口。冷冻程序：将冷冻室内的无水酒精预冷至 -0.5℃，将装胚胎的细管插入无水酒精。在冷冻室平衡 5 分钟后，用在液氮中致冷的镊子夹装有胚胎液段的上端塑料细管壁，进行植冰约 10 秒钟，再平衡 10 分钟后，以每分钟 0.3~0.5℃ 的降温速率降温至 -36℃，投入液氮保存。

冻胚移植在北京

在北京市 9 个高产奶牛场，采用 1.61M 的乙二醇作冷冻保护剂，进行了奶牛胚胎移植冷冻试验。用非手术法采集高产荷斯坦超排奶牛的胚胎。冲胚时间在发情周期的第 7~8 天（发情当天为 0 天）。选择 A、B 级桑葚胚至扩张囊胚，在改良的磷酸缓冲液 +10%FCS 保存液中洗涤 5 次，在 20~25℃ 的室温保存待用。冷冻液为 1.61M 乙二醇溶液。装管时，用 0.25 毫升的细管装管，每个细管吸取 1 枚胚胎。装管原则是中间一段为装载胚胎的冷冻液，两端为改良的磷酸缓冲保存液，开口端用细管塞或封口粉封严。采用自动温控冷冻仪冷冻。胚胎在乙二醇冷冻液中于室温下平衡 10~20 分钟后，将细管直接插入预冷至 -4.8℃ 植冰，再平衡 10 分钟，然后以每分钟 0.4℃ 的温度降温至 -30℃，再平衡 10 分钟后，最后将细管投入液氮保存。

胚胎移植时，将胚胎细管从液氮中垂直取出，不摇动，在室温空气中停留 10 秒，然后放入 35~37℃ 温水中至细管内完全溶化。拔掉封品塞或剪去封口端后，直接将细管装入胚胎移植枪，在 10 分钟内将胚胎移入受体子宫角。受体牛为适配荷斯坦青年牛或产后 60 天

以上的成母牛。牛只健康，营养状况良好，发情周期正常。在发情周期的第7~8天移植。发情为自然发情或用氯前列烯醇诱导发情。

结果显示，用1.61MEG冷冻液冷冻保存奶牛胚胎276枚。直接移植青年牛42头，180天后直检确认妊娠24头，受胎率57.14%；直接移植成母牛85头，180天以后直检确认妊娠37头，妊娠率43.53%。两者合计，共移植受体母牛127头，妊娠61头，平均妊娠率48.03%。

冻胚移植在上海

上海光明乳业奶牛育种中心从加拿大进口一批冻胚。在上海第七牧场给80头后备母牛采用非手术子宫移植冻胚86枚，使36头受体牛妊娠，移植成功率42%。

冻胚移植步骤

取86枚加拿大冷冻胚胎。选择15月龄以上体重达375千克以上、健康后备母牛80头为受体牛。

为使受体牛群能集中移植，在发情周期8~17天采用氯前列烯醇肌注0.4毫克/头，实施同期发情处理。受体牛发情后6~8天直肠检查，对卵巢有发育良好的黄体即准备移植，同时用颜料笔做好标记，并注明移植哪侧子宫内。

从液氮中取出装有冻胚的塑料细管，在室温下放置7秒，再迅速浸入35℃温水20秒，取出后，用清洁纱布轻轻擦干细管外的水。

为使受体牛移植时能安静，减少努责，移植前用2%盐酸利多卡因3毫升进行尾椎硬膜外局部麻醉。

结果显示，挑选育种值较高的86枚胚胎移植，经直检有36枚胚胎移植成功。从中总结影响移植成功率的因素如下。

① 掌握好移胚枪顺利通过子宫颈进入子宫角，这一操作技术熟练程度是移胚成败的首要条件。由于后备牛移植成功率较成母牛高，故一般采用后备牛作受体牛。而后备牛的子宫颈较细，移胚时子宫颈处于紧闭状态，对移植者技术要求较高，要操作熟练轻巧、迅速，尽量减少移胚枪对子宫颈和子宫角的刺激，避免子宫长时间受刺激而引起收缩，分泌物增加。更不能损伤子宫，影响胚胎着床；另外，移植部位必须在黄体侧子宫角大弯前端。

② 麻醉的部位是否准确也是关键。若麻醉不到位会造成直肠努责，移植时容易损伤子宫，移胚枪很难进入子宫角。

③ 胚胎解冻后尽量缩短在体外时间，以减少外界环境的打击，移植数量多时要分批解冻。

④ 套管套在移胚枪时要注意套紧，否则套管前端和细管会折掉，不能插入子宫颈。

⑤ 移植时机以发情后7天最佳，6天次之，8天较差。移植前受体牛发情时有明显爬跨行为的，其妊娠率较高。

冻胚移植在天津

天津市奶牛发展中心等单位，从加拿大引进牛冻胚，采用解冻后直接移植技术，获得妊娠率79.2%的结果。

冻胚移植步骤

① 从加拿大引进荷斯坦奶牛冻胚，置液氮保存，其中有桑葚胚、早期囊胚和囊胚，全部质检为A级。加方提供的冷冻保护液含1.5M乙二醇、0.4%BSA、0.1M蔗糖。

② 选择受体牛为15~17月龄、健康、无生殖疾患、符合配种条件的荷斯青年母牛；自然发情后第7天，直检受体牛子宫、排卵侧、黄体大小及质地、性状等，对未排卵、新生黄体或黄体界限不明的受体牛，不予移植。

③ 确定移植的受体牛，移植前用2%利多卡因1.5毫升，施行尾椎硬膜外麻醉，并清洗及擦拭外阴部。

④ 技术人员携冻胚前往受体牛单位。解冻时，从液氮容器中取出装有胚胎的0.25毫升塑料细管，迅速浸入35℃水浴中，经15~20秒后取出擦干管壁，在封口端剪去约1厘米，直接装入凯苏移植枪中，套上法国产外套管，再加上塑料薄膜保护套，将胚胎移植于受体牛黄体侧子宫角深部，操作手法轻柔，以避免内膜出血，在2~3分钟内完成移植操作。

⑤ 移植后60~90天，直检诊断妊娠与否。

结果显示，在4个受体牛场，解冻24枚冻胚，移植给24头受体牛，妊娠19头，移植妊娠率79.2%。其中，荷斯坦奶牛冻胚移植受体牛21头，妊娠17头，移植妊娠率81.0%。

冻胚移植在广州

广州珠江牛奶有限公司，从澳大利亚RAB动物基因公司进口155枚1级荷斯坦牛冻胚，并进行了2次同期发情处理和冻胚移植。

冻胚移植步骤

① 受体牛全部选自广州珠江牛奶有限公司的荷斯坦牛，年龄在1.5~6.0岁，胎次在0~4胎之间。

② 受体牛为生殖器官正常，有计划地驱虫和疫苗接种，体况评分中偏上、无传染病，具有正常发情周期。成母牛还要求无难产、流产、子宫脱出等情况。对符合以上条件的奶牛进行直肠检查和同期发情处理，选择静立接受爬跨的同期发情奶牛或自然发情奶牛。

③ 移植药械：Estrumate（前列腺素$F_{2\alpha}$类似物），含氯前列烯醇250微克/毫升，氯甲酚B.P0.1%，后者用于抗菌。此外，还有塑套管移胚枪、保温杯、温度计等。两种奶牛发情鉴定器（Kamar和Estrus Alert）贴于受体牛尾根处，当母牛接受爬跨时，鉴定器由白色变成鲜红色，观察人员可根据鉴定器的颜色来判断母牛是否已被爬跨的大致时间。

④ 受体牛同期发情处理采用一次注射法，直检选用有功能性黄体的受体牛进行同期发情处理，每头每次注射Estrumate 2毫升，即含氯前列烯醇0.5毫克，并将发情鉴定器贴于其荐部上方。注射当天下午时间记为0天，至次日的同一时间记为第1天，依次类推，第

1~6天连续观察奶牛发情。同期发情牛处理集中在同一栏内饲养，由观察员根据母牛的兴奋、阴部黏液、爬跨、被爬跨等征候，以及鉴定器颜色等判断该牛是否已经接受爬跨。每日观察3次，每次持续1小时。发情鉴定以看到或借助鉴定器颜色变化断定母牛已经静立接受爬跨为准。

⑤ 移植前再次检查，确定排卵侧，同时根据黄体形状、大小及突出卵巢表面程度来确定是否可作为受体牛。

⑥ 所用胚胎发育阶段均为早期桑葚胚（5~6天）、桑葚胚（6~7天）、早期胚囊胚（7天）、囊胚（7~8天），均为1级胚胎，其胚龄与发育期吻合，卵裂球轮廓清楚，透明度适中，细胞密度大，卵裂均匀，至少有85%的卵裂细胞完整无损，且内细胞团发育良好。

⑦ 胚胎解冻时，从液氮中取出胚胎，在空气中停留2~5秒后，水浴20秒，水浴温度冬季32.0℃、夏季37℃，取出擦干细管，剪去管塞，装入移胚枪备用。

⑧ 冻胚移植时，所用胚胎的胚龄在6~8天，母牛出现静立接受爬跨后6~8天后进行移植。胚龄应与受体牛静立接受爬跨后的天数一致或相差不超过12小时。

⑨ 移植前对受体牛进行尾椎硬膜外腔麻醉，每头注射普鲁卡因6毫升，个别牛可适当加大。注射后1~3分钟用手轻轻摇动牛尾，当牛尾呈"蛇样摆动"时即可进行移植。

⑩ 采用直肠把握子宫颈输胚法，将胚胎移植到黄体发育较好的一侧子宫角的大弯处。移植后60天，直检诊断妊娠与否。

结果显示，同期发情处理奶牛222头，其中有161头表现静立发情，发情率72.52%，移植冻胚155枚，移植成功85枚，妊娠率58.57%。同期发情处理中，育成牛发情率81.72%，成母牛发情率58.59%。育成牛发情主要集中在注射药物后第2天和第3天，而成母牛以第3天和第4天发情最高。育成牛妊娠率62.86%，而成母牛妊娠率48.24%，这可能是育成牛子宫内环境比较理想，存在繁殖障碍的可能性非常小。看来，除个别育成牛分娩时会发生难产外，育成牛是最佳受体牛。冻胚移植中，自然发情的受体牛妊娠率53.33%，而同期发情处理的受体牛妊娠率55.20%，差异不显著。

应注意的是，冻胚移植时，既可选择同期发情牛，亦可选择时期吻合的自然发情牛。曾经输精配种2~5次的未妊奶牛的冻胚移植妊娠率46.67%，明显低于未曾输精奶牛的冻胚移植妊娠率的56.67%。因此，冻胚移植时，应尽量避免使用多次输精未妊的奶牛作为受体牛。

冻胚移植在黑龙江

在黑龙江双城市，供移植的奶牛冻胚来源于黑龙江省畜牧研究所。冻胚装入0.25毫升塑料细管。

冻胚移植步骤

① 选择健康、无生殖疾病、发情周期正常的荷斯坦低产母牛为受体牛。移植前进行检查，以确定黄体。用20%普鲁卡因做尾椎硬膜外麻醉，清洗外阴部。

② 冻胚解冻时，把装有胚胎的塑料细管从液氮容器中取出，放入35℃水中，10秒后取出并擦干、剪断细管两端，将其内液体滴入平皿内。5分钟后将胚胎取出并吸取少量

溶液。移入与其等量的 15%FCS+ 改良的磷酸缓冲液中。4 分钟后，判定胚胎质量，并用 15%FCS+ 改良的磷酸缓冲液清洗 3 次，然后分 3 段，中间由气泡隔开，装入 0.25 毫升塑料细管中，以发情日为 0 天，于发情后 7~8 天移植。受体牛黄体侧子宫角上 1/3 处。

③ 在移植后 60~90 天直检诊断妊娠与否。

结果显示，移植奶牛冻胚 111 头次，妊娠 50 头，妊娠率 45%。

注意事项

选择受体时，要与当地配种员密切配合，选择体况适中、无生殖疾病、发情明显、具有明显黄体的受体母牛进行移植，才可取得较好的结果。

受体牛在秋季移植，其结果好于夏季。因为夏季天热，受体牛体况下降，发情不明显，可能出现排卵迟缓或不排卵，还可能导致受体牛生殖内环境不利于胚胎的生长发育。冬季室外气温低，不利于操作。

进行胚胎移植的受体牛，其饲养管理一定要较为规范，体况适中，每天运动。尤其不能整天拴系饲养。

冻胚移植在宁夏

地处西北边陲的宁夏，是少数民族聚居的地区，畜牧业占有重要地位，牧业产值占农业总产值的 32%。全区牛饲养量达 70 万头，奶牛头均产奶量仅 4 500 千克，根本原因是个体生产性能低下。亟须引进良种牛冻胚，选择本地牛作为受体进行移植，生产胚胎移植后代，加速良种化进程。

冻胚移植步骤

① 从加拿大引进荷斯坦奶牛冻胚，冻胚来自 3~4 个家系，各家系之间五代之内无血缘关系。受体牛系宁夏牛胚胎生物工程中心和灵武农场奶牛场的健康无遗传及繁殖疾患的荷斯坦奶牛。移植前每头受体牛肌注亚硒酸钠、维生素 E 和维生素 AD 各 10 毫升，补充微量元素和维生素。

② 胚胎解冻液由美国 AB Technology 公司生产。解冻时，胚胎细管从液氮容器中取出，在空气中停留 10 秒后，放入 32℃水浴 10 秒，移入解冻液中停留 4 分钟，用培养液冲洗 4~5 次，装移胚枪备用。

③ 移植时，将胚胎放入受体牛黄体侧子宫角内，受体牛的发情天数须与胚胎胚龄相匹配。

结果显示，移植受体牛 142 头，妊娠 69 头，移植妊娠率 48.59% 其中荷斯坦奶牛移植妊娠率最高达 75.00%，产犊 68 头，产犊率 98.55%。

冻胚移植散养户

内蒙古畜牧科学院从加拿大引进奶牛胚胎 179 枚。供体母牛历年产奶量达 8 000 千克以上，并按我国种畜进出口检疫条例和国际胚胎移植协会规则操作。

冻胚移植步骤

① 在山东及内蒙古地区，挑选经检疫健康、无繁殖病的散养户奶牛及黄牛为受体，年龄 2~8 周岁。

② 饲养方法为舍饲补和放牧两种形式。舍饲时，受体牛经舍饲管理，并在移植前 45~60 天，开始用全价饲料补饲，以保证日增重为 0.50~0.75 千克。根据受体牛的日粮营养成分，适量补充维生素 ADE 和亚硒酸钠维生素 E。放牧时，受体牛由农户自养，以放牧为主，冬春少量补饲。

③ 受体牛诱导同期发情所用激素为氯前列烯醇，每支 0.2 毫克 / 毫升，胚胎解冻液（1.0 摩尔 / 升蔗糖 / 改良的磷酸缓冲液）及保存液均为美国生产的成品溶液。受体牛同期发情处理，采用 1 次或 2 次氯前列烯醇注射法。2 次注射法即在任意一天第 1 次注射氯前列烯醇 0.4 毫克 / 头，在此后的第 11 天第二次注射同等剂量氯前列烯醇。用于甘油冷冻的胚胎采用常规解冻：冻胚空浴 10 秒后，置 35℃水浴 10 秒，用 1.0 摩尔 / 升蔗糖改良的磷酸缓冲液 4 分钟，用保存液冲洗 5~6 次，装管移植。胚胎在解冻后 30 分钟内移入受体。

④ 用于乙二醇冷冻后胚胎用一步细管法解冻：取一个冷冻一枚胚胎的细管，空浴 10 秒后，置 35℃水浴 10 秒，剪开封口端，装管直接移植。胚胎解冻后 8 分钟内移入受体。取一个细管冷冻多枚胚胎的，空浴 10 秒后置 25℃水浴 10 秒，用保存液冲洗 3~4 次，装管移植。胚胎解冻后 30 分钟内移入受体。

结果显示，141 枚冻胚移植在不同饲养管理条件下的受体，移植妊娠率分别为 56.86% 和 38.71%，二者差异显著。冻胚在同等试验条件下与甘油做保护剂的常规冻胚进行比较，虽然移植妊娠率低于 4.11%，但差异不显著。在同等试验条件下，用乙二醇保护剂的一个细管 1 枚胚胎和一个细管 5 枚胚胎移植妊娠率分别为 45.0% 和 26.7%，二者差异显著。移植速度快，只需 3~4 分钟，并无任何子宫内膜损伤，可获移植妊娠率 51.19%，显著高于操作困难、子宫有损伤的受体移植妊娠率的 33.33%。

应注意的是，在牛的冻胚移植实施过程中，受体饲料单一、管理粗放都会影响移植效果。改善饲养管理，确保受体母牛良好体况，有助于其处在适合胚胎发育的最佳状态。

胚胎分割后冷冻

牛半胚冷冻的意义在于获得不同龄的同卵孪生牛犊，以加速对优良种奶牛的选育。以非手术法采集牛的胚胎，取其桑葚胚和囊胚用于分割。

胚胎简易分割步骤

① 先用猪卵母细胞制作空透明带。其方法是，左手持一尖端为 50~60 微米的玻璃吸管，借助毛细现象固定卵母细胞；右手持分割针，将透明带切开，切口为透明带直径的 1/3，将透明带内含物清除，然后用改良的磷酸缓冲液洗净，即可使用。

② 半胚装入空透明带的方法：左、右手各持分割针 1 根，其中一分割针按住透明带，使切口开张，另一分割针尖端断口直径 5~10 微米，吸住半胚，将其送入空透明带内。琼脂包埋：先用生理盐水配制 1%~1.2% 的琼脂溶液，当琼脂的温度降至 55℃左右时，将 1.5 毫升琼脂液置于表面皿中，然后把装入透明带的半胚移入琼脂溶液中，再用移胚管吸取含胚

胎的琼脂溶液，待凝固后打入培养液中。

③一次包埋 1~10 枚半胚，用分割针切成 0.5 毫米 × 1 毫米的短圆柱，用于冷冻。

④半胚的冷冻和解冻与整胚的冷冻和解冻方法相同。

⑤半胚移植时，选择发情周期正常，体格健壮，黄体发育良好的成年奶牛或黄牛为受体。在发情后第（7 ± 1）天，用非手术方法进行移植。

结果显示，分割 9 枚胚胎，得到 18 枚半胚。其中，8 枚进行裸半胚的冷冻，解冻后得到可移植半胚 5 枚，移植于 4 头受体，结果无一头妊娠；另 10 枚半胚，装入空透明带并用琼脂包埋后冷冻，解冻后得到可用半胚 9 枚，移植于 5 头受体，有 1 头产犊。

将牛半胚装入空透明带并以琼脂包埋后进行冷冻，其胚胎的可利用率明显优于裸半胚冷冻的可利用率。这说明，透明带在牛的半胚冷冻过程中起重要作用。琼脂包埋是为了封住空透明带的缺口，使透明带的作用更加完善；同时，琼脂本身也能起一种屏障保护作用。以往半胚装入空透明带的操作比较繁琐，设备要求较高。

采用本方法将半胚装入透明带，操作容易，速度快，避免了胚胎在体外的存留时间，而且能将半胚装入双层透明带内，可减去琼脂包埋的复杂程序，简化半胚的冷冻过程，提高冷冻半胚的存活力。

冷冻半胚的移植

本次半胚冷冻及移植在河北省芦台农场、丰南县与保定畜牧场，以及黑龙江 8511 农场等地进行。

供体为荷斯坦牛，受体为荷斯坦牛和黄牛。除胚胎分割仪为日本产外，激素、药剂、仪器设备均为国产。

供体从超排第 3 天起用氦氖激光原光束照射母牛交巢穴，功率为 30 兆瓦，距离 60 厘米，每天 1 次，每次 10 分钟，连续照射 4 次，直到发情，旨在提高超排效果。

供体从分娩后到超排处理前，每天补饲胡萝卜 1.5 千克。用简单方法将 7 枚解冻后的可用胚胎分割成 14 枚半胚，将裸半胚成对移植给 7 头受体牛。

在 3.3% 甘油中浸 5~7 分钟，6.7% 甘油中浸 5~7 分钟，10% 甘油中浸 10 分钟。由室温至 -6.5℃，以 1℃ / 分速度降温，诱发结晶并平衡 10 分钟，而后以 0.3℃ / 分速率降至 -38℃，投入液氮中保存。去除冷冻胚胎的冷冻保护剂后，将其移到等渗的改良的磷酸缓冲液中。凡形态完整、细胞团或囊胚腔比较清晰、明暗度适中的胚胎判定为正常的或是成活的，可用于移植。

将 A 级和 B 级胚胎冷冻，并对比其成活率。

采用两种不同的方法脱除冷冻保护剂：一组的胚胎解冻后依次移入含 10%、6.7%、3.3% 甘油冷冻保护剂中，每档 7~8 分钟，最后将胚胎在含 20%FCS 的改良的磷酸缓冲液中洗 3 次；二组的胚胎解冻后先后在 0.5 摩尔 / 升蔗糖液中平衡 10 分钟，然后将胚胎取出，并吸取适量溶液移入另一平皿内，加入等量含 20%FCS 的改良的磷酸缓冲液，平衡 10 分钟后，用 20%FCS 的改良的磷酸缓冲液洗 3 次。

结果显示，激光穴位照射试验组，头均获胚 12.6 枚、可用胚 7.4 枚，分别比对照组增加 5.8 枚和 3.0 枚。饲喂胡萝卜试验组头均获胚 13.8 枚、可用胚 7 枚，分别比对照组增加 7.1 枚和 2.8 枚。分割 7 枚冻胚并移植给与胚龄同步的 7 头受体牛，3 头移植妊娠率 42.9%，产犊 5 头。按整胚计算，产犊率 71.4%，较同期冷冻胚胎的整胚产犊率 37.8% 提高 33.6 个百分点。

冷冻 A 级胚 79 枚，B 级胚 93 枚；A 级冻胚解冻后成活率 91.0%，B 级冻胚解冻后成活率 63.3%。

一组用甘油分三步脱除冷冻保护剂，解冻胚胎 44 枚，二组用蔗糖脱除保护剂，解冻胚胎 46 枚。二组的胚胎可用率 84.4%，比一组的 65.9% 提高了 18.5 个百分点，而且二组脱除冷冻保护剂的方法较一组简便。说明解冻后胚胎质量是影响移植受胎率的重要因素。

应注意的是，超排期间用氦氖激光照射交巢穴，超排前补饲胡萝卜，可提高超排效果。冻胚分割后移植，可提高产犊率。鲜胚质量是影响冻胚成活率的主要因素之一。解冻后的胚胎质量是影响移植妊娠率的主要因素之一。 用适宜浓度蔗糖脱除甘油，可提高冻胚成活率。

综上所述，足见胚胎冷冻保存、分割及移植，将"借腹怀牛犊"产生的科技效益，又向前推进了一步。

正是：

供体鲜胚何惧多，冷冻保存及切割，

受体需要即可用，不信牛奶不够喝！

第16章
黄牛的改良

黄牛改良在湖南

在湖南新宁县，自全面推广冻精人工授精技术以来，坚持以优良品种公牛杂交改良当地黄牛。他们的主旨是，达到以点带面的输精，一液氮容器多点配种；减少液氮容器的配置，节约设备、物质供给与经费；提高液氮容器利用率，增加黄牛改良率和改良人员的收入，做到异地输精与现场解冻输精效果无较大差异。

操作要点 在购进冻精时要进行严格的抽样镜检，不合格的坚持不要。输精时把好冻精质量关，解冻后必须经过镜检，要求精子活力 0.3 以上，每头输入有效精子数 3 000 万个以上（2 粒），达不到标准的坚持不用。必须保持液氮容器内的液氮在容积的 1/3 以上，保证冻精始终浸在液氮中。必须留有备用液氮容器，坚持每年每个容器清洗、消毒一次。解冻精液装入消毒过的青链霉素瓶中，封盖。一年四季在运输时将精液瓶放在贴身的口袋中，直到输精时才能取出，并在 150 分钟内使用。母牛发情鉴定时，坚持"问、试、看、查、摸"相结合。即问母牛开始发情时间及发情情况；让公牛试情，而不让其交配；看发情母牛外表及精神状况；查阴道黏膜充血程度、色泽、黏膜状况；通过直检触摸卵巢卵泡发育变化。接到养牛户电话报告母牛发情时，要详细询问母牛发情阶段，并耐心告知拟上门输精时间。一般黄牛颗粒冻精在异地配种的最佳输精时间是，发情母牛外部表现基本结束，拒绝公牛爬跨，外阴肿胀消失、仅粘有少量浓稠黏液，或经直检触摸卵巢时，发现卵泡壁薄而紧张，或大而软，或有弹性及一触即破之感。

黄牛改良在新疆

新疆博尔塔拉州本地土种黄牛多为蒙古牛核哈萨克牛，体格小，生长发育慢，生产性能低、经济效益差。从 1999 年开始，以新疆博尔塔拉州本地蒙古牛和哈萨克牛等土种黄牛为母本，引入优良品种荷斯坦牛细管冻精为父本，进行大规模杂交改良，其杂交后代，表现了明显的杂种优势。

结果显示，荷土 F_1 相比土种牛，初生重公犊提高 30.43%，母犊提高 33%；断奶重，公犊提高 120.11%，母犊提高 130.56%；体高、体斜长、胸围、尻高、管围、体重在 6 月龄、1 周岁及成年牛均有提高。各阶段各项指标均高于土种牛，差异极显著。一个泌乳期产奶量，土种黄牛为 1 494.5 千克，荷土 F_1 为 3 568.5 千克，二者相比，荷土 F_1 增奶 2 074千克，差异极显著。在同等饲管条件下，同龄荷土 F_1 的各项产肉性能均高于本地土种黄牛，屠宰率、净肉率分别比本地牛提高 6.57% 和 6.98%。总之，用荷斯坦牛改良土种黄牛，所产犊牛初生重大，体质健壮，生长发育快，育成期短，适应性好，泌乳性能和屠宰性能提高，经济效益可观。

黄牛改良在西藏

据不完全统计，西藏约有 508 万头牛，其中黄牛约 100 万头。长期以来，西藏黄牛处于分散、粗放、传统的养殖模式，由于近亲繁殖严重，造成了品种退化，个体偏小，生产性能低下。为改变这一状况，在国家科技部和区科技厅、区发改委、区农发办的支持下，由自治区农科院畜牧兽医研究所先后承担了日喀则等十多个县市的黄牛冻配改良技术成果转化和基地建设的配套任务。从北京奶牛中心引进优良种牛颗粒"冻精"和细管"冻精"，用于当地黄牛杂交改良。同时采取配套技术手段，使参培人员在种草养牛、优质优养、提高生产性能等方面，掌握了不少的新知识、新技术、新理念，为提高农户养牛经济效益提供了十分重要的技术支撑。通过 30 年的黄改工作，使西藏黄牛业的发展取得了前所未有的成就。

结果显示，西藏黄牛是以产肉为主，肉、奶、役兼用的西藏特有地方品种之一，是自古以来藏族民族的重要生产生活资料。长期以来受高寒严酷生态条件的影响和长期的自然选择，形成体躯较小、性成熟晚、生产性能低、抗逆性强、耐粗饲并适应高原气候环境、便于管理的特点。由于生活习惯，土种黄牛产肉仅在农区作为群众肉食来源，一般用老龄阉牛屠宰食用。成年黄牛平均屠宰时活重为 191.24 千克。20 世纪 70 年代末，在西藏部分地区开始引进"冻精"人工授精技术，加快了黄牛改良和杂交育种进程，为培育"西藏乳用黑白花新品种"开创了有实际应用价值的新模式；所得的杂交一代生长发育、生产性能，均高于当地西藏黄牛。拉萨市城关区用荷斯坦牛冻精冷配后，平均年奶产量达 2 000~2 700 千克以上，相当于西藏土种黄牛产奶量的 5.4~7.3 倍，乳脂率 4.02%。

西藏黄改工作效益非常显著，加快了实现脱贫致富的步伐。

通过培训，向农牧民传授了畜牧、兽医、草原实用技术，使参培人员在较短时间内掌握了较多的科学养牛方面的技术，使科技进入千家万户，提高了广大农牧民的科技素质。建立了人工草地，种植了优质牧草，既解决了饲草料不足，也增加了植被覆盖率，生态环境得到了改善，为发展可持续生态农牧业提供了条件。同时，有效提高牲畜饲喂质量，缓解草畜矛盾，减轻草场压力，降低生态成本，取得养畜和生态保护的"双赢"。

注意事项

要积极抓好黄改示范户的带动工作，确保农牧民生活更加富裕，以绿色奶牛业生态示范区建设为重点，科学规划，合理布局，围绕优势区域发展优势主导品种，重点在日喀则地区、山南地区、拉萨市等地建设奶牛示范区，引导千家万户开展种草养家畜，促进增收工作。以标准化奶牛养殖示范基地建设为重点，积极支持养殖专业大户的发展，促进家庭牧场和专业养殖示范小区向重点乡镇集中，逐步壮大专业乡镇的饲养规模。积极发展绿色、无公害畜产品生产基地，建立乳制品精深加工货源基地和出口外销基地，提升畜产品的竞争力，形成区域经济，充分挖掘畜牧业增收潜力的着力点，确保农牧民生活更加富裕。

养殖基地或专业户的养殖方式要更加规范化，达到品种优良化，粪便等污物处理无害化，环境生态化，防疫达标化，管理科学化，经营市场化和产品绿色化，实现畜牧业发展与人类健康要求相和谐。

成立以专业技术人员为主的技术小组；制定可行的黄改技术路线、方案，抓好每年5~10月份黄金配种季节，确保配种牛的头数，提高受胎率；拓宽饲草料来源渠道，改变传统、单一、粗放的饲养模式，实现高产、优质、安全、生态、高效的畜牧业；加强妊娠母牛的饲管和接产育犊工作，尽可能使犊牛出生期正值春夏季，确保改良犊牛的成活率；为加速黄牛改良工作步伐提供雄厚的技术支撑；黄改工作要持之以恒，制定各项管理制度，明确责任，奖罚分明，确保各项技术、经济指标的顺利完成。

黄牛改良在贵州

贵州晴隆甚至黔西南州的黄牛冻配改良工作，长期以来，重视春末和夏季及秋初，即在4月中旬到10月下旬，仅有6到7个月的时间。其实冬季及早春季节5个多月的冻配能增加配种数量，能显著提高母牛的受胎率和产犊率，还能减少液氮消耗。黄牛冻配不应忽视冬季及早春季节，他们认为，好处至少有：

增加冻配数量。能充分利用秋末和冬季及早春长达5~6个月时间，使得30%的发情母牛及时进行冻配，这样就相应增加了当年的母牛冻配总数。

利于受胎产犊。能对夏秋季节配而未孕的母牛获得更长时间和更多情期的补配，能使母牛不受夏秋炎热高温的不良影响，从而进一步提高母牛受胎率和产犊率。

降低冻配成本。在夏季和秋季冻配，一个配种站如果每天冻配母牛2~5头时，平均每月需消耗液氮15升。若每天配种1~3头时，平均每月液氮消耗仅7~8升。由此可见，一般冷配站液氮消耗量要比春末和夏季及秋初减少60%以上，大大降低了开支。

准确掌握发情。有的农户养牛农闲时是白天放牧，夜间补饲刈割青草；农忙多为使役后间隙牵牧，夜间补饲青草和少许精料；冬季及早春，气候寒冷，牧草枯萎，放牧只是为了加强运动。每天给母牛喂草添料，便于对母牛进行观察，发现发情母牛，而从饮食与精神状态的表现观察到发情不明显的和隐性发情的母牛，利于及时输配。

增加农民收入。由于秋末和冬季及早春冻配能提高冷配母牛的受胎率和产犊率，从而提高母牛的繁殖能力和利用价值。由此加快黄牛改良步伐，增加农民经济收入。

冬季改良好处多。母牛冬春季舍饲，有4~5个月，每天几次给母牛喂草加料和饮水，有机会对母牛进行零距离观察。即使对发情不明显的隐性发情的母牛，也能观察出来，及时将发情母牛情况报送冷配站，及时得到适时输精配种。因为冬季配种时天气寒冷而不像夏秋季炎热，母牛也没有受到炎热高温的不良影响，不仅受精和胚胎的生长发育正常进行，而且对夏秋季配而未妊或妊而夭折的母牛，也能得到更长时间和更多情期的补配，有益于促进提高受胎产犊率。

有一些配种点的牛群受胎率偏低，其中由于人工授精操作中存在问题造成受胎率低和母牛难孕是一个不容忽视的原因。操作中存在问题如下。

（1）无菌概念差　在工作环境、使用器具、个人卫生、精液解冻，以及输精过程中，均不同程度地存在细菌污染。

（2）室内不卫生　精液保存和解冻操作的工作室过于简陋、封闭不严、卫生状况差；由于未经常打扫，致使房顶、墙壁、地面和桌面不洁，室内尘土多；有些配种室与兽医室或库房混用，不良气味或杂物多。

（3）器具有污染　使用器具不及时清洗和消毒，或清洗消毒过的器具未保存在干燥密封的容器内，造成再次污染。

（4）人员素质低　配种员工作开始前不洗手，穿着沾有牛粪和许多尘土的工作服在室内操作精液解冻，甚至在室内吸烟，工作时房间内充满了烟味。

（5）器具放置乱。将器具放置在桌面上，认为抹布擦过的桌面即是干净无菌的。认为日常使用的未经消毒的白纱布或普通毛巾是无菌的，将器具放在上面或用于包裹无菌的器具。

（6）用手瞎触摸　认为手是干净无菌的，用手触摸器具要接触精液和牛子宫的部位。其实，即便是洗了手或用酒精消毒、辐射消毒、高压灭菌或蒸煮灭菌过的距离无菌状态还相差很远。

（7）外阴不洁净　有些配种员清理直肠宿粪后，不擦洗牛外阴，就直接将输精器插入母牛阴道，误将病菌甚至牛粪带入阴道。有些配种员用水或消毒液清洗牛外阴后，未经擦干即插入输精器，使得阴门存留的清洗液进入了输精器头部，影响精子的活力。有些配种员用毛巾擦洗牛外阴，沾染了牛粪的毛巾无法彻底洗干净，反复使用后成为污染源。推荐方法：用自来水管或水壶的干净流水冲，用刷子或带手套的手擦洗，洗去粪迹后，用纤维较粗、较厚的卫生纸擦干。擦洗牛阴门时，先擦阴门裂中部，再向外擦，卫生纸的一个面擦了一次后，换另一个面再擦。取水不方便时，可用卫生纸干擦，将可擦去的脏物擦掉。

（8）液氮容器污染　不注意液氮容器内外卫生，认为液氮可以杀灭细菌，不会造成污染。其实液氮可以冷冻保存细菌，液氮容器内的细菌可污染冷冻精液，尤其是污染颗粒冻精。因此必须保持液氮容器内外卫生，防止污染物进入容器内。取冻精时，容器塞应倒置，不要让插入容器口的部分接触尘土和污物，接触冻精和液氮的器物应干净，液氮容器至少每年清洗一次。

（9）输精枪不洁　擦洗细管或装输精枪时，用手触摸细管前端开口和输精枪鞘头部。使用颗粒冻精时,输完一头牛,仅用酒精棉球简单擦洗输精管的外部后,又接着吸取精液给下一头牛输精;用后不清洗消毒输精器,下次使用以前,用酒精棉球擦洗后,将棉球点燃,用火焰消毒输精管,殊不知,这样的操作使输精管内壁结了一层变性炭化的蛋白,影响精子的活力及卫生。

(10)操作不规范 取冻精时,精液提筒高出液氮容器口,甚至提出容器口,影响了剩余冻精的活力。解冻温度不用温度计,仅凭术者手的感觉判断。即使用温度计,也要注意是否准确。国内推荐的解冻温度是38~40℃。有些配种员解冻后从不检查冻精活力,还有些配种员用细管中1/4~1/3的精液检查活力,这两种做法都不正确。新用一头牛的冻精或新开一袋冻精应检查活力。一般检查时取很少一点儿样(输精前检查采样时,细管头部和输精器头端不能接触载玻片)或用输精后棉塞处剩余的一点儿精液即可。有经验的配种员没必要每次和每一支细管都检查。有些配种员将塑料输精枪外鞘重复使用,污染是不可避免的。有些配种员主要靠持输精器手来回戳的方法通过子宫颈,结果由于用力过猛,动作粗暴,对子宫颈或子宫内膜造成损伤。将输精器通过子宫颈操作时,必须两手协同,主要靠伸入直肠内握子宫颈的手起作用,在输精器前行的同时,调整子宫颈的位置和角度,引导输精器通过。合理的输精部位是当输精器推至子宫颈内口处,输精器头端开口与子宫颈内口平行时,将精液输在子宫体基部。精子在子宫内会游向两侧子宫角,一个输精剂量的精子数可以保证正常受精。技术较好的配种员也可将精液输入卵泡侧子宫体部浅部。

黄牛改良在云南

云南省会泽县乐业镇,有农业人口68 344人,农民人均年收入2 394元。畜牧业特别是肉牛养殖是全镇的主导产业之一。1995年引进肉牛冻精改良技术,通过多年不断分析总结,黄牛改良受胎率从1994年的40%提高到95%,摸索出了提高黄牛冻改受胎率的有效措施。目前,全镇有冻精改良点8个,技术人员12人,14年来累计改良当地黄牛54万头,为畜牧增产、农民增收做出了较大的贡献。他们的经验:

强调生产细管冻精单位,要选好、养好种公牛,坚持鲜精不好的不冷冻,冻后不合乎标准的不贮存。

在选购细管冻精时,查询细管冻精来源,并对冻精抽样显微镜检查,不合格的坚持不用。塑料细管冻精贮存时,要保证细管冻精浸泡在液氮中。选用高纯度的液氮。对使用的液氮容器坚持每年清洗1次。

母牛的发情鉴定以观察外部性行为为主,触摸卵巢为辅来进行综合判定。母牛发情采用"问、看、查、摸"相结合的方法鉴定母牛发情:询问母牛开始发情时间及发情过程等情况,观察发情母牛外部的表现,检查阴道黏膜充血和宫颈外口充血及开张情况,通过直肠触摸卵巢上卵泡发育变化的程度,以此推算母牛发情排卵的时间来确定输精的最适时间。

在母牛结合搜爬跨,站立不动,卵泡成熟接近排卵时开始输精。如隔6~13小时,卵泡仍未破裂可施行二次输精。

对发情母牛采用直肠把握深部输精300头,经人工授精后60天的母牛进行妊娠诊断,情期受胎率87%。

黄牛改良在山西

西门塔尔是著名的乳肉兼用型品种，具有广泛的适应性，山西省 20 世纪 70 年代就开始用该品种改良本地黄牛，现改良牛头数已达 80 余万头。但杂种牛产奶量较低，三代的平均产奶量仅 2 151 千克，高代最高产奶量也不过 3 429.7 千克。为提高产奶量，选择红色荷斯坦和西改牛进行三元杂交。红色荷斯坦牛是从荷斯坦奶牛衍生出来的一种红白花奶牛。试验在山西省西改牛中心产区的和顺县进行。

结果显示，红杂一代牛 1 胎、2 胎、3 胎的平均产奶量达 4 010.33 千克，泌乳天数 271 天，平均日产奶量 15.15 千克。其中，产奶量 4 000 千克以上牛达到 47 头，平均产奶量 4 322.89 千克，泌乳期天数 281 天。

应注意的是，红色荷斯坦牛与西改牛杂交一代产奶量，大大高于西改牛三代的平均产奶量 2 151 千克，并且耐粗饲、适应性强，完全适于在我国农区饲养。开发利用西改牛的公牛肉用、母牛乳用，提高西改牛经济效益，激发农民饲养西改牛积极性，维护西改牛饲养业持续发展，增加农民收入。

黄牛改良在甘肃

在甘肃武威、金昌和张掖三个地区，选择体型、外貌、生产性能、年龄和体重基本相近的健康、空怀本地黄牛 100 头，随机分成试验组（杂交组）合对照组（纯繁组），每组各 50 头。

试验组采用人工授精的方式配种，对照组用本地黄牛自然交配和人工辅助交配配种。对参加试验的公牛、母牛实行单独分群饲养。

试验前牛群驱虫 1 次，两组在相同饲管条件下，白天放牧，夜间适当补饲优质草料和配合精饲料，加强犊牛的护理和培育，定期统一用丙硫咪唑驱虫，双甲脒水溶液洗浴，预防接种。保持牛舍环境清洁卫生和消毒工作，保证饮水清洁，雨雪天舍饲。冬天枯草季节对怀孕后期母牛、哺乳母牛、犊牛和育肥后期牛补饲精料。

将两组母牛编号登记，记录其配种和产犊情况，对所产犊牛全部编号登记。测定其初生、6 月龄及 12 月龄的体重、体尺等指标，并观察其适应性。早晨空腹时进行称重。

结果显示，西本 F_1 牛体型趋向父本西门塔尔，发育良好，毛色多为黄、红白花，其哺乳性能良好，觅食性强，不挑食，放牧采食广，食量大，抗病力强，能适应当地的气候和自然条件。

西本 F_1 牛平均初生重 40.38 千克，其中，试验组公犊牛比本地公犊牛初生重提高 46.48%；试验组母犊牛比本地母犊牛初生重提高 45.92%；6 月龄西本 F_1 公牛、母牛的体重比本地公牛、母牛分别提高 28.18% 和 29.92%；12 月龄西本 F_1 公牛、母牛的体重比本地公牛、母牛体重分别提高 27.65% 和 27.60%。

从试验结果看出，用西门塔尔牛冻精杂交改良本地黄牛效果显著，能提高本地黄牛生产性能。甘肃西部黄改进展较快，改良牛的体型外貌、生长发育和生产性能等方面均有很大提高，在武威市乃至全省产生了很好的社会效益、生态效益和经济效益。甘肃省西地区地方黄牛改良成绩喜人，加之武威、金昌和张掖等地是甘肃省主要的产粮基地，饲草饲料来源广泛，所以在当地大力发展养牛业具有广阔前景。

黄牛改良在青海

自1980年起，青海湟源县实施黄牛改良工程以来，先后利用荷斯坦、西门塔尔冻精改良当地黄牛，经过牧医技术人员近30年的努力和有关部门的支持，黄牛改良工作稳步发展。近两年来又开展实施了胚胎移植、性控冻精和奶牛良种补贴项目，全县牛良种比例明显提高。1980年，全县仅有改良能繁母牛360头，其中荷斯坦牛245头，西门塔尔牛115头，良种母畜比例2.5%。2008年改良牛头数达到22 389头，能繁母牛存栏13 907头，良种比例达到36%。经测定，210天平均产奶量本地黄牛仅527.5千克，荷斯坦杂种牛可达2 340千克，农户一年牛奶收入可增加2 000元。犊牛初生重黄牛一般在15千克左右，杂种牛初生重22~30千克，杂种公牛经去势育肥出售可比当地黄牛育肥出售多卖1 000~1 500元。西门塔尔杂种牛育肥效益更好，宰前重可达350千克，屠宰率可达55%。黄改取得了明显的经济效益和社会效益，为湟源县农民带来了实惠。

青海省大通回族土族自治县青林、多林两乡地处半浅山地区，是典型的农牧交错地带。地区海拔2 600~4 000米，年均气温2.7℃，年降雨量250~380毫米，无霜期100天左右，牧草生长期180~200天。黄牛是当地农牧民饲养的主要大家畜，现饲养6.01万头。黄牛以役用为主，体小、成熟晚，其产肉、产奶性能很低，经济效益不好。为改变这种状况曾选用过各种良种牛对当地黄牛杂交改良，但由于杂种狗牛难产率高，使改良难于推广，致使地区养牛业长期处于停滞不前的局面。本试验对不同杂种牛的受胎率、繁殖成活率、难产率、犊牛初生时体尺体重进行统计，以期选出最佳杂交组合，有效实现对当地黄牛生产性能的改良。

试验的400头母牛与120头犊牛是随机抽样于青林、多林两乡的农牧户中，其中被测犊牛中的黄牛犊是由当地黄牛公牛本交所得，其他各种杂种犊牛是采用人工授精所得，都是体质健康、发育正常的；试验妊娠母牛都是无产科疾病史的健康经产牛。种公牛的细管冻精从北京奶牛中心和中国农科院畜牧所购入。

试验母牛分组：第1组为采用皮埃蒙特牛细管冻精杂交的妊娠母牛100头、第2组为采用荷斯坦牛细管冻精杂交的妊娠母牛100头、第3组为采用西门塔尔牛细管冻精杂交的妊娠母牛100头、第4组为采用黄牛公牛本交的妊娠母牛100头。

从4组试验母牛所产的犊牛群中，相应选出4组，每组30头。测定包括：母牛妊娠、分娩状况和犊牛的初生体重、体高、体斜长、胸围和额头宽测定；测定和记录时间为母牛分娩后。授精前精液经过活力检查。配种工作由同一技术员完成。

结果显示，对随机抽样分布于两乡的400头产犊母牛的受胎率、难产和繁殖成活率进行调查统计。母牛的受胎率，第4组高于其他3组，但差异不显著，说明受胎率在人工授精技术条件下，可以达到自然本交的水平。繁殖成活率，各组数值间均无明显差异，说明繁殖成活率与犊牛的品种差异无明显关系；难产率，1组与4组、2组与3组无明显差异，但1、

4组与2、3组间差异显著。

犊牛初生时的体尺、体重，经t检验1、2、3组与4组差异显著，但1、2、3组间无显著差异。结果与难产率变化成正相关。说明额头宽度对杂种犊牛正常分娩的影响比其体重和其他体尺的影响大。

试验结果表明，各杂种犊牛的难产率均高于当地黄牛的值。难产率的高低与犊牛体格、体重的差别有一定关系，体格大、重时，分娩难度增大；但其结果与额头宽度更有关。

荷斯坦牛和西门塔尔牛的杂种后代在分娩时因头体积较大，通过产道比较困难而易造成窒息死亡。因此在土种黄牛的改良工作中，应采用体格中等、额头较小的良种牛，才能保证有较高的繁殖率和更有效地完成改良任务。

抓好黄改六环节

（1）冻精运输　冻精在保存过程中，如果温度上升到一定程度，将会造成精子衰弱、死亡、活率降低。为此冷冻精液在分发和运输过程中必须经常检查贮精容器的有效性；夹取颗粒冻精时，不离开液氮容器颈口，动作迅速，经常检查容器内液氮消耗情况，当容量不足1/3时要及时补充；分发计数冻精颗粒时，在液氮中进行，凡抽检不合格冻精一律销毁不下发。

（2）发情鉴定　母牛发情时，准确的发情鉴定是提高受胎率的关键。其发情表现分为四个阶段：发情前期、发情盛期、发情后期和发情末期。

（3）适时输精　输精最佳时期是发情母牛不让试情公牛爬跨后12~18小时开始输精。由阴道流出的黏液黏稠、黄色、块状，子宫外口稍紧而硬，内口松软，输精器容易插入时开始输精，间隔12~18小时第二次输精。或者直肠触摸卵巢时，卵泡变薄，卵泡波动明显，甚至有一触即破之感，此时即可输精，隔12~18小时再次输精。如果第一次早晨输精，则第二次晚间输精。如果第1次晚上输精，则第2次次晨输精。年老体弱的母牛发情持续期较短，要适当提早配种。青年母牛发情持续期较长，要适当延迟配种。

（4）冻精解冻　解冻要快、准、稳，即从液氮容器的口袋中提取颗粒冻精要快，颗粒冻精放入有解冻液试管要准。整个操作过程要稳，掌握好解冻的温度，解冻液及试管要无菌，解冻后要检查精子的活率及畸形率，达不到指标的一律不用。

（5）器材消毒　每次输精后立即用清水洗刷7~8次。再用蒸馏水冲洗3~4次，甩净。用酒精棉球消毒，烘干备用。输精前用消毒解冻液冲洗两遍，并预热到40℃，然后吸取精液。

（6）狠抓复配　母牛配种后的40天应进行妊娠检查，如确定未妊，就应尽可能地查出配不上的原因。采取相应措施，及时补配，以避免母牛空怀。

确保黄改的措施

（1）抓住时机　母牛发情有季节性，并和营养状况、使役程度等有密切关系。一般，我国北方地区七、八月份是牛的发情高峰期。这一时期气温偏高，光照长，外界温度高，青草旺盛、牛膘情好，有利于促进母牛发情排卵，而且也有利于所产犊牛次年"吃饱青"。所以要对配种母牛适时断奶，早抓膘早补料。

（2）适时输精　准确发现母牛发情表现是掌握母牛配种适期的关键，通常的办法是"一试二看三检查"。一试，就是利用试情公牛爬跨时，母牛站立不动且有拱背频频排尿表现；二看，指发情母牛阴门肿胀消退，颜色变为紫红色，同时母牛回眸试情牛的爬跨行为；三检查，指输精前检查阴道分泌物，一般阴户有铁锈或小米汤色黏液。通过直检触摸卵泡发育到似熟葡萄状，有一触即破之感，此时输精最适宜，受胎率最高。在一个发情期内，采用第一次输精后 10~12 小时再输精第二次。

（3）深部输精　采用直把输精法，把精液直接送到子宫颈内口，以缩短精卵子结合相遇的时间。操作时必须严格遵照操作规程。

（4）持证经营　根据《种畜禽管理条例》，对从事人工授精的专业户，全部办理《种畜禽生产经营许可证》及人工授精员证。执法人员深入种公牛配种户，不许继续从事种公牛对外配种工作，彻底淘汰种公牛。

（5）加强培训　对人工授精员进行定期培训，解答遇到的各类实际问题。提高其实际操作水平。

（6）做好供应　主管部门要定期定点供应液氮、细管冻精，方便各配种专业户。保证冻精质量。

综上所述，足见土地机耕后，广阔农村的黄牛闲置，真是可供利用的巨大资源。借助冻配技术，使之向乳用方向发展，让国人喝上牛奶、农民增加收入，成为现实！

正是：

> 黄牛闲置怪可惜，冻配改良未足奇，
>
> 输精操作当里手，喝奶致富皆欢喜！

第 17 章
黄牛下奶牛

受体黄牛的选择

选择受体黄牛的标准：体型结构良好，体高不低于 112 厘米，体斜长不少于 140 厘米，骨盆比较宽大。骨盆大小可依十字部宽 45 厘米以上和坐骨结节宽 13 厘米以上间接判断。营养状况中等以上。体质健康无传染病，无生殖器官疾病。卵巢黄体良好，其如用鲜胚移植，与供体牛发情同步差需在 ±24 小时以内。

为保证受体黄牛正常体况，促使其尽早发情，带犊哺乳黄牛应及早断奶。年龄 3~5 岁，胎次 1~3 胎。母牛如符合上述条件，仅其年龄稍大些也可选择。按上述标准选择的受体黄牛都能正常发情、妊娠和分娩。

农户黄牛下奶牛

受体牛为本地黄牛和杂种牛，由农户散养，年龄 3~8 岁，膘情中等，分娩 8 个月以后，有正常发情周期，经直检卵巢有活性黄体。

处理药品与方法：前列腺素 $F_{2\alpha}$ 为美国产利达时，剂量 5 毫升（25 毫克），一次肌注前列腺素 $F_{2\alpha}$ 后，由农户牵回饲养。当发现不安、减食、哞叫、爬跨、吊线、阴唇肿胀等发情征状时，将牛牵到乡配种站检查，以让牛互相爬跨发情为准。

用德国、丹麦进口荷斯坦供体母牛做超数排卵，第 6~8 天用非手术采胚，采胚当天进行鲜胚移植。胚胎移植后 90 天左右，进行直检诊断妊娠与否。

结果显示，1 次注射前列腺素 $F_{2\alpha}$ 的 129 头，注射后第 2~5 天内集中表现发情 100 头，同期发情率 77.52%。其中以注射后第 3、4 天发情的最多，分别占注射牛总数的 31.00% 和 25.58%。用前列腺素 $F_{2\alpha}$ 诱导同期发情的受体黄牛，移植胚胎妊娠率 46.43%，与自然发情受体黄牛移植胚胎妊娠率 50.00% 相比，二者差异不显著。

河北黄牛下奶牛

在河北省临漳县狄邱牛场，供体为荷斯坦和西杂青年母牛，受体为南阳黄牛的青年母牛。

供体的处理：供体牛于发情周期的第 10 天起，每天分早、晚两次肌注促卵泡素，共注 4 天 8 次，总剂量为 6~6.75 毫克，在肌注促卵泡素的第 3 天同时肌注氯前列烯醇 2 支（4 毫升），母牛发情接受其他牛爬跨站立不动后 8~12 小时，输精第 1 次，以 12 小时间隔再输精两次，每次输精两个剂量。丁供体牛发情输精后第 7 天，用非手术方法采集胚胎，在实体显微镜下检查胚胎，按形态鉴定法对胚胎质量进行评定，分为 A、B、C、D 四级，从中挑选 A、B 级胚胎进行冷冻，放入液氮容器中保存。在受体牛发情后适时将可用胚胎吸入 0.25 毫升塑料细管内，用非手术法移入与胚龄同步且子宫、卵巢黄体正常的受体子宫角内。

结果显示，在液氮中保存 1~13 天的 12 枚冻胚，解冻后全部回收，经形态鉴定全部为可用胚，冻胚可用率为 100%。将 11 枚胚胎移入 9 头受体牛，其中 2 头受体牛各移入两枚胚胎，经 90 天后直检妊娠 5 头，移植妊娠率 55.6%，5 头受体牛产犊 6 头，其中一头产双犊。

应注意的是，桑葚胚比囊胚的妊娠率高。这可能是因为囊胚由两类细胞组成，而且有囊胚腔，对高浓度抗冻剂的化学毒性及渗透压冲击的抵抗性低的缘故。移入胚胎数量，同样是桑葚胚，对移入 1 枚和 2 枚比较，移植两枚胚胎的妊娠率高于移植 1 枚胚胎的，这可能是由于移植两枚胚胎，增加了妊娠机会。

密山黄牛下奶牛

受体牛为在密山市兴凯镇挑选健康、无生殖道疾病、发情正常的户养黄牛 5 头，3~8 岁；在密山市连珠山镇解放水库养牛场，挑选健康、无生殖道疾病、发情正常的集体饲养改良黄牛 35 头，2~5 岁。

移植器具由中国农科院及法国生产。 操作人员 2 名，年龄在 50~55 岁，从事黄牛、奶牛人工授精工作 20 年以上。在受体牛发情的当天，记为发情的第 1 天，向后推至第 7 天，即为受体牛接受胚胎移植的时间。胚胎为山东省农科院奥克斯种业有限公司生产的奶牛冻胚 70 枚。取出装有胚胎的细管，手持棉塞端，在空气中晃动 3~ 5 秒，放入 35℃温水中解冻。待完全融化后，剪去棉塞端，装入移植器内。移植时，移植员左手深入受体牛直肠，触摸子宫角，并缓慢扶直子宫角。右手将装好胚胎的移植器捅入阴道，前行，通过子宫颈、子宫体，到达子宫大弯深部，将胚胎推入受体牛子宫角大弯深部，缓慢抽出移植器。

在胚胎移植后 45~50 天，如果受体牛在 2 个情期不见发情，采用直检法触摸，两侧子宫角不对称、孕角增大、质地柔软、有液体波动感，且子宫壁较薄，空角较硬而有弹性，即可初步确定该受体牛妊娠。结果显示，冻胚移植受体黄牛 40 头，妊娠率 50%。

应注意的是，集体牛场的黄牛流产率较高，是因为该场黄牛饲料单一，管理粗放，营养缺乏，没给受体牛提供适合胚胎发育的良好环境。法国进口移植器比国产移植器好，因为它较细且柔软，在受体牛生殖道中推进比较顺畅，更容易到达子宫角大弯的深部。

甘肃黄牛下奶牛

供体牛选自甘肃临泽牛场，共 26 头，4~5 岁。其中丹麦荷斯坦牛 7 头、德国荷斯坦牛 18 头，西门塔尔牛 1 头。受体牛选自张掖市及临泽县农户饲养的黄牛 55 头。

移植方法：供体牛在发情周期 9~13 天开始注射促卵泡素，每日 2 次，连注 4 天，剂量递减。总剂量为 30.8~40.3 毫克。在注射激素的第 3 天上下午，各注射前列腺素 F_{2a} 25 毫克。到发情时，再注射促性腺素释放激素 100 微克，输精 3 次、输精间隔 12 小时，每次分别用 1 个颗粒冻精。输精后 6~8 天，用 Foley 导管非手术采胚。用含 1% 犊牛血清的改良的磷酸缓冲液液冲胚。用 0.5 毫升凯苏枪用非手术法给特定的黄牛进行移植鲜胚。

结果显示，26 头供体牛超排有效反应率 100%。冲胚成功率 100%，其中 20 头采得可用胚，有效供体为 76.92%。产 3 个以上可用胚的供体有 15 头，占 75%；共采胚 270 枚，头均 10.38（1~41）枚，其中可用胚 144 枚，头均 5.54（0~33）枚；未受精卵 87 枚，退化胚 39 枚。受精率 67.78%，可用胚百分率 78.69%。共移植 102 头受体牛，3 个月直检妊娠 49 头，妊娠率 48.04%。由此表明，处于农户饲管粗放、使役重的条件下受体牛黄牛及其杂种牛作为受体，能产下纯种荷斯坦犊牛；肌注促卵泡素 总剂量 42.00~47.99 毫克的 5 头供体牛，头均获胚（12.40±12.99）枚，可移植胚（7.60±5.68）枚。

青海黄牛下奶牛

青海高原群众听说胚胎移植的后代是纯种，欣喜若狂，积极性很高。在胚移期间有的养牛户从 80 公里外用手扶拖拉机将牛运来，要求搞胚胎移植。但在青海高原地区，气候干燥、寒冷，风沙大，在气候较热的 6 月，门源县的达板山上，仍大雪纷飞，当地海拔为 2 800~4 500 米。在青海互助县进行了良种牛胚胎移植工作，妊娠率 45%。

受体选择膘情中等以上的青海高原地区的杂种母牛、当地黄牛等，年龄 3~8 岁；饲养方式为舍饲、半舍饲、放牧。

试验于奶牛繁殖季节的 4~10 月份进行，地点为青海高原东部农业区的民和、乐都、互助、大通、湟原县及半农半牧区的门源、都兰县和纯牧区的大通种牛场。

移植方法：前列腺素 F_{2a} 2 毫升 / 支，2% 静松灵 5 毫升 / 支，2% 盐酸利多卡因注射液 5 毫升 / 支（0.1 克 / 支），尾椎硬膜外麻醉 2 毫升 / 次。受体直检黄体直径在 0.8 厘米以上者进行同期发情处理，肌注前列腺素 F_{2a} 0.6 毫克，36~72 小时后出现发情为有效。排卵后第 7 天检查受体牛黄体直径 1 厘米 以上则予以移植。移植所用胚胎均为加拿大荷斯坦牛在我国北京、新疆供体产的冻胚。冻胚解冻时采用一步解冻法。从液氮中取出装有胚胎的细管，在空气中停留 5~10 秒，再放入 35℃ 水浴中 10~15 秒，取出细管在显微镜下滚动观察胚胎质量，将检查合格的 A、B 级胚胎移入黄体发育良好且无卵泡一侧子宫大弯处，每头受体牛移植 1~2 枚。移植后将受体牛放入原群，饲养方式仍为半放牧、半舍饲、舍饲，但放牧及饲喂时注意不让牛群奔跑拥挤，禁喂霉败饲草料，避免造成流产。

结果显示，对 7 县一场内 5 922 头受体牛进行直检，受体牛的黄体合格率达 9.16%，移植率 33.92%，妊娠检查 109 头，妊娠 46 头，妊娠率 42.20%。

应注意的是，此次试验，受体牛的选择率、移植率都较低，妊娠率与国内水平比略偏低，其主要原因还是受体牛群的膘情问题。上等膘情的受体牛占 5%，中等膘情受体牛占 20%，下等膘情受体牛占 65%，由于其他产科疾病或先天性不育症（如子宫发育不全、卵巢萎缩等）受体牛占 10%。这些均是影响妊娠率的重要因素。虽然牛是一年四季繁殖，但青海高原地区由于气候寒冷，海拔高，冬季过于寒冷。胚胎移植要求室内外温度达 18~25℃，特别是在观察胚胎质量时，保温板上的电子显示达 38℃ 才能操作。所以在青海高原的冬季不易操作。 判定黄体的好与差，要靠技术员的直检手感判断；要准确判断卵泡与黄体的软硬度，需要丰富的检查经验，经判定无卵泡，且黄体直径达到 1 厘米以上，才可进行移植。

新疆黄牛下奶牛

案例一 在新疆天山北坡森林线以下，海拔 1 500~1 800 米高度，草场植被以禾本科和蒿类的羊茅、针茅、苔草、蒿子等草种为主，年均降水量 450~500 毫米，年均气温 3℃，6~8 月份胚胎移植正值推广研发阶段，日极端气温 36℃，日平均气温 15~17℃，牧草高度 10~30 厘米，最高可达 80 厘米，正是牛的夏季好牧场。

受体牛放牧管理草场围栏面积 55.33 公顷，可载牛 40~50 头，放牧管理 3 个月。

发情观察围栏在受体牛放牧栏内，有利于发情观察；放牧栏出口部面积 0.33 公顷，供早晚两次驱赶牛到外面饮水，可早晚二次观察发情。

保定走廊选用内径 40 毫米和 50 毫米的两种钢管材料，按要求切割、焊接。安装时，将两侧竖桩掩埋，相对应的两侧竖桩上端横档和每侧的 4 层纵档与竖桩各交叉处均用钢管卡连接，走廊的进出口 4 层横档钢管不装死，便于进出牛时抽插。进出口外分别安装小围栏，各占地 450 平方米，供处理前和处理后牛的暂时停留。另有土地 0.667 公顷，作为犊牛饲管栏，将犊牛隔离开单独饲管，远离受体牛放牧点，以相互听不到叫声为准。

牛胚胎移植专业技术人员 2~3 人，犊牛管护人员 1 人，受体牛放牧管理、协助集中牛群检查处理人员 2~3 人。

受体选择 卵巢有活性，子宫颈、子宫角质地良好，子宫壁弹性和厚薄正常，无子宫炎疾患，产犊史清晰，经产牛分娩后 60 天以上，有 2 个以上正常发情周期，产犊性能和泌乳性能良好，体膘中上等水平，体格大小适中，母性较强、温顺、无恶癖、健康、无病，16 月龄以上青年牛体重为成年牛 75% 以上，人工授精或胚胎移植二次不孕者不选。

将选出符合条件的受体牛，单独组群管理，进行受体牛同期发情处理：每次处理的牛要做好体表标记，便于在牛发情观察栏内观察发情。同时发情处理后，以最后一次处理算起的第 2 天至 4 天，每天早晚两次观察发情，每次 1 小时。判定受体牛发情的标志是接受爬跨，将发情之日计为 0 天，作好发情观察记录。

胚胎移植 牛发情后第 6~8 天，对受体牛直检，根据黄体大小、质地达到 A、B 级黄体的牛即可移植。操作时，在保定栏内肌注 2% 静松灵 0.4~0.6 毫升；在 1~2 尾椎间硬膜外腔注射 2% 的利多卡因 5~6 毫升，药物剂量视牛的体格大小增减，使牛既能产生镇静和麻醉效果又不致因麻醉度过度而卧倒。外阴清洗后，用灭菌卫生纸拭干、酒精棉球消毒。根据发情记录，确定所要选定的胚胎级别和胚胎胚龄。冻胚解冻在室内进行，提前将工作台和所需物品清洗、清洁、消毒。解冻时，取细管冻胚，20℃空气浴 10 秒后，浸于 32~33℃水浴10 秒（封口端在上，活塞端在下），用无菌棉拭干，经登记、酒精棉消毒、封口剪开、装枪（包括外套、软外套）备用，再在解冻后 5 分钟内移入有好黄体侧子宫大弯，即子宫角的上 1/3~1/2 处。选用的冻胚是用乙二醇作冷冻保护液装管冷冻的，故以解冻后直接装枪移植，不需脱甘油后重新装管。经移植的受体牛均达 2 个月以上，直检诊断移植妊娠率 39.3%。

辅助措施 移植定胎后的受体牛，应离开放牧围栏草场，交由畜主饲管。在妊娠后期补饲，注意防流保胎。在预产期前 10~15 天固定 2 名技术人员携带药械到相对较集中的胚胎移植的牛主家中驻点，随时准备接产、助产或剖腹产，以保证母牛和犊牛安康，对母牛产科病和犊牛病及早进行防治。待移植牛全部产犊，母仔均无异常情况后，技术小组再将管护任务交给防疫站完成。

结果显示，同期发情处理后，同期发情率为 58.97%，其中最好的发情处理方案是，肌注前列腺素 $F_{2\alpha}$ 0.6 毫克 / 次，间隔 10 天一次，共两次。最好的发情季节是 7 月下旬。移植以 7 月底发情、不带犊哺乳牛最为理想。发情处理移植妊娠率 52.94%。7 月底经两次前列腺素 $F_{2\alpha}$ 处理的受体牛移植妊娠率最高。要获得较高发情率和妊娠率的关键，要隔离犊牛单独饲养管理，不带犊哺乳；7 月中下旬至 8 月份是牧区纯放牧牛胚胎移植的最佳时期；选择理想的受体牛同期发情处理方法即第 1 天和第 11 天两次肌注 $PGF_{2\alpha}$，每次每头 0.6 毫克。

注意事项

检查处理、移植牛所用的保定走廊，要根据牛个体的大小、群体的多少进行合理设置、安装。使用时，使所有进入牛的头能从纵栏之间探出朝向一个方向（左方），这样后躯才能偏右，方便技术人员操作。

保定和麻醉牛的药物、剂量要根据牛体的大小谨慎使用，宁少毋多，不能使牛卧倒，影响移植操作。

解冻和装枪一定要在室内完成，彻底严格清洁消毒操作环境，包括工作台、用具等，防止胚胎污染和物理因素影响。

移植后要按时定胎，对空怀牛要采取及时补配措施。移植定胎后加强饲养管理，妊娠中后期更应加强营养、加强运动。密切关注生产期，确保母牛安全顺产，犊牛无恙。

移植时，一定要严格按技术规程操作，进枪要轻、稳、柔、准，循序渐进；出枪时要逆时针旋转退出。移植时当出现难以通过子宫的情况，要将解冻好的冻胚移入同期处理发情、符合移植条件的其他受体牛体内。

案例二 在新疆哈密兵团农 13 师红山农场，受体牛为当地土种母牛，选择标准：3~7

251

岁，无不孕症史，体况中等以上，经直检无子宫和卵巢疾病。所有受体母牛均由农户单独饲养，饲养标准按当地中等以上要求进行。对受体母牛逐一检查，将无子宫炎症，且有功能黄体的母牛分为两组：第1组，埋植孕激素阴道栓9天，撤栓时肌注氯前列烯醇0.2毫克；第2组，自然发情，以资对照。

供体母牛由新疆呼图壁种牛场、克拉玛依市绿成公司提供。品种为中国荷斯坦、西门塔尔等。

母牛超数排卵处理采取FSH递减法，总剂量为10毫克；第4天注射氯前列烯醇0.2毫克2支，上午、下午各1支，超排处理后第7天非手术采卵。经镜检达到B级以上的胚胎，方可用于制作冷冻胚胎。

冻胚30℃解冻后，直接投入含有20%犊牛血清的PBS液中，在解剖镜下的检查胚胎，形态正常的用于移植。

结果显示，中国荷斯坦牛与西门塔尔牛的胚胎，经冷冻移植后的产犊率有明显的差异，以西门塔尔牛的产犊率为最高，这可能与本试验特别注重受体牛的体况和繁殖生理状况的选择，对卵巢上有功能性黄体，且无子宫卵巢疾病的母牛才进行移植处理，所以移植后获得了较高了妊娠率。

严格按照操作规程操作，并注重选择适宜的受体母牛，在山区牧场进行黄牛胚胎移植同样可达到理想效果。

经胚胎移植所产后代的初生重明显大于本地品种平均数，与冻胚供体品种接近。在分娩中，这些母牛无一发生难产，犊牛生长发育良好。自然发情受体牛的移植成功率低于经孕激素阴道栓处理的受体牛。这可能与埋植孕激素阴道栓后通过阴道吸收入血的孕酮对机体的卵泡发育、发情和排卵的连续作用有关。

由此可见，在山区牧场选择膘情中等以上，无子宫、卵巢疾病和不孕症史的3~7岁黄牛，采用中国荷斯坦牛、西门塔尔牛等胚胎进行冻胚移植，可获得70.83%的妊娠率。移植后代的初生重，明显大于本地品种或经冻精配种的杂交后代。采用孕激素阴道栓处理，不仅可使山区牧场在放牧条件下的母牛发情期相对集中，而且其胚胎移植的成功率明显高于自然发情母牛。

案例三　在新疆哈密地区，以成年哈萨克母牛和蒙古母牛为受体牛，分别进行圈舍饲养和放牧饲养。在同一技术力量和技术条件下移植胚胎均为同源荷斯坦牛供体胚胎。圈舍饲养时间为当年2~6月，饲养受体牛986头，对其中502头牛进行了一个情期的胚胎移植。放牧饲养时间为当年7~10月，饲养受体牛1 128头，对其中474头牛进行了一个情期的胚胎移植。

结果显示，圈养情况下的移植率50.9%，放牧饲养情况下移植率42%。两者相比较相差8.9百分点，差异极为显著。圈养情况下妊娠率46.0%，放牧饲养情况下妊娠率39.3%。两者相比较相差6.7个百分点，差异显著。圈舍饲养情况下，平均每受胎一头牛需要费用4 889元。放牧饲养情况下，平均每受胎一头牛需要费用2 984元。两者相比较相差1 905元，差异极显著。

注意事项

造成圈养与放牧饲养受体牛的移植率、妊娠率显著差异的原因：圈养情况下受体牛按营养标准配备日粮，自由饮用清水，光照充足，有足够的运动场地。加上可以人为地对受体牛进行有效调控，易于进行发情观察和记载，从而其移植率和妊娠率都较高。

放牧饲养的受体牛，由于牛数较多，草场植被难以承受；况且饮水污染，致使许多牛长时间干渴。各种围栏草场类型不一，由于频繁转场，造成采食不稳定。个别围栏草场中生长有毒草，新入牛只对其不易识别，尤其在饥饿状况下极易误食，轻者可造成阶段性的时饱时饥，会使其繁殖机能处在紊乱状况中，尤其对移植天数不多的受体牛危害极大；会引起受体牛不易察觉的早期流产。虽然放牧饲养胚胎移植受体牛的移植率和受胎率较低，但仍然显示出巨大的经济优势。

云南黄牛下奶牛

德宏傣族景颇族自治州地处云南西部，为南亚热带季风气候，干湿分明，雨量充沛，其中 5~10 月份降雨量占全年降雨量的 86%~92%；冬无严寒，日照充足，无霜期长。随着农业产业结构的调整，奶牛饲养已由大城市向周边地区发展。而奶牛业要得到快速发展，需要通过胚胎移植等新技术的应用来加快良种化进程。

在潞西、盈江和陇川县农户选择黄牛 25 头，供同期发情处理。此外，选择自然发情牛 9 头。胚胎由新西兰的美国进口。

受体牛在发情周期的任何一天，无论其卵巢上黄体存在与否，一次注射氯前列烯醇 0.4 毫克/头，在注射后 48~96 小时内观察发情。发情的第 6~7 天对黄体合格的受体牛进行冻胚移植。

结果显示，黄牛受体的平均发情率和黄体合格率为 41.79%，体内冻胚移植后 60 天的不返情率、90 天妊娠率和移植产犊率分别比体外受精冻胚高 14.71%、26.47% 和 26.47%，但均无显著差异。

自然发情受体牛移植冻胚的产犊率比同期发情牛高 14.42%，但差异不显著。

在受体牛有黄体存在卵巢一侧的子宫内同时移植 2 枚体外受精冻胚的产犊率比移植 1 枚的高 8.57%，但差异不显著。

应注意的是，本试验在秋季移植体内冻胚和体外受精冻胚的产犊率 23.53%。选择黄牛受体同期发情率普遍低。由于亚热带黄牛受体体型小，饲养管理较粗放，营养平衡较差，符合标准的受体数量难以保证，同期发情处理效果不理想，并且移植后造成难产的可能性大。

河南黄牛下奶牛

在河南省奶牛胚胎移植中心，选择 22 头 2~3 岁荷斯坦牛为供体牛；140 头 1~2 岁南阳黄牛为受体牛。

移植方法 受体牛第 1 天下午和第 13 天下午分别肌注氯前列烯醇 0.4 毫克/头，同一批供体牛第 1 天下午和第 14 天下午分别肌注氯前列烯醇 0.4 毫克/头和 0.6 毫克/头。

供体牛发情当天记为 0 天，在母牛发情周期的第 9~12 天开始，连续 5 天进行促卵泡素减量肌注，每天上午 7：30、下午 19：30 各注射一次，注射促卵泡素的第 4 天下午（第 7 次）

同时注射前列腺素 0.6 毫克。试验期间，每天早、中、晚观察供、受体牛的发情并记录，每次观察 40 分钟。

供、受体同期发情处理后，发情鉴定采用外部观察法、阴道检查法和直肠检查法相结合。部分牛仔 B 超的监测下测量卵泡的数量和大小，大卵泡的数量少 5 个者不做冲胚处理。准确记录发情起止时间和持续时间。对发情供体第 15 天下午输精一次，第 16 天上午输精一次。

胚胎的采集一般在配种后的第 7 天进行。胚胎采集时，供体牛于四柱栏内前低后高站立保定，根据供体牛的大小，给予不同剂量的静松灵进行全身浅麻醉；用 2% 盐酸普鲁卡因在第 1~2 节尾椎硬膜外腔麻醉。麻醉起效后，牛尾与颈部系在一起，清除直肠内粪便，清洗外阴，用卫生纸擦干，用 75% 的酒精喷壶对外阴和阴道口周围消毒。对于子宫颈难以通过的供体牛，应先用子宫颈扩张棒扩张子宫颈。在插入时，严禁划破子宫颈内黏膜，以免造成子宫出血。扩宫后，将带有钢芯的采卵管插入子宫角，直到采卵管到达子宫角前端为止，手在直肠内将子宫角与采卵管固定，开始向气球内打气，通过直肠内的受感觉气球大小适中后抽出钢芯，固定采卵管。

采卵管固定后，连接导管与集卵杯，开始冲卵，每次冲卵液的进入量根据术者手在直肠中感觉子宫角的饱和程度而定。两侧子宫角冲完后，为预防子宫内感染，青年牛要注入抗生素，产奶牛要注入碘甘油，然后供体牛注射氯前列烯醇 1 支以消除黄体，采胚结束。

每头供体牛准备 2 个检胚皿，写好编号，放入培养箱预热备用。操作时室温应为 20~25℃。采得的胚胎应立即镜检。待检的胚胎保存在 37℃ 条件下，尽量减少体外环境如温度和灰尘等因素的不良影响。检胚时先用低倍镜粗检，当发现胚胎后，用吸胚管尖端清除胚外的黏液和杂质，用吸管先吸入少许 PBS，再吸入胚胎。然后将胚胎逐个吸入并移至另一个含培养液的检胚皿内。使一头供体牛的胚胎放在同一个检胚皿内。根据胚胎的形态，分为 A、B、C 三级和未受精卵。A、B 级为可用胚，用于移植；C 级和未受精卵废弃不用。

取出 0.25 毫升胚胎专用塑料细管。在灭菌前用极细记号笔在白色医用胶布上注明胚胎的有关资料粘贴到细管上。将专门的持卵器安在细管的棉塞端，用培养液冲洗两遍，清除管内的有害物质。注意洗涤时不要将棉塞浸湿。如果这时棉塞浸湿，细管内的液柱将不再移动。先吸入 1/3 细管长度的培养液，接着吸入约 5 毫米长的空气，再吸入约 1/3 细管长度的培养液，其中含有胚胎，再吸入一段空气，余下的全部吸入液体，但要在最前端留下少量的空气以便封口。装管过程中，不要污染细管前端和内壁。细管前端用封塑机封口。

冷冻前，先将胚胎冷冻仪的小液氮容器中添加足够的液氮，打开电源开关，选择合适的冷冻程序，以 1℃ / 分钟的速率从室温降到 -7℃，在 -7℃ 阶段停留 10 分钟，就开始"植冰"。"植冰"就是用液氮充分冷却过的镊子夹住细管的有胚胎处。这一步必须将细管从冷冻仪里露出来。植冰后重新放入冷冻仪中，以 0.3~0.5℃ / 分钟的速率降温至 -30℃，然后投入到大液氮容器中冷冻保存。解冻程序：采用 35~38℃ 水浴解冻法。解冻前先将恒温水浴锅的水温调至 35~38℃。用长柄镊子夹住细管，迅速放入恒温水浴锅中，等待 5 秒。取出后剪开两端，小心地将胚胎放到装有培养液的检胚皿中，迅速观察胚胎情况是否和标记的级别一样，判断是否能用于移植。如果适用于移植则按胚胎装管的方法装管且不封口，装入移植枪中待用。

采用非手术法子宫角内移植单胚。通过手或 B 超确定排卵侧黄体发育状况，没有黄体者不予移植。冷冻胚胎移植前必须先检查胚胎的情况。受体牛的保定、麻醉和外阴部的清洗消毒与供体牛相同。由助手将受体牛的外阴向两侧稍拉开，将带有软外套的移植枪插入阴道部。拉出软外套，将移植枪插入子宫颈，越过子宫颈褶皱，顺子宫角方向插入带有黄体侧的子宫角大弯处，推入胚胎，随即将移植枪旋转着抽出。不能用力触摸黄体，按受体牛黄体大小、小记录移植情况。

结果显示，本试验按照预定的处理程序，对 140 头南阳黄牛（受体牛）分批进行了同期处理。开始时这些牛仅爬跨其他牛，进入发情盛期也接受其他母牛的爬跨等，主要以接受爬跨时间为观察重点，以 96 小时内发情视为同期发情，同期发情率 74.29%。

有发情表现的 20 头供体牛超排处理后，全部为有效排卵，超排有效率达 100%。通过非手术法冲胚共回收胚胎 176 枚，其中可用胚胎 140 枚，头均可用胚胎比率为 79.55%。头均采得胚胎数 8.8 枚，头均可用胚胎数 7.0 枚。

同期发情效果好的 104 头受体均采用黄体侧子宫角移植单胚，剩余的胚胎冷冻保存。移植 30 天后，用 B 超进行妊娠诊断。结果显示，有 51 头确诊妊娠，妊娠率 49.04%。其中第一批胚胎剩余 15 枚，经冷冻保存解冻后仅有 8 枚可用。第一批鲜胚移植 49 头，妊娠25 头，妊娠率为 51.02%。第二批移植 55 头，其中鲜胚移植 47 头，妊娠 23 头，妊娠率48.94%；冻胚移植 8 头，妊娠 3 头，妊娠率 37.50%。

注意事项

在组织实施同期发情处理时，必须认真选择供、受体牛，对于那些做过实验、有生殖器官疾病及体质较弱的牛要严格淘汰。卵巢黄体的生理状况对妊娠有一定的影响。卵巢黄体发育程度不同能影响胚胎的移植受胎率，因此，应选择黄体直径在 1.5 厘米以上，触感黄体明显突出于卵巢表面，或者黄体发育较好，其直径在 0.5~1.5 厘米，触感黄体较明显的母牛做受体。本次试验中，由于受体牛的选择不够严格，有些受体牛因为年龄小、体格小、骨盆发育不够大在分娩时难产，造成胎儿死亡、子宫脱出等不良后果。这也与奶牛胎儿的体格较黄牛胎儿大有关。

本试验中受体黄牛全部是在南阳地区大批量购买，经过统一自由采食饲喂半年左右，可能与其的卵巢机能和营养状况参差不齐有关。另外，大批的同期发情处理，对受体牛选择不严格也是造成其较供体牛同期发情率低的原因之一。

本次试验的头均采胚数 8.8 枚，头均可用胚胎 7.0 枚。高于 2004 年报道的头均可用胚胎 5.6 枚。头均可用胚胎比率 79.55%。这可能与处理的方法和药物剂量不同有关。

受体妊娠率 49.04%。冷冻胚胎移植成功率 37.5%。移植时鲜胚移植的成功率高于冷冻胚胎移植，A 级胚胎的妊娠率高于 B 级胚胎。另外，一般在移植胚胎时，由于对胚胎的发育阶段和受体黄牛的子宫内环境、卵巢黄体发育情况和体内孕激素水平等因素考虑不全面及经验不足，造成对胚胎移植的时间掌握得不够准确，对受体妊娠率也有影响。发情牛的观察是否及时准确和受体牛黄体检查是否准确也是造成这个时间差的原因。

山东黄牛下奶牛

在山东茌平县和聊城东昌府等地区，由美、加进口荷斯坦奶牛胚胎，供体牛的产奶量均在 8 000 千克以上。选择无繁殖疾病、无流产与难产史、发情周期正常、膘情适中且健康的鲁西黄牛作为受体。同时，移植点区域间的交通便利，受体牛所处的地理位置相对集中，在移植点方圆 3~5 公里范围内，有受体牛 4 000~5 000 头，无口蹄疫、布氏杆菌病和结核病等。

受体母牛在胚移植前进行黄体发育水平检查，用直检法依次检查子宫、卵巢的发育状况，检查卵巢上有无黄体。根据黄体的大小与质地将黄体分为 A、B、C 三级。对于黄体发育极度不良的母牛不作为胚移的受体。

依据确定移植的受体牛的数量安排胚胎的解冻，进行胚胎鉴定，把胚胎装入 0.25 毫升胚胎细管，将细管装入移植枪进行移植操作。移植前将受体牛的阴户用水洗干净并擦干，尾椎麻醉。对于移植后超过 60 天未返情的受体母牛，利用直检法进行妊娠诊断。经确诊妊娠的受体牛单独分群管理，供给充足饲草饲料。

结果显示，据移植 1546 头受体牛统计，A 级黄体受体牛的妊娠率相对较高（40.32%），B 级黄体受体牛妊娠率 39.13%，C 级黄体受体牛妊娠率 30.34%；而 2~4 胎受体牛的妊娠率相对较高，初产受体牛的妊娠率相对较低，但不同胎次受体牛之间的妊娠率差异不显著。

注意事项

影响胚胎移植受胎率的因素虽多，但是主要取决于胚胎质量、受体牛生理状况和操作技术水平等 3 个方面，此外，还与受体的遗传素质、气候和环境的差异有一定关系。

在实际操作中有关黄体等级的判断在把握上有一定难度。在实际操作中应形成统一的黄体发育程度判断标准，由专人进行发情观察，检查卵泡发育状况、排卵时间，判定黄体发育程度等，以减少人为主观因素所造成的判断偏差。

在选择受体牛时，应尽可能选择在生产负荷小的经产母牛作受体，同时，要均衡营养水平，使受体母牛达到最佳生殖状态。

安徽黄牛下奶牛

在淮北华润牛业有限公司牛场、淮北市杜集区石台镇附近农户，选择发情周期正常、无繁殖疾病、健康、体格较大、中等膘情、3~4 周岁、产犊性能和哺乳能力良好、无流产史的西杂牛作受体。

农户散养的受体牛以放牧为主，牛场受体牛以舍饲为主。受体牛在同期发情处理前全群进行防疫、驱虫和补饲，肌注复合维生素，并补充微量元素。胚移期间，受体牛单独组群，加强饲管，保持舍内卫生、清洁，避免应激反应。

受体母牛诱导同期发情。冷冻胚胎由内蒙古赛奥牧业科技发展有限公司提供的澳大利亚优质高产荷斯坦牛胚胎，胚龄为 6~7 天。

胚胎采用一步细管法解冻。要求在解冻后 8~10 分钟内移植完毕，并注意保温。

移植前通过直检受体牛的黄体情况，黄体合格者用于移植。在解冻胚胎的同时对受体牛实行 1、2 尾椎间硬膜外麻醉，将胚胎移植到受体牛有黄体的同侧子宫角的上 1/3~1/2 处，每头受体移植 A 级胚胎 1 枚或 B 级胚胎 2 枚。

对胚移后的受体牛加强饲管，避免应激反应，在产前 3 个月补给足量的维生素、微量元素，适当限制能量摄入。既要保证胎儿的正常发育，又要避免难产，同时还要防止胎儿流产或传染病发生。

结果显示，农户散养的受体牛同期发情率 80.2%，公司牛场饲养的受体牛同期发情率 92%，两者差异显著。同期发情处理后，对发情牛通过直检确定黄体合格才作为移植受体。结果表明，农户散养和公司牛场饲养的受体牛黄体合格率（受体利用率）分别为 75.4% 和 91.2%，两者差异极显著。由此可见，PGF_{2a} 二次注射法作同期发情处理，同期发情率和黄体合格率均较高，分别可达 86.8% 和 84.4%，是一种简便安全、效果明显的同期发情处理方法。

本次移植受体牛 205 头，产犊 108 头，平均产犊率达 52.7%。其中生产奶公犊 53 头，母犊 55 头，母犊占 50.9%。农户散养和公司牛场的移植产犊率分别为 42.5% 和 59.2%，两者差异显著。

应注意的是，农户散养效果不很理想，可能与农户散养的西杂牛营养不足、饲管粗放、疾病、使役、哺乳等多种因素有关。以牛场西杂牛为受体进行胚移的效果明显高于以农户散养的西杂牛为受体效果，这可能与受体牛的饲养管理方式有关。

受体黄牛剖腹产

选择黄牛作受体，由于黄牛体小，后躯狭窄，多为斜尻或光尻，故选择好受体黄牛，是防止难产的首要条件。河南省南阳市黄牛研究所，以当地黄牛为受体，进行胚胎移植，先后对 12 头受体黄牛作了剖腹产，犊牛成活率 100%。

鉴于受体黄牛怀的是纯种奶牛，价值很高，所以在剖腹产前要对犊牛的保活给予高度的重视。

（1）剖腹产人员分组

第一组，做好术前准备的苏醒灵、尼可刹米、盐酸肾上腺素、1210 或百毒杀消毒剂、5% 碘酊、精制破伤风抗毒素等，以及灌满氧气的氧化瓶 1 个、氧气袋 1 个、奶瓶 1 个、剪子 1 把、5 毫升注射器、喷雾器、干布或干麻袋等。

第二组，实施剖腹产操作：将犊牛拉出母牛体外后，将后肢提起，同时一人双手拍击犊牛胸部，让口腔和鼻腔内的黏液排出，将犊牛放在后高前低的斜坡上，做人工呼吸。用 5% 碘酊严格消毒新生犊牛脐带。犊牛肌注尼可刹米 1 支、盐酸肾上腺素 1 支，以达到强心、兴奋呼吸、解除窒息。将准备好的氧气袋给犊牛输氧。由于剖腹产受体母牛全身麻醉用的是眠乃宁，通过母体的血液循环，将麻醉药传递给犊牛，犊牛也处于麻醉状态，所以给犊牛注射苏醒灵 4 号 0.05 毫升，以解除麻醉。用干布、干麻袋等擦干犊牛身上的黏液。犊牛解除窒息和麻醉后，将手指放入犊牛的口腔中，若犊牛吮吸，应立即挤母牛的初乳喂犊牛。给犊牛注射精制破伤风抗毒素 2 支。将羊水涂在剖腹产母牛的鼻镜上，以增强母牛对犊牛的识别能力和护犊性。

（2）剖腹产后护理 值班人员要轮换，以防止意外事故发生。犊牛站起后，若不能吃奶时，要人工辅助让犊牛学会吃奶；若母牛奶少时，可给犊牛补喂奶粉，并注意奶的温度、浓度等。值班人员每天早上、中午、晚上测定犊牛体温、呼吸、心律，观察犊牛精神、排粪和排尿情况，做好记录。值班人员发现犊牛似有病态时，要报请兽医治疗。从犊牛 20 日龄起，将健康母牛反刍时的食团掏出，放入犊牛口中，人工给犊牛瘤胃接种纤毛虫和微生物，以利犊牛瘤胃快速健康发育，使犊牛早日采食粗饲料。做好犊牛的早期补饲。犊牛早期补饲是提高犊牛优质率的关键之一。只有尽早供给犊牛全价饲料，犊牛才能健康地快速发育。夏冬季节要做好犊牛的防暑和防寒。

综上所述，如今农区闲置的黄牛居然派上大用场，能生产出纯种奶牛。真是令人感叹不已！

正是：

农村天地真广阔，施行机耕牛闲着，

黄牛孕育纯奶牛，何愁农区没奶喝！

水牛，一个古老而尚未充分开发的畜种；在国外，越来越多地将其投入到乳用。水牛，具有较强的生命力、抗病力和耐粗饲能力。迄今为止，全世界尚无水牛发生疯牛病的病例。水牛，仍是一块难得的净土，水牛奶的风味及其营养特性，有着不可比拟的优势。看来，在我国，尤其是南方地区，更应大力——

第 18 章
关注水牛奶

风味独特水牛奶

在英国，有一机构曾进行水牛奶、牛奶、山羊奶和人工合成奶的品味试验，经多次重复，参加者都能准确的挑出水牛奶，并表示他们对其风味的偏爱。他们认为，对奶牛奶有过敏反应的人员对水牛奶不发生过敏反应，水牛奶的钙和蛋白质含量比奶牛奶高 58% 和 40%，而胆固醇含量低 43%；另外，铁、磷、维生素 A、维生素 E（一种天然的抗氧化剂）等的含量也非常丰富，其氧化还原活力一般是奶牛奶的 2~4 倍。总之，水牛奶是近于完美的一种奶类。英国的生态环境本来不太适宜水牛的生长发育，故历史上无水牛的自然分布，但由于意大利生产的一种水牛奶酪在英国有很好的市场和价格，特别是从 20 世纪末期发生疯牛病以来，英国开始把视野转到水牛及其产品特别是乳制品的开发上。1991 年英国开始从意大利引进地中海水牛进行水牛奶制品的试验性生产，从那以后陆续从意大利、罗马尼亚、保加利亚等不断引进。目前，除原料奶外，已有产品投入市场，其中有：货架寿命奶或超高温消毒奶、水牛奶酸奶、传统奶酪、软奶酪、适合于素食者的奶酪、甜奶酪、巴基斯坦风味黄油，以及水牛肉。

在印度，拥有水牛 9 000 多万头，居世界第一位。印度的水牛奶价高而销路广，其水牛奶产量占总产奶量的 55%。

在巴基斯坦，水牛有 2 000 多万头，其水牛奶产量占总产奶量的 59%。

在意大利，是目前全世界水牛奶业开发程度最高的国家，生产水平高，产品种类多，市场开拓广。该国政府和欧盟委员会有关机构鼓励水牛业的发展。

在巴西、泰国、菲律宾、特立尼达等国，也启动了大规模的水牛产业，特别是水牛奶业开发项目。泰国水牛数量在1997年为229万头，后因为农民广泛地使用拖拉机耕作，2006年水牛数量降为135万头。2008年，面对飙升的油价，一度因农业机械化而在泰国农村失宠的水牛重新获得农民关注。越来越多的泰国农民放弃农机而重新使用水牛，以节省开支，他们风趣地说："水牛好，不喝汽油只吃草"。

在澳大利亚，以前完全靠捕野水牛屠宰后出口到东南亚国家，近年来已开始进行牧场的商业化养殖，进行乳用水牛的杂交改良。

在美国，20世纪70年代初引入水牛，以清除沟渠中的水生杂草，引入时仅20多头。随后，发现水牛具有良好的适应能力，有生产肉、奶的潜力，因而加大了引种数量。现在，水牛饲养的地域扩大，成立了水牛品种协会和奶水牛研究中心，建立了奶水牛试验示范场，水牛已发展到近8000头。奶牛奶的批发价12~15美分/磅，而水牛奶的价格可达到75美分/磅。美国每年从意大利进口水牛奶酪在高档餐馆和美食店销售，零售价15~16美元/磅。美国目前的水牛大多仍为肉用型，有关人员正从巴西选购优秀公水牛，冻精给美国水牛进行人工授精，并在水牛群体中进行乳房形状和乳用体型的选择。

在世界上，印度、巴基斯坦、意大利、保加利亚、伊拉克、埃及等国，是水牛奶业开发较早的国家，饲养水牛的主要目的是挤奶，使役和肉用是第二位的。意大利水牛奶业开发程度最高。目前世界上最好的乳用水牛产于意大利和保加利亚，他们希望能通过胚胎移植等高科技手段来利用这些优秀的遗传资源。为了满足市场对水牛奶的需求，他们正通过向农场主示范饲养水牛的高经济回报来刺激农场主扩大饲养数量。

在我国，饲养水牛有着很大的优势，包括牛群资源优势和气候环境优势，适合饲养水牛。我国水牛存栏2 380多万头，仅次于印度，居世界第二位；通过多年来的杂交改良，云南、广西、广东、湖南、湖北等省区已生产出了相当数量的杂交水牛，只要国家给予足够的重视和必要的投入，加大对水牛的开发力度，中国水牛产业在世界市场竞争中将会占有一席之地。2011年7月15日，"广西名优土特产品推介会"在北京举行，水牛奶等众多来自广西的名特优产品亮相。水牛奶是世界上公认的制作奶酪最好的原料。过去，我国水牛产奶量很少，仅够哺育幼牛。为了推动我国奶业发展，充分利用南方丰富的水牛资源，20世纪80年代起，国家开始推行水牛品种改良，将我国本地水牛与印度摩拉及巴基斯坦泥里水牛进行杂交改良，培育出适合在我国南方生长的奶水牛品种。在南方七省中，以广西奶水牛发展最具成效。与荷斯坦奶牛相比，奶水牛具有抗病力强、耐粗饲等特点，产出的水牛奶乳汁浓厚、色泽纯白、清香而无膻气。

水牛奶被誉为"奶中之王"、"乳中珍品"，营养全面。按总的营养物质折算成标准奶，1千克水牛奶相当于荷斯坦牛奶1.85千克。水牛奶的乳脂肪、乳蛋白分别为荷斯坦奶的2倍和1.5倍。水牛奶富含锌、铁、钙等矿物质元素，其含量分别是荷斯坦牛奶的12.3倍、79倍、1.3倍，且易于吸收。由于水牛奶的干物质含量比黄牛奶高20%左右，故用于制作乳产品时的产出率较高。水牛奶中黄嘌呤氧化酶的活性显著低于黄牛奶，因此，用水牛奶制作的多米艾提奶酪的氧化降解问题较少。水牛奶中较高的乳清蛋白增加了其营养价值，同时非蛋白氮含量较低，且具有较低的钠、氯含量和较高的钙含量且含寡糖，具有免疫调节作用。

水牛奶的乳脂含量高，且脂肪球大，因此在加工和贮藏过程中易出现脂肪上浮、顶部形成脂肪圈等不稳定现象，尤其经过高温杀菌后的水牛奶，脂肪上浮更加严重。水牛奶的油脂析出率、离心沉淀率明显降低，黏度提高，产品风味浓郁、口感饱满。

水牛遍布全球各大洲，世界各国对水牛奶业的发展都非常重视。目前，水牛奶业较发达的印度、巴基斯坦正继续努力提高水牛产奶量；中国、菲律宾等许多以役用为主的国家正努力将水牛转为乳用，意大利一些发达国家甚至美国一些原来没有水牛的国家也正在努力开发利用水牛。

印度饲养的能繁母水牛均用于挤奶，奶水牛数量和产奶量均居世界第一位，该国的摩拉（Murrah）水牛是世界著名的奶水牛品种。20世纪70年代初印度利用联合国粮农组织提供的无偿援助，通过组建奶业合作社，提供收奶、兽医及乳品加工、销售等系列服务。经过30多年的努力，牛奶总产量中水牛奶产量占65.9%。现在印度把分散的奶农有效的组织起来，建立了"村牛奶合作社 - 地区联合会 - 总联合会"的组织形式，形成了一套完善的生产、运输、加工、销售等社会化服务体系，水牛奶业已经进入良性发展；十分重视奶水牛的选育工作，设立了国家奶业研究院、兽医研究院等科研机构，经常组织技术人员下乡进行技术指导，并在村级配备兽医技术人员提供防疫服务。

巴基斯坦2004年水牛奶产量占全球总量的29.8%。尼里 - 拉菲（Nili-Ravi）水牛也是世界著名的奶水牛品种，建有国家尼里 - 拉菲水牛原种场和种公牛冷冻精液制作中心，加强水牛品种资源选育和开发利用。65%以上的村庄都有水牛冻精配种站。通过建立收奶站，不仅负责测定水牛奶的乳脂率、收购水牛奶，还对农户提供水牛人工授精、兽医防疫等技术服务；此外，合作组织还以成本价或稍有微利，向农户提供添加剂、饲料等。

水牛饲管与繁殖

水牛比黄牛性成熟晚。母水牛多在2.5~3岁开始配种。繁殖率低，在农村条件下繁殖率仅为35%~55%。为了加快改良步伐，必须采取措施做好母水牛的配种繁殖。在好的饲养管理条件下，母水牛体况好，受胎率高，一年产一犊或三年产两胎，终生产犊7~8头，个别可产10头以上。饲管条件不好，母水牛不仅受胎率低，而且已受胎母水牛也容易流产。母水牛发情表现不明显，容易漏配。为此宜采取配种方式有：对发情明显的母水牛，可采取常温精液或冻精实行人工配种；对发情不明显的母水牛，可采取本交方式，使其及早受孕。一般情况下，母水牛适宜在农历4、5月间配种，次年春末夏初产犊。既可提高其产奶量和犊牛成活率，也可达到三年二胎或一年一胎。改善饲养管理是提高母水牛产奶性能的重要措施之一。例如，汕头地区和湛江地区水牛同属一个类群，在年龄、胎次、泌乳期相似的情况下，汕头地区饲管水平较高，一头母水牛一个泌乳期产奶量为1 135.6千克，而湛江地区仅1 007.3千克。放牧可使母水牛采食较多的青草，降低饲养成本，增强牛体健康。为此，应适当延长放牧时间。有条件地区应进行牧地改良，实行围栏饲牧。经常保持牛棚内外清洁卫生，定期消毒。炎热夏天防暑降温，中午母水牛水沐后赶到树荫下休息。水牛奶比普通牛奶乳脂率高 2~2.5 倍，蛋白质高 1.6 倍，干物质高 1.6 倍。故其日粮营养必须充足。对于日产奶 4~10 千克的母水牛，每日应采食青草 50~60 千克，补喂精料 2~4 千克。产后 16~90 天的母水牛正处泌乳高峰。根据产奶量的高低，适当补加精料和优质青草，以延长其盛乳期的天数。对于泌乳后期、干乳期体况不好的母水牛也应补料。改进挤奶方法，在挤奶过程中，要注意合理的挤奶程序和挤奶技巧。挤奶时态度一定要亲和，避免外界突然刺激，造成其排乳抑制。挤奶必须坚持每次作业一致，以便水牛能适应。一般日挤奶 2 次，时间多安排在早晨放牧前和傍晚补饲后。挤奶前先清洗乳房和后躯，并用干毛巾擦净。挤奶应采用拳握法。由于水牛乳头括约肌紧张度达 500 毫米汞柱，高于普通奶牛，排乳反射较慢。一般从刺激排乳到挤奶结束每头需 10~20 分钟。挤奶一定要挤净，不留余奶。有条件的农户，可采用机器挤奶。对于三品种杂交的母水牛，采用移动式挤奶机较为适宜。加强良种犊牛培育。在良好条件下培育，水牛的初配年龄可大大提前。加强犊牛培育，可使青年母水牛早日达到初配体重。

犊水牛培育方法：

（1）奶尾培育法　犊水牛出生后哺乳 1 个月或喂几天初乳，然后转到泌乳期的母水牛继续哺乳。待犊水牛 4、5 月龄后，使其自由采食青草，并补饲少量精料。

（2）全期培育法　母水牛产后不挤奶，专供犊水牛哺乳。一个泌乳期，除供本身所产犊水牛哺乳外，还供其他新生犊水牛哺乳。采用哪种方法为好，养水牛户可酌情选用。应注意的是，不论采用哪种培育方法，均不得影响犊水牛的正常发育。

保持水牛群高产，必须及时调整水牛群结构。对牛群中产奶量过低、久配不孕及多病母水牛，要及时淘汰处理。在有众多饲养水牛挤奶地区，应尽快投资兴办或扩建一批水牛奶加工厂。建厂规模，根据当地奶源、市场等情况而定，可大可小。小型加工厂可加工销售消毒奶为主，以便让更多的居民喝上水牛奶；大型加工厂按照产加销一体化的模式发展，把加工厂和养水牛户之间的利益紧密结合起来，加工厂与养水牛户之间以契约的形式结成利益共同体，养水牛户保证把合格的产品送到加工厂，加工厂承诺在市场波动时实行最低保护价，确保养水牛户的利益。

水牛分沼泽型和河流型两类。我国水牛属沼泽型，分布在海滨到海拔 2 500 米高原的 19 个省市区，是热带和亚热带水稻产区的主要耕畜。河流型水牛主产于印度、巴基斯坦等国，其泌乳期长，产奶量高。我国水牛地方良种类群有 13 个。多年来通过本品种选育的水牛类群，其种用价值有所提高。

我国水牛乳房形状与泌乳性能关系密切。除肉乳房外，乳房围径和乳房深度越大，产奶量越高。为此各地应制定适宜的本品种选育方案。1957 年和 1974 年，我国曾先后引进印度摩拉水牛和巴基斯坦尼里水牛。通过纯繁和与我国水牛杂交，已取得良好效果。中国母水牛与摩拉公水牛杂交的摩杂、中国母水牛与尼里公水牛杂交的尼杂，以及中国母水牛 × 摩拉公水牛产的杂交一代母水牛 × 尼里公水牛的三品种杂种水牛中，以三品种杂交水牛在提高产奶量方面最为显著。摩杂一代，270 天产奶 1 153.0 千克，乳脂率 6.83%；尼杂一代，305 天产奶 1 936.0 千克，乳脂率 7.94%；三品种杂种牛 309 天产乳 2 389.9 千克，乳脂率 8.1%。鉴于引进的两个品种已在我国繁育多年，故建议引进新的种牛，以更新血液、加速奶水牛的改良步伐。

水牛的发情规律

在四川，曾对8个试点上的96头母水牛进行观察。观察期间，昼夜24小时由技术人员轮流值班，观察母水牛的精神状态、采食情况、有无发情表现。在每个试点配备试精公水牛1~2头，每日早、晚对母水牛各试情1次，以监视母水牛的隐性发情。当观察到母牛第一次出现哞叫、阴户肿胀或排出黏液即为发情开始，当食欲精神状态恢复正常、发情征状完全消失即为发情结束，记录其间隔时间为发情持续期。从母水牛第1次出现发情征状起，每间隔4小时用试情公水牛试情1次，当母水牛第1次接受公水牛爬跨即为发情前期；从第1次接受爬跨至第1次拒绝爬跨的间隔时间为发情期；从拒绝爬跨至外部征状完全消失的间隔时间为发情后期。观察结果表明，母水牛发情持续期为（52.80±14.31）小时，其中发情前期持续（16.53±8.95）小时，发情期为（20.20±10.02）小时，发情后期为（20.67±9.14）小时。对69头母水牛观测资料按体况分为上、中、下三类，按年龄或胎次分为3~5岁处女牛，6~11岁经产牛，12岁以上经产老龄牛进行统计处理，结果表明，不同年龄或胎次的母水牛发情持续时间差异不显著；不同体况对发情持续时间长短的影响差异也不显著。观察试验期间，记录到94头发情起始时间。将一天24小时，分为晨（5：00~8：30）、午（8：30~17：00）、晚（17：00~21：00）、夜（21：00~次日5：00时）四个时区进行统计，结果表明，约有40.4%的母水牛发情开始于晨，其次是白天。真正在夜间开始发情的母牛仅占13.8%。母水牛发情开始到第1次拒绝爬跨有92.22%出现在白天，尤其是13：00~20：00较为集中。鉴于母水牛从发情开始到第1次拒爬跨的持续时间平均为36.43小时，因此可选择在发情开始后36~48小时输精。

水牛的人工授精

（1）水牛人工授精技术难度大

① 是水牛发情在食欲、求偶欲望、鸣叫方面，以及外阴肿胀、流出黏液量等外表现象均没有黄牛明显。

② 是水牛直肠壁比黄牛厚，腹压大，直肠检查时手感不明显，由于腹压大，手握子宫体时松紧度难以掌握，输精时输精管难以插到位。

③ 是群众对水牛采用牵牧单放，发情时不易被发现。

（2）可采取措施 根据饲养分布情况，选几个改良水牛试点，积累经验，摸索推广。试点获得成功后，杂种优势在群众中显示出良好信誉，水牛改良才逐步扩展。

稳定品种改良技术队伍，对乡站实行定人、定点、定数量。同时对品改员实施先培训，考试合格后，凭证上岗，一年一审，不合格者取消品改员资格。

在技术上做到解冻后精子活力在0.3以上，1个情期至少输精两次（间隔6~10小时）；稀释液需冷贮保存，常温下不超过20天。41℃温水浴解冻，2毫升稀释液只解冻1粒。输精管在吸取精液前，吸取稀释液冲洗两次，每头母水牛输前后各镜检1次。

采用直肠把握法输精。输精前必须仔细询问母水牛年龄、胎次、习性、发情周期，开始发情时间，哞叫程度，求偶表现及出现时间；仔细观察母牛膘情，对声响、触摸的敏感度，接触外阴部时的反应情况，外阴部变化，黏液及阴道壁充血程度；仔细将指甲剪短、锉光、磨圆，伸入直肠内先找准子宫后触摸卵巢；仔细输精，手握子宫体松紧度适中，以不滑脱为宜，输精管插入不宜过深或过浅，以手感进入"三皱环"后再进入子宫腔 1~2 厘米，注入精液不宜过快，完毕后先抽出输精管。

水牛的冷配时间

据观察，温州水牛的发情持续期个体间差异较大，从母水牛性兴奋开始，到性欲旺盛接受爬跨，直至性欲消失为止的间隔时间最长 56 小时，最短 12 小时，平均 32 小时；其发情表现虽没有荷斯坦母牛那样明显，但其发情表现基本上是：一走、二叫、三爬跨、四频频排尿、五黏液粘尾、六阴部红肿、七食欲消退。目前对发情母水牛一般不通过直检来确定其适配时间，因为直检易造成其不孕症的发生，况且初学者不易掌握。有关部门，在不进行直检的前提下，探索温州母水牛发情后的最佳冷配时间。

冷配的方法：选择健康而又繁殖机能正常的 2.5~10 岁的温州母水牛，采用广西水牛研究所产的巴基斯坦尼里水牛颗粒冻精，经检测其各项指标达到标准。将 2 毫升维生素 B_{12} 解冻液倒入一小试管内，加温至 38~40℃，再投入颗粒冻精，摇动试管至溶化后取出备用；按常规操作采取直肠把握法输精。试验用母水牛 56 头，从发情结束后的 8~12 小时内输精。结果显示，情期受胎率 55.36%，比对照组的 44.23% 高 11.13 个百分点。

注意事项

不同年龄的水牛的受胎的高峰不同：8~10 岁老龄母水牛的受胎高峰是发情结束至发情结束后 4 小时内；2.5~5 岁青年母水牛的受胎高峰在发情结束后 8~12 小时内；5~8 岁中年母水牛的受胎高峰则介于二者之间，为发情结束后 4~8 小时内。

温州母水牛的适宜输精时间是发情结束至结束后 12 小时内，其情期受胎率明显高于发情持续期内的两次输精，且以发情结束后的 8~12 小时内输精最佳。

水牛颗粒冻精的解冻液种类繁多，经试验证明，以维生素 B_{12} 解冻液较好。经广西农业大学采用美国蒸汽压渗透压仪测定，维生素 B_{12} 解冻液的渗透压与冻精的渗透压是等渗的。用维生素 B_{12} 作解冻液，可提高母水牛受胎率，适于在广大农村及山区推广应用。

水牛的同期发情

广西采用冷冻精液人工授精，杂交改良当地水牛，其情期受胎产犊率很少超过 30%，究其原因在于一般很难掌握发情母水牛的输精适期。经研究发现，母水牛同期发情及定时输精方法效果较好。所用试验母水牛为农户散养，以放牧为主，补饲稻草，经直检确认其生殖器官正常，询问繁殖史无问题。

处理方法：取试验母水牛 74 头，在阴道内放置孕激素阴道栓，14 天后取出阴道栓当天每头肌注氯前列烯醇 0.4 毫克，于取出阴道栓后 48 小时和 72 小时各输精 1 次；在第 1 次输精时，每头肌注绒毛膜促性腺激素 2000 单位或促排 3 号 50 微克。

试验牛于取出阴道栓后 4 天内表现发情，即判断为发情同期化；发情鉴定主要以母牛阴户充血肿胀，阴道黏膜潮红，有黏液流出及相互爬跨等为依据；对有发情表现的母水牛，均通过直检确认其卵巢卵泡发育及排卵情况。

精液为广西畜禽品种改良站产的摩拉和尼里水牛冷冻细管精液，解冻后精子活率为 0.3 左右，采用直肠把握子宫颈深部输精法输精，1 次输精 1 支（0.25 毫升）。输精后 3 个月直检，诊断妊娠与否。

结果显示，孕激素阴道栓 + 氯前列烯醇组的同期发情率极显著地高于其他组处理。孕激素阴道栓 + 氯前列烯醇组同期发情处理后的当地母水牛第 1 次输精时，使用绒毛膜促性腺激素或促排 3 号，其排卵率均显著高于不使用的，其受胎率分别高 8.84% 和 10.6%，而使用促排 3 号与使用绒毛膜促性腺激素之间无明显差异。对于处女牛，孕激素阴道栓 + 氯前列烯醇组发情率和受胎率都分别高于氯前列烯醇组。由此表明，孕激素阴道栓 + 氯前列烯醇应用于母水牛同期发情有较好的效果。同期发情处理后，有发情表现的母水牛在第 1 次输精时肌注绒毛膜促性腺激素或促排 3 号，均能提高母水牛的排卵率，而且 80%~82% 的排卵时间均集中在用药后 40 小时之内，同期化程度高，说明使用绒毛膜促性腺激素或促排 3 号后，卵泡发育成熟加快，提高了排卵率。同期发情处理后，在发情率方面，经产牛明显优于处女牛，说明外源激素诱导水牛发情，经产牛比处女牛效果好，这可能是处女牛中，有较大部分水牛的卵巢仍处于未发育成熟的幼稚状态。

注意事项

放置孕激素阴道栓后，有些母水牛会努责，引起阴道栓脱落，其脱出率约占 11%。因此，在处理期间，注意观察，以免阴道栓脱出而影响处理效果。

在放置阴道栓期间，应避免母水牛泡水。因为污泥浊水一旦沿阴道栓系绳进入阴道内，引起阴道炎，会影响处理效果。

同期发情的案例

案例一 在四川，处理母水牛的同期发情，共用母水牛 144 头，年龄 2~17 岁，空怀或带犊 2~6 个月，分散饲养于四川邛崃市夹关等乡村农户，从春末到秋季以放牧为主，冬季补饲。试验地区平均海拔 1 239 米，以山区为主，平均气温 16.8℃，年均降雨 1 117.6 毫米，年均日照 1 130 小时，无霜期 284 天。

处理方法：对处理母水牛进行直检，保证被处理母牛均为空怀，无生殖系统病变或发育异常。处理时，普遍肌注氯前列烯醇 2 毫升，另随机对 13 头母水牛同时肌注促排 3 号 200 微克。配种时对未用促排 3 号的母水牛随机肌注其中 7 头母水牛，每头促排 3 号 200 微克。对试验母水牛用药后 120 小时和 144 小时分别用直肠把握子宫颈深部输精法输精一次。冻精解冻镜检，活力在 0.3 以上，严格操作规程，将精液输入子宫颈第 3~4 皱襞之间。将所处理母水牛按年龄（4 岁以下、4~10 岁、10 岁以上），胎次（初胎、2~5 胎、6~9 胎），用药方法（氯前列烯醇单独肌注第 1 组、氯前列烯醇加促排 3 号同时肌注 2 组、氯前列烯醇肌注配种时肌注促排 3 号第 3 组），膘情（优、良、中、劣），带犊与不带犊等情况分组统计，对不返情率和一次情期受胎率进行比较。不返情率和妊娠确定，不返情以配种 42 天后未出现发情为准；妊娠确定采用配种后 60 天直检诊断结果为准。

结果显示，本试验同期发情配种的 144 头母水牛的不同年龄组的同期发情处理后，其不返情率：4~10 岁牛明显高于 10 岁牛组，10 岁以上牛组明显高于 4 岁以下牛组。不同胎次组中不返情率差异不显著，不同胎次组牛的一次情期受胎率差异极显著，2~5 胎牛的一次情期受胎率最高达 70.45%，初胎组最差仅 9.21%。母水牛膘情对受胎率有明显影响，不同膘情组对母牛不返情率影响不大，差异不显著。按不同处理方法分成的 1、2、3 组，其不返情率和一次情期受胎率差异均不显著。

案例二　在广西许多县市，采用冻精人工授精来杂交改良本地水牛，但是其情期受胎的产犊率很少超过 30%，究其主要原因是母水牛发情持续期长，而且发情征状不甚明显，技术不熟练的配种员很难做到适时输精。在广西靖西县、富川县和北流市，进行定时输精，所用试验母水牛为农户分散饲养，以放牧为主，补饲稻草；处理前，经直检确认试验牛生殖器官正常，询问繁殖史无问题。

处理方法：试验母水牛 74 头，放置孕激素阴道栓 14 天，取出阴道栓当天每头肌注氯前列烯醇 0.4 毫克，于 48 小时和 72 小时各输精 1 次。第 1 次输精时每头肌注绒毛膜促性腺激素 2000 单位或促排 3 号 50 微克。

判定标准：试验牛于药品注射或取出阴道栓后 4 天内表现发情即判断为同期发情；本试验的发情鉴定主要以母水牛阴户充血肿胀，阴道黏膜潮红，有黏液流出并相互爬跨等现象为依据；有发情表现的母牛均于药物处理后 48 小时、72 小时、96 小时和 120 小时直检卵巢状况、卵泡发育及排卵情况。

试验所用精液为广西畜禽品种改良站产的摩拉和泥里水牛细管冻精，解冻后活率为 0.3 左右，一次输精 1 支（0.25 毫升）。采用直肠把握子宫颈深部法输精。输精 3 个月后直检诊断妊娠与否。

结果显示，孕激素阴道栓 + 氯前列烯醇组的同期发情率极显著高于氯前列烯醇组，其他各组之间无显著差异。孕激素阴道栓 + 氯前列烯醇的受胎率比其他组稍高，但 4 组之间均无显著差异。同期发情处理发情后的本地母水牛第 1 次输精时使用绒毛膜促性腺激素或促排 3 号，两组母牛的排卵率都极显著高于对照组，促排 3 号组和绒毛膜促性腺激素组之间无显著差异。绒毛膜促性腺激素组和促排 3 号组的受胎率比对照组分别高 8.84% 和 10.60%。对于处女牛，孕激素阴道栓 + 氯前列烯醇组发情率和受胎率都分别高于氯前列烯醇组；CIDR 组和孕马血清促性腺激素 + 氯前列烯醇组，各组之间差异不显著。对于经产牛，孕激素阴道栓 + 氯前列烯醇组的发情率显著高于前列腺素组，其他各组间的发情率无显著差异。处女牛与经产牛比较，孕马血清促性腺激素 + 氯前列烯醇处理的发情率经产牛显著高于处女牛。各处理之间经产牛与处女牛的受胎率均差异不显著。本试验说明，孕激素阴道栓 + 氯前列烯醇应用于水牛同期发情，有较好的效果。同期发情处理后，有发情表现的母水牛在第一次输精时肌注绒毛膜促性腺激素或促排 3 号，均能使水牛的排卵率高于对照组，而且排卵时间 80%~82% 的均集中在用药后 40 小时之内，发情同期化程度较高，说明使用绒毛膜促性腺激素或促排 3 号后不仅卵泡发育成熟加快，且提高排卵。在同期发情处理的发情率方面，经产牛明显优于处女牛，说明用外源激素来诱导母水牛发情，经产牛比处女牛效果好；这可能是处女牛中，有较大部分的母水牛卵巢尚未发育成熟。同期发情处理后发情的母水牛在第 1 次输精时肌注绒毛膜促性腺激素或促排 3 号，尽管在排卵率上明显比对照组高，但与对照组的受胎率无显著差异。经产牛发情率显著优于处女牛，但在受胎率上两者无显著差异。总之，本试验结果表明，用孕激素阴道栓＋氯前列烯醇＋促排 3 号或孕激素阴道栓＋氯前列烯醇＋绒毛膜促性腺激素用于母水牛同期发情处理，发情率和排卵率都明显提高。

注意事项

放置孕激素阴道栓后，有些母牛会努责引起阴道栓脱出，本试验有效期 15 头牛脱出，约占 11%。因此，在处理期要注意观察，以免阴道栓中途脱出影响处理效果。

在放置阴道栓期间，应该避免母水牛泡水，污水会沿着阴道栓的系绳进入阴道内，引起母水牛阴道炎症，影响处理效果。

难孕原因与对策

福建南部的九龙江畔，从 1976 年以来引进印度摩拉水牛，采用人工授精，改良本地水牛，使其向役乳兼用的方向转变，杂交所得的本摩杂一代（F_1）母水牛，一个泌乳期的产奶量，由本地水牛的 600 千克增加到 1 639.5 千克。后来发现，在人工授精时，大部分发育正常的 F_1 母水牛屡配不孕，而本地母水牛受胎率均在 40%。通过对 F_1 母水牛发情过程的观察和分析后，采取相应措施，终使 F_1 母水牛的情期受胎率达到 42%，有的达到 58%。究其难孕原因：本地母水牛在发情前期和发情中期，都有明显的哞叫不安、追逐爬跨其他母水牛、外阴部红肿、阴道内有较多黏液流出，排卵常发生在发情外观征状开始后的 30 小时。输精时间掌握在母水牛有外部发情表现开始后的 20~25 小时，即可获得较高的受胎率。而 F_1 母水牛多为隐性发情，尤其在 7~9 月份气温高的季节，发情更不明显，只有外阴部轻微肿胀，流出少量黏液。因此，难以及时被发现，很难确定其适宜的输精时间，致使 F_1 母牛屡配不孕。之后，经研究认为，对于 F_1 母水牛采取以检查子宫颈口黏液的结晶状态为主，参照结合其发情外观表现，才得以确定其适宜的输精时间。检查子宫颈口黏液时，当在黏液抹片镜检看到羊齿植物叶状结晶体少而短粗并呈现金鱼藻或星芒状，表示卵泡已成熟临近排卵或刚排卵不久，此时输精配种，受胎率高。F_1 母水牛的发情特点，一个情期内输精 2 次比 1 次输精更有益处，其受胎率可提高 3~5 个百分点。具体安排是，若在早上第一次输精，下午或傍晚再输精一次；若是下午第一次输精，次日早晨应再输精一次。福建南部的九龙江畔，夏季气候高温多湿，7~9 月白天气温常在 30℃以上，冬无严寒，F_1 母水牛的配种季节选在 4~6 月和 10~12 月，以提高受胎率并保证胎儿的正常发育。

摩拉水牛的不孕

摩拉水牛是世界著名的河流型乳用水牛品种，是广西水牛的主要品种，躯架高大，结构匀称，耐热，抗病力强。柳城县全县牛存栏 5.2 万头，其中适繁母牛 1.2 万头。但当前摩拉母牛不孕症比较严重，成为水牛繁殖改良工作的难点。据对 268 头成年母牛调查，患不孕症母牛 41 头，占 15.2%。据调查，母牛不孕原因：

粗饲料终年基本是麦秸，其他饲草很少，精料补充玉米、麸皮，豆类料极少，全年缺乏青饲料。由于营养不全，缺乏蛋白质、矿物质、维生素，表现乏情或发情不正常。

子宫发育不良，子宫角过细、过长，形似鸡肠盘在一起，也有整个子宫角呈直筒状，子宫颈口闭锁；卵巢如黄豆粒大小。

有的母牛两胎以后，出现过肥，导致卵巢囊肿；有的母牛过瘦，导致不排卵，发情不明显，这种现象多发生于老龄牛。

小母牛多发生阴道炎，配种过早，易造成阴道创伤，感染发炎。

经产牛多发生子宫炎。看来与难产、胎衣不下、死胎、不正确的助产，以及人工授精时操作不当、技术差、插枪不熟练，造成宫颈损伤，消毒不严等有关。

经产牛体质过肥多发生卵巢囊肿。

小母牛或体质过瘦的老牛多发生排卵延迟。

经产牛产犊时颈口撕裂，愈后增生堵塞、颈口不通。

持久黄体，主要表现发情周期停止，长期不发情。

精液浓度低，精子活力仅 0.2，影响受胎。

防治措施

鉴于上述原因，对于不孕的奶牛应找准原因，根据具体病因采用药物催情。

给予全价饲料喂养，控制种公牛每天配种母牛最多不超过 2 头。小母牛不到 1.5 岁不配。老龄母牛发情时持续期短，适当早配。小母牛发情持续期较长，适当推迟配种时间。母牛在排卵前 10 小时内或排卵后 2 小时内输精，输精部位为子宫颈基部。对于屡配不孕、生殖机能正常的，可在母牛接受爬跨时本交一次，间隔 19~21 小时再人工授精一次。

对于子宫炎，采用中西医治疗：取山茶 60~90 克、龙骨 60 克、牡蛎 60 克、海漂肖 60 克、白术 60 克、茜草 30 克、小茴香 50 克、鹿角霜 30 克，水煎服。另取青霉素 160 万单位、链霉素 100 万单位、注射用水 15~20 毫升一次宫内注入，轻者用药后 1~2 小时配种，重者每日 1 次，连用 2~4 次，同时配合子宫冲洗。

对于阴道炎，先用 1 毫升高锰酸钾水冲洗阴道，然后放入洗必泰栓 3~4 粒，每天 1 次，连用 5 次。

对于卵泡囊肿，取绒毛膜促性腺激素，一次静注 1000 单位或肌注 2000 单位，同时肌注黄体酮 10 毫克，连用 14 天。从外表看，症状如减轻或有效果，可继续用药，直至好转为止。

对于排卵迟缓及不排卵，卵巢发育缓慢，在发情中期肌注促黄体素 100~200 单位或用绒毛膜促进性腺激素 500 单位静注或 1000 单位肌注。

对于病理性子宫颈口闭锁，先注射己烯雌酚 10 毫克，使子宫颈管进一步松弛；然后采取直肠把握子宫颈法将严格消毒的输精枪强行插入子宫颈，母牛表现有痛感；用植物油 50 毫升煎开凉至 30℃左右，加青霉素 400 万单位、链霉素 100 万单位，混合均匀后输入患牛子宫颈管和子宫内。

对于持久黄体，治疗用前列腺素 5~10 毫升肌注，5 日内发情。氯前列烯醇 0.5~1.0 毫克一次肌注，7 天内见效。

对于隐性子宫内膜炎，服用上述中药 3 剂，子宫内灌注青霉素 160 万单位、链霉素 100 万单位，连用 3 次后可望治愈。

水牛的杂交改良

除个别高海拔冷凉地区外，云南省全省都有水牛分布。目前，全省水牛存栏约 310 万头，约占全国水牛存栏的 13%。传统上云南水牛主要是役用。云南省德宏水牛、滇东南水牛、盐津水牛等优良地方品种，泌乳量一个胎次约为 700 千克。

云南水牛具有广泛的环境适应能力，抗蜱，性情温顺，易于管理，吃苦耐劳，利用粗饲料能力特强。云南水牛在热带亚热带气候地区，是一种更具优势的乳用牛种。自 20 世纪 90 年代起，云南省就开始对水牛的乳用性能进行改良。目前，德宏、大理、保山、文山等地区不同世代的杂种水牛存栏约 6 万头，占云南全省水牛存栏的 2% 左右，能够挤奶的 2.8 万头。云南省每年推广使用水牛冻精 20 万支，出生各类杂种牛 5 万头左右。

云南水牛杂交父本是摩拉水牛和尼里－拉菲水牛，摩 × 本、尼 × 本以及摩 × 尼 × 本三元杂种都有。杂种水牛的泌乳量平均在 1 500 千克左右；不同组合杂种水牛一个胎次的产奶量均超过 1 000 千克，表现出较好的杂种优势。由于沼泽型水牛本质上不是乳用，杂交改良虽使其产奶量明显提高，但泌乳天数变化大，摩本 F_1 的第一泌乳期平均泌乳天数最长（491 天），摩本 F_2 第二泌乳期平均泌乳天数最短（194 天）；摩本 F_1 第二泌乳期的平均产能奶量最高，为 1641.9 千克；摩本 F_2 第二泌乳期平均产奶量最低，为 1 061.8 千克；摩尼本 F_2 第二泌乳期的平均日单产最高，为 6 千克，摩本 F_1 的第一泌乳期的平均日单产最低，为 3 千克。

不同杂交水牛个体间的产后发情及配种时间差异很大。水牛的妊娠期 310~330 天，采用犊牛全人工哺乳，母牛产后 60~120 天发情配种，其繁殖周期最长为 450 天。摩本 F_1、摩本 F_2 及尼摩本三元杂种水牛的产犊间隔为 422~456 天，泌乳天数为 267~379 天，干奶期为 129~182 天，个体间变异均较大。水牛的干乳期起始日完全要以日产乳量来确定，一般认为日产奶低于 1.5~2.0 千克，考虑综合饲养成本就应该停止挤奶，为下一胎能够发挥更好的泌乳性能做生理和营养储备。

总之，云南水牛的乳用性能杂交改良取得了一定效果，已经建立了由水牛奶加工带动饲养的初步产业链，在德宏、大理、保山、广南等地，奶水牛正以产业化方式蓬勃发展。

槟榔江水牛是目前我国发现的唯一的河流型水牛，主要分布在云南省腾冲县槟榔江、陇川江、大盈江等流域。2006 年调查中发现该品种，2008 年 4 月经国家农业部专业委员会实地考察，对槟榔江水牛作为河流型水牛遗传资源予以确认，同年 10 月 22 日，槟榔江水牛被纳入中国畜禽遗传资源目录。截至 2011 年底，腾冲县槟榔江水牛共存栏 3 615 头，现已组建核心群，存栏 623 头。

经对 71 头 143 胎槟榔江奶水牛统计，年平均产奶量（2 255.3 ± 504.4）千克，平均产奶量（2 385.2 ± 603）千克；最高单胎产奶量 3 643.6 千克，最低产奶量 1 290 千克，产奶量越高相应的泌乳期较长。

槟榔江水牛平均泌乳天数为（269.6 ± 38.1）天，最高泌乳天数 356 天，最低泌乳天数 140 天。泌乳期越长相应的产奶量较高。槟榔江水牛在同一个泌乳期中，日产奶量差异很大，最高每天可达 25.8 千克，通常连续 5 天产奶量低于 1.5 千克即进入干奶期。

槟榔江水牛的母牛性成熟在 2~3 岁，3 岁开始配种，第一胎平均产仔年龄为 4.3 岁，母牛的利用年限为 12 年，终生可产犊 5~8 头。

水牛的性别控制

目前，不加性别控制时，母水牛的怀母率为 50%。母水牛一般一胎只产一犊，而且一年也只能生产一次，换言之，一头健康的母水牛，终其一生的产犊不过十几头。母水牛妊娠期 310 天左右。水牛的性别控制后，可以只要母的，因为母的能产奶。而在自然情况下，公母性别比一般为 1：1。而实行了性别控制，最高可达 90% 母犊率。农户懂得生了公犊没什么出路，公水牛肉不好吃。

X 染色体和 Y 染色体控制着性别遗传，事先对 X、Y 染色体进行科学分离，然后进行体外受精，生产出预期性别的牛犊。广西拥有水牛 448 万头，占全国水牛总数的 1/5。通过性别控制，可以移植两个母的胚胎，生出来都是母犊，两个都可以利用。体外受精，就是从母水牛身上采回卵巢上收集卵子，再经过体外培育成熟，再分离采集精子，经过处理，用试管等在培养箱里面受精。

实行完全体外受精的意义：1 头优秀母水牛，病了，老了，受伤了，或被屠宰了，从牠身上取卵，可以继续繁殖良种后代，降低了成本；当优良母牛还活着时，也可以从其身上采卵，再和优良公水牛精子结合、体外受精并产生后代；用这种活体采卵方式，牛的卵子每月都可采 1~2 次，活体采卵就相当于 1 头母水牛一年至少可产 10~20 头后代；水牛的双犊率一般只有 2% 左右，通过给受体牛移植两个胚胎来产生双犊，其双犊率可达 40%~50%。

广西大学动物繁殖研究所开展的水牛性别控制研究，成果卓著，其操作步骤如下。

第一步，采集卵子。将屠宰的母水牛的卵巢采集回实验室，抽取出未成熟的卵子，培养 20~24 小时。

第二步，分离精子。将公水牛精液中带有 X 染色体与带有 Y 染色体的精子简称为 X 精子和 Y 精子分离。分离时，先在精子稀释液中添加荧光染料，使之定量的与精子 DNA 结合。由于水牛精子中的 X 精子的 DNA 含量比 Y 精子的 DNA 含量高 3.6%，因此着色之后 X 精子的荧光浓度比 Y 精子的荧光浓度要高。将被荧光染料染色后的精子放入液流导管，此时精子依次前行，并在液流导管出口处，往下喷射形成液柱。精子喷射的速度快，可达每秒 5 000 到 1 万个。然后用激光束照射到液柱上，这时着色较浓的 X 精子在激光的激发下发出较强的荧光，流式细胞仪系统就可以根据反射光的强度分辨出哪些是 X 精子、哪些是 Y 精子。最后这些精子溶液在减速过程中形成一个个含有单个精子的液滴，流式细胞仪系统此时分别给 X 精子和 Y 精子带上正电和负电，借助左右两块各自带正电或负电的偏斜板，将 X 精子或 Y 精子分别引导到左右两个收集管中。分辨 X 精子和 Y 精子的过程是最关键的一步，它直接决定着性别控制的成功率。X 精子与 Y 精子被分离后，置放在 -196℃的液氮中冷冻保存。

第三步，控制受精。让分离出来的精子与卵子自由结合，形成受精卵。此时的受精卵只含有 XX 染色体，所长成的个体只可能是雌性的。受精过程完成后，将受精卵放入试管中，进行体外培养。当 X 精子与卵子结合形成受精卵之后，会迅速进行细胞分裂，7 天后形成胚胎，将胚胎挑选出来，放入培养箱中进行培养。培养箱模拟子宫环境，温度一般为38.5~39℃，培养 5~7 天。

第四步，移植孕育。当胚胎发育到要着床的时候，便可以移植到母水牛的子宫。本次试验一共对 5 头母水牛进行了胚胎移植，移植胚胎 13 枚。其中有 3 头母水牛妊娠，两头流产，最终 1 头顺利产下一对雌性双胞胎犊水牛。

水牛胚体外生产

从屠宰场采集的母水牛卵巢，保存在 25~30℃的生理盐水中，6 小时之内运回实验室，选取直径 2~8 毫米的卵泡进行穿刺，回收外层卵丘细胞包裹完整、胞质均匀形态好的卵丘——卵母细胞复合体，经洗涤 2~3 次后，随机分成三组，分别用三种体外成熟液洗涤 1次，最后放入事先预热 3 小时以上、覆盖石蜡油的相应体外成熟液液滴中，在 39℃、5% 二氧化碳及最大相对湿度的空气条件下，成熟培养 24~26 小时。

本试验用摩拉水牛细管冻精。解冻后精液悬浮于 3 毫升预热精子处理液（洗精液）中上游 30~40 毫米，分离出活精子，经离心 10 分钟，收集上清液，使活精子沉淀，再用 3 毫升受精液重新悬浮后离心洗涤 1 次。处理精子的同时，体外成熟结束后的卵母细胞复合体在受精液中洗涤 1 次后，转入事先预热 3 小时以上、覆盖石蜡油的受精液液滴中，加入适量经上述处理的水牛精子，使受精精子保持一定的终浓度在再放入相应条件下，受精 20~22 小时。受精结束后的卵母细胞用一种溶液洗 2~3 次，去除表面的卵丘细胞后，再分别用含一些添加物的溶液洗 1 次，最后转入相应的为滋养层的液滴中，放入二氧化碳培养箱中培养。受精44~48 小时观察分裂率，受精 72 小时后换入另种溶液中，并隔天换液培养分裂卵，直至受精后第 11 天，观察囊胚发育和孵化情况。

结果显示，对照组与试验组在囊胚率上差异极显著，但在囊胚孵化率上差异不显著。在母水牛体外胚胎培养体系的一定阶段添加某种添加物对水牛卵母细胞发育到囊胚阶段有明显的促进作用，使更多受精后分裂卵顺利通过体外胚胎的发育阻滞（8- 和 16- 细胞）阶段而顺利达到囊胚阶段，显著提高了水牛体外囊胚的生产效率。

水牛卵体外受精

（1）卵子采集　水牛的卵巢采自南京市郊宰牛场。采到卵巢在 30℃的无菌生理盐水中、4 小时内带回实验室。选择直径在 2~8 毫米大小的卵泡，用 2 毫升的玻璃注射器及 5~6 号针头，吸取卵泡液及其内容物。在显微镜下挑出细胞质均匀并且紧密包裹 2~5 层颗粒细胞的卵母细胞，将其移入洗涤液中洗涤 3 次。

（2）体外成熟　取成熟液在培养皿底部做成一个培养滴，每滴放置 15~20 个卵母细胞，并在培养滴上覆盖一层矿物油。然后放置在有一定条件的二氧化碳培养箱中，在 38.5℃成熟培养 24 小时。

（3）卵子培养　在屠宰场选择收集水牛卵巢上有新鲜黄体、估计排卵有 2~3 天的输卵管，放在无菌的冰生理盐水中带回实验室。洗涤 2~3 次后，去掉附着的结缔组织及脂肪，剪取从壶腹部至喇叭口端约 3 厘米 长的片段。用镊子反复揉挤后,用洗卵液从壶腹部冲洗该片段,在喇叭口端回收冲洗液。将回收的冲洗液离心、洗涤 2 次。将得到的混合物沉淀,分别用受精液和胚胎培养液稀释后,移入培养皿中做成培养滴。细胞的数量要保证足够将培养滴的底部覆盖一半,然后在二氧化碳培养箱中培养备用。

(4)精子获能 取水牛颗粒冻精 2 粒,解冻后,采用上浮法收集精子,离心洗涤 2 次后在获能液中获能 15 分钟。

(5)体外受精 将经过成熟培养后的卵母细胞在含有牛血清白蛋白中洗涤 2 次,并用移卵管去除扩散的颗粒细胞,然后将其移入受精滴中准备受精。每个受精滴中最终含有卵母细胞 15~20 个,精子浓度为 200 万个 ~400 万 个 / 毫升。将受精滴移入有一定条件的二氧化碳培养箱中,进行体外受精培养。

(6)胚胎培养 精卵受精培养 20 小时后,将受精卵移出受精液,并用胚胎培养液洗涤 2~3 次。然后分别移入胚胎培养液在相同条件下继续培养至第 8 天结束。在培养过程中,每 48 小时更换 1/3 的培养液。每 12 小时观察各组细胞的分裂情况。

结果显示,在受精液和胚胎培养液中,试验组受精率和囊胚率极显著地高于对照组。在受精液和早期胚胎培养液中添加 Taurin 后,能够显著地促进卵母细胞的体外受精和早期胚胎的体外发育。分别在受精液与早期胚胎培养液中添加后,通过比较发现,虽然两组在受精率的差异上不明显;但在随后的囊胚发育率上却显著不同。通过研究发现,在受精液中添加后,能显著提高体外受精率。这可能是这种添加物能模拟输卵管内环境,从而改善受精环境,增强精子活力,并能够清除代谢垃圾。本研究在受精液和胚胎培养液中添加 Taurin,结果受精率得到了显著地提高。在胚胎培养液中添加后,囊胚率都得到提高,其主要原因可能是胚胎细胞的抗氧化能力提高。

胞质显微受精术

精子胞质内显微受精技术是一项辅助的体外受精技术,它是借助显微操作仪将精子注入卵母细胞质内,从而完成受精的过程。它降低了对精子各种指标的要求,使各种在体内外不可能发生正常受精的卵子受精,同时可以避免多精子受精,也为研究异种间受精提供了有效的途径。我国拥有 2 240 多万头水牛,具有巨大的潜在经济价值,然而目前水牛的繁殖率很低,水牛卵母细胞的体外成熟和体外受精效果都不如黄牛,精子胞质内显微受精作为一种辅助的体外受精技术,有望用于提高良种水牛的繁殖效率。此项技术的操作程序如下。

(1)卵子准备 从屠宰场收集中国沼泽型水牛卵巢,置于 30℃左右的生理盐水保温瓶内,在 4 小时内送到实验室。用注射器抽取卵巢中卵母细胞,挑选出细胞质均匀,并有完整或部分致密卵丘细胞的卵母细胞,放入 2 毫升成熟培养液的玻璃平皿中,在 38.5℃、5% 二氧化碳和最大饱和湿度的培养箱中,进行体外成熟培养 22~24 小时 ,然后在添加有 0.1% 透明质酸酶的培养液中除去卵母细胞周围的卵丘细胞。如进行离心透明化处理,则将卵母细胞放于 MM 液中离心。将具有第一极体的成熟卵母细胞移入含有细胞松弛素 B 的 MM 微滴中,并覆盖石蜡油,即可备用。

(2)精子准备 显微受精用的精液为尼里 / 拉菲水牛细管冻精。将冻精在 37℃水浴中解冻后，取 0.25 毫升精液小心置于含有 1.5 毫升 改良的受精液的圆底试管底部，15 分钟悬浮后，活精子上游，然后将上层液吸出，离心洗涤及浓缩一次，取 1~2 微升洗涤后的精液加到 4~6 微升 的有添加物的 MM 液中备用。应注意的是，精子要从精子操作液滴的底部边缘小心加入，以免精子会悬浮在操作液滴的上层。

（3）受精操作　在倒置显微镜操作仪下进行胞质内显微受精操作。

结果显示，当精子操作液中 PVP 的浓度从 10% 降低到 5% 时，注射卵的存活率虽略有下降，但分裂率显著提高，囊胚发育率略有提高，但差异不显著。可见，水牛卵子抗损伤能力比较强，卵子的存活率也无明显下降的趋势，而体外发育率提高了，可见 5%PVP 的精子操作液更有利于注射卵的发育。显微注射时将极体置于相当时钟 6 点的位置，注射卵的发育率比较高，胚胎的质量也有提高的趋势。卵母细胞的离心处理，与不离心的对照组结果相比，说明水牛卵母细胞的低透明度不足以影响胞质内显微受精的结果。

研究发现，显微操作条件的改善可以提高水牛胞质内显微受精卵的成功率及发育率。

聚乙烯吡咯烷酮添加在精子操作液中可以使液体变得黏稠，进而减缓了精子的运动速度，便于操作者捕捉精子，并且还可以使精子在注射管中进退顺畅，不至于粘在管壁上。在精子操作液中添加 5% 的聚乙烯吡咯烷酮较适于受精卵的发育。

显微注射时，注射管应尽量避开卵子的纺锤体及染色体存在的部位，否则可能会损伤纺锤体，导致卵子将无法恢复第二次减数分裂。

显微操作时极体在 6 点比 12 点位置注射卵的分裂率略有提高，但差异不显著，因此认为，固定卵子的极体在 6 点的位置较有利于精子胞质内受精卵的发育。

水牛的卵母细胞同黄牛的卵母细胞一样，含有许多的脂肪颗粒，颜色较灰暗。在熟练操作的情况下，可以免去卵母细胞离心透明化处理。

体细胞克隆水牛

世界首例体细胞克隆水牛在我国广西大学诞生。广西大学动物科学技术学院对 1 头 3 月龄水牛胎儿的纤维细胞进行克隆，并于 2004 年 12 月 17 日将克隆的胚胎植入 1 头 4 岁母水牛子宫，母水牛妊娠 342 天后，超过预产期，仍无生产预兆。经研究，进行剖腹产，剖出 1 头体重 29 千克的犊牛，器官发育、心跳等一切正常。遗憾的是，在对这头犊牛进行后期处理时，由于脐带失血过多和呼吸道羊水未及时排除，最终未能成活下来。犊牛尸体被送公安部门进行了亲子鉴定。广西大学专家认为，这头犊牛各项生理指标正常，就表明我国体细胞克隆水牛技术已趋于成熟，具有培养更多优质水牛的能力。

奶水牛养殖效益

目前云南省奶水牛养殖主要以小规模的家庭散养为主，饲管水平较低，饲养设施简陋，牛舍设计不合理，奶水牛生产水平低；大部分奶水牛场没有犊牛栏，无法预防犊牛把牛毛、杂物食入，会出现胃阻塞，甚至死亡；大多数养殖户人畜混居，缺乏粪便处理措施，牛舍及周边卫生状况差；饲养利用不充分，饲喂方式不科学，粗饲料供应不合理，还有部分奶水牛场的蔗梢没有进行任何处理直接饲喂，造成饲料浪费；奶水牛品种改良和疫病防治的知识匮乏，先进实用的技术难以推广，奶水牛生产的效率不高。

此外，水牛奶加工企业发展滞后，奶农经济利益得不到保证，严重影响了农户养牛的积极性，也阻碍了云南水牛奶产业的进一步发展。

据德宏州潞西市的奶水牛养殖调查，2009 年末，潞西市奶水牛存栏 2 989 头，水牛奶产量 1 680.1 吨，产值 726 万元，仅占畜牧业产值的 2%。

潞西市能繁母牛平均产犊率 61.9%，奶水牛每胎产奶量 1 665 千克。在计算农户自己投工投料成本情况下，平均每胎可获纯收入 4 137 元，折合每年 2 443 元，每千克牛奶生产成本为 3.96 元。

目前水牛奶的收购价高出荷斯坦奶牛奶的 2 倍，农民饲养一头奶水牛，可获利 3 000~5 000 元。水牛奶酪的市场价也比荷斯坦牛奶酪的市场价要高出 3 倍，而且供不应求，能为加工企业带来可观的效益。

潞西市奶水牛养殖管理水平及其效益在不同场（户）间有显著差异。调查表明，奶水牛养殖效益高低还取决于养殖场（户）的饲管水平，其中关键是繁殖率和个体产奶量。饲养头数在 20~100 头的家庭牧场，为适度规模养殖，其经济效益是比较好的。

奶水牛业在云南

云南是全国水牛生产省区之一，水牛数量仅次于广西，居全国第二，占全国水牛总数的 12%。云南水牛养殖主要分布在大理、德宏、保山 3 个地区，潞西、盈江、陇川、腾冲、巍山 5 个县，其改良奶水牛存栏数占总数的 1.9%。云南水牛存栏量大，但以役用和肉用为主要目的，其产奶没有得到良好的开发和利用。

云南奶水牛养殖以小规模的家庭散养为主，饲管水平低下，经济效益不高。奶农种草养牛的意识还不到位。部分奶农本着"有什么喂什么"，奶水牛生长阶段饲养水平不高，犊牛体重低、体况差，影响育成后生产性能的发挥。水牛奶加工企业发展滞后，宣传不到位，企业生产出来的产品销售困难，奶农经济效益得不到保证，影响了水牛向乳肉兼用型转化的进程。

与荷斯坦牛相比，水牛饲养转化率高、抗逆性强、疫病少，奶水牛极具开发潜力和开发价值。水牛奶被认为是世界上最接近完美的奶品，是制作特色奶和高档奶酪的最好奶源。

由广西水牛研究所引种培育的奶水牛发展至今，已有强劲的发展势头。在南方地区大力发展奶水牛养殖，可以很好地解决上述我国水牛奶业发展中的不足。发展奶水牛业一是可以增加牛奶的供应量；二是可以改善奶业南北格局，大量增加南方地区鲜奶供应；三是与荷斯坦牛相比，水牛的乳房炎发病率更低。

云南省奶水牛以腾冲槟榔江奶水牛、二元杂水牛（摩拉公牛或尼里公牛与德宏母水牛杂交的后代）、三元杂水牛（摩拉公牛与德宏母水牛杂交的后代再与尼里公牛杂交的后代）等品种为主。

水牛奶开发前景

意大利水牛品种为地中海水牛，是世界三大奶用水牛品种之一。意大利以水牛奶酪加工带动水牛奶业发展，生产着世界著名的奶酪，深受欧美市场欢迎。利用公司加农户的形成保障了水牛奶业的快速发展，其水牛奶酪远销英、法、美等国家的地区，市场售价为黄牛奶酪的3~4倍。

20世纪80年代我国开始进行奶水牛推广试点。1996~2002年，在欧盟援助下，在粤、桂、滇三省实施"中国－欧盟水牛开发项目"，在水牛育种、杂交改良、乳品加工等方面取得示范性效果。近年来中国农科院广西水牛研究所，利用摩拉、尼里－拉菲和我国水牛杂交育种，培育出适合南方地区饲养的三元杂交役乳兼用型水牛，泌乳期平均产奶量达2 500~3 000千克，其相关研究创世界第一有：世界最大的试管水牛群；首例完全体外化冻胚试管水牛；第一例试管水牛双犊；首例利用先人工授精后胚胎移植生产的不同品种的水牛双犊。首例性别控制试管水牛，首例亚种间克隆水牛。

据估计，全国现存奶水牛约2万头，不到全国水牛总量的0.1%，主要集中在广东、广西、云南、福建等地。总的来看，我国水牛奶业开发晚，良种繁育滞后，配套设施滞后，优质优价意识滞后。

我国水牛主产省处于亚热带、热带气候区域，水牛主要集中在两广、两湖、云、贵、川、皖、赣和海南10个省（区），有可利用草山草坡面积，有大量冬闲地、退耕地用于种草，有丰富的农作物秸秆饲草资源。

奶水牛饲养成本低，产品质量好，疫病危害的风险小，经济效益高，为农村产业结构调整和农民致富开辟了新路。同时，随着我国鲜奶按质论价逐步与国际接轨，水牛奶及其制品的经济效益将会进一步提高。

目前，制约奶水牛业发展的主要问题是品改速度太慢、改良范围太小、杂交水牛太少，而品改缓慢的主要原因是良种繁育体系建设滞后，种源紧缺。因此，必须扩大种牛繁育，从国外引进新血统种公牛冻精进行种牛提纯复壮，提高核心牛群的质量；开展良种水牛的超数排卵、活体采卵、胚胎体外生产、胚胎移植等生物技术的攻关研究，迅速扩大优良种牛数量。采用转基因、核移植和体细胞克隆等技术，特别是水牛和奶牛的异种克隆技术，探索突破种间杂交难题，为培育水牛新物种和开发基因新药品奠定基础。

加大水牛奶产品的研发力度，打破当前水牛奶制品单一、产量低、效益差的局面。除大力开发传统的液态奶、奶饮料和冷冻饮品等系列产品外，品种上应增加活性乳、甜牛奶、果蔬奶；在口味上包括酸、甜、淡、果味、可可味和冷冻饮品等风味；还应加强水牛奶保健产品和婴儿食品的开发。深入开展水牛奶的高档乳制品研发，对提高水牛奶的附加值，打造水牛奶品牌具有重要意义。积极从水牛奶中可以提取酪蛋白磷酸肽、类吗啡活性肽、抗高血压肽与抗血栓肽、免疫调节肽等活性肽，以提升水牛奶的附加值。

云南的德宏水牛

德宏州青山绿水、蓝天白云，到处都是森林氧吧、田园风光，光、热、水和土地资源丰富，一年可种植青贮玉米三季以上，甘蔗种植面积 100 万亩左右，仅蔗梢就可解决 20 万头牛的粗饲料需求。水牛存栏达 11 万头，德宏水牛被列入国家级保护的品种，是云南六大名牛之一。

德宏州自 1997 年以来，水牛奶用杂交改良取得了长足进展。全州杂交奶水牛存栏 1.2 万余头，泌乳奶水牛存栏 5 000 余头。

为转变生产方式，加快水牛特色产业发展，德宏州从 2009 年开始实施"百村万头"奶水牛养殖小区建设工程。到 2013 年底在全州范围内选择 100 个奶水牛相对集中的村寨建成 100 个存栏 100 头奶水牛以上的标准化养殖小区，使德宏州奶水牛存案总规模达到 1 万头。

每个奶水牛养殖小区按照"五统一分"的要求（即统一规划建设、统一饲管、统一防疫用药、统一用料标准、统一产品销售，分户经营核算）建设和运转，建设标准化牛舍和犊牛培育舍，配套挤奶间、青贮池、草料间、铡草机、挤奶机、兽医防疫等设施设备，实行标准化生产和统一管理。

目前，德宏奶水牛"百村万头"项目取得了一定成效，有力促进了德宏水牛产业化开发进程和奶水牛特色产业发展。

水牛人工哺乳技术直接关系到农民饲养奶水牛的经济效益。人工哺乳培育犊牛是否成功，关键在于调教新生犊牛哺乳。当犊牛出生后，应立即使其母亲分开饲养。如果在母牛分娩时把犊牛与产后母水牛立即分开饲养，先用手掌或手背轻轻摩擦犊牛的鼻镜，刺激犊牛产生吮吸反射兴奋。然后用洁净的右手指蘸上初乳，塞于犊牛嘴中。当犊牛舔食到乳汁时，就会将手指当做乳头吮吸。这时因势利导，把犊牛嘴引入盛奶盆中，使犊牛嘴接触到乳面，但不能把犊牛鼻子浸入乳中。当犊牛吮吸饲养员手指的时候，就可以从手指缝隙中吮吸到牛奶。待其兴奋后，手指慢慢地移动，把犊牛嘴引向盛乳桶内，继续吸乳。一般来说，第 1、2 次吮吸桶内奶犊牛不习惯，会停止吃奶，抬头找乳头。这时饲养员应按上述方法，反复耐心的调教，直至犊牛习惯跟着饲养员手指低头伸向奶桶吃奶。饲养员手指的作用，是将犊牛的嘴引向乳桶后就抽出，让犊牛自己从乳桶中吃奶。每天反复进行练习，发育良好的犊牛几天后便会自己伸嘴吃奶。对于第 1 次调教而拒绝低头吃奶的犊牛，可把手指放到犊牛嘴中，用瓶或小盆盛上牛奶从手掌中慢慢倒入犊牛嘴内，让其抬头吃奶。然后再逐渐放低，反复而有耐心地调教，最后达到低头吃奶的目的。调教好的犊牛，会自己将头伸向奶桶吃奶。

德宏水牛奶中乳脂、乳蛋白、乳糖、总固形物和非脂固形物都极显著高于荷斯坦牛奶。

德宏水牛奶既可加工成消毒奶、保鲜奶、酸奶供食用，也可加工成奶粉、炼乳、奶油等多种制品满足不同需要。德宏水牛奶干物质含量约为荷斯坦牛奶的 1.4 倍。

乳饼和乳扇是云南省的名特乳制品。由于水牛奶酪蛋白胶团直径大，便于牛奶凝集形成具有弹性的胶体状态和良好的蛋白网络结构，加之水牛奶中的脂肪含量高，使得水牛奶制作出的乳饼和乳扇味道佳、香味浓，深受消费者喜爱。

江淮水牛的开发

在国家畜禽遗传资源委员会主持下，由中国农科院北京畜牧兽医研究所等 7 个单位的专家组，于 2010 年初对安徽省申报的江淮水牛遗传资源进行鉴定。认为江淮江淮水牛符合《畜禽新品种配种系审定和畜禽遗传资源鉴定办法》的规定，一致通过初审并报国家畜禽遗传资源委员会批准。随着时代变迁、科学发展，30 万头江淮水牛的申报成功，将为进一步开发利用肉牛、奶牛产业奠定基础。

我国的奶水牛业

近年来，我国对奶业发展给予高度重视。中国是世界人口最多的国家，也是饮奶水平极低的国家。我国人均奶类占有量在世界上排在百名之后。奶水牛应成为中国奶业一个重要组成部分。发展奶水牛业有利资源包括：水牛资源存栏 2 200 多万头，可繁母水牛 800 多万头，还有南方牧草资源、人力资源，南方热带、亚热带气候资源。水牛具有适应性强、耐高温高湿、耐粗饲和抗病力强的特点，在热带、亚热带地区发展奶水牛，一是有利于农业资源的合理利用，有利于降低奶的生产成本；二是有利于乳制品结构调整；水牛奶风味好，乳汁浓厚，营养丰富。农业部制定的"十一五"到 2020 年的奶业发展规划，其中南方奶业的重点就应该是奶水牛业。我国南方地区人口占全国总人口的 58%，而奶类产量仅占全国总产量的 17%，长期以来，形成"北奶南调"的局面。南方饮奶不能都靠北方。奶是普惠食品，人人都需要喝奶。奶又是新鲜易腐食品，喝奶质量首先要喝新鲜奶，没有奶源基地就喝不到新鲜奶。我国南方要想喝鲜奶，就必须有自己的奶源，必须发展奶水牛；此外还可对南方种植业结构调整，促进农民增收，加快新农村建设的步伐。

奶水牛的发展应走产业化的路子，发展奶农合作经济组织；使各个环节形成利益共同体。要加大奶水牛产品的研发力度，根据水牛奶的优势，搞特色产品，搞高端产品。它的销售定位应瞄准国际市场，以出口为主，内销占一部分。当然，发展奶水牛业，更从示范牧场抓起，积累经验，稳扎稳打，逐步前进，才能把奶水牛业真正做大、做强。

综上所述，足见母水牛用于乳用，其前景实在是广阔之极呀！

正是：

古老水牛焕新彩，不用耕田可产奶；

饲管配种均科学，前景光明发大财！

牦牛，青藏高原上的景观之一，与藏族同胞生产生活密切相关，在挑战生命极限的高海拔地区，被誉为"高原之舟"。在青藏高原及毗邻地区，牦牛用途多种多样，其中最重要的，还是应该——

第19章
青睐牦牛奶

不可替代的物种

我国牦牛主要分布于平均海拔 4 500 米以上，其间还有超过雪线海拔 6 000~7 000 米，甚至 8 000 米以上的山岭。境内地势高亢，地形起伏不平。空气稀薄，气温低，风力强，年平均气温 −4~6℃，最热月平均气温多低于 10℃，西部低于 8℃。植被属高寒类型，生长矮小或稀疏，牧草青草期天数少于 150 天，甚至只有 60~90 天。无绝对无霜期。

牦牛是高寒地区不可替代的生物物种之一。我国现有牦牛 1 377.4 万头，占世界牦牛总数的 90% 以上，分布于西藏、青海、四川、甘肃、新疆和云南等省（区）。牦牛对高寒草地的生态环境具有极强的适应性，能在空气稀薄、牧草生长期短、寒冷的恶劣条件下生息繁衍，把人类无法直接利用的自然资源转化成畜产品；牦牛不与人争地、争粮、争夺自然资源和生存空间，是典型的节粮型畜种；牦牛完全在天然牧场上放牧育肥、挤奶，是名副其实的绿色食品的来源。发展牦牛业可加强民族团结，促进民族经济，提高民族地区人民的生活水平。牦牛在暖季具有很强的生长和育肥能力，是发展季节性畜牧业的最佳畜种之一。

牦牛的传统保种通常是以活体保种方式，在其原产地建立保护区和保护核心群，它是一种有效方法，但费用较高。现在改为冻精保种。这种方式保种主要只考虑冷源液氮的维持，保险系数大，经济负担小，对需要保种的牦牛品种采集一定数量的公牦牛精液，在 −196℃液氮中冷冻保存，以备随时利用；可定期用此冻精给选育后的品种母牦牛受精，以过 3~5

代回交后，再采新的精液继续冷冻保存，以达到保存牦牛的目的。

珍稀美味牦牛奶

牦牛奶具有高乳脂、高乳蛋白、高钙和必需氨基酸，乳脂率通常在 6%~8%，乳脂肪球大，容易加工成奶油。乳蛋白率 5%~7%，乳蛋白的组成以酪蛋白为主，含量在 84% 左右，凝乳性好，有利用乳品加工。乳蛋白中谷氨酸含量最多，必需氨基酸含量占 46.36%。此外，还含有钙、铁、磷、锌、镁、锰等各种矿物元素及乳糖和维生素 A、维生素 E 富含核黄素和胡萝卜素，乳总固形物高达 16%~19%。对其风味物质分析后发现，牦牛奶中含有脂类 8 种，烯类 7 种，醇、酮类各 6 种，醛类 3 种。牦牛奶具有独特的乳香风味，口感浓郁、醇厚。

牦牛奶中脂肪酸含量高，尤其是不饱和脂肪酸，脂肪酸种类多达 32 种，不仅含有人体必需的亚油酸、亚麻酸、花生四烯酸，还含有共轭亚油酸、二十碳五烯酸、二十二碳六烯酸等功能性脂肪酸，其中棕榈酸、硬脂酸和油酸是乳脂中含量最高。牦牛奶中共轭亚油酸高于普通牛奶。共轭亚油酸具有抗氧化、降低胆固醇、甘油三酯和低密度脂蛋白水平，能防治糖尿病、抗动脉粥样硬化、提高骨骼密度等多种重要生理功能，对减肥和改善肌肉组织有重要作用。

总之，牦牛奶是一种稀有的高乳脂、高乳蛋白、微量元素种类丰富、必需氨基酸含量高、富含不饱和脂肪酸、营养价值高的健康饮品。

牦牛这一特色资源之所以到现在尚未完全开发利用，一方面是因为牦牛分布范围较窄，大多数人只知其"高原之舟"的美誉，而对牦牛深入了解者不多；另一方面是当地乳品企业，由于财力和人力的缺乏，尚无暇顾及这一资源的开发利用。此外，牦牛一般 4~6 月产犊，到 7~9 月份青草最繁茂时达到泌乳高峰期，但此时牦牛大都在偏远的夏季草场放牧，交通不便，导致原料奶收购困难、收购成本高，再加上牦牛奶保鲜困难，限制了牦牛奶产品的生产和开发。

对于牦牛奶产业的发展似应充分发掘牦牛奶的潜在优点和功能特性，开发出牦牛奶系列有机高附加值产品；保持牦牛种质资源的纯度，抓住产品的稀缺性和纯天然性，制定牦牛奶产品的相关标准，走高端产品路线，提升产品价值。

牦牛奶的脂肪和蛋白质的含量较荷斯坦牛奶、马奶、人奶和驴奶高，干物质含量也高，乳糖含量差异不大。牦牛奶是生产风味酸奶、奶油、奶酪、配方奶粉等高级乳制品的优质原料。

不饱和脂肪酸分单不饱和脂肪酸和多不饱和脂肪酸 2 种。单不饱和脂肪酸可降低血小板的聚集率；增强抗氧化酶的活性，减少机体内自由基脂质超氧化物的作用；可降低血浆总胆固醇和低密度脂蛋白的水平；从而预防动脉样硬化，降低患冠心病的危险性。此外，具有保护心脏，降低血糖，调节血脂，降低胆固醇，影响血压和凝血等功能。

多不饱和脂肪酸由于人类自身不能合成，必须由食物提供，故称其为必需脂肪酸。n-3PUFA 是大脑和脑神经的所需要重要营养成分，摄入不足将影响记忆力和思维力，对婴幼儿将影响智力发育，对老年人将产生老年痴呆症；膳食中过多时，会干扰人体对生长因子、细胞质、脂蛋白的合成，甚至易诱发肿瘤。

珍稀天祝白牦牛

天祝白牦牛产于甘肃天祝藏族自治县,是我国珍稀的牦牛地方类群,受到国内外的重视,天祝白牦牛有明显而较短的发情季节。发情盛期在每年的8月上旬,相对集中在农历"立秋"前后,此时开祝是一年中气温最高,降雨最多牧场牧草条件最好的时期。

天祝白牦牛发情初期兴奋不安,游走增多,但不鸣叫,采食减少,排尿次数增加,白天很少卧息。发情初期约8~12小时后,进入发情中期,也称稳定发情期,母牦牛停止采食。公牦牛或其他母牦牛爬跨其背时,安静站立,接受爬跨或交配。母牦牛发情强度比普通牛种弱,不易辨识,故天祝白母牦牛出现明显的爬跨其他母牦牛、靠近公牦牛、接受爬跨,即为正常发情。在人工授精或种间杂交情况下,母牦牛的发情鉴定最好让公牦牛试情。

天祝白牦牛发情持续期多为12~48小时,影响发情持续期的因素有年龄、体况和当时的气温,一般6~10岁壮龄牛、体况良好者,气温低时发情持续期较短,而幼龄、老龄牛和体况差者,加之气温闷热无变化时,发情延长,有个别可达5天之久。

天祝白牦牛大多两年产一犊,产犊牦牛大多当年不再发情。据调查,一年产一犊母牦牛占6.07%~15.20%,适繁母牦牛发情率平均为51.46%。一次发情受胎率平均为76.50%。

天祝白牦牛初情期在24~30月龄之间,初次生育年龄多为4岁。连产母牦牛产后至第一次发情间隔时间平均105天。

天祝白牦牛分娩盛期是每年的4月中旬,即农历"谷雨"前后,此时当地气温已回升到0℃以上,牧草即将萌发,犊牛出生后不久,就将进入5月上旬"立夏"。

天祝白牦牛妊娠期与前苏联牦牛(256天)、青海牦牛(255天)及西藏牦牛(250~260天)等品种的妊娠期一致。母牦牛妊娠期比普通牛短约30天。

天祝白牦牛临产前典型征候为乳头基部膨大,阴门先红肿后皱缩,时有举尾、离群现象。初产母牦牛分娩前一天停止采食,而经产母牦牛采食如常。分娩开始时,母牦牛低声吼叫、起卧不宁,常回头望腹,分娩过程多在30~40分钟内完成。犊牛产出后,母牦牛不停地舔犊牛。犊牛从出生到第一次站立只需20~30分钟;一旦站立,在4~10分钟内就可以找到乳头,吃到初乳。母牦牛多在产犊后4~8小时内排出胎衣。犊牛初生重小,平均为11.14千克。很少发生难产。

天祝白牦牛有采食胎衣习性;分娩后护犊行为很强,一年仅有一半适繁母牛发情,多为一个情期,天祝白牦牛公牦牛饲养量不足也使得牦牛群繁殖率低。有些牧民家养适繁母牛40~60头,只留一头公牦牛,甚至有的不留公牦牛。公母比例失调,导致受胎率低下。天祝白牦牛各年龄牛混群放牧,犊牛不及时断奶,甚至有些3岁犊牛还在吃奶。这部会严重影响母牦牛的发情配种。

白牦牛胎衣特色

天祝白牦牛胎衣采自甘肃省天祝藏族自治县抓喜秀龙草原,该地位于祁连山东端,年平均气温-0.3℃,最低气温-30℃。所采集的胎衣样本均为健康成年母牦牛正常足月分娩后12小时内排出体外的完整胎衣。观测胎衣重、胎衣上绒毛叶的分布方式、数目及其长径和短径，计算绒毛叶面积，计算每千克犊牛初生重所占绒毛叶的面积。结果显示，天祝白牦牛胎衣重、犊牛初生重、绒毛叶总数、绒毛叶平均面积和绒毛叶总面积 5 项指标，均极显著地低于兰州奶牛场的荷斯坦牛。天祝白牦牛每千克犊牛体重所占绒毛叶面积 148.23 厘米^2/千克、绒毛叶指数（绒毛叶面积/胎衣重）1.05，分别是兰州奶牛场荷斯坦牛的 2.03 和 2.01 倍，差异极显著。

胎衣绒毛叶是和子宫阜嵌合的部分，绒毛叶总面积是母体与胎儿物质交换的宏观面积，天祝白牦牛长期生活在高山少氧环境中，这正是天祝白牦牛胎衣适应高山少氧环境的解剖学上的变化，也是天祝白牦牛在其他牛种无法繁殖后代的高山少氧地区正常繁殖的重要特性之一。

天祝白牦牛绒毛叶切片的平均面积、血管平均直径和周长均小，每张切片上的血管数亦比兰州奶牛场荷斯坦牛少，但单位切片面积上血管的根数和血管周长比兰州奶牛场荷斯坦牛大。这表明，天祝白牦牛为适应高山少氧环境发生了组织学上的变化，亦是其又一繁殖特性。

牦牛冻精的利用

甘肃省天祝藏族自治县的西大滩、抓喜秀龙滩和柏林等草原为白牦牛主要产区。天祝县有白牦牛占全县牦牛总数的 44%。成年公牦牛体高 120.8 厘米、体重 264.1 千克；成年母牦牛体高 108.1 厘米、体重 189.7 千克，被毛纯白，所产的白尾毛、绒毛和粗毛的经济价值高。

天祝白牦牛选育领导小组，组建白牦牛选育群 15 个，其中核心群 1 个，每群 50 头，拟订了《天祝白牦牛评级标准》被农业部列为重点保护品种，成立国家级"天祝白牦牛资源场"。天祝白牦牛资源场与甘肃省家畜繁育中心，联合开展了天祝白牦牛精液冷冻试验。

第一，检查所用的假阴道内胎有无损坏，安装好的假阴道用 65% 酒精棉球消毒内胎，待酒精挥发后，用生理盐水棉球多次擦拭。集精杯采用高压蒸汽消毒后，安装在假阴道一端。用 50~55℃的温水灌注于假阴道内，水量为外壳与内胎之间容量的 1/2~2/3，确保采精时假阴道内温度达 40~42℃，再用少许凡士林由外向内涂抹均匀，加气使假阴道口呈"Y"字形。

第二，采精人员右手握住假阴道后端，气嘴活塞朝下，蹲在台牛的右后侧，当公牦牛跨上台牛背时，迅速将公牦牛的阴茎导入假阴道内，当公牦牛后躯急速向前用力一冲射精时，顺着公牦牛动作向后移假阴道，并迅速将假阴道竖起，打开活塞气嘴放气，送精液处理室检查。

第三，测定射精量、活力、密度，确定稀释倍数。精液用二次法稀释：一液由柠檬酸钠、果糖、鲜卵黄、青链霉素，二液中加甘油保护剂。稀释好的精液置于 0~5℃的低温柜中平衡 3~4 小时，按设定好的程序冷冻，检测冻后相应指标。选择 3 头公牦牛、采集 8 次所得精液作冷冻试验。

结果显示，鲜精呈乳白色，射精量平均数 4.5 毫升，密度较高，有效精子数较高。试验中，3 号公牛鲜精、冻精品质较差，而 38 号公牦牛鲜精、冻精品质较好，二者差异显著。

分析认为，天祝白牦牛的繁殖性能同当地黑牦牛无差异。一般在 10~12 月龄性反射明显，2 周岁具有配种能力，实际在母牦牛群中参与初配为 3~4 岁，利用年限 4~5 年，8 岁以后很少能在大群中交配。目前本交公母比例为 1∶（15~25）。通过细管冻精制作试验，冻精活力偏低，应用于人工授精，对其受胎率影响较大。试验中的 3 头公牦牛的饲养条件较差，可能是导致冻后精子活力偏低的主要因素之一。因此，要想得到优质冻精，必须按照国家标准进行种用公牦牛的饲养管理。

特殊群落阿万仓

阿万仓牦牛是甘南草原优良牦牛群中的特殊群落，体格强壮，性情活泼，合群性强，生产性能优良；终年放牧，耐粗饲，无棚圈设施，无补饲条件，对高寒的自然环境有很强的适应力。

阿万仓牦牛主要分布于阿万仓、阿籽畜牧试验站、采日玛、木西禾等地区，现存栏 15.55 万头。该地区地貌多样，海拔在 3 300~3 500 米，谷地宽而平坦，山坡平缓，黄河由西向东横贯全境，水流平缓，年平均气温（1.1±0.31）℃。年降水量（648.11±13.10）毫米，多雨季节集中在 5~9 月。牧草成长期平均为（197±13.11）天，青草期平均为（151±11.2）天。气候高寒湿润。

阿万仓牦牛较晚熟，公牦牛在 10~12 月龄有明显的性反射，但公牦牛开始配种约为 36 月龄，母牦牛一般在 36 个月龄初配。

阿万仓母牦牛发情表现不太明显，发情时多不安静采食，泌乳量降低，发情盛期喜近公牦牛，静待交配。发情周期平均 21 天。第一次配种未孕的母牦牛，在发情季节能重复发情。发情持续期平均为 20 小时，发情旺季为 7~9 月，产犊集中于 4~6 月。两年一胎或三年两胎，一胎一犊。妊娠期平均（291±7.12）天。据对 3 563 头适龄母牦牛统计，繁殖牦牛犊 2 253 头，成活 2098 头，繁殖成活率 55.88%。

牦牛的繁殖习性

牦牛喜群居，群内优胜等级普遍，易兴奋或惊群，可昼夜放牧采食。炎热天蚊蝇干扰时，喜欢往高山有风凉爽处狂奔，或到水深及腹的河水中站立；冬季寒冷时，喜欢往山脚河谷背风向阳的地方休栖。

公牦牛暴烈，喜角斗。在发情配种季节，公牦牛常常往来于各牦牛群之间，对发情母牦牛的分泌物特别敏感，发现发情母牛可尾随多次交配。一旦配种季节结束，公牦牛即离群觅食，但在群内期间具有积极而强烈的防御外敌、保护群体的意识。

母牦牛母性强，不喜主动角斗，放牧中多落于群后，在妊娠后期及临近分娩时，性情温静，常常离群采食或寻找僻静而清洁处产犊。

母牦牛发情行为较弱。公牦牛适配年龄 4 岁，母牦牛适配年龄 3 岁。

母牦牛产犊后全年泌乳量 324~487 千克。当地居民将泌乳量的 2/3 挤出，仅给待哺乳牛犊每日约 400~800 毫升母乳，在 5 个月的哺乳期内，日挤奶两次的牛犊日增重仅为 0.25

千克。为了挤奶，暖季挤奶期间，母牦牛放牧采食时间每天 7~9 小时，牛犊采食时间只有 5~7 小时，其采食量占昼夜放牧采食量的 47%，处于严重饥饿状态。

青藏高原、横断山及祁连山牦牛的生长发育速度：日挤奶 1~2 次的牛犊 10 月份的体重仅 42~57 千克，母牦牛不挤奶哺食全奶的牛犊 10 月份体重达到 96~127 千克，由于产犊月份从 3 月底可延至 6 月初，因而产生较大的差异，前者 5 周岁体重为 8 周岁体重的 87%，而后者 4 周岁即为 8 周岁体重的 97%。

青海大通种牛场，为了逐步减轻母牦牛挤奶负担，结合牦牛新品群培育，加大 6 月龄牛犊淘汰屠宰量，从原来每年屠宰牛犊总数的 15% 增长到 60%。这种变革带来了明显的效益。使得 9 月份牛犊屠宰后，母牛一周后即可发情受配，提高了母牦牛当年产犊当年妊娠比率，总繁殖率得到了提高。并使来年产犊月份提前，有利于牛犊的生长发育。

青海省大通种牛场母牦牛不拴系挤奶，每日可延长 7~9 小时的放牧时间。由于当年产犊、当年妊娠比率提高，母牦牛群体繁殖成活率达 67%~72%。

据笔者在青海大通种牛场参与研究结果显示，公牦牛在 12~16 月龄时即有爬跨母牦牛甚至交配的行为，不过根据对 7 头公牦牛在 12、14、16 月龄及两周岁的附睾抹片观察，除两周岁者外，其余均未发现有成熟精子，这表明，公牦牛在两周岁以前尚未完全达到性成熟。

有些母牦牛在一岁时即有发情表现并接受公牦牛交配。在解剖观察母牦牛生殖器官时，发现一头一岁母牛的两侧卵巢均有卵泡，最大者直径 7 毫米，而且一侧卵巢上有黄体。这表明，母牦牛在一岁时即有排卵现象。不过生殖器官发育尚不完全，阴门裂只有 19.5 毫米，而成年者 45 毫米，阴道长度及子宫大小也只有成年母牦牛的 1/2 或更少。

公母牦牛虽然终年混群放牧，但只是在配种季节才互相接近，配种季节一过，公牦牛即自行离群。因此认为，公牦牛的性机能活动也可能像母牦牛一样有季节性变化。

母牦牛在发情时一般没有黄牛或奶牛那样哞叫不安及爬跨等表现，只是被一头或几头公牦牛跟踪，开始时只允许闻舔外阴部，但拒绝爬跨交配，到发情盛期往往被几头公牦牛追逐或轮流交配，有时因次数过多，致使母牦牛不能站立，严重时还会造成其生殖道创伤。

青年公牦牛行动敏捷，爬跨灵活，配种母牦牛数也较多，不过性情凶悍的公牦牛常霸占母牦牛，不让其他公牦牛交配。

据 82 头母牦牛 98 个情期观察，母牦牛发情周期平均为 21.3 天，但是个体差异悬殊，最短者 5 天，最长者可达 66 天，而以 5~12 天者较多，占 37.8%；13~20、21~28 天者各占 18.4%，29~36、37~44、45~52 天以及 61 天以上者分别占 10.2%、5.0%、8.2% 及 2.0% 不等。

据小群观察，母牦牛发情持续期平均为 41.6 小时（24 小时 ~6 天），大群观察平均为 51.0（21~96）小时。

排卵时刻，据 5 头母牦牛 11 个情期的直检判定，母牦牛排卵大约在发情终止、公牦牛不再跟随其后的 12（5~36）小时，黄体形成约在排卵后的 64（30~120）小时。

母牦牛产后第一次发情，平均在分娩后 113.2（29~177）天，三四月份产犊者第一次发情间隔天数最多，以后逐渐减少，有产犊愈早第一次发情愈晚的趋势。不同月份产犊母牦牛第一次发情的月份分布情况，除三月份产犊的母牦牛有 33.3% 的在七月份第一次发情外，其余则大部分在八、九两月才发情,这说明产犊早的母牦牛产后第一次发情不一定就早,而是集中在一定月份。

母牦牛妊娠征状,根据配种后 30、45 及 60 天的母牦牛宰前直检和宰后剖检表明,母牦牛妊后 30 天,其子宫角即显示临床征状即可肯定判断。

此外发现,根据子宫角临床征状确诊为妊娠的母牦牛,其卵巢上的黄体并不都有临床征状。在观察的 4 头母牦牛中除一头的黄体在直检时能肯定判断外,其余的均不明显,屠宰后发现这些母牦牛的排卵一侧卵巢上都有散在状的黄体,颜色与正常者相同,不过没有形成突起,因此在直检时不易触诊判断,说明这种形状的黄体虽没有临床征状但其机能活动正常进行,足以维持妊娠的进展。看来,单凭黄体的临床触诊征状似不够可靠,而应以子宫角的征状为判断妊娠与否的主要依据。

情期流血与受胎

在红原县瓦切牧场,用普通牛的冻精对母牦牛配种过程中,发现在配种季节 40% 的母牦牛有发情流血现象。母牦牛发情流血与受胎之间的关系:在 844 头参配母牦牛中,情期发生流血者 340 头,均已受配,占参配牛的 40.28%,占发情牛 710 头的 47.89%,占受配牛 690 头的 49.28%,比同期受配牛受胎率的 47.54% 高 0.11%。不同年龄的母牦牛情期流血表现不同:2~5 岁青年母牦牛所占比例最大,占同龄参配数的 96.51%,5~9 岁成年母牦牛仅为 20.70%;而受胎情况,青年母牦牛受胎率最高,9~14 岁老年母牦牛最低,成年母牦牛适中。不同体况的母牦牛情期流血表现:上等膘情牛比例最大,占参配牛数的 86.18%;下等膘情牛为 50%;中等膘情牛 26.84%;上等外膘情牛仅 4.71。母牦牛在各情期中流血头数和受胎率均不同:第 1 情期流血头数及受胎率均最高,说明这时的母牦牛发情正常而集中,故受胎效果尚好;第 2 情期次之,第 3 情期流血牛的受胎率为零,说明这时的母牦牛发情流血属于不正常现象。母牦牛情期中流血时间:发情 1~2 天出现流血的较多,发情一开始和发情 4 天以后出现流血的较少,以发情 2~3 天出现流血的母牦牛受胎的较多。

看来,在母牦牛出现流血 1 天后,适于配种。母牦牛发情期流血属于正常现象,其所占比例不同,似与高原生态环境草场植被等有关。

影响繁殖的因素

放牧牦牛因气温、营养、光照等季节性气候因素,形成牦牛季节性多次发情的特点。牦牛的繁殖季节开始时间取决于其所在地的气温和海拔,一般发情配种旺期处于牧草生长丰盛的季节。

母牦牛的发情季节随海拔的升高而推迟。海拔 2 400~2 500 米地区的母牦牛配种多数处于 6 月底到 7 月底;海拔 3 000~4 000 米地区,配种时间则在 7 月中旬到 9 月初。这时期平均气温为 6.9~13℃,雨量充足,相对湿度 65.3%,天然牧草开花或结籽,母牦牛营养状况处于一年中最佳时间。在蒙古的高海拔草场上,其受胎率 75%;在低海拔草场,受胎率 66.7%;在海拔 3 000 米以上的夏季草场上的受胎率达 82.9%。而在帕米尔 3 900~4 200 米的高海拔草场上,受胎率则可达 99.0%。

牦牛对周围环境反应灵敏，性行为易受高温、低海拔或流动空气中氧含量较高等不利因素的干扰。甚至牧人的出现也会中断其性行为，也会干扰其正常采食。所以，在繁殖季节应防止长时间驱赶牦牛群；避免不利因素干扰牦牛的性行为；应尽可能早地把牦牛群迁移到高海拔的夏季牧场。海拔对母牦牛妊娠有影响。

母牦牛一般在 2.5~3.5 岁开始发情配种，由于繁殖具有明显的季节性，因此产犊也多集中于 4~5 月。牦牛的妊娠期 250~260 天，初生牦牛犊初生重 13 千克左右，初生牦牛犊血液中血红蛋白含量高，以增加血液氧含量或运氧能力，使初生牦牛犊在高山少氧条件下，保持正常呼吸。牦牛妊娠期短，胎儿体重较小，这是由于牦牛妊娠后期，正处于高原冷季，牧草枯黄、营养匮乏所致。妊娠期短，有利于母牦牛自身保持一定的活重或降低营养物质的消耗，有利于分娩后泌乳。凡此种种说明，牦牛对高寒草原生态环境具有良好的适应性，不会因少氧、营养水平低下而致胎儿死亡、流产或分娩后牦牛犊难以成活。

母牦牛最适温度为 8~14℃。母牦牛在 -40~0℃ 气温环境中能正常生存。母牦牛发情持续期的长短与天气因素密切相关。母牦牛发情后如遇到烈日不雨、气温高的天气时，发情持续期将延长，7 月平均气温 14.2℃，母牦牛发情持续期为（1.9 ± 1）天；如发情后遇到多雨或气温低的阴天，发情持续期一般为（1.3 ± 0.5）天。发情时间多集中在早、晚凉爽的时候，特别在雨后阴天母牦牛发情和配种成功率都较高。在高山南坡草场放牧的母牦牛有持续发情不排卵现象，但在低温环境则无此现象。

公牦牛在 3 岁始进入母牦牛群配种，其配种能力强盛期为 3~7 岁，自然交配比例为 1：15~20。公牦牛存在着睾丸机能季节性休眠现象，对非繁殖季节的公牦牛睾丸组织的观察表明，此时其次级精母细胞和精细胞均较少。经多年对大通种牛场公牦牛不同月份采精量记录分析，6、7、8、9、10 月份采精时，其采精量分别为 3.71、4.04、4.47、4.56 和 6.96 毫升。到 6 月份采精时，公牦牛尚未摆脱 11 月份至次年 5 月下旬长达半年之久的严酷冬春处于枯草期造成的机体营养亏损，性行为强度低。7 月份牧草处于生长期，平均气温 13℃，影响了公牦牛采食量。同时炎热环境有抑制性行为强度的作用，八九月份，环境、温度、营养处于一年中的最佳时机，10 月份草场丰厚采精量多，凉爽的气候条件为公牦牛射出高质量精液创造了适宜的环境。

公牦牛性成熟在 3 岁左右，此时采精量少。公牦牛体成熟在 7 岁。从 6 岁到 7 岁，采精量急剧增多至峰值，这一阶段公牦牛生殖系统的机能已完善，进入生产精液最强盛时期。从 7 岁至 8 岁，采精量急速下降，公牦牛采精量高峰持续期短。8 岁公牦牛由于体大笨重，性欲不如以往强烈，从嗅闻母牛阴部黏液至爬跨时间拉长，不易爬跨。8 岁后，公牦牛繁殖力迅速减退。4~7 岁是公牦牛最佳利用年限；自然交配的公牦牛，以 4.5~6.5 岁配种力较强，8、9 岁以后的公牦牛，多在牦牛群中霸而不配，故应及时淘汰。

适配时间的选择

母牦牛晚熟，能适应恶劣的高原环境。长期以来，母牦牛带犊自然哺乳，产犊后进入第 1 个冬春，正处于迅速生长发育阶段，但天寒草枯，采食的物质营养不足，造成其生长发育停顿受阻，至第 2 年夏秋才能继续增重，但高山草原的夏秋季节仅 110~120 天，又进入第

2个冬春。所以，母牦牛达到配种年龄一般要在进入生后的第3个夏秋季，即在24月龄以后。母牦牛的发情初期，成年公牦牛不肯追逐，仅育成公牦牛追逐，发情后一般10~15小时可达发情旺期。此时，青年公牦牛追逐不放；发情末期，上述现象均消失。

母牦牛在2~3周岁、体重250~300千克开始初配。母牦牛一般在产犊后40天以上子宫复原；在产犊后81~90天开始进行产后第1次配种，情期受胎率最高可达48.78%，而在产后40天以内出现发情配种的情期受胎率都不足30%。因此，对产犊母牦牛在产犊40天以内出现发情时，不应急于配种；母牦牛在产犊后相隔2、3个月配种效果最佳。

3~6岁母牦牛的发情周期是17~22天，平均17.8天；发情持续期为16~56小时，平均32.2小时，16~48小时的占82.4%。6~8岁母牦牛的发情周期是18~25天，发情持续期为24~60小时，平均36.4小时，个别短的12小时。10岁以上母牦牛发情周期是20~60天，平均为29.5天；发情持续为48~70小时，平均56小时，个别短的为16小时，长者在94~118小时。其中也并非一定是一个真正的周期，可能存在一个或两个安静发情在内。青年、营养较好的母牦牛发情周期较为一致。老龄、营养不佳的母牦牛发情周期长。母牦牛发情持续期受年龄、天气等因素的影响：年轻母牦牛发情持续期适中或偏短，而10岁以上母牦牛偏长。母牦牛发情遇暴日不雨天时，持续期延长，面遇雨后低温时，持续期正常。在高山南坡草场放牧的母牦牛有持续发情不排卵的现象，说明由不良的生活条件导致性紊乱。

在实际生产中，如上午发现母牦牛发情，就在第2天上午输精1次，下午或晚上再配1次；如果下午发现发情，就在第2天下午配种1次，第3日清晨再配1次。

牦牛的诱导发情

近年来，由于干旱、草场退化等原因，草畜矛盾加剧，放牧牦牛普遍出现采食不足、营养缺乏等症状，致使应配牦牛在繁殖季节出现乏情，个别地区应配牛的乏情率高达80%，牦牛的生长规律在沿袭着夏壮、秋肥、冬瘦、春乏的恶性循环的基础上，又出现了应配牛的繁殖障碍，涌现大量的空怀牛，使繁殖牦牛由2年1胎逐渐演变成3~5年1胎。

针对发情季节可繁牦牛普遍出现的不发情症状进行诱导发情，旨在使应配牦牛在繁殖季节能够发情配种，以提高牦牛的繁殖率。

试验选择西藏当雄县龙仁乡龙仁村五组在同一草场放牧的适繁牦牛（产后一年及以上的空怀牦牛）198头，其中空怀一年的103头，空怀二年的36头，空怀三年及以上的59头；对照组选择气候、放牧条件等相似的龙仁村三组的86头适繁牦牛，其中空怀一年的40头，空怀二年的17头，空怀三年及以上的29头。

激素及药品：黄体酮注射液50毫克/1毫升，苯甲酸雌二醇注射液4毫克/2毫升，D-氯前列醇注射液0.15毫克/2毫升，孕激素阴道栓CUTE-MATE，每个含孕酮1.56克。

试验牛统一佩戴耳标，于第0天上午肌注2毫克苯甲酸雌二醇+50毫克黄体酮，同时放入阴道栓；第7天上午肌注D-氯前列醇0.15毫克，同时撤除阴道栓；第9天（撤栓后48小时）经过处理的牦牛发情，于第9天下午和第10天上午分别输精1次。

为防止随群公牛偷配，在撤栓后给牦牛戴上隔离挡布，在两次输精后除去，有效地保证了牦牛人工授精的准确性。

结果显示，经过处理的 198 头牦牛大部分观察到发情，没观察到发情的牦牛在输精时可以看到阴门肿胀、有黏液流出等表现，直检卵巢上有卵泡发育；经过间隔 12 小时的两次输精，于输精后的 65~70 天进行妊检。部分人工授精未孕牦牛在下一个情期时由随群公牛自然交配。对照组由随群公牛本交，其妊检时间在 11 月进行。结果空怀 1 年的母牦牛，试验组 103 头，受胎率 63.1%，对照组 40 头，受胎率 35%；空怀 2 年的母牦牛，试验组 36 头，受胎率 58.3%，对照组 17 头，受胎率 29.4%；空怀 3 年及以上的母牦牛，试验组 59 头，受胎率 37.2%，对照组 29 头，受胎率 24.1%。

注意事项

由于牧区是采取放牧饲养的方式，母牦牛分娩后哺乳犊牛和产奶所需的营养物质都存在营养摄入不足的问题，没有过多的营养储备用于繁殖后代，只能等下一年干奶后积蓄了足够的营养储备才能发情繁殖，这就是高原牧区正常状态下牦牛两年繁殖一胎的原因。

牦牛空怀时间越长诱导发情后人工授精的受胎率越低，与自然繁殖状态牦牛不同空怀时间的配种受胎率情况相一致；说明空怀时间的长短对繁殖率的影响很大，空怀时间越长的牦牛其配种受胎的可能性就越小。

通过诱导发情后人工授精未妊的牦牛，返情后采取公牦牛自然交配的方法可以弥补受胎率偏低的问题。

在营养不足的情况下，只有不足 30% 的应配牦牛发情，大量的应配牦牛因不发情而失去受孕、产犊和产奶的机会，通过诱导发情技术，可使 90% 以上的应配牛发情配种，为第 2 年的生产打下基础。

通过诱导发情技术，可使大量的不发情牛能够在产犊后的第 2 年发情配种，使牦牛的产犊间隔由目前的 3~5 年一胎缩短到两年一胎，增加牦牛的后代数量。

以往推广牦牛的人工授精技术，技术人员要到牧户家蹲点、跟群放牧，以便及时发现发情牛进行输配，不但劳动强度大，一个繁殖季节能够参配的牦牛数量也有限；而诱导发情技术可以使一个小组（3 人）一天输配 100 头以上的牦牛，而且受胎率高。

诱导发情技术可以在技术手段上解决牦牛集中发情、定时配种的问题，有利于推广优良牦牛品种和奶牛、肉牛冻精的输配，为牦牛本品种的提纯复壮、获得生产性能优良的犏牛提供技术保障。

通过诱导发情技术，应配牛都发情配种，牧民的牛群后续就有了保证，大量的公牛和育肥牛可以出栏，牛群的周转率提高，牛群结构进一步合理，牧民的收入就会提高，使牦牛的饲养走上良性循环的道路。

总之，在现有条件下，诱导发情技术是提高高原牧区牦牛繁殖率的有效措施之一，但要加强对怀孕母牛的饲养管理，避免因营养不良引起流产、产前瘫痪及弱胎等疾病。

牦牛的同期发情

通过对牦牛同期发情处理，可提高牦牛的受胎率，缩短配种期，减少不孕，便于人工授精及胚胎移植等新技术在牦牛生产中的应用。有关部门先后在青海大通种牛场和天祝白牦牛育种实验场进行了此项试验。

试验选用产后 60 天以上、健康无病、膘情中等全天自然放牧的母牦牛 50 头。分三批处理：第 1 批 12 头，为经过 1、2 号野牦牛改良的青海环湖型母牦牛，具有 1/4~1/2 野牦牛血液的成年母牦牛，来源于青海省大通种牛场母牦牛核心群。第2批17头，为抓喜秀龙滩白牦牛，来源于甘肃天祝白牦牛育种实验场核心群。第3批21头，为甘肃天祝藏族自治县抓喜秀龙滩的本地黑牦牛，来源于当地牧民的空怀黑牦牛。处理药品：氯前列烯醇，0.2毫克/2毫升/支。处理方法：采用颈部肌注氯前列烯醇二次注射法，即在任意一天肌注氯前列烯醇0.4毫克（2支），第1次注射后的11天，注射第2次等量氯前列烯醇。发情鉴定以肌注氯前列烯醇当天按0天算起，连续观察1~4天母牦牛发情情况，每天早晚各2~3小时，主要观察母牦牛发情开始时间，接受爬跨时间和发情结束时间，以接受试情公牦牛爬跨为观察重点。结果显示，氯前列烯醇二次注射法的同期发情率100%。

注意事项

肌注氯前列烯醇在的母牦牛上有同期发情后，能够正常排卵。这主要是氯前列烯醇有兴奋子宫、舒张宫颈肌肉和溶黄体的作用。

氯前列烯醇在母牦牛上用二次注射法同期处理的作用效果优于一次注射法。二次注射可避免对早期黄体或末期黄体的无效作用，直接作用于功能性黄体。

氯前列烯醇处理后母牦牛的发情时间集中于24~48小时。

由于时间、种群、氯前列烯醇生产单位、批次，以及群体营养、繁殖状况和自然环境的不同对发情有影响。当地的海拔、天气的变化、温度等的影响较大，有些母牦牛仍处在休情阶段也是影响氯前列烯醇同期发情作用效果的原因之一。

公犏牛不育原因

据笔者参与在青海省大通种牛场的研究，采集公牦牛、公黄牛、黄牦一代杂种公犏牛等的脑垂体、睾丸、附睾、输精管、前列腺、精囊、尿道球腺等7种组织，制作组织切片和睾丸、附睾分泌物抹片。观察结果显示，在脑垂体前叶切片中，公牦牛、公黄牛的甲、乙、丙三种细胞均可见到；而杂种公犏牛的丙细胞很多，甲细胞较少，乙细胞则很难见到。在睾丸组织切片中，公黄牛、公牦牛曲精细管的精子发生情况和间质细胞均正常，而杂种公犏牛曲精细管内有三种情况：第一种，只见一层基膜，无精原细胞；第二种，只见一层上皮细胞，无精原细胞；第三种，只见一层稀疏的精原细胞。上述三种公牛的附睾组织的附睾管都畅通，假复层柱状上皮、平滑肌、结缔组织、血管等都能看到。但杂种公犏牛的附睾管壁较厚，结缔组织比较疏松，管间相距较大。三种公牛的附睾管内一般都空洞无物，没有精子，有些管内存在一些渗出物。研究结论认为，公牦牛的曲精细管和附睾管内次级精母细胞组织系于5月份采集的，而大通种牛场地处海拔3 000米以上，气候尚冷，未到配种季节，性活动不旺。国外研究也认为，公牦牛在非配种季节内，精子的生发形成活动显然较弱。这种现象的发生，还可能是由于公牦牛经过一个漫长的冬季啃食枯草营养不足所致。大通种牛场为了提高产奶量，选用荷斯坦、三河、短角、西门塔尔等品种的公牛配母牦牛生产杂种犏牛。一代杂种母犏牛产奶量显著提高，但是二代杂种牛的适应性大大减弱，游牧能力也差。根据组织学观察一代杂种公犏牛前叶中，丙细胞很多，甲细胞较少，乙细胞很难看到这一事实，可以证明一代杂种公犏牛缺乏促使精子生发的激素原动力，故一代杂种公犏牛的曲精细管内，不能正常形成精子。因此，可以认为垂体前叶细胞组织失调是杂种公犏牛不育的主要原因。

犏牛的胚胎移植

犏牛是牦牛和普通牛的种间杂交后代。在其后代中，无论公犏牛还是母犏牛，在生长发育、体型、体重及生产性能上均优于亲代牦牛，但其公犏牛不育。在地处海拔 3400 米以上的青海大通县牧区，进行母犏牛的胚胎移植，取得了满意的效果。对受体母犏牛做同期发情处理时，对被选中的母犏牛每头一次肌注 2 支前列腺素 $F_{2\alpha}$。处理后的母犏牛，一般在处理后 3~5 天，20 头母犏牛中有 19 头不同程度的发情，其发情表现为阴道潮红、阴门流黏液，通过直检诊断，至少一侧有卵泡发育。此外，还发现一头自然发情母犏牛，也将它作为受体母牛，本次同期发情率为 95%。当即记录发情母牛号及特征，记录卵泡发育，以便移植前检查黄体时参照。冻胚由新疆畜牧科学院制作的荷斯坦奶牛冻胚。受体为青海省大通县所辖青林乡、多林乡等地的母犏牛。然后通过直检，选择存在周期性黄体的母犏牛作为受体。在直检触诊前，对受体母犏牛注射 0.5 毫升静松灵，实行全身麻醉。通过直检发现存在周期性黄体，选做受体。使用冻胚时，经四步法脱除甘油解冻后镜检，将正常胚重新装入 0.25 毫升细管，并尽快移植。所用胚胎均为致密桑葚胚或早期囊胚，在受体发情后第 7 天开始移植。先对受体年肌注静松灵 0.5 毫升，全身麻醉、清洗、消毒阴门。通过直肠触诊，对受体牛的卵巢状况进行检查，对卵巢增大、黄体达 1.5 厘米以上的受体牛做胚胎移植。经检查有 9 头牛适宜做胚胎移植，占本次同期发情处理牛的 45%。移植时，保定可靠，使受体母犏牛不能前后左右移动，术者一手伸入直肠，握住子宫颈，另一手将移植管通过阴道、子宫颈口插入与黄体同侧的子宫角内，注入胚胎。

结果显示，在胚胎移植后 60 天妊检，移植母牛妊娠率 44.4%；在青海海拔 3400 米的高原地区胚胎移植成功，证明了冻胚移植技术可在高原牧区推广应用。

牦牛的导入杂交

野牦牛是青藏高原珍贵野生牛种之一，生存在青藏高原，沿唐古拉山、昆仑山、巴颜喀拉山和祁连山等海拔 4 000~6 000 米，年均温 –8℃，青草期仅 3 个月左右的高寒荒漠地带。夏季可达 5 000 米以上高山觅食，常为 10 头以上成群地生活在一起。野牦牛躯体高大硕壮，体格发育好，耐寒性强，具有高抗逆性，对青藏高原严寒多变的恶劣生境具有极强的适应性。利用野生牦牛冻精，授配家牦牛，利用杂交优势复壮家牦牛，亦是提高牦牛生产性能的有效途径之一。

在粗放管理系统中如何提高家牦牛的生产性能，通过驯化野牦牛，利用野牦牛冻精改良家牦牛。

结果显示，其生产的 F_1 表现出明显杂种优势：初生重 12.43 千克，比家牦牛的 10.2 千克提高 22%；6 月龄重 70.79 千克，比家牦牛的 63.36 千克提高 12%；18 月龄重 155.4 千克比家牦牛的 117.73 千克提高 32%；30 月龄重 188.7 千克，比家牦牛的 156.93 千克提高 20%；比家牦牛的产奶量提高 11.2%，比家牦牛的绒毛产量提高 19.7%，而且有效复壮了家牦牛的抗逆性和生活力。进一步试验表明，在高寒阴湿海拔 2 000~3 000 米半农牧山区林区，利用野牦牛冻精授配当地黄牛，生产野血反交犏牛，受胎率达 74%，其生产的 F_1 初生重提高 29%，6 月龄重提高 74%，使役能力、抗逆性及耐粗性等方面均优于当地黄牛和犏牛。

由于恶劣的生态环境、薄弱的经济基础以及粗放经营管理的影响，牦牛生产性能低，加之近年来掠夺式的经营管理和草场的退化，导致低水平的饲管和严重的近亲繁殖，造成牦牛退化。为此，青海省畜牧兽医总站进行了野（血）牦牛杂交试验。利用野（血）牦牛体格大、产肉多、抗逆性强等特性，通过杂交复壮提高家牦牛与家牦牛的生产性能，并且对野血牦牛后代生长发育进行跟踪测定，为今后牦牛品种改良提供依据。

利用野牦牛（精液）、半野血牦牛，采用人工控制本交和人工授精的方式，与家牦牛杂交，对多产后代，1/2、1/4 野血牦牛初生、6 月龄、18 月龄和同龄家牦牛体尺、体重进行观测。

1/2、1/4 野血牦牛组和对照组与同龄家牦牛饲养环境一致，饲管条件相同。1/2 野血牦牛组、1/4 野血牦牛组、当地家牦牛组（对照组），三组营养水平均属中等。各组公母观测头数按不同年龄均为 30 头。测定体高、体斜长、胸围及在早晨出牧之前空腹进行称重，连续称重两天并加以平均的体重。

结果显示，1/2 野血牦牛初生、6 月龄、18 月龄平均体重比对照组同龄家牦牛平均体重大，差异极显著；1/4 野血牦牛初生、6 月龄、18 月龄平均体重比对照组同龄家牦牛平均体重大，差异极显著。1/2 野血牦牛初生、6 月龄、18 月龄平均体高、体斜长、胸围与同龄家牦牛相比，三项指标有不同程度的提高，差异极显著。1/4 野血牦牛初生、6 月龄、18 月龄平均体高、体斜长、胸围与同龄家牦牛相比均有不同程度的提高。经 t 检验，除 6 月龄体斜长差异显著外，其他均差异极显著。

由此可见，通过导入野牦牛血液后，其后代体重、体格大小均高于同龄家牦牛，且效果明显。这表明，导入野牦牛血液来复壮家牦牛是可行的，如果大规模推广可获得可观的经济效益。看来，以野血种牛引入为切入点，以培育、选育复壮群和杂交繁育体系为手段，通过优化和配置各项技术，可达到提高牦牛生产性能的目的。

应注意的是，降低草场载畜量，提高出栏率，可对保护草场生态起到积极的作用。应用冻精制作技术、冷配技术和横交固定技术，制作野牦牛冻精，繁育野血种牛，提高野血牦公牛的质量和数量，以解决目前野血牦公牛种牛不足的问题。

野牦牛精液冷冻

在青海省大通种牛场有两头野公牦牛，采用假阴道采精并试制颗粒冻精，利用野牦牛冻精授配家牦牛，旨在培育野血牦牛，获得了明显的效果。在 6 年间，用野牦牛冻配家牦牛 1 537 头，受胎率 88.9%，繁殖成活率 85.97%。在甘肃礼县畜牧中心，连续 8 年利用野牦牛冻精，授配黄牛 771 头，生产野血犏牛 230 头，受胎率 71.85%，其所杂种犊牛生命力强。

野公牦牛鲜精每毫升精子数 21.30 亿，家公牦牛精液每毫升精子数 10.98 亿，而公黄牛仅为 6 亿。

试制的野公牦牛颗粒冻精稀释倍数为 1:3 及 1:6，每粒冻精含精子数 0.15 亿～0.17

亿。野公牦牛精子平均活力 0.63,解冻后活力 0.39,以 7.0% 葡萄糖液作三倍稀释的野公牦牛精液在 0~4℃的条件下精子存活 57 小时,解冻后 37℃环境下存活 12 小时。野公牦牛精子抗力系数 144 000,家公牦牛为 12 750,而普通公牛为 6 000,仅为野公牦牛的 4%。由此表明,野公牦牛精子生命力旺盛。

精子形态正常与否和受胎率有着密切关系。野公牦牛精液的精子畸形率 6.3%,解冻后畸形率 9.17%;而普通牛国标(GB4143-84)规定原精畸形率不高于 15%,解冻后畸形率不高于 20%。野公牦牛解冻后精子顶体完整率 87.53%,是普通牛种国标规定的 2 倍。野公牦牛精液颜色为白色或微黄,比重 1.055,渗透压 0.65,pH 值 6.60。这 4 项指标和家公牦牛、普通公牛相差甚微。野公牦牛精液运动黏度是 1.169cP,而普通公牛为 1.94~4.1cP,精子运动黏度低减少了精子运动阻力,增加了精子运动的速率,降低了精子运动时的能量消耗,有利于延长存活时间增加受精机会。野公牦牛精液中总氮量达到 1 437.7 毫克 /100 毫升,比普通公牛高近一倍。总氮量包括了精液中各类蛋白、游离氨基酸、非蛋白氮等含氮物质中的氮量,野公牦牛精液密度大总氮量高,这也说明野公牦牛精液中供精子代谢的基质多,是野公牦牛精子存活时间长、抗力系数高的物质基础之一,对提高受胎率的影响很大。

对野公牦牛、半血野公牦牛、家公牦牛的精子采用负染色法和超薄切片,用透射电子显微镜和扫描电子显微镜对形态结构清晰的精子进行拍照测量。正常的公牦牛包括家、野及半血牦牛精子和其他哺乳动物都是典型的鞭毛精子。经检验野牦牛和家牦牛精子头部长度、宽度、尾部中段长度差异不显著,而尾部主段长度家野牦牛差异显著。野牦牛精子和黄牛精子相比,头部短,差异非常显著;中段长度差异不显著;野牦牛精子尾部主段比黄牛精子长,差异极显著。精子尾部中段是精子能源物质磷脂质的储备所,精子的呼吸无论是利用外源基质的呼吸还是利用内源基质的呼吸都主要由尾部进行,这与支持精子的活动力有关。同时精子主要靠尾的鞭索状波动而前进,因此野牦牛精子尾部较长的特点不但使精子具有较充足的内源能源,而且在运动方面具有优势。

透明质酸酶是一种水解酶,在受精过程中首先发挥作用,主要功能使成熟的精子穿透卵子的卵丘,然后在别的酶的共同作用下,精子便能穿透卵子受精,因此精子透明质酶活性对哺乳动物的受精起着重要的作用。经测定,野牦牛、家牦牛精子透明质酶活力分别为(9.75 ± 3.77)和(8.71 ± 3.25)单位,差异极显著。野牦牛精子透明质酸酶活力极显著高于家牦牛,这和受胎率统计结果一致。乳酸脱氢酶是存在于公牛精液中的一种氧化酶。乳酸脱氢酶、琥珀酸脱氢酶和细胞色素氧化酶的活性与受精力之间存在着密切的依赖关系,证实了性细胞的代谢强度直接影响其生物活性,氧化酶活性低就不能保证受精所必要的代谢强度,从而对精子的受精能力产生不良影响。因此可根据精液中氧化酶的活性定期测定种公畜的生殖力。据兰州大学生物系对 4 批 12 次采样测定表明,野牦牛精液乳酸脱氢酶活力比家牦牛高 48%,差异显著。这一结果与野牦牛较家牦牛受胎率高是一致的。

母犏牛的去势术

在甘肃武威地区，饲养犏牛较多。实践表明，阉割后的母犏牛温顺、力大、好使役；况且，为了育肥，提高肉的品质，更要对母犏牛进行阉割。其操作步骤如下。

（1）术前准备　对施术母犏牛作一般检查，并做诊断妊娠与否。如遇妊娠中期以后，由于胎儿大，母犏牛腹压增加，去势手术操作困难，应待分娩后施术。因为强行去势，妊牛施术后 3~8 天即可流产。为预防破伤风，手术一周前皮下注射破伤风类毒素 1 毫升。术前禁饲 24 小时以上，禁饮 8 小时。准备常规器械及用品均按常规术前准备。

（2）保定麻醉　对施术母犏牛作右侧后躯半仰半卧保定，臀部用垫子稍垫高，将两后肢固定在诊疗架的两前柱上，颈部用木杠轻压固定头部，头颈下衬垫子。采用复合麻醉，按 0.4~0.6 毫克 / 千克计量，肌注盐酸二甲苯胺噻唑；或按 1.0~2.0 毫克 / 千克计量，肌注盐酸氯丙嗪；术部用 0.5% 盐酸普鲁卡因作浸润麻醉。

（3）术部术式　切口部位一般在后一对乳头间腹中线上。在助手配合下，术者持刀从后一对乳头间腹中线上向前（头端）紧张法切开皮肤 10 厘米左右，术者一只手能伸入腹腔即可。充分止血后切开腹黄膜，扩创钩扩创，显露腹膜，皱襞法切开腹膜。以温生理盐水洗净术者手臂，五指并拢，手心向上，向后下方伸入腹腔，转手向下，拨开肠管，寻找子宫角，"顺藤摸瓜"找到卵巢，并以拇指和食指固定卵巢。

（4）摘除卵巢　方法有两种：一是对年龄较小的未产牛，用拇指刮挫卵巢系膜直至断裂，取出卵巢；二是术者右手拇指、食指固定卵巢，左手在切口一侧，助手在另一侧向下压腹壁的同时，轻轻牵引卵巢至腹壁切口外或切口附近，用弯头止血钳夹住卵巢系膜，在止血钳下方行贯穿缝合结扎，在止血钳上主切除卵巢，取掉止血钳，并沿此残端触摸角间沟及对侧子宫角，找到对侧卵巢，以同样方法切除之。

（5）腹膜缝合　以螺旋缝合法缝合腹膜，向腹膜内注入以 0.5% 盐酸普鲁卡因稀释的青霉素 240 万单位。用温生理盐水冲洗创腔后，结节缝合法缝合腹黄膜及皮肤，皮肤切口涂碘酊后缝合结系绷带。

注意事项

术前充分空腹是保障手术成功的关键。空腹腹压小，有利于寻找、牵引和结扎卵巢。膘情好、体型大，特别是孕牛应空腹 48~72 小时。

盐酸二甲苯胺噻唑应使用小剂量镇静即可，否则手术中施术牛大量流涎和呕吐易导致异物性肺炎。为防止异物性肺炎，口应向下，并及时清除唾液及呕吐物。

分娩不久的母犏牛，由于乳腺发育，在乳头间作切口易伤及乳腺而引发乳瘘。对此，可将两侧乳房尽量向后推移，然后在乳房基部前缘中线切开。

本手术也可作中线旁切口，即中线一侧切口。腹壁切开步骤：切开皮肤、腹黄膜、腹直肌外鞘，钝性分离腹直肌，再切开腹直肌内鞘、腹膜。

寻找子宫角及卵巢有困难时，应注意鉴别。两侧子宫角形似绵羊角，质地较肠管实，游离性较肠管小。应在子宫角的尖端附近仔细寻找、辨别卵巢。卵巢游离，可以捏在手指间。肠内粪球质软或硬，可以捏散开，而卵巢质实，也易鉴别。

结扎卵巢系膜要紧、要牢，防止结扎线滑脱而引起卵巢动脉出血。为此，在系紧结扎线时，应使牵引的卵巢系膜松弛。

为防止术后发生腹膜炎及肠粘连，应严格无菌操作，充分止血，不得粗暴。手术后按常规处理。

综上所述，在高原地区，欲解决群众喝奶，还真得从牦牛这一特殊物种的开发上入手呀！

正是：

　　莫道天寒地势高，造化物种乐陶陶，

　　引来科技多注入，牦牛奶香呱呱叫！

对于奶牛场或养殖户，下个母犊，欢天喜地，因为这与牛群的扩大及效益的增加有关。看来，如何让更多的母牛下母犊，做到母牛生公生母随心所欲，实际上，科技发展到今天，已经——

第20章
性控有妙招

下牛公母一比一

牛胚胎性别分化发生在精子与卵子结合后的第39~50天期间。雄性孕体在妊娠90天时，胎儿血清和尿囊液中的雄激素浓度较高，故第90~150天可利用尿囊液中的睾酮水平预测胎儿的性别。牛胎儿生长率在妊娠近230天时最高，每天增重214克，以后降低；接近分娩时，每天增重不到100克。这可能是因为胎盘和母体已无力维持胎儿的高生长率；也可能是孕体的激素产生有利于妊娠最后1.5月使胎儿的增长率下降，或者与孕体的成熟化有关。

在北京市西郊农场奶牛场，据2 777头产犊统计，公犊1 432头占51.6%，母犊1 345头占48.4%，差异不显著。

据对所产犊牛的性别比统计分析看出，整体公母性别比1.18∶1，各个胎次、不同配种季节的奶牛所产犊牛均是公犊稍多于母犊，各胎次、季节间均无显著差异，奶牛不同胎次所产犊牛公母性别比基本符合理论值1∶1。

我国奶牛业发展仍具有较大的上升空间。提高奶牛生产水平及群体数量，满足城乡居民日益增长的乳制品需求，仍然是今后一个阶段我国奶业发展的重要任务。由于奶牛是单胎哺乳动物，世代间隔长，自然繁殖条件下增长率低于9%，其终生只能提供3~4头母牛。因此，目前常规繁殖技术远不能满足产业发展的正常需要，迫切需要采用先进的繁殖技术、更科学的繁殖体系，加速奶牛良种的扩型速度。让母牛多下母犊，属于性别控制技术，是通过对奶牛的正常生殖过程进行干预，产出人们期望母犊的一门生物技术，其意义在于通过控制后代的性别比例，可允许发挥受性别限制的泌乳生产性状的最大经济效益。同时，控制后代的性别比例可增加选种强度，加快育种进程。通过控制胚胎性别还可克服牛胚胎移植中出现异性孪生不育现象，排除伴性有害基因的危害。总之，性别控制是一项能显著提高奶牛业经济效益的生物工程技术，对育种、繁殖、生产和遗传疾病的防治均有重要意义。一个世纪以来，性别形成机理的研究已由形态学水平发展到分子学水平。哺乳动物的性别决定依赖于 Y 染色体上的 SRY 基因，它使原始性腺发育为睾丸。另外，通过对一些性反转病例的研究发现，在 X 染色体和常染色体上还存在一些与性别决定相关性的基因。因此，性别决定是一个多基因级联调控的过程。

在哺乳动物 Y 染色体上存在性别决定区，称之为 SRY 基因。当将携带 SRY 基因的一段基因组片段导入 XX 小鼠胚胎，实现了由雌性向雄性的性反转，由此证明了 SRY 基因为哺乳动物性别的主宰基因。SRY 基因位于 Y 染色体短臂。SRY 基因自启动转录，表达产生 SRY 因子。SRY 因子抑制或对抗 DSS（逆性别剂量敏感基因）基因产物，进而抑制卵巢发育，另一方面 SRY 因子作用间质细胞，使之分泌睾酮，使胎儿雄性化，导致阴茎、阴囊和其他雄性器官的形成。对于雌性动物，由于 SRY 基因的缺少，使得 X 染色体短臂上 DSS 位点基因转录，促进卵巢发育，而卵巢产生的雌激素使苗勒氏管发育成输卵管、子宫、子宫颈、阴道等。牛等家畜胚胎发育的早期阶段为性别未分化期，仅有位于中肾内缘的性腺原基，这种未分化的性腺中胚层处于中性。牛等家畜性别决定的取向是未来性腺发育的导向，而性别决定的结果又是通过性腺分化及性表型来体现的。胚胎生殖腺的发育类型是性别形成的决定物质。对兔胚胎的试验表明，在内外生殖器组织分化的临界期前，无论对雌性还是雄性胚胎切除发育中的生殖腺，均导致了胚胎的内外形态上向雌性发育。这说明胚胎中睾丸组织的存在是促使雄性性状发育或者阻止雌性性状发育的必需物质。当生殖腺原基被某种信息诱导发育为卵巢，由卵巢产生的雌激素则使苗勒氏管发育为阴道、子宫和输卵管。如果性腺原基发育为睾丸，其间质细胞分泌睾酮，支持细胞分泌抗苗勒氏管因子，诱导中肾管发育成附睾、输精管和精泡等内生殖器。生殖道中生殖腺分布和发育的异常，将导致不同程度的雌雄间性。

妙招一择月配种

为了探索在北京的地理环境下，不同的配种月份与产犊性别之间的关系。据北京三元绿荷奶牛集团下属金星奶牛场 1992 年 7 月至 2004 年 4 月和中以示范牛场 2000 年 11 月至 2005 年元月荷斯坦奶牛的配种产犊记录，分别统计不同配种月份所产公母犊牛数；并进行了 X^2 适合性检验。对记录不全、流产、双胎的犊牛在统计时予以剔除。

结果显示，据金星奶牛场和中以示范牛场配种产犊记录资料统计，配种月份对所产犊牛性别的影响表现为 2 月和 12 月发情配种产母犊多于公犊，其余各月份配种都是公犊多母犊。由此看来，不同配种月份对所产犊牛性别有一定的影响。

北京地区奶牛产犊总体上公犊多于母犊，与国内外报道一致，这可能由遗传因素所决定，Y 型精子活力相对比 X 型精子强一点，更易于受精。这表明，配种月份对母牛产犊性别有一定影响。建议北京地区应尽量避免在 1 月、3 月和 11 月对奶牛进行配种，而适当考虑在 2 月和 12 月配种，可望提高生母犊率。

妙招二精子分离

在人工授精前，将精子分离后，用去除 Y 精子后的精液输精，可使母牛产母犊的比率增加。在我国黑龙江，自 2005 年 2 月以来，首批使用"性控"冻精妊娠的 1 500 头母牛已经陆续产出 109 头牛犊，其中 100 头是母犊，母犊出生率达 91.7%。

利用两种精子的分离来控制性别的说法，最早可追溯到 2500 年前古希腊德谟克利特；在 20 世纪，随着孟德尔遗传理论的重新确立，提出性别由染色体决定的理论。1923 年证实 X 和 Y 染色体的存在。1959 年提出 Y 染色体决定雄性的理论，1966 年发现雄性决定因子位于 Y 染色体短臂上。1990 年发现 Y 染色体的性别决定区 SRY。

牛等家畜性别是由受精的配子决定的，因此分离其精液中的 X 和 Y 精子，是控制牛等家畜性别的关键。X、Y 精子分离主要是依据两类精子理化特性的不同而进行的。X、Y 精子在体积、密度、电荷、运动性和 DNA 含量、表面抗原等方面存在差异。X 精子在长度、头部面积、周径、颈部长度、尾长等形态上显著大于 Y 精子，从而为分离精子提供了依据。

从 20 世纪 50 年代开始，对 X 和 Y 精子的大小、带电荷数、密度和活力等做了研究，试图根据 X 与 Y 精子之间的生物学差异识别带有不同染色体的精子，并将其分离，进行人工授精，从而控制犊牛等家畜的性别。不过，除了 X 精子的染色体含量高于 Y 精子和 Y 染色体上有特异的 SRY 序列外，两种精子在其他方面无明显差异。

20 世纪 70 年代以前，性别控制的方法主要是"物理分离法"，包括柱层析分离法、沉淀法、传递电流法。这些方法是以 X、Y 精子间存在的如密度、大小、形态、活力、表面电荷等物理性差异为依据，因而缺乏可靠性、重复性和准确性。现在较准确、用得较多的方法有以下几种。

（1）免疫法　利用免疫反应识别 X 和 Y 精子，以达到控制性别的目的。目前，应用免疫学方法分离精子是从发现雄性特异性弱组织相容性 Y 抗原，简称 H-Y 抗原，逐渐发展起来的。利用免疫反应识别 X 和 Y 精子，以达到性别控制的目的。有学者预测此法可能是快速、低成本分离 X、Y 精子的理想方法。

（2）流式细胞光度法　这是当前分离 X、Y 精子较准确的方法（图 20-1），其理论基础是 X 精子 DNA 含量比 Y 精子高。因此 X 精子吸收染料就多，产生的荧光就强。具体操作时，先用 DNA 特异性染料对精子进行活体染色，然后精子连同少量稀释液逐个通过激光束，探测器根据精子的发光强度把电信号传递给计算机，计算机指令液滴充电器使发光强度高的液滴带正电，弱的带负电，然后带电液滴通过高压电场，不同电荷的液滴在电场中被分离。用分离后的精子进行人工授精或体外受精，对受精卵和后代的性别进行控制。这种方法分离准确率高达 90% 以上，每小时的分离速度为 300 万 ~400 万个精子。主要缺点是分离速度太慢，按目前分离速度，要获得一个输精剂量的精子，需花费近 20 小时。如此长的分离时间直接影响精子的活率，导致受胎率下降；另外在预处理时，还会使精子尾部和部分细胞器丢失，致使精子失去受精能力。

流式细胞器可将 X 与 Y 精子分开，并进行体外受精，已获得预期性别的犊牛。

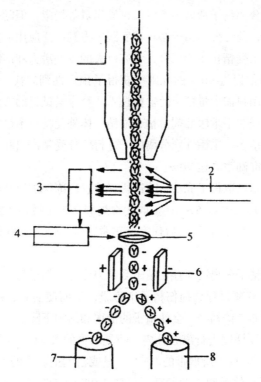

图 20-1　流式细胞器分离 X、Y 精子示意

1- 精子悬浮液；2- 激光束；3- 探测器；4- 计算机；5- 液滴充电圈；

6 - 高压电场；7 -Y 精子收集管；8 -X 精子收集管

　　悬浮的精子样本送入流式细胞分类器，在此，精子流经有斜面的样本插入管，此管调控定位精子直接进入鞘液，鞘液把精子带到流动计数器末端；精子继续移动，经过激光束的前方，激光束激发荧光染料；所发出的光由两个视觉检测器收集，并完成对样本的分析，进行分类的精子需要液滴将其包被，并携带一种电荷通过电场，在此精子被吸入不同的管内，从此管取出精液直接用于输精。

　　流式细胞分类仪是 20 世纪中期发展起来的用于分离细胞的仪器，能根据细胞大小及 DNA、RNA、蛋白质、抗原等理化性质进行细胞的筛选。用流式细胞仪分离牛 X 精子和 Y 精子，可以分离得到纯度很高的 X 精子和 Y 精子群，是犊牛性别控制的一条新途径。

　　以 X 精子和 Y 精子的 DNA 含量差别为基础的流式细胞仪分离精子技术是有效的哺乳动物性别控制方法。携带 X 精子和 Y 精子的常染色体是相同的，而性染色体的 DNA 含量几乎总是有所差异，这一差异性奠定了利用流式细胞仪进行分离 X 和 Y 精子的理论基础。

　　我国学者的一系列研究表明，分离精子进行体外受精产生的胚胎，移植后产出正常后代，其性别决定准确率达 90%。目前，流式细胞仪分离精子与 20 世纪 90 年代初期相比已提高了30多倍，精子纯度在85%~90%时的速度可达11×10^6上；分离精子冷冻保存技术不断提高，液氮冷冻后，90%以上的精液样本的成活率也有提高。

采用流式细胞仪分离精子，在奶牛上已开始应用于人工授精。流式细胞仪法虽有精子利用率低、分离速度慢、分离精子活力不高以及仪器昂贵等局限，但随着仪器的改进和各项辅助生殖技术的深入研究，此法分离精子必将在实践中得到广泛应用。同时，流式细胞仪分离精子若与体外受精和显微受精技术相结合，将有巨大的发展潜力和广阔的应用前景。

牛低剂量人工授精都以近90%的准确率获得了预定性别后代。由于精子分离速度慢、成本高，故一直探讨采用只需少量精子的输精技术。至今尝试过的方法有体外受精、精子胞质内显微受精和手术法或非手术法低剂量精子输精。体外受精技术最大的优点在于它比人工授精需要的精子数量少得多。采用性别分离精子进行体外受精产出胚胎冷冻，经移植后生出了正常后代，性别决定准确率高达90%。

在牛低剂量人工授精已取得了成功。改进稀释液、冷冻保护液和精子保存方式，并用低剂量精子人工授精（1.0×10^6~1.5×10^6）取代常规剂量人工授精（20×10^6），在牛上性别控制准确率达到了90%，由此获得的后代完全正常，性别分离鲜精和性别分离冻精输精的受胎率差异不显著。

目前，流式细胞仪精子分离法还存在精子受精力比正常精子低，解冻后的活力和顶体完整率低等。现已证实，分离过程会损伤精子细胞膜，从而使活力、存储能力和受精能力下降。精液在分离过程中的高倍稀释，会使精子的活率和活力下降。

（3）利用不连续密度梯度进行离心分离 哺乳动物的 X- 和 Y- 染色体在大小上有一定差异，这反映在 X- 和 Y- 精子所携带的 DNA 含量或密度上。牛的 X- 染色体要比 Y- 染色体大 2~3 倍。这一结果最终反映在两种精子保持 3.9%~4.5% 的总 DNA 含量差异，估算的牛 X- 和 Y- 精子的密度差异为 0.0007 克 / 立方厘米。因此，利用 Percoll 设置不连续密度梯度，在不同的离心条件下对牛的精液进行了分离。结果表明，用这种方法来分离 X- 和 Y- 精子，可获得较好的分离效果，不会明显损伤精子结构，降低受精能力。

（4）离心分离 鲜精来自兰州家畜冷冻精液站 1 头荷斯坦公牛、5 头西安种公牛站荷斯坦公牛。Percoll 原液购自华美公司，Tyrede 液及 PBS 液为自制。操作时，用新配制的改良的磷酸缓冲液将 Percoll 原液依次稀释为 33%、41%、49%、57%、65% 和 77%6 个浓度，其密度分别为 1.05、1.06、1.07、1.08、1.09 和 1.10 毫克 / 毫升，然后依次取上述稀释的 Peroll 溶液各 1 毫升，分别加入试管中，再加入同等体积 Tyrode 液所稀释的新鲜精液，在一定条件下进行处理，记录离心后的沉降分层数据，从柱顶开始吸取各层分离液，放入各自试管内，并及时检查精子活力，最后将分离的精液制成冻精保存。

选择兰州、西安两市 11 个大型奶牛场进行性控配种受胎试验，每头母牛只配一个情期。详细查阅每个奶牛场的配种记录，及时登记试验母牛的产犊情况，进行性别登记，然后采用生物统计分析。

结果显示，用分离的不同层次定性精液进行配种，共计产犊 375 头，不同的定性冻精受胎母牛的产犊结果不同。统计产犊结果母犊率表明，定性 3 号精液和定性 4 号精液，共产犊 230 头，以自然性比♀：♂ =1：1 计算，理论值应为 115：115，而实际值为 143：87，差异极显著，比理论值多产母犊 28 头。利用 Percoll 不连续密度梯度离心技术分离的奶牛精液对后代性别比例的影响十分显著。定性 3 号精液的母犊率达 60.5%，定性 4 号精液的母犊率达 65.4%。

妙招三性控冻精

性控精液生产过程：每天 8：00 和 20：00 分两次采精，以保证生产 24 小时连续进行。每次采 3~4 头牛，相隔 30 分钟每头牛采精两次。精液送至检测室，检测并记录品种、牛号、原精活力、体积、密度、采集时间。活力大于 0.65、密度大于 10 亿 / 毫升、无异常的精液可视为合格精液。将质检合格精液送至染色室后，由染色人员用活体染料 HOECHST33342 对精液进行活体染色，并注意添加抗生素。

染色后的精液样品送至分离室，由分离人员取样检测，如果死精子比率小于 25% 就分离，反之则废弃。

分离后的精液先在 4℃ 环境中平衡 90 分钟，加带甘油的稀释液平衡 10 分钟，离心，加稀释液至目标浓度，然后用分装机分装，冷冻后投入液氮中保存。冷冻完毕后，由冷冻人员登记冷冻品种，牛号、冷冻数量、冷冻时间。冷冻过程需要 3~4 小时。

冷冻后的精液由质检人员在 38℃ 水浴中解冻、检测冻后活力，再由染色人员对解冻后的精液重新染色，由质检人员用分离仪重作分析，并检测冻精纯度。合格产品登记品种、牛号、冷冻数量、冻后活力和冻精纯度入库，不合格产品登记废弃。

结果显示，处理时间 ≤ 10 小时组冻后精液活力显著高，处理时间 10~15 小时组冻后精液活力显著低。利用两年时间内的 3681 次采精、分离、冷冻的统计数据分析，冻后活力 0.449–0.0063T。应注意的是，冻后活力随处理时间的增加而降低；原精处理时间长短直接影响性控精液的冻活力；随着处理时间的延长，冻后活力逐渐降低。

性控冻精的效益

应用加拿大的 0.25 毫升性控冻精试验，持续进行一年多。为了对比不同输精方式对青年牛、成母牛的效果，把奶牛分成青年牛、成母牛两组进行对照，分别采用"1 次 1 支"、"1 次 2 支"、"2 次 2 支"三种不同输精方式进行输精。

结果显示，对于青年牛，不同输精方式受胎率的高低依次为"2 次 2 支"（56%）、"1 次 2 支"（54%）、"1 次 1 支"（48%），三种方式的受胎率差异不明显。

对于成母牛，不同输精方式受胎率的高低依次为"2 次 2 支"（45%）、"1 次 1 支"（32%）、"1 次 2 支"（28%），三种方式的受胎率差异比较明显，以"2 次 2 支"输精方式较好。

从总的情期受胎率来看，成母牛和青年牛的受胎率均比使用普通冻精要低 25% 左右。主要原因也许是性控精液每个剂量的精子数仅为 200 万个左右，远远低于普通精液单个剂量 1 000 多万个精子数造成的。

综合总的情期受胎率来看，青年牛受胎率 50%，成母牛受胎率 29%，青年牛高出成母牛 21%。可见，选择青年牛使用性控精液进行配种比较适宜。

对于成本较高的性控精液，平均29%的成母牛受胎率表明，在一个正常生产牛群中目前还不宜大面积推广。

青年牛使用性控精液的情期受胎率平均可达到50%，在生产实际中具有推广价值，建议采用"1次1支"的输精方式比较经济实用。

据571头产犊记录统计，在571头犊牛中，母犊529头，公犊42头，其中母犊比例92.6%，而普通精液配种的母犊出生率仅48%，效果十分显著。

性控精液在北京

北京奶牛中心，利用X性控精液（精子数量为 2×10^6 个/剂）生产奶牛性控胚胎试验研究取得显著进展。该试验超排供体母牛170头次，生产可用胚胎658枚，平均可用胚3.87枚；以发情后12~13小时开始输精，间隔12小时再输精一次效果更佳（4.19枚/头次）；发情后14~15小时子宫角输精一次，每侧各一支，也获得了较好效果。

性控冻精在重庆

重庆奶牛养殖业，到2010年底奶牛存栏仅2.5万头，年产牛奶9.6万吨。重庆乳品企业快速的发展，乳品加工能力和技术水平大幅度提高，日鲜奶处理能力达到1230吨，2010年乳制品产量21万吨；原料奶的需求缺口巨大。原料奶的紧缺已经严重制约了重庆乳品加工企业的发展。据市场预测，到2015年，重庆乳品加工年需要本地原料奶40万吨，以奶牛现存栏数为基础，按照正常的自然增长速度，要15年才能到10万头规模、达到年产40万吨的目标。

面对越来越大的原料奶缺口，重庆市政府部门和乳品加工企业加快了原料奶基地和奶牛规模养殖场的建设，规划建设规模奶牛场和奶牛养殖小区。目前牛源问题成为制约重庆乳业发展的关键问题之一。如何加快奶牛扩群、迅速增加牛群数量，推广使用性控冻精无疑是一条有效途径。为此，重庆市畜牧发展部门购买奶牛性控冻精1300剂，先后在3个奶牛场使用，各奶牛场按照奶牛冻精使用的操作规程和技术要求使用冻精，在发情开始后的20~24小时内进行直肠把握法在排卵侧子宫角大弯和子宫角小弯之间进行子宫深部输精。每头参配母牛输精60天后进行直检妊娠诊断。在连续3年对3个牛场使用性控冻精和使用普通冻精配种母牛的情期受胎率分别统计：865头使用普通冻精配种的母牛，情期受胎率为57.46%；性控冻精配种的673头母牛，情期受胎率54.23%。统计使用性控冻精配种，产母率92.5%，显著高于普通冻精配种产母率的49.4%。

注意事项

性控冻精配种情期受胎率低于普通冻精配种情期受胎率，但无明显差异。

使用性控冻精配种时初配母牛受胎率最高，其次为一胎、二胎母牛，生产中使用性控冻精配种，最好选择初次配种母牛；首选营养状况良好、生殖系统发育正常、无繁殖障碍、父母代均为高产奶牛的青年母牛作为受配母牛。

使用性控冻精配种时进行深部输精；输精部位在排卵侧子宫角大弯和子宫角小弯之间较

普通部位子宫颈内口输精有更高的受胎率，故性控冻精的深部输精操作，应由熟练的人工授精技术员完成。

性控冻精细管每剂量含有效精子数少，含精子数为 200 万 ~240 万个 / 支，解冻后精液活力低，但从重庆应用结果看，只要技术人员真正掌握性控冻精人工授精操作技术，使用性控冻精的奶牛受胎率与使用常规冻精的差别不大。

性控冻精在陕西

在陕西千阳县推广奶牛性控繁育技术，为了使群众能够尽快接受这一新技术，市、县分别以每头牛 50 元、200 元的标准向群众发放了配种费补贴。部分村组还为群众增加配种费补贴 50~100 元。2010 年全县进口澳大利亚荷斯坦牛 1 899 头，为了加快良种奶牛快速扩繁步伐，对进口奶牛采用性控冻精配种的养殖户由市、县财政各补贴 50 元和 100 元。推广步骤与方法：首选繁殖功能正常、15~17 月龄以上、体重在 350~370 千克、卵泡发育良好的成年母牛为性控冻精与配牛。

奶牛性控冻精是由大庆提供的 0.25 毫升细管冻精，每支冻精的精子含量在 240 万以上，解冻后精子活力在 0.35 以上。

以家畜良种繁育站为中心，以川塬乡镇 17 个冻配站点和奶站小区为依托，以村级冻配站点为补充，建立三级繁育网络，开展性控冻精的推广应用。

严格执行冻配操作规程。挑选经验丰富和责任心强的技术人员开展工作，以点带面逐步扩大应用范围。

加强岗前培训，确保工作顺利开展。通过培训和学习，提高技术人员的操作技能。

由于性控冻精价格较高，为了提高奶牛受配率，降低成本，要求技术人员勤检查、多观察、少输精，根据受配奶牛发情表现和排卵发育期进行综合判定，掌握最佳输精时间。一般在排卵前 1 小时左右输精，每个情期只输精一次，两个情期只用两支性控冻精，对两个情期未孕母牛改用高产优质常规冻精输精，跟踪观察，及时采取相应措施，使与配母牛早日受孕。

结果显示，性控冻配受胎率平均 93%，情期受胎率平均 66.3%，每头母牛耗精 1.5 支。性控冻配成活率 83.3%，其中，产母犊率 91.9%，双母率 1.3%。

注意事项

对全县 1~3 岁利用性控冻精配种所产的 104 头母犊调查发现，整体上良种遗传优势明显，高产奶牛的体态特点全部得到了体现。产奶量比同龄牛平均高出 4 38 千克，交易价比同龄奶牛高出 1 500~2 000 元。

在饲养管理条件好、配种员责任心强、实际操作水平高的牛场，成年母牛的选用率高。

在千阳县的 10 个乡镇 17 个冻配站点，使用性控冻精配种，平均情期受胎率 61.2%，其中成年牛平均情期受胎率 48.5%，与常规冻精的情期受胎率基本一致。性控冻精配种技术可以大面积推广，青年母牛使用效果更佳。

在规模化奶牛场的青年母牛中全部使用性控冻精配种和成年母牛进行筛选后使用性控冻精配种，其情期受胎率与常规冻精配种的情期受胎率无显著差异。

性控冻精在青海

青海省湟源县，位于我国黄土高原最西端的日月山下，海拔 2 470~4 898 米，年平均气温 3.7℃左右。牛存栏 3.4 万头，大部分为改良牛，饲管粗放，产奶性能较低，平均年单产仅 2.5 吨左右。全县奶牛散养户居住分散，大部分散养户存在着用本交代替人工授精的趋向。而采用天津生产的高产奶牛性控冻精，培育出了长势好、生产性能高的母牛，有效提高了高产奶牛存栏数。奶牛性控冻精由天津公司提供，0.25 毫升细管冻精，有效精子 200 万/0.25 毫升，解冻后精子活力 0.35~0.45。

由于散养户存在着系谱不清，乱交乱配，而且对患有生殖系统疾病的牛疏于治疗和管理，对奶牛的发情规律掌握不准，常常使奶牛失配，从而导致空怀和久配不孕的现象特别多。

利用前期性控冻精所生母犊牛召开现场会，宣传性控冻精的优越性。同时要求繁改人员做好冷配工作，力争做到："母牛生母牛，五年十头牛"。在使用性控冻精配种过程中严格按照高产奶牛饲养管理规范进行饲养和管理。

准确的发情鉴定是确定适时输精的重要依据。发情鉴定由人工授精技术员亲自操作，用直肠把握法输精。

结果显示，通过一年多性控冻精的应用，经采取上述措施后，性控冻精的情期受胎率由原来的 40% 提高到目前的 75%，技术较好的技术员还达到了 80% 以上。

性控冻精在宁夏

在宁夏银川市应用性控冻精进行人工授精的工作中进行了一系列摸索，取得育成奶牛情期受胎率 79.2%、经产奶牛情期受胎率 71% 的理想效果。他们的体会是：

利用性控冻精时，必须严把质量关，确保后代是具有优良遗传品质、无遗传缺陷的高产奶牛。按照公母牛的系谱档案，为基础母牛制定严格的选配计划，防止近亲交配。

提高参配母牛的选择标准：经产母牛健康、营养状况良好，无生殖疾患，发情周期正常（18~24 天），被毛光亮，膘情适中，2~4 胎的高产荷斯坦牛。育成母牛在 14~16 月龄，体高达到 127 厘米，体重达到 350 千克以上，健康、营养状况良好且生殖系统发育正常。

严格按照高产奶牛饲管规范进行饲养和管理。

做好发情鉴定和母牛配前检查，准确记录开始发情时间、站立发情时间、发情结束时间。发情鉴定应有人工授精技术人员亲自操作。母牛的检查应在人工授精前的 4~6 小时进行，不宜牵动卵巢，手法越轻越好。

把握好适宜输精时间，适宜的输精时间为发情结束后的 2~4 小时。用直肠把握深部输精法输精。人工授精后，肌注促排 2 号、促排 3 号等以利于提高受胎率。

应注意的是，在注射疫苗的 30 天之内，不宜使用性控冻精进行配种。

性控冻精在新疆

案例一　在石河子地区，选择 16 月龄以上、体重达 350 千克以上，有连续两个正常发情期以上的健康后备母牛。统一稳定的精粗饲料配比。试验性控冻精为天津产的 167 号、171 号种公牛冻精。活力、密度均达到性控冻精要求。

试验方法：仔细观察后备牛的发情征状。对接受爬跨但黏液异常的牛不使用性控冻精。对接受爬跨 2~8 小时后停止爬跨的牛检查卵泡发育大小和弹性程度推断输精时间。输精部位为卵泡发育侧子宫分叉处 2~5 厘米，输精一次。对符合上述输精条件的返情牛也输精一次。对于使用性控冻精配种的后备牛，在配后 60~90 天直检诊断妊娠与否。

结果显示，后备牛第一次使用性控冻精的情期受胎率 52.6%，返情后第二次输精的情期受胎率 49.0%，合计情期受胎率 51.50%。其情期受胎率虽然比该区后备牛使用常规精液的情期受胎率（70.5%）低，但阶段的总受胎率达到 74.1%。

注意事项

通过对后备牛使用性控冻精试验证明，阶段受胎率可达到比较理想程度，说明性控冻精技术是可实用推广的。

通过对后备牛母牛第一次输精和返情后复配的受胎情况分析，两者的情期受胎率相差不大，说明有必要使用性控冻精进行复配，以提高阶段受胎头数。

在使用性控冻精时，观察和检查牛的发情以确定何时输精仍然是技术关键因素。

案例二　在克拉玛依绿成公司奶牛二场，试验选择的是健康、发育良好、无生殖系统疾病、发情正常的 18 月龄以上的荷斯坦后备牛 178 头，随机分为两组，一组 86 头使用性控冻精配种，另一组 92 头使用普通冻精配种。试验牛均为舍饲，设有运动场。混合饲喂，日喂 3 次，自由饮水，日机器挤奶 3 次。

性控冻精由内蒙古蒙牛赛科星公司生产，性控冻精解冻后的精子活力在 0.35 以上。普通精液是北京奶牛中心的冻精，精子活力在 0.4 以上。

为保证奶牛发情鉴定的准确性，使配种员能准确地掌握输精时间，每天对待配母牛进行发情观察与记录。由于首次使用性控冻精，配种操作人员有 8 年以上配种工作经验，配后 75 天诊断妊娠与否。

结果显示，使用性控冻精的后备牛的情期受胎率 70.9%，使用普通冻精的后备牛的情期受胎率为 79.3%。二者情期受胎率差异显著。性控冻精母犊率 91.1%，普通冻精母犊率 46.9%，差异极其显著。性控冻精与普通冻精犊母牛初生重的差异不显著。性控冻精与普通冻精的胎衣不下率差异不显著。

应注意的是，健康的青年牛是受胎率高的重要因素之一；注重青年牛的足够的干物质采食量及合理营养配方。性控冻精的后代的生产性能与普通冻精后代差异不显著，说明性控冻精在经过 X、Y 精子分离后，遗传性能没有改变。

妙招四用精氨酸

通过调节受精条件，用化学药品等处理精液或调节母牛阴道黏液的 pH 值，比如，将精氨酸用生理盐水稀释成中浓度，输精前 30 分钟向阴道内注入溶液 1 毫升，结果母犊率 55.07%（最高 73.97%）差异显著。

案例一 取 25% 精氨酸，用生理盐水稀释成 5%，分装备用。取泰州奶牛场适龄荷斯坦奶牛 406 头，其中试验组 268 头，对照组 138 头，均无明显的繁殖疾病。用直肠把握输精方法，用输精管吸取配制好的 5% 精氨酸 1 毫升，注入发情母牛子宫内上 1/3 处，然后分别过 15 分钟和 20~30 分钟给母牛输精。

结果显示，采用 5% 精氨酸处理的母牛，其母犊率 69.78%，比对照组提高 21.47 个百分点。精氨酸处理与输精间隔时间为 20~30 分钟的母牛母犊率 71.43%，比间隔 15 分钟输精的母犊率提高 7.58 个百分点。这表明，精氨酸处理与输精间隔时间对母犊率有一定的影响。这可能是由于精氨酸注入子宫后需经过一定的时间在子宫内扩散，才能达到应有的效果。

案例二 黑龙江省绥化国营农场管理局应用精氨酸控制奶牛产犊性别，历时 3 年多时间，试验奶牛 107 头，产犊 108 头，母犊 76 头，母犊率 70.37%。

案例三 以金华市 4 个国营牧场的奶牛为主，选择养牛户的部分奶牛，并剔除患子宫内膜炎和卵巢疾病的奶牛。投药方式同直肠把握输精。用输精管吸取 5% 精氨酸 1 毫升，注入发情母牛子宫颈内 3 厘米以上处，然后过 20~30 分钟给母牛输精。

结果显示，对金华市 441 头荷斯坦奶牛进行试验，显著提高了母牛分娩的母犊率。尤以 5% 的精氨酸 1 毫升注入发情母牛子宫颈内 3 厘米以上处，然后过 20~30 分钟给母牛输精的试验组母牛母犊率达 73.13%。这说明经精氨酸处理后发情母牛子宫内环境，更有利天带 X 染色体的精子与卵子结合，其合子为 XX（雌性）从而提高了母牛的母犊率。

案例四 吉林农大奶牛场选择 230 头母牛为试验组。试验药品：5%L 型精氨酸、促排 3 号每支 200 微克。操作方法：试验牛发情后 4 小时肌注促排 3 号 200 微克，5~6 小时后输精，输精前 30 分钟，向母牛子宫颈内上 1/3 处注入 5%L 型精氨酸 1 毫升。以吉林农大奶牛场连续 14 年出生的 3 388 头犊牛为对照组，产母率为 48%。

结果显示，输精前对 230 头试验母牛的子宫颈内黏液的 pH 值进行测定，并观察其与产犊性别的关系。精氨酸处理的奶牛 2 年产母犊率平均 63.8%，比对照组提高 15.8%，差异极显著。正常奶牛子宫颈内黏液 pH 值 6.6~8.5，输入 1 毫升 5% 精氨酸后 pH 值多降低 0.2，当 pH 值在 6.4~7.4 范围内，即偏酸或近中性时，母犊率 78.5%，公犊率 21.5%。当 pH 值在 7.5~8.3 范围内，即偏碱时，公犊率 81.25，母犊率 18.75%。发情期排卵前子宫内黏液的 pH 值平均 7.76，其中 pH 值 6.6~7.6 范围内的占 46.7%，pH 值 7.7~8.5 范围内的占 53.3%，进一步验证子宫颈内黏液偏碱性的理论。

案例五 在吉林农大奶牛场和长春市郊奶牛饲养大户，连续两年选择健康、繁殖机能正常的母牛为试验组。采用电泳分离精液制得的颗粒冻精。试验药品：5%L 型精氨酸，LRH-A₃。操作方法：输精前 30 分钟向母牛子宫颈内上 1/3 处注入 5%L 型精氨酸 1 毫升，排卵前 8~10 小时输入分离后的解冻精液。母牛发情后 4 小时肌注促排 3 号 200 微克。授精前后分别按摩阴蒂两分钟。

结果显示，试验组平均母犊率均比自然性比 1：1 理论值提高。此外，在吉林农大奶牛场试验 100 头，连续两年，平均母犊率 70.48%。在长春市郊奶牛饲养大户试验 100 头，连续两年，平均母犊率 69.63%。

妙招五 性控胶囊

奶牛性别控制胶囊，系由天然中草药马齿苋、丹参、益母草、甘草，通过水提醇沉法提取其生物碱、黄酮、酚类以及钾盐类，分别制成干浸膏后加入 β - 环糊精干法包接，制作成颗粒装入胶囊，通过钴 60 照射灭菌而制成。产品报告提出，母犊控制率在 70%~75%。为验证改胶囊的使用效果进行了以下试验。

奶牛性别控制胶囊，内容物为黄褐色颗粒状粉剂，每粒胶囊含药物颗粒 0.5 克，溶解于生理盐水后为黄棕色至棕褐色半透明液体，无杂质及沉淀。经 2 毫升生理盐水溶解后的 pH 值 2.48~2.49；用 4 毫升生理盐水溶解后的 pH 值 3.5。

输精前 1 小时取胶囊的 2 毫升或 4 毫升生理盐水溶解液，注入子宫内口或有卵泡发育侧的子宫角分叉处，1 小时后输精并将精液缓缓输至溶液注入部位，60 天后诊断妊娠与否。

结果显示，使用胶囊与未使用胶囊差异不显著，其中分别对青年牛和经产牛进行统计分析，结果也均显示差异不显著，说明性控胶囊溶液的 pH 值的偏酸性对受胎率未产生影响。

使用性控胶囊后使用便携式 B 超仪，将探头送入直肠内探测子宫内胎儿，凡在脐带根部呈现白色结节者确定为雄性，无白色结节者为雌性。三批鉴定结果母犊率达 70% 以上。北京大兴 5 个牛场使用性控胶囊后的平均受胎率 56.92%，母犊率 70.1%。

根据自 5 个省、市 10 多个牛场的试验产犊情况统计，至今已产犊 345 头，其中公犊 92 头（26.66%），母犊 245 头（73.33%）。结果显示，在不同省、市和不同生产条件牛场均可获得较稳定的结果；说明该胶囊在生产条件下是可以达到 70% 以上的母犊率。

妙招六 用性控仪

通过直检或仪器，在最适于妊娠母犊时输精。迄今有一授精性别控制仪，又称适时授精性别控制仪，简称电子检测仪。适时授精性别控制仪是将生物技术、电子技术和传感器技术三者结合，将集成电路、电极传感器、数字显示记忆融为一体，其性能稳定，分辨率高，重复性好，结构简单携带操作方便，耗电少，电极结构坚固，容易清洗消毒，成本低廉。利用电子检测仪可替代人工检查母牛发情、排卵。

结果显示，当测值为 "46" 时，相当于母牛排卵时期，共试验母牛 1 700 头次，冻精授精，公犊率 79.7%。当测值 "42" 时，母犊率 76.6%。

妙招七 胚胎鉴定

采用胚胎移植技术，在移植前，对胚胎进行性别鉴定，然后将已知性别的胚胎予以移植，即可控制后代性别。早期胚胎性别鉴定方法：

（1）单克隆抗体法　中国农业大学实验动物研究所研制了抗雄性特异性抗原的单克隆抗体，标志着我国用免疫学方法进行性别控制达到了新水平。雄性特异性抗原是雄性动物间普遍存在的一种抗原。该抗原所制成的抗体用于胚胎性别鉴定时，不损伤胚胎，而且快速简便。另一方面抗原的抗体还可用于杀伤雄性胚胎，使其停止发育和死亡，从而只留下雌性胚胎发育。但是，雄性特异性抗原是一种弱抗原，其单克隆抗体不能通过常规方法来制备。针对这一特点，他们以自行设计的一套方法，培养和筛选出了分泌所需抗体的杂交瘤细胞，并制备了大量单克隆抗体。杂交瘤细胞可永久保存，随时都可以用来制备单克隆抗体。所制取的单克隆抗体可用于牛等动物的性别控制。

（2）分子生物学方法　近10年来发展起来的一种利用雄性特异性基因探针和PCR扩增技术鉴别牛等家畜胚胎性别的新方法。其实质就是检测Y染色体上的SRY基因的有无，有则为公的，无则为母的。操作技术：

第一种，核酸探针技术。将Y染色体上一段特异性DNA片段用放射性同位素或非放射性同位素如生物素等标记成DNA探针，让其与细胞中的染色体DNA的同源序列进行杂交，然后对其探针标记物进行检测，并根据显示的斑点来判断是否有Y染色体的存在，对胚胎的性别进行鉴定。无杂交斑点的判为阴性。DNA探针法有特异、准确等优点。

探针标记物现有两种，一种为放射性同位素，一种为生物素。前者需要大量的胚胎细胞和7~8天较长的时间；后者设备简单，技术难度较大，所需时间一般为24小时，但可鉴定的胚胎较少。

为了得到这一DNA探针，需分三步进行：首先应用流式细胞光度术或种间体细胞杂交的方法获得Y染色体；而后再得到Y-特异性片段；最后估测此特异性片段的拷贝数。得到Y-特异性探针后，则将它用同位素标记，并与少量胚胎细胞中提取的DNA进行杂交，若结果呈现阳性，则说明有Y染色体，从而判定胚胎为公的。

根据上述原理，分离了三段牛的雄性

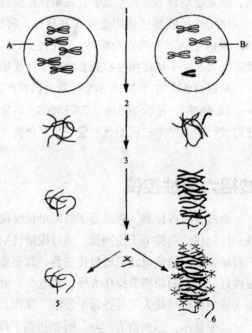

图20-2　SRY-PCR法鉴定胚胎性别示意
A. XX型胚胎　B. XY型胚胎
1—切取胚胎细胞（取样）；2—提取DNA；
3—扩增SRY片段；4—SRY探针检测；
5—阴性；6—阳性

特异性 DNA 片段，并以它们为探针，对移植后的 50~60 天的胎儿进行性别鉴定，得到活体胚胎共 101 个，被鉴别的胚胎 91 个，冷冻和移植的胚胎 87 个，其中出生的牛犊 35 个，而正确鉴别性别的胎儿 34 个，占 97%。

由此可见，这种方法鉴别的准确率很高，而且冷冻后胚胎的活力很强，它是目前唯一适用于商业化胚胎移植需要的方法。不过，此法鉴别所需的时间长达 8 天，故有建议用聚合酶链式（PCR）法扩增目标 DNA 片段，以缩短所需时间。

第二种，PCR 扩增法。本法又称特异性 DNA 序列聚合酶链式反应放大技术，是选用与待放大的 DNA 片段两个 3'-端分别互补的两个寡聚核苷酸引物，在变温和 DNA 聚合酶催化下进行变性—复性—延伸反应，从而使两引物间规定的那段 DNA 序列复制，若进行这种反应，该段 DNA 序列就随着反应周期数的增加而迅速得到多拷贝放大，采用 PCR 技术扩增 Y 特异多重序列鉴定了牛胚胎性别（图 20-2），准确率 91.6%。

1991 年，我国学者应用 PCR 技术扩增 SRY 序列进行牛胚胎性别鉴定，准确率 100%。1994 年我国学者用 PCR 进行牛胚胎性别鉴定，从切割半胚中可对 81.8% 的胚胎作出性别鉴定。1995 年，中国农科院畜牧所制作的胚胎性别鉴定 PCR 检测试剂盒，使牛胚胎的鉴定准确率达 95% 以上。

PCR 技术即聚合酶链式反应技术，因其具有快速、敏感、简便及特异性强等特点。自 1990 年开始，用 PCR 进行奶牛胚胎性别鉴定之后，利用 PCR 技术鉴别牛胚胎性别更是引人注目。

PCR 技术操作简便、快速、敏感性高、特异性强、可扩增 RNA 后 cDNA。

澳大利亚首先成功的采用 PCR 技术在体外扩增牛 Y 染色体特异 DNA 片段鉴定奶牛胚胎性别，准确率高达 90% 以上。我国 1991 年在奶牛方面应用此技术，鉴定了 17 枚（4 枚全胚，11 枚切割胚，2 枚三分胚）奶牛胚胎，移植 5 枚分割鉴定胚。产下牛犊与鉴定结果完全一致。之后，我国根据牛 SRY 基因自行设计引物分别用常规 PCR 和巢式 PCR 对牛早期胚胎进行性别鉴定，其鉴定结果与实际完全一致；我国应用两步 PCR 法，使性别鉴定率准确率达 100%。

注意事项

用 PCR 法进行胚胎性别鉴定，极大地提高了性别鉴定的灵敏度和准确率。和其他鉴定方法相比，该方法减少了所需细胞数，并且缩短了性别鉴定所需要的时间，使得性别鉴定后的胚胎移植妊娠率大大提高。

在胚胎性别鉴定技术体系中，胚胎 DNA 的提取、PCR 扩增等技术环节已较成熟。现在，需解决的是如何较短的时间从胚胎中取出所需数目的卵裂球，且尽可能将对胚胎的损伤降到最小。

SRY 鉴别的案例

在江苏连港东辛农场奶牛公司牛场进行胚胎性别 SRY 鉴别技术的扩大试验中，在当地生产条件下，选用 741 号牛（4 岁、2 胎次）超数排卵，一次采集胚胎 8 枚，镜检可用胚 7 枚。将切割少量取样的待检鲜胚，于当日分别移植给 7 头受体母牛，两个月时妊检确认 6 头妊娠。除妊牛中2头流产和因病淘汰外，其余4头于第二年1月份相继产犊。其中公犊3头，母犊1头，与胚样性别检测结果相符。

该供体于超排后40天再次妊娠，第二年2月份又产母犊1头，从而获得了1头供体一次排卵、移植、妊娠6胎，1年内产犊5头的良好结果。

妙招八胚胎分割

通过胚胎分割技术（图20-3），将一半胚移植，另一半胚冷冻保存；待前一半胚孕育产犊，即知后一半胚之性别，可作为"定性胚胎"，予以移植，以提高受体母牛分娩母犊的机会。

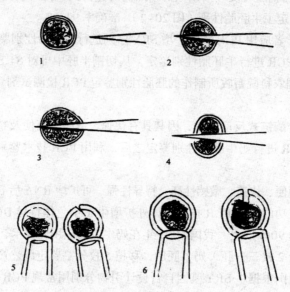

图20-3　哺乳动物胚胎分割示意
1—胚胎（囊胚）；2～4—胚胎切割；5—半胚放入空透明带内；6—经培养发育为囊胚

胚胎分割是通过对胚胎的显微手术，人工制造同卵双胎或多胎的方法，也是胚胎移植中增加胚胎来源的一个途径。胚胎分割方式有三种。

一是将2~8细胞用显微操作法或酶解法将卵裂球分开，分开的卵裂球还原于一个空的透明带内，也可用未受精卵或退化胚胎甚至异种家畜的透明带，经培养后移植。

二是将晚期桑葚胚分割为2、3、4等份，同样还原于透明带内培养后移植。

三是将胚胎的内细胞团一分割为二，再还原于透明带内培养后移植。

上述分割的裸露胚胎也可不还原于透明带内，直接培养后移植。若半胚移植成功率达50%，和完整胚胎的成活率相差不多，则按原来的完整胚数量计算成功率即为100%，若8分胚移植后成功率达50%，则效率提高400%。

（1）显微玻璃针去带分割　在显微操作仪下，一臂固定吸住胚胎，另一臂用显微玻璃针摘除透明带并将裸胚对半分割。

（2）显微手术刀直接分割　在显微操作仪下，一臂固定吸住胚胎，另一臂用用特制显微手术刀直接将胚胎分割为二分胚。

（3）酶消化透明显微玻璃针分割　先用含 0.5% 链酶蛋白酶的 Hanks 液孵育胚，得以裸胚，然后用显微手术刀将其一分为二。

（4）酶—机械去带分割　在用酶软化透明带的基础上，用一支玻璃管除去透明带，然后用显微手术刀将裸胚分割为二。

（5）徒手刀片分割　一般在胚胎分割前，先用 0.25% 的链酶蛋白酶软化 1 分钟，用 2%FCS 和改良的磷酸缓冲液洗 2 次，作成 0.2 毫升小滴，使用专用小刀片或自制刀片徒手将胚一分为二，或直接切割胚胎为二分胚。

在生产条件下，徒手分割奶牛的二分胚，其移植受体成功率的产犊率 29.1%。采用奶牛四分割法，将 6 枚 7 日龄胚胎，分割成 24 枚的 1/4 裸胚，分别移植给 18 头受体牛，其中 9 头妊娠，受体妊娠率 50%。

致密桑葚胚或早期囊胚最适合于胚胎分割。晚期致密桑葚胚和早期囊胚分割后的移植受胎率高于早期桑葚胚。此外，桑葚胚或囊胚的进一步发育不需要透明带。去除透明带的牛晚期紧缩桑葚胚或早期囊胚在体内和体外均可以正常发育受胎。牛致密桑葚胚或早期囊胚分割后，装入透明带与不装入透明带的移植妊娠率没有差异。

分割致密桑葚胚和囊胚，无需将半胚重新装入透明带，简化了胚胎分割方法。但是用无 Ca^{2+}、Mg^{2+} 离子分割液处理过酸的胚胎，由于细胞团变松弛，胚胎分割后装入透明带至少对胚胎有保护作用。

牛的致密期桑葚胚和早期囊胚最适于胚胎分割。

胚胎的徒手分割

取荷斯坦奶牛，采用 $FSH-PGF_{2a}$ 法超排，非手术法采集 6~7 日龄胚。所有胚胎均处于晚桑葚期和早期囊胚期。选择优质胚胎进行冷冻和切割。

分割操作

软化透明带。在室温下将胚胎放入 0.5%~0.8% 链霉蛋白酶液中，一直在立体显微镜下观察，当透明带开始松弛时，立即将胚胎取出，用含 20% 血清改良的磷酸缓冲液液软化 3~4 次即可。

切割。在硅化的载玻片上滴一直径约 0.8 厘米的改良的磷酸缓冲液液滴，将一枚待切胚胎放入其中，一枚胚胎使用一个液滴。盛有胚胎的载玻片或者置于 Nikon 倒置相差显微镜上，用右侧显微操作手及玻璃微针，沿胚胎正中切下，或者置于立体显微镜上用显微手术刀或玻璃微针徒手切割。仪器切割软化和不软化透明带均可。徒手切割冻胚、鲜胚都需要软化透明带，否则不易切均匀。

应注意的是，冻胚解冻脱去防冻剂后，再进行软化和切割或不软化在仪器上均可直接切割。

半胚培养及移植

牛胚胎在基层操作，均采用软化透明带徒手切割法。裸半胚在有同步受体时，可直接采用非手术移植到受体中。

结果显示，用软化透明带徒手切割法切割牛冻胚 4 枚，半胚获得率 87.5%，将其中 1 对半胚移植到 1 头受体牛中，已妊娠产犊。

这表明，软化透明带徒手切割法与仪器切割软化及不软化法相比，在半胚获得率上虽略低一些，但无显著差异。软化透明带处理与不软化相比，对半胚发育率的影响不十分显著，而且这种方法沿用到牛胚胎分割中已得到妊娠结果。因此，它是一种实用而有效的方法。加之它简便快速，可随时随地进行操作，适合简陋的生产条件下使用。

鲜胚的分割移植

西北农业大学在陕西省三原县白鹿总公司养殖场应用促卵泡素和 15 甲基－前列腺素 F_{2a}，有时应用促黄体素，对荷斯坦奶牛超数排卵处理 17 头次。以开始发情时为 0 天，并适时人工授精，在发情后第 7 天用非外科手术方法采胚。

受体牛中，黄牛和杂种牛为当地农民的役牛，移植后仍在农家喂养。受体黄牛生殖器官健康、发情周期正常的青壮年，同期发情用 15 甲基－前列腺素 F_{2a} 处理，与供体牛同时或者晚 12 小时注射。

在实体显微镜下检胚并进行质量评定，将形态完好的桑葚胚或早期囊胚，作切割移植用。

切割用 Leitz 显微操作仪进行。将胚胎移入盛有 20 毫升含 20% 犊牛血清的改良的磷酸缓冲液的塑料培养皿内，放在 Leitz 显微操作仪下用纤细的玻璃针切割。

切割方法

一种是裸胚切割。将胚胎固定，打开透明带，轻轻吹出细胞团；然后将裸胚一分为二切割，并将两个半胚一个装入原透明带，另一个装入提前准备好的利用牛的变性胚或未受精卵的空透明带内。准备移植，或者不重新装入透明带，即直接进行裸半胚移植。

另一种透明带内切割。将胚胎固定，在对面用纤细的玻璃针刺透部分透明带，尽量不损伤细胞团，由上向下在透明带内将细胞团一分为二切开，其结果有三种情况：一是细胞团在透明带内被切开，未从破口移出，仍在同一透明带内；二是被切开的一半胚胎留在原透明带内，而另一半移出为裸半胚；三是二半胚同时移出透明带，为两个裸半胚。

有的将透明带切一破口后，用玻璃针在透明带外，由上向下连透明带一起切割胚胎。切割后移植：一是二半胚在同一透明带内或者单半胚移植，用非手术方法，以移胚管通过阴道移入有黄体侧的子宫角前端；二是如果给一受体移植双半胚，将其分别移入两侧子宫角前端。移植后 45~75 天直检诊断妊娠与否。

结果显示，切割桑葚胚和早期囊胚一分为二为半胚，将半胚分别移植给黄牛和杂种牛 10 头，移植后，妊娠黄牛 4 头，移植后黄牛妊娠成功率 40%。以黄牛受体统计，移植双半胚和单半胚的妊娠成功率各为 40%。给受体牛移植有透明带的半胚和无透明带的裸半胚黄牛妊娠率均为 50%。由此看来，半胚移植成活与否和透明带的有无关系不大。这就不需要把裸半胚重新装入透明带内，大大简化了操作程序。

桑葚胚切割移植，单以黄牛受体统计，早期囊胚切割移植妊娠成功率 50%，高于桑葚胚切割移植妊娠成功率的 37.5%。

胚胎切割移植，所用胚胎数目成倍增加，产生遗传性能相同的后代，同时还可以间接地控制性别，如将一早期胚胎切割一分为二，先将一半移植，另一半冷冻保存，等到移植受体分娩确定胎儿性别后，即可根据意愿，将冷冻保存的另一半解冻移植，以达到控制分娩犊牛的性别。

冻胚的分割移植

供体牛为荷斯坦奶牛，受体为荷斯坦奶牛和中国北方农户养黄牛。

用促卵泡素对供体牛进行常规超排处理。供体牛发情输精后 7~8 天，用非手术法采胚，在立体显微镜下检查胚胎，并按形态鉴定法对胚胎质量评定，分为 A、B、C、D 四级。

胚胎分割和装管均采用简易方法：在室温下将胚胎直接放在盛有 20% 犊牛血清的改良的磷酸缓冲液的培养皿内，把培养皿置于立体显微镜下，将分割仪的微玻璃针水平置于胚胎上方正中，然后调节旋钮迅速从上往下切，胚胎即被分成两部分，让半胚在培养皿内恢复一段时间后，不需要装入透明带内，而是用装胚胎的常规方法，直接将裸半胚装入 0.25 毫升塑料细管内。

一种是不经运输，立即用非手术方法移植给和供体同在一处的奶牛受体。另一种是把装有半胚的细管放入 1 只试管内，用棉塞塞紧，水平放置，减少振荡，用汽车运至距分割地点 20~50 千米农户，给其黄牛移植。受体牛采用自然发情和同期发情方法，使其与供体牛的发情同步差 ±1 天内，受体牛在移植前检查黄体发育状况，并根据黄体大小及所占卵巢的比例大小，分为优良和较差两级。

胚胎的冷冻方法分快速冷冻与常规冷冻两种。胚胎解冻时，在液氮内保存 6~157 天的胚胎放入 37℃ 水浴解冻。解冻后的胚胎放入 1.0 摩尔 / 升蔗糖液中 10 分钟，脱出甘油，然后以 20% 犊牛血清改良的磷酸缓冲液洗 2~3 次，每次 10 分钟。经过胚胎鉴定、胚胎分割、半胚移植均与新鲜胚胎相同。

结果显示，分割 7~8 天的奶牛胚胎 66 枚得半胚 132 个，裸半胚成对移植 66 头受体牛，90 天妊检妊娠 37 头，移植妊娠率 56.1%，有 26 头受体产犊 35 头，其中有 9 对同卵双胎，双胎率 34.6%，半胚产犊率 29.2%。分割冻胚 11 枚，移植 11 头受体，妊娠 3 头，移植妊娠率 45.5%，半胚产犊率 15.8%。

应注意的是，胚胎质量和受体黄体状况是影响半胚妊娠率和产犊率的主要因素。胚胎在移植前用简单方法分成两个半胚，成对移植可以作为提高产犊率的一种有效方法。半胚所生犊牛的初生重正常，说明桑葚和囊胚期的胚胎分割对所生犊牛初生重无影响。

进口胚分割移植

冻胚来源于加拿大雷达家系的荷斯坦牛，共 23 枚。供体牛年泌乳量 13 000 千克，最高一头达 17 000 千克。解冻液和培养液由美国 AB Technology 公司生产。胚胎解冻时，将装胚胎的细管取出后，在空气中停留 10 秒，投入 32℃水浴 10 秒，在 1 摩尔／升蔗糖改良的磷酸缓冲液中平衡 4 分钟，然后，用培养液冲洗 5~6 次，备用。

胚胎解冻后，放入盛有 2~3 毫升培养液的 35 毫米的培养皿中，用显微玻璃针切割，分割后的两个半胚在 20℃室温下，在培养液中静置 15~20 分钟，待胚胎恢复球形即可装管移植。

受体牛来源于宁夏牛胚胎生物工程中心奶牛场的健康、无生殖疾患的青年或成年荷斯坦牛。在移植前 1.5 个月肌注维生素 AD 和亚硒酸钠维生素 E 各 10 毫升。

同期发情采用氯前列烯醇两次处理法，即第 1 次肌注氯前列烯醇（青年牛 0.3 毫克／头，成年母牛 0.4 毫克／头）后，间隔 10 天再同量注射第 2 次，仔细观察受体牛的发情时间。移植前检查黄体，将胚胎移植到受体牛具有合格黄体的子宫角内。

结果显示，进口加拿大荷斯坦奶牛冻胚 15 枚，成功地分割为裸半胚 30 个，移植受体 27 头，其中双半胚移植 3 头，有 14 头受体妊娠，受体妊娠率 51.85%，半胚妊娠率和产犊率均为 46.67%，整胚妊娠率和产犊率均为 75.00%。

应注意的是，虽然移植半胚增加受体数量和移植费用，但生产每头犊牛的成本仍比整胚减少。在牛胚胎移植中，通过胚胎分割可增加已有胚胎数量，生产出更多的良种犊牛。只要不断提高操作人员的技术熟练程度，完全可借助胚胎的分割技术扩大胚胎来源，降低成本，加速胚胎移植的产业化进程。

建立性别胚胎库

为更好地解决保种与开发利用的矛盾，加快开发良种商品化和产业化进程，应用精子运动分离技术和胚胎冷冻保存等方法，建立起性别化胚胎库，是以最低代价、最优方式长期完整地保存品种资源的途径之一。

现以晋南牛为例描述其步骤。

选用健康无病、符合晋南牛品种标准的 2~8 岁纯种晋南母牛；准备促卵泡素及氯前列烯醇。

采用促卵泡素以不同剂量分 4 天 8 次剂量递减方法进行超排处理。在超排注射开始后第 3 天分上、下午各注射氯前列烯醇 2 支（0.4 毫克），在超排开始的第 4 天上午注射促排 3 号 1 支（25 微克）。

在注射最后一次促卵泡素后 12 小时开始输精配种，连续输精 3 次，间隔约 12 小时。以不同剂量促卵泡素分组，其中有一组促卵泡素 8.0~8.4 毫克，另一组促卵泡素 8.8 毫克。

以供体年龄分组，其中有一组供体牛 7 岁 6 头，另一组供体牛 8 岁 2 头。精液解冻后通过分离仪进行分离纯化技术，分离出 X、Y 精子。

入选受体的条件：2~8 岁，体型外貌符合晋南牛品种标准，无病，生长良好，内、外生殖器官发育正常，近期曾正常发情过的空怀母牛。供试牛一经选出，即行编号登记、检疫、加强饲养管理，并着手制定超排方案及与配公牛计划。配种所需的冻精均由运城地区种牛站冻精库的 10 多头晋南种公牛轮换供应。

结果显示，选用适龄晋南母牛 36 头，经过九期处理 52 头次，利用非手术法共采集胚胎 205 枚，其中有效胚胎 182 枚（雌性胚胎 110 枚，雄性胚胎 72 枚），完成采胚计划（250 枚）的 72.8%，有效胚占总采胚量的 88.78%；胚胎在 −196℃低温下保存 7 天和 30 天后分别采样解冻测定，活率均达 100%；经过对 4 头受体母牛非手术移植性别化胚胎，雌雄各 2 枚，怀胎产犊 3 头（产公犊 2、母 1），移植成功率和性别准确率分别达到 75% 和 100%。

鉴定胚胎的移植

奶牛胚胎经聚合酶链式反应技术鉴定性别后的移植试验，分别在青岛市第一奶牛场和南昌市象湖牧场进行采集新鲜胚胎，切割取出数个细胞，用聚合酶链式反应技术进行性别检测，切割后的胚胎在体外培养 3~4 小时，待聚合酶链式反应技术鉴别结果得出后再进行移植。经性别鉴定后移植胚胎出生的犊牛已有 7 头，受体母牛所产的犊牛性别与胚胎性别鉴定结果完全相符。

中国农科院畜牧研究所历经 3 年完成"应用 Y−DNA 特异片段的聚合酶链式反应技术鉴定牛胚胎性别及生产应用课题"。

通过应用删除富集法构建富含牛 Y−DNA 文库，筛选出特异克隆，并根据其序列，设计和合成引物。在实验室，用已建立的聚合酶链式反应检测技术，分别对已知性别的 10 头牛的血样进行了检测，检测结果与实际性别完全一致。在生产现场，建立了简便易行胚胎细胞取样技术和防止污染的措施。经性别鉴定的奶牛胚胎，移植成功 7 头受体母牛，产下 4 头公犊和 3 头母犊，犊牛性别与胚胎性别鉴定结果完全一致。

妙招九性控胚移

随着流式细胞仪精液分离方法的改进，分离冻精在奶牛人工授精和体内、体外性控胚胎生产中得到广泛应用。利用屠宰场牛卵巢卵母细胞与奶牛分离精液体外受精体外生产性控胚胎，可充分利用淘汰奶牛优良遗传资源，还可为商业化奶牛胚胎移植提供胚胎来源。

案例一 近年来，有将 2~3 月龄犊牛作为供体采集较大数量卵母细胞，用于性控精液体外受精后也可以获得可移植胚胎，但是体外受精囊胚率远低于屠宰场卵巢卵母细胞和活体采卵获得卵母细胞。

精液分离和体外受精技术不断进步是奶牛体外性控胚胎生产和商业化应用的基础，随着性控胚胎生产的囊胚率、冷冻−解冻和胚移妊娠率不断提高，尤其是系谱明晰卵母细胞来源渠道的拓宽，奶牛体外性控胚胎生产和移植展示出较大的应用前景，将产生巨大的经济和社会效益。

我国学者试验研究了淘汰奶牛卵巢生产体外胚胎的方法，研究了奶牛体外性控胚胎生产的影响因素，并得出平均囊胚率为 28%~40%；从美国或加拿大进口体外性控胚胎开展胚胎移植试验,得出平均妊娠率 39%~46.3%,产犊率 28%~38%。

目前用于性控体外受精的卵母细胞主要来源于屠宰场牛卵巢,或者通过活体采卵获得的卵母细胞。

由于屠宰场牛卵巢数量大、取材容易和成本低,因而成为牛体外性控胚胎生产卵母细胞的主要来源。然而,由于大型屠宰场多为现代化流水线作业,屠宰数量大、速度快,因而无法确定所采集的卵巢母牛系谱,导致体外受精获得的性控胚胎没有明确的系谱;同时,因屠宰场牛只品种混杂,极有可能采到如肉牛卵巢,导致体外受精生产性控体外胚胎为奶牛和肉牛的杂交胚胎。因此,许多学者将活体采集(阴道手术)的卵母细胞和屠宰场采集卵母细胞分别与分离精液体外受精,每头牛可以获得 3~4 个可用性控胚胎。

案例二 选择娟姗母牛和荷斯坦母牛作为人工输精试验牛和胚胎移植供体牛。青年牛 14~17 月龄,有 2 个正常的发情周期。经产牛 2~6 胎的空怀母牛,有 1~2 个正常发情周期。选择的试验牛经直检无生殖系统疾病,生产性能符合健康奶牛标准。

性控冻精为娟姗牛和荷斯坦牛 X- 性控冻精,娟姗公牛试验编号为 A、B 和 C 三头公牛,荷斯坦公牛试验编号为 D 和 E 两头公牛。解冻后每支细管精子活力在 0.45~0.60。

试验牛同期发情方法有两种

(1)前列腺素 + 促排 3 号法 在试验牛发情周期的任意 1 天肌注前列腺素 0.6 毫克 / 头,24~48 小时内观察牛的发情情况,以站立接受爬跨不动为发情标准。人工输精试验牛在输精结束后肌注促排 3 号,胚胎移植受体牛 12~24 小时内肌注促排 3 号。

(2)孕激素阴道栓 + 前列腺素 + 促排 3 号法 在试验牛情期的任意一天定为 0 天,于阴道内放入孕激素阴道栓,到第 9 天受体牛肌注前列腺素 0.6 毫克 / 头,第 11 天上午取出孕激素阴道栓,在第 12 天下午注射促排 3 号。

供体牛超排方法有三种

(1)孕激素阴道栓 + 促卵泡素 + 前列腺素法 在供体牛发情周期的任意 1 天,放入孕激素阴道栓,定为 0 天;在第 7 天开始注射促卵泡素,每天早晚各注射 1 次,间隔 12 小时,连续 4 天,在第 9 天的上午注射前列腺素,第 10 天上午撤除孕激素阴道栓。

(2)孕激素阴道栓 + 促卵泡素 + 前列腺素 + 促排 3 号法 在供体牛发情周期的任意 1 天,放入孕激素阴道栓定为 0 天;在第 7 天开始注射促卵泡素,连续 4 天使用递减法,每天早晚各注射 1 次,间隔 12 小时。促卵泡素剂量:青年牛 320~360 毫克,经产牛 400~420 毫克。

(3)孕马血清促性腺激素预处理 + 促卵泡素 + 前列腺素 + 促排 3 号 在供体牛超排前休情期的任意 1 天,给每头供体牛臀部深部肌注 500~700 单位,待发情后再肌注促排 3 号 50~75 微克,促使发情后排卵,发情后 7~11 天内,按照上述方法使用促卵泡素进行超排处理。

在试验牛站立发情后直检卵巢,有一触即破的感觉时进行输精 1 次,使用冻精 1 支,同时后躯深部肌注促排 3 号 50~75 微克 / 头,输精部位在有卵泡侧子宫角深部;供体母牛在站立发情后 10~15 小时进行第 1 次输精,第 2 次输精需要间隔 5~7 小时,每次使用冻精 2 支,同时后躯深部肌注促排 3 号 75~100 微克 / 头。但在供体牛发情征状不明显的情况下,需要进行卵巢触摸检查,检查到有即将排卵感觉时输精,输精位置在两侧子宫角深部。供体母牛在第 1 次输精后的第 7 天，采用二路式非手术法进行胚胎采集。

结果显示，娟姗母牛平均同期发情率 66.7%，优于荷斯坦母牛的 64.1%。在娟姗母牛同期发情方法上孕激素阴道栓 + 前列腺素 + 促排 3 号法为 73.3%，优于前列腺素 + 促排 3 号法的 61.9% 的效果；同样在荷斯坦母牛同期发情方法上孕激素阴道栓 + 前列腺素 + 促排 3 号法为 70.0%，优于前列腺素 + 促排 3 号法的 57.9% 的效果。

娟姗公牛 X– 性控冻精对娟姗青年母牛输精的受胎率 50.0%，优于娟姗经产母牛受胎率的 40.0%（A 公牛）和 33.3%（B 公牛）的效果；荷斯坦公牛 X– 性控冻精对荷斯坦青年母牛输精的受胎率 55.5%，优于荷斯坦经产母牛的 41.7%。娟姗公牛精子活力 0.51 以上的性控冻精对经产牛受胎率 40.0% 优于精子活力在 0.42 左右的输精受胎率 33.3%。荷斯坦公牛 X– 性控冻精平均受胎率 47.6%，优于娟姗公牛 X– 性控冻精的 42.8%。

用 X– 性控冻精对供体输精的头均可用胚胎数和可用胚胎率等效果，孕马血清促性腺激素预处理 + 孕激素阴道栓 + 促卵泡素 + 前列腺素 + 促排 3 号法优于孕激素阴道栓 + 促卵泡素 + 前列腺素 + 促排 3 号法。

用同一品种公牛 X– 性控冻精对供体牛输精，综合头均可用胚胎数和可用胚胎率等效果，精子活力高的优于精子活力低的。用不同品种公牛 X– 性控冻精对供体牛输精的头均可用胚胎数和可用胚胎率等效果，荷斯坦公牛优于娟姗公牛。

使用 X– 性控冻精对供体牛输精，综合可用胚胎数和可用胚胎率的效果，在同一品种上青年牛的效果优于经产牛；在不同品种而同一年龄上的效果，荷斯坦牛优于娟姗牛。

应注意的是，从饲养试验牛的费用和试验效果看，在生产上采用孕激素阴道栓 + 前列腺素 + 促排 3 号的同期发情方法更经济实惠。同一品种 X– 性控冻精生产胚胎的效果，在相同的超排处理和相同操作条件下，受公牛 X– 性控冻精活力的影响，并且效果与公牛冻精活力呈正相关关系。

性控胚移在北京

性控精液为内蒙古蒙牛赛克星公司分离的北京奶牛中心的特级种公牛性控精液。

选用北京三元绿荷国营牛场饲养的体质健康、性周期正常、无生殖疾患的荷斯坦青年母牛。供体牛采用全舍饲养，根据不同生理阶段饲喂不同的 TMR 日粮，粗料以干草为主，配合使用苜蓿干草。

同期发情处理时，孕酮阴道栓用相应的放置装置送到供体奶牛阴道内子宫颈口周围，同时肌注苯甲酸钠雌二醇和黄体酮。放置阴道栓的第 4 天（放置阴道栓当天为 0 天）开始促卵泡素处理，采用递减法处理，共注射 8 次，每天早晚各一次，总剂量分别为 13 毫升、16 毫升、20 毫升。在促卵泡素处理的第 3 天肌注氯前列烯醇 0.4 毫克，再间隔 12 小时撤栓。

在促卵泡素处理后观察发情，在奶牛站立发情后 8~12 小时，直肠触摸卵泡发育情况，根据卵泡发育情况进行 2~3 次输精，输精部位为子宫角深部和子宫体。

采用三路导管冲卵，根据子宫角的膨胀程度确定冲卵液注入量的多少，一般每次注入 30~50 毫升冲卵液，视液体回流情况，确定冲卵次数。每侧子宫角用液量 300~500 毫升。两侧子宫角采胚完毕，向子宫体注 0.1% 碘甘油溶液 30 毫升。同时，肌注前列腺素 0.4 毫克。

采用乙二醇冷冻法，用程序冷冻仪进行冷冻。

结果显示，采用不同剂量的促卵泡素处理时，头均可用胚胎数之间差异不显著，但是注射 20 毫升组的胚胎可用率 71.18%，显著高于其他两组的 41.83% 和 52.87%。使用不同种公牛性控精液进行配种，超排所获得头均可用胚胎数之间差异不显著。但胚胎可用率个别公牛较高，而且与其他公牛差异显著。不同月份之间胚胎可用率差异显著，其中以 10~12 月份最高达 66.24%，7~9 月份最低仅 42.02%。不同性控精液输精剂量，以输精 5 剂的头均可用胚数最高，但与 4 剂、6 剂的差异不显著，但所获胚胎的可用率（84.57%）与 4 剂（50.90%）、6 剂（46.29%）的差异显著。

应注意的是，经过严格筛选的种公牛精液所分离的性控冷冻精液在各方面均无明显差别，可用于性控胚胎生产。季节对青年荷斯坦牛的影响可能与环境温度有关。这可能与该季节温度适宜、夏季摄入了充足的鲜嫩青绿饲料有关。性控精液在体内外存活时间短，而且每细管的有效精子数量少，仅为常规精液的 1/5。因此，输精的时间和剂量非常关键。

性控胚移在河北

案例一 在廊坊市广阳区禾田田野牧业养殖有限公司，进行了 2 次同期发情和性控胚移试验，同期处理受体牛 104 头次，发情 91 头次，同期发情率为 87.50%，对其中的 74 头牛进行了性控胚胎移植，准胎 37 头，准胎率 50.0%。

性控胚胎来自廊坊圣隆生物科技有限公司，受体牛 1.5~6 岁、胎次在 0~4 胎之间、健康无病、发情周期正常的空怀母牛。经产母牛均处于产犊后 60~100 天，无难产、流产、子宫脱史，体况中等，不偏瘦偏肥。品种为本地黄牛和低产荷斯坦牛。

在移植前 45 天加强营养供给，保持受体牛良好营养状况，特别注意钙、磷和维生素 A、维生素 E 的充足和平衡供给。每日定时饲喂，先粗后精、少给勤添、先喂后饮、自由饮水。饲喂足够的优质干草、青贮或青绿多汁饲料。受体牛单独组群饲养，保持环境相对稳定，避免应激反应，同时有适当运动。

同期发情处理后，选择发情 5 天以上且有功能性黄体的受体牛一次性肌注前列腺素 0.5 毫克/头，注射 PG 后 24~96 小时观察发情。

选择 A 级胚胎用于移植。

将解冻后鉴定合格的胚胎移入保存液中，洗 3~4 次，装入麦管中备用。胚胎胎龄在 6~8 天，发情母牛在出现静立并接受爬跨后 6~8 天进行移植，胚龄与受体牛静立接受爬跨后的天数相符，最多相差不超过 12 小时。移植后 80~120 天，用直检法进行妊娠诊断，确定妊娠与否。

结果显示，两批同期发情处理奶牛 104 头，发情 91 头，发情率 87.50%；移植 74 头，准胎 37 头，移植准胎率 50.0%。

案例二 在张家口地区康保牧场及宣化县。受体牛主要为黄牛及其杂交改良后代，0~4 胎的经产母牛和 16~18 月龄青年牛，后者所占的比例为 60%。母牛生殖系统发育正常，无生殖道疾病，有正常发情周期，经产母牛处于产犊后 60~100 天，体况中等。筛选出符合条件的母牛 150 头，并将其分为 3 组，集中饲养同时进行了标记。

冷冻性控胚胎购自圣隆生物科技有限公司。

受体母牛不哺乳犊牛，受体群中无公牛。饲喂足够而营养全面的饲草料，胚胎移植前后30天每天补饲精料1.5千克/头。每天分早晨、上午、下午及晚上4次观察发情，每次1小时。在移植前，对受体牛进行直检，确定黄体发育情况。适时逐头完成胚移操作。

结果显示，经对150头受体牛进一步的筛选，共选出适宜胚胎移植的母牛70头，其中自然发情的移植了12头。同期发情处理母牛移植其中18头，共移植30头。80天后直检诊断妊娠与否，确定移植成功14头，移植成功率46.7%；产14头母犊，性别控制准确率100%。

注意事项

应选择体型较大、性情温顺的个体，以3~6岁的经产母牛为最佳。初产必须达到性成熟以后，年龄应在16个月龄以上，体重达成年体重的75%的个体方可选用。

在发情适时阶段移植，对同期发情效果不佳的牛不予移植。

在移植前6~8周，对受体牛要进行科学补饲，使之达到最佳繁殖状态。每天补饲营养丰富、品质优良的精料1.5千克。

为了减轻移植时对受体牛刺激，防止直肠努责，便于操作。采取尾椎麻醉方式，如果麻醉部位靠后或剂量不足，直肠努责得不到抑制；如果剂量过大，使直肠括约肌过度松弛，在体内形成大的管状空腔，有的后肢麻痹站不起来，给移植带来不便，甚至无法移植。

移植的胚胎质量必须达到B级以上。冻胚要选择A级胚胎。

胚胎移植要避开酷暑和严寒的影响，最佳移植季节是每年的3~5月份和10~11月份。在高温季节进行移植，应选择早、晚天气凉爽时候。

性控胚移在广西

娟姗X-性控冻胚由广西壮族自治区畜牧研究所生产。

受体牛为广西北海市和平乐县农村散养户的本地母牛，包括经产牛和青年牛共46头。经产牛年龄3~8岁，青年牛达14月龄以上，经产牛体重220千克以上，青年牛体重达到成年母牛体重的75%以上。经产牛产后60天以上，并有2次正常的发情周期。人工授精两次或胚胎移植两次不孕者不使用。哺乳母牛在胚胎移植前至少停止哺乳2个月。

对广西北海市的20头受体牛采用孕激素阴道栓+前列腺素+促排3号法同期发情处理。阴道内放入孕激素阴道栓，的当天为0天，到第9天受体牛肌注前列腺素0.6毫克/头，第11天上午取出孕激素阴道栓，在第12天下午注射促排3号50微克（2支）。第12天和第13天观察发情情况。每头观察2次，以站立接受爬跨不动为发情标准。

对广西平乐县的26头受体牛采用孕激素阴道栓+前列腺素+促排3号法同期发情处理。阴道内放入孕激素阴道栓的当天为0天，到第8天受体牛肌注孕马血清促性腺激素333单位/头，第9天受体牛肌注前列腺素0.6毫克/头，第11天上午取出孕激素阴道栓，在第12天下午注射促排3号50微克（2支）。不做发情观察。通过对26头受体牛的同情发情，在胚胎移植检查黄体时有25头合格并进行了胚胎移植，移植率96.2%。

在广西北海市和平乐县；胚胎细管从液氮容器中取出→空气浴15秒→32℃水浴15秒

→拔去细管塞→在显微镜下推出胚胎→胚胎移入保存液洗涤 10 次→鉴定胚胎质量→三段法装入细管。保持无菌状态下将有胚胎的细管装入移植枪，套上硬外套、软外套；移植前：在受体牛荐尾结合部硬鞘膜外腔内注射盐酸利多卡因 2~3 毫升进行局麻。稍等大约 2 分钟，手摇牛尾呈现"死蛇"状态，如果没有这种现象，还要重新进行硬鞘膜外腔注射；用无菌纸擦拭阴户，让助手使阴道口露出大片洁净部位，用酒精棉消毒，再用高压消毒过的生理棉片擦拭，用直肠把握法将胚胎输入具有黄体一侧的子宫角，到达部位是子宫角的 2/3 以后，越深越好。

结果显示，通过对广西北海市农村的 20 头受体牛采用同期发情，共获得 17 头牛发情，同期发情率 85%，在胚胎移植检查黄体时有 15 头合格并进行了胚胎移植，可移植率75%。移植 3 个月后妊检有 7 头妊娠，移植成功率 46.6%。已经产下 7 头雌性娟姗牛，其中一头早产，母犊率 100%，成活 6 头。通过对广西平乐县农村的 26 头受体牛采用同期发情，在胚胎移植检查黄体时有 25 头合格并进行了胚胎移植，同期发情率 96.2%，可移植率96.2%。移植 2 个月后妊检有 13 头妊娠，移植成功率 52.0%。

妙招十 性控繁育

性控繁育技术是继家畜人工授精、胚胎移植之后，家畜繁育的第三次革命。从根本上实现了农谚语：牛下牛，三年五头牛。

性控繁育是我国快速发展奶牛业最有效的技术措施。与世界先进国家比较，我国纯种荷斯坦奶牛存栏数量少，平均单产不高。如果选择 200 万头优质可繁母牛，采用优质荷斯坦种公牛性控冻精配种，按 90% 产母的比例，三年后优质奶牛存栏将达到 900 万头，只需五年，现有牛群即可全部替换，真正实现奶牛群体良种化。免除从国外进口奶牛造成的外汇流失及各种风险和麻烦。

（1）性控繁育的优势　产母牛比例高，可达到 90% 以上。性控冻精所选择的种公牛都是优秀荷斯坦种公牛，对提高和改良我国奶牛将起到重要的作用。充分利用优质母牛的遗传潜力。大大提高优秀母牛的利用率，更多地生产优质雌性胚胎，降低胚胎移植生母牛的费用。性控繁育技术直接为奶农增收带来了机遇。

采用性控繁育技术，选用优质种公牛性控冻精，在全国范围内全面应用，奶牛的繁育将以几何级数的速度发展，全国 130 万户奶农在一年内将创造产值 45 亿元以上。

（2）性控繁育的劣势　对性控冻精生产企业及产品效果认识程度不够。散养户对任何性控产品都存有戒心。让散养户认识确实需要一个过程。受奶牛市场发展需求和行情波动影响很大。与常规冻精比较，性控冻精价格偏高。常规冻精价格出厂价 5~80 元，性控冻精出厂价 500 元左右，尽管产母率在 90% 以上，可散养户仍然习惯于购买和使用便宜的常规精液配种。

繁殖技术水平低直接影响性控繁育推广工作的进行。有些人工授精员用常规冻精配种时，很少考虑冻精的成本，常常随叫随到，很难胜任性控繁育的推广工作。

目前常规冻精市场供过于求，高价位的奶牛冻精库存增多，配种员所选购的冻精以低价位的为主，因为多数散养户选择配种员的标准是谁的配种价格低就用谁。因此，冻精生产场家对冻精价格及销售对策也在调整，以满足客户需要，由于常规配种价格低，性控冻精的推广当然有难度。

市场上还有各种性控胶囊、母犊素、生母液等性控产品，价格在 10~300 元一枚不等，这类产品宣传生母率 70%~80%，由于价格较低，又比自然的生母率高，因而有其一定的底端市场。

性控繁育的推广策略：利用电视台、电台、报纸、学术期刊、广告、新闻发布会、高峰论坛、专题讲座、科技下乡、学术会、奶业科技博览会及销售员到户等形势大力宣传，让散养户和奶牛场真正了解性控繁育所带来的经济效益。

如果将市场价格控制在 200 元以下，会有利于奶牛养殖企业接受和产品推广。采取多种方式和多种销售渠道进行销售和推广性控冻精产品。

对奶牛场、户技术水平不高的人工授精员进行技术培训，培养一批专业技术骨干，提高配种准胎率，降低冻精使用数量，增加经济效益。

公司人工授精技术人员到场服务。有些养殖场、户需要公司技术人员亲自操作，以大包的形势接受性控繁育。

性控精液生产公司应承诺产母犊率 ≥ 90%，低于该指标的可补偿一定数量相同档次的性控冻精，或补配其他奶牛；如果散养户出现小概率的公牛犊，由当地人工授精员补配解决。

建立保险机制。散养户担心产公牛犊时，可以事先向保险公司投保，公司可以 1:5 的比例给予赔偿。

性控中存在问题

目前性控冻精以及性控胚胎的出现可大大提高母犊率。但其较高的费用带来较重的经济负担。一支性控冻精的价格在 240~300 元，而一枚性控胚胎的价格高达 1 800~2 500 元。

生产当中高产奶牛的受胎率低、返情率高的问题很难从根本解决，据实践统计，一般平均每 8~12 支冻精可获得一头育成母牛，虽然性控冻精以及性控胚胎可成倍提高母犊率，也可避免异性双胎的出现，但其价格是普通冻精的 10~100 倍，因此性控冻精以及性控胚胎是否能在生产中大量使用有待商榷。

对于大场大户批量购买的可否实行价格优惠或买 10 支赠 1~2 支或提供优惠的售后技术服务办法，诚信合作，风险由性控冻精生产公司承担。

充分利用农业部下拨的奶牛良种补贴，经科委立项，以科研课题形式试验并推广；充分利用好政府发展奶牛的专项资金和各项优惠政策。

综上所述，足见奶牛多产母犊，已有成套技术，可供推广应用。

正是：

性别控制非难题，生公生母随心意；

如今科技发展快，国人喝奶有何急！

第21章

奶公犊利用

为奶公犊寻出路

目前，中国奶业正处于由传统奶业向现代奶业发展的过渡时期，按近期我国平均奶价计算，除去饲养成本，每头牛年效益在 2 000~3 000 元；而国外奶牛养殖发达国家 1 头牛的年效益相当于我国 3 头牛的效益。究其主要原因，就在于有巨大的奶公犊资源弃之不用。我国近几年每年有约 400 万头的奶公犊出生，而绝大多数以低价售出，这是一种很不科学的利用方式，也是一种更极大的浪费。研究表明，利用奶公犊生产小白牛肉，具有投资少、可操作性强、资金周转快、利润率高、适应市场需求等优势，已经成为国外发展牛肉生产，增加牛肉产量的重要途径。

在奶牛生产过程中，繁殖奶牛产下的犊牛一般是公母各半。公犊除极少数用作培育种公牛外，大多被直接宰杀，流入牛肉市场。由于刚出生的犊牛肌肉、脂肪和体躯等有商品价值的部分尚未发育，只能以普通牛肉价格售出，这种做法收益极低。而同时我国牛肉市场却面临牛肉短缺的危机，那么为何不可借鉴国外在奶公犊利用方面的先进科学技术，为奶公犊寻求出路，有效地增加我国的牛肉产量，提高高档牛肉的产量，实现奶牛业和肉牛业有效结合的"双赢"呢？

国外牛肉通常分为成年牛肉、小牛肉和小白牛肉，其中以小白牛肉质量最好、档次最高，故其所产荷斯坦奶公犊除种用外，绝大多数进行小白牛肉的生产。

　　小白牛肉是指犊牛出生后完全用全乳、脱脂乳或代乳饲料饲喂 5~6 个月，出栏体重达到 180~200 千克，再经特殊的屠宰、分割、排酸、包装而生产出来的牛肉；肉质鲜嫩多汁，营养丰富；其蛋白质含量为 21.2%，分别比"小牛肉"和奶牛肉高出 3.98% 与 4.18%；脂肪含量仅为 1.3%，比其他两种肉低得多。据统计，全世界牛肉的 60% 来源于淘汰奶牛和奶公犊，而来自专门肉牛的牛肉仅占 40%。

　　自 20 世纪 70 年代以后，开始开发利用奶公犊的副产品资源，奶公犊独有的生理特征决定了其皮、毛、血、骨和脏器均是可贵的动物资源。公犊皮革的强度及柔韧、透气和保暖性是其他皮革无法比拟的，是制作航空服的佳品。一张公犊皮相当于半头牛的价值。公犊被毛是制取氨基酸的原料。公犊血清是生物制品的原材料，由于血清的成分极其复杂，所以犊牛血清始终不能完全被人工合成的物质所取代。至今犊牛血清仍然是组织、细胞培养不可替代的原材料。

　　奶公犊初生重一般在 40~50 千克，而且生长速度也是一生中最快的阶段。充分利用这一生长特点，对奶公犊实行短期育肥，则能获得高的饲料报酬，缩短生产周期，节约饲养成本。

　　幼牛肌肉组织的生长主要集中于 8 月龄以前。初生至 8 月龄肌肉组织的生长系数为 5.3，而 8~12 月龄为 1.7，到 1.5 岁时即降为 1.2。肌肉的生长在出生后主要是肌肉纤维体积的增大，并随着年龄的增长，肉的纹理变粗，故老龄牛肉质粗硬。

　　肌肉组织脂肪的比例在初生时占胴体的 9%，1 岁以内仍增加不多，以后逐渐增加，年龄越大脂肪的百分率越高。由此可见，利用奶公犊短期育肥生产小白牛肉符合其生长发育特点，能充分发挥奶公犊的优势，生产脂肪少、营养丰富的小白牛肉。

　　我国人均占有牛肉量到 2006 年为 5.77 千克，不到世界人均占有量的 1/2。迄今我国 90% 以上的优质、高档牛肉全部依靠进口。虽然目前普通牛肉市场还牢牢地为国产牛肉所占领，可一旦时机成熟，低成本、低价格、包装精致和服务优良的进口牛肉就可能大量涌入，国内普通牛肉市场也将面临巨大挑战。按估算，到 2030 年，我国的能繁母牛存栏将达 1 500 万头以上，每年可产奶公犊约 750 万头，故奶公犊的利用前景光明。目前奶公犊利用上主要存在以下问题。

　　①对奶公犊利用的认识不足，饲养管理相对落后，绝对多数奶牛场不愿意将宝贵的牛初乳和目前利润丰厚的牛奶喂给奶公犊，认为喂养公犊利润不高甚至无利可图，不如立即卖出。

　　②我国奶牛饲料开发较晚，不能满足奶业发展需要，优质牧草和饲料作物十分缺乏，能量饲料供应日趋紧张，蛋白质饲料原料出现匮乏。同时，天然草场退化沙化严重，大部分草场已经处于急需减轻利用强度的状况。饲料工业生产结构不尽合理，奶牛专用饲料仅占工业饲料总产量的 4% 左右，而欧美发达国家可达到 30% 以上。对于奶公犊育肥饲料的研发更是薄弱，德国代乳饲料每升仅合人民币 0.64 元，而饲喂效果则优于全乳。

　　③我国肉食结构中猪肉占 65% 左右，而对犊牛肉许多消费者甚至闻所未闻，故要加大对奶公犊利用的宣传力度，树立正确的奶公犊饲养观念；向欧美发达国家学习奶公犊饲养管理经验和技术，改造饲养设备，改善饲养环境，提高饲养管理水平。

奶公犊屠宰试验

屠宰试验在黑龙江省龙江县伊龙清真食品有限公司肉牛屠宰厂进行。选择 5~6 月龄、体重在 170 千克以上、膘情良好的奶公牛犊和 24 月龄、体重在 500 千克以上的育肥公牛各 4 头。犊牛饲管方式为母牛自然哺乳、自由采食玉米秸秆、玉米青贮，补饲犊牛料，营养水平良好。育肥公牛的品种为西门塔尔改良牛，育肥饲养为架子牛育肥方式，育肥期 4~6 个月，屠宰前膘情良好。

屠宰工艺流程：倒挂、三管齐断放血、去头蹄、剥皮、开胸、去红白内脏、二分体、胴体修割、入排酸库成熟 72 小时后分割、包装、速冻。

宰后成熟 48 小时取样，将 8 头牛两侧二分体第 2~4 节腰椎对应的背最长肌取下，切取中间 6 厘米长度作为分析样品，所取样品一半立即分析，一半放入冰箱 0~4℃保存，测定成熟 72 小时或 96 小时数据。

结果显示，平均体重 190 千克肥育程度较好的奶公牛犊，屠宰率为 55.38%，与 24 月龄育肥后改良牛的屠宰率 56.38% 基本接近；但是头、蹄占体重的比例明显高于 24 月龄育肥后改良牛，其中头重比例高 4.8 个百分点，蹄重比例高 0.82 个百分点。

犊牛胴体出肉率低于育肥牛，其中犊牛骨骼占胴体比例高于育肥牛；犊牛高档部位肉和优质肉块出品率略高于育肥牛。

犊牛肉蛋白质、水分含量高于育肥牛，脂肪含量低于育肥牛。

犊牛肉肉色鲜红，光泽度好，与育肥牛肉肉色值相比差异极显著；犊牛肉肉质嫩度明显好于肥牛肉，剪切力值差异极显著；犊牛肉保水性能低于育肥牛，系水力指标中，滴水损失差异显著，但是蒸煮损失与肥牛肉差异不显著。

奶公犊肉用特色

在当前奶业效益下滑和肉牛业牛源不足的大背景下，奶公犊资源的利用再次成为国内外关注焦点。

日本牛肉中有 55% 左右源于奶牛群，其中 80.3% 出自奶公犊。

荷兰牛肉总产量的 90% 来源于乳用品种牛，其中每年用于生产犊牛肉的奶公犊约 220 万头。荷兰犊牛肉生产到 20 世纪 90 年代以来步入犊牛肉的安全化、档次化、优质化发展历程；荷兰生产的犊牛肉出口欧洲、亚洲多个国家。

美国在 6 个奶业大州拥有 1 300 多个家庭式犊牛场，其中每年有 75 万头奶公犊用于生产犊牛肉。

以色列奶公犊育肥性能居世界前列，30% 以上牛肉来源于奶公犊，奶公犊肥育增重已经成为该国奶牛育种上的重要考核指标之一。

根据犊牛出栏的月龄及培育方式还可以将奶公犊生产的犊牛肉细分为五类：幼仔犊牛肉、小白牛肉、犊牛红肉、嫩牛肉和普通牛肉。

幼仔犊牛肉是初生重 38~45 千克，生理机能强、营养代谢旺盛的奶公犊，饲喂 3~4 周龄，体重达到 68 千克左右时生产的牛肉，呈微红色，肉质松软、细嫩、低脂肪、高蛋白，富含人体所需的各种氨基酸。

小白牛肉是未发育或刚发育的犊牛、用全乳或者代乳料饲喂至 16~18 周龄、体重在 200 千克左右时生产的牛肉，呈全白色或稍带粉红色，脂肪、胆固醇含量相对较低，富含蛋白质、维生素 B_{12} 和硒，质地柔嫩，味道鲜美，并带有乳香味，适于各种方式烹调。

犊牛红肉是奶公犊先喂牛奶，再喂谷物、干草及添加剂，饲喂至 6 月龄，体重 270~300 千克时生产的牛肉，肉色鲜红，有光泽，纹理细，肌纤维柔软，肉质细嫩多汁，易咀嚼。

嫩牛肉是奶公犊先喂牛奶，再喂谷物、干草及添加剂，饲喂期延长至 8~9 月龄，体重达 350~400 千克时生产的牛肉，与犊牛红肉类似。

普通牛肉是由断奶后奶公犊育肥至 12 月龄，体重达 450~500 千克；断奶后吊架子饲养到 12 月龄再育肥 4 个月，体重达 500~550 千克。

牛肉品质是决定其市场价格、消费者购买意向的关键因素。牛肉品质通常是指与牛肉加工和食用有关的各种理化性状，如牛肉的外观、风味、嫩度、营养等。

鉴于我国奶公犊资源利用现状及我国对牛肉消费水平的逐渐提高，利用奶公犊育肥生产高档牛肉时机和条件已经成熟。如能引进和转化国外先进技术经验，建立一套完整的奶公犊饲养育肥、屠宰分割、肉品质分级等技术体系，将带来巨大收益。

赴德国考察见闻

黑龙江农垦总局启动了培育北大荒乳肉兼用牛工程，提出用 10~15 年时间完成北大荒乳肉兼用牛新品系的培育。为此，曾两次考察了德国巴伐利亚州的养牛场、养牛协会、犊牛交易市场和育种中心。

巴伐利亚州的养牛场的别墅式住宅、牛舍、青贮池等建筑与其周边牧草地形成了田园风景。考察的五家养牛场每户养殖成年奶牛平均在 70~100 头以上，全部实行舍饲养殖，品种以乳肉兼用的德系西门塔尔牛为主。基础母牛年产奶在 7~10 吨，公牛犊作为肉牛养殖，基础母牛淘汰后作肉牛销售。每头牛有专门的识别器，无论粗饲料和精饲料全部实行电脑控制，做到投放科学、合理。牛舍内设有休息床的梳毛刷等设施，为奶牛提供了舒适的环境。粪便在特定区域，通过篦子落入地下，再用自动刮板装置传送到化粪池中生产沼气，进行沼气发电，作为商品出售。每家牧场平均拥有土地 100 公顷以上，每户从业人员在 3~6 人不等。

巴伐利亚州上万个养牛场成立了养牛协会，协会的职责是将零散的养牛户组织起来统一管理，统一改良品种，设立养殖档案，指导饲养方法，协商产品价格，定期进行犊牛拍卖。通过交易，养牛户将公犊卖出，由专业户育肥，也可以从中挑选出后备公牛，作为种公牛培育。

德国巴伐利亚州的几家养牛场的历史都超过了 60 年，几辈人在经营着同一份事业，有成功，有失败，但没有放弃的。他们本着做任何事都要持之以恒，不求大，但求精。养牛场全部由农场主自己经营，从田间作业到饲草收集、青贮制作，从喂牛到挤奶各环节均亲自参与，从早到晚，从不闲暇，没有节假日。

德国巴伐利亚州的养牛户，有着共同的思路：效益来自品牌，品牌是通过产品优质和高产量创造和维护的，优质产品更来自科学的饲养和优良的品种。在养殖业产业链条建设上，努力向两头延伸，一头延伸到牧草种植、牧草品种研究、饲料的科学配种；另一头延伸到消费者的餐桌，如：牛奶和牛肉；延伸到粪便的回收利用，如：用粪污制沼气发电，废渣作为有机肥施于牧草。

在德国，农场主整地、牧草割晒、收集、青贮制作、饲草混合搅拌、喂养、饲料科学投放、挤奶、粪便清理全部依靠机械完成。机械化降低了高额用工成本，提高了生产效率，也能够进一步扩大再生产。

奶公犊的育肥术

奶牛公犊育肥分三阶段进行，即 0~6 月龄的犊牛期、7~12 月龄的育成期、13 月龄至出栏的育肥期。奶公犊采用低奶量短期哺乳法。初乳期过后，用代乳粉代替常乳至 2 月龄左右断奶。植物性饲料从一周后开始训练采食，至 3 月龄，粗料由优质干草过渡到以青贮为主。精料量逐渐增加，断奶时日喂量达到 1.5 千克，以后维持不变，直到育肥期。在此期间，精料定量饲喂，粗料自由采食。正式育肥从 13 月龄开始，经过半个月左右的过渡期，精料用量逐渐过渡到占饲料总量的 60%，并保持这一水平至育肥结束。每天饲喂两次，精料与青贮等混合后一起饲喂。

每个阶段的营养需要，按照平均日增重犊牛期 0.5 千克、育成期 0.9 千克、肥育期 1.2 千克计算。犊牛期一定要选择营养价值高、适口性好的饲料。

淘汰奶牛育肥，可望达到 0.8~1.0 千克的日增重。失去繁殖能力、年龄偏大等淘汰的奶牛，出栏前经 2~3 个月的短期催肥，多数能增加 100 千克左右的体重。

低产奶牛产奶效益差，利用低产母牛与肉牛配种繁育后代育肥，可提高育肥速度，改善牛肉质量。肉牛与荷斯坦的杂种公牛，其日增重比奶公牛高，每千克增重消耗精料少，屠宰率高，且肉质更好。荷斯坦牛体格较大，选择大型夏洛来牛、利木赞牛等肉牛杂交，一般不会出现难产。

总之，在我国，注重提高产奶牛的生产效率，是饲养奶牛产生经济效益的基础。及时淘汰或将低产奶牛转变为肉用，是提高奶牛场综合经济效益的重要途径。合理利用奶公犊资源，是奶牛场增加经济效益的又一重要渠道。生产更加高档的"小白牛肉"或"小牛肉"，是更为理想的利用方式。为提高奶牛群的利用效果，要合理安排哪些奶牛专门产奶，哪些奶牛用于产肉，结合季节等因素对奶、肉生产及价格影响，合理安排犊牛的出生计划。

公犊肉在黑龙江

黑龙江省奶公犊牛 70% 以上，均是以提供犊牛血清的形式，落地后 3 天内就被杀掉。而日本在以养奶牛为主的地区，牛肉来源 60% 以上是出自奶公犊。我国农民不愿意留奶公犊原因是无精力饲养；饲养周期长，如不放牧，饲养效益低；屠宰加工厂不愿收购奶公犊。

看来，用奶公犊生产中高档牛肉，初期需要政府的扶持。

奶公犊肉用饲管

收购农户的 7 日龄以上奶公犊，8 日龄训练采食精料，10 日龄采食青干草，4 月龄采食精料为 2 千克 / 天，奶公犊 4 月龄断奶后单栏饲喂，日供给犊牛料 1.5~2 千克，干草 1.4~2.1 千克或青贮 3~5 千克。

犊牛生后编号、称重、登记。7 日龄后去角，饮 38℃温水；15 日龄后改饮常温水，30 日龄后转为自由饮水。保证饮水充足。哺饲栏高 1.2 米，间隙 0.10~0.15 米。断奶后奶公犊转入育肥牛舍。断奶 30 天后，进行驱虫、健胃处理。

犊牛断奶后根据性别和年龄分群。月龄差异一般不应超过 2 个月，体重差异低于 30 千克。犊牛转入育肥舍后训饲 10~14 天，使其适应环境，饲料给量逐渐过渡到育肥期日粮。

犊牛转入育肥舍前，对育肥舍地面、墙壁用 2% 火碱溶液喷洒，器具用 1% 新洁尔灭溶液或 0.1% 高锰酸钾溶液消毒。育肥舍温保持在 6~25℃，冬暖夏凉。夏季搭遮阳棚，保持通风良好。气温 30℃以上时，采取通风换气等防暑降温措施。按牛体由大到小的顺序拴系、定槽、定位，缰绳长 40~60 厘米。日饲喂 2~3 次。禁止饲喂冰冻饲料，寒冬季节要饮温水。饮水一般在饲喂后 1 小时。每天刷拭牛体 1 次，保持牛体卫生。经常观察牛采食、反刍、排便和精神状况，发现异常及时诊治。16~18 月龄、体重达 500 千克、全身肌肉丰满时出栏。

综上所述，可见我国每年产出的数百万头奶公犊，如能充分利用，实在是一笔可观的财富呀！既满足了市场的需求，又能增加乳业的收入，值得倍加珍惜才是！

正是：

母牛下犊分公母，欢迎与否很清楚，

如今公犊成宠儿，综合利用有"钱"图！

随着奶牛业的发展，以及人工授精和胚胎移植等技术的推广应用，公牛作为肉用资源的开发，逐渐受到重视。为了更好地发挥公牛淘汰后役用或肉用生产性能，应采用科技手段，进行——

第 22 章
公牛的去势

我国首创阉割术

早在公元前 16 世纪至公元前 11 世纪的殷商时代，我国就采用动物性腺的切除技术。甲骨文中有一字，据闻一多考证，就是指阉割后的猪字。周代，还设官掌"颁马攻特"。"攻特"就是施行马的阉割术；以后，还施之于牛、羊、鸡等。这些方法在民间沿用至今。

动物阉割后，由于生殖腺缺失，不能繁殖，内分泌作用明显改变，其副性征发生显著变化。

从动物身上切除内分泌腺体，观察有机体内分泌机能的变化或副性征的改变，是现代研究内分泌作用时所采用的有效方法之一。牲畜通过阉割，性欲受到抑制，有利于合群饲养，汰劣留良，选育良种；同时使得体内同化作用加强，可以提高其经济利用价值。这就表明我国古代早已把对内分泌作用的认识运用到生产实践。

公犊的手术去势

手术法去势是将公犊两后肢提起，阴囊外部用 5% 碘酊消毒后，左手紧握阴囊上部，防止睾丸滑回腹腔，右手执消过毒的刀，在阴囊下方与阴囊中隔平行处两侧，各纵向切一 2~4 厘米长的小口，挤出睾丸，扯断精索。扯精索时须先将两睾丸转拧数次，最后撕断。然后给切口涂上碘酊或撒些消炎粉。术后注意不要让牛卧在潮湿肮脏的地方，以免感染。成年公牛去势要注意止血，需要结扎精索。公牛的生殖器官结构见图22-1。

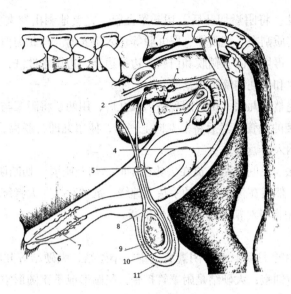

图22-1　公牛的生殖器官

1—前列腺；2—精囊腺；3—尿道球腺；4—阴茎缩肌；5—S状弯曲；6—包皮；
7—阴茎；8—输精管；9—睾丸；10—附睾；11—阴囊

附睾尾摘除去势

公牛附睾尾摘除去势可采用站立保定；把头固定在木桩上，由两名助手分别在牛身后左右用手握住牛膝前腹股沟部上提，使其后肢似站非站，并用身体靠住术者左右臀部；也可进行侧卧保定。手术部位选在睾丸纵轴最低端附睾尾所在位置。术者用左手握住阴囊颈部，然后进行常规消毒，右手持刀纵切创口约2厘米，露出附睾尾，右手持止血钳夹住附睾尾拉出，再用手术刀从附睾尾与附睾体相连处去掉附睾尾，最后用碘酊涂擦消毒，用同样方法对另一侧睾丸施术。对刀口可缝合一针或不加缝合。

附睾尾摘除术的优点：摘除附睾尾之后，精子的运送渠道阻断，抑制精子的成熟，以致死亡而被机体吸收。睾丸在去势过程中未受影响，其性欲保持正常。手术部位容易确定，每头仅需2~3分钟即可完成，成功率高。

公牛的无血去势

临床应用的夹骟，又称扎骟，还称钳骟，其操作方法基本一致。还有用钳将睾丸实质破坏并隔阴囊揉开的称为捶骟或砸骟，这种作法是把精索及睾丸捶碎；被去势公牛痛苦、大声哞叫、局部反应重，常因阴囊皮肤破损及组织坏死而致感染。此类去势术均不见血，不从阴囊中取出任何组织。

公牛的观血去势

作法一，剥黄法。将阴囊切开后，切开睾丸膜，完整地剥出睾丸实质；再用手或刀把遗留在睾丸两端的实质刮净，把附睾、睾丸膜等送入阴囊内。与此类似的是把阴囊皮肤、肉膜、总鞘膜切开后，再切开固有鞘膜和白膜，边挤边刮，边用水冲洗，使睾丸实质全部彻底脱离阴囊，剩下附睾和睾丸结缔组织基质。

作法二，除去完整睾丸法。切开阴囊挤出睾丸后，用两手将附睾与睾丸剥离，并逐条剥离附睾头与睾丸连接的血管，然后将睾丸向上一扭，使睾丸即行脱离，再将附睾送回阴囊，附睾借精索的收缩纳入阴囊内。

作法三，存性法。民间去势人员在去势公牛时，切开阴囊，切断阴囊韧带和精索系膜，将精索尽量向外拉，然后在三个并拢的手指上缠绕，欲"存性"大者绕一圈，欲"存性"小者绕2~8圈，然后用指甲对精索边刮边钝性扯断。

注意事项

观血去势术2~3个月后，触诊阴囊有空虚、小硬结、大硬结等几种情况。小硬结是结缔组织，不存在间质细胞；大硬结是附睾管扩张，呈圆形或不正圆形空泡状结构、管腔无内容物、管壁变薄的附睾组织。

剥黄法等观血去势术，不能保留睾丸间质细胞而达到"存性"目的。有的在一段时间内保留有组织形态改变的附睾，但附睾只有精子成熟、贮存和排出的管道，不可能影响"存性"。

控制精索的长短达到"存性"，虽因术后精索缩入腹腔内而无法取材检查，但根据精索的构造及功能判断，也不能作用于"存性"。

隐睾公牛的去势

隐睾公牛性欲异常、性情恶劣，不易肥育，不能留作种用。因此，须施行手术阉割。

隐睾在所有家畜中均可发生，国外报道隐睾多见于马；我国临床多见于猪，其次是牛。

据对25头隐睾公牛的观察，腹股沟管型隐睾牛15头，腹腔型隐睾牛8头，腹股沟管与腹腔混合型隐睾牛2头；此外，在这25头隐睾公牛中，左侧隐睾的17头，右侧隐睾的7头，左右两侧隐睾的1头。

隐睾公牛，一般可通过问诊、视诊和触诊等方法得到确诊。

腹股沟管型隐睾，特别是靠近股沟管外环处的隐睾，可通过局部触诊检查而确诊。

腹腔型隐睾可通过直肠检查，触及到隐藏在腹腔内的表面光滑富有弹性、比正常的睾丸小而质地软的睾丸，阴囊内仅有一个睾丸，且比正常睾丸大而丰满呈圆柱状时，便可能为隐睾牛。若发现阴囊底部有阉割遗留下来的切口瘢痕，并有性欲的公牛，可能是一侧隐睾或阉割时睾丸没有完全被切除，仍需通过阉割术并经检查后方能确诊。

公牛隐睾，由于精索短缩，腹股沟管内环口径过小，睾丸引带、提睾肌、阴囊发育不良或异常，还可能与其遗传、育种、妊娠期饲养等有关。

睾丸与附睾滞留在腹股沟管内者为腹股沟管型隐睾。睾丸与附睾均滞留在腹腔内者为腹腔型隐睾。

附睾已进入腹股沟管内，睾丸仍滞留于靠近腹股沟管内环处的腹腔内者为腹股沟管与腹腔混合型隐睾。

公牛隐睾以腹股沟管型隐睾较多见，其次是腹腔型隐睾，腹股沟管与腹腔混合型隐睾少见。按其发生侧别来看，一侧隐睾多见，两侧隐睾则少见。在一侧性隐睾公牛中，左侧隐睾较多数。

隐睾公牛去势方法

术前 12~24 小时停食，术前半小时温水灌肠，排除直肠内粪便。

术前检查，明确是否进行过阉割术；是一侧隐睾还是两侧隐睾，以及隐睾类型。

施行过阉割术的公牛，其阴囊上遗留有一侧或两侧的切口瘢痕。

腹股沟管隐睾，特别位于腹股沟管外环处隐睾，可以隔着皮肤于腹股沟管处触及到睾丸。

腹腔型隐睾，可通过直肠检查触摸到隐藏在腹腔内表面光滑而富有弹性的睾丸。

混合型隐睾，可在腹股沟管处隔着皮肤触摸到附睾或索状引带；直检时，在靠近腹股沟管内环处的腹腔内则可触摸到睾丸。

保定时，对于腹股沟管型隐睾，采用隐睾侧向上的侧卧保定，上侧后肢跗关节屈曲并向后外方转位固定，以充分暴露出腹股沟术部。腹腔型隐睾公牛，采用六柱栏内站立保定或侧卧保定。混合型隐睾，则采取侧卧保定。

手术器械、被术部位与术者的手等，均按常规清洗和消毒。根据条件与需要，选用麻醉方式与药物。比如：普鲁卡因腰部麻醉或局部浸润麻醉；膊上一抢风组穴或百会一交巢组穴的电针麻醉；或者普鲁卡因腰荐部硬膜外腔麻醉。

对于腹股沟管型隐睾公牛，于患侧阴囊颈部作一长 3~6 厘米切口，切开皮肤、筋膜与鞘膜后，术者食指伸入腹股沟管外环内，探查到睾丸后将其牵引出切口外或伸入阉割刀柄的钝钩，将睾丸钩住后牵引切口处，结扎精索后将睾丸和附睾切除，最后结扎缝合切口，涂以碘酊结束手术。此法操作较为简单、安全，不损伤较大血管。但是，有的隐睾靠近腹股沟管的内环处，用手指通过外环进行探查时，不易触及睾丸。故一般在靠近腹股沟管内环处，按管的纵轴作一长 4~8 厘米的切口（图 22-2），将皮肤、皮下筋膜切开后，钝性分离并暴露出腹股沟管，再切开鞘膜，然后伸入手指探查睾丸和附睾，摸到后用手指将其固定好，同时伸入带有钝钩的阉割柄，将其钩住并牵引出切口外，结扎精索后切除。

睾丸与附睾断端涂以碘酊，止血和清理创口后撒少许防腐消炎药粉；为了避免术后肠管脱出，先用袋口缝合法将腹股沟管内环闭合后，再分别用连续缝合与结节缝合法将腹股沟管的鞘膜切口和皮肤切口闭合，局部涂以碘酊，结束手术。若为两侧性腹股沟管隐睾者，则在另一侧进行同样的方法操作将睾丸和附睾切除。

对于腹腔内隐睾公牛，于患侧的髂区腹壁上即饥饿窝部距离腰椎横突 4~6 厘米处，向下方作一长 10~15 厘米的切口，分别切开皮肤、腹外斜肌、腹内斜肌和腹横肌，充分止血后切开腹膜。术者手伸入腹腔内探查睾丸，往往在肾脏后方腰区和髂区可探查到，有时也隐藏在腹股沟区和耻骨区，而隐藏在脐区的则较难探查到。此时，可先在膀胱颈部的背侧探查

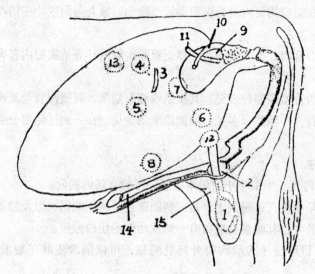

图22-2 公牛隐睾区与切口部位示意

1—正常睾丸与附睾降入阴囊内；2—腹股沟管外环；3—髂区腹壁切口；4—腹腔腰区；
5—腹腔髂区；6—腹腔腹股沟区；7—腹腔耻骨区；8—腹腔脐区；9—膀胱；10—输精管；
11—输尿管；12—腹股沟管内环；13—肾脏；14—阴茎；15—阴囊颈部

到该侧的输精管，探查时应注意与输尿管相区别，避免拉伤输尿管，然后再沿着输精管探查到睾丸，将睾丸与附睾牵引至腹壁切口外，结扎精索后切除。若腹腔内睾丸系膜或韧带很短，则可在腹腔内用捻转法或勒断器将睾丸割除。断端涂以碘酊，整复入腹腔后，用螺旋状连续缝合腹膜与腹横肌，水平扭孔状间断缝合腹内斜肌与腹外斜肌，结节缝合或减张缝合皮肤，将腹壁切口闭合，最后局部涂以碘酊，结束手术。

对于腹股沟管、腹腔混合型隐睾公牛，在靠近腹股沟管内环处，沿管的纵轴作一长4~8厘米皮肤与筋膜的切口，暴露出腹股沟管鞘膜后，再切开鞘膜，术者手指伸入管内探查到副睾后将其牵引出切口外，或伸入阉割刀柄的钝钩将副睾钩住，再将其牵引出切口外。此时，滞留在腹腔内的睾丸也可能被牵引至腹股沟管的切口外。若腹股沟管内环口径过小或睾丸体积增大，不能牵引出时，可扩大（切开）腹股沟管内环将睾丸牵引出切口外，进行结扎和切除。断端涂以碘酊并整入腹腔后，先用袋口缝合将腹股沟管内环闭合，再分别用连续缝合与结节缝合将鞘膜切口和皮肤切口闭合。局部涂以碘酊，结束手术。

注意事项

隐睾公牛去势前，要熟悉有关局部解剖及其病变规律，掌握一般手术操作技能，手术可顺利进行，并达到预期效果。

手术过程中，必须遵守无菌操作。切除睾丸时，精索断端务须结扎牢固。使用缝合结扎法时，用缝针穿引10~12号丝线，先在精索结扎处贯穿缝合一针，再行打结固定，最后将睾丸切除。这样的缝合结扎可防止线结滑脱，避免了继发性出血。

加强术后饲管，注意环境卫生和局部护理。必要时，术后2~3天内每天肌注抗生素。术后7天拆除创口皮肤缝线，10天后可见第一期愈合。

阴囊基结扎去势

不做种用的公牛去势后，温顺、易肥、肉美，便于管理。去势应选在晴天进行，这样可以减少感染。去势的时间一般在 4~6 月龄，过早影响发育，过晚流血较多。

结扎法去势时，在犊牛阴囊基部扎上橡皮筋，使其血液循环受阻，15 天以后阴囊连同睾丸就自行干枯脱落。

注意事项

此法只适用于犊牛，去势期间要勤检查，必要时可涂上碘酊，以防结扎部位发炎。

目前提倡"完畜"产肉。这样在雄性特征表现出来之前，幼牛可以在睾丸酮的作用下较早的达到屠宰体重。因此，对育肥公犊最好不去势。

将去势公牛保定后，将睾丸置于阴囊内，再用橡皮筋紧攥于阴囊基部，一周后自行脱落。

精索的结扎去势

对体重较大、2 岁以上的公牛去势，可采用精索自我结扎法：

将牛体保定和睾丸固定按常规方法进行。用刀尖与阴囊缝际平行刺入一侧的睾丸实质中，切开阴囊及总鞘膜。切口长约相当于睾丸长度的 3/4，挤出睾丸，割断阴囊韧带。一手将睾丸拉出，使精索适当绷紧，另一手的食指和拇指掐住精索，并向内滑至精索的上部，接近腹股沟管处，推刮数次，使精索变细。

然后，将附睾尾从睾丸上撕下或剪下，再掐断或剪断附睾体，使附睾尾及其相连的输精管从精索上分离。将条索状的精索和输精管相互结扎，打结、勒紧。注意结扎位置应在精索较细处，然后从结扎处下方将精索和输精管割断，摘除睾丸。另一侧睾丸，用相同的方法结扎和摘除。

应注意的是，这种精索自我结扎去势，止血效果好，降低了术后感染，无任何不良影响。阴囊创口处理及消毒是，在阴囊内灌注 5% 碘酊和消炎粉。术毕，注射破伤风抗毒素 1万单位。

输精管结扎去势

劣质公牛去势摘掉睾丸的公牛增重慢、市场不好销售。为此，可施行输精管结扎法去势。

去势前准备碘酊棉球、酒精棉球、手术刀、缝补用家庭细线。将公牛横卧保定，使其阴囊充分暴露。助手双手握住阴囊向外轻轻拉紧，在阴囊系部附睾前端用碘酊涂擦消毒，用手术刀作一 2 厘米左右切口，伸入手指剥开精索找到白色大米粒粗细输精管，从中断开割去 2厘米，两端用细线扎紧。涂以碘酊消毒后放回阴囊。用同样方法结扎另一侧输精管以碘酊消毒，无须缝合，手术即告结束。

应注意的是，公牛输精管结扎去势，刀口愈合快、感染机会少、不肿胀，只需休息 1~2 天，不影响使役。此法不割去睾丸，不影响其性欲，故可在牛群中作试情公牛用。

附睾的药物去势

目前认为，附睾注药去势不影响公牛雄性发育，其生长速度和肉的品质明显高于摘除睾丸的去势牛，与不去势牛基本相似。

奶公牛以 2 月龄或 6 月龄附睾注药去势效果最好，其 18 月龄体重及平均日增重，均比 10 月龄和 14 月龄附睾药物去势有显著提高。

公牛的鞣酸去势

幼公牛或成年公牛分别用 20% 的鞣酸溶液 8 毫升或 12 毫升，分两点注入两侧睾丸实质部的中间处，每点 4 毫升或 5 毫升，注射深度达到睾丸内的一半。由于鞣酸的凝血、凝蛋白作用充分得到发挥，使去势公牛的生精功能和分泌性激素功能完全丧失。

应注意的是，鞣酸去势操作简便。只要按比例配制好药液，保证其浓度和剂量，注射到睾丸实质部的恰当部位，即可充分发挥药液的固有作用。睾丸注射后针眼快封闭，不受外界感染，不会得破伤风，没有后遗症。

鞣酸等药物去势不受季节限制，一年四季均可进行。去势后公牛，无论是老、壮、青、幼公牛，通过合理饲养管理均有明显增膘效果。

去势创口的消毒

手术去势公牛用两种方法消毒其创口：一种是外科手术去势时，采用外用碘酊消毒。另一种采取外阴囊用 75% 酒精消毒，外科切口内腔（阴囊）和睾丸切断之断端用 0.2% 雷夫奴尔或 80 万或 400 万单位青霉素粉撒布法消毒，去势后只有占 5% 左右出现阴囊轻度水肿和愈合较差。

在外科去公牛势时，除应用雷夫奴尔和其他抗生素外，要求去势手术在操作器具、场地和术者无菌或洁净环境进行，以期获得创伤愈合的第一期愈合即非化脓创愈合。第一期愈合是一种最好的愈合形式，其创缘和创壁整齐密集接着、没有肉眼可见组织间隙，没有明显临床炎症症状，也不化脓。一般经 7~10 天达到愈合，愈合后瘢痕比价小。

要求达到愈合的条件：创伤没有发生感染化脓；创缘及创壁比较整齐而密切接着；创内腔无异物坏死灶及血肿；创伤组织具有较强的生活能力。此外，欲达到或争取第一期愈合，必须禁用碘酊，特别是浓碘酊；即使用也只能在阴囊外用，再用 75% 酒精脱碘，更不得向阴囊内灌注碘酊，否则会引起阴囊内腔组织水肿和炎症。

关于去势后"存性"

去势役用公牛旨在使其温驯、易于管理和使役。但有的地区还希望去势后的公牛能保持适当的雄性，俗称此为"存性"，以免过分迟钝或沉着较多脂肪，而致役力下降。因此，去势役用公牛时，常常要求"存性"，甚或提出"存性大一些"或"存性小一些"。希望去势后的役牛见到母牛时虽有哞叫，但不爬跨，反应灵活，役力强。如果去势后性欲全无，反应迟钝或变得肥胖，则被认为"骗聋了"。有的去势人员在施术时征求牛主意见：要存性大些还是小些？

夹骗法或称扎骗法操作，简单、安全、有效、不影响使役，且可以"存性"。

操作时用无血去势钳按常规在阴囊基部夹两次后，再将睾丸夹碎揉开，睾丸实质经一个月后吸收，经此法去势的牛有 40% 仍有不同程度的性欲。

与上述方法相似的无血钳骗法、勒骗法、捶骗法等，据认为都可使睾丸失去产生精子作用，但保留了睾丸内分泌机能，所以去势公牛体格大，役力强。

用"剥黄法"去势，只摘除睾丸实质，保留附睾和睾丸间质组织，因营养及神经末梢未受损伤，所以只丧失了产生精子的机能，而保留了产生激素的作用。

上述表明，去势公牛役用，可以控制"存性"，甚至掌握"存性"大小强弱。

综上所述，对于淘汰公牛的去势，已经有各种方法可供选择。

正是：

公牛淘汰上档次，加强饲管前去势，

选用科技好妙招，一般无须忒费事！

牛奶营养价值高，但与人乳相比，逊色不少。由于收集人乳困难，远不能满足市场需求。如今，科技在向深度和广度进军时，已经着手——

第23章

牛奶人乳化

人乳化牛奶问世

牛奶人乳化，就是使奶牛分泌的奶含有人乳的成分，如乳铁蛋白、溶菌酶、乳清蛋白及一些抗体，其营养水平接近天然人乳。中国农业大学农业生物技术国家重点实验室，通过转基因技术，使牛产出人乳化牛奶。目前经权威机构确认，有望在两三年内投放市场。之前，科学家已知哪些基因能产生人乳蛋白及其所在位置，通过人乳基因包括乳铁蛋白的全序列分析，获得了该基因，将其转移到牛的细胞中，再把获得人乳蛋白基因的牛的细胞做克隆，就得到了携带人乳基因的牛。当这些改造后的奶牛成年后，产出的牛奶就有人乳蛋白成分，即人乳化牛奶。

经评审确定人乳化牛奶安全，对人体健康无不良影响。人乳化牛奶达到改善人体胃肠道菌群，促进铁、锌等微量元素吸收等方面的作用。

据预测，未来第一批人乳化牛奶走向市场，定位为功能性食品，主要针对婴儿及需要此类保健品的人群。进入市场后，人乳化牛奶作为一种新的牛奶品种，由于其生产成本与普通牛奶相差无几，故预计价位与普通牛奶基本持平。

人乳化牛奶的好处，可以提高婴儿免疫力，促进大脑发育。目前，已经克隆出20多头这样的奶牛，已经产出一定量的人乳化牛奶，正在准备报批，装备规模生产，实现产业化。这些牛可以当成普通牛饲养。

不过应该承认，人乳化牛奶，还无法达到100%天然人乳的营养水平，只能达到人乳营养的 70%~80%。所以还是要提倡"母乳喂养",天然人乳的作用是不可完全被取代的。然而,在缺乏母乳的情况下,人乳化牛奶比配方奶粉会好得多。配方奶粉只是在模仿母乳,并没有真正母乳蛋白成分;而人乳化牛奶是真正含有母乳蛋白成分,是对配方奶粉的革命,营养上有巨大的提高。

牛奶人乳化工艺:人乳化牛奶是通过转基因技术使奶牛产出的。转基因技术是将理想的遗传物质导入动物染色体,以扩大种内遗传变异,回避有性繁殖的局限性,使基因能在种间关系较远的个体间流动。

通过转基因动物表达,提供具有特殊经济价值的新型蛋白。能有效地回避不利基因,使有利性状转移到高产性能的畜种,以减少常规选育所需的劳力、财力和时间。

通过转基因技术,设计并生产出特定的实验动物模型,为医学研究和科学实验服务。

动物基因组中整合有外源基因的一类动物,被称为转基因动物。整合入动物基因组的外源基因,被称为转基因。转基因动物制作方法如下。

① 显微注射法。将外源目的基因直接导入受精卵内;

② 精子介导法。让目的基因与精子结合,以精子为载体,与卵细胞受精的精子介导法;

③ 以反转录病毒为载体,感染早期胚胎;

④ 将外源基因导入胚胎干细胞成畸胎瘤干细胞,再用这种细胞与正常胚胎组合形成嵌合体;

⑤ 原始生殖细胞介导法。目前以显微注射法最为有效而被广泛采用。此外,体细胞核移植技术也被公认为成功的转基因技术。

从转基因动物乳汁中获取重组蛋白的,称为动物乳腺生物反应器。其特点有:既表达外源蛋白又不影响转基因动物本身的生理代谢过程,对动物内部组织器官生活力及繁殖力影响较小。

牛乳腺每年产奶量多,目的蛋白表达量亦多。一头奶牛一年可生产乳蛋白 250~300 千克,如果把 1% 的乳蛋白替换成医用蛋白,其产量十分可观。

牛奶中蛋白种类较少,易于分离提纯目的蛋白,并且牛乳腺生物反应器的产品属纯生物制品,污染小,质量高。

转基因动物开创了生物医药产业的新途径。目前,生物技术约有 2/3 应用于医药生产,而转基因动物发挥了重要作用。乳腺是一个封闭系统。乳腺组织表达的蛋白质,绝大部分不会回到血液循环系统,这样就可避免大量表达的外源性蛋白质危害动物健康。乳腺组织可以对人体蛋白质进行正确的修饰和后加工,产品的生物学活性接近天然产品。在乳腺表达的外源基因可以遗传。一旦获得一个生产某种有价值蛋白质的奶牛个体,可以用常规技术繁殖奶牛群体。缩短新药上市周期。目前一种新药从研制开发、药审,直到上市,整个过程在 10~15 年,如果利用转基因动物乳腺反应器,生产新药的周期减为 5 年左右,可以获得巨额经济利润。

据估计,转基因牛的研究和应用将是 21 世纪生物工程技术领域最活跃、最有实用价值的内容之一。

人白蛋白基因牛

早在20世纪80年代初，我国学者就提出了乳腺生物反应器的构想，并成功获得了表达乙肝病毒表面抗原的转基因兔，为通过转基因动物获得珍贵药物奠定基础。国家在"七五"规划中设立研究项目，旨在研究在动物乳腺中表达外源基因。1998年国家在"863"计划中将"转基因动物乳腺生物反应器"作为重大研究项目。1996年获得了能表达人血清蛋白的转基因奶牛。

我国第一头转基因牛"滔滔"是荷斯坦公牛，由科研人员导入了并成功地携带了人白蛋白基因。由于人白蛋白基因表达的数量水平比牛的高出30倍，因而可使牛奶中的人白蛋白含量达到人血的水平。将人类所需药物的基因导入奶牛，使奶牛泌乳的同时表达产出所需的药物，可以解决资源紧缺、贵重难得的困境。由于奶牛的泌乳量大，产出的药物总量十分可观，故转基因奶牛的获得可以事半功倍，大大提高这一生物技术的利用效率。

据统计，全世界年需要白蛋白药物约500吨。传统的生产方法是用人血浆来提取制备，每100毫升人血浆中含白蛋白3.5~5克，用目前生产方法可获得2~3克，生产500吨人白蛋白需要人血浆约17 000~25 000吨。按每人每次200毫升计算，约需1亿人次献血。显然这是多么庞大的工程！

正常牛奶，每千克含牛白蛋白约1克。由于"滔滔"被导入了人白蛋白基因，其表达的数量水平达到了人血的白蛋白含量，换言之，如果"滔滔"可把导入的基因及其表达能力完全遗传给它的女儿们，那么，"滔滔"的每个女儿年产的10 000千克奶中将含有约300千克的人白蛋白，可分离提取出约200千克。如此算来，2 500头"滔滔"的女儿就可以满足目前全世界对人白蛋白的需求。按目前的市场价格，其价值高达数十亿美元。到那时，可以使更多的人受益，无疑是人类的福音啊！

人白蛋白转基因奶牛的诞生标志着传统奶业增添了新的活力。传统奶业接纳了转基因技术，就如同在传统的生产链条上增加了一个导向轮，多产生一个生产项目分支。这样的生产链条将导致出现一类与传统奶业完全不同的联合型的奶牛乳品药业高科技企业。

转基因食品质疑

21世纪是生物技术的世纪。利用现代分子生物技术，将某些生物的基因转移到其他物种中去，改造生物的遗传物质，使其在性状、营养价值、消费品质等方面向人们所需要的目标转变。转基因生物直接使用，或者作为加工原料生产的食品，统称为"转基因食品"。转基因食品包括：植物性转基因食品、动物性转基因食品、转基因微生物食品以及转基因特殊食品。

转基因食品生产目的就是使食品性状更好，营养价值更高，提高其消费品质。更多的科学试验表明，转基因食品是安全的。一种食品会不会造成中毒，主要是看在人体内有没有受体和能不能被代谢，转化的基因是经过筛选的、作用明确的，所以转基因成分不会在人体内积累，也就不会有害。

不过，世界各国对转基因食品都持谨慎态度。欧洲议会通过新的法规指出，在允许这类产品进入欧盟市场时，必须对转基因成分超过 0.9% 的产品予以标注。法规还要求转基因农产品的生产者详细提供各个生产环节的情况，并规定任何一个成员国都可以对转基因作物的生产方式进行限制，以避免"感染"传统的农作物。

早在 1993 年，我国国家科委颁布了《基因工程安全管理办法》，指导全国性的基因工程开发和研究；2002 年 4 月国家卫生部颁布了《转基因食品卫生管理办法》，明确规定了转基因食品的食用安全性和营养质量评价、申报与审批及标识，未经卫生部审查批准的转基因食品不得生产或进口，也不得用作食品或食品原料；转基因食品应当符合《食品卫生法》及其有关法规、规章、标准，不得对人体造成急性、慢性或其他潜在性健康危害。在我国，凡是转基因食品，强制要求在显著位置标示。

专家提示，迄今经过我国各个部门层层把关，凡是获得国家批准的转基因食品都可以放心食用。

当前，转基因食品是否安全的问题，在学术界似乎没有定论。一些国家出于食品安全考虑不批准转基因食品的生产和销售。不过，应该承认转基因技术应用到食品生产中，增加了产量，减少了病虫害。但是，基因生物技术作用到人体之后，究竟会产生怎样的后果，还需要长期观察。在我国，已经初步解决温饱问题的情况下，不宜匆忙扩大转基因食品的生产面积。政府应当逐步控制转基因食品的生产和销售，反复测试转基因食品的安全效果，确保转基因食品的消费万无一失。

在尚未完全掌握转基因食品基本属性的情况下，应成立专门的实验室，精密跟踪转基因食品生产的每一个环节，并且仔细记录转基因食品的实际效用。绝不能大面积推广转基因食品，从而使转基因食品在我国泛滥成灾。应当规定所有的转基因食品都必须明确标注"转基因食品"字样，从而使消费者能够行使自己的选择权。

转基因食品入市前，要通过严格的安全评价和审批程序都更严格。国内外认为，已经上市的转基因食品不存在在食用安全问题。

美国市场上约七成加工食品都含有转基因成分。迄今为止，美国没有发生过因食用转基因食品产生的安全事件。

转基因食品的安全性是有定论的，凡是通过安全评价、获得安全证书的转基因食品都是安全的，可以放心食用。世界卫生组织以及联合国粮农组织认为：凡是通过安全评价上市的转基因食品，与传统食品一样安全。

欧洲也是转基因产品进口和食用较多的地区。1998 年，欧盟批准了转基因玉米、油菜、大豆、土豆等在欧洲种植和上市，除了极少数是作饲料或工业用途外，绝大部分都是用作食品。

欧盟对超过 50 个转基因安全项目进行过风险评估，得出结论：没有科学证据表明转基因作物会对环境和食品及饲料安全造成比传统作物更高的风险。这表明，转基因作物可能比传统作物和食品更安全。

乳腺生物反应器

由于奶牛的乳房是一种天然、高效的合成蛋白质的器官，并具有良好的渗透屏障，能有效地限制外源基因表达的产物进入循环，对转基因奶牛自身的损伤小，而且奶牛的泌乳量大，其乳腺生物反应器就像一座生产活性蛋白的药物工厂，可以源源不断地生产出人类所需的药用蛋白。奶牛乳腺生物反应器还可以改变奶的内源性蛋白，降低脂肪，改变奶的组成分，使其性质更接近人乳，提高奶的应用价值。目前，国家"863"计划已将动物乳腺生物反应器的研究作为重大项目。

1990年，美国获得世界第一头转基因公牛，该公牛可与非转基因母牛生产转基因后代，其1/4后代的母牛乳腺可表达人乳铁蛋白。1998年上海儿童医学院遗传研究所获得了能表达人血清白蛋白的转基因奶牛。

20世纪80年代末90年代初，相继出现了以乳腺生物反应器技术为核心的三大技术公司。目前全世界从事该项商业开发的公司已有30多家，表达水平达到可以进行商业生产的药物蛋白有40余种。最近，芬兰经过上万次试验，成功地培育出携带人促血红细胞生长素（EPO）基因的转基因牛，年产人促血红细胞生长素60~80千克，远高于目前全世界1年的需求量。我国对于动物乳腺生物反应器技术的研究起步也较早。近年来，我国奶牛乳腺生物反应器的研发工作进入了一个高速发展时期，国内不少单位对奶牛乳腺生物反应器技术进行了探索和研究。中国农业大学课题组与北京济普霖生物技术有限公司合作，在国际上首次利用体细胞克隆技术获得人乳铁蛋白基因和人α-乳清白蛋白转基因克隆牛，其中人铁乳蛋白转基因克隆牛表达量为世界上重组人乳铁蛋白在奶牛乳腺的最好表达水平，而人α-乳清白蛋白转基因克隆牛也获得表达，接近国际最好水平，而且具有与天然蛋白相同的生物活性；国际上首次获得人岩藻糖转移酶转基因奶牛并在其乳腺中实现了高效表达Lewis抗原，还在世界上首次获得人溶菌酶转基因奶牛，这是我国首次成功研制了具有商业开发前景的奶牛乳腺生物反应器。

目前，世界上奶牛乳腺生物反应器主要应用于生产胰岛素、干扰素、促红细胞生成素等多肽类药物；可以生产的一个营养产品是无乳糖奶，并在牛奶中增加人的转铁蛋白。转铁蛋白有良好的营养保健功能，它能够抑制大部分有害的肠胃细菌，但对有益细菌如双歧杆菌则起促进作用。还开发生产人牛混合奶。人乳对人是最佳的营养品，分离出人乳蛋白基因并将它重组到奶牛基因组中，牛奶中就会有30%~50%人乳组分。还能够大量生产抗体，许多疾病就可以用抗体治疗。用抗体治疗疾病可以真正做到对症下药，而不必担心造成体内微生物失衡或因大量使用抗生素而产生的副作用。

一般每头奶牛每年可产奶6~8吨，一个泌乳期内乳腺可将外源基因表达到比细菌发酵高100~1 000倍。一头基因牛相当于一个制药车间，况且转基因牛可无限繁殖，易于扩大生产规模。牛吃的是草料，生产的是奶和奶中的珍贵蛋白，其生产成本之低没有其他系统可以相比，维持一群转基因牛的泌乳及纯化的费用极其低廉。由于牛体内重组的外源基因是可以遗传给后代的，因此在市场对产品需求旺盛时可扩大牛群，市场缩小时可以减少牛数，或用保存精液或胚胎的方法保种，使所受经济损失不大。

可以相信，奶牛乳腺生物反应器产业不仅会成为有高额利润回报的新型行业，而且将会带动整个国民经济的发展，形成全新的产业结构模式，创造巨大的经济和社会效益。

人铁蛋白基因牛

通过实施转基因技术，将人乳铁蛋白等基因导入奶牛细胞或胚胎中，而人乳铁蛋白等蛋白会出现在这些转基因奶牛的牛奶中，这种牛奶含有丰富的高附加值营养成分，具有补铁、抗菌、抗癌和提高机体免疫力等功能，通过胚胎移植技术培育出高产、优质和抗病等特性的奶牛新品种，培育出一批携带人乳铁蛋白基因的转基因种公牛，通过人工授精等技术进行转基因奶牛繁育，其应用前景广阔。

胚胎来自中国农业大学饲养的携带目的基因的供体牛，通过超数排卵发情后 7~7.5 天生产体内胚胎。精液来自北京市种公牛站。胚胎发育阶段为致密桑葚胚、早期囊胚、囊胚和扩张囊胚。胚胎质量为 A 级、B 级和 C 级。受体牛选自北京奶牛中心良种场、营养状况良好，15~15.5 月龄的荷斯坦母牛。

操作方法：携带人乳铁蛋白和人 α - 乳清白蛋白等四种目的基因的供体牛，在发情周期的任意一天放置孕激素阴道栓，同时注射苯甲酸雌二醇 2 毫克和黄体酮 100 毫克，第 4 天开始注射 Folltropin-V 进行超排处理，递减量连续注射 4 天，总剂量 400 毫克，注射 Folltropin-V 第 3 天注射氯前列烯醇 0.4 毫克，12 小时后取出孕激素阴道栓，视母牛站立稳定发情后 12~13 小时和以 6~8 小时间隔分别向子宫体内输精两次，每次 2 支，7~7.5 天后通过非手术法采集胚胎。

采用 1.5 摩尔 / 升乙二醇为冷冻保护剂，对体内 A、B、C 级胚胎进行冷冻保存，需要时取冻胚解冻后直接移植。

选择优质健康无病 15~15.5 月龄的奶牛作为受体，采用全混日粮饲喂技术喂养。通过注射氯前列烯醇诱导发情或自然发情后 6.5~8 天移植。

将胚胎从液氮容器中取出，轻轻甩掉细管棉塞端液氮，在室温下停留 5 秒；如果天气寒冷，可将装有胚胎的细管放入上衣内紧贴胸口停留 5 秒，然后将细管投入 32~35℃水浴中，停留 10 秒后取出，揩净细管外水珠，拔下插头，装入移植枪，外装专用无菌硬外套管，最外层套上保护膜，然后用非手术法将胚胎移入有黄体侧的子宫角前端 1/3 处。2 个月后通过直检诊断妊娠与否。

结果显示，4 年来，累计移植转基因牛冷冻胚胎 87 枚，移植受体牛 87 头，2 个月后妊检，受胎 48 头，情期移植妊娠率 55.71%；产犊 43 头，成活 34 头，犊牛成活率 79%。经检测，有 14 头公牛携带转入目的基因，这 14 头公牛已全部进入北京市种公牛站饲养，10 头公牛试采精成功，经农业部精液质量检测中心检测，精液质量符合国家标准。

通过对各季度移植效果统计分析，受体牛在 1、2 月份由于进行了免疫注射，应激反应较大，故 1 季度移植受胎率较低；3 季度由于北京地区天气炎热，移植效果较差，移植头数较少；2、4 季度移植数量多，移植效果好。

4 年来，移植 A 级、B 级和 C 级胚胎分别为 45 枚、38 枚和 4 枚，解冻后胚胎等级对受体牛的妊娠率有一定影响，受体牛移植 A 级、B 级胚胎妊娠率较 C 级胚胎高，差异显著。

通过直检受体牛卵巢上的黄体，确定黄体质量，划分为 A 级、B 级和 C 级三个等级，具有 A 级、B 级黄体的受体牛移植妊娠率分别为 56.41%、55.56%，二者之间差异不显著；而具有 C 级黄体的受体牛移植妊娠率仅 33.33%，效果较差。

注意事项

本试验统计 4 年移植结果，情期移植受胎率平均 55.17%，达到国内领先水平。影响牛胚胎移植受胎率的因素包括胚胎质量、移植前体外操作、移入后体内操作、受体牛孕酮水平、营养状况和子宫卵巢的生理状况等多方面因素。

胚胎的质量直接影响移植妊娠率。判定胚胎质量要求技术人员经验丰富，操作熟练，防止胚胎在体外停留时间过长，以及保存胚胎的液体是否合适，所处环境卫生条件、温度和光照的强弱等。

受体牛的选择直接关系到胚胎移植受胎率的高低。选择受体牛的原则是营养状况良好、繁育技能正常。青年牛达到 15 月龄以上，子宫机能正常，并具有两次正常的发情周期；通过对受体牛的发情观察及直检卵巢黄体的形态，根据黄体发育的大小、软硬程度来挑选与之相符的 A 级、B 级胚胎进行移植。受体牛在发情后 6.5 天、7 天、8 天进行胚胎移植，其妊娠率不受影响；对受体牛用氯前列烯醇药物做同期化处理，移植可用率低于自然发情状态下的受体牛。人工授精两次或胚胎移植两次不妊者不能作受体牛。

操作者的经验和技巧影响胚胎移植的妊娠率。操作者对黄体的检查和判断对胚胎移植受胎率至关重要。直检时可感觉到典型的功能黄体是一个有弹性的、表面光滑的火山口状、哑铃形或球形的肉样结构，直径一般 1.0 厘米左右。在胚胎移植中常常将黄体分为 A 级、B 级和 C 级，直径在 1.5 厘米以上硬度与弹性较好为 A 级黄体，直径在 1.0~1.5 厘米硬度与弹性较好为 B 级黄体，C 级黄体质量较差；室外操作者手法要迅速轻柔，尽快将胚胎移植到受体牛的黄体子宫角上的 1/3~1/2 处，移植过程不超过 2 分钟；一些青年母牛的子宫颈细，操作较困难者，可以先用扩宫棒将子宫颈疏通后，再进行移植。在胚胎移植中，要避免对一些移植不进的受体牛长时间操作，以免对子宫内膜造成创伤，引起子宫平滑肌不利的逆蠕动促进子宫分泌前列腺素，引起孕酮分泌减少，出现不适宜妊娠的反应。因此，在胚胎移植中要稳要准，尽快将胚胎移植到准确部位，减少对胚胎和受体牛的不良刺激。

本试验结果中，胚胎移植受体牛产犊率 89.58%，明显低于非胚胎移植产犊率，受体牛的流产率比正常怀孕牛流产率高 10%~20%，在受体牛胚胎移植的早期，即胚胎完全着床后，此时胚胎最容易发生早期死亡而流产。为了减少这一现象发生，对受体牛采用 TMR 技术饲养，在饲料中添加了微量元素和矿物质元素，加强受体牛的管理，预防流产。适当限制能量摄入，既保证胎儿的正常发育，又能避免难产。

通过 4 年的试验研究，转基因牛犊牛成活率 79%，明显低于正常配种的犊牛成活率。造成犊牛死亡的因素很多，其中部分犊牛是因为受体牛难产而死亡，由于受体牛大多数是初产牛，在产犊过程中极易发生难产，所以在受体牛分娩时，要做好接产工作，必要时实施剖腹产术；个别犊牛出生后体质较弱，要加强饲管。

受体牛接近产犊时应仔细检查。如果是顺产，则让其自然分娩；如果发现犊牛太大或有难产征兆时则需要助产。

赖氨酸转基因牛

　　2011年8月6日19点48分，吉林大学农学部奶牛繁殖基地成功获得1头携带转入赖氨酸基因的克隆牛犊。这头克隆牛毛色黑白相间，初生重31.5千克，健康活泼。作为人类利用分子生物学技术和体细胞核移植技术获得的世界首例赖氨酸转基因克隆牛，它的诞生标志着国际克隆技术的又一次重大突破。经初步检测，这头黑白花毛色的转基因牛犊体内携带所转入赖氨酸基因。这头赖氨酸转基因奶牛的诞生，使得高赖氨酸牛奶的生产成为可能，为人类通过食物补充赖氨酸提供了广阔的前景，具有重大的经济和社会效益。

　　综上所述，足见通过转基因技术，生产出人乳化牛奶，供应市场需求，真是一件天大的好事呀！

　　正是：

　　　　母乳育婴就是好，强筋壮骨还益脑，

　　　　如今牛奶人乳化，利国利民乐逍遥！

和牛是日本一著名牛种，"安福"是一头为日本立下汗马功劳的"和牛种牛"，后来这头种牛"寿终正寝"了！正当人们沉浸在惋惜氛围之时，奇迹发生了：日本近畿大学和岐阜畜产研究所，在2007年11月至2008年7月间，几经周折终于利用13年前冷藏的"安福"种牛的睾丸克隆出4头小牛。其中两头出生后夭折，剩下2头存活。这种在世人面前呈现的就是利用体细胞克隆方式的——

第 24 章

牛死"还魂"术

克隆科技的由来

"克隆"一词，原是英语clone的译音，作为名词通常被译为无性繁殖系，作为动词是指产生无性繁殖系的过程，也可译作无性繁殖或复制。

动物克隆是指由一个动物经无性繁殖或孤雌生殖（亦称单性生殖）而产出的多个后代；细胞克隆则是指由一个细胞经细胞分裂而产生出的细胞群。一克隆内的所有成员的遗传构成都是完全相同的，简言之，克隆就是一种人工诱导的无性繁殖方式。

自然界早已存在着天然的植物、动物和微生物的克隆。即使是在高等的哺乳动物，也存在着天然的克隆。例如，同卵双胞胎，两个成员的遗传构成完全一样，实际上就是一种克隆。然而，天然的哺乳动物克隆的发生率极低，故很少能够被用来为人类造福。于是，人们在探索中发现，细胞核移植是产生克隆高等动物的有效方式，故往往称之为动物克隆技术。经细胞核移植而产生的牛称为移核牛，亦称克隆牛。

克隆技术是现代生物高精尖技术。主要包括基因工程、蛋白质工程、细胞工程、酶工程和发酵工程。克隆技术被俗称为"生物原子弹"，一旦用于人类自身，其影响和后果无法预料。

早在19世纪末生物学家就思考着：如果提供适宜的环境，已经分化了的细胞能否重新被活化，并具备发育成其他类型细胞或组织的可能性，甚至发育成完整个体的全能性呢？换言之，能否用成年动物的体细胞核进行核移植，并克隆出这个成年动物在基因形状上完全一致的个体呢？回答是：在理论上，多细胞动物机体的每一个细胞应当具有相同的遗传结构。然而，原有的理论认为，不同类型的细胞功能不同。已经分化了的细胞核不具可逆性。历经百年的岁月沧桑，总有一些科学家在这种"提出来"又"否定掉"的冥思苦想中，为了人类的美好今天，而独自在那里饱受"痛苦和折磨"！

体细胞克隆意义

以牛为例，体细胞克隆可为实验室研究及牛的药物提供遗传上完全一致的实验牛，克服个体间的遗传差异；加快优良牛的大量繁殖和遗传改进；利用高效表达的克隆转基因牛生产珍贵医用蛋白；体细胞克隆技术可以明显缩短获得转基因牛的世代间隔，避免目的基因在传代过程中丢失，从而提高转基因牛的效率；利用体细胞克隆技术，可通过建立转基因体细胞系（如胎儿成纤维细胞）的方式培育出转基因牛。从理论上讲，只要得到 1 个原代转基因牛，就可以无限制地克隆出与其同基因型的转基因后代；"复制"濒危野生牛，更有效地保护珍贵牛的遗传资源。

通过核移植克隆能够复制大量的优良基因组合的原种牛。这些优良的基因组合可通过将传统育种方法、转基因技术或者体外基因打靶、细胞选择与核移植技术结合而获得。没有克隆技术，这些单一基因组合将由于基因重组而消失。

核移植克隆技术得到改进和推广后，很可能通过细胞的冷冻保存而使濒临灭绝的物种得以恢复。这就为濒危物种组织库提供了强有力的技术支持。

注意事项

体细胞克隆牛没有亲本双方遗传基因相结合，而单靠体细胞无性繁殖，质量根本不可能超过亲本，这对生物进化将是一个沉重的打击，必将导致品种的退化。

目前，有学者对克隆动物具有完全相同的遗传性状持怀疑态度，其理由是：不清楚克隆所用的体细胞是否都具有相同的基因；不清楚核移植中带入的染色质是否对其有影响。

克隆不同种属的动物难易有别，其原因不详。

可用作体细胞克隆的核供体细胞类型较少，目前只在卵丘细胞、输卵管细胞、乳腺细胞、成纤维细胞上取得成功。

牛体细胞克隆虽取得成功，但该技术目前还很不完善，相关理论研究还很薄弱。

克隆牛生产方法

（1）胚胎分割　把发育不同时期胚胎经显微手术切割成几瓣，将每瓣分别移植。把 2-细胞至囊胚阶段胚胎一分为二都可形成两个胚胎。经胚胎分割都已产出同卵双胞胎后代。目前牛的胚胎分割已广泛应用，半胚移植妊娠率接近整胚，使产犊数几乎加倍。然而，经胚胎分生的遗传相同个体数有限，一般为两个，最多不过四个（图 24-1）。

（2）细胞核移植　将发育不同时期的牛胚胎或体细胞核，经显微手术和细胞融合的方法，移植到去核卵细胞中，重新组成胚胎并使之发育到产犊过程。细胞核移植技术，特别是细胞核连续移植技术，所能够产生的遗传个体数目是无限的。例如，把奶牛的 16-细胞期

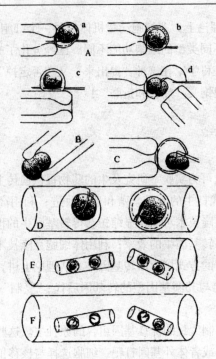

图 24-1　哺乳动物卵裂球培养示意

A.切开透明带　a 微针刺入　b 胚胎固定　c 切开　d 吸出卵裂球　B.分开卵裂球

C.单卵裂球移入空透明带　D.第一次琼脂包埋　E.第二次琼脂包埋　F.中间受体培养至囊胚

胚胎的 16 个细胞核，分别移植到 16 个去核的牛卵细胞中，重新组成 16 个胚胎。再把这 16 个移核胚胎移植到羊或兔输卵管内，待其发育到桑葚胚或囊胚期取出，移植到受体牛子宫内妊娠后，便可产生出数头遗传上完全相同的克隆牛犊。所出生的这些移核牛之所以遗传上完全相同，是因为其细胞都来源于同一胚胎。如果自中间受体羊或兔输卵管内取出移核囊胚或桑葚胚后不移植，而是取其卵裂球细胞核再移植到多个去核的牛卵细胞中，便重新组成了第二代移核胚胎。待第二代移核胚胎发育到囊胚或桑葚胚期时，又可取其核进行移植，做成第三代移核胚胎。此过程可以无限期地进行下去，不断扩增克隆胚胎的数目，最终产生出许多的遗传上完全相同的牛。此即是所谓的细胞核连续移植技术。

核移植基本环节

核移植技术就是将成熟卵母细胞的核除去后移入其他细胞核，使卵母细胞不经过精子穿透等有性过程就可被激活、正常分裂并发育成新的个体。所以，核移植技术（图 24-2）可使细胞核供体的基因通过无性繁殖的手段得到完全的复制，从而产生出克隆动物。

核移植操作步骤

（1）卵母细胞去核　核移植的首要前提是完全去掉受体卵母细胞核，否则形成多倍体，致使胚胎不能正常发育。应用相同去核方法，由于牛染色体看不见，去核率较低，仅有 65%。

（2）卵裂球移植　卵母细胞去核后，需将供体胚胎的单个卵裂球移到卵周隙内。为了从一枚原胚胎获得大量的相同胚胎，应当移植尽可能多的活卵裂球，故在移植前，需先将所有

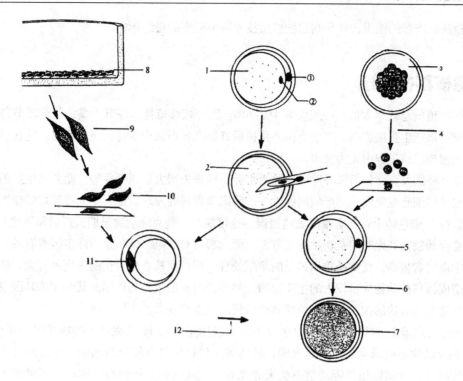

图 24-2 哺乳动物细胞核移植示意

1—受体卵母细胞 ①第一极体 ②MⅡ期纺锤体；2—去核（去除第一极体和纺锤体）；3—供体胚胎；
4—供体胚胎卵裂球的分离；5—向去核卵母细胞移入单个卵裂球；6—融合和激活；7—新合子；8—体
    细胞的传代培养；9—GO 或 GI 期体细胞；10—用于核移植的体细胞；11—移核；12融合和激活

卵裂球分散开来。

（3）细胞融合 目前牛核移植技术中，大多采用细胞电融合方法，使供体卵裂球与去核
卵母细胞融合。一般来说，电融合率较高。电融合时，两细胞接触界面必须与电极平行。细
胞融合的前提是两细胞间膜的接触必须紧密。

（4）卵母细胞激活 电融合脉冲还可同时激活核移植胚胎中的卵母细胞。卵母细胞激活
能力与其成熟后时间密切相关。超出正常受精时间的老龄卵母细胞更容易被激活。所以，多
数核移植实验中采用老龄卵母细胞。另外，施以多次脉冲也提高早龄卵母细胞激活率。如此
看来，核移植胚胎发育能力低的原因之一很可能与卵母细胞尚未充分激活有关。

（5）核移植胚胎培养 大多数核移植研究还包括核移植胚胎的附植前培养。对于牛，出
于实用操作需要，所需培养时间长。多数采用琼脂包埋核移植胚胎，置于结扎的绵羊输卵管
内，培养发育至桑葚胚及囊胚阶段。这种体内过度培养，耗费人力、物力、财力较多，且有
相当部分胚胎丢失，因而并不理想。而在体外培养，发育率又较低。不过，最近牛核移植胚
胎培养结果喜人，其所得的牛核移植胚胎体外培养 7 天，囊胚发育率 42%，与体内培养结
果相近。

（6）核移胚胎的移植 核移植胚胎妊娠率对于从 1 枚原始胚胎获得总的克隆后代数量影
响很大。对于牛，一般是在桑葚胚及囊胚时进行移植。牛核移植胚胎囊胚期时移植，妊娠
率可达 53.3%，而优级胚胎妊娠率更高。不过，从 1 枚操作胚胎最终平均仅获得 2 头牛犊。

核移植胚胎产犊的结果，才是判定核移植技术环节效率的最终指标。

细胞核移植存疑

　　核移植的总效率太低，一般仅为 1%~6%。因为核移植技术环节太多，每个环节都会对核移植效果产生直接影响，造成重构胚移植后妊娠率低而流产率特别高的现象，这在成年动物体细胞核移植过程中尤为突出。

　　克隆胚的发育常伴随循环障碍、胎盘水肿、肺张力增大、尿毒症等，胎儿出生后的高死亡率也是体细胞克隆面临的严峻问题之一。我国学者研究发现，生下不久就死亡的雌性克隆犊牛，在 X 染色体上存在着基因表达错误。这可能是一些克隆动物早期夭折的原因之一。

　　克隆动物在妊娠时间及初生重等方面，远远超过对照组个体。这与许多因素有关，如培养基中血清含量高，受体动物用过量的孕酮处理，均可使核移植后代的初生重变大。胎盘可能是造成核移植动物体格较大的主要原因。另外，对胚胎生长起作用的某些印迹基因发生修饰，导致基因表达的改变，也可使核移植后代的初生重变大。

　　关于克隆动物的早衰问题迄今争议不休。我国学者对 10 头克隆牛的端粒进行了分析，证明克隆动物不会未老先衰。这表明，虽然老年供体牛具有较短的端粒，克隆的后代的端粒却比较长，从而得出克隆动物不会未老先衰、克隆动物的年龄与供体动物年龄无关是肯定的。

　　在核移植过程中负责调节 X 染色体失活/激活的基因发生了重构，失活的 X 染色体异常激活，导致与 X 染色体相关基因的异常表达，从而导致克隆胚胎的异常发育。目前这种失活机制还不十分清楚。在克隆牛的研究过程中，发现了 X 染色体失活的异常现象，即来自成年体细胞的克隆囊胚其控制 X 染色体失活的基因的转录量高于来自胎儿成纤维细胞的转录量，说明 X 染色体活性调节出现异常。

核移植发展前景

　　按照现代生物学理论，每个细胞核中均含有能发育成为完整个体的全套遗传密码（基因）。但实际上并非每个细胞都能发育成一个正常个体，特别是哺乳动物，在早期胚胎时期便开始基因的活化。如不设法使细胞核回到受精时的初期化状态，就难以制出大量的克隆动物个体。当前，最引人注意的初期化方法就是核移植技术。应用这一技术，已经获得 64- 细胞胚胎的核移植牛。

　　如果将核移植胚胎重复使用，即把发育的重构胚胎再次作为核供体胚胎，就可以利用现有的技术生产出无数同基因型的胚胎。

　　按目前水平，核移植成功率为 20%，32- 细胞供体胚胎经第一轮核移植后就可以产生 6 个 32- 细胞的核移植胚胎。再用这 6 个 32- 细胞核移植胚胎作为核供体，经第二轮核移植就可产生 36 个核移植胚胎。如此循环下去，通过重复使用核移植胚胎即能从一个胚胎复制出大量同基因型的克隆胚胎。据 1990 年试验，重复使用核移植胚胎作为核供体，已经获得核移植牛 15 头！

随着克隆胚胎系的建立和逐步完善，将肯定会生产出大批经后裔测定确认为高产的来自同一胚胎的克隆牛，形成克隆奶牛群。

目前，牛胚胎核心移植技术已步入商业生产时代，已经设立商业化的牛胚胎核移植公司。

通过核移植技术克隆哺乳动物胚胎，在畜牧业生产中有着重要意义，前景十分广阔。通过胚胎细胞克隆，可以大大增加高产优秀个体在生产群中"复制品"的数量，提高畜群的总体生产水平。通过细胞克隆建立的遗传同质群体对饲管条件要求一致，便于标准化生产，充分发挥其遗传潜力。根据遗传学理论，在家畜生产性状表达过程中，或多或少地受到基因型和环境互作效应的影响，使其遗传潜力不能完全表达。当前的工厂化饲养方式，虽然尽量创造了一个理想、一致的饲管条件，但是由于家畜个体基因型不一致，总有部分个体因基因型与环境的互作效应，而影响正常性能的发挥。因此，即使通过一般个体的细胞克隆，建立一个遗传同质的畜群，也只能提高 10%~15% 的生产效率。

不久的将来，克隆技术将在奶牛商业化生产中起到非常关键的作用。早在 20 世纪 80 年代末 90 年代初，有些国家已将核移植应用于生产。美国于 1986—1990 年已获得 400 多头核移植牛，最多一次从一个胚胎获得 7 头核移植牛犊；1989 年美英签订了一份 5 年协定，用鉴定性别的奶牛胚胎通过核移植生产 8 万枚核移植胚。据推算，如果核移植胚的总效率为 20% 的话，一个 32 细胞胚胎将可产生 6 个核移植胚，这些胚胎再作为核供体就可产生 36 个核移植胚，如此反复进行，即使效率相对较低，也可生产大量核移植同卵胚胎。

通过胚胎细胞克隆可以分离大量的胚胎干细胞，胚胎干细胞在生物学方面可广泛应用于研究细胞分化、基因打靶以及用基因捕捉技术来寻找新的发育调控基因。胚胎干细胞可在机体外无限扩增，易于遗传操作，在一定条件下可被定向诱导生成三个胚层细胞的能力，包括内皮、骨、软骨、平滑肌、心肌、神经元、原始神经节、复层鳞状上皮甚至生殖细胞等。这些生物学特性使胚胎干细胞成为再生医学移植供体的理想来源，尤其是因细胞死亡或功能失调所致的疾病。如脑卒中、糖尿病、心肌梗死等疾病，胚胎干细胞可望为这些疾病提供有效的根治手段。

与胚胎干细胞培养、体外受精和胚胎冷冻等技术结合，胚胎克隆技术可加速良种牛遗传改良的普及。胚胎克隆将对奶牛业产生较大冲击，可使用优秀胚胎作为核源进行移植，而不必对母牛进行人工授精。作为克隆的核源，其遗传性状要好于商业化种群的平均性状，克隆加速了非杂交遗传效益的广泛开发。在商业化农场中使用克隆技术生产克隆牛，可减少后备母牛的数量；而且通过胚胎克隆技术的实施，可以在核心群育种方案中迅速建立多个特定基因组合的纯系，用于品系杂交育种中。

国外产的克隆牛

美国一生物技术公司，1986 年 8 月首次获得 3 头纯种克隆公牛犊，嗣后生产了 400 多头克隆牛。美国采用微电流脉冲技术进行胚胎核移植。先对供体牛进行超排处理、人工授精。授精后 5 天半，用非手术法从供体牛子宫内冲出胚胎。此时，处于 32- 细胞阶段胚胎的每一个分裂球细胞都含有可发育成一头小牛的相同遗传物质。

取一普通牛，事先将其卵母细胞的核除去；在显微镜下，将上述供体胚胎里的卵裂球逐个分离，将其转移到从普通牛获得的卵母细胞卵黄周隙内，然后，施加一微电流脉冲将卵母细胞质膜打开，与其卵黄周隙内的细胞融合，构成重组卵。这样，一个 32- 细胞阶段胚胎可构成 32 个重组卵。将重组卵移至羊输卵管内或体外培养至桑葚胚或囊胚，再移植给同期化的受体母牛，发育至分娩。

该公司克隆胚胎移植成功率 20%~30%，而通常胚胎移植的成功率 50%。该公司 1990 年首次最多从一胚胎获得 8 头活的克隆牛犊。

2000 年 12 月 18 日美国得克萨斯农机大学宣布，克隆出一头可自然抵抗三种疾病的公牛。这是科学家第一次克隆出的抗病牛。历近 30 年来，他们在检测的数百头牛中，发现一头公牛具有自然抵抗布鲁士杆菌病、结核病和沙门氏杆菌病的能力。3 年前，这头抗病公牛自然死亡。但来自该公牛的 DNA 物质被保存下来并克隆出来了另一头小公牛。这头小公牛亦可自然抵抗上述三种疾病。

美国康州大学有美国第一头用成年牛耳朵皮肤成纤维细胞克隆产下的克隆牛，以及用其他体细胞所得到的 4 头克隆牛。这些克隆牛均已进入成年，外观无任何异常，生理上无明显变化，仅在其染色休上存在端粒酶基因变短和部分 X 染色体基因失活的现象。

美国加州大学，通过比较妊娠两个月左右克隆或体外受精胎儿与正常胚胎的差异时发现，克隆或体外受精胎儿的体格较正常胎儿大，有些比正常胎儿大两倍；在比较各自母体生殖器官的差异时发现，克隆或体外受精胎儿胎盘也较正常妊娠胎儿胎盘大。有学者据此认为，胎儿体格和胎盘大小的异常，可能与克隆牛和体外受精牛在妊娠两月左右时的高流产率有关。

1998 年 7 月在日本，从一荷斯坦奶牛初乳中取出 50 个乳腺细胞，从这些乳腺细胞取出细胞核，与剔除核的未受精卵融合，促使卵子分裂成胚胎，再移植到 8 头母牛子宫内。结果显示，有 3 头母牛成功妊娠，后来其中一头流产，只获得两头克隆牛。这两头牛犊初生重分别为 45 千克和 46 千克。尽管此次克隆成功率为 25%，但这是首次利用牛乳汁乳腺细胞克隆牛。该研究所称，使用初乳中乳腺细胞克隆更为先进，可以不损伤提供细胞的牛，还可以降低牛被感染的风险。

在加拿大蒙特利尔大学兽医学院与有关单位合作，2000 年 9 月 7 日，Hanoverhill Starbuck（牛号 352970）的克隆后代出生，比 Starbuck 自己出生晚 21 年零 5 个月。这是加拿大的成年公牛的首例成功克隆。据称在 Starbuck1998 年 9 月 17 日去世之前，有关人员收集并保存了该公牛的皮肤细胞样本。然后，使用核移植技术生产了可用的胚胎。这些胚胎被移植到受体身体，妊娠 6 个，仅产下一头牛，被命名为 Starbuck 二世，其初生重 54.4 千克。

Starbuck 是一头在全世界大约有 20 万头女儿的著名公牛，并有许多儿子在各地种公牛站。它的著名儿子有雷达、序曲、空中之星、阿斯塔、斯达灯、林肯等。目前，在加拿大，至少有其孙子 100 多头。

我国产的克隆牛

1995 年，我国华南师范大学与广西农业大学合作，成功利用牛体外受精胚胎核移植，并于 1996 年产下克隆犊牛；1996 年中国农科院畜牧所也移植成功，产下克隆牛。

中国首例和第 2 例皮细胞克隆牛，于 2001 年 11 月初在山东莱阳农学院诞生。鉴定委员会认为，这两例健康成活的皮细胞克隆牛，其遗传物质与受体母牛无亲缘关系，而与供体犊牛一致，证明这两头牛的确为克隆牛。

山东银香伟业生物工程有限公司与中科院动物研究所合作，于 2001 年共移植 126 头鲁西黄牛受体，产下体细胞克隆犊牛 14 头。经微卫星法进行 DNA 亲子鉴定，证明 13 头克隆荷斯坦牛遗传物质都来源于同一头 603 号荷斯坦母牛，1 头克隆盖普威牛犊遗传物质来源于该中心 18 号盖普威种公牛，所有克隆牛犊与受体母牛均无遗传关系。

朱镕基同志曾亲自为中国农业大学研制产出的两头克隆牛起名"大隆""二隆"。这两头克隆牛自从 2004 年 3 月诞生后，就吸引了世人的关注。"大隆""二隆"克隆自加拿大政府送给我国的世界级种牛"龙"。

中国农业大学尖端的克隆技术，在天津芦台建立生物技术试验基地，进行体细胞克隆技术的试验和推广。证明此项技术可批量繁殖优质高产奶牛。这是通过其他任何遗传手段都无法达到的；可利用黄牛作为代孕母牛生产奶牛，大量节约生产成本，因为一头奶牛的价格往往相当于黄牛的 5~10 倍。

2003 年 3 月，中国农业大学科研人员成功获得中国第一头体细胞转基因克隆牛。同年 10 月，又获得世界上第一头转入岩藻糖转移酶基因的体细胞克隆牛，并开创了用冷冻卵母细胞克隆成功的先例。

2009 年 11 月 25 日，由西北农林科技大学历时十年主持培育的世界首例转人防御素基因克隆奶牛，在陕西杨凌科元奶牛场剖腹产降生。初生重 40.1 千克，体质健壮，毛色光亮。西北农林科技大学研究人员利用此方法，2009 年共移植了受体黄牛 200 头，目前已证实成功 42 头，成功率达 20% 以上。

2002 年新疆金牛生物有限公司与中科院动物研究所、澳大利亚国际克隆公司卡斯特拉研究所合作，进行了大规模的克隆牛试验研究，供体为加系荷斯坦牛，利用体细胞克隆技术移植受体牛 479 头，怀孕 57 头，正产 31 头，产犊 35 头，存活 12 头。该批克隆牛经新疆大学、上海基康生物股份有限公司亲子鉴定测试，结果可靠，其中 11 头牛均可正常配种分娩，有的牛已完成第 2 个泌乳期。

在内蒙古呼和浩特市郊区清真屠宰场采集牛卵巢，保存在装有 25~30℃灭菌生理盐水的保温瓶中，在 4 小时内运至实验室。

供体成纤维细胞采自旭日牧场 620 号高产奶牛和昭君牧场 1 号高产奶牛耳皮组织。将耳部皮肤组织块放入含庆大霉素的改良的磷酸缓冲液中，带回实验室进行无菌处理并建立成纤维细胞系，然后冷冻保存备用。

在无菌条件下，用灭菌生理盐水冲洗卵巢 3~5 次后，用带有 16 号针头的 10 毫升注射器先吸少量改良的磷酸缓冲溶液，然后抽吸卵巢表面 2~6 毫米的卵泡，将抽吸的卵泡液注入 15 毫升的离心管中。在 37℃水浴锅中静置 10 分钟，弃掉上清液，然后在体视显微镜下捡卵，选择 A、B 级卵丘 – 卵母细胞复合体进行成熟培养。再经清洗卵母细胞，直到无卵丘细胞为止。以排出第一极体为成熟标志，于显微镜下检查成熟情况。采用血清饥饿法或未经血清饥饿法处理供体成纤维细胞，用于移核。

采用盲吸法或荧光染色辅助法去核，再把供体细胞注入卵母细胞透明带下。

将移核后的重构胚胎置于融合液中平衡，2 分钟，转入充满融合液的融合槽中，用封闭的细管调整方向，使细胞接触面与电极平行，设定电压 80 伏，脉冲时间为 10 微妙，脉冲次数为 2，间隔时间 0.5 秒。待融合完毕；再置，用含 10%FBS 的 H–M199 洗 3 遍，在置于成熟液中，继续在培养箱培养 15~20 分钟后，镜检融合情况。将融合的重构胚胎经联合激素处理后检查卵裂情况，连续培养 7 天检查囊胚发育情况。

选择形态良好的发育到 7 天的克隆囊胚，利用同期处理的受体黄牛进行胚胎移植，通常移植 2 枚形态正常的胚胎到子宫角，45 天利用 B 超仪进行妊娠诊断。结果显示，对 39 头受体黄牛进行移植，有 4 头克隆牛犊出生并存活下来。

应注意的是，体细胞核移植卵母细胞去核是克隆胚胎构建的关键步骤。如果成熟 17 小时后进行去核操作，由于多数卵子的极体刚排出，极体与核相毗邻，随着成熟时间的延长会出现第一极体与核相对位置的偏移，不利于盲吸法去核。如果卵子成熟时间控制在 17 小时内，两种去核方法的去核效率无显著差异，而且盲吸法重构的克隆胚胎融合和发育效果都比荧光染色辅助法高。

目前，动物克隆存在孕期流产率与围产期死亡率高、胎儿和出生后生长发育异常等问题，其原因可能主要是核移植胚胎在发育过程中供体核的不完全重编程造成的。

克隆奶牛的培育

一头高产奶牛，在正常情况下，一生所能生产的母牛头数有限，而且不可能性状全像其母亲，都是高产母牛。一般说来，要培育出一个纯度达 98% 的品系，需要进行 20 代的兄妹间交配。在牛，这就意味着需要 100 年的时间。而且，长时间的近亲交配，会导致牛生育能力明显下降。通过选择克隆亲本所产生的最初遗传效应就相当于 4 年时间的遗传变化。3 年后就能知道克隆的产生性能，从中选出最好的。这样，所选择克隆的后代将比仅通过人工授精所产生的群体提前 13 年。8 年后，又可对这些克隆的后裔进行选择。这时将比人工授精的群体早 17 年。这种快速的年度遗传变化将无限期地进行下去。此外，大量的纯系胚胎可提供进行胚胎表型选择的途径；可对来自一个胚胎的克隆胚进行后裔测定，从中选择理想者再进行大量克隆。这使得有可能根据需要迅速改变所选择如产奶量的性状。而且，若与体外生产胚胎技术结合，便能生产大量高质量胚胎，进行冷冻或商业移植。

由于克隆牛比随机育种牛性状一致。仅需要很少的牛，就可以达到很高的统计学可靠性。例如，在测量像产奶量这样的性状时，一头单合子双胞胎牛就能顶替 20 头随机育种的牛。

克隆奶牛的前景

（1）提高遗传水平　目前，遗传进展从核心群到生产群的扩散主要是通过人工授精和 MOET（超数排卵和胚胎移植）技术，前者能使优秀公牛的影响迅速扩散，后者可扩散优秀母牛的影响，但这些扩散方式的效率仍不高。将核心群中最优秀的母牛克隆后制成胚胎，用户利用这些胚胎将其牛群的遗传水平在一个世代中提高到最高水平。育种公司可像销售冻精那样，将克隆的胚胎列表造册，其中详细介绍每个胚胎在各个主要经济性状上的育种值，供用户从中选择。

（2）生产转基因牛　过去生产转基因牛的唯一可行的方法是微注射法，这种方法效率很低，只有约 5% 的个体能将转移 DNA 整合到其基因组中，此外，由于整合的时间和位置都是随机的，很多转基因牛不能有效的表达所转移的基因，或不能将转移的基因遗传给后代。如今克隆技术提供了新的途径。将特定的基因转移到供体细胞中，或者对供体细胞的基因组进行精确的修饰，包括删除或替换某些特定的基因，再由这些含有转基因的或经过遗传修饰的细胞获得克隆个体。此外，也可先用常规的微注射法获得一个转基因个体，即成功整合外源基因并有效地表达，再用克隆技术大量复制该个体。转基因牛将给人类健康带来极大的益处：用有特殊功能且能在牛乳腺中表达的基因来生产转基因牛，用这些牛的乳腺作为生物反应器，生产用于治疗血栓的组织纤溶酶原激活剂、治疗贫血病的红细胞生成素、治疗膀胱纤维变性的抗胰蛋白酶等疾病所需的特殊蛋白质；或者生产供婴儿、老人和病人食用的特殊的营养物质。

（3）保护遗传资源　目前对濒临灭绝动物品种资源的保存方法主要是保存冷冻精液和胚胎。这种方法耗费时间，成本很高，而利用克隆技术，就只要保存血样、皮肤组织，甚至毛囊，再在必要的时候在由这些组织细胞克隆出个体。

（4）用于常规育种　对某些受环境因素影响较大的性状，如乳房炎、蹄叶炎等，一般很难准确地评定个体在这些性状上的遗传特性。如今利用克隆技术，即可将生产性能优秀的个体克隆成多个拷贝，观察其在不同环境条件下的表现，从而准确地评判该个体在这些性状上的遗传本质。

（5）提高生产效率　由于利用克隆可以得到遗传上同质的群体，可使生产更加专门化，使群体中的每一个体所生产的产品都具有相同的特性，例如所产的奶都含有某种特殊的乳蛋白，或具有相近的乳脂率，这将使奶牛生产更加符合消费者和市场发展的需要。

（6）用于科学试验　遗传上同质的动物是某些科学试验的理想试验材料，由于不存在个体间遗传上的差异，试验结果就更客观地反映了不同试验处理的效果，这样所需的试验个体数大为减少，以节省试验研究所需人力、物力和财力。

美国食品和药物管理局宣布，经过克隆的牛及其后代产的奶可以安全食用。美国媒体普遍认为，这意味着今后来自克隆牛的产品无需贴特别标签而直接进入食品市场。

科学家就克隆技术安全性问题在全球各地进行了数十次相关研究，结果显示，从生物角度来说，克隆牛及后代与按传统方式繁殖的牛没有什么不同。克隆牛产的奶和按传统方式繁殖的牛所产的奶同样安全。

欧盟食品安全机构日前也表示，食用克隆食品是安全的，克隆食品有望在今后几年中进入 20 多个成员国的超市。

中国农业大学科研人员表示，随着美国批准克隆牛的奶制品上市销售，欧盟宣布克隆食品安全可食，我国在未来应该也会允许克隆食品销售。不过，目前克隆一头牛的成本约为10 万元人民币，所以尽管美国已批准克隆牛奶上市销售，但克隆食品短期内在美国还无法达到产业化。我国目前也尚不具备大规模克隆牛的条件，故难以将克隆牛奶推向市场。

克隆技术产业化最缺的是风险资金。在美国，克隆技术是很多大型企业的投资热点。目前，美国有七八家上市公司、30 多家相关公司投资克隆技术。在我国，投资克隆技术，需要公司决策者既有一定的实力，更有超常的远见。他们应该明白，这种投资不是立竿见影就能见到效果的。不过，可以肯定，一旦产业化成功，也许一年甚至半年就能收回前 20 年的投入。

克隆牛研究中的问题主要有：一是后期流产，二是出生后死亡。以中国农业大学的实践为例，他们在 5 年多时间，共出生了 300 多头克隆牛，活下来的有 100 多头，而且这个数字总在"变"呀！每个月每个星期都有出生的，也有死亡的。寿命最长的克隆牛已经 5岁多，当上了"姥姥"，换言之，这头克隆牛生了女儿，女儿又生了女儿。通过这头克隆牛"姥姥"表明，克隆牛是正常的，克隆技术本身是可行的。

目前，克隆牛技术已在中国进入产业化推广阶段，在江西、山东、河北等地已建立克隆牛繁殖基地。

克隆技术是一把双刃剑。它在给人类带来许多利益的同时，也向人类及社会提出了许多挑战。目前世界范围内关于要进行克隆人实验和坚决禁止克隆人实验的争论，就是克隆技术直接给人类带来的一个社会问题。最近，当美国某科学家宣布准备进行人体克隆实验的消息传出后，欧洲 19 国很快作出了反应，签署了禁止克隆人协议。随后，美国也宣布，研究克隆人"违反联邦法律"。

应该看到，克隆人的实验涉及许多关于人的尊严、关于社会伦理道德问题。克隆人一旦问世，就会使"人"的基本定义发生改变，使人丧失尊严。人是动物长期进化而来的灵长类，是通过男女有性繁殖出来的，是在特定社会环境中逐渐发育成熟起来并具有特殊的生物性、社会心理、社会行为和社会特征的集合体。这种特定的人是不能克隆出来的。如果人在实验室里被克隆出来，这种无性繁殖的人应该不是真正的人。每个真正的人都有自己独特的个人品性，克隆出来的人恰恰没有这一点。它使人失去了人的尊严和人的多样性。到那时，人们就会以泪洗面、长歌当哭地呼喊着："这不是人类的进步，而是人类的退化呀！"

综上所述，应该警惕的是，克隆技术一旦被一些狂人滥用，还会产生一系列严重的社会恶果。伟大科学家爱因斯坦曾说，应该"保证我们科学家思想的成果会造福于人类，而不致于成为祸害"。中国克隆技术的研究始终是为中国人民和世界人民的利益而努力的。中国支持和保护科学家采用克隆技术探讨医学领域中的重大难题。但是，在中国境内禁止开展克隆人的试验。我们对任何人以任何形式开展"克隆人"研究的态度：不赞成、不支持、不允许、不接受。

正是：

牛死克隆复活了，利人意义真不少，

欣喜之余擦亮眼，警惕狂人瞎胡闹！

　　1985 年 4 月 22 日，是笔者一个难忘的日子。那天的人民日报第 2 版、光明日报第 1 版、北京日报第 4 版，报道"我国首例试管牛培养成功"。本应欢呼雀跃，但从其描述中，却使笔者大跌眼镜，当即致函新华社，指出"试管牛又叫奶牛胚胎移植"是错误的！所谓试管牛，它一定是牛卵子体外受精之后，移植在母牛子宫、孕育足月后的产物。笔者认为，如不正视听，岂不又会继早年宣称中国创造"牛精猪"之后的又一笑柄么？直到四年后的 1989 年，我们终于盼来了真正的——

第 **25** 章
国产试管牛

我国首例试管牛

　　内蒙古大学实验动物研究中心，在旭日干主持下，对试管牛技术进行研究，这是从 1985 年开始并被纳入国家（863）高技术发展计划。几年来，他们从屠宰场采集了牛卵巢 2 500 多个，从中回收 11 400 多枚卵母细胞。在卵母细胞的体外培养成熟、体外受精（图 25-1）、受精卵的发育培养及移植等方面作了反复多次试验研究，终于在 1989 年取得了突破性进展，采用牛卵巢卵母细胞体外受精移植产犊，创造了中国首例试管牛。其技术要点：

　　（1）卵子的采集　他们把从屠宰场采得的新鲜卵巢置于 30~37℃灭菌生理盐水中带回实验室。用注射器从卵巢表面的小卵泡中吸取卵子。平均一头牛可回收 10~20 枚可供培养的卵子。为了保证回收卵子的质量应尽量缩短上述操作过程，严格进行无菌操作。

　　（2）分类与筛选　为了提高卵母细胞的成熟率，对回收的卵母细胞进行分类、筛选。根据外部形态特征及培养后的成熟能力，分为以下 4 种。

　　第一种，形态正常而卵丘细胞细胞层致密的卵子；

　　第二种，卵丘细胞层部分脱落的卵子；

　　第三种，卵丘细胞全部脱落的裸卵；

　　第四种，细胞质发黑、卵丘细胞松散的退化卵子。

　　在这 4 种卵子中，前两种占 70%~80%，可用于体外培养。

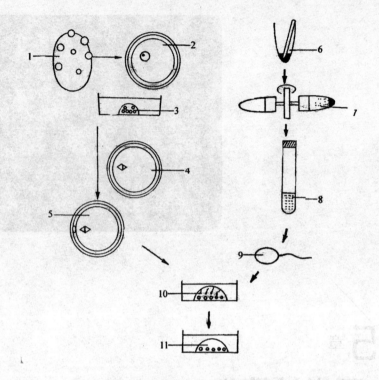

图 25-1　哺乳动物体外受精示意

1—卵巢；2—GV 期卵母细胞；3—卵母细胞成熟培养；4—MI 期卵母细胞；5—MⅡ期卵母细胞；
6—精液解冻；7—精子离心洗；8—精子获能处理；9—获能精子；10—体外受精；11—胚胎培养

（3）卵细胞培养　对卵母细胞的成熟培养，是在 39℃、5% 二氧化碳、90%~100% 湿度的二氧化碳培养箱内进行，用成本较低容易得到的绒毛膜促性腺激素和阉牛血清作培养基，培养 24~26 小时，培养卵子成熟率达 70%~90%。

（4）精子的获能　未获能的精子活力再好也不能使卵子受精。将牛精子，包括鲜精和冷冻—解冻精子，用含有咖啡因等的培养液离心洗涤 2~3 次，制成精子悬浮液。最终处理 1 分钟后用于授精，其效果稳定而显著。

（5）成熟卵受精　受精的前提是卵子成熟适度、精子获能充分，故采用微小滴培养法，从成熟培养后的卵子中选择卵丘细胞层明显扩展的卵子，移入石蜡油覆盖下的受精用培养基微小滴内，再加入获能精子，在二氧化碳培养箱内共同温育 6~10 小时，受精率达 90%。

（6）受精卵发育　为使受精卵继续发育为可供移植的胚胎，还要经过受精后的培养。以假孕处理的家兔作为中间受体，进行培养，同时将另一部分受精卵直接用含有牛血清、丙酮酸钠等培养，结果使 2~8 细胞胚的发育率达 65%。继续培养 6~7 天后，有 30% 左右的胚胎突破了 8- 细胞阻滞而发育为可供非手术移植的桑葚胚和囊胚。

（7）早期胚移植　对 18 头受体牛共移植 43 枚胚胎，结果有 3 头牛受胎，其中 4- 细胞手术移植 1 头，桑葚胚——囊胚期胚非手术移植两头。

结果显示，分娩 3 头公犊，一举创造了真正的国产试管牛。

精子获能的发现

早在 1893 年，Onanoff 企图在豚鼠和家兔上进行进行体外受精以来，直至 20 世纪五十年代初，各国科学家开展的动物体外受精试验中，仅仅是把精子与卵子"汇合"在一起，结果始终未获成功。几经分析，才洞悉其原因就在于当时不知道精子与卵子结合之前，还有什么准备过程。精子受精前的准备，首先由张明觉（1951）和 Austin（1951）分别发现的，并称之为精子的受精能获得或简称精子获能，亦有称精子赋能作用的。

张明觉早在 1951 年前，进行过许多体外受精的研究，但无论取附睾的精子或射出的精子，采用各种方法，均未获得成功。后来他在撰写一篇关于哺乳动物体内受精的综述时，发现一个值得思考的问题：精子在雌体生殖道内运行至受精部位的时间，总比发情至排卵之间的间隔时间短，而在受精地点，精子总要等候卵子。他分析，以前的体外受精不能成功必定有原因。他起初考虑是否是精子数量少的原因，但经查证，在体内正常受精时，输卵管内找到的精子数量较少。因此精子等候卵子不是由于精子数量少。于是他设计了一系列试验，给兔注射绒毛膜促性腺激素 10 小时后诱发排卵，在注射绒毛膜促性腺激素后不同时间内剖腹，把精子直接放入输卵管观察卵的受精情况。结果发现兔精子必须在输卵管内停留 6 小时才具有受精能力。他又用兔子宫液或离体子宫孵育或保存兔精子，也获得了受精卵。于是得出结论，精子在受精前必须在子宫或输卵管内进一步发生机能上的成熟，才具有受精能力。

对于哺乳动物精子获能的机理，总的看来，精子获能是在子宫和输卵管内发生，并在输卵管内完成；子宫液、输卵管液、卵泡液和卵丘与精子获能有关，但动物不同，各种因素的获能能力有差异，参与获能的因子主要决定于大分子，这种大分子受激素的调节。

在活体内，精子获能所需要的时间，因动物种类不同而异，牛精子获能所需时间为 2~3 小时或 20 小时。

精子获能的发现，是哺乳动物卵子受精方面的一个划时代的重要成果。在这一理论的指导下，1978 年"试管婴儿"首例诞生。"试管牛"就是在"试管婴儿"成果的启迪下，为人类谋幸福又开辟了新的途径。

在精子获能的发现与研究中，张明觉（M.C.Chang）功不可没。其主要贡献有：发现保存精子需逐步降温，要防止精子快速降温；与华尔登（Dr.A.Watton）合作，使世界上第 1 头用人工授精孕育的牛犊成功，为提高种公牛利用率和畜种改良起了先驱作用；1947 年首先报道，在 0~10℃保存兔受精卵，3 日后移植到另一母兔的输卵管，获得正常产仔；1950 年提出卵龄和子宫内膜发育期同步化的理论，为家畜胚胎移植提供了理论依据，为控制人类生育指明了新的方向；1951 年在兔的实验中发现，精子必须在雌性生殖道内经历某些生理、生化变化才能获得与卵子结合的能力，称为"精子获能"。1959 年从母兔生殖道回收的获能精子和卵子在体外受精，将受精卵移植到另一母兔的输卵管，产下遗传上相似于原父母的子代，首次证实哺乳类卵子能在体外受精；世界上第一例试管动物是张觉明用体外获能精子对兔卵进行体外受精而获得的。因此，他被誉为"试管婴儿之父"。1953~1956 年，在动物上试验 30 余种甾体激素的抗生育效果，发现有两种最为有效；随后又和 Pincus 研制成"事后丸"妇女避孕药，免去每日服药的麻烦，张明觉和 Pincus 被称为"避孕药之父"。这位对人类作出巨大贡献、著述等身的科学家张明觉先生，于1991年与世长辞，终年83岁。

精子获能的机理

哺乳动物的精子在刚射入雌性生殖道时，尽管运动活跃，但不能使卵子受精，精子此时还不具备受精能力，必须在雌性生殖道内经过一段时间，发生生理及形态学变化才获得受精能力。自然状况下，精子获能是在雌性的生殖道内进行的，从子宫开始到输卵管的壶腹部完成。获能包括精子的超激化的运动、精子膜蛋白的变化、膜流动性的变化，直到顶体反应的发生，才标志着获能的完成。精子获能所需的时间因动物的种类不同而异，但没有种的特异性。

尽管精子可在雌性生殖道的任何部位获能，但其中输卵管的下段（峡部）发挥了主要作用。在牛等动物，成千上万的精子可聚集在输卵管峡部，运动力下降，其中很多精子贴附在该部位的上皮上。精子在峡部停留一段时间后，于排卵后数分钟恢复活力，呈现一种称之为超激活运动的强有力的拍打运动。超激活运动协助精子脱离输卵管峡部上皮，向输卵管壶腹部运动，但最终达到受精部的数量很少，根据动物种类不同，精子与卵子的比例为1~10∶1。

在获能过程中，精子的质膜发生许多生化变化，包括外周糖蛋白的移去或改变、内部糖蛋白的重排、膜内胆固醇的外流、膜内某些磷脂的分布变化等。

卵子释放的物质可引起精子的化学激活和趋化运动。哺乳动物排卵后数分钟，聚集在输卵管峡部的精子开始向受精部位运动，也不排除卵子或卵泡释放某种因子刺激精子运动，引导精子向卵子移动。

一旦精子发生顶体反应，失去头部质膜，暴露顶体内膜，发生顶体反应的精子能穿过透明带。具有完整顶体的获能精子能穿过卵丘，但不能穿过透明带。顶体反应是精子穿过透明带的前提。不同动物精子发生顶体反应的位置不同，至少在某些动物，精子发生顶体反应的位置决定着精子能否成功地穿过透明带。

Ca^{2+}在顶体反应的膜融合中发挥重要作用。外源Ca^{2+}对顶体反应的发生是必要的。在牛精子发生顶体反应时，其内部的Ca^{2+}水平迅速上升，pH值升高，最终导致顶体外膜和质膜的融合。

只有发生顶体反应的精子才能与卵质膜结合并融合。在顶体反应过程中，顶体赤道段的质膜，是精子首先与卵母细胞膜融合的区域。在融合过程中，整个精子的质膜，包括尾部质膜，都融合到受精卵细胞膜中，而顶体内膜则随精子一起进入卵子。

精卵融合后，颗粒内容物进入卵周隙，即发生皮质反应。精卵融合后，精子激活卵子。

在哺乳动物，精子通过与卵子膜上的整合素结合而激活卵子，即可反馈抑制整合素再与精子结合，阻止多精受精。透明带反应在多精受精阻止中发挥重要作用。皮质反应后，皮质颗粒内容物释放，作用于透明带，精子不能再与透明带结合，已部分进入透明带的精子不能再穿过透明带。

哺乳动物卵子皮质颗粒中的过氧化物酶也可引起透明带变性。透明带变性在多精受精阻止中也发挥重要作用。

精子入卵后，核膜崩解，染色质去致密；同时，卵母细胞减数分裂恢复，释放第二极体，去致密的精子染色质和卵子染色质周围重新形成核膜，形成雄原核和雌原核。原核形成以后，DNA 才开始复制。雌原核和雄原核形成的速度无差异或差异不大。由微丝作用而实现雌雄原核的靠近，即配子配合。

牛精子体外获能

根据精子的获能现象和机理，已经设计出多种牛精子体外获能方法，其中较为常用的有以下几种：

（1）泳动—爬高肝素诱导法　解冻后的牛精液，多用于泳动 – 爬高收集法分离活精子，即在直径为 0.5 厘米的四支试管中分别加入 0.8 毫升泰洛氏乳糖溶液，用滴管小心地将 0.2 毫升解冻液加到试管的底部，在 39℃，5% 二氧化碳环境下孵育 1 小时，随后将试管中上部 0.8 毫升的精液移入离心管中，离心 15 分钟，弃去上清液，测定精子活力和密度，精子活力一般可达 80% 以上，然后将精子密度调整到 2 亿精子 / 毫升。在精子悬浮液中加入肝素，使其最终浓度为 10 微克 / 毫升。然后在 39℃，5% 的二氧化碳环境下孵育精子 1 小时后精子即已获能。

（2）Percoll 梯度分离精子、输卵管液孵化法　制备 90% 和 45% 的两种浓度的 Percoll 液，在 15 毫升离心管中加入 2 毫升 90% 的 Percoll 液，再缓慢加入 2 毫升 45% 的 Percoll 液，做成 Percoll 梯度液。将一支解冻精液沿管壁慢慢加入离心管中。离心 30 分钟。离心后，马上用巴氏细管吸去上清液，然后再沿管壁慢慢加入 1 毫升人工合成的输卵管液，轻轻摇晃离心管，使其混合。

（3）咖啡因和钙离子混合法　用含有 5 毫摩尔浓度咖啡因的输卵管液先将精液稀释为精子悬浮液，离心 2 次，精子最终浓度为 0.1 微摩尔浓度，IA（Iinonophore.A.2318，钙离子载体）处理 1 分钟，有较好的获能精子。

精子获能后，呈现出超活化运动和进行顶体反应。顶体反应释放了精子头部的酶，来溶解卵子周围的透明带和卵丘，超活化运动使精子具有向前急冲的能力。

获能是细胞连续不稳定化，最后导致精子死亡的过程。在特定的环境条件下，比如局部碳酸氢盐的浓度升高，会激活引起获能的分子转运，随后加快精子细胞膜不稳定化的一系列过程。当这种不稳定化程度达到一个阈值时，精子就会获能。这种不稳定性是精子和透明带接触时，精子细胞膜功能开始退化，并越来越不能维持细胞的内环境。因为外界环境中的钙离子不断进入精子质膜和顶体外膜之间，游离的钙离子分解磷脂为融血磷脂和游离脂肪酸，方便了精子质膜和顶体外膜的融合。随着融合面积扩大，精子就会出现自发的顶体反应。并且精子维持其活力的能力下降。当精子的内容物释放出后，精子就失去再次和透明带牢固结合的能力。在体内，过早的获能，使精子和卵子接触前就死亡。获能和顶体反应具有严格的时间性，过早或过迟都不利于卵子的受精。

牛精液在冷冻前，常用含有卵黄的稀释液保存几小时，卵黄含有多种蛋白质和脂质，其中氨基葡聚糖较多。氨基葡聚糖也存在于输卵管液，是引起获能的物质。冷冻过程导致精子强烈脱水，并且高渗溶液能促进细胞膜不稳定而获能，这就是冷冻—解冻后的多数精子能进行顶体反应的原因。

牛卵子体外受精

在精子获能的研究启发下，科学家认识到卵子受精前亦会有所准备。哺乳动物的卵子大都在输卵管壶腹部上段受精。卵子不是一排出就在卵管起始部受精，而必需运行一段距离至壶腹部上段才受精。估计受精前在运行过程中卵子和射出的精子一样，也需要经历一个生理上的进一步成熟过程。在这段时间内卵子的变化：

卵的皮质颗粒在排卵后继续向卵周围移近，卵排卵后继续增加皮质颗粒的数量；通常，当皮质颗粒数量达最大时，卵子的受精能力最高。

卵透明带表面露出许多终端糖残基，具有识别同源精子与其发生特异性结合的作用。

通过电镜观察发现，刚排出的体腔卵和子宫卵的卵黄膜有不同的亚微结构，前者的卵黄膜由一些成束的细纤维交叉形成，其表面呈蜂窝状；后者的卵黄膜中，细纤维束呈平行排列，因而表面变光滑。体腔卵的卵黄膜不能被精子附着，而子宫卵的卵黄膜却能被精子穿入。这些变化都是卵进入输卵管后发生的。输卵管分泌物对卵子在受精前的准备是需要的。

牛卵了体外受精可以用来在体外生产大量胚胎，充分利用优质母牛卵巢中的卵母细胞，迅速繁衍良种，而且可以提供特定发育阶段的胚胎供基因转移、细胞核移植、胚胎嵌合和性别选择等的利用。

体外生产牛胚胎，是加快和缩短牛繁殖周期的重要手段之一，主要是从屠宰场得到的卵巢上采集卵母细胞，经过体外成熟，体外受精和早期胚胎体外培养，达到桑葚胚或囊胚，再用于胚胎移植。

屠宰牛卵巢采卵

牛被宰杀后30分钟内将卵巢摘下，用生理盐水冲洗，然后放入盛有37℃灭菌生理盐水的广口保温瓶中带回实验室。从取卵到带回实验室开始抽取卵母细胞一般在1~4小时内，时间越短越好。用37℃经过滤的改良磷酸缓冲液液冲洗卵巢3次，用灭菌滤纸吸干卵巢表面。从卵巢表面选择2~6毫米大小的卵泡，用吸有37℃改良的磷酸缓冲液液的10毫升注射器抽取卵母细胞。

从卵巢中采集到的卵母细胞外面有多层卵丘细胞包围，称之称卵丘—卵母细胞复合体。为了提高卵母细胞的成熟率，对回收的卵母细胞需进行分类、筛选，详见"我国首例试管牛"的其中4种卵子分类。

在实体显微镜下挑选出前两种卵母细胞用于成熟培养。培养24~26小时后，在实体显微镜下选择卵丘细胞扩散较好的卵母细胞，移到透明质酸酶溶液中，震荡或以小口径捡卵管（微玻璃管）反复吹打脱去周围的卵丘细胞，把有第一极体排出卵母细胞作为成熟卵母细胞。

结果显示，用此方法培养的卵母细胞，成熟率70%~80%。

注意事项

对回收的卵母细胞进行分类筛选十分必要。只有外观正常、卵丘细胞层完整而致密的卵子和外观正常卵丘细胞层部分脱落的卵子，经体外成熟后方可获得较高的成熟率。

卵母细胞体外成熟无菌培养极为关键。试剂配制时必须保持环境清洁。用滤器过滤时注意无菌操作，最好在超净工作台中过滤。所用滤器均为 1 次性使用的无菌滤器。所用试剂的渗透压及 pH 值要保证在一定范围内。

活体牛卵巢采卵

活体采卵是生产试管牛的关键技术之一。它可反复从良种奶牛体内采集卵母细胞生产胚胎，以提高其繁殖效能、缩短世代间隔、加速育种进程，而且具有胚胎生产成本低、效率高、对供体奶牛的生产和繁殖性能无不良影响等特点。

活体牛采卵方法

（1）盲采法 采用简易牛活体采卵器，穿刺杆后连接负压机，前端有穿刺针，通过阴道穹隆直接从卵巢表面采卵。由于完全凭感觉和经验穿刺吸卵，回收率低，对卵巢损伤大，采卵间隔时间较长。

（2）超声波引采法 探头通过阴道壁接触卵巢遇到不同组织如卵泡或黄体时，接受不同的反射波，在荧屏上显示黄体、卵泡等卵巢结构明暗不同的组织横截面图像而采卵。优点是操作速度快，对母牛阴道损伤小，卵母细胞回收率高达 41%~55%，采卵间隔时间短，可每周两次对母牛进行采卵，亦可对妊娠、泌乳母牛采卵。缺点是操作技术难掌握，并需购买昂贵的超声设备。每次采用超声波引采法采卵回收率 41%~53.9%，每次头均采卵 5.48~6.1 枚。

（3）内窥镜采卵法 已成为替代超声波引采法的一种实用技术。具有简便、非手术、可在同一头母牛重复使用等优点，卵母细胞总回收率可达到 75%。此外，通过内窥镜还可以对母牛体内的生殖系统及组织进行检查，甚至可以进行子宫角或输卵管的胚胎移植。

首例活体采卵犊

在浙江省农科院畜牧所和山东农科院生物中心曹县试验牛场，移植受体牛 17 头，60 天妊检诊断妊娠 4 头，1998 年 7 月 14 日，出生了我国首例活体采卵牛犊。

供体为 44 头成年荷斯坦奶牛，饲养在半封闭式牛舍，饲草料充足，管理良好。活体采卵前经初步诊断，其中 24 头繁殖性能正常，20 头有繁殖疾患或对超排不敏感的。分别在母牛发情当天、发情 7 天和发情 7~15 天，进行活体采卵。对 10 头供体牛采卵操作时，记录卵泡穿刺次数及回收卵母细胞数，计算卵母细胞回收；在回收卵母细胞中，包裹 2 层以上的紧密颗粒细胞的为可用卵；记录所有供体牛的健康状况、采卵时间、回收卵母细胞数及可用卵母细胞数。

活体采卵操作步骤

① 自制简易采卵器，由持针器、三通导管和真空泵三部分组成。三通导管呈"Y"字形，采卵时分别取采卵针，集卵管和冲卵管连接。配制采卵液。

② 按常规胚胎移植操作规程对供体牛进行保定，根据牛体重大小，肌注 0.5~1.0 毫升静松灵进行全身麻醉。清除直肠内宿粪并清洗消毒外阴部。

③ 操作者一手伸入直肠把握固定卵巢，另一手将采卵器的持针器连同导管送至阴道子宫颈穹窿处预备采卵的一侧，对准卵巢位置穿刺，同时用脚踏开关开启真空泵，在采卵针刺入卵泡时产生瞬间 8.7~10.0 千帕汞柱负压，将卵母细胞连同卵泡液吸入导管进入集卵管。

结果显示，活体采集卵母细胞回收率 49.2%。在试验中，利用简易采卵法分别采集了 20 头非健康牛和 24 头健康牛卵巢卵母细胞。健康牛的平均采集卵母细胞数及可用卵母细胞数均显著高于非健康牛。从发情第 7 天和第 7~15 天供体牛所获卵母细胞数和可用卵母细胞数均高于发情当天的。将活体采卵获得的卵母细胞进行体外成熟和体外受精、培养。卵母细胞分裂率和桑囊率分别为 67.7% 和 15.2%。

卵母细胞的回收

从屠宰场采集卵巢后，立即投入 37~39℃ 含有青霉素 200 单位 / 毫升、链霉素 80 单位 / 毫升的灭菌生理盐水中。尽快送回实验室，在 37.5℃ 冲洗干净。

卵母细胞采集方法

（1）割破法　用手术刀片将卵巢表面 2~6 毫米卵泡割破，使卵泡液缓慢流入基础培养液中。

（2）抽吸法　用带有 12~16 号针头的注射器先抽取一部分基础培养液，然后抽吸卵巢表面 2~6 毫米的卵泡，再缓慢推到含有基础培养液的培养皿中。

（3）十字交叉切割法　在一个有基础培养液的培养皿中，先将卵巢对剖开，然后做深层卵母细胞采集。

卵母细胞的体外成熟培养：在显微镜下，选出可用卵母细胞，将卵母细胞放入新的平皿中浸洗。在平皿中制作数个培养液微滴，每个微滴 40 微升，然后将平衡好的石蜡油倒入平皿，将微滴覆盖。每个微滴中放入 20 个卵母细胞。放入 38.5℃、5% 二氧化碳的饱和湿度中培养。

输卵管上皮细胞的传代培养：把牛的输卵管剪开，暴露上皮，用小剪刀背部轻刮上皮组织到培养液中，培养 24~48 小时，使其形成单层。原代培养每 48 小时换液 1 次。待原代细胞汇合成片，占平皿 80%~90% 时，进行传代培养。

体外受精的步骤

① 取细管冻精 2 支，解冻。注入盛有 1~2 毫升获能液的锥形小管底部。在二氧化碳培养箱中倾斜放置 1 小时，使精子上浮。吸取上清液 0.5~1.0 毫升，注入另一加有 2.0 毫升洗精液的离心管中离心 5 分钟，洗涤 2 次。

② 在 1~2 毫升获能液中，加入沉淀精子 50~80 微升，放在二氧化碳培养箱静置 30 分钟，使精子在上浮过程中体外获能。

③ 在培养皿中准备 50 微升的受精液微滴。将培养成熟的卵母细胞用吸管反复吹打剥去卵母细胞周围的部分卵丘细胞，然后在受精液中洗涤 2 次，每个微滴中加入 20 个成熟卵母细胞，每个受精微滴移入 50 微升获能处理的精液。培养 17 小时检查受精率，以第二极体出现或经固定染色后观察到雌雄原核和精子尾部为受精判定。

胚胎的体外培养步骤

① 将回收卵子后的卵泡液离心，用 0.2% 透明质酸酶预处理 5 分钟，离心后弃上清液；再加入培养液离心洗涤 3 次，当细胞浓度最终约 100 万 / 毫升时，制成 100 微升培养滴，培养 48 小时后备用。

② 体外受精 24 小时后，从受精滴中移出假设的合子，在发育培养液中清洗 3~5 次，再移入提前准备的培养液微滴（在培养皿中准备 250 微升的培养液微滴，覆盖石蜡油，放入 38.5~39℃、5% 二氧化碳饱和湿度培养箱中平衡 1 小时）和制作的输卵管上皮原代和传代细胞单层培养系统中培养。每隔 48 小时半量更换培养液。48 小时观察卵裂率，120 小时观察囊胚发育率（桑葚胚率）。

结果显示，分别用抽吸法和割破法处理采集到的卵巢共 44 个，在镜下检查对比：抽吸法回收率 86.19%，割破法回收率 78.46%，两种方法回收率差异不显著。抽吸法和割破法得到的 A、B、C 级卵母细胞的比例分别是 40.41%、46.27%、13.32% 和 57.34%、35.43%、7.23%。割破法得到的 A 级卵母细胞显著高于抽吸法，抽吸法得到的 B 级、C 级卵母细胞显著高于割破法。从收集到的 A、B 级卵母细胞来看，割破法更有利于卵巢卵母细胞的采集。

将屠宰场采集到的卵巢根据有无黄体分为两组，取有黄体和无黄体的卵巢各 20 枚进行试验，观察有无黄体对卵母细胞数量、质量以及成熟率的影响。试验中使用的有黄体的卵巢均取黄体直径 0.5 厘米以上的卵巢。试验表明，有黄体的平均卵泡数只有 11 个，明显低于无黄体的卵巢。在相同的培养条件下，无黄体的卵巢卵母细胞的成熟率 84.33%，显著高于有黄体卵巢卵母细胞的 74.32%。这表明，黄体体积越大，采集到的卵母细胞数量越少。

用割破法采取卵巢表面 2~6 毫米卵泡卵母细胞，用"十字交叉"切割法采取卵巢深层卵母细胞进行 IVM、体外培养比较。结果表明，卵巢表面卵泡卵母细胞的卵裂率 54.76%，高于深层卵母细胞的卵裂率，但二者无显著差异。

将共同培养试验分成 5 组：第 1 组 IVM、体外培养时添加输卵管上皮细胞和卵丘细胞；第 2 组 IVM 时添加卵丘细胞、体外培养时添加输卵管上皮细胞；第 3 组 IVM、体外培养时添加输卵管上皮细胞；第 4 组 IVM、体外培养时添加卵丘细胞；对照组不添加细胞。

结果显示，IVM 时添加卵丘细胞、体外培养时添加输卵管上皮细胞的第 2 组培养系统中，其成熟率、卵裂率和囊胚发育率（桑囊胚率）极显著高于对照组，其成熟率显著高于 IVM、体外培养时添加输卵管上皮细胞的第 3 组，且其卵裂率和囊胚发育率与只添加卵丘细胞的第 4 组也存在显著差异。第 3 组的卵裂率和囊胚发育率也显著高于对照组。

随着胚胎生物技术的不断扩展延伸，牛的 IVM- 体外受精 – 体外培养胚胎的培养体系不断完善，牛的胚胎体外生产将取得飞速发展。胚胎的体外培养技术也因此在整个胚胎完全体外生产化的体系中发挥着核心作用，尤其是体外共培养体系的建立更佳地模拟了胚胎在体内的发育环境，这对于克服哺乳动物早期胚胎发育阻断具有非常重要的作用。而且，体外共培养系统中各种体细胞的混合培养以及一些生长因子的添加都极大地推动了体外受精技术的进一步完善，从而大大加速了胚胎体外生产的实用化、商品化过程，同时改善体外培养条件、提高核移植的活力和桑葚胚的发育率是实现克隆动物的关键环节，对保护濒危野生动物质资源也具有重要意义。

犊牛的活体采卵

对照组 20 头,激素处理当天为 0 天,埋植孕激素阴道栓,在第 6 天、第 7 天注射促卵泡素(40 毫克、30 毫克、30 毫克、30 毫克),第 8 天手术法采卵,同时撤栓。

处理组 22 头,激素处理当天为 0 天,埋植孕激素阴道栓,同时肌注雌激素 0.5 毫克,第 6 天、第 7 天注射促卵泡素(40 毫克、30 毫克、30 毫克、30 毫克),第 8 天手术法采卵,同时撤栓。

采卵方法:采用普通外科手术法活体取卵。肌注速眠新全身麻醉后,头部朝下仰卧保定于专用手术架,将手术部位洗净、刮净被毛,局部消毒后实施手术,腹部切口,手指探查卵巢,先将一侧卵巢牵拉到腹腔外,观察卵泡发育情况,用带有 9 号针头的 10 毫升注射器(内有 3 毫升采卵液)抽吸 2~8 毫米卵泡,同样方法采集另一侧,之后迅速拿到无菌室检卵。

卵母细胞的鉴定:准备胚胎过滤器,并在直径 33 毫米塑料平皿中注入 2 毫升改良的磷酸缓冲液,上覆盖矿物油,放置在 38℃ 恒温板上;同时,在 4 孔培养板每孔内注射 350 微升成熟培养液洗液,上覆盖矿物油,放在恒温板上。吸 20 毫升预热的改良的磷酸缓冲液冲洗过滤器使其润湿。轻轻将回收液倒入过滤器中,并冲洗净离心管及瓶盖。用预热的改良的磷酸缓冲液反复冲洗胚胎过滤器两侧的尼龙网,直至液体变得清澈为止。留下适量含有卵母细胞的采卵液,在体视显微镜下镜检。将捡出的卵子放入预热改良的磷酸缓冲液中,连检 3 遍后鉴定分级。在实体显微镜下进行观察,细胞质特别致密、光线不能透过或微能透过、显微镜下呈黑色至略显深灰色的卵丘 – 卵母细胞复合体为 A 级;细胞质比较致密、能透过部分光线、显微镜下略呈淡灰色的卵丘 – 卵母细胞复合体为 B 级;C 级主要是胞质不均一、外形不规则或无颗粒细胞包裹即裸卵。A 级和 B 级为可用卵丘 – 卵母细胞复合体。

结果显示,不同超排方案对犊牛进行超排,对照组的 20 头犊牛活体采卵后获得 1272 枚卵母细胞,处理组获得 1215 枚卵母细胞,平均获卵数之间差异不显著;但是处理组获得的可用卵母细胞数 931 枚多于对照组的 468 枚,其处理组获得平均可用卵数(42.32 ± 37.74)枚,显著高于对照组的(23.40 ± 11.47)枚。

在本试验中,通过激素诱导犊牛卵泡发育,犊牛之间差异较大。在获卵总数方面,获卵数量小于 20 枚的有 13 头,大于 40 枚的有 18 头,其余 11 头获卵数量在 20~40 枚。

在获得可用卵母细胞数量方面,有 24 头犊牛获可用卵总数小于 20 枚,有 10 头犊牛获可用卵总数大于 40 枚,其余 8 头获可用卵数介于 20~40 枚。换言之,约 24% 的犊牛经过超排获得了约 60% 的可用卵母细胞。

本试验对 42 头犊牛进行了激素诱导处理,其中 40 头为 8 周龄犊牛,2 头为 16 周龄犊牛,激素处理方案相同。在手术过程中发现,16 周龄犊牛在正常术部开口后仅用手指无法探查到卵巢,并无法将其牵拉出腹腔外。这说明犊牛体尺增长较快,骨盆纵向生长快,而子宫生长较慢。

注意事项

激素诱导方法对卵母细胞数量和胚胎发育有很大的影响。因此,在对犊牛激素诱导处理时激素方案的选择至关重要。由于激素诱导方案的多样和供体选择的差别得出的结果都不一致，因此，犊牛激素诱导方案和激素的选择还需进一步优化。

用 B 超检测诱导前有腔卵泡数与诱导后卵泡数显著相关，这样可以选择诱导前有腔卵泡数较多的供体进行激素处理，以获得数目较多、质量较好的卵母细胞，节约成本，提高胚胎体外生长技术的可行性。

若要进一步验证获得卵数量与犊牛周龄是否成正比，还需扩大犊牛激素诱导数量，改进大日龄犊牛采卵方法。

犊牛超排与活采

在北京市延庆县一规模化奶牛养殖场，对 42 头 2~3 月龄荷斯坦犊牛，开展了超排与活体采卵试验。随机选取 12 头为试验组，同时随机抽取 12 头未经处理同龄犊牛为对照组。观察记录两组的初次发情、排卵时间、卵巢发育大小和一次发情受胎率。在达 16 月龄体成熟后，对两组牛开展冻精人工授精试验，比较两组母牛的情期受胎率；同时用 B 型超声波检查卵巢，比较两组的卵巢发育情况，对其成年后的繁殖性能进行跟踪研究。

试验组犊牛卵泡诱导处理：以任意一天为第 1 天，放置孕酮阴道栓，第 6 天、7 天连续两天分 4 次注射促卵泡素，注射剂量为 40 毫克、30 毫克、30 毫克和 30 毫克。第 8 天在乳房前沿、腹中线附近手术，手指从切口深入腹腔，用食指与中指夹取子宫角，将卵巢与子宫角拉出体外。然后用国产带 9 号针头的注射器抽取卵泡。双侧卵巢抽吸完毕后，在卵巢上涂抹矿物油，防止卵巢发生粘连。最后，将卵巢与子宫角放回腹腔，缝合切口并对创口消毒。术后连续注射青、链霉素 7 天。对照组不做处理。

结果显示，2~3 月龄的犊牛用激素诱导卵泡发育并手术活体采卵，对其初次发情、排卵日龄无影响。本试验跟踪观察了 12 头超排活体取卵犊牛，其一次情期受胎率 58.33% 与对照组受胎率相同。

在跟踪试验中，用 B 型超声波诊断仪对两组青年牛间情期的卵巢大小进行测定。结果表明，犊牛超排处理后，其卵巢的长度明显大于对照组；卵巢的宽度和厚度也大于对照组，但差异不显著。此外，直肠触摸检查发现，实验组的卵巢不规则，卵巢上有手术采卵愈合后留下的疤痕硬块，但不影响卵巢上卵母细胞的发育并形成卵泡。

注意事项

在犊牛 2~3 月龄时，利用促卵泡激素处理，促卵母细胞发育并形成大量卵泡，然后进行手术活体采卵。本试验中每头犊牛平均获得 46.4 枚卵母细胞，其中 1 头获得 128 枚卵母细胞。在理论上，采集的这些数量卵母细胞不影响犊牛成年后的卵母细胞发育。

在犊牛活体采卵后，卵巢表面留下许多针眼，部分针眼处有少量出血，为了防止卵巢粘连，本试验在犊牛卵巢表面涂抹灭菌矿物油。试验证明，手术处理得当，不影响犊牛成年后的排卵与受精。

本试验的犊牛超排活体采卵，对其成年后的首次发情排卵时间无影响。犊牛超排后，其卵巢直径平均达到 2.2 厘米，最大达到 3 厘米，卵巢直径增大数倍。这表明，犊牛进行超排处理后，增大的卵巢可以延续到其成年后，影响其成年的卵巢生长与形态发育。

总之，只要采用合适的激素处理与手术方法，2~3月龄的犊牛用激素诱导卵泡大量发育进行手术活体采卵后，虽然其卵巢体积增大，并延续至其成年后，但对成年后的繁殖性能没有影响，因此对犊牛开展超排体外胚胎生产后不影响犊牛的使用价值。

腔前卵泡的利用

牛卵巢皮质层内存在有大量的腔前卵泡。从卵巢上分离腔前卵泡，通过体外培养技术获得有腔卵泡的卵母细胞。

长春市清真屠检有限责任公司从刚屠宰的母牛腹腔取出卵巢，放入盛有30~37℃含青霉素、链霉素的生理盐水保温瓶中，2小时内运回实验室。去除卵巢韧带、系膜等结缔组织，并用37~38℃的70%酒精浸润10~15秒后，在无菌条件下再用37~38℃的改良的磷酸缓冲液清洗3次备用。

在无菌条件下，根据卵巢大小，用皮肤移植刀从卵巢表面切割成0.6~1毫米厚的皮质块。在无菌环境中，用适量含青霉素、链霉素的37~38℃改良的磷酸缓冲液冲洗卵巢和皮质块2次，冲洗液备检。

用眼科剪将皮质块在培养液中剪成2立方毫米大小，用直径450微米孔径网筛过滤，收集滤液。

将网筛上的碎片移到改良的磷酸缓冲液中剪碎，再用300微米孔径网筛过滤，收集滤液。滤液和上述冲洗液在37℃培养箱中静置15分钟后，在放大90倍以上的解剖镜下镜检，选取形态正常的腔前卵泡。在装有显微测尺的倒置相差显微镜下，根据腔前卵泡直径分类计数，并计算每小时的总检卵率。

结果显示，用皮肤移植刀切割、剪碎、分级过筛，机械分离牛卵巢腔前卵泡、皮质块和卵巢的冲洗液及皮质块剪碎后分级过筛的滤液，经镜检回收的卵泡数统计数。

由于采用了分级过滤冲洗，使卵巢皮质块中的腔前卵泡充分释放，并将由于机械破坏而损失的卵泡数量减少到最低程度。洗液和滤液在高倍体视镜下，用移液器吸取腔前卵泡，并将腔前卵泡在培养液中冲洗3遍。使用这种方法所得的腔前卵泡，准确率高且杂质少，可有效提高每小时检卵率。

注意事项

由于酶消化的方式常会破坏腔前卵细胞的结构而影响卵泡体外发育的生活力。因此，应更倾向于用机械法分离腔前卵泡。

腔前卵泡包括原始卵泡、初级卵泡和次级卵泡，主要位于卵巢的皮质外层，靠近卵巢表面上皮，有成群分布的趋势。因此根据卵巢大小，通过皮肤移植刀的调节旋钮控制切割厚度，能准确得到不同厚度的卵巢皮质块，从而可得到不同发育程度和大小的腔前卵泡。在培养液中充分冲洗用皮肤移植刀切割卵巢所得的皮质块和切割后的卵巢，冲洗液在高倍体视镜下镜检，就能获得直径在150微米的次级卵泡，不仅可减少卵巢上剩余的腔前卵泡的丢失，而且还减少了皮质块中大腔前卵泡在剪碎过程中的机械破坏。卵巢皮质块用眼科剪切成剪碎，根据剪碎程度分别用直径450微米和直径300微米的网筛过滤冲洗，可使皮质块中的腔前卵泡充分释放，并减少了皮质块中腔前卵泡在剪碎过程中的机械破坏率，从而可以在很大程度上提高腔前卵泡的回收效率。

为减少机械分离法所获得的腔前卵泡的死亡率，应尽量缩短处理卵巢和检卵的时间，提高检卵效率。

体外生产牛胚胎

利用高产淘汰奶牛的卵巢，在实验室生产胚胎，极大地降低了胚胎生产成本，并进一步发挥了高产奶牛的作用，加速优秀奶牛群的繁殖。犊牛体外胚胎生产技术是国际上一项十分先进的繁殖生物技术，它可以使犊牛在 1 岁时就能获得 3~4 头后代，与自然繁殖相比，其世代间隔由 2.5 年缩短为 1 年，极大地提高了繁殖速度。

体外生产牛胚胎步骤

（1）卵母细胞采集　准备好广口保温瓶，内装有 36℃ 的灭菌生理盐水或改良的磷酸缓冲液，于屠宰场，在屠宰后 1 小时内，从性成熟的、最好知道品种及年龄的奶牛体内，取下卵巢，放入广口保温瓶中，在 3 小时之内送回实验室。实验室温度保持在 25℃ 以上，尽量做到无菌，最好在超净工作台上操作，将卵巢从广口保温瓶中取出，放到磁盘内，用小剪刀剪去卵巢周围的韧带及残余的输卵管伞。用药棉或纱布，浸以加温的生理盐水或改良的磷酸缓冲液擦去卵巢表面血迹，并用 70% 酒精消毒卵巢表面。再用加温的灭菌生理盐水或改良的磷酸缓冲液洗卵巢 2 次，用无菌的滤纸吸干。

采集卵母细胞的方法有两种：一是抽吸法。此法采卵速度很快，但容易伤及卵母细胞外包裹的卵丘细胞，不利于培养成熟。二是剥离法。此法虽然繁琐费时，但对卵丘卵母细胞复合体的损伤较小，卵母细胞不易丢失。

（2）卵母细胞培养　在实体显微镜下，将平皿中的卵母细胞用灭菌的自制玻璃吸卵细管吸出，放入另一加有新鲜培养液的平皿中浸洗，用一定直径的平皿制作 8~10 个小滴，每 1 小滴用 TCM-199 培养液 50 微升。然后将平衡好的轻质灭菌石蜡油倒入平皿，将小滴覆盖。用玻璃吸管吸取已洗过的、胞质均匀透明、含卵丘细胞五层以上、完好的优质卵母细胞 20 个，放入一个小滴中，移置 38.5~39℃ 的二氧化碳培养箱中培养 23~24 小时。检测培养的卵母细胞是否成熟，可在实体显微镜下观察卵丘细胞。卵丘细胞扩散良好的，是已成熟的卵母细胞。最好用吸管吹打法或透明质酸酶分解法除去部分卵母细胞外包的卵丘细胞，以观察在卵周隙中是否有第一极体。第一极体释放率的高低，可以进一步说明卵的成熟情况。

（3）体外受精操作　取与母牛卵巢同品系的公牛细管冻精，在室温下经数秒后放入 35~37℃ 水浴中解冻。用 70% 酒精纱布擦拭细管后剪口，将解冻后的精液加入盛有洗精液的离心管中，在二氧化碳培养箱中倾斜放置 1 小时，使精子上浮。然后取出离心管，吸出上清液，注入另一个加有洗精液的离心管中，离心、清洗 2 次。用可调微量加样器吸沉淀精子液，加入等量受精液稀释，将处理过的精液放入二氧化碳培养箱中培育，使精子在体外获能。在凹形带盖玻璃培养碗中添加精液，在二氧化碳培养箱中平衡，在每个小碗中加入获能精子悬液，使精子在小滴中的浓度约为 100 万~1500 万 / 毫升。将体外培养成熟的卵母细胞，用培养液清洗 3~4 次，每个受精碗加入 20~30 个卵母细胞。将培养碗放入二氧化碳培养箱中培养。将受精培养碗从培养箱中取出，在实体显微镜下把卵母细胞从受精液中捡出，先用洗卵液洗 2 次，再用早期胚胎培养液洗 2 次，然后进行胚胎的早期体外培养。上述操作中均在 30℃无菌空气环境下进行。在实体显微镜下检查分裂的 2- 细胞胚胎数，记录 44~48 小时的 2- 细胞胚胎的百分数。

（4）早期胚胎培养　早期胚胎与颗粒细胞单层共培养，颗粒细胞单层的制备同前。胚胎体外培养发育至 8- 细胞时更换胚胎培养液，此时的基础培养液为合成输卵管培养液。将分裂的受精卵自培养碗中取出，把培养碗中的陈培养液用吸胚管吸出约一半，再添加一半已孵育好的新鲜合成输卵管培养液。用合成输卵管培养液洗涤受精卵 2 次。取卵裂球结构均匀、形态正常的胚胎，在每个培养碗中加入 5~10 个胚胎，放入二氧化碳培养箱中继续培养。96 小时后，同上更换胚胎培养液，继续培养胚胎，直至发育成囊胚。

犊牛产胚在北京

在北京奶牛中心良种牛场，选择营养状况良好、无病、9~12 周龄犊牛 36 头为供体犊牛，进行超排采卵试验。常规精液来自北京奶牛中心种公牛站同一头荷斯坦种公牛的冻精。

超排方案：将 36 头试验牛随机分为 3 组，每组 12 头。

第 1 组，埋植孕激素阴道栓当天为第 1 天；在第 5 天注射促卵泡素 80 毫克，分 2 次注射，每次 40 毫克；第 6 天注射促卵泡素 60 毫克，分 2 次注射，每次 30 毫克；在最后一次注射促卵泡素后 12~14 小时手术法采卵，同时撤栓。

第 2 组，埋植孕激素阴道栓当天为第一天，同时肌注雌二醇 0.5 毫克；第 5 天、第 6 天注射促卵泡素，方法、剂量同 1 组；在最后一次注射促卵泡素后 12~14 小时手术法采卵，同时撤栓。

第 3 组，埋植孕激素阴道栓当天为第 1 天，同时肌注雌二醇 0.5 毫克和孕激素 50 毫克；第 5 天、第 6 天注射促卵泡素，方法剂量同 1 组；在最后一次注射促卵泡素后 12~14 小时手术法采卵，同时撤栓。

犊牛采卵主要借鉴羊胚胎移植手术方法：探查到卵巢后，先将一侧卵巢牵拉到腹腔外，观察卵泡发育情况，利用带 9 号针头的 10 毫升注射器，内有 3 毫升采卵液，抽吸 3~6 毫米卵泡，同样方法采集另一侧。然后迅速将其送到无菌室检卵。

采卵后，将采卵液放入 37℃保温的离心管中，静置 10 分钟后弃去上清液，将剩余液全部倒入塑料平皿，镜检分级：A 级胞质均匀，卵丘细胞完整且在 3 层以上；B 级胞质均匀，卵丘细胞 1~3 层；C 级胞质不均匀，为老化卵；D 级为裸卵。其中，A、B 级卵为可用卵。

结果显示，1 组超排处理后平均获得 98 个卵泡，采卵后平均获得可用卵母细胞 48 枚；这表明，1 组超排方案可以获得较多的可用卵母细胞。两次重复超排对犊牛平均卵泡数和平均卵母细胞数无显著影响，但是三次超排后的平均卵泡数和平均卵母细胞数显著低于一次超排和两次超排。

注意事项

胚胎体外生长技术是集幼牛激素诱导处理与采卵、卵母细胞体外成熟、体外受精、胚胎体外培养和胚胎移植等技术为一体的又一生物高新技术体系。活体采卵技术的发展为良种奶牛体外胚胎生产提供了系谱明确、价格低廉的种质资源，成为奶牛良种繁育体系重要技术之一。随着我国奶业从传统低效型向良种高效型转变的加快，对质优价廉的良种奶牛体外胚胎需求量将越来越大。因此，良种奶牛胚胎的体外化生产越来越受到重视。

国内外开展的奶牛胚胎体外化生产中所使用的卵母细胞大多取自屠宰场卵巢，这种方法存在着胚胎系谱不明确和不能重复利用等缺点，同时也不利于疫病控制。牛的卵泡发生于胎儿时期，在怀孕后期，胎儿卵巢上就可以检测到有腔卵泡的存在，出生后的几天在犊牛卵巢上就可检测到直径 3~5 毫米的有腔卵泡，2 月龄时数量达到最多，随后数量逐渐下降。因此，充分利用犊牛卵母细胞生产效率高于成年母牛数倍这一生理特点，以发挥良种犊牛最大遗传潜力。

给未成年的小牛注射促性腺激素后，诱发了卵巢卵泡发育并获得发育正常的卵子，从而证明激素诱导也能使犊牛卵泡发育。深入研究指出，无论是犊牛还是成年牛，体外培养卵母细胞受精率差异不显著，囊胚率也相近，移植后的妊娠率也差别不大，如果按照超排程序和方案对 10~12 周龄犊牛进行胚胎体外生产，胚胎移植后可使 8~10 头受体妊娠。亦可对 2~3 月龄犊牛重复诱导采卵，供体牛在 15 月龄后妊娠率基本正常，说明对犊牛进行激素处理、超排采卵后对其发育影响不大或者没有影响。

目前，犊牛胚胎体外生长技术体系中的多个环节均未成熟，不同犊牛之间超排效果差异较大，早期胚胎生长发育阻滞明显等问题是犊牛胚胎体外生长技术存在的主要突破点。犊牛最佳激素处理方案以及体外培养体系还有待进一步优化。

尽管犊牛胚胎体外生长技术目前还存在某些不可控制的未知因素，但是该技术的利用可为胚胎体外生产提供大量的卵母细胞资源，满足卵母细胞冷冻、胚胎分割、克隆和转基因等科研与生产的需求，可以大大缩短世代间隔，加快育种进程，充分发掘优良遗传性状母牛的繁殖潜能，若结合性控精液，还可进一步加快育种进展，提高奶牛群的遗传改良速度与生产效率，为奶牛育种提供丰富的遗传资源。

体外产胚胎移植

一般每头奶牛可采 20 枚卵母细胞，培养后有 90% 达到成熟，可用于体外受精。受精后培养卵子的受精率可达 80%，经过培养后，有 70% 的发育至 8~16 细胞期，30% 的卵子可达到桑葚胚期，有 20% 的卵子发育至囊胚期。即从一头奶牛可获得 4 枚囊胚。如果鲜胚移植，妊娠率普遍为 50% 上下，即可获得 1.5~2 头牛犊；如果冷冻保存卵子体外受精胚解冻后生存率为 70%，妊娠率为 40%，这样一来，平均从每头牛的废弃卵巢中至少也可获得一头以上的良种后代。

据对卵子体外受精技术的经济效益大略估算，卵子体外受精胚（囊胚）生产量，从一个年屠宰母牛 10 000 头的小型屠宰场取卵巢，按每头牛出 3 枚鲜胚，一年可生产至少 30 000 枚囊胚。按每枚 200 元计，价值约 600 万元。

按 70% 的冻胚生存率和 40% 的双胚移植受胎率计算，30 000 枚卵子体外受精胚可生产良种小牛 4 000 头，价值可达 1 200 万元。比起出售胚胎，建立受体牛基地，移植卵子体外受精胚的效益更大，更适合我国的国情。

注意事项

每头牛卵巢的平均采卵数与卵子质量，首先与母牛的品种和个体差异有关。在培养之前，必须对所培养的卵巢卵母细胞进行质量筛选和分级。卵丘细胞的存在对于卵母细胞的成熟至关重要。卵母细胞外面的卵丘细胞层的完整性对卵母细胞的受精和早期发生也是必需的。如果能在牛卵子体外受精上开发利用腔前卵泡卵母细胞，就可能从一头牛卵巢中获得上百枚卵子。

卵巢卵母细胞必须经过体外培养后才能进入成熟阶段，用于卵子体外受精。目前认为，卵母细胞在成熟培养过程中的退化以及细胞质的不完全成熟是造成体外受精胚胎生产效率较低的主要原因之一。

迄今，在牛卵母细胞的体外成熟方面，所采用的培养系统能使90%以上的卵母细胞发育成熟，有80%的卵子完成正常受精和卵裂，但其中能够发育为可供移植的囊胚只占20%~30%，这可能与卵细胞质的成熟不充分有关。

精液的个体差异对卵子体外受精率及胚胎的早期发育均有一定影响，因此在工厂化生产卵子体外受精胚的过程中，一定要对种牛精液进行受精力的测定。

卵子体外受精胚发育培养是相当困难的。它不仅要受到体外发育培养系统本身的制约和影响，而且还要受到受精过程以及受精以前卵母细胞成熟度的影响。从目前国内外普遍研究水平来看，在发育培养这个环节上还有50%~60%的卵裂卵在2~16细胞期退化，其原因不详。

综上所述，可见为了加速增殖奶牛，可以采集卵子，进行体外受精，以一种超乎寻常的方式来扩大优质奶牛的数量，使得为国人提供充足的优质奶源，有了更为坚实的保证。

正是：

科学技术威力大，试管真能把牛下，

相信国人喝奶时，不会忘记明觉他！

第26章
品种多样化

我国引进娟姗牛

我国奶牛品种以荷斯坦奶牛及其杂交后代为主，占奶牛总头数的80%，而三河牛、新疆褐牛、草原红牛、西门塔尔牛等其他兼用型品种占20%左右，几乎没有其他乳用牛品种。因此，引进纯种娟姗牛，对增加我国乳用牛品种资源，促进我国华东、华南等地区的奶业发展具有实际意义。

娟姗牛原产于英国娟姗岛，是古老的奶牛品种之一，目前几乎遍布全世界牧业发达国家。娟姗岛是英吉利海峡南端的一个岛屿，位于英法之间，面积120平方公里左右，气候温和，水草丰富，适宜放牧。

娟姗牛早在18世纪已闻名于世，为了保持该品种牛的纯种繁育，1763年英政府禁止任何其他品种牛引进娟姗岛。1789年又提出有关娟姗牛封闭培育法案，对该品种的最终育成起到巨大推动作用。1844年英国娟姗牛品种协会成立。从1866年开始，英国每年都出版娟姗牛良种登记册，对娟姗牛选育和生产性能的提高起到了促进作用。

娟姗牛是典型的小型乳用牛，具有细致紧凑的优美体态；尻部方平，后腰较前躯发达，侧望呈楔形，四脚端正，站立开阔，骨骼细致，关节明显；乳房多为方圆形，发育匀称，质地柔软，乳头略小，乳静脉暴露；被毛短细具有光泽，毛色为灰褐、浅褐及深褐色，以浅褐色为主；娟姗牛平均产奶量4 000千克左右。1992年美国娟姗牛平均产奶量4 685千克，同年德国统计 2 191 头牛平均产奶量 4 504 千克。

娟姗牛最突出的特点是乳脂肪含量高。2000 年美国登记的娟姗牛平均产奶量 7 215 千克，乳脂率 4.62%，乳蛋白率 3.71%；2005 年新西兰娟姗牛在放牧条件下，平均产奶量 5 000 千克左右，乳脂率 5.8%，乳蛋白率 4.0%。

娟姗牛牛奶乳脂肪颜色偏黄，脂肪球大，易于分离，是加工优质奶油的理想原料。娟姗牛乳蛋白含量比荷斯坦奶牛高 20% 左右，加工奶酪时，比普通牛奶的产量高 20% ~25%，故娟姗牛有"奶酪王"的美誉。

与荷斯坦牛比较，娟姗牛皮薄骨细，体重轻 25% ~30%，单位表皮被毛少 47%，皮下脂肪薄 12%，基础代谢率较低。因此，娟姗奶牛具有明显的耐热性能。在广东高热高湿环境下饲养，娟姗奶牛对肢蹄病、乳房炎、流行热以及焦虫病等抵抗能力明显高于荷斯坦牛。

一般情况下，娟姗牛第 1 胎产犊为 24~25 月龄，比荷斯坦牛第 1 胎产犊提早 1~2 个月龄；由于体型小，娟姗牛 99% 都可以自然分娩，无需任何辅助，而且后代犊牛的成活率大于 98%；娟姗牛人工授精受胎率较高。美国娟姗牛协会研究表明，娟姗牛的胎间距比荷斯坦牛少 18 天，空怀天数少 18 天。娟姗牛极少发生繁殖疾病，因繁殖原因的淘汰率仅 1.7% 左右，而荷斯坦牛则高于 3%。

娟姗牛耐粗饲，采食量大，饲料报酬高。娟姗牛单位体重产奶量明显高于荷斯坦牛。由于乳脂和乳蛋白含量高、饲料报酬高、繁殖效率高、发病率低等优点，故饲养娟姗牛的经济效益明显高于饲养荷斯坦牛。美国娟姗牛协会比较了娟姗牛和荷斯坦牛单位体重的产出效益。结果表明，饲养 1 头娟姗牛所带来的年纯收入要比饲养 1 头荷斯坦牛高 45~60 美元。

目前全世界主要乳用牛品种仍然是荷斯坦牛，娟姗牛是饲养头数居第 2 位的奶牛品种，目前全世界 20 多个国家成立了娟姗牛协会或育种者协会。

美国饲养娟姗牛数量最多、生产性能最高。对该品种进行了长达一个世纪的选育提高，使其生产性能有了较大地改善。目前，美国大约有 50 个州饲养该品种，总数在 80 万头左右，并与逐年上升的趋势。

19 世纪末，在我国奶牛饲养起步阶段，娟姗牛就被引进我国。早在 1824~1891 年，英法两国通过教会、洋行、侨民以及驻军等带入大批奶牛，其中就包括荷斯坦牛、爱尔夏牛和娟姗牛。而有计划从国外引进娟姗牛的国人，当推我国现代农业教育事业先驱之一、畜牧兽医学家和农业教育家虞振镛教授为第一人。1921 年虞振镛教授从美国选购良种奶牛 13 头，品种包括娟姗、荷斯坦和爱尔夏。1946 年联合国善后救济总署捐赠我国的奶牛中包括荷斯坦、爱尔夏、娟姗、更赛，瑞士褐牛、无角红牛、短角牛、安格斯等品种，其中娟姗牛主要分配给上海、北京等地。

广州地区在新中国成立初期曾通过国际援助项目有过少量引进。1996 年底，广州市奶牛研究所考虑到该品种的抗热特性，从美国引进少量纯种娟姗母牛，进行饲养试验，2003 年北京奶牛中心引进了 5 头娟姗牛公牛。近年来新疆建设兵团、内蒙古、黑龙江、湖北、湖南、上海、广西、天津和山东等地都引进了一定数量的娟姗母牛。

娟姗牛引进我国后表现出良好的生产性能。在广州天气最湿、最热的夏季，引进的美国娟姗牛产奶高峰期平稳且持续期长，头胎 305 天平均产奶量 4 714 千克，平均乳脂率 5.34%，乳蛋白率 4.16%；而广州地区荷斯坦牛头胎 305 天平均产奶量仅 4 000 千克、乳脂率3.4%、乳蛋白率3.0%，同时试验的整个夏季娟姗牛无一例肢蹄病发生，荷斯坦牛蹄病发病率达30%。

我国南方有些地区用娟姗牛精液与荷斯坦牛杂交，取得较好的效果。娟荷 F_1 表现出较好的抗热和抗病性能，其头胎次305天平均产奶量达5 745千克，高于其母亲同胎次生产性能。

近年来，我国南方炎热地区奶业快速发展，对优质高产奶牛的需求日益增加。但是，荷斯坦牛不能适应南方夏季炎热和高湿的气候环境。我国华东、华南、华中以及西南等地区，夏季持续高温，而且夏季炎热时间相对较长，荷斯坦牛在这些地区的生产水平大为降低。因此，我国南方炎热地区可以适当饲养一定数量的纯种娟姗牛。广东、上海、广西、湖南以及天津和山东引进的娟姗牛已经表现出了良好的生产性能。

由于我国纯种娟姗牛数量有限，而从美、加等国引进活牛受到限制，因此可以利用胚胎生物技术加快繁育娟姗牛的速度。山东临沂和新疆等地区已经开展了娟姗牛的胚胎生产和胚胎移植。有试验表明，虽然娟姗牛超排后获得的可用胚胎数低于荷斯坦牛，但是两者之间的胚胎移植成功率没有明显差异。娟姗牛与荷斯坦牛的 F_1 乳脂率通常比纯种荷斯坦牛提高0.8%~1.0%。娟姗牛与荷斯坦牛的 F_1 不仅泌乳性能高于其母亲同一胎次的泌乳量，1~2胎产胎间距减少48天，而且对乳房炎、生殖系统疾病和肢蹄病表现出良好的抵抗力。因此，我国南方炎热地区可以利用引入娟姗牛血液提高荷斯坦牛的乳脂率，增加荷斯坦牛抗热和抗肢蹄病的能力。同时，为了增加我国南方奶牛数量，可以利用娟姗牛与南方黄牛杂交，繁育娟姗牛和黄牛的高代杂种。只要改良选育计划和措施得当，就能获得具有较好泌乳性能的杂交后代。

娟姗奶牛在天津

2005年天津梦得集团有限公司从澳大利亚引进纯种娟姗牛100头，累计繁殖犊牛200头，目前存栏量达到270头。观察表明，娟姗牛饲养成本低，利润较高，并且适应当地气候，抗热性能和抗病性能良好，头胎平均产奶量4 700~5 200千克。通过引进国际顶级娟姗牛冻精进行人工授精、胚胎移植等快速繁育技术，对纯种娟姗牛进行扩繁，建立了天津市首个娟姗牛繁育基地。

据统计，2009~2010年正常配种受胎率92.45%~95.7%，胚胎移植妊娠率83.7%~84.5%，正常配种受胎率95.7%。观察记录105头母牛，初情期平均185.6±20.4天。统计126头母牛，平均妊娠期276.4±4.68天。统计106头母牛记录，产后发情时间平均76.28±11.25天。统计96头母牛，平均胎间距371.17±68.27天。统计85头母牛第1胎305天产奶情况，平均泌乳量4 011.24±602.78千克、乳脂率5.3%、乳蛋白率4.2%。

在相同饲养管理条件下，随机抽取荷斯坦牛、娟姗牛母牛各15头，在上午9点舍温30℃和下午3点舍温34℃测量呼吸、脉搏、体温变化，对比两个时间点各项数据的变化。结果显示，荷斯坦牛呼吸增加35.78%、脉搏增加16.35%、体温增加3.02%；娟姗牛呼吸增加23.72%、脉搏增加7.35%、体温增加2.31%。这表明，娟姗牛抗热性能优于荷斯坦牛。总之，天津地区的饲养环境适合娟姗牛的生长和生产要求。

娟姗奶牛在新疆

在新疆，农八师 147 团从澳大利亚引进的娟姗青年母牛超排处理，并与同期同群的荷斯坦牛的超排结果比较，旨在探讨娟姗牛超排的特点及适合的方法。

供体牛为农八师 147 团从澳大利亚引进的娟姗牛 56 头，荷斯坦牛 179 头，健康，年龄14~24 月龄，空怀，舍饲，散栏采食，自由饮水，膘情适中；娟姗牛细管冻精由江西育种中心生产，荷斯坦牛冻精由北京奶牛中心生产。

受体母牛为当地 2~3 岁杂种母牛，健康空怀，集中舍饲，膘情中等，发情后 7 天移植。

供体母牛在自然发情后 9~13 天开始超排，促卵泡素分 4 天用减量法注射，第 3 天早晚各注射前列腺素 2 支，娟姗牛使用促卵泡素总剂量分为 9.0 毫克和 10.0 毫克两组。供体母牛在超排第 5 天早晨发情，当天下午和次日早晨对发情母牛各输精一次，每次用细管冻精2 支。

在供体母牛发情后第 7 天，用非手术方法采集胚胎。采胚前直检黄体数，在显微镜下检出回收液中的胚胎，并鉴定胚胎的发育期及等级，将可用胚清洗后装管，进行鲜胚移植，剩余的胚胎冷冻保存。

结果显示，超排供体娟姗牛 56 头，获得胚胎 393 枚，其中可用胚 227 枚，平均每头次获可用胚 4.05 ± 4.20 枚，可用率 57.80%。同期超排荷斯坦牛 179 头，超排失败牛（直检无黄体）3 头，获得胚胎 1758 枚，其中可用胚 1 242 枚，平均每头次获可用胚 7.06 ± 3.72枚，可用率 70.65%。移植受体牛 310 头，妊娠 157 头。娟姗牛胚胎和荷斯坦牛胚胎的移植妊娠率分别为 52.54% 和 50.20%。

德系西门塔尔牛

德国西北部下萨克森州 2/3 的土地面积用于农业，主要生产粮食、饲料玉米、畜产品和马铃薯等，被誉为德国的鱼米之乡。近十几年来，不断有奶农从巴伐利亚州引进德系西门塔尔牛，开展德系西门塔尔牛与荷斯坦牛杂交，试图取得更加理想的经济效益。

西门塔尔牛起源于瑞士，现在世界各地均有分布。同时各国对该品种培育出了不同的品系。在瑞士，西门塔尔牛主要用于产奶，形成了含有 50% 红荷斯坦牛血缘杂交群体；在法国，培育出了蒙贝利亚牛作为乳用品种，保留了部分纯肉用西门塔尔牛和乳肉兼用型西门塔尔牛；在北美，依然把西门塔尔作为纯肉用牛；在德国，培育出了乳肉兼用型的德系西门塔尔牛。

德系西门塔尔牛是对原产于瑞士的西门塔尔牛，运用定向选育和杂交育种手段，逐步形成的一个乳肉兼用型品系，其育种最早可以追溯到 18 世纪中期。为了提高母牛的产奶成绩和乳房质量，在 20 世纪 50 年代后期，引进了原产英国的纯种爱尔夏公牛来改良德系西门塔尔。通过改良，母牛的产奶性能得到了提高，乳房结构进一步改善，后代继承了爱尔夏牛早熟、耐粗饲及适应能力强等特点。到了 20 世纪 70 年代，又引入德系红荷斯坦牛，以提高后代的产奶性能。

经过 20 世纪的两次杂交改良，德系西门塔尔牛产奶性能显著提高，但是，后代的产肉性能明显下降。德国在 20 世纪 80 年代初，又从瑞士引进二元杂交的西门塔尔公牛（红荷斯坦和西门塔尔血液各占 50%），与肌肉丰满的西门塔尔母牛进行级进杂交，其后代除了保留良好的产奶性能之外，其产肉性能还超过了以往的平均水平。在近 20 多年的定向选育过程中，确定把红荷斯坦牛的血液在德系西门塔尔牛中的比例控制在 6% 的范围内，最终育成了目前的乳肉兼用型德系西门塔尔牛品种。1995 年，德国制定了德系西门塔尔牛新的育种标准：育肥公牛平均日增重超过 1 300 克，屠宰率 70%，出肉率 60%；成年母牛每头初胎平均产奶量大于 7 吨，乳脂率 3.9%，乳蛋白率 3.7%，初胎产犊年龄 24~28 月龄。经过多年的系统选育，德系西门塔尔成为了真正的乳肉兼用品系：母牛产奶性能好，公牛育肥能力强，耐粗饲，抗病力强。德系西门塔尔牛的种群规模已达致 120 万头，主要分布在德国南部的巴伐利亚州（简称巴州），约占种群的 80%。巴州是德国奶业发达的大省，那里绝大多数农场饲养的都是德系西门塔尔。巴州的奶业生产是以家庭农场为基础的饲养体制，生产规模相对较小；主要生产要素的投入依靠自给自足，追求综合收益最大化。

近年来，德系西门塔尔牛有逐步向德国北部扩张的趋势。德国北部传统上是荷斯坦牛的饲养区域。现在，北部的奶牛农场的荷斯坦奶牛群健康水平下降，农场收入途径单一，公牛犊育肥能力差，综合效益低。因此，开始选择使用德系西门塔尔牛与荷斯坦牛进行杂交，收到了良好的效果。

西门塔尔在新疆

新疆呼图壁种牛二分场，对 1998~2004 年出生的部分西门塔尔母牛，进行不同胎次对其繁殖力、性别比例和双胎率的影响观察。结果显示，自第 4 胎以后，母牛的配种指数呈上升趋势，受胎率降低。各个胎次的妊娠天数，差异不大。出生犊牛的公母性别比总计为 0.94：1，但头胎的公母性别比为 0.81：1，差异较大，2~5 胎之间则差异不大。从头胎到第 5 胎，双胎率较高，6 胎以后几乎没有双胎。随着胎次、年龄的增加，母牛胎间距也出现增加的趋势。这表明，随着母牛年龄的增加，其繁殖力相应降低。

不同公牛对后代性别有一定影响。有些公牛的后代性别差异不大，如 FL78 号公牛配产的公犊率 51.58%、母犊率 48.42%。有些公牛的后代公母比相差较大，如 FL74 后代的公牛配产的母犊率 65.82%、公犊率 34.18%；90129 号公牛后代配产的母犊率 37.50%、公犊率 62.50%。

母牛与公牛一样，对后代的性别同样产生影响。如 980888 号母牛，共繁育 10 头，有 8 头是母犊，2 头是公犊。980892 号母牛，共繁育犊牛 6 头，均为公犊。由于头胎母犊率相对较高，造成 6 胎以上母牛的整体母犊率平均比例较高，为 54.50%。

奶牛的杂交模式

近年来，国外热衷于利用杂种优势来提高奶牛养殖效益，一些乳质好、抗病力强、繁殖率高、适应性强的奶牛品种，被用来与荷斯坦牛进行杂交。由于杂种牛同时具有荷斯坦牛和与之杂交牛的优良特性，能带来更高的综合养殖效益。

常与荷斯坦牛杂交的品种

（1）娟姗牛 娟姗牛体重较轻，基础代谢低，饲养利用率高，其单位体重的干物质采食量比荷斯坦牛高 18% 左右，其产奶能和维持能量的比例达到 2.46：1，而荷斯坦牛仅为1.85：1；娟姗牛性成熟早、无难产、受胎率高、犊牛成活率高。第 1 胎产犊时间通常比荷斯坦牛提早 1~2 个月；娟姗牛 99% 都可以自然分娩，无需任何助产，后代犊牛的成活率大于 98%，极少发生繁殖疾病；因繁殖原因的淘汰率仅 1.7% 左右，而荷斯坦牛高于 3%。在广东高热高湿环境下，娟姗牛对肢蹄病、乳房炎、流行热以及焦虫病的抵抗能力明显高于荷斯坦牛。

（2）西门塔尔牛 西门塔尔牛是著名的乳肉兼用品种，有产奶量高、乳质好、生长发育快、肉用性能好、难产率低、适应性强、耐粗放管理和遗传性能稳定等特点。我国西门塔尔牛核心群的产奶量平均 5 200 千克，最高个体 11 700 千克。西门塔尔牛平均日增重可达 1.0千克以上，在育肥期平均日增重 1.5~2 千克，屠宰率 55%~65%。

（3）瑞士褐牛 瑞士褐牛属乳肉兼用品种，原产于瑞士阿尔卑斯山区，年产奶量 2 500~3 800 千克，乳脂率 3.2%~3.9%；18 月龄活重 485 千克，屠宰率 50%~60%。1906 年美国将瑞士褐牛培育成乳用品种，1999 年美国乳用瑞士褐牛 305 天平均产奶量 9 521 千克。瑞士褐牛耐粗饲，适应性强，但成熟较晚，一般 2 岁才配种。

常用的杂交模式

近年来的娟姗牛、西门塔尔牛和瑞士褐牛与荷斯坦牛的杂交模式有多种多样，荷斯坦牛血液所占比例不等，二、三元杂交较为常见，各国大都是根据自身的饲养模式、气候地理条件、市场需要及本国的品种资源等，制定较为合理的杂交模式。有建议进行三元杂交的，认为可以使奶牛的杂种优势体现的最充分。

结果显示，与纯种荷斯坦牛相比，杂种牛产奶量一般都有所下降，但优秀的杂交组合后代基本上继承了荷斯坦牛卓越的生产性能，而因其乳蛋白、乳脂含量的提高而使饲养者获得补偿。

乳脂率和乳蛋白率是对鲜奶定价的关键指标，而杂种奶牛的乳蛋白率和乳脂率较荷斯坦牛均有明显提高，这促使奶牛饲养者热衷于饲养杂种牛。

通过杂交可以改善荷斯坦牛的繁殖性能。杂种牛不但有较高的受胎率和较短的空怀期，其产犊时难产率和犊牛死产率也较低。

娟姗牛、瑞士褐牛与荷斯坦牛杂交的杂种牛，具有较强的抗热应激能力，肢蹄病发病率较荷斯坦牛低 13%。优秀的杂交组合可使杂种牛获得更高的综合养殖效益。而娟姗牛、西门塔尔牛和瑞士褐牛由于其卓越的乳用性能，常用来与荷斯坦牛杂交。

奶牛杂交在德国

德国北部的农场主之所以开展奶牛杂交，主要为了提高养牛的综合经济效益。他们认为，尽管荷斯坦牛的单产水平已经大幅度提高，但是，其在健康方面容易出现问题。过去几年通过杂交测试，其繁殖能力等指标有明显改善。德系西门塔尔牛抗病力强，其产奶性能与荷斯坦牛相比所差无几。德系西门塔尔公犊育肥效果好，德系西门塔尔成母牛淘汰残值高，这些都有助于提高综合经济效益。

德国北部的农场主之所以开展奶牛的杂交生产，一是他们相信德系西门塔尔牛是一个非常优秀的乳肉兼用品种；二是他们相信通过开展德系西门塔尔牛与荷斯坦牛杂交能够提高农场的综合经济效益。德国利用乳肉兼用品种发展奶业生产的经验值得我国借鉴。

综上所述，在我国，以荷斯坦奶牛为主的情况下，借鉴国外奶牛科技进展，适当引进娟姗牛、西门塔尔牛，在纯种繁育的同时，适量地开展奶牛的品种间杂交；这对丰富我国奶牛品种资源，促进不同地区的奶业发展大有好处！

正是：

奶牛主角荷斯坦，配角就得秀娟姗；

西门塔尔一同上，供奶大戏唱得欢！

曾经一度靠"养牛致富"的散养户，在经济结构调整中，日感被排挤、游离于"规范化、标准化"的高门槛之外；曾经一再引以为荣的小规模、大群体、生力军，对农村及城乡结合部'国人喝奶'有贡献的散养户，如今却被视为设施简陋，操作欠佳，奶质不高，急需作为改造、提质、转型的对象。政府主管部门出于爱护，出政策、投资金、用科技、分步骤，把散养户组织起来——

第 **27** 章
建养殖小区

养殖小区建立好

所谓养殖小区，是指在适合奶牛养殖的地域内，按照集约化养殖要求，统一建设的、有一定规模的、较为规范的、管理严格的养殖场所。养殖小区应远离村庄或居民区，区内饲养设施和防疫设施完备，粪污处理配套，技术规程统一，管理措施一致，并有一定规模的养牛户或业主组成的生产群体，进行标准化的生产经营。标准化养殖小区建设旨在其生产方式由粗放型向集约型转变，提高了奶牛生产效率。

在养殖小区建设上，坚持"政府引导，市场运作，因地制宜，分类指导，宜场则场，宜区则区"的原则，鼓励龙头企业、中介服务组织和个人发展与市场需求相适应。对入养殖小区的奶牛，按照规程进行严格检疫和检测，"两病"检疫阴性的奶牛发放检疫合格证后，才允许进入。

进入小区的散养户，应严格按照有关部门提供的设计方案施工建设，不能随意破坏公共设施，严禁私自更改图纸以及私搭滥建，要按小区规定期限引入奶牛，对于限期内没有进牛或者数量偏低的收回土地使用权。

在适度发展规模化奶牛养殖的同时，把小区建设成为集沙漠治理、防风林、经果林、设施温棚花卉蔬菜、退耕还林、封育禁牧、奶牛养殖等科技示范生态园。

加强入小区企业及养殖户的培训，提高从业人员素质，以乳品卫生质量安全为中心，全面推行奶牛健康养殖，确保奶业平稳发展。

养殖小区的防疫：养殖小区要建在地势高燥、背风向阳、空气流通、土地坚实、地下水位低、便于排水排污并有斜坡开阔平坦地带，最好是沙壤之地。养殖小区的位置一般在居民点的下风口，距村镇工厂 500 米以上。水源充足，水质应符合　生活用水卫生标准的规定，交通便利，供电方便，距主要交通道路 500 米以上。远离屠宰、加工和工矿企业，特别是化工类企业，远离噪声。

场区规划应本着因地制宜、合理布局，统筹安排。场地建筑物的配置应做到紧凑整齐，提高土地利用率，节约用地，不占或少占耕地。生产区应封闭管理，工程设计和工艺流程应符合奶牛防疫要求。养殖小区内可划分为生产区、生产辅助区、生活管理区、粪尿污水处理和病牛管理区，要求布局合理、分区严格管理。小区内应分设净道与污道，雨污严格分开，便于防疫消毒。入住养殖小区的，其生产管理要有统一要求、统一标准。

奶牛舍采用半开放式，设有顶棚，四面敞开或坐北朝南、前面敞开。奶牛舍可为单列式或双列式。每栋牛舍的前面或后面有运动场，场内有饮水池、凉棚、盐槽。运动场面积每头牛不小于 20~25 平方米。

在小区周围建围墙，大门口设消毒池。生产区与生活区严格区分开。生产区门口设消毒池和消毒室。池底有坡度、有排水孔。消毒池内应常年保持足量的 2%~4% 氢氧化钠溶液或其他有效消毒药。严格控制外来人员及非生产人员进入生产区。必须进入时应更换工作装鞋帽，经消毒室严格消毒后方可进入。

定期使用 2% 苛性钠溶液或 10% 石灰乳等消毒液对牛舍、周围环境、运动场地面、饲槽、水槽等进行消毒。

小区奶牛佩戴耳标，实现一牛一标一号，建立档案，记录奶牛免疫、饲养和用药情况，监控牛群疾病状态，为小区原料奶卫生安全追溯制度奠定基础。

每年春、秋季各进行 1 次结核病、布氏杆菌病等的检疫检测和健康检查。每年春、秋各进行 1 次疥癣等体表寄生虫病检查和驱虫；6~9 月，梨形虫病流行区要做定期检查并灭蜱，10 月对牛群进行 1 次肝片吸虫等的驱虫，春季对犊牛群进行球虫普查和驱虫。按免疫计划实施口蹄疫等的免疫接种，一般每年进行 2 次，可分春、秋两季各一次或按免疫时间注射。根据牛场实际，必要时可选择注射炭疽、乳房炎、布氏杆菌病疫苗等。及时处理粪尿，防止污染环境。

新引进的奶牛必须隔离饲养 2 个月，经检疫确认健康后方可进入小区饲养。饲养人员每年应进行一次健康体检，发现患有人畜共患病者，及时调离。

对待疫情要早发现、早诊断、早报告，迅速隔离、处理病牛。

当发生口蹄疫等危害严重的传染病时，应及时按规定隔离、扑杀病牛，建立封锁带，严格消毒出入人员和车辆，同时严格实施环境、栏舍、污物消毒和污水、污物、病死牛、染疫牛产品的无害化处理。当检疫出结核病、布氏杆菌病等慢性或隐形长期带菌（毒）牛，应及时淘汰。

抓好奶牛不孕症、乳房炎、蹄病为主的普通病防治。分别制定保健、防治计划或防治规程，预防与治疗相结合。及时处置可能引起这三大病的诱因。

做好防疫、用药、治疗、处置等记录，按规定执行休药期和奶牛废弃。抗生素及其他兽药使用符合要求，有抗生素和有毒有害化学品采购使用管理制度和记录，有奶牛使用抗生素、隔离及解除隔离制度和记录。按规定保存档案、病例和处方。

养殖小区做到统一牛舍建筑、统一引种、统一供料、统一防疫消毒、统一排污处理、统一挤奶供奶，以及统一建立挤奶站，挤奶后由乳制品企业统一收购储运等。

安达小区的启示

安达市位于松嫩平原腹地，地理环境优越，有着得天独厚的自然资源，民间传统性的奶牛散养，已有上百年历史。改革开放后，安达市政府因势利导，相继出台养奶牛给饲料地、种植青贮玉米给补贴、开发养殖带免征土地税等优惠政策，引导农牧民走节粮节草型养牛之路，大力实施奶牛生产万头乡、千头村、百头场、十头户工程，使奶牛产业成为地方经济的半壁江山。

近年来，有的村民因奶牛养殖达不到集约化、规范化、标准化的要求，挤出的鲜奶卖不出好价，养牛挣钱得不到保证时，村党支部利用承包牧场的基本条件，组织本村奶牛散养户走合作化道路。筹资1200万元人民币，经村民议事会讨论，借助和依托邻近友谊牧场的高端优势，把散养户的奶牛都纳入在现代化、标准化园区之内。在短短半年时间里，就完成了奶牛养殖小区的一期建设。小区占地面积3.9万平方米，初步扭转和改变了散养户投入高、效益低和人牛混居、环境污染等状况。

经过酝酿讨论，建立了奶牛入区标准、收费标准、技术应用"三项标准"和统一管理、统一饲喂、统一品种改良、统一防疫灭病、统一鲜奶销售、按月分户结算的体制。实现了养殖规模扩大、效益提高、奶牛生产再发展的良好态势。

奶牛入区后，奶牛的采食、休息和运动得以科学化管理，为奶牛自身潜能的发挥提供了条件。

饲料配方合理，奶牛自由采食，生产性能得以良好发挥。同时，奶农也从繁杂的饲养劳作中解脱出来。

给成年泌乳牛安装了同步计数器，可以更准确地掌握奶牛的繁殖周期，跟踪发情、及时配种，更便捷地对奶牛进行档案管理，节省了人力和时间。

对奶牛的系谱、胎次、产犊日期、产奶量等基础数据进行采集和分析，每月对泌乳牛个体奶样的乳成分、体细胞等项目进行测定，对所测试数据进行处理分析，形成生产性能测试报告，有针对性地制定改进措施和调整方案，从而科学有效地进行量化管理，使牛群最大化地发挥生产性能，提高了经济效益。

青年奶牛转群后从饮水、喂料、清圈、榨乳到牧草收割、青贮生产、饲料储运等一系列作业全部进行机械化管理，工作人员都从繁重的体力劳动中解放出来，节省了大量的人力资本和运营时间。

现在同样的劳力，整合后人均饲管奶牛增加34头，劳动效率提高2.6倍，充分体现出集约化、机械化的威力。

养殖小区开始运营，由于实现现代化的科技管理，奶牛效益明显增加。周边散养户看到养殖小区带来的诸多好处，纷纷申请加入。

入区奶牛实现分群管理，采用全混合日粮和自由散放的管理模式，其营养状况和生产性能得以明显提高，群体年产奶量由平均每头 5 000 千克上升到 6 500 千克，增幅 20%；乳脂率、乳蛋白率及干物质含量提高，同时细菌数、体细胞数明显降低。

体质增强，疾病减少，急性乳房炎发生率下降。由于集中统一的实行防疫灭病措施，各种产后疾病、传染性疫病得以控制。

由于饲养管理达到规范化、标准化，奶牛的产奶量高、奶质好，鲜奶交售价比散养户高。

销售鲜奶收入增加，散养户摆脱了买料卖奶的操心费力和繁杂体力劳动，还可以抽身从事其他劳务或外出打工增加收入。

安达市养殖小区建设，一靠乳品企业的牵动，二靠优惠政策的扶持，三靠自身财力的投入，四靠把科技人员召集起来，成立一个与之相适应的科技团队，为养殖小区的发展保驾护航。

养殖小区在甘肃

甘肃省临泽县地处河西走廊中段黑河流域，地势平坦，土地肥沃，灌溉配套，物产丰饶，属典型的大陆性干旱荒漠气候，日照时间长，太阳辐射强，昼夜温差大，年均气温 8.2℃。丰富的光热资源和良好的水土资源，形成了以红枣、制种、番茄、奶牛为主的特色产业发展格局。

临泽县平川镇芦湾村奶牛养殖小区位于临泽县西北部，地势平坦，交通方便，水源充足，远离居民区。该小区布局整齐、规范、合理，各单元牛舍坐北朝南。小区建成牛舍 22 栋，入区农户 22 户，建成饲料加工车间 1 栋，挤奶厅 1 座，存栏奶牛 660 多头，其中产奶牛 440 头，年产鲜奶 2 992 吨，实现销售 957.44 万元，户均纯收入 5.44 万元。

小区实行统一建设、统一品种、统一配种、统一配料、统一防疫、统一营销。每栋牛舍 2 人，饲养产奶牛 20 头。

奶牛养殖小区引进优良荷斯坦牛，实行分段管理，机械挤奶；产奶牛年均产奶量 6.5 吨；饲料采用全价配合饲料，粪便采取人工清粪、生物发酵、无害化处理；牛舍采用单列、半开放式砖混结构。采用人工授精技术，奶牛配种后 35~40 天进行妊娠检查。奶牛产犊后，公犊 1 月龄后淘汰，母犊留下培育，母牛分娩 60 天后配种。产奶牛产奶期 300 天。

临泽县芦湾村奶牛养殖小区是自繁自养的标准化养殖小区。牛舍按照"生产节律"调控饲养量，牛舍规格、尺寸标准化；实施舍内小气候环境调控，配备防暑降温设备。

采用单列式暖棚建筑结构，坐北朝南，具备良好保暖、通风、采光性能。舍顶除有防水、保温、承重功能外，还能抵抗风雪等外力作用。结构简单，经久耐用，就地取材。舍顶由上到下依次为 8 厘米厚的草泥、以及 10 厘米厚的麦草、油毛毡、木板。棚架为钢混结构，采光部分的骨架为钢管搭接，其上为阳光板或塑料泡沫覆盖。墙壁坚固、耐用、抗震、耐水、防火、抗冻、隔热，便于清洁和消毒。后墙厚 37 厘米，前墙厚 24 厘米，墙体内、外用水泥砂浆粉刷。

牛舍地面和走道采用水泥地面，有防滑线，坚固耐用且便于清扫和消毒。牛床长 2.5

米、宽 1.2 米、坡度 1.5%，饲料通道宽 1.5 米。饲槽设在牛床前面，为砖混结构，饲槽为砖砌，用水泥砂浆抹面，底部平整，剖面呈凹形。棚顶北坡设换气孔，为 PVC 材料，高 60 厘米，顶端加防雨帽，每间一个。颈枷轻便、坚固、光滑，操作方便。颈枷采用直连式，链长 135 厘米，下端固定在饲槽前壁上，上端拴在横梁上，短链长 50 厘米、两端用 2 个铁环穿在长链上、并能延长上下滑动。北墙基设排污沟，排污沟与下水道相连。设正门和侧门，后墙窗户距地面 1.5 米，并在后墙每 3 米处设通风窗 1 个。运动场位于牛舍北侧，采用水泥预制围栏。

草料场位于牛舍的西侧，四周用砖墙围护，宽 18.5 米，长 15.0 米。内设干草棚和青贮窖。青贮窖窖壁坚固、耐久、抗震、抗冻、防渗漏，结构简单，便于取料。

挤奶厅采用双排式砖混建筑结构，具备良好保暖、通风、采光性能。设计使用年限 12 年，防火等级三级。

养殖小区进场的奶牛按犊牛、育成牛、成年奶牛合理分群，分段饲养。

新生犊牛按常规方法接产，待犊牛站立后称重、登记。犊牛产后 1 小时后哺喂初乳 1.0~1.5 千克，每昼夜饲喂 5 次。1 周龄后改喂常乳，哺乳期 100~150 天，每日 2~3 次，每头犊牛的喂量按其体重的 8% 计算，总喂奶量每头 300~400 千克。2 周龄后训练采食青绿多汁饲料和苜蓿茎叶等。犊牛生后 3~5 天到运动场运动，每天不少于 4 小时；生后 6 天开始饮水，每天饮水 4 次，每天刷拭牛体 2 次；30 日龄后改喂混合料，4 月龄以上拴系喂养。犊牛舍宽敞保温，阳光充足，清洁干燥，每周消毒 1~2 次。

6 月龄至配种为育成牛。根据月龄、体重实行定位分群管理。饲料以青贮饲料为主，日喂量由最初的 1 千克增加到 5 千克，混合精料由 1 千克增加到 3 千克以上，自由饮水，每天刷拭牛体 2 次。母牛从 12 月龄开始每天按摩乳房 2 次；16 月龄、体重达 370 千克左右开始配种；妊娠 3 个月后观察食欲及生理变化，膘情不宜过肥。

成年奶牛每 100 千克体重喂青贮饲料 3~4 千克、干草 1 千克以上、青饲料 11.5 千克。每日按"粗→精→粗"顺序饲喂。

奶牛妊娠前期与泌乳牛的饲养管理基本相同，到妊娠后期，停止泌乳。干奶时减少精料、多汁饲料和挤奶次数。挤奶由每天 3 次减为 2 次，3 天后改为 1 次，停止按摩乳房，5~10 天可停乳。

干奶妊娠牛在干奶期的最后两周，按泌乳达到最高峰时饲养，多给精料，充足饮水，自由采食粗料。干奶后 10 天开始到产前 10 天停止运动和刷拭，每天按摩乳房 2 次。

母牛分娩后，给饮温麸皮水，产床铺垫褥草。认真检查产后母牛乳房情况，发现异常及时处理。按营养需要配置日粮，保证能量和粗蛋白营养平衡。固定饲喂程序，稳定饲料品种。保持牛舍内外及运动场清洁卫生；及时清理运动场粪便，使夏季不积水、冬季不结冰。气温低于 -15℃时采取保温措施，气温高于 26℃时采取降温措施。

临泽县芦湾村标准化奶牛养殖小区，经过 3 年的生产实践，取得明显成效。

养殖小区在宁夏

在银川建养殖小区时，在场址选择、布局、设施方面，必须符合防疫要求。场区整洁，有消毒室、消毒池、隔离圈舍等设施，经动物卫生监管部门审核符合要求的，发给 动物防疫合格证 。动物防疫监督机制每年对养殖小区防疫条件进行严格审核，如有不合格或达不到要求的，要限期整改。

积极推广新的饲养管理方式，做好养殖小区员工的业务培训，提高防疫意识和治病知识，牢固树立"预防为主、防重于治"的思想，把防疫工作当成头等大事来抓，杜绝各类人畜共患病及重大疫病的发生。

根据当地疾病流行情况，针对不同的奶牛群，制定合理的、有效的免疫措施和免疫程序，及时进行预防接种工作。实行免疫标准管理制度，凡按国家规定实行强制免疫的奶牛加挂免疫耳标，建立免疫档案。

设专门兽医室，配备至少一名注册兽医师及相应的兽医人员和必要的消毒器械、常用药品和存放生物制剂的专用冰箱。

按照疫苗要求保存疫苗，严禁使用过期、破损、变质疫苗。为保证疫苗质量，应严格操作规范，做到一牛一针，注射部位准确，计量要足。

对瘦弱、患病和妊娠后期的奶牛，可延迟免疫接种。免疫接种后如牛发生严重反应，可及时用肾上腺素或按说明书上指定方法进行抢救治疗。

预防口蹄疫：一般采用春秋 2 季免疫，平时补针，免疫密度要达 100%。犊牛出生后 4~5 个月首免，肌注 A 型单价苗，剂量 1 毫升 / 头，以及 O 型、亚洲 1 型多价苗，剂量 1 毫升 / 头。首免后 6 个月实行第 2 次免疫，方法、剂量同首免。青年牛、后备牛、成母牛，每年接种疫苗 2 次，每间隔 6 个月免疫一次，肌注 A 型、O 型、亚洲型口蹄疫双价灭活苗，剂量 2 毫升 / 头。

预防炭疽：每年 10 月进行炭疽芽孢苗免疫注射，免疫对象为出生 1 周以上的牛，次年 3~4 月为补注期。银川养殖小区一般采用 II 号炭疽芽孢：大小牛一律皮下注射 1 毫升 / 头。

预防泰勒焦虫：使用牛环形泰勒焦虫疫苗，在每年的 1~3 月对出生后 12 个月龄以上的奶牛进行一次免疫，每头肌注 1 毫升，免疫期 1 年。

如果发生某种传染病，要对健康的牛群进行紧急免疫接种。对场区内所有的牛包括孕牛和犊牛全部进行强制免疫，以达到迅速控制、扑灭传染病的目的。

在奶牛检疫工作开始之前，主管部门应下发布氏杆菌病、结核病检疫通告，要求对奶牛布氏杆菌病结核病进行检疫。

每年春季或秋季进行一次结核病检疫。对检出的阳性牛，在 3 天内扑杀并作无害化处理。凡判定为疑似反应的牛，于第一次检疫后 30 天复检，其结果仍为疑似反应者，应判为阳性，一律扑杀并作无害化处理。

在检疫结核病的同时，对奶牛采血进行一次布氏杆菌病检疫，凡阳性反应牛一律扑杀并作无害化处理。

由国内异地引进奶牛，按规定对结核病、布氏杆菌病、传染性鼻气管炎、白血病等进行检疫。从国外引进奶牛除按进口检疫程序检疫外，应对白血病、传染性鼻气管炎、黏膜病、副结核病、蓝舌病等复查一次。

兽医、饲养员、挤奶员等要取得卫生部门颁发的健康证；每年体检一次，一旦发现有患结核病或布鲁氏菌病以及布鲁氏菌感染的，立即调离，隔离治疗。

养殖小区应做好防疫记录，填写兽医日志、防检疫记录、消毒记录、疫苗进出库记录等。养殖小区一般都有饲管耳标，因此不必再加挂免疫标识；在奶牛耳标号的基础上，进行统一登记与建档，实行防疫档案化管理。

注意事项

杜绝各类疫情的发生，主管部门要加大免疫抗体水平的检测，要定期或不定期对奶牛免疫抗体进行集中采样、监测，保证免疫抗体水平达 70% 以上。严格按照制定好的免疫程序进行免疫。加强兽医人员的管理，不许在其他场区或散养户兼职或行医。预防奶牛疾病所用疫苗，只能使用主管部门提供的生物制品。

对按规定免疫接种并经检疫合格的健康奶牛，由动物防疫监督机构发给奶牛健康证，奶牛户持证售奶，鲜奶收购人员视健康证收奶。凡无健康证的牛所产的奶，收购部门一律拒收。

综上所述，建养殖小区后，好比乘上规模化的时代列车，使众多散养户分享到高科技、高标准的成果，奶牛的饲养问题解决了，生产性能增强了，奶质奶价提高了，奶农从繁杂的劳动中解脱出来了，真是一件皆大欢喜的好事！

正是：

自从进了小区后，奶农劲足有奔头，

牛奶质优售价高，改革带来大丰收。

第 **28** 章

民营奶牛场

奶业的发展趋势

奶业是一个资本、劳动、技术密集型行业。优良成母牛每头 15 000 元以上；繁殖周期长，小牛从出生到产奶需 28 个月，饲养的设备投资大。因为小牛、育成牛和产奶牛饲养要求高，技术要求复杂，需要具备繁殖、防疫、营养等方面的技术。整个生产过程环节多，劳动投入大，人工饲养、手工挤奶的模式下，每人只能管理奶牛 10 头。工作点分散，体力劳动量大，有的工作不易计量，对从业人员的素质、技术水平、责任心要求较高。

对奶牛养殖企业，基本不存在品牌建设、产品研发等业务，只是单一的奶牛生产。业主制的私有企业在奶牛养殖业应该是最具制度优势的企业组织形式。在美国、欧洲、澳洲基本上都是私有牛场。在以色列有合作社、私人、学校办的奶牛场，其中私人办的占绝大多数。合作社和学校举办的奶牛场所占比例极少。

奶业的技术支撑，奶牛的产前、产中、产后服务，特别是配种、兽医服务，需要的技术技能很高，必须由专家提供服务。在奶业发达国家，私人牧场全是靠社会服务组织提供服务，充当这种服务专家需要接受较长时间培养，有的长达 8 年才能获得职业资格。美国有超过 60 000 家奶牛场，其中大约 99% 是家庭奶牛场，平均每家奶牛 115 头。

荷兰奶业生产是小规模的家庭农场生产模式。按照荷兰对家庭农场的规模分类标准，可分为"30 头以下小规模"、"30~70 头中等规模"、"70 头以上大规模"等三种类型。2003

年，荷兰家庭农场总数减少了 33%，家庭农场正在向规模化、集约化发展，即小规模家庭农场的比例逐年下降，中等规模家庭的农场的比例连续多年基本保持在 52% 左右，而大规模家庭农场的比例逐年上升。

在我国，河南郑州市一牧业公司，是河南省奶业最大企业之一，成立于 2001 年，奶牛总存栏一直保持 1 000 头，装备有 5 吨的饲料混合车，30 头转台式挤奶机，员工总数 72 人，后勤服务和技术人员 21 人。2004 年奶牛年均单产达到 8.1 吨，居河南领先水平。但随着员工队伍老化、员工流失和牛群结构出现问题等，2009 年单产跌到 7.5 吨，效益急剧下滑。2010 年 10 月，公司大胆改革，管理创新，推行"牛场拆分，双层经营"体制改革，将原来 1 000 头的牛场分为两个牛场，牛场场长竞争上岗；公司负责饲料、技术服务等业务，各牛场负责自己的奶牛生产经营。由公司统一饲料供应，统一防疫，统一配种，统一挤奶，统一牛奶销售，而牛场经理具有用人自主权和工资奖金发放权。新管理模式的运营，提高了管理者和员工的积极性，一个月内产奶水平即明显提升，平均单产由 7.5 吨以下恢复到 8 吨以上。一年来一直保持了平均单产 8.2 吨，员工收入和企业利润双增长。这说明，适度的养殖规模才真正具有规模效益。

在河南地区，经济效益较好的规模农户占绝大多数，处于亏损的比较少。农户的核算方式简单，扣除直接成本就是利润。比如：中牟县三官庙奶牛小区一刘姓养牛户，1998 年从 3 头牛起步，家庭 2 人全职养牛，到 2011 年底，奶牛存栏达到 56 头，自备小型饲料加工设备。2002 年以前采用手工挤奶，后进入奶牛小区统一挤奶。10 多年经营期间没有雇工，其一家经济收入完全来源于养牛，除了维持全家生活外，还花费 20 万元建筑房屋，另有 15 万元进行其他投资。从这位刘姓养牛户的发展过程和经营的经验看，不雇工的个人业主制经营模式，既不存在激励，也不存在约束和监督，是效率最高的模式。

我国各地正积极引导现有奶农进行规模扩张，使养殖小区内的农户尽快使养殖规模达到 50 头以上，发展成为民营奶牛场。

加快建立高水平的技术服务体系，为民营奶牛场提供及时、周到的服务，高校和涉农培训机构要承担经常性的新技术和管理技能的培训。

民营场经营管理

创办民营奶牛场是为实现长期利益最大化。当然民营奶牛场的经济效益的好坏受到多方面因子的影响，主要有奶牛生产管理、饲料管理、生产计划管理、育种繁殖管理等。

民营奶牛场也必须以人为本，有效地组织和管理生产，促使有限的人力、物力、财力产生最高的效益。要建立一个高产、健康、长寿的奶牛群体，要高度重视奶牛场的管理和技术人员。抓好生产管理是奶业可持续快速发展的关键。奶牛的产奶水平不仅取决于奶牛品种、饲草饲料，还取决于管理因素。真正提高管理水平，才能培育出健康的牛群，真正做到以防为主，以获得较高生产水平。

均衡、合理的饲料供应是保证奶牛场生产正常进行的前提，全价日粮是保证奶牛正常生长、产奶、增重的必要条件。奶牛的饲草料费用占饲养成本的 65%~75%，饲草料管理的好坏影响饲养成本，对牛群健康和生产性能均有影响。奶牛场饲料管理从管理原则、合理饲料供应计划的编制，饲料的供应、加工和储藏、保管和合理利用，饲草料利用率等方面进行科学管理。饲料的选择必须依据本地资源合理筹划和配制饲料。饲草料应相对集中固定采购，精饲料应保证 1 个月库存，干草、青贮等粗饲料应保证一年的贮备量。要定期检测精饲料和粗饲料的营养成分，保证饲草料的质量。饲草料管理是奶牛场盈利的基础，也是奶牛场管理的关键所在。饲草料管理直接影响奶牛的营养平衡，影响着经营效益合理的饲草料管理可以为奶牛营造一个清洁、健康、安全的生活环境，为产奶的质和量提供保障。

加强企业的成本管理，建立科学合理的经营管理体系，降低经营成本，从而实现经济效益最大化的目标。奶牛场的一线员工是企业成本管理的核心，生产管理者应该经常和员工沟通，使员工能以强烈的责任心自觉主动地为企业降低成本工作和尽力献策。成本的管理要以成本的计划为主，以事中、事后控制为辅。

奶牛场的整体营运绩效与员工个人的工作绩效息息相关。员工绩效管理既要以企业的价值为目标，更要以员工个人价值的体现为目标。

奶牛场的科学环境管理是生产高效、高产、安全的基本保障。企业唯有靠质量竞争代替价格竞争才能得以生存，质量成为竞争力将是市场竞争和市场环境转变的必然结果。

奶牛场规划布局

千头奶牛场的场地面积为 120 亩；其牛群结构：成母牛 544 头，其中泌乳牛 460 头，干奶牛 84 头。

在场址选择上，本着因地制宜和科学饲养的要求，合理布局，统筹安排，满足饲养工艺要求。奶牛场有 4% 的坡度，与乳制品公司距离不超过 50 公里。奶牛场场址地势高燥、为土质良好的沙壤土、水源充足、饲草丰富、交通便利、利于防疫、气候适宜。

奶牛场建筑配置紧凑整齐，土地利用率高，供水管道节约，有利于整个生产经营状况的运行，且所选场址有发展余地。按奶牛场经营功能区规划布局，分为生活区、生产区、生产辅助区、隔离与粪污处理区。在布局时根据坡度和主风向，从人牛保健角度考虑，力求各区之间建立最佳的生产联系和环境卫生防疫条件。

千头牛场的设计采用散栏饲养模式，既保证原料奶的质量，又满足奶牛的生活习性。其自由采食全混日粮、自由饮用恒温水、自由活动、集中坑道式挤奶，完全实现了机械化、自动化，节约劳力，为奶牛创造了舒适环境。在修建牛舍时，必须考虑奶牛对各种环境条件的要求，包括温度、湿度、通风、光照、栖息、环境卫生。

奶牛生产工艺包括：牛群结构和周转以及草料、饲喂、饮水、休息、清粪、人工授精、防治、护理等技术措施。牛舍须与生产工艺相结合，否则会给生产带来不便，增加运行成本。

要根据防疫要求合理进行场地规划和建筑物布局，确定牛舍的朝向和间距，设置消毒设施，合理安置生活、生产垃圾污物处理区。消毒方式采用消毒液喷雾和紫外线灯照射两种方式。

牛舍修建应考虑降低成本，加快资金周转，就地取材，减少附属用房面积。

奶牛场是否规划合理，场区建筑物是否布局得当，直接关系到奶牛场的劳动生产效率、防疫标准和经济效益。

职工生活区应建在上风向和地势较高地段，并与生产区保持 100 米以上距离。

粪污处理区设在下风头,地势较低处,与生产区距离 100 米以上。

牛舍地面除卧床位置外,全部为混凝土硬化地面。饲喂通道为普通压光地面,采食通道、清粪通道为设置防滑槽的地面。牛舍、产房、犊牛舍、后备牛舍、挤奶厅等的地面,应做特殊的防侧滑处理。

运动场的门为上挂推拉门,饲喂通道和清粪通道的门为电动爬升门。

牛场采用群饲通槽喂养、对头式散栏饲养的双列牛舍。

运动场长度与奶牛舍长一致对齐,可充分利用地形,保证一年四季的雨季、雪季过后,场地干燥,降低奶牛肢蹄发病率,降低清粪次数和劳动强度。

奶牛自由饮水槽自动补水、保温且能翻转,便于清洗并长期保持饮水清洁。

运动场围栏要求结实耐用,采用钢管围栏或钢丝绳围栏,运动场坡度不足的,要考虑其他方式排水。

牛舍以饲养规模和饲养方式来确定牛舍的形式。建造应便于饲养管理,便于采光,便于夏季防暑降温、冬季防寒排潮,便于防疫。办公室、宿舍和食堂设在牛场之外地势较高的上风头,配套消毒更衣室,以防空气,水的污染及疫病传染。

奶牛群结构调整

奶牛场各类奶牛群的奶牛头数占总存栏头数的百分比称为奶牛场的牛群结构。合理的牛群结构是奶牛场规划和建筑设计的前提,也是指导牛场生产管理和牛群周转的关键,牛群结构的好坏也直接影响牛场的经济效益。要使奶牛场高产、稳产,牛群要逐年更新,各年龄段的奶牛要有合适的比例,才能充分发挥出其生产能力。

奶牛场的成母牛占 55%~60%,犊牛占 9%。成母牛指初产以后的牛,在成母牛群中,1~2 胎母牛占母牛群总数的 40%,3~5 胎母牛占牛群总数的 40%,6 胎以上占 20%。老弱病残牛应淘汰,奶牛场年淘汰率可达 20%~25%。

青年牛指 18~28 月龄的初配到初产的牛,应占整个牛群的 13%;12 月龄到初配的牛,应占整个牛群的 9%;6~12 月龄的牛应占整个牛群的 9%。对于刚出生的母犊要根据其父母代生产性能和本身的体型外貌进行选留,留作后备母牛培育的犊牛应占整个牛群的 9%,其他犊牛要尽快销售。

使用良种公牛冻精配种,是加快遗传进展的主要措施,必须给予高度重视。近几年来,国家推广了荷斯坦能繁母牛实施良种补贴项目,民营奶牛场及养殖小区都可以使用到国家良种补贴项目的冻精,选用适合自己奶牛配种的冻精。

民营奶牛场在选购优质奶牛冻精时,要查看系谱,可以使用的公牛 3 代内无亲缘关系。做好繁殖记录,合理选用冻精,不一定非要选择昂贵的进口冻精。采用通过后裔测定公牛的冻精,其后代的产奶水平会明显提高。

选定改良的性状一般不超过 4 个。一般多选择产奶量、乳脂率、肢蹄、生奶体细胞数等性状进行改良。

选购公牛冻精的遗传品质要高于母牛群的遗传水平;现购买的公牛冻精的遗传品质要高于先前使用的公牛冻精遗传品质。这样,通过数次改良定能逐步提高产奶量。要选择技术过硬、责任心强的专职配种员。

在牛群生产过程中，由于出生、出售及育成群加入或外购等，使牛群结构不断发生变化。在一定时期内，牛群结构的这种增减变化称为牛群更替或周转。为有效的控制牛群变动，保证生产任务的完成，必须制定牛群繁殖、周转计划。

繁殖配种计划

成母牛配种数：统计上年度奶牛场 4~12 月份已配准母牛数＝本年度 1~9 月份产犊母牛数

成母牛预计产犊数：本年度 1~3 月份预计产犊数＝全年总成母牛数－当年计划淘汰奶牛数－上年度 4~12 月份已配准奶牛数

当年计划淘汰奶牛数＝成母牛数 × 成母牛淘汰率 15%

全年成母牛繁殖配种计划数＝成母牛配种数＋成母牛预计产犊数

育成牛繁殖配种计划同上，其中育成牛淘汰率 5%

产犊计划：全年成母牛繁殖配种计划数＋育成牛繁殖配种计划数＝计划年度所产犊牛数。根据犊牛公、母各半的比例，将计划年度所产犊牛数量除以 2，即为计划年度所产母犊数。

使用橡胶垫牛床

牛床是奶牛活动和休息的主要场所，传统的水泥地牛床质地坚硬，奶牛起卧时容易引起肢蹄挫伤，甚至关节脱臼，导致奶牛被迫淘汰。据上海奉贤区一奶牛场，在奶牛生产上应用橡胶垫牛床，旨在改善奶牛健康，增加牛奶产量，奶牛安全健康养殖和牛奶质量提高。

牛床橡胶垫板表面为球冠式防滑包点，呈正三角形排列。橡胶垫板无毒，具有良好的耐酸、耐碱、耐腐蚀和减震、缓冲功能。

经上海 385 头成乳牛历时 1 年半的试用观察结果显示，牛奶体细胞指标优秀率提高 13 个百分点，平均单产增产 5.96%，肢蹄病发病率降低 4.2%。这表明，使用橡胶垫牛床具有较好的经济效益和环保效益，是奶牛场转变饲养方式、注重健康安全、强化质量监管和提高生产水平的有效用品之一。

新型电热饮水槽

内蒙古、黑龙江、吉林、辽宁、新疆、河北、陕西、甘肃等地区，是我国奶牛养殖的集中地，饲养的奶牛数量占全国奶牛养殖数量总量的 80% 以上。这些地区冬季气温较低，奶牛饮冰冷水会造成牛奶产量降低、流产等。奶牛电加热保温饮水槽可保证饮水温度在 8~15℃，从而避免发生上述问题，对增加养殖的经济效益有重要作用。

新型电加热饮水槽主要由电器加热控制系统、盛水槽体、支撑固定架、给排水管、专利浮子五部分组成。

加热温度可根据用户需要进行调节。另外装有液位传感器和温度传感器，由配电箱统一控制，既能自动加热饮水，又能达到省电节能目的。

盛水槽体采用保温结构，内外层均为不锈钢材料，保温层由聚氨酯填充。进出口设在槽体两侧底部。

支撑固定架为不锈钢的，表面整洁美观。

给排水管的进水管和预留的给水管连接，配备保温棉，特别寒冷的地区可添加加热带；排水系统采用管路排水，加塞子及滤网。

专利浮子，可适应不同的水质，依据槽体内的水位自动启闭，能够确保不漏水。

电加热保温饮水槽的特点：整体结构结实、美观、安装方便；依据牛的体尺设计饮水位的宽窄，使牛能够舒适饮水，保证牛无论在多冷的天气都能够喝到温水；保温型槽体、合适的槽体容积、大流量的进水阀能够满足牛饮水速度的同时，又减少热损耗，可降低能源消耗，绝对避免由于漏电对牛造成的伤害。

综上所述，可以看出，民营奶牛场应该是我国在工业化、城镇化进程中发展的主流模式，散养户退出，规模农户保留，并逐步扩大规模；股份制的大型奶牛场会有下降的趋势；奶牛养殖小区将进化为民营奶牛场。

正是：

规模奶牛产好奶，全靠牛场巧安排，

劝君投资在乳业，名利双收见效快！

北京市怀柔区东山村一户刘姓村民，经营一占地20多亩的山中渔场，吸引周边村民和游客垂钓。后来，鱼池每天死鱼10多条，大部分是溃烂病；等到总计死鱼3 000余斤才引起重视。报请有关部门检查发现，距渔场上游几百米有一饲养400多头的奶牛场，其堆积的牛粪经消毒水、雨水浸泡排出，流入鱼池的进水口，渔场的死鱼事件就是这家奶牛场粪污处理不当的恶果。看来，对于奶牛场而言，还真得重视——

第29章
粪污的治理

粪污的严重危害

据测定，1头体重约500千克的奶牛，每天排粪量约40千克，排尿量约20千克，挤奶厅冲洗用水约10升，同时产生大量的一氧化氮、二氧化氮、二氧化硫、硫化氢、氨气等恶臭气体，如不妥善处理，造成危害如下。

① 由于粪污溶解性较强，排入土地后，引起土壤板结，粪便中残留药物、盐类、重金属元素会造成土壤中盐类沉淀而变成不能耕作的盐碱地。

② 牛场排出的污水，含有大量有机物和有毒害物质，通过下渗污染地下水质。比如，含氮硝酸盐类渗入地下转化为亚硝酸盐。含亚硝酸盐的水被人饮用后，在人体中会转化为致癌物；含汞化合物的饮水则会严重损伤人的神经。

③ 没有粪污处理设施的奶牛场，粪污堆积产生恶臭，成为蚊蝇滋生的场所，危害周边区域的生态环境，对人类及奶牛健康不利。

④ 近年来，世界各国频发干旱、洪水、暴雪等自然灾害，大气层臭氧减少，全球气温升高。研究证明，这种极端气候变化的发生是由于温室效应气体排放量大造成的，而奶牛养殖每年释放大量的二氧化碳、二氧化硫、甲烷等温室效应气体，对大气环境产生了严重的影响。

⑤ 由于粪污处理不及时，大量的病源微生物和寄生虫得以繁殖，引起奶牛疫病发生与

传播；同时，患牛所产牛奶也会由于病源菌增加而使牛奶质量下降。

粪污治理的对策

① 提高认识，充分认识奶牛场污染治理的重要性。综合运用环境管理和环境污染治理的各项措施，大力推进奶牛场污染防治工作，重视养殖效益和生态效益的结合，使生态效益、经济效益和社会效益同步发展。

② 必须严格执行国家有关环境保护管理的规定，避免先污染后治理的现象。新建、改建和扩建奶牛场时，要充分考虑当地的自然生态环境，对养殖规模、粪污处理等进行科学规划，场址选择时要充分考虑周围的耕种作物土地面积对粪污的承载能力，因地制宜发展奶牛的绿色养殖。

③ 奶牛场应设计专门的堆粪场地，将奶牛粪便、剩余秸秆及杂草堆集后，通过微生物发酵变成腐熟还田的、生产绿色农产品的高效有机肥料。

④ 利用奶牛场粪污生产沼气，既可使资源得到合理开发利用，减少粪尿排放造成的污染，同时用沼气取代原煤做饭、取暖，也减少了二氧化碳、甲烷等有害气体的排放。目前我国奶牛场的沼气生产方法比较成熟，其原理是在厌氧条件下，经过微生物发酵，生产以甲烷为主的优质可燃气体，其沼液、沼渣还可作有机肥，肥效好还可改良土壤。

⑤ 在奶牛场积极推广干清粪工艺及固液分离技术。利用此工艺对粪污进行处理，粪便直接进入堆粪场堆积发酵；尿液和牛舍挤奶厅的清洗废水，通过过滤分离水中残渣粪草，降低污水有机物浓度，然后排入污水池，经生物发酵处理达标后，用来喷灌农田或冲洗牛舍。

⑥ 在牛场周围及牛舍后墙、运动场、栅栏处植树间种植牧草、花卉，通过光合作用吸收二氧化碳。花草树木既可挡风沙、遮阳，又可调节小气候，美化环境，使奶牛场变为低碳或二氧化碳零排放。

⑦ 制定饲草料生产、供需规划。尤是要仔细估算优质粗饲料的生产与加工，尽量使这部分投入降到最低。奶牛的青、粗饲料不仅在日粮中占很大比例，而且其品质要不断提高，既能满足产奶水平不断提高的要求，又能逐年减少牛群中有害气体的排放量。奶牛采食的粗饲料质量低劣，每天排放的甲烷等气体增多，奶牛场就会成为空气污染、温室效益加剧的源头。

⑧ 计划采用哪些处理方法，需要什么设备，加工处理后的排泄物需要多少农田消纳等，需要制定一个规划。不能以牺牲环境来换取利润的行为发生。

⑨ 粪污处理是一项复杂工程，不同气候、不同生产条件、不同牧场周边的资源状况以及牧场的规模等，都与粪污处理工艺的设计息息相关。国外奶牛养殖发达地区，其粪污处理都采取"农牧结合"方式，既生产有机饲料，又生产有机牛奶。

⑩ 粪污处理工艺流程，见图29-1。

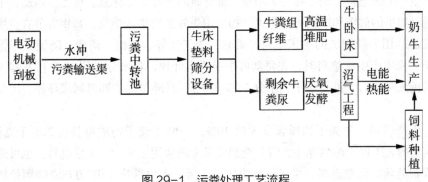

图 29-1　污粪处理工艺流程

　　牛舍内粪尿收集方式主要有铲车清粪、水冲清粪和电动机械刮粪板清粪三种。现代规模奶牛场在收集运动场牛粪时，机械铲车是主要方式，在气候干燥降雨少的区域其优点仍较突出。

　　水冲清粪方式需要人力少、劳动强度小、劳动效率高、能频繁冲洗，但需配备充足的水量、配套的污水处理系统、合适的牛舍坡度、输送粪污用的泵和管路等。在寒冷气候下，如不能保证牛舍 0℃ 以上温度，没有充足空间用来储存、处理这些冲洗水，这种系统很难能保证正常运行。

　　电动机械刮粪板能做到 1 天 24 小时清粪，时刻保证牛舍的清洁。其机械操作简便，工作安全可靠，刮板高度及运行速度适中，基本没有噪音，对牛群的行走、饲喂、休息不造成任何影响，运行、维护成本低，对提高奶牛的舒适度、减轻牛蹄疫病和增加产奶量都有决定性影响。

　　国内外采用的粪污输送方式，在规模大的奶牛场，采用渠道输送方式是最佳途径。

　　国内外对粪尿的处理和利用技术主要有固液筛分技术、产沼技术和还田技术，实践证明这是粪尿处理和利用的正确方法。

粪污的循环利用

　　（1）生产沼气发电　按照沼气的生产工艺建成沼气厂，每千克干牛粪可生产 0.3 立方米沼气。每头牛每年排出牛粪中的干物质大约为 2 吨。10 000 头奶牛，一年内排出约 10 万吨粪污，每年可生产沼气 600 万立方米，发电 1 000 万千瓦小时。一般一个四口之家每天的生活用沼气 1.8 立方米。因此，可供 8 500 户一年生活用沼气；全场每年可销售沼气产品 600 万立方米，实现销售收入 600 万元。

　　在生产沼气的剩余的废料如沼气渣、沼气液，又可以还原到养殖业和种植业。其中沼气渣是养鱼的优质饵料，沼气渣、沼气液也是种植蔬菜、果树等的优质有机肥料。

　　每立方米沼气的发热量 20 800~23 600 千焦，用于发电可产生电力 1.6~2.0 千瓦小时。用煤炭发电，每生产 1 千瓦小时电消耗 380 克标煤，10 000 头奶牛，每年节省 3 800 吨标煤，可减少 750 吨污染物的排放。开发大型沼气发电，每天处理牛粪 100 吨，发电 1 500 多千瓦小时。每年还同时产生沼渣 2 000 吨，制成混合肥料后，实现经济效益每年达 40 万元。

（2）生产牛床垫料　奶牛在一天当中大部分时间卧在牛床休息、反刍。因此，牛床的环境和质量对奶牛的健康和产奶影响很大。如果用牛粪生产牛床垫料，每年可节省费用，还可少耗费资源。用牛粪制成的牛床垫料，柔软、透气性好、保温、防滑、防潮、环保、经济廉价。用牛粪生产牛床垫料时，先将新鲜牛粪脱水处理，将水分降到 60% 再发酵灭菌，当变成黄褐色无臭味后，进行烘干到水分 25%~30%，粉碎过筛，即可制成环保、优质的牛床垫料。

（3）生产燃料　牛粪干物质含量大约 20%，一吨牛粪干物质可替代 206 千克标准煤。可以用简易的人工风干晾晒办法，将牛粪制成风干块状用于生产、生活燃料，也可通过工业手段制成颗粒状环保型燃料。牛场每年为居民生活、锅炉供热提供 20 000 吨颗粒状环保型燃料，可替代约 4 000 吨标准煤。

在春秋季节，用"蜂窝粪块器"将牛粪制成"蜂窝型粪块"，放在运动场周边晾晒自然风干。冬季在运动场内将冻牛粪块捡出，堆放在运动场周边晾晒。将风干牛粪块贮存起来可直接用于生活燃料，取代秸秆和煤炭。

将鲜牛粪进行分离，使其水分降到 50%~60% 时发酵灭菌，待变成黄褐色无臭味后，再烘干到水分 14%~20% 时，用制粒机器制成颗粒燃料。

（4）生产栽培蘑菇培植料及养殖蚯蚓的床料　将鲜牛粪脱水处理，当水分降到 60% 时高温发酵，杀死有害菌及虫卵，待变成黄褐色无臭味时烘干，当水分降到 25%~30% 后粉碎过筛，制成优质栽培蘑菇用培植料。蘑菇采收后剩余的培植料可用做养殖蚯蚓的床料。

（5）生产有机肥料　万头奶牛场年产粪 10 万吨，粪便中有机质含量约 15.5%。其中氮、磷、钾的含量可为 5 000 亩农作物栽培提供优质、绿色、环保型有机农用肥料；同时能改良土壤结构，提高农作物产品产量及价值。一般施用有机牛粪肥的农作物产品的售价 30% 以上。

粪污处理的土建

目前，牛场粪污处理有还田模式、自然处理模式、工业化处理模式三种。前两种模式均需大量的土地，故工业化处理模式是粪污处理的发展方向。

奶牛场各牛舍粪污通过沟道收集至集粪池，再利用固液分离设备将粪污分离成干粪与清水，清水可循环回冲牛舍。在粪污处理系统的建设中，与之配套的土建构筑物主要有粪污沟、集粪池、清水池。

在牛场的规划中，粪污处理区位于地势较低的下风向，距离生产区较远，由粪污沟连接两个区域。粪污沟施工中应注意以下几点。

① 粪污沟采用钢筋混凝土结构，根据牛场规模、日产粪量、粪污处理能力等确定粪污沟的深度与宽度。

② 综合考虑场区的地形、地貌情况，确定沟底的坡度，一般为 3‰~5‰。

③ 综合考虑建筑物各单体基础标高与粪污沟底标高的关系，舍内的粪污沟应避免对牛舍主题结构的破坏，尤其在需要穿越砖混结构的地下条形基础时，不能将圈梁断开。

④ 舍外的粪污沟在跨越道路时，沟顶覆盖的混凝土盖板，要满足承受上部荷载的要求。

集粪池、清水池属于地下构筑物，同时受到地下水上浮力、侧向土压力、侧向水压力的作用，施工难度较大。其施工质量的好坏直接影响到整个粪污处理系统的运行，故从设计到施工均要重视。其中应注意以下几点。

① 施工前，详细掌握现场土质、地下水位、周边堆载等情况，然后编制施工技术方案和安全防护方案。如需开挖深度超过 5 米的基坑，危险性较大，还应编制深基坑支护方案。

② 若地下水位较高，地下水浮力极易对水池造成破坏，需要做好基坑的降排水工作，并防止雨水流入工作面。严禁工作面带水、泥浆施工。

③ 混凝土浇筑时，底板要从一边向另一边整体推进，池壁按环形浇筑。在分层浇筑时，每层厚度以 30~40 厘米为宜，并充分振捣密实。要合理控制池的有效深度。

④ 底板混凝土应连续浇筑不留施工缝，池壁距底板 200 毫米处要留水平施工缝。

⑤ 在设备管道的预留洞口，对截断的钢筋应做补强处理。

⑥ 按照质量规范要求验收，加强混凝土成型后的养护。

粪污治理在黑龙江

案例一 海林农场是黑龙江省最大的纯品种澳大利亚奶牛繁育基地，饲养近万头奶牛，每天产出 200 多吨牛粪污，原来既占用了大量土地，也严重污染了空气。从 2005 年 4 月开始，建设大型沼气工程时。综合考虑北方地区气候寒冷等因素，采用底物浓度高、加热量小、运行费用低和沼液量少的"能源生态型"卧式池中温发酵工艺。农场沼气工程于 2006 年 1 月 16 日启用。因为沼气是一种清洁能源，热能高，其价格比液化气低 30%，得到了农场职工的认可。仅沼气收费一项一年就为农场创收 58 万元。沼气工程实施后减少了粪污排放，降低了运营成本，牛奶品质也大大提高。同时沼气工程年产沼渣肥 1 500 吨、沼液肥 28 000 吨，用来种植 10 000 亩有机蔬菜和 6 000 亩有机水稻，为农场带来更大的经济效益。

据测算，这座沼气工程年减少二氧化碳排放量 2 600 吨、二氧化硫排放量 24 吨、粉尘排放量 15 吨，保护了海林农场的青山绿水。利用沼渣、沼液，节省了大量化肥和农药、改善了土壤条件，使农业生产逐步向良性的生态化方向转变。

案例二 牡丹江八五——农场奶牛场，是黑龙江垦区最大的奶牛场，该场年产近 50 000 吨干牛粪，2004 年 7 月依托国家投资，在牛栏旁建立了处理牛粪的生物有机肥厂。

八五——农场生物有机肥厂以规模化奶牛场的牛粪和农作物秸秆为原料，利用复合微生物发酵剂生产生物有机肥，减少化肥施用量，使农业增产增收，显著地增加了经济效益。成功地遏制了对周边环境的污染。农田施用生物有机肥可明显减少农田径流和地下水中的氮、磷污染。此外，施用生物有机肥能够大量增加农田中有益微生物含量，有效地改善土壤，对农产品无毒副作用。

粪污治理在内蒙古

呼和浩特地区奶牛养殖业历史久远，延续了以农家个体饲养奶牛为主的模式，农家个体一般养殖头数不多，其产生的粪尿相对较少，牛粪一直被当做肥料就地施用。但随着奶业经营方式的转变，奶牛养殖的环境污染已成为严重问题。据统计，从污染的贡献率上看，呼和浩特地区奶牛粪便污染平均占到91.91%。

适度规模、合理规划是防止奶牛粪便污染的重要途径。集约化养殖场在建成前要系统规划、合理布局，保证养殖场与居民点、水源等有一定的距离。根据养殖场的粪污处理能力控制养殖规模，做到就地处理奶牛粪便。科学饲养，开发环保饲料，降低粪污的排放量。

农牧分离、奶牛养殖场向城市集中、规模过大是形成奶业污染的主要原因。实行农牧结合，奶牛粪尿用作肥料，既可以避免环境污染，又有利于农业生产。奶牛粪便是宝贵的农业资源，经处理后可变废为宝，实现生产的良性循环。因此要实现奶牛粪便的资源利用，以取得环保和经济的双重效益。

粪污治理在山东

山东省彩蒙奶牛场，占地约1 000亩，奶牛总量1 100余头。其中，成年牛800头，后备牛300头。奶牛场年排粪污总量约2.2万吨。

该场为实现规模化奶牛场生态环境养殖，以清洁奶牛生产为主线，将重点放在可循环水冲洗奶牛舍的配套设计、奶牛健康养殖技术、沼气工程，以及杨树、双孢菇、牧草立体种植技术和奶牛生态养殖等方面，形成技术规范、全程服务的奶牛业（图29-2）。

利用牛粪生产沼气，利用牛粪种植双孢菇，利用高温法生产堆肥有机肥料。

通过污水多级沉淀和固液分离，减少污水中有机物含量，并对牛场排放池污水进行必要处理。

奶牛场产生污水最多的挤奶厅，每次冲洗采用酸碱液交替使用的方法，保证流出的污水在污水池内调和为接近中性。

牛场沼气池日产沼气500立方米，除一部分用于生活用气，每天还可以发电，基本解决奶牛场的用电。该工程年处理牛粪污5 400吨，产生沼气20万立方米，产出沼渣、沼液等优质有机肥2 500吨。

沼渣可养蚯蚓、制肥，沼液可给牧草、农田、有机蔬菜生产及花卉等灌溉。

利用双孢菇、牧草种植季节的变化，充分利用土地种植牧草，以沼渣为肥料，为奶牛提供优质青饲料。

在利用牛粪进行双孢菇生产上，效益可观，栽培1平方米双孢菇，投资10元，一般可产鲜菇10~12千克，每平方米可收入30元。

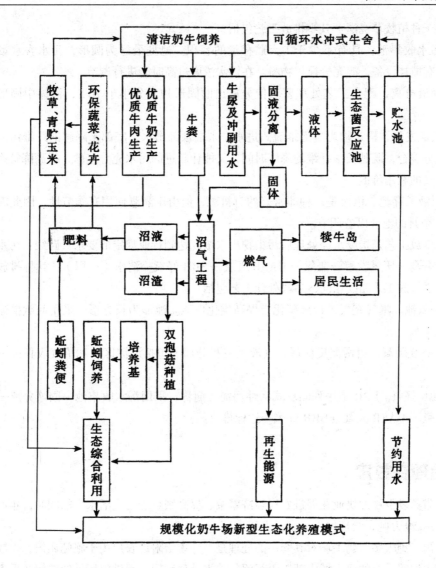

图 29-2 生态循环生产技术路线

粪污治理在上海

上海星火农场的三个牛场饲养奶牛 2 900 头,年排放粪污 4 500 吨,自从兴建了 6 座 450 立方米沼气发酵池后,年产沼气 147 万立方米,可供 3 000 户居民生活用气,每年替代 3 140 吨标准煤。

粪污治理在福建

福建省南平长富乳业集团股份有限公司奶牛场污水处理工艺路线:通过污水收集池→固 液分离→厌氧发酵→沼液贮存池→牧草灌溉,将奶牛粪污通过生物处理后,成为优质液体肥储存，用于种植牧草浇灌。其零排放工艺包括：

① 污水收集池，具有不少于1天贮存量的容积。池型最好为圆形，污水含水量大于90%，设有搅拌设备，能充分搅拌物料。在污水浓度过高时能进行调节。

② 固液分离，配合工艺处理要求使分离出的固形物水分小于70%，液体中固形物小于5%。

③ 厌氧发酵，构筑物为隧道推流式进水，末端顶部出水，底部未降解的纤维污泥回流与进水充分混合，既延长了纤维的降解时间，又能让新进的污水充分接菌，提高降解率，大大提高沼气的利用价值。

④ 沼液贮存池。沼液是一种非常好的有机肥，但由于灌溉使用有季节性，因此需设计储存1~2个月的池容以备调节。

达标排放工艺是指废水经处理后污染物出水浓度达到行业规定的要求。路线：污水收集池→固液分离→厌氧发酵→兼氧→UASB厌氧→SBR好氧→清水（回用）→达标排放。前段工序与零排放工艺路线相同，后段处理工艺包括：

① 兼氧池。曝气充氧进行反硝化，提高生化性能。池形为长方形，采用间歇推流式进水，溢流出水。

② UASB厌氧。由污泥反应区、气液固三相分离（包括沉淀区）和沼气收集区三部分组成。

③ SBR好氧。SBR是序列间歇式活性污泥法简称，采用污水收集池→固液分离→厌氧发酵→兼氧→UASB厌氧→SBR好氧→达标排放。

粪污治理在甘肃

甘肃省蓬勃发展的奶业在促进农村经济繁荣、提高城乡居民生活水平的同时，年产粪污总量约158.59万吨，给环保带来了巨大压力。

在甘肃，绝大多数奶牛场对其粪污的处理是，外售给附近农户用于施肥还田；少数用于晒干、烧火取暖；有的奶牛场内部以厌氧沼气技术处理利用，而排放场外的粪污几乎不做任何处理。

甘肃奶牛业主要分布于城镇郊区，规模化程度不高且比较分散，粪污虽可还田施肥，但给集中治理污染增添了难度。

奶牛粪污治理对策

① 坚持政府主导、社会参与，并把市场机制与政府干预充分结合起来，协调好保护区、治理区、受益区的利害关系。实行综合利用，资源化、减量化和无害化的原则；分步实施，由浅入深，优先解决重点地区、环境敏感区域的奶牛粪污问题；在管理上、技术上以及工程措施上逐步深化治理工作。

② 提倡发展中小型奶牛场，走农牧结合的道路。新建、改建、扩建奶牛场，按环境管理条例进行环境影响评价，按建设管理程序报批；奶牛场尽可能与种植业相结合，考虑有足够的土地对其粪污进行消纳；设置奶牛场粪污的储存设施和场所，其地面要水泥硬化，防止粪污渗漏、散落、溢流、雨水淋失及其恶臭气味造成的危害。

③ 对现有的奶牛养殖场进行技术改造，严重污染环境的实行限期治理，对处在环境敏感区的坚决关闭或搬迁；严格执行粪污排放标准，监督奶业达标排放；禁止向水体倾倒废弃物；奶牛场粪污采取无害化处理还田施肥、生产沼气、制造有机肥料等方式进行综合利用；同时做到粪污运输卫生。

④ 结合实际制定奶牛养殖准入制，只有场区设施符合环境保护条件后才允许建场。

粪污治理在河南

河南省一奶牛场，拥有荷斯坦牛 1 200 头，是河南省集约化奶牛场的典型代表，所产生的污水流入贮存池，经沉淀处理后排放。

污水采样时间分为春夏秋冬四季，每季连续 5 天在排污口采样。检测期内每天上、下午采集 2 个有代表性的污水样品，测其 pH 值，并用浓硫酸调节其 pH 值小于 2 后，装入清洁玻璃瓶中，用于实验室测定相关指标。

结果显示，奶牛场排放污水各项指标的平均值在四季呈现由大到小排列，而在 pH 值方面的排列顺序为冬季、春季、夏季、秋季，且冬季和春季、冬季和夏季、冬季和秋季、春季和夏季、春季和秋季之间存在显著差异。

降低奶牛场污水中污染因子的措施如下。

① 调整日粮配方。集约化奶牛场应按照不同的季节给不同阶段的奶牛提供不同营养成分含量的适宜日粮，提高饲料中各种营养物质的利用率，以减少污水中化学需氧量、氨氮、总磷、铜、锌等污染物的含量。

② 做好粪污处理。实行粪污固液分离处理，特别是在多雨的夏秋季节，粪便要堆放、遮雨，防止其被雨淋流失而增加水中污染因子含量。

粪污治理在青海

青海省良种奶牛及其改良奶牛主要集中在以湟水河谷地为中心的东部 1 市 7 县地区，包括海东地区的民和、乐都、平安、互助 4 县和西宁市郊及大通、湟中、湟源 3 县，共存栏良种奶牛及其改良牛 13.9 万头。2009 年全省牛奶产量 28.9 万吨，其中上述 1 市 7 县奶牛产奶 16.6 万吨，占牛奶总产量的 57.4%。

湟中县位于青海省东部，为西北黄土高原和青藏高原过渡地带，青海省畜禽养殖业排污系数测算典型点为青海省湟中县西堡乡羊圈村陆万元奶牛场。该场饲养荷斯坦奶牛 200 多头，其中产奶牛 60 头，产奶高峰期平均日产奶量 20 千克 / 头。一年四季，奶牛饲料随着季节而变化。冬春季以干草为主，补饲一定精料；夏秋季以多汁饲料为主。

青海省地处青藏高原腹地，白天日照强烈，导致蒸发量大，粪便排出体外后很快变干，污水产生量较少，所以其奶牛养殖中粪便基本采用干清粪方式。

青海省奶牛存栏数量相对较少，奶产品自给率较低，而且奶牛养殖主要依靠农户养殖，规模养殖不多，所以由于奶牛养殖引起的环境污染远没有国内其他奶牛养殖发达省份那么严重，但随着奶业的发展和奶牛存栏数量的增加，环保问题仍不容忽视。

　　对于大多数散养户，粪污治理主要是粪便还田。因此，在粪便还田前应将粪便堆积发酵，利用发酵热和微生物降解作用提高粪便肥力。

　　对于大型奶牛场，则从奶牛场选址、设计入手，强化科学饲养管理，引进粪便加工、处理利用技术和设备，减少粪污排放量或变废为宝。

　　综上所述，在发展奶业生产，满足牛奶消费的同时，应该尽早关注改善奶牛养殖环境，狠抓粪污治理，以更好地保护人类共同生活的地球环境。

　　正是：

　　　　粪污臭来牛奶香，坑农扰民不应当，

　　　　变废为宝上上策，好事办好美名扬！

为了保障消费者的利益，生产加工与包装牛奶的企业，必须确保投放市场的牛奶，货真价实；事实上，我国一些优秀乳品企业已经在——

第 **30** 章
打造放心奶

奶业的重要指标

奶业的重要指标包括五个方面：

① 每千克标准乳生产成本。它是衡量奶业经济效益的重要指标，代表了奶业发展的核心竞争力。把乳脂率不同的生鲜乳，统一校正为乳脂率 4% 的标准乳（Fcm），然后比较每千克标准乳的生产成本。这个指标是用于不同国家的横向比较，反应乳制品的基础竞争力，决定一个国家是乳品净出口国还是净进口国，从而确立本国的发展战略和方向；亦可用于国内的生产成本与收购价格比较，以判断其奶业的亏损或盈利，还可对奶牛生产趋势起到预测预警作用，成为主管部门实施产业宏观调控的有力工具。

目前我国每千克生鲜乳收购价格远高于美国和欧洲的大部分国家，主要原因是生产成本居高不下。这是我国奶业面临的真正危机，不解决好这个问题，奶业发展就没有前途。

认真反思，我国牛奶生产成本和收购价格会如此之高，是由于企业高管或专家去美国参观、学习回来，照搬美国模式之后，离开玉米、大豆、苜蓿干草，就不会养奶牛了。其实，应该明确适合国情的才是最好的。中国要想成为奶业强国，不能仅仅依靠模仿或照搬，也没有捷径可走，需要潜下心来，在实践中认真探索。

规模化养殖是全球奶牛业发展的大趋势，也是我国奶牛业发展的方向。但是，奶牛规模化养殖的规模、采用何种途径实现规模化、规模化进程需要的时间和方式，则必须根据国情

399

进行探索和创新，不能生搬硬套。

在我国，发展奶牛大型规模化养殖模式必须解决：规模化养殖带来的高成本会持续多长时间？如果持续 5 年，我国奶业或许可以承受，如果持续 10 年，则难以承受国际乳制品的冲击；同时，环境污染如何解决？需要多大代价？这些问题不解决，全面照搬美国的大型规模化养殖模式就存在很大风险！

② 饲料转化率。它是衡量奶牛生产效率的重要指标，指每千克饲料干物质能够产出多少牛奶，是精饲料与粗饲料的干物质总和转化为牛奶的效率。

集中反映了遗传育种、饲料营养和饲养管理等技术水平，能够反映出在本国饲料资源的实际情况下，奶牛单产与饲料投入的最佳结合点，比片面考虑奶牛单产更有价值。

③ 牛奶固形物产量。它是指奶牛每个泌乳期能够生产的牛奶干物质的数量，包括乳脂肪、乳蛋白、乳糖、矿物质和维生素等，是衡量牛奶品质高低的重要指标。在澳大利亚，收购牛奶按乳脂肪和乳蛋白的产量计价。在新西兰，牛奶价格是按照牛奶固形物计价。这种以质为本的衡量体系极大地提高了其在国际上的竞争力。

我国牛奶品质偏低，主要表现为牛奶固形物含量低。新西兰是 7.5 吨生鲜乳生产 1 吨奶粉，而我国是 8.5~9 吨生鲜乳生产 1 吨奶粉，仅生鲜乳原料成本就比新西兰高出 3000 元以上。

④ 液态奶过度热加工判断指标。它是衡量液态奶热加工质量的。

国际上奶业发达国家，在不断完善的法律监控下，乳制品加工企业都成为引导奶业向优质、高效、安全、环保方向发展；优质、安全和廉价的乳制品已经成为大众日常消费品。乳制品加工企业通过生产乳制品赢得消费者，通过优质优价来引导原料奶质量的提升，奶农也愿意投入更多成本，生产优质原料奶。但是，目前这个良性循环在我国还没有建立起来，这是法律法规缺失的结果。比如美国标准规定，原料奶如果达不到 A 级生鲜乳的质量标准（A 级生鲜乳细菌数小于 30 万个 / 毫升），就不允许用于加工巴氏杀菌乳。在我国，普遍采用高温加热灭菌，就能起到彻底灭菌的效果，这样一来，企业就不担心原料奶质量的高低，不用把高价收购优质原料奶作为责任，提高原料奶质量就是一句空话。令人担忧的是，在我国，液态奶的过度热加工已成为普遍现象。

巴氏杀菌乳和超高温灭菌乳两者间的营养成分差异很大。与超高温灭菌乳相比，巴氏杀菌乳属于低温乳，其牛奶的活性蛋白质、重要的营养成分经热加工造成的损失都少得多，加工的热能消耗也低得多。所以，在液态奶中，巴氏杀菌乳是名副其实的优质乳制品，它需要优质的原料奶。世界上奶业发达国家都是在液态奶中以巴氏杀菌乳占有绝对主导地位。

我国则截然相反，超高温灭菌乳占据了市场主要份额，这种结构是一种失衡；其结果是消费者没有喝上物美价廉、低耗环保的液态奶产品。导致这种失衡的原因就是在液态奶加工中缺失过度热加工的判断指标。

在过度热加工的判断指标方面，许多国家在 20 世纪 70 年代就已经提出防治牛奶过度热加工的判断指标并制定了相关标准。在我国，始终没有得到应有的重视和应用，值得主管部门反思呀！

目前，巴氏鲜奶在大部分国家的市场份额都占有绝对优势地位，是乳品消费主流。如北欧五国巴氏奶消费达 99.5%，欧洲达 95%，美国达 90%，日本达 85%，而目前我国却只有

30%。

乳品加工企业应尊重消费者的安全意愿，重点发展低温巴氏牛奶，加强冷链物流和社区配送能力，打造 500 公里低温巴氏奶防线，充分利用冷链和巴氏奶构筑一条国际化的竞争防线，以牢牢抓住低温奶兴起的潮流，迅速提升企业的市场占有率，提高消费者的市场忠诚度。

同时，企业要注重加强科技创新和加工新工艺的研究，依靠高新技术最大限度的保留住巴氏鲜奶的原本纯天然的风味、芳香及其营养成分。东欧和日本已出现第二代巴氏奶杀菌法，这种新型的超巴氏杀菌法，是采用 135℃高温和 0.1 秒的瞬间直接杀菌法；这种巴氏奶，口感、风味、营养与传统的巴氏杀菌法没有明显的差异，且保质期可长达 45 天。

生产巴氏鲜奶需要优质的奶源，目前国内奶牛养殖规模过小，优质奶源只占总奶源的 30% 左右，而国际上 70%~80% 都是优质奶源。因此，奶农应该以提供优质奶源为己任，牧场经营的核心就是为企业提供新鲜、优质、安全、足量的生奶，这才是奶农做优做强的"基点"，也是赢得乳品企业青睐的"卖点"，更是形成稳定而且对等的利益联结关系的"节点"，使奶农的收益相对稳定而持久。

⑤ 粪污消纳指数。它是指消纳 1 头奶牛 1 年排放粪便需要的耕地数。1 头高产奶牛，每日排粪便 35~47 千克，排尿量 41~65 千克，如果饲养 100 头高产奶牛，1 年的排粪量将达 1 300~1 700 吨，排尿量将达 1 500~2 400 吨。欧洲国家在 20 世纪 60 年代就出现了养殖业粪污排放造成的环境污染，由于应对及时、法律严密、政策到位，目前基本上控制了恶化的趋势，能够维持良性的农牧业循环发展。实际上，欧洲各国的做法就是通过立法规定奶牛场必须配备一定数量的耕地，既保证消纳奶牛的粪便，还能为奶牛提供优质粗饲料。不同国家要求每头奶牛配备耕地的数量不尽相同，如瑞典为 63 平方米，丹麦为 71 平方米，西班牙为 33 平方米。

我国污染源普查显示，2007 年，规模化畜禽养殖场（小区、专业户）的粪便产生量为 2.43 亿吨，尿液产生量为 1.63 亿吨，居农业污染源之首。因此，严格控制并消纳养殖业的粪污排放污染已迫在眉睫，否则，我们今天消费的肉、蛋、奶，需要子孙后代付出更高的代价来偿还环境污染债。

世界上最成功的方法还是走农牧结合之路，即"养殖 – 粪便（沼气、肥料）– 耕地 – 饲料 – 养殖"模式。但是，每个国家，甚至每个地区，需要研究当地具体的土壤条件，以确定每头奶牛需要配备多少耕地，制定出适合国情的粪污消纳指数。消纳粪尿污染是一项投入高、短期内得不到经济回报的工作，所以难度大。在欧洲，政府部门除了通过立法强制实施粪污消纳以外，还都有相关的配套政策和资金支持，做到堵疏结合，如欧盟为奶牛场进行粪污消纳设施设备的改造提供 10%~20% 的无偿资金支持。除此之外，各国还有优惠政策，像西班牙，为奶牛的环境保护设施设备改造提供 80% 的无息贷款支持，偿还期长达 12 年。

注意事项

我国奶业的发展要借鉴国际先进技术和经验，绝不照搬，潜心实践，积极探索，创出中国特色的奶业发展模式。

我国奶业处在转型的关键时期，要解放思想，认真思考，着手建立衡量奶业发展内涵的指标体系。只有建立了明确的衡量指标，才能牢牢把握住奶业发展的方向，认真研究并制定政策，推动其尽快在奶业中发挥作用。

牛奶的体细胞数

牛奶中的体细胞，是指每毫升奶中的细胞总数。体细胞主要是白细胞，是由骨髓、脾脏、淋巴系统等体内特殊器官产生的，通常在血管内循环。其中白细胞即巨噬细胞、多叶核白细胞、噬中性粒细胞核淋巴细胞，约占牛体细胞数的 93%~99%，其他 1%~7% 是乳腺组织死去脱落的上皮细胞。体细胞数反映了牛奶产量、质量及牛的健康状况。目前，体细胞计数已成为牛奶监控和质量的黄金标准。

当机体遭到细菌、病毒和其他感染时，白细胞就会通过血管壁的小通路转移到感染地点。因此，当乳房外伤或发生炎症时，大量的白细胞就会分泌进入乳房以清除感染。因此，高体细胞数即意味着奶牛乳房炎的产生。体细胞的核中带有大量的 DNA 物质。通过 DNA 测定，就可以量化牛奶中所含的体细胞数。目前欧盟的牛奶质量标准规定，牛奶中的体细胞数不能超过 40 万个 / 毫升。

体细胞数增高代表着乳腺受到了感染，感染了的乳腺组织不能正常合成乳蛋白，将引起牛奶总蛋白产量的下降；且会导致奶中不受欢迎的脂肪酶和蛋白酶增加。因为脂肪酶分解乳脂产生脂肪酸，造成巴氏灭菌乳出现异味，缩短保质期。蛋白酶破坏干酪素，改变干酪素的结构，影响干酪质量和产量。降低体细胞数不仅可提高产奶量，改善乳品质，还能增加干酪的产量和质量。当然，体细胞数也不是越低越好，不能低于有效抵抗病菌的程度；要在有细菌感染时，迅速将体细胞从血管转移到乳房，阻止病菌的袭击。

影响个体奶牛体细胞数的因素有：乳房炎，乳头或乳房受伤，乳区感染；奶牛年龄与胎次一般年龄大、胎次越高的牛，体细胞数越高；以及泌乳阶段、泌乳季节、应激、日常波动、技术因素（样品提取、体细胞计数方法）和奶牛场管理因素（乳头消毒、挤奶程序）等。每次挤奶后观察过滤纸，过滤纸上有凝块或絮状物表明，所挤奶牛有乳房炎。

目前广泛使用体细胞自动检测仪，这些仪器检测快速、准确，但价格昂贵，且需要有经技术人员的正确操作、校准和维护，适用于进行样品检测。

利用体细胞计数可以对处于不同状态的牛群进行监控，衡量牛奶质量，检测隐性乳房炎，检查乳房的健康程度。

利用体细胞计数对冷缸奶每天或每周进行检测统计，可以实现对牛场全群的监控、分组或棚圈监控；判断标准可以根据牛群的历史情况，如果在短期或较长一段时间体细胞数发生偏离，表明可能有问题出现，应当立即调查；如果短期出现升高可能是挤奶机或挤奶程序出现问题，也与环境发生较大变化有关。短期内体细胞突然发生变化也能够反映管理出现问题，如干奶管理不当，感染的新产牛转入产奶群，挤奶程序不良等。

干奶期监控主要是对干奶牛要进行的一次体细胞计数。如果发现体细胞数高，要在干奶期进行治疗；尤其是由金黄色葡萄球菌引起的乳房炎，在泌乳期治疗的效果不好，但干奶期可以得到有效的治疗。

产犊后 1~2 天的母牛的体细胞数一般很高，但第 5 天以后体细胞数就会下降到正常水平。这时要跟踪体细胞数，如果居高不下，有可能被金黄色葡萄球菌感染，要及时治疗。

对个体牛取样继续体细胞计数，目的是鉴定可疑牛。通常个体牛生产性能测定（DHI）大约每月1次。应当利用这些信息，确定感染奶牛处于哪个阶段：是临近干奶、刚产完牛、头胎牛还是治疗牛。感染牛越早发现，越早治疗越好。其中要特别注意对新购入牛的体细胞数的测定，真正确保健康的牛才能引入。

乳房炎治疗期间监控，如取得治疗效果，应尽早使奶牛回到生产牛群，以减少产奶损失。

当奶牛体细胞数高时，应根据每月的生产性能测I报告找出体细胞高的牛，检查过去记录，跟踪监测体细胞变化情况；对体细胞数高的牛取奶样检测，确定引起感染的主要微生物，并将结果提交兽医，分析整个挤奶系统的性能；乳房健康取决于挤奶系统是否符合ISO标准，如真空、脉动、设计，是否漏气，上次检查时间和结果，奶杯内衬，奶管等的更换频率，以及皮带是否松弛等。挤奶真空、脉动特征、过度挤奶、奶杯内衬特性等，都是机器挤奶时对乳头组织产生影响的因素。乳头内部受损程度可通过减少内衬尺寸，避免过度挤奶，降低脉动器比率，降低挤奶真空等方式减轻；挤奶的每一操作步骤对奶牛的健康和产奶都十分重要。因此要做好挤奶前乳头准备，掌握好按摩、套杯时间，精确消毒液的质量、浓度，确保无过挤情况，挤奶顺序应遵循体细胞从低到高；定期检查环境卫生，保证牛体干净，特别是乳头、乳房、肢蹄的卫生和健康状况，要保证牛舍、牛床、运动场的清洁卫生和潮湿度，保持牛场周围环境良好。

感染牛是乳房炎传播的感染源，应当尽量控制感染头数。

构建核心竞争力

进入21世纪，尤其是我国加入WTO以后，各行各业面临的竞争空前激烈，奶业也不例外。企业的核心竞争力是企业在某一领域建立的独特竞争优势，是企业独具的、支撑企业保持可持续竞争优势的核心能力，是偷不去、买不来、拆不开、带不走、溜不掉的。它与企业的人才优势、资源优势、技术优势等有很大的区别。奶业的核心竞争力是企业的资本、技术、人才、管理、环境等资源要素经过有效整合而形成的，能够创造更大价值的、支撑企业保持长期竞争优势的关键资源与能力的有机组合。企业的核心竞争力是其击败竞争对手的法宝，是其保持竞争优势的根源，是其长久发展的持续动力。

奶业的核心竞争力要素

（1）企业资源 它是奶业形成核心竞争力的基础，包括物质性资源和非物质性资源。物质性资源包括土地、牛舍、牛场设备、运输工具、饲料库存、兽药库存及其他易耗物库存、流动资金等。非物质性资源包括品牌、专利、技术、积累的学识和经验等，也包括与饲料厂、乳品加工厂等的上下游关系及与政府的关系。

（2）技术能力 它是奶业形成竞争力的关键。技术能力包括技术专利、设施装备、技术操作规范，还包括硬件和软件的相互配合与协调的有机系统。技术能力分为核心技术和一般配套技术。技术能力分为核心技术和一般配套技术。核心技术是指在奶业生产过程中的关键技术，等同于核心竞争力；一般配套技术则是支撑核心技术实现的辅助技术。

（3）企业制度 它是奶业形成核心竞争力的前提。奶牛场的经济活动都是在企业规范下进行的。制度的本质是人与人之间结成的社会关系的总和，主要包括经营制度、生产制度和管理制度三个层面。企业制度是奶牛养殖核心竞争力必备的前提。

（4）管理能力　它是奶业核心竞争力的手段。奶牛养殖的本质是资源、能力和制度的有机结合，使各种资源相协调，各种能力相匹配，各种制度相兼容，这之间起纽带作用的就是管理。构成奶业核心竞争力的管理能力，要通过企业战略决策、生产以及组织管理、企业文化的整合等表现出来。企业各类管理职能都应该围绕奶业核心竞争力而展开，充分调动利用各种资源和能力，创造更多的利润。

（5）企业文化　它是形成核心竞争力的动力。企业文化主要分为精神文化、制度文化、行为文化三层。精神文化包括企业的共同愿景、企业使命、企业目标、企业精神、核心价值观、企业战略、经营理念。制度文化是为实现精神文化所倡导的内容，而在企业的管理模式、管理方法上所做的制度性规定。行为文化则主要涉及人们的行为规范、工作作风等具体行为所应遵循的准则。制度文化和行为文化实质上都是为如何落实和实现精神文化服务的，受精神文化支配。著名经济学家于光远说："关于发展，三流企业靠生产，二流企业靠营销，一流企业靠文化。"海尔企业文化就是海尔的核心竞争力。

奶业核心竞争力的构建是一个长期的、渐进的过程。

奶业应做好企业的发展战略规划，提高企业的技术创新能力，强化人才资源的管理，营造和谐、独特的企业文化。

企业文化是奶业核心竞争力的核心。它引领企业朝哪走、怎样走、走多远，它使企业明确如何正确对待奶牛、激励员工、奉献奶牛事业。总之，企业文化是企业之魂。作为价值理念的一种提炼，企业文化看不见、摸不着、有影无形、有音无声、有道无痕。作为核心竞争力的构成要素的，企业文化是买不到、带不走、拆不开、偷不去的。

核心竞争力构建后，要经常对其进行评估，以利于不断提高。奶业核心竞争力可以从生产水平、技术水平和管理水平三个层面来评估。

生产水平主要是奶牛养殖水平。评估指标主要有：奶牛场的奶产量、奶牛场的牛奶卫生、牛奶的理化指标、奶牛场的利润，以及奶牛发病率等。

技术水平主要指技术创新和技术转化能力。评估指标主要有：企业是否有专门的科研机构，科研机构的规模，产生的专利数占同行比例的多少，生产中应用的技术含量、所应用的是不是最新技等。

管理水平主要指内部管理能力。评估指标主要有：企业领导是否关注核心竞争力的培育和发展，企业是否有充足的各类技术和管理人才，对人才队伍的激励机制是否完善和有效，是否有追踪和处理新技术及相关信息的系统和网络，是否有围绕强化核心竞争力的各层次培训体系，领导是否有不断学习与进取的精神，是否有明确的长远规划，是否有有效的运行控制系统，是否有自己独特的企业文化等。

奶业瓶颈与出路

目前我国奶业的主体经营模式是分散养殖、集中加工，产业化组织程度低。奶牛养殖与乳品企业之间基本上是一种通过合同建立起来的买卖关系，两者联系不紧密，没有真正建立起风险共担、利益均分的产业化链条。在奶业产业链条的利润分成中，超市和物流占据60%，乳品加工占据30%，而投资成本最大的奶牛养殖只占10%。当市场旺销、奶源紧张时，乳品企业抬高奶价、降低收购标准、到处抢夺奶源，造成混乱；当市场出现问题时，乳品企业往往通过抬高检测标准、降低奶价，把损失转嫁到奶牛养殖身上；有的奶牛养殖不守合同、见利忘义，不对乳品企业负责，造成矛盾频发；作为中间商的收奶站，欺上压下，更使矛盾扩大化。

奶牛养殖与加工企业的利益联结体制是经济利益在生产关系上的具体表现，也是进行奶牛养殖生产的动因。目前这种合同式的买卖关系已不适应生产力的发展要求，必须进行改革。

奶业的竞争就是奶源的竞争，奶源竞争的实质是生鲜奶质量的竞争。奶牛养殖是乳品加工企业的第一车间，没有高质量的生鲜奶和充足的奶源做保障，乳品加工企业就不可能占有市场。因此，乳品企业必须建立稳定的奶源基地。另外，由于牛奶生鲜、易腐，需要及时冷却、收集、储运，任何环节的不协调都会影响鲜奶及其制品的质量。因此，建立奶牛养殖与乳品加工企业合作的股份制联合体就成为必然趋势。通过股份合作体的组织形式，把农村分散的牛奶收集到乳品加工厂加工成乳制品，然后再运到城市销售。乳业联合体从乳品加工的利润中，可提留40%用于扩大再生产，其余60%返还给生产者，一部分作为奶农股份和交售奶量的红利，另一部分用于补贴各种免费和优惠的社会化服务及技术培训。这样，奶牛养殖既为乳品加工企业提供了高质量、充足稳定的奶源，加工企业又使奶牛养殖的鲜奶得到快捷、便利、合理价格的收购，并且联合体和加工企业通过市场预测和掌握乳品市场变化信息，及时通知奶牛养殖调整牛群数量和增减鲜奶生产数量，以避免鲜奶生产的过剩或不足。这样将奶牛养殖与加工企业通过股份制形式紧密地联合起来，形成了风险共担、利益共享的利益共同体。

根据目前我国具体情况，政府可引导奶农以奶牛作价或土地租用金或家庭牧场出资的多种股份形式参与入股，建立与乳品加工企业合资的股份制奶业共同体。这样加工企业和奶农共同发展，共同受益。

基于我国国情和以上条件考虑，我国以饲养30~60头的成年母牛的家庭牧场和150~300头成年母牛的股份制奶牛养殖合作社为主，以养殖400~1 500头母牛的大中型牛场为辅。

目前，鲜奶收购的质量测定、鲜奶定价由乳品企业单位说了算，奶牛养殖者只能服从，有失公允，容易导致压级压价、倒奶现象的发生；极大挫伤了奶牛养殖者的积极性。

建立一个第三方公正的、独立的、权威性、收费合理的、非盈利性和在政府管理下的仲裁机构，如乳品检测中心、奶牛生产性能测定站等；负责某区域定期、不定期奶牛的产奶量、乳脂率、乳蛋白率、乳糖率、全固形率和体细胞数等各项奶牛生产性能测定的记录及数据处理。既可避免乳品加工企业收购鲜奶时压级压价，又可避免奶农掺杂使假，还可以为我国奶牛生产性能测定、种公牛的后裔测定、良种登记、奶牛育种和奶牛市场交易提供大量数据。当然建站经费由政府投资建设，运转、测定费由政府和受益者共同承担。

建立由政府组织、协调，奶农、加工企业、奶业协会共同参与的鲜奶协商定价机制，随时根据乳品市场行情、奶牛培育成本、饲养管理成本和鲜奶质量等因素水平、合理依质分级定价，使各方利益均得到照顾。

乳品行业重诚信

乳品行业在长期的生产、经营过程中，逐步生成和发育起来、日趋稳定、有乳制品行业特征的企业价值观和企业精神，并以此为核心生成的行业规范、道德规则、工作理念、企业习惯、传统等，把员工个人愿景与企业目标、社会目标结合起来，从企业道德角度对员工行为进行规范，促使员工形成认同感、使命感、自豪感、归属感，以提高企业的凝聚力。

乳品行业诚信是指企业在市场经济的活动中要遵纪守法、诚实守信、诚恳待人、以信取人，对他人给予信任。诚信是企业品牌或品质最基本的特征和要求，更是乳制品行业企业的根本。

乳制品企业诚信建设包含有型产品、无形产品两类：一是看得见摸得着；二是看不见摸不着。二者统称社会性产品，为人使用，为社会服务。消费者在认识企业之前往往是从企业产品性能、市场信誉开始的。产品的说明、广告是企业向消费者发出的公开承诺，负有一定的质量责任和信誉责任。随着我国民族奶业结构调整力度的加大，乳制品的技术含量大幅度提高，一批知名品牌开始赢得消费者信赖，人们往往更注重国产品牌的信誉。

作为企业的员工忠诚于自己所从事的乳品行业，热爱本职工作；热诚勤勉地做好岗位工作，精益求精，创新卓越，诚实守信，团结协作；把自己融入到企业中去。企业诚信建设首先要求员工"诚信"。

企业诚信普遍存在于企业的生产经营、销售服务全过程。

企业诚信是通过满足消费者对企业产品的需求，以吸引和征服消费者。利用诚信的刚性规则占领市场，更有利于实现企业的经济价值和社会效益。企业只有以诚信开拓市场，才能占有更多的市场份额，企业的综合竞争能力才会越来越大，以诚信取信于民、取信于市场，企业的市场占有率才越高。

近年来，国内乳业在原料奶生产、乳品加工、市场消费等方面呈现出快速增长势头。各大中城市的乳类消费水平迅速攀升，广大中小城市的消费量也不断提高，乳制品日益与消费者有着更加密切的关系。这样，就对乳品行业的企业诚信度提出了更高的要求。建立诚信档案，覆盖从原料采购、生产加工、出厂销售等各个环节的诚信信息记录；对关键控制点进行重点管理和监测，做到数据实时追踪，信息可追溯。原料奶的质量优劣直接关系着乳制品的质量与安全。

有些不法分子唯利是图，钻营监管漏洞，在原料奶中做手脚，掺杂使假，最终导致不应有的事件发生。

我国伴随奶业产业结构的调整，规模化养殖逐步推广，奶牛饲养水平逐渐提升，而最终目标是要提升原奶质量。

经过清理整顿，在全行业共同努力下，标准化规模养殖在加快推进，奶源基地从养殖户到加工企业，对于奶源重要性的共识提高好奶来自好奶源。政府、奶业、企业、公众充分认识到产业链源头的重要性；原奶是奶业第一道屏障，是奶业可持续发展基石。

优秀企业优质奶

在多年的发展过程中，国内亦有优秀企业坚持"以质量求生存"，注重奶源质量，重视奶源基地建设，不断提高奶牛饲养水平，积极推行科技创新，建立企业诚信体系，履行企业社会责任，发挥龙头企业带头作用，生产出优质奶供应市场。优秀企业不惜重金投入奶源基地建设，以确保奶源质量。推行"公司＋牧场"的牛奶加工与奶牛饲养模式，实现统一饲养、统一防疫、统一配种、统一管理、统一挤奶的现代化管理模式。优秀企业为奶牛养殖，投资购买挤奶设施、冷储机械、运输车辆，并免费提供技术支持与服务等，来推动奶牛场、养殖小区的生产方式快速向规范化、规模化、机械化方向转变。为附近农民提供就业机会，带动农户致富。每年免费举办高水平的奶牛饲养技术培训，并现场指导。举办各种经验交流会，组织各种现场观摩活动，以便相互促进，共同提高。

优秀企业常年派出技术人员进行现场走访、巡查，帮助奶农查找并解决各种问题，减少奶农经济损失。

龙头企业为维护广大奶农的切身利益，不惜逆市高价按计划或超计划收购奶农的原料奶，坚持按时支付奶农的奶资，充分保护了广大奶农的利益。

优秀企业通过与奶农订立长期原料奶供需合同。在奶源相对过剩的季节里，从不恶意压级压价，从不无故拒收其应收奶源，从不拖欠奶资，从不损害奶农的利益。

优秀企业为了保证检测及贸易结算的公平性，使检测结果能用于指导奶牛生产，投入巨资建立内部第三方检测中心，并配备专车进行取样送检。为此，获得了奶农的好评，更为保证产品安全打下了坚实基础。

优秀企业采用奶牛电子身份证。打开掌上电脑，挪动电子笔，电子地图上准确的标示出各奶牛场的地置和规模，以及奶牛场业主姓名、技术人员情况、奶牛品种和近期产奶量等信息。这是对拥有"电子身份证"的奶牛以及其所产的鲜奶进行溯源管理，严格保障奶品安全。

优秀企业在国内率先引进抗生素指标检测，将体细胞检测纳入原料奶收购体系的乳品企业。通过实行原料奶收购优质优价的办法，引导奶农通过提高饲养管理水平，实现提高奶质与单产并最终增收的目的。

优秀企业认识到原料奶质量安全直接关系到乳品企业的生存与发展。通过分析，对潜在的质量安全隐患进行了认真的查找。

优秀企业始终贯彻"质量立市"的质量理论，始终坚持"把质量放在第一位"的经营理念；始终以健康、营养、安全为标准，改善产品和服务，满足消费者需求，在采购、生产、销售、服务、培训各个环节建立起了完整的管理体系，降低供应商质量风险，提高供应商整体水平，保证产品质量和食品安全。始终实行"人体实验"，打造过硬产品质量。车间现场管理人员利用取样阀，对每批次产品都要取样，进行感官检测，并喝下样奶。这种一直坚持的"人体实验"表明，只有自己敢喝，才能给消费者喝。

优秀企业在生产全过程始终贯彻以"诚信为本、质量立市、完善培训、持续改进"的质量方针。从原辅材料源头把关，在国内首推原辅料供应商的"二方审核"，即由专业认证机构牵头，聘请相关行业的资深专家从供应商的资质、供应商管理、质量管理、现场管理、现场样品抽验、社会责任、售后服务等，结合原辅材料进场检验、加工过程使用、产品售后热线服务等100余项指标，综合品评供应商的质量保证水平与持续改进能力；加强生产过程中产品安全的现场监督和抽查，建立健全完善的售后服务体系，积极维护消费者权益和企业信誉。

优秀企业发展进程中，一直将企业社会责任意识贯彻于生产过程的始终，将企业员工、消费者、人文环境与自然环境的和谐统一作为企业生存立足的根本，赢得了消费者的口碑和赞誉。

为打造企业诚信文化，优秀企业首先向广大员工宣传普及诚信文化教育，为诚信体系的贯彻实施营造良好的舆论氛围和社会环境；弘扬社会传统美德，增强员工的法律意识、责任意识、质量诚信意识，使每位员工都树立正确的诚信道德观。其次，通过加强制度建设，进一步完善诚信管理体系，包括加强原辅料查验制度，完善生产过程质量安全的控制制度，进一步规范产品进出库的管理制度，完善产品出库出厂检验记录和产品召回制度，加强产品安全自查自纠制度。将这种自律意识内化到企业加工生产销售的各个环节中区，形成长效机制，以确保一个健康有序的行业环境，使广大的消费者对乳品行业增添更多的信心。

优秀企业为了人类的生存和经济持续发展，担当起保护环境、维护自然和谐的重任。大力提倡低碳环保理念，推行"低碳运营、绿色发展"模式，从生产运营以及节约办公能耗入手，摸索出了"低碳经济模式"。在奶牛饲养、乳品生产及在运输环节都非常注重资源的节约及循环利用，有效降低了水、气、噪音等污染。在乳品加工中加强了对水资源的循环利用及处理，排放达到国家级标准，采用环保材质的包装材料，在尽可能的区域倡导采用可回收玻璃瓶。

优秀企业拥有先进的科研实验室，始终保持与国家乳品工程研究中心、国家食品安全检测中心及有关高校院所共同合作，加大核心技术的研发力度，全面提高核心产品的竞争力，推出了一系列具有自主知识产权和国际先进水平的创新优质乳制品。

总之，优秀企业利用现代科学技术武装规模化奶牛场，必定能够提高整个牛群的养殖水平、健康水平和经济效益。各级主管部门及时制定相应的法律、法规、标准，加强对奶牛场、奶牛小区、奶站和乳品加工企业的监督，必能促进奶业的健康发展。加强对乳品的检测和抽查，并及时公布检查结果，树立消费者对乳品的信心，必能促进奶业走上健康、持续发展的快车道，让每一个中国人每天喝的国产奶是安全的、优质的。

综上所述，可见牛奶已经成为百姓膳食结构中的重要组成部分，国内优秀乳品企业，正加倍努力，以不断满足消费者需要的放心奶为己任，真诚地与有关部门合作，推动我国奶业的健康发展，在奶业产业链中全程贯穿生态绿色、环保、可循环发展的理念，树立了良好的典范！

正是：

打造国产放心奶，投放市场卖得快，

企业内外得实惠，大众拍手齐喝彩！

第31章
奶业天地宽

毕业离校先就业

毕业，人生道路的重大转折之一，怀揣着梦想，抖擞起精神，谁不想施展才华，大干一番，创出一片精彩，以报国为民呀！然而，目标不明确，思路不具体，资金不充分，市场不了解，凡此种种，都是"拦路虎"。看来，倒不如暂将创业理想束之高阁，先找个地方就业吧！

先就业，维持了生计，不当"啃老族"，算是对父母尽了孝心。通过就业，把在学校选修的创业课程，比如创业流程、法律、工商、税务、财务等，真实地演练着，从中获取创业基本功，学会了创业本领，还不用自己"埋单"，这是多好的事呀！

先就业，不要过于挑挑拣拣，不要过于问喜欢与不喜欢，因为喜欢的未必就适合呀！俗话说的"为要找马先骑驴"，既然骑"驴"就不能要求过高。

创业之路不神秘

据报道，2013 年北京地区高校毕业生中，有意从事自主创业的人员约占毕业生总数的 10% 左右，而最终能选择自主创业的仅 1%。常人认为，"创业"很容易和老板、财富的字眼相连，而如今，作为锐气十足的大学生，"创业"的意向如此薄弱。这里面既有"内因"，更多的还是缺少优化的外部条件。

刚刚毕业的大学生，在创业之初被称为"四无人员"：无项目、无资金、无团队、无经验，还处于理想化状态。其实，创业最难的不在于资金，而在于有没有好的项目。什么项目都没有，加之缺乏社会经验，缺乏与人交往的能力，谁能给你投钱？

比较来看，南方的创业环境相对成熟，北方尤其是北京国企、大型企业多，创业相对难一些。但是北京的优势是资源比较多，而且产品很容易占领制高点，这一点很有吸引力。

不论是有钱还是没钱，不鼓励刚创业就选取花钱较多的项目。一般服务性行业会比较合适，而且这些服务相对有刚性需求，起点较低。总之，不能一味地追求自己的理想，大学生创业还是要实际一点。

创业者大致分为两类：一类是所谓过日子的人，达到一定目标后开始享受生活；另一类是所谓奔日子的人，达到一定目标后就追求更高的目标，而我国必须有一群奔日子的创业者。激发和倡导创业者有梦想就立即行动，为创业者提供一次自我磨炼和挑战极限的机会。创业首先要有坚定的目标，然后去坚持。成功人士称，当年创业既要应对外部环境，又缺乏相关经验，会碰到无数困难，没有别的捷径，只有踏实去干、去坚持。此外，创业需要对自身有清醒的认识，如果条件达不到，不顾一切蛮干，就有可能损失极大，甚至是死路一条。有些年轻的创业者，用父母的养老金、保命钱去创业，这是不可取的。创业需要做好各方面的准备，在做重大战略决策前要反复把情况研究清楚。虽然最终结果不一定和预想的完全一样，但是想过比没想强得多。

创业是件很平淡的事。想好一个东西，觉得做这件事很有乐趣，想把这件事做出来，想把它做好，这就是创业！

看起来创业很难，但在有决心一步一步去做的时候，也没那么困难。创业找投资人，就像交友一样，把最美好的一面展现出来，让对方感觉真实，就能求得投资人青睐。

创业应有心理准备。创业不能怕失败了被嘲笑。创业者要自信，身处逆境能镇定自若，对未来充满期盼，坚信会越来越好。人的悲剧，往往在小事上看重自己，而在大事上却看轻自己。自信的人应该心胸开阔，大度包容，自尊自谦，不怕做自我批评。心理学上的自信，泛指人对自我能力的坚定信念和正面评估，有较高的成就动机。正如德国宗教改革家马丁·路德金所言："在这个世界上，没有人能使你倒下，如果你的信念还没有倒下。"

培养自信的方法

①常思考自己受到的影响，有何进步与不足。

②缺乏自信或过于自信，都源于对人生规划目标的不合理；要客观评价自己，常在与他人做比较中去发现优势与不足。

③真实地评估自己，不否认优点，也不遮掩缺点。

④面对委屈时，不看得太重，相信自己的能力，相信时间会证明自己，不放弃追求，进退自如。

⑤不论别人说好或不好，都听得进去，勇于自我批评，闻过则喜。

⑥关键时刻，做人做事到该出手时就出手，属于自己的努力争取，不属于自己的要勇于放弃。

⑦学会交流技巧，让思维更加积极，主动求助，虚心吸取他人的建设性意见。

创业不妨选奶业

养牛的产业链最长。养牛可以挤奶、割肉、扒皮、拔毛、取血等，进行初加工、细加工，每增加一道工序就增加一道产业和附加值，拉长了产业链，这是其他牲畜所无法比拟的。

奶牛是人类大宗饲养家畜中效益最高的生物加工厂。奶牛能用 1 千克饲料获得动物蛋白质比喂猪所获得的至少高 2 倍。牛奶营养全面，被称为"不可替代的食品"。发达国家食品工业原料 2/3 来自以养牛为主的畜牧业。

正是基于种草养牛无可比拟的优势，发达国家将大约 50% 的耕地用来种植牧草和饲料谷物；养牛的产值占到农业总产值的一半，其中牛奶占农业总产值的 20%~40%，牛肉占 20% 左右。发达国家的农场以养牛的居多。法国是中小农场养奶牛，大约占农场总数的 60%；大农场种谷物，实行规模化经营才能赚钱。荷兰大部分农户还是种牧草养奶牛。在加拿大，牛场数量最多，约占整个农场数量的 36%。种草养牛占主导地位，使发达国家的农业经济效益大大提高，同样规模土地上种草养牛收益大约是种谷物收益的 10 倍，而且实现了生态农业的良性循环。

奶业是节粮、高效、产业关联度高的产业。奶业平稳健康发展，对于改善城乡居民膳食结构、提高全民身体素质，促进农村产业结构调整和城乡协调发展，增加农民收入，带动国民经济相关产业发展，乃至促进全面小康社会目标的实现，都具有十分重要的意义。

牛奶本身是温饱之后小康来临时的健康食品，不仅小孩要喝，老人要喝，更重要的是中小学生都要喝，以提升整个中华民族的身体素质；奶业是一个很有潜力、大有希望的产业。发展奶业不仅是农业结构调整的一项战略性任务，而且是改善膳食结构、提高人民健康水平的一项重大措施。

饲养奶牛，将"粮经二元结构"变为"粮经饲三元结构"，提高农业综合效益。饲养奶牛还可以充分利用农村剩余劳动力和剩余劳动时间，创造就业机会，增加农民收入。居民多喝一杯奶，农村致富一家人。发展奶业正在成为农民收入新的增长点。总的来看，奶业在农业、农村经济乃至国民经济中的地位日益提高，奶业是一个大有希望的产业。

近年来，我国奶业的发展明显提速，增长率都在 2 位数以上，但是要想使人均牛奶消费量达到世界平均水平，养殖奶牛和生产牛奶的数量则要增加数倍。巨大的市场需求将成为我国奶业发展的巨大拉动力。随着全民生活水平的提高和保健意识的增强，消费者更加追求高品质奶制品，这必将推动奶业的优化、标准化与创新发展。

经过改革开放 30 多年的发展，今天农业机械化和草业开发的条件均已成熟，伴随我国奶业现代化进程，草产业开发得到了难得的发展机遇。相信有远见的企业家是不会错过这一机遇的，会立即行动起来，投入到奶业的发展中来。让西方国家感到可怕的是，中国不仅有大量的消费者和消费潜力，而且中国是一个非常适合养牛的国家，黑、吉、辽、蒙、晋、陕、冀、豫、鲁等地适合养牛。这样的消费人群，这样的发展速度，这样的发展模式，这样的奶源承载潜力真的非常可怕，以至于世界深感我国奶业具有较大的发展空间。

微创成业养奶牛

　　微创成业是团队小、资金少、成本低的一种创业方式，其选择项目比较细微、容易着手、容易看见效果。其实，纵观古往今来，所有伟大的事业，无有不是从细小的事情做起，他们立足于自身岗位的创业，迈开了人生坚实的一步。如今，政府为了发展奶牛业，引导农户尽快脱贫致富，给刚毕业的学生以施展才华的机会，奖励奶牛统一饲养。从 2009 年起，北京奶牛不再散养，统一入区饲养。预计到 2015 年，建立以官方检测为辅、以企业自检为主的牛奶等产品质量安全监管体系。北京推进奶牛入场进区工程，并出台了奖励政策：规模奶牛场和养殖小区每接纳一头奶牛，市、区两级财政给予 200 元奖励；改扩建标准化牛舍的，每头按 10 平方米计算，每平方米市财政补助 100 元；对购置挤奶平台等设施、设备的给予 50% 补贴。2011 年，北京有奶牛规模养殖小区 292 个，存栏奶牛 14 万头，占全市奶牛总量的 95% 以上。在这些养殖小区中，从饲养到检疫再到产奶的十几个养殖环节全部实行标准化操作。包括养殖代码、生产记录、用药记录、检疫记录、消毒记录等在内的几十项均要求实时记录在案。北京已初步建成奶牛良种繁育体系，现有良种奶牛场 25 个，存栏良种奶牛 9 242 头。全市奶牛单产已由 2008 年的 5.5 吨提高到目前的 6.5 吨，且牛奶的质量也较前有所提高。从 2011 年开始，北京市将以大型乳品企业为重点，建立奶源供应商档案，重点检查外埠奶源，制定全市统一的生鲜乳生产、收购、运输环节相关制度，并将这些环节记录存档，如有异常可迅速追溯处理。

饲养奶牛有"钱"途

　　河南偃师首阳山镇，有一个体奶牛场，租地 3 亩，建牛舍、住房、料库、青贮池，购置饲料碎机 1 台，2002 年 1 次购入产奶母牛 20 头，头均价 1.5 万元。以上合计投资 33 万元。

　　每头奶牛年耗饲草料费 6 681.9 元

　　每头奶牛年均用药、防疫配种费分摊 180 元

　　每头奶牛年均水电费分摊 20 元

　　每头年劳务开支 240 元

　　每头年实物消耗费分摊 100 元

　　每头年均降低价值 1 375 元

　　每头年分地租 150 元

　　每头年分利息 742.5

　　以上 8 项合计每头奶牛年总支出 9 489.4 元

　　每头奶牛年总收入 13 195 元

　　每头年均利润 = 头奶牛年总收入 – 每头奶牛年总支出 =13 195–9 489.4=3 706.1 元

　　该场总利润 3 706.1 元 / 头 × 20 头 =74 112 元

　　还清贷款时间 330 000 元 ÷74 112 元 / 年 =4.4527 年

　　这表明，该场 4.5 年之后，每年净收入 7.4 万余元。

开办奶牛配种站

鉴于奶牛业蓬勃发展，可以购置一些器械、设备，办个配种站，承揽奶牛散养户、养殖小区及小型奶牛场的配种业务。一旦有电话通知或网上预约，可借助小型交通工具、携带冻精和输精枪等，上门服务，不失为"微创成业"的一种较为稳妥的选择。为了创出品牌与名声，应从"七会"入手：

（1）会适时输精　在给母牛输精时，应掌握适宜的输配时间。一般应在母牛发情的中、后期，在其排卵前 0~6 小时输配，受胎率最高。此时外部观察可见，阴门肿胀开始消退，出现皱纹，颜色变为紫红色，外阴周围有黏液结痂，阴道黏膜由深红色转为淡红色，阴道黏液呈乳白色或淡黄色黏稠状；此时的直检可触摸到卵巢上卵泡发育成熟、泡壁变得软而薄，有一触即破之感。由于部分母牛略有差异，故在第 1 次输精后 8~10 小时复输一次，以提高受胎率。

（2）会使用冻精　决定上门服务前，要检查应携带的器械、冻精、有关药剂等。到达现场后，对发情母牛进行检查。准备输精时，严格按操作规程使用冻精。

（3）会直把输精　采用直肠把握子宫颈输精，加速精子上行，提高受胎率。对于卵泡已成熟，估计很快排卵或卵子已排出的，应将输精器或输精枪直接导入排卵侧子宫角输精。输精完毕，用左手轻按子宫颈片刻，促使子宫颈收缩，以防精液回流。

（4）会妊娠诊断　母牛配种后 35 天左右，应做好早期妊娠诊断，以便尽早发现母牛妊娠与否。对妊牛加强保胎和饲管，对未妊母牛，查明原因，抓紧复配，减少空怀。在妊娠诊断方法中，迄今仍以直检操作简便易行，诊断迅速，结果准确，费用低廉。

（5）会诊治异常　输精之始，先检查母牛发情是否正常，有无发情和生殖器官的异常。发现母牛妊娠，要防流保胎。对于屡配不孕的，要查明原因，进行治疗，待痊愈后发情再行输配。

（6）会接产护理　母牛难产时有发生，轻则胎儿不保，重则母仔双亡。接产助产与培育幼犊，是输精员的必修课程，并能向养牛户传授：犊牛出生后，立即用毛巾或纱布擦净鼻、口周围的黏液，断脐消毒，尽早哺喂初乳。

（7）会记录、总结　在为小型奶牛场或在为养牛户服务时，带一小本儿，写明奶牛场或养牛户的名称、地址、联系方法，以及牛号、发情鉴定及输精安排。每日晚间，抓紧填写在正式记录本上。记录的基本内容：年月日、牛号、发情期、发情表现、黏液性状、直检卵泡发育、输精时间及次数、公牛冻精编号。此外记录输配后 35 天、60 天、90 天的妊娠检查，以及预产期、分娩时间、产犊数及犊牛性别，以便定期整理总结，寻找不足与积累经验。天长日久，还可将真知灼见撰文发表，到那时，更会对本职工作喜爱有加啊！

建个牛场当场长

在条件许可的情况下，办个奶牛场，不失为创业的好途径之一。欲当个好的奶牛场场长，必须知道场长的职责。

① 明确全场要完成的全年总产奶量、商品奶量、头日均产奶量、头日均增重，以及饲

草料供应、牛群的直接成本及利润指标等。将各项指标分解，按月按季按年落实到班组和牛群，甚至到人，让全员胸中有数。

② 清楚全场固定资产、流动资金、场内设施。掌握全场员工各自的长处和不足，充分发挥每人的强项。熟悉牛群，如果牛群小，应能认识每头牛；牛群大，也能区分出产奶好的、差的；熟悉牛群的健康状况、饲草料消耗、饲草料贮备及市场信息动态。

③ 抓产房、断奶、配种及防病。产房管理上不去，会影响牛群扩大，牛奶产量难增加。认真抓好奶牛围产期的饲养管理。科学接产，注意产房卫生。护理好新生牛犊。犊牛断奶前后，其饲喂的奶、料要逐渐变化，草料均得从优选择。仔细观察犊牛，发现异常，及早处置。牢记"无犊便无奶"，配种关抓不好，高产、高效均落空。要清楚牛群的空怀、妊娠、分娩情况。按月、季、年狠抓配种不放松。防病，尤其是群发病防治，要常抓不懈。消灭传染源，切断传染途径。按时检疫、防疫和定期消毒。

④ 管好生产财务计划。制定计划要详细周密，认真落实，定期检查总结。依照实际，安排劳动，分级组织，指挥生产。有整套的考勤、纪律、奖惩、人事、财务、劳保、安全生产、保卫等规章制度，并切实付诸实施。有较好的有关学科的基本知识，了解其发展的新成果及动态。从增收节支、开源节流入手，向生产、财务、经营、技术、劳动、人事等要效益。

⑤ 了解本场的工作成绩、存在问题及在同行业中的位置和水平，找出差距，确立目标，迎头赶上。

⑥ 用好政府政策的实惠。比如，从 2009 年起，北京市奶牛不再散养，统一入区饲养。预期到 2015 年，建立以官方检测为辅、企业自检为主的牛奶等产品质量安全监管体系。

⑦ 实行奶牛标准化生产。遵照政府要求，各操作环节都要有监控记录，以保证奶源的安全卫生，无违规添加剂。在小区养殖中，从饲养到检疫再到产奶，十几个环节全部实行标准化操作。包括养殖代码、生产记录、用药记录、检疫记录、消毒记录等均实时详尽记录在案。

在奶牛人工授精过程中，由于配种员通过手及器械造成的精液污染或牛生殖系统感染，是影响受胎率的一个重要因素，所以，配种员必须有良好的无菌素养。在此给大家推荐一种专业洗手法（图 31-1）。

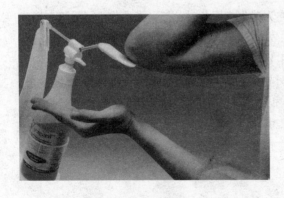

① 取适量洗手液于手心

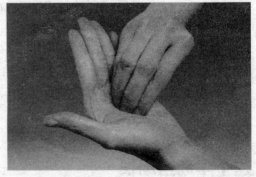

② 一手指尖在另一手掌心旋转搓擦，交换进行

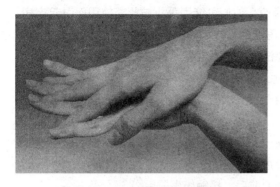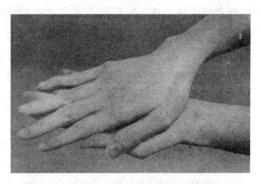

③ 掌心相对，手指并拢相互搓擦　　　　　　④ 手心对手背尚指缝相互搓擦

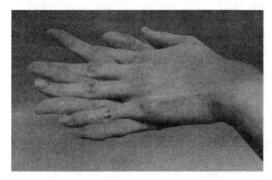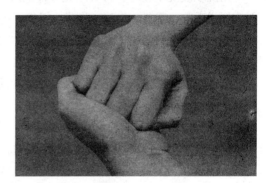

⑤ 掌心相对，双手交叉沿指缝相互搓擦　　　⑥ 弯曲各手指关节，双手相加进行搓擦

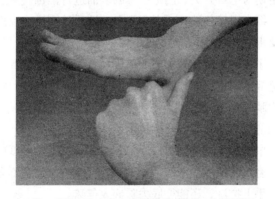

⑦ 一手握另一手大拇指旋转搓擦，交换进行

图 31-1　专业洗手法示意（据北京市医院感染管理质量控制和改进中心倡导）

（8）关心员工劝洗手。调查发现，我国有 19% 的人洗手态度很随意，有 2% 的人根本没有洗手习惯。洗手并非小事，它关系到身体健康与疾病预防。据卫生部发布我国首个《全国居民洗手状况白皮书》称，北京、辽宁、浙江等 5 省市居民的正确洗手率仅 4%，其中女性正确洗手率为 5.1%，高于男性的 2.8%。2011 年 10 月 15 日"全球洗手日"的活动主题是"人人洗手，大家健康，大家洗手，文明风尚"，旨在引导公众关注洗手健康，树立健康生活方式，增强人民自我保健能力。据英国研究结果称，许多人如厕后不注意洗手。英国被

调查者的手机上约 1/6 都染有来自排泄物的病菌，他们可能因手机被频繁使用而引起疾病。在中国，每年有 20% 的儿童死亡与肺炎、腹泻这两种疾病有关。正确洗手比疫苗及其他任何健康干预手段都更加经济有效。饭前便后要洗手，也是世界卫生组织定义正确洗手的首要标准。洗手有助于远离病菌侵扰，可使消化道感染的风险下降 47%。有实验表明，人的一只手上约附着 40 多万个细菌，人在一小时内至少三次会用手碰自己的鼻、眼、嘴等部位，都可能为病原传播创造机会。

应该洗手的时候：在接触眼、鼻及口之前，进食及处理食物之前，如厕之后，在打喷嚏及咳嗽时当手被呼吸道分泌物污染之后；触摸过电梯扶手、升降机按钮及门柄等公共对象之后，接触被污染物件之后，探访医院及饲养场的前后，接触奶牛前后。

用洗手液洗手程序：拧开水龙头冲洗双手，加入洗手液，用手擦出泡沫，最少用 20 秒时间揉搓手掌、手背、指隙、指背、拇指、指尖及手腕，揉搓充分后，用清水彻底冲净；用干净毛巾或抹手纸彻底抹干双手，或用干手机吹干。双手干净后，用抹手纸包裹、关上水龙头，或泼水将水龙头洗净后关上。用酒精搓手液消毒双手的程序：把足够分量的酒精搓手液倒于掌心，揉搓手掌、手背、指隙、指背、拇指、指尖及手腕各处，至少 20 秒钟，甚至等待双手干透。

注意事项

当双手有明显污垢或可能被体液沾污后，应用洗手液、肥皂及清水洗手。双手没有明显污垢时，可用含 70%~80% 酒精搓手消毒。切勿与他人共用毛巾或纸巾。擦过手的纸巾应妥善弃置，抹手毛巾应放置妥当，并应每日至少彻底清洗一次，如能预备多条毛巾作经常替换，则更为理想。要定期对电灯开关、门把手等的表面进行消毒。重点关注厨房和洗手间等区域的消毒。用手绢、纸巾以擦代洗，或者用肥皂、洗手液刚搓出点泡沫就马上冲掉，均不符合科学洗手的基本要求。

用肥皂洗手，有助于预防细菌传播。然而，肥皂其实是个细菌源，通过用它洗手可能会传播细菌。用密封式皂液器取代开放式肥皂器，即能杜绝此种弊端。污染肥皂的细菌，能导致皮疹、尿道感染和眼睛感染，老、弱人士和免疫力较差的被感染风险大。为安全起见，应提高使用具有杀菌作用的肥皂和含有酒精的洗手液。

市场出售的普通纸巾，无消毒杀菌功效。只有标注有"卫生湿纸巾"字样的，才有杀菌效果。流动水洗手是最有效便捷的清洁双手的方式，湿纸巾只是在不方便洗手时使用的替代品。此外，挤点牙膏在手上搓洗，还能彻底去除恼人气味。

兴办"奶吧"更时尚

"奶吧"是指通过生乳的即时收购，即时加工、制作，向消费者提供新鲜、营养、安全乳品的温馨休闲场所。

自 2010 年上半年以来，"奶吧"首先在山东省东营市应运而生。现在青岛、泰安、济南等地也相继设立。

温州有一"奶王"之称的企业，经过对南京市场两年多的调研和培育，打造出一种中西合璧的新型奶品经营模式——"真鲜奶吧"，受到了消费者青睐，被一些颇有投资眼光的理财人士相中，迅速增加了30多家连锁店。他们结合了蛋糕房和快餐店的优势，选择了一种适合南京市场健康饮食经营模式。家庭、时尚男女和学生是其主流消费群体。"奶吧"集新鲜乳制品、真鲜面包、蛋糕、时尚奶茶饮料等为一身，产品五花八门、种类繁多，再加上大众价位，丰富了南京市民的早餐与"休闲餐"。

"奶吧"开办的条件：

① 具备让消费者100%满意的诚信经营理念和社会责任感。"奶吧"经营者要保障消费者身体健康，维护消费者利益。

② 具有与制作供应的乳品品种相适应的生乳贮存、处理等场所，并能保持该场所环境整洁，同时能与有毒、有害场所以及其他污染源保持规定的距离。

③ 具有与制作供应乳品品种、数量相适应的经营设备或设施，有相应的消毒、更衣、洗手、采光、照明、通气、冷冻、冷藏、防尘、防蝇、防鼠、防虫、洗涤及处理废水、存放垃圾的设备或设施。

④ 具有经乳品（食品）安全、乳品加工技术培训，符合相关条件的乳品安全管理人员、乳品加工技术人员。

⑤ 具有合理的布局和加工流程，防止待加工生乳与直接入口原料与成品交叉感染，避免乳品接触有毒物、不洁物。

⑥ 生乳必须来自固定的标准化规模奶牛场，或通过绿色农产品、有机农产品认证的奶牛场。生乳供需双方应签订具有法律效力的供货合同并有保证生乳质量安全的条件。

⑦ 具有完善的规章制度，包括生乳查验制度、乳品进销台账制度、乳品质量检测追溯安全制度、乳品加工操作规程制度、卫生管理制度、经营管理制度。"奶吧"供应的鲜奶、酸奶，从产出、加工到供应不超过8小时，真正做到当天产奶、当天制作、当天销售。其营养成分缺失少、破坏小、不使用任何添加剂。通过"奶吧"，可实现真正意义上的一体化经营和经济利益的无缝联结，最大程度调整养牛、加工、销售、消费四者的利益，做到和谐发展，实现一举多得。

"奶吧"的乳品质量

"奶吧"的经营者应认真贯彻执行《食品安全法》《乳品质量安全监督管理条例》、《餐饮服务许可管理办法》等法律、法规，保证乳品质量安全，保障公众身体健康和生命安全。

"奶吧"的经营者是乳品质量安全的第一责任人，不得从不具备资质的奶牛场收购生乳。

"奶吧"在制作乳品时使用的生乳、辅料，应符合法律法规和乳品质量安全国家标准；制作的鲜奶应当经过巴氏杀菌或其他有效方式杀菌；制作发酵乳的菌种应当纯良、无害、定期检定。

根据国务院《乳品质量安全监督管理条例》的规定，县级以上人民政府畜牧兽医主管部门负责奶畜饲养以及生鲜乳生产环节、收购环节的监督管理。县以上食品药品监督部门负责乳品餐饮服务环节的监督管理。县级以上人民政府卫生主管部门依照职权负责乳品质量安全监督管理的综合协调，组织查处乳品安全重大事故。

畜牧兽医、食品药品等部门应定期或不定期开展"奶吧"乳品质量安全监督检查，记录监督检查情况和处理结果，并向消费者公布。

建立"奶吧"投诉制度，公布投诉电话，自觉接受消费者和社会监督。

对"奶吧"违反《食品安全法》《乳品质量安全监督管理条例》《关于食品等产品安全监督管理的特别规定》等国家法律、法规的，应依法查处；构成犯罪的，依法追究刑事责任。

奶业协会应成为政府与奶牛场、"奶吧"业的桥梁纽带，充分发挥行业自律职能，积极引导、强化乳品质量安全意识，加强乳品质量安全管理，取信于消费者，取信于社会。

"奶吧"前景预测

"奶吧"，顾名思义，类似于酒吧、咖啡吧，是牛奶生产、经营与消费的一种新的形式。近年来，全国各地陆续出现的奶吧，引起了奶业行业与消费者的高度关注。

东营是万里黄河入海的地方，是中国第二大油田——胜利油田的驻地，是山东省人均可支配收入最高的城市。

东营一直把奶牛业，列为主要发展的产业之一。

东营的奶吧数量在山东省乃至全国都是最多的，也是发展最快的。

2010年3月21日，东营市开办第一家奶吧以来，在不到一年的时间里，东营市的奶吧如雨后春笋般，快速发展到80家左右。

奶吧的经营形式主要有3种：一种是奶牛场员工个人出资办的，奶源来自于自己工作的奶牛场；一种是奶牛场投资人出资直营的，奶源也是来源于自己的奶牛场；一种是加盟的，奶源来自于加盟品牌的奶牛场。这些奶吧开在商业街里，或开在社区附近或超市里，总之其选址均是人员比较密集、人流量比较大的地方。奶吧装修格调优雅，非常吸引人。

进入奶吧时，透明的加工车间让顾客能清楚地看见工作间里工作人员的每一步操作；舒适而精致的餐桌椅让消费者更好地品味鲜奶的自然风味。

东营市奶吧发展势头之好，正如马克思曾指出的：生产力决定生产关系，生产关系反作用于生产力。当生产关系不适合生产力时，就会阻碍生产力的发展，因此，必须改革生产关系以适应生产力发展的需要。奶吧这一新生事物在东营市发展起来，就是生产关系不适合生产力的发展而变革产生的。由于东营市没有一家乳品企业，在原料奶收购环节中长期以来存在：有些乳品企业在用奶旺季争抢奶源，降低标准收购，给原料奶掺杂使假留下了可乘之机；在用奶淡季限时拒收、压级压价、拖欠奶资，损害奶农利益。在利益分配上，奶农一直处于弱势地位，没有话语权。受市场的影响，乳品企业限收甚至不收生奶，导致了东营市的生奶销售不畅，奶农开始倒奶、杀牛。为了保护奶农的利益，必须拓宽奶牛场的经营方式。

调研后发现，东营市奶牛场生产的生奶质量都非常高。如果奶牛场能自己生产、加工和销售牛奶，既能让市民喝上当天的鲜奶，又能拓宽奶牛场的销路，提高奶牛场的效益。在这样的思路引导下，东营市开办了第一家奶吧，为消费者直供优质安全的鲜奶制品。

一种商业模式的出现，一定有支持它的市场。其实消费者更愿意花钱买质量好的牛奶。因此，在奶源有保证、加工工艺有保障的情况下，奶吧这样一种商业模式在某种程度上会受到消费者的喜爱的。

奶吧的核心是新鲜。因此，奶吧正在全力打造4小时产业链，即从挤奶到消费控制在4个小时之内，力求在最短的时间内将最新鲜、最优质的牛奶送到消费者嘴边。

奶业产业一体化就是奶牛养殖、乳品加工、市场营销等产业环节有机结合成为一个整体的经营方式，奶吧的出现正是奶业产业一体化的有益探索和尝试。对此，奶吧的经营主体同时也是奶牛场的负责人或员工，势必要兼顾奶吧和奶牛场的利益，这样，就自发地实现了产、加、销的利益结合，实现了一体化，利益分配问题也能够很好地解决。

奶吧其实就是奶业产业经营一体化的体现，国外也有这种模式。过去消费者只能把乳制品买回家后消费，而现在他们可以在奶吧点上一杯喜欢的奶品，不仅可以解渴，缓解工作的疲劳，还能给补充营养，而且这里环境优雅，服务周到。虽然价格比超市里销售的乳制品略高一点儿，但是感觉在这里消费是物超所值。他们已不再把喝牛奶简单地看做补充营养，而是作为一种享受生活的方式。奶吧是继酒吧、茶馆和咖啡屋之后的一种新的时尚消费文化。通过奶吧的运作，牛奶的价值得到了很好的体现，奶牛场的效益也得到了改善。

鲜奶吧管理要点

必须有高质量的奶牛场作为奶源基地。鲜奶吧是收购、新鲜、制作并饮用鲜奶的场所，其管理关键在于原奶新鲜、质优；加工中不添加防腐剂、增稠增香剂；绝不掺假，保证生态、健康。

在国外采取"鲜奶吧"的形式，对当天鲜奶经过巴氏消毒后提供给消费者，它是牛奶销售的主要途径。在我国，由于各方面的原因，使消费者在消费理念上产生了误区，错把能长期保存的奶、不坏的奶、品牌的奶、调配奶当作是最好的奶。诞生了"鲜奶吧"，达到了当天鲜奶当天消费的目的，从而，奶牛场原奶质量好，保证了市民的利益；供应挤出 4 小时内的牛奶，市民真正喝上了鲜奶；不添加防腐剂等任何成分，保证了食品营养和市民健康；透明操作，利于市民监督，确保制作过程卫生安全；加大了就业力度，社会效益显著。

"鲜奶吧"提供消费者的鲜牛奶，必须是做到清晨挤的早上喝，上午挤的中午喝，下午挤的晚上喝，以达到喝鲜奶的目的。

风味是一些物质刺激嗅觉神经通过鼻腔或口腔而被感知的。能产生风味的化学物质叫风味物质，它包括香味物质和臭味物质，一般这些物质具有挥发性。生活中，人们总是想办法增加和保护物质的香味而抑制和消除其臭味。另外，风味也是判断某种物质或产品好坏的重要指标之一。

牛奶中的风味物质由具有滋味和香味活性的成分组成，其风味物质形成过程主要是乳品中蛋白质、脂肪、乳糖这三大类物质降解或每一类物质的衍生物之间相互反应生成的。

此外，在牛奶加工、贮藏和运输过程中，由于一些蛋白质和脂肪的降解，也产生了一些风味化合物，但这些化合物重的风味一般是不受人们喜欢的异味或臭味，甚至包装材料中渗出的铁离子和锡离子，可引起牛奶的异味。奶中的风味物质有愉快的也有不愉快的，只有通过一定的方法和技术去抑制不愉快风味物质和增加愉快的香味物质，才能生产出芳香四溢、口感清爽的风味牛奶。

奶吧可增添品种

（1）杏鲍菇果粒酸奶　杏鲍菇又名刺芹侧耳，是近年来开发出的名贵珍稀食用菌，富含蛋白质、粗纤维、多糖，还含有维生素、矿物质、氨基酸、核苷酸等保健成分，更重要的是含有丰富的膳食纤维、多糖类物质，被誉为"菇中之王"。杏鲍菇中所含的真菌多糖能增强肌体免疫功能，具有抗病毒、抗癌、降低机体胆固醇含量、防止动脉硬化，对肝脏、骨骼肌有明显抗损伤作用。其菌肉肥厚，菌盖和菌柄质地都很脆嫩，具有杏仁味和鲍鱼风味，在菇类产品中口感极佳。神九航天员在太空的第一顿早餐吃的就是干烧杏鲍菇。

将杏鲍菇籽实颗粒加入到酸奶中使杏鲍菇的香味与酸奶发酵的风味完美结合，既有地域特色，又具有营养保健功能的特殊风味的发酵乳制品。

杏鲍菇酸奶外观色泽均匀，口感酸甜适口，具有乳酸菌发酵后果料酸奶特有的滋味和气味，并带有添加杏鲍菇果粒的天然果香，果粒分布均匀，组织状态细腻，质地稠厚，黏度较高。

杏鲍菇果粒酸奶，不但营养丰富，还有很高的保健价值，符合国家食品工业发展规划提出的充分利用我国特有动植物资源和技术，开发天然、绿色、环保、安全，具有民族特色和新功能的保健食品的要求，其自然清新的菌香及酸甜爽口的滋味，定会受到广大消费者青睐。

（2）搅拌型果蔬酸奶　搅拌型果蔬酸奶是以乳与乳制品为原料，添加稳定剂，添加乳酸菌发酵剂形成凝乳，通过搅拌，添加果蔬汁等原料而制成的发酵乳制品。果蔬汁含有丰富的营养，能有效为人体补充维生素，与酸奶配合，不仅可使酸奶具有果蔬汁特有的风味，而且果蔬汁与酸奶营养成分互补，使酸奶营养保健作用大大提高。

（3）特色南瓜保健奶　南瓜营养丰富，富含淀粉、脂肪、脂肪酸、葡萄糖、氨基酸、胡萝卜素、抗坏血酸、维生素 A、维生素 B、维生素 E、腺嘌呤、戊聚糖、果胶、甘露醇、叶红素、叶黄素、可溶性维生素、磷和钛等。南瓜是当今国际公认的保健食品。南瓜性温、味甘，具有补中益气、消炎止痛等功效，能促进胰岛素的分泌，增加肝、肾细胞的再生能力，对防治糖尿病、高血压及癌症等有一定疗效。

目前南瓜以其营养丰富，价格低廉，越来越受到关注和喜爱。将牛奶和南瓜两者结合起来，受到消费者的喜爱。研究表明，产品的最佳配比：牛奶80%、南瓜粉 2.0%、白砂糖用量 6.0%、稳定剂（单硬脂酸甘油酯45%，磷脂15%，黄原胶17%，结冷胶23%）用量0.22%，水分12.0%。按此配比生产的产品口感好、南瓜味浓郁。

（4）绿色沙棘果汁奶　沙棘又名醋柳、黑刺或酸刺，是干旱、耐盐碱、耐贫瘠，是生命力极强的多年生灌木。沙棘的果实是一种浆果，是具有生态价值、营养价值和经济价值的绿色资源。既可食用也可药用。果实中含有蛋白质、脂肪、碳水化合物、维生素和无机盐。其中维生素 C 的含量远远高于鲜枣和猕猴桃，从而被誉为天然维生素宝库。沙棘果可促进儿童生长发育，调节人体新陈代谢，具有延缓衰老、美容等作用。据《中药大字典》记载，沙棘果具有活血化瘀、化痰宽胸、补脾健肾、生津止渴、清热止泻的功效，且具有抗癌作用。同时对肝、胃、心脑血管疾病起到预防作用。

将沙棘果榨汁与生牛奶混合加工成果汁乳饮料，不仅营养丰富，口感清爽，而且具有保健功效，可补充人体日常膳食中某些营养成分的不足，增强体质，满足机体的需要。

把蔗糖、沙棘果汁添加到生乳中，根据添加量的不同，其风味也不同。试验得出：蔗糖添加量 9%~10%，沙棘果汁添加量 9%~9.5%，糖酸比 27：28，口味最佳。

（5）保健型绿豆酸奶　绿豆含有丰富的硒、维生素以及其他矿物质元素，将绿豆浆加入到酸奶中，可生产绿豆酸奶。

绿豆酸奶中绿豆添加量为 30% 时，其感官评价较好。绿豆酸奶呈乳白微绿色；豆香味自然协调无异味；组织状态表面光滑凝块均匀，无乳清析出黏稠适中，无气泡、无龟裂；口感细腻，酸甜适中，滑润稠厚，清爽润喉。

（6）藏灵菇味发酵乳　藏灵菇是源自西藏雪原的特有珍稀菌种，为乳白色、胶质状的块状物，表面栖息着多种微生物，长期在牛奶中培养，其个体会逐渐增大，形如盛开的雪莲，所以亦有称之为"西藏雪莲"的，其在民间常用于制作酸奶的发酵剂。藏灵菇制成的酸奶，含有大量的有益活菌，能产生对人体有益的代谢产物，具有多种生理保健功能。藏灵菇发酵奶除了具有发酵奶特有的酸味、香味，还有轻微的醇香味及起泡性。藏灵菇酸奶可作为食品正常饮用。

藏灵菇源酸奶复合菌发酵剂具有较强的抗氧化和预防动脉粥样硬化作用。藏灵菇中乳酸菌所分泌的胞外多糖具有一定的抗癌活性。藏灵菇酸奶可以调整面部皮肤的微生态系统，因此对寻常性痤疮有一定的治疗作用。

藏灵菇中主要的微生物是乳酸菌和酵母菌，其中乳酸菌包括开菲尔乳杆菌、嗜酸乳杆菌、保加利亚乳杆菌、干酪乳杆菌、发酵乳杆菌、格式乳杆菌、肠膜明串珠菌、乳酸乳球菌等；酵母菌包括啤酒酵母、假丝酵母、克鲁维酵母、单孢酵母等。

由于藏灵菇菌群中的乳酸菌多为益生菌，因此可增强人体抵抗力；调节肠道菌群；治疗心脏病、改善动脉硬化并降低胆固醇水平；缓解胃溃疡及十二指肠溃疡；治疗痤疮和抑制肿瘤等。

藏灵菇发酵奶为临床上因应用大量抗生素而引起肠道菌群失调的患者提供一种新的治疗方案。

藏灵菇培养液对高血脂症患者的血胆固醇水平有一定的降低作用。藏灵菇源酸奶复合菌发酵剂有显著的降胆固醇作用。

（7）低乳糖脱脂鲜奶　脱脂牛奶主要是针对高血脂、高血压、过度肥胖的人群研制的一种保健牛奶，尤其是那些爱美的女性。

低乳糖脱脂鲜牛奶各项指标均达到脱脂牛奶的标准，且口感风味良好。

人生出彩要读书

大多出彩人士，除其能朴实肯干等之优秀品质之外，亦得益于勤学与善学，懂得"为何学"、"学什么"、"怎么学"。有人说，如今是个读图的时代，其实，读图不能代替读书。书是人生的益友，书是进步的阶梯。古人说：最是书香能致远，腹有诗书气自华。

通过博览书刊，常会发现域外闪光点。比如：犹太民族，人口仅占世界的 0.3%，而获得诺贝尔奖的科学家却占30%，产生过像爱因斯坦、马克思、费洛伊德、门德尔松、卡夫卡等影响整个世界的杰出人物。犹太人做事向来丁是丁，卯是卯。他们认为，父母付学费的孩子，是读不好书的；做生意最重要的是做人。

通过博览书刊，可知人生主宰是情商。美国心理学家提出，促使一个人成功的要素中，智商作用只占20%，而情商作用却占80%。智商一般，但情商很高，在事业上大获成功的例子俯拾皆是。情商高的人，能够正确地认识自己，理智地控制自己，稳妥地把握所遇到的一切机会；同时，能客观地看待别人，豁达地理解别人，公正地对待别人，和谐地与别人往来相处，得到的必定是别人的支持。情商低的人，习惯于放纵自己，总是偏激任性，说些不该说的话，做些不该做的事，哪壶不开提哪壶，能不引起反感甚至不满、最终能不成为自己前进的障碍么？通过博览书刊，可以神交古今中外各路精英，获得其成功秘诀。

一个人的成就有大小、水平有高低，决定因素很多，但最根本的是学习。学习靠积累，靠思考，综合起来，才有创造。积累的第一步，就是抓紧时间读书。边读书，边思考，用前人经验充实自己，而后才有发现和创造。

2013年是英国女作家简·奥斯汀的名著《傲慢与偏见》出版200周年，英国中央银行宣布，简·奥斯汀的头像被印制在新版10英镑纸币上，以此向这位誉满全球的女作家致敬。有意思的是，这张钞票上还印上《傲慢与偏见》上的一句话："我说呀，什么娱乐也抵不上读书的乐趣。"

通过博览书刊，必定在精神境界、思维方式、思想方法上，均不同于那些热衷于玩手机、玩"偷菜"，却抽不出时间读书的人，一定会在思考如何成为一个对社会对国家有用的人。结合高科技的成果，创办的有关奶牛的领域有：

办个奶牛胚胎移植公司

办个胚胎分割移植公司

办个定性胚胎移植公司

办个人乳化牛奶生产企业……

伟人毛泽东说：在没有阶级的社会中，每个人以社会一员的资格，同其他社会成员协力，结成一定的生产关系，从事生产活动，以解决人类物质生活问题。由此看来，社会上的各行各业，只是分工的不同，没有高低贵贱的区别！学生毕业离校，先就业再择业，尤其能在奶牛养殖事业上，大显身手，让自己的青春年华与人民的幸福，紧密联系起来，该多么出彩啊！

正是：

毕业离校倍彷徨，说起前途特渺茫，

眼花缭乱胸无竹，投身奶业显荣光！

后 记

　　纵览本书，貌似杂乱无章，实则井然有序，究其清晰之脉络是：

　　（1）倡导国人喝奶，源于牛奶就是好，对照美国、日本"牛奶消费"，就该什么都明白了；

　　（2）母牛产奶，在其产犊之后，"产犊"是一关，有难产、顺产，有单胎、双胎，处置不当，会引起各种"月子病"；

　　（3）促进配种受胎，要抓发情鉴定、冻精输精，做好妊娠诊断、防流保胎；

　　（4）为加速扩大良种牛群，可诱导发情、缩短产犊间隔、育成牛尽早"婚配"、低产牛孕育高产纯种牛犊；

　　（5）因地制宜，挖掘黄牛、水牛、牦牛乳用潜能，并引进娟姗等其他品种；

　　（6）应用遗传工程等科技手段，让多产母犊、牛泌"人奶"、"死牛复活"、胚胎体外生产等变为现实；

　　（7）产出的公犊用于生产优质牛肉，淘汰公牛去势后肉用或役用；

　　（8）奶业有散养、建小区、办牛场三种模式，都得处理好粪便污染，变废为宝；

　　（9）13亿中国人喝奶，得立足本国，靠花钱买"洋奶"，总不是事儿！应该吸引有志者加入，况且奶业本身是可以获得"名利双收"的！

　　正是：

　　　　创新思维很重要，著书忌讳老一套，
　　　　笔者水平是有限，仰望诸君多指导！

参考文献

[1] 周继，李芝国 .hCG 与新斯的明配合注射治疗乏情奶牛效果好 .中国奶牛，2002，（6）：56

[2] 殷国荣，杨建一，卫泽珍等 .电极探测法进行发情鉴定对母牛宫颈阴道黏液微生物区系的影响 .黑龙江动物繁殖，2000，8（3）：6~8

[3] 李白勇，刘彦敏，李小平等 .奶牛用细管冻精输精时细管误入中国体内的取出方法 .中国奶牛，2002，（1）：47

[4] 晏洪超，孙魁武，王尧 .母牛人工授精新器械——阴道恒温窥测镜 .中国奶牛，2000，（6）：42

[5] 王琨，艾群，蔺志刚 .用精子异种穿卵方法检测牛冷冻精液精子的质量 .中国奶牛，2000，（2）：32~33

[6] 周振中，赵德善，王刚等 .母牛妊娠早期卵巢黄体和中国变化的观察 .黑龙江动物繁殖，2002，10(3)：29

[7] 杨红，刘晓宁，朱蕾等 .新设备在牛冷冻精液生产中的应用 .黑龙江动物繁殖，2002，10（3）：31~32

[8] 明世清，李根银，杨国义 .建立晋南牛性别化胚胎库的尝试 .黄牛杂志，2003，29（5）：17~19

[9] 聂光军 .奶牛的性别控制 .中国奶牛，2002，（5）：39~41

[10] 张保军，杨公仕，张丽娟 .家畜性别决定的机制及其研究进展 .畜牧兽医杂志，2002，21（6）：14~16

[11] 陈从英、黄路生 .家畜胚胎性别鉴定的研究进展 .中国畜牧杂志，2002，38（4）：48~50

[12] 王光辉，刘海广 .精氨酸对奶牛性别的影响 .中国奶牛，2000，（3）：36~37

[13] 曹世祯，韩建林，陈亮等 .用 Percoll 不连续密度梯度分离奶牛精液对控制性别比率的研究 .中国奶牛，2000，（1）：19~20

[14] 徐林平，韩建林，曹世祯 .牛的性别控制 .中国奶牛，2000，（5）：31~32

[15] 齐义信，李爱芸，齐鲁泉等 .家畜性比综合控制技术 .中国奶牛，2001，（5）：34~36

[16] 赵峰，易建明 .奶牛性别控制技术研究及其利用 .中国奶牛，2002，（2）：31~33

[17] 王亚鸣，欧阳永昭.奶牛精子密度沉降分离及其对子代性别的影响.中国畜牧杂志，1995，31（5）：31~32

[18] 吴伟，刘润铮，王光辉等.综合技术对奶牛性比控制的试验.中国畜牧杂志，1998，34（6）：38~39

[19] 俞颂东，王友明，余东游.改变哺乳动物后代性比的技术比较.上海畜牧兽医通讯，2002；（4）：12~13

[20] 梁明振，卢克焕.动物性别控制研究现状.上海畜牧兽医通讯，2002，（4）：6~9

[21] 曹越，杨应忠，魏雅萍等.建立全套式PCR对牛胚胎性别鉴定的方法.黄牛杂志，2003，29（4）：8~10

[22] 朱武洋，贾青，杨丽芬.精子分离技术的研究进展.黑龙江动物繁殖，2002，10（3）：7~9

[23] 范星根，叶跃进，胡祖富等.精氨酸对提高奶牛产雌率的研究.中国畜牧杂志，1994，30（6）：37

[24] 王国卿，田文儒，段晓坤等.PCR在牛早期胚胎性别鉴定中的应用.黑龙江动物繁殖，2000，8（2）：41~44

[25] 孙晓玉，甘文平，韩光毅.MOET技术在奶牛生产上的应用.黑龙江动物繁殖，2003，11（3）：21~22

[26] 杨效民.我国牛胚胎工程技术研究与应用进展.黄牛杂志，2003，29（2）：40~44

[27] 傅春泉，周永华.提高奶牛受胎率的措施.中国奶牛，2002，（1）37~39

[28] 安宝珍，吕良鹏，辛守帅等.复合添加剂对奶牛产奶量和繁殖性能的影响.中国奶牛，2001，（1）：39~40

[29] 阎萍，梁春年，姚军等.高寒放牧条件牦牛超排试验.中国草食动物，2003，23（3）：9~10

[30] 朱化彬，敖红，刘云海等.牛活体采集卵母细胞技术的研究.中国畜牧杂志，2001，37］（2）：28~29

[31] 冯建忠，张秀陶，梁小军等，引进国外牛冷冻胚胎移植效果探讨.中国草食动物，2000，2（2）：15~16

[32] 苏和，达来，赵霞等.进口奶牛胚胎移植试验.黑龙江动物繁殖，2001，9（3）：3~4

[33] 冯建忠，李毓华，李树铮等.奶牛冷冻胚胎分割移植效果探讨.中国畜牧杂志，2001，37（4）：26

[34] 李慧斌，韩建林，徐林平等.利用流式细胞仪检测定性牛精液的分离效果.中国奶牛，2000，（6）：16~17

[35] 冯增寿.牛常见难产的矫正.畜牧兽医杂志，2002，21（2）：44

[36] 方红，朱世亮.用中医"四诊"观察奶牛发情.黑龙江动物繁殖，2002，10（4）：40

[37] 刘贤侠，何高明，王建梅等.高产奶牛屡配不孕的原因及治疗.黑龙江动物繁殖，2002，10（3）：35~37

[38] 马云，窦忠英.牛胚胎的体外生产技术.黄牛杂志，2001，27（2）：50~52

[39] 秦鹏春，石惠芝，郭立民.试管牛胚胎的实验室生产过程.中国奶牛，1997，（2）：17~19

[40] 王福兆.浅谈水牛乳业开发.中国奶牛，2002，（5）：11~13

[41] 李雁龙，张淑琴，谢元凯.奶牛冷冻精液保存容器废弃的原因分析及维修试验.中国奶牛，2002，（6）：46~47

[42] 王启凤，王锋，蔡令波.胚胎干细胞的研究进展及其应用.畜牧与兽医，2002，34（2）：40~42

[43] 李海华，陈英，林树茂.精子载体转基因的研究进展.中国畜牧兽医，2002，29（5）：30~31

[44] 韩玉刚，李建凡.动物生物反应器研究现状和进展.国外畜牧科技，2002，29（1）：30~33

[45] 温叶飞，侯正录，蓝贤勇等.哺乳动物核移植技术研究进展.黄牛杂志，2003，29（4）：27~31

[46] 彭丽波，翟墨杨，曲臣等.应用氯前列烯醇缩短奶牛产犊间隔.黑龙江动物繁殖，2003，11（3）：45

[47] 李晶，李德军，段晓坤等.关于母体妊娠识别的研究进展.黑龙江动物繁殖，2001，9（2）：16~18

[48] 姜红.三种奶牛发情鉴定方法的比较.中国畜牧杂志，2002，38（5）：37~38

[49] 姚树勋，周步峰.巩膜血管诊断母牛妊娠的简易方法.甘肃畜牧兽医，1999，29（2）：45

[50] 黄右军，杨炳壮，李忠权等.水牛体外胚胎移植技术研究.中国畜牧杂志，2004，40（10）：55~57

[51] 鲁建民，贾永红，安加俊.牛直肠把握输精时常遇问题及应对措施.黑龙江动物繁殖，2003，11（2）：22

[52] 刘殿峰，刘秀霞，姚伟等.转基因动物乳腺反应器与生物制药.黑龙江动物繁殖，2004，12（3）：16~18

[53] 王子玉，谭景和.流式细胞仪分离精子研究进展.中国畜牧杂志，2004，40（6）：43~46

[54] 项智锋，张德福，张似青.动物体细胞克隆研究进展.上海畜牧兽医通讯，2003，（6）：4~5

[55] 谢献胜，仲崇怀，蒋春茂等.精氨酸对奶牛后代性别控制的试验.畜牧与兽医，2003，35（12）：19~20

[56] 郭宪，陈学进.牛胚胎体外生产质量控制.畜牧与兽医，2004，36（7）：27~28

[57] 王海浪，薛建华，孙风俊.简便快速的胚胎性别鉴定方法-LAMP法.黑龙江动物繁殖，2003，11（4）：38~39

[58] 马志杰.中国牦牛遗传资源的保护及其开发利用.黄牛杂志，2004，30（6）：41~45

[59] 陆海霞，张丽君.中国奶业国内市场需求空间与竞争力研究.中国奶牛，2007，（12）：4~6

[60] 周俊玲.我国奶牛养殖小区发展中存在的问题及对策.中国奶牛，2007，（5）：2~4

[61] 阚远征，张振山.奶牛性控精液应用效果简析.中国奶牛，2007，（5）：23~24

[62] 安宁，余建国，赵青春.用荷斯坦牛改良土种黄牛效果分析.中国奶牛，2007，（1）：63

[63] 潘越博.甘肃省规模化奶牛场污染状况与防治对策研究.中国奶牛，2009，（3）：49~51

[64] 傅春泉，徐苏凌，楼月琴.牛直肠检查技术实践教学改革体会.中国奶牛，2009，（3）：60~61

[65] 曹凯军，田真，高继伟等.奶牛场的粪污处理.中国奶牛，2009，（4）：47~49

[66] 严爱萍，冯成兰，冷玉清等.奶牛性控冻精人工授精受胎率的观察.中国奶牛，2009，（7）:58~59

[67] 陈红跃，凌虹，景开旺.应用性别控制与MOET技术加速奶业健康发展.中国奶牛，2009，（12）：5~7

[68] 王典，王加启.我国学生奶奶源基地建设中存在的问题及对策探讨.中国奶牛，2010，（1）：52~54

[69] 张少华，兰海娟，蔡永辉.养殖企业污水处理工艺路线的探讨.中国奶牛，2010，（3）：51~53

[70] 吴克谦.牛场建设与环境保护.中国奶牛，2010，（5）：52~53

[71] 胡朝阳.新式污粪处理一体化方案探讨.中国奶牛，2010，（6）：52~53

[72] 孙丽萍，宋亚攀，瓮士乔等.奶牛"同期发情-定时输精"技术综述.中国奶牛，2010，182（7）：34~36

[73] 李伟，殷元虎，周景明等.用奶公犊牛生产中高档牛肉的方法.当代畜牧，2010，（3）：8~10

[74] 张明军，郝海生，朱化彬等.娟姗牛——我国奶业生产重要的品种遗传资源.中国奶 牛，2008，（1）：11~14

[75] 程文定，郜敏.奶牛粪便饲料化处理工厂化生产技术研究.中国奶牛，2008，（5）：54~57

[76] 李国江.奶牛散养户遇到的问题及对策.当代畜牧，2011，（10）：54~56

[77] 闫鹏程，郑丽敏，吴平等.电子舌技术在原料奶识别中的应用.中国乳业，2011，（120）：64~67

[78] 李惠，丁建江，李景芳.牛奶中抗生素残留的来源、危害及防控.中国乳业，2011，（114）：52~53

[79] 张鑫，顾欣，倪力军等.基于近红外光谱技术的掺假生鲜乳识别平台的研发.中国奶牛，2012，（13）：53~57

[80] 耿慧兰.奶牛发情探测系统使用体会.中国奶牛，2012，（13）：74~75

[81] 郭刚，李锡智，张振山等.北京地区荷斯坦牛21天妊娠率规律分析.中国奶牛，2012，（5）：49~50

[82] 王玉杰，孙芳，王君才等.奶公牛犊与育肥牛的屠宰性能及肉品质比较分析.中国奶牛，2011，（19）：54~57

[83] 胡猛，张文举，鲍振国等.奶公犊资源利用及肉品质评价.中国奶牛，2012，（8）：26~29

[84] 杜福良，王杏龙，徐捷等.性别控制与体外受精技术快速繁育高产奶牛群.中国奶牛，2012，（8）：33~37

[85] 白文顺，毛华明.云南发展奶水牛业有潜力.中国奶牛，2012，（8）：44~47

[86] 王洋，于静，王巍等.娟姗牛品种特性及适应性饲养研究.中国奶牛，2011，（11）：47~48

[87] 胡明信，罗应荣，吴学清等.奶牛性控胶囊与性别控制效果试验研究.中国奶牛，2006，（12）：25~28

[88] 吴谢华.高产牧场提高奶牛繁殖的技术措施.中国奶牛，2012，（14）：56~57

[89] 朱玉林，宣柏华，吕小青等.犊牛超排活体采卵对其繁殖性能的影响初报.中国奶牛，2011，（24）：40~41